U0839806

土木工程系列教材

钢结构基本原理

（第二版）

主编　王仕统
参编　韩小雷　陈　兰　裴若娟
　　　季　静　徐忠根
主审　钟善桐

华南理工大学出版社
·广州·

内 容 简 介

本书根据全国土木工程专业指导委员会 1999 年 10 月制定的《钢结构设计原理》教学大纲以及建设部颁布的最新规范编写。主要内容包括钢结构材料、连接、轴心受力构件与索、实腹式受弯构件、抗弯和压弯构件、钢-砼组合梁、塑性设计、构件和结点的抗震性能等。侧重于基本原理的阐述,并有适量的例题和习题,书末附有钢结构设计中常用的资料。

本书适合于高等院校土木工程专业本科教材,也可供工程技术人员参考。

图书在版编目（CIP）数据

钢结构基本原理/王仕统主编；韩小雷等编.—2 版.—广州：华南理工大学出版社，2007.6（2011.7 重印）

（土木工程系列教材）

ISBN 978-7-5623-2197-2

Ⅰ.钢… Ⅱ.①王… ②韩… Ⅲ.钢结构-高等学校-教材 Ⅳ.TU391

中国版本图书馆 CIP 数据核字（2005）第 038848 号

总 发 行:华南理工大学出版社（广州五山华南理工大学 17 号楼，邮编 510640）

营销部电话：020-87113487　87111048（传真）

E-mail: scutc13@scut.edu.cn　http://www.scutpress.com.cn

责任编辑:赖淑华

印 刷 者:湛江日报社印刷厂

开　本:787mm×1092mm　1/16　印张:24.75　字数:603 千

版　次:2007 年 6 月第 2 版　2011 年 7 月第 4 次印刷

印　数:6 001 ~ 7 000 册

定　价:38.50 元

编辑委员会

出版说明

为了适应高等学校专业调整后教学改革的需要,我社在华南理工大学土木工程系的协助下,组织出版这套适合大土木专业本科使用的“土木工程系列教材”。本系列教材按教育部颁布的专业目录中土木工程专业课程设置要求编写,以土木工程专业指导委员会1999年10月定稿的教学大纲为依据,立足华南,面向全国。整套书的编写讲求完整性和系统性,相关课程的内容经过充分的讨论,在此基础上进行了整合和优化,力求做到课程内容完整、信息量大。在参编作者的选择上尽量考虑中南地区的区域特色,也充分考虑了大土木专业的特点,以求本系列教材真正适合大土木专业的教学要求。

首批出版书目如下:

《土木工程材料》(陈雅福主编)

《土木工程测量》(刘玉珠主编)

《土力学》(杨小平主编)

《水力学》(于布主编)

《混凝土结构理论》(蔡健主编)

《混凝土结构设计》(王祖华主编)

《钢结构基本原理》(王仕统主编)

《钢结构设计》(王仕统主编)

《砌体结构》(卫军主编)

《土木工程荷载及设计方法》(张学文主编)

《高层建筑结构设计》(梁启智主编)

《土木工程施工》(叶作楷主编)

《土木工程项目管理》(王幼松主编)

《土木工程概预算》(张原主编)

《建筑结构选型》(张学文主编)

《钢-混凝土组合结构》(蔡健主编)

《基础工程》(杨小平主编)

《桥梁工程》(罗旗帜主编)

《道路勘察设计》(吴瑞麟主编)

《路基路面工程》(资建民主编)

《房屋建筑学》(裴刚 沈粤编著)

《土木工程防灾减灾学》(周云主编)

《有限元法基础与程序设计》(王元汉主编)

《结构分析的计算机方法》(王勇主编)

《国际工程合同管理》(李惠强主编)

首批教材侧重于专业技术基础课程,以后将在专业课程上加以拓展。

华南理工大学出版社

2001年2月

前　言

本书根据现行《钢结构设计规范(GB 50017—2003)》编写,可作为土木工程专业大学本科生的教材,也可用于大学专升本、专科和函授的教材,讲授内容可根据具体情况取舍。由于钢结构具有许多优点,在我国建筑工程中,钢结构从大跨度空间钢结构、高层钢结构、轻钢结构、钢－砼组合结构及住宅钢结构等五个方面发挥了独特作用。建设部总工程师姚兵指出:21 世纪是钢结构的世纪。

由于土木工程专业涉及面较广,在课程设置上,土木工程专业教学指导委员会采纳了教育部“面向 21 世纪土建类专业人才培养方案及教学内容体系改革的研究与实践”课题组的建议,将原来的钢结构课程分为基本原理和设计两大部分。本书为《钢结构基本原理》,不久将出版《钢结构设计》。

本教材十分注意钢结构基本理论的阐述,通过典型例题加深钢结构的基本概念。学生学完后,能应用钢结构设计规范,进行钢结构基本构件的设计。

本书共 9 章、10 个附录。主要内容为:第 1 章绪论,第 2 章钢结构材料,第 3 章钢结构连接,第 4 章轴心受力构件与索,第 5 章实腹式受弯构件,第 6 章拉弯和梁－柱,第 7 章钢－砼组合梁,第 8 章塑性设计,第 9 章构件和结点的抗震性能。

本书由华南理工大学王仕统教授主编,第 1、4、5、6 章由王仕统教授编写,第 2 章 2.1 节、2.2 节由华中科技大学裴若娟教授编写,第 2、3 章由华南理工大学陈兰副教授编写,第 7 章由华理南工大学季静副教授编写,第 8 章由华南理工大学韩小雷教授编写,第 9 章由广州大学徐忠根副教授编写。

哈尔滨工业大学钟善桐教授仔细审阅了全书,并提出了许多中肯的修改意见,在此表示衷心的感谢。

编　者

2005.5 于广州

目　录

第1章 绪 论

从1996年开始,中国钢产量超过1亿t,一直居世界之首。

1997年11月,建设部发布《中国建筑技术政策(1996—2010)》,提出大力推广应用钢结构,这在我国还是第一次,这实际上就是将"节约用钢"(限制用钢)的政策转变为"合理用钢"的政策。我国钢结构将从高层钢结构、大跨度空间钢结构、轻型钢结构、钢-砼组合结构和房屋住宅钢结构等五大方面,在建筑工程中发挥独特作用。

1998年10月,建设部发文《关于建筑业进行推广应用10项新技术的通知》,其中第8项新技术就是钢结构技术。

2000年5月,建设部、国家冶金工业局建筑用钢协调组在北京召开了全国建筑钢结构技术发展研讨会,提出2005年和2010年建筑钢结构用钢量分别达到钢材总产量的3%和6%(世界工业发达国家建筑钢结构用钢量占钢材总产量30%以上,美国和日本高达50%)。

2003年中国钢材消费超过美国和日本的总和,中国钢材市场销售旺盛,钢厂库存下降。2003年销售上升、价格上涨。

2003年5月,建设部编制2010年建设事业技术政策(草稿),第八章为推进建筑工业化、现代化、提高行业创业综合实力,其中第35条政策是加大推广应用钢结构的力度。

2004年我国生产钢材2.8亿吨、2005年3.5亿吨、2006年4.2亿吨。

"就建筑结构来说,21世纪是钢结构的世纪"。在2003年4月全国建筑钢结构行业大会上,建设部总工程师姚兵同志就钢结构研究提出9大课题:①钢结构体系的创新;②钢结构设计的理念和实践;③钢结构的施工工业化、施工和检测机具的革新;④与钢结构匹配的建筑材料的开发;⑤钢结构的设计、施工、防火与抗震标准的补充、修订和完善;⑥钢结构制造安装企业国内市场竞争力有待解决;⑦钢结构产业化和产业发展的各种技术经济政策;⑧各类钢结构的技术经济指标测算、分析和优化;⑨钢结构的信息化和发展战略。

1.1 钢结构的特点和应用范围

1.1.1 钢结构的特点

1. 钢材强度高、塑性大

由于钢材的塑性大(伸长率 $\delta \geqslant 20\%$),故钢结构的抗震性能好,是公认的强震地区最合适的结构(图1-1)。

由表1-1可见,通过精心设计的钢结构是最轻的结构,相应的地基基础也较省。

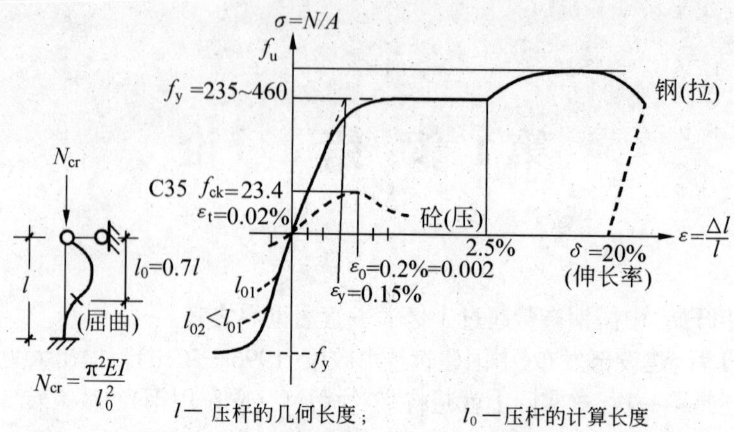

图 1-1　钢和砼 σ-ε 曲线的比较

表 1-1　γ_s/γ_c、f_y/f_{ck} 比值

质量密度(kg/m³)		强度(N/mm²)	
钢 γ_s	砼 γ_c	f_y	f_{ck}
7580	2400	235(Q235)	23.4(C35)
γ_s/γ_c≈3.27 倍		f_y/f_{ck}≈10 倍	

2. 材质均匀、可靠性高

钢材的内部组织比较均匀、可视为各向同性材料(厚钢板除外)，弹性模量较大(钢：$E_s=200\sim210\text{kN/mm}^2$，砼：$E_c=22\sim38\text{kN/mm}^2$)，最符合结构分析中的基本假定和计算方法，结构分析可靠性高。

3. 工业化程度高，建造工期短

钢结构一般采用工厂制造、工地安装的施工方法，精确度高，建造工期短，投资回收快。

4. 密封性好

钢材具有不渗漏性和可焊性。焊接连接后，可做到完全密封。如高压容器、大型油库、煤气柜、大型输气管等板壳钢结构等。

5. 耐热不耐火

当钢材辐射热≤150℃时，物理力学性能变化很小，钢结构能正常工作。但钢结构在火灾中的表现很差，因此，应对钢结构采取防火措施，如外包混凝土，或在钢材表面喷涂防火涂料等。

6. 易锈蚀

钢结构的最大缺点是容易锈蚀，因此，对钢结构构件必须先严格除锈(人工、抛丸等)，然后刷防锈涂料或热镀锌(铝)等。也可采用耐候钢，但价格较贵。

1.1.2　钢结构的应用范围

钢结构的应用范围可用五个字来概括"高、大、重、特、轻"。

1. "高"——高层(tall building)与高耸(high rise)钢结构

由于钢材强度高，钢结构重量轻、构件体积小，装配化程度高，对高层建筑和高耸结构

(塔、桅结构)的水平抗震和抗风有利。

2. “大”——大跨度(long span)($l \geqslant 60$m)空间钢结构

大跨度空间钢结构广泛用于飞机库、体育场馆、展览厅、影剧院和大型交易市场等屋盖结构。其中刚性空间钢结构有平板网架和网壳;柔性空间钢结构有索、膜结构;杂交空间钢结构由刚、柔结构组合而成,可以形成多种多样的结构形式。

3. “重”(heavy)——重型厂房、重型吊车梁结构

重型厂房、大型钢铁企业的炼钢和轧钢车间、水压机车间、造船厂的船体车间、重型机械厂、锻压车间、发电厂的锅炉车间等。炼钢厂浇铸车间吊车吨位可达440t。在这里,钢结构的轻质高强、耐高温、冲击韧性好等优点可以得到最充分的发挥。

4. “特”(special)——高压的密封性容器和管道钢结构

由于钢结构的气密性好、耐高压,在特种结构,如煤气管道、输油管道、锅炉、储气罐和储油罐等上的应用很广泛。

5. “轻”(hight)——轻型钢结构

轻型钢结构包括:①由圆钢、小角钢、薄壁型钢组成的结构;②门式钢架、拱型波纹钢屋盖结构,板厚 $t \leqslant 8$mm,用钢量一般不大于30kg/m^2。

1.2 钢结构的设计计算方法

1.2.1 概 述

结构物的安全与经济关键在于选择正确的结构方案,即概念设计(conceptual design),构件的设计在很大程度上取决于设计计算方法,过去曾采用过的计算方法有“容许应力法”和“破坏阶段法”,前法以线弹性理论为基础,它要求在规定的标准荷载 P_k 作用下,计算应力不大于规定的容许应力值,即 $\sigma \leqslant [\sigma] = f_{yk}/K$;而后法则考虑了材料的塑性性能,它要求由最大荷载 KP_k 产生的结构内力不大于构件的极限承载能力。上述两法中的安全系数 K(safety factor)主要凭经验和人的主观判断确定。

极限状态法是破坏阶段法的发展,它规定了结构的两种极限状态:承载能力极限状态和正常使用极限状态,并引入荷载系数、材料强度系数和构件工作条件系数,我国20世纪60年代制定的规范就采用了这个“三系数法”。我国《钢结构设计规范(TJ 17—74)》保留了极限状态法中对结构物的两种极限状态的规定,并对承载能力采用半概率(实为半统计)半经验的容许应力表达式:

$$\sigma \leqslant \frac{f_{yk}}{K_1 K_2 K_3} = \frac{f_{yk}}{K} = [\sigma] \tag{1-1}$$

式中 f_{yk}——钢材屈服强度(yield strength)的标准值,$f_{yk} = \mu_f - \alpha_f \sigma_{fo}$,其中:$\mu_f$、$\sigma_{fo}$分别为材料强度的平均值、标准差;$\alpha_f$ 为材料强度的保证系数,当保证率 $\omega = 95\%$时,$\alpha_f = 1.645$;

K_1、K_2、K_3——荷载系数、材料系数、工作条件系数。

式(1-1)中,σ 中的荷载标准值:$Q_k = \mu_Q + \alpha_Q \sigma_Q$($\mu_Q$ 和 σ_Q 分别是荷载的平均值和标准差)。

上述传统设计法对安全所下的定义是:“在正常设计、施工和使用条件下,结构物对抵抗各种影响安全的不利因素所必须的安全储备的大小。”这个定义指出了结构所处的条件必须是“正常的”。这里的各种不利因素,事实上是对不定性的承认,但最后却规定一个定值的安全储备,仍然摆脱不出定值设计法(deterministic design method)的范畴。

马克思说过:“一种科学只有在成功地运用数学时,才算达到了真正完善的地步。”目前,国际上在应用概率论可靠度(reliability)理论解决结构安全度问题并统一各类结构的基本设计方法方面取得了显著的进展。结构可靠度理论研究者的增长速度差不多每10年增加一个数量级。

为了合理地统一我国各类建筑结构设计规范的基本设计原则,促进结构设计理论的发展,我国工程界也顺应国际工程界的总潮流,在中国建筑科学研究院的领导下,成立领导小组,下属设计、荷载、材料三大组(30个单位),对可靠度进行了有成效的研究,编制了《建筑结构设计统一标准(GBJ 68—84)》,并于1985年1月1日由国家计委批准试行。标准GBJ 68—84采用了“国际标准化组织”(International Standardization Organization,简称ISO)颁布的国际通用符号和国际单位制,编制过程中主要借鉴了下列国际文件:ISO提出的《结构可靠性设计总原则》(ISO2394修正草案);国际“结构安全度联合委员会”(JCSS)编制的《结构统一标准规范的国际体系》(共6卷),其中第一卷是《对各类构件和各种材料的共同统一规则》。

标准(GBJ 68—84)所采用的结构可靠度计算方法,通常称为“考虑基本变量概率分布类型的一次二阶矩法”。为了使所设计的结构构件在不同情况下,具有比较一致的可靠度,标准(GBJ 68—84)对荷载效应的基本组合,采用了多个分项系数(partial coefficient)的极限状态设计表达式:

$$\gamma_0(\gamma_G C_G G_k + \gamma_{Q_1} C_{Q_1} Q_{1k} + \sum_{i=2}^{n} \gamma_{Q_i} C_{Q_i} \psi_{Ci} Q_{ik}) \leqslant R(\gamma_R, f_k, a_k, \cdots) \tag{1-2}$$

式中 γ_0——结构重要性系数(表1-4和表1-5),对安全等级为一级、二级、三级的结构构件可分别取1.1、1.0、0.9;

γ_G——永久荷载分项系数,一般情况下为1.2;

γ_{Q_1}、γ_{Q_i}——第1个和第i个可变荷载分项系数,一般情况下为1.4;

G_k——永久荷载的标准值;

Q_{1k}——第1个可变荷载的标准值,该可变荷载标准值的效应大于其他第i个可变荷载标准值的效应;

Q_{ik}——第i个可变荷载的标准值;

C_G、C_{Q_1}、C_{Q_i}——永久荷载、第一个可变荷载和其他第i个可变荷载的荷载效应系数;

ψ_{Ci}——第i个可变荷载的组合值系数,当风荷载与其他可变荷载组合时,采用0.6;

$R(\cdot)$——结构构件的抗力函数;

γ_R——结构构件抗力分项系数,其值应符合各类材料的结构设计规范的规定;

f_k——材料性能的标准值;

a_k——几何参数的标准值，当几何参数的变异性对结构性能有明显影响时，可另增减一个附加值 Δ_a 考虑其不利影响。

根据式(1-2)，由冶金工业部主编的《钢结构设计规范(GBJ 17—88)》，自1989年7月1日起施行。

借鉴最新版国际标准 ISO2394:1998《结构可靠度总原则》，由中国建设部主编的《建筑结构可靠度设计统一标准(GB 50068—2001)》(Unified Standard for Reliability Design of Building Structures)，自 2002 年 3 月 1 日起施行，相应的《钢结构设计规范(GB 50017—2003)》(Code for Design of Steel Structures)，自2003年12月1日起实施，规范(GBJ 17—88)同时废除。

根据运用概率理论处理结构安全问题的广度和深度，可将概率设计法(probabilistic design method)划分为三个水准：

水准Ⅰ——半概率(实为半统计)法。此法只对影响结构安全的某些参数，如材料强度、荷载等，采用了数理统计分析，因此，这种方法对结构的可靠度还不能作出定量的估计。我国20世纪60年代制定的66规范和70年代制定的各种材料的结构设计规范如《钢结构设计规范(TJ 17—74)》等，与世界各国20世纪70年代大多数规范一样，都属于这一水准。

水准Ⅱ——近似概率法。此法对建筑结构的可靠程度用失效概率 P_f(probability of failure)或可靠指标 β(reliability index)来估计。β 指标与 P_f 的直接关系(表1-6)，首先由美国人 Cornell 于 1969 年建立，西方国家称 β 为 Cornell 系数。标准(GBJ 68—84)和按此标准而制定的各种材料的结构规范，如《钢结构设计规范(GBJ17—88)》就属于这一水准。新规范[1]也属于这一水准，但新规范的编制原则采用文献[45]。

水准Ⅲ——全概率设计法。此法是将影响结构安全的各种参数分别采用随机变量或随机过程的概率模型来描述，对整个结构体系进行精确的概率分析后，求得结构的失效概率用以直接度量整个结构的安全性，而不一定借助于可靠指标 β。水准Ⅲ处于研究阶段，世界各国均未列入规范中。

1.2.2 数理统计中的有关名词

自然界中存在的各种客观现象可分为确定性现象(必然现象)和非确定性现象(在概率论中称为随机现象)两大类。在某一条件下，前者必然发生某种确定的结果，而后者并不总是发生相同的结果，例如，观察某种结构物的寿命就是一个随机现象。由于非确定性现象的不确定性(也称随机性)，当用少量观察结果(或试验结果)来研究某一随机现象时，似乎没有规律性，若用大量结果来分析时，就会发现随机现象也会呈现某些确定的、严格的、非偶然的规律性。在结构设计中，需要考虑各种因素，如荷载、材料强度、几何尺寸、计算精度、施工质量等非确定现象，因此，需要运用概率论和数理统计的知识。

1. 随机事件、概率和随机变量

在一定条件下，可能出现或可能不出现的事件称为随机事件，描述随机事件出现的可能性的量称为概率，一般用 P 表示，由随机事件所决定的变量，称为随机变量。例如，在10根钢筋中抽一根作试验，每一根钢筋都可能被抽到，故抽样是随机事件，其抽到的概率是10%，而钢筋的强度指标则是随机变量，它随抽样的不同而取不同的数值，形成所谓随机变量数列。

随机变量的定义是：如果每次试验的结果可以用一个数 X 表示，而对于任何实数 x，

$X<x$ 时都有确定的概率,则称 X 为随机变量。随机变量可用分布函数来完整地描述。设 X 为随机变量,显然 $X<x$ 的随机事件的概率 $P\{X<x\}$ 是 x 的一个函数,称为 X 的分布函数 $F(x)$,即

$$F(x) = P\{X < x\} \tag{1-3a}$$

对于连续型随机变量,则有:

$$F(x) = \int_{-\infty}^{x} f(x)\mathrm{d}x \tag{1-3b}$$

式中　$f(x)$——密度函数,由它所表达的曲线称为分布曲线(图 1-2a)。

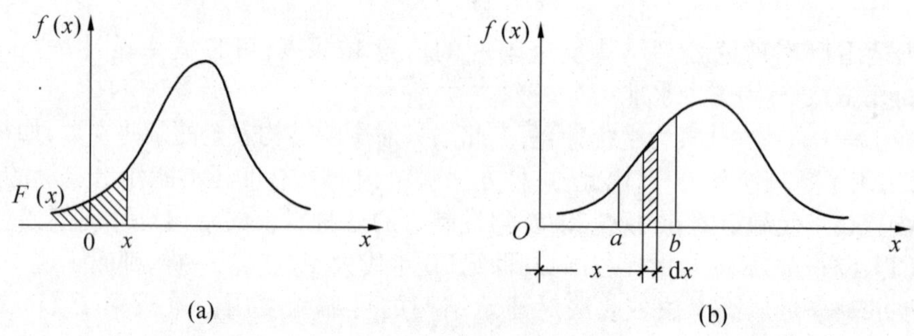

图 1-2　密度函数 $f(x)$

由图 1-2a 可见,$F(x)$ 为阴影面积,是一个概率;$f(x)$ 为 x 处曲线的坐标高度,它表示 x 处概率密度或出现频率。

如已知分布函数或密度函数,则随机变量 X 在任何区间 (a,b) 内的概率 $P\{a\leqslant X\leqslant b\}$ 就可马上用积分求得(图 1-2b):

$$\begin{aligned} P\{a \leqslant X \leqslant b\} &= \int_{a}^{b} f(x)\mathrm{d}x \\ &= \int_{-\infty}^{b} f(x)\mathrm{d}x - \int_{-\infty}^{a} f(x)\mathrm{d}x \\ &= F(b) - F(a) \end{aligned} \tag{1-4}$$

2. 随机变量的统计参数

在概率论和数理统计中,把反映随机变量某种特征的量叫随机变量的统计参数(也叫数字特征或特征数)。统计参数可分为两类:一类表示随机变量数列的代表值,如算术平均值(数学期望)μ;另一类用来衡量随机变量数列离散(波动)程度的特征值,如标准差 σ、变异系数(离散系数)δ 等。表 1-2 所示为三组试件的强度试验计算结果。

表 1-2　μ、σ 和 δ 值

试件 \ 组别 \ X		随机变量			$\mu=\frac{\sum_i^n x_i}{n}$	标准差	变异系数
		x_1 (N/mm^2)	x_2 (N/mm^2)	x_3 (N/mm^2)	(N/mm^2)	σ_i (N/mm^2)	δ_i
钢	第Ⅰ组	382	374	360	372	9.1	0.024
	第Ⅱ组	443	362	311	372	16.6	0.045
砼	第Ⅲ组	20	21	25	22	2.6	0.118

由表1-2可见，当两组算术平均值相等：$\mu_{\mathrm{I}}=\mu_{\mathrm{II}}=372\mathrm{N/mm^2}$，而每组各试验值对平均值的偏差之和又等于零(偏差有正有负，互相抵消)，因而，就看不出哪一组的离散程度大些，但如果将每个偏差平方，则将消去负号，然后总和再除以试件数 n，可得方差，为了使其量纲与随机变量相同，将方差开方，即得标准差：

$$\sigma=\left[\frac{\sum_{i=1}^{n}(x_i-\mu)^2}{n}\right]^{\frac{1}{2}} \tag{1-5}$$

式中　x_i——随机变量值；

n——试件数，当试件数较小时，上式分母 n 一般改为 $n-1$。

上述两组试验的标准差分别为(表1-2)：

$$\sigma_{\mathrm{I}}=\sqrt{\frac{(382-372)^2+(374-372)^2+(360-372)^2}{3}}=9.1\mathrm{N/mm^2},\sigma_{\mathrm{II}}=16.6\mathrm{N/mm^2}$$

可见，第Ⅱ组钢筋屈服强度的离散程度比第Ⅰ组大，即第Ⅱ组比第Ⅰ组质量差。

标准差 σ 只反映绝对离散的大小(有量纲)，即绝对误差的大小。因此，对于各组数列的平均值不相等的情况，如 $\mu_{\mathrm{III}}=22\mathrm{N/mm^2}<\mu_{\mathrm{I}}=\mu_{\mathrm{II}}=372\mathrm{N/mm^2}$，离散程度的判别必须用相对误差(无量纲)，这在统计学上可用离散系数(变异系数) δ 来表示：

$$\delta=\frac{\sigma}{\mu} \tag{1-6}$$

从而，可得上述数列的变异系数(表1-2)：

$$\delta_{\mathrm{I}}=\frac{9.1}{372}=0.024,\delta_{\mathrm{II}}=\frac{16.6}{372}=0.045,\delta_{\mathrm{III}}=\frac{2.6}{22}=0.118$$

可见，第Ⅲ组的质量最差，第Ⅰ组最好，顺序是 $\delta_{\mathrm{III}}>\delta_{\mathrm{II}}>\delta_{\mathrm{I}}$。

3．直方图与概率密度函数 $f(x)$

举例：某 $n=100$ 个砼立方体试件，实测结果 f_{cu}^0 分组(组距 $C=1\mathrm{N/mm^2}$)列于表1-3。

表1-3　测试结果

项目 \ 组别	1	2	3	4	5	6
f_{cu}^0 范围($\mathrm{N/mm^2}$)	18～19	19～20	20～21	21～22	22～23	23～24
频数(出现次数) m	1	14	34	36	13	2
概率 $P=\frac{m}{n}=\frac{m}{100}$	0.01	0.14	0.34	0.36	0.13	0.02
概率密度 $f(x)=\frac{P}{C}$	0.01	0.14	0.34	0.36	0.13	0.02

由图1-3可以想像，当测试试件数 n 愈大(成千上万)、组距 C 愈小时，直方图的上部就会变成一条连续的光滑曲线 $f(x)$——概率密度曲线。

4．正态分布与保证率 ω

正态分布记作 $N(\mu,\sigma)$，它的分布函数：

$$F(x)=\frac{1}{\sigma\sqrt{2\pi}}\int_{-\infty}^{x}\mathrm{e}^{-\frac{(x-\mu)^2}{2\sigma^2}}\mathrm{d}x$$

$$= \frac{1}{\sigma\sqrt{2\pi}}\int_{-\infty}^{x}\exp\left[-\frac{(x-\mu)^2}{2\sigma^2}\right]dx \tag{1-7}$$

相应的密度函数

$$f(x) = \frac{1}{\sigma\sqrt{2\pi}}\exp\left[-\frac{(x-\mu)^2}{2\sigma^2}\right] = \frac{1}{\sigma\sqrt{2\pi}}e^{-\frac{(x-\mu)^2}{2\sigma^2}} \tag{1-8}$$

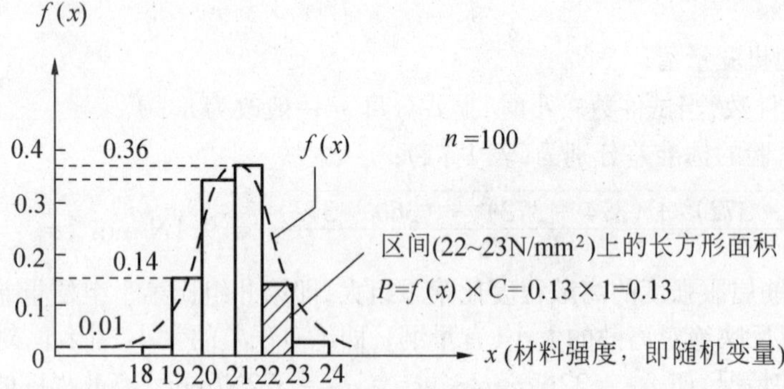

图 1-3　直方图与概率密度曲线

图 1-4a 所示两个正态分布，这类分布曲线呈钟形，对称于算术平均值；在 $x=\mu\pm\sigma$ 处是曲线的拐点(反弯点)，用×号表示；当标准差 σ 愈小，随机变量就愈集中在平均值 μ 的左

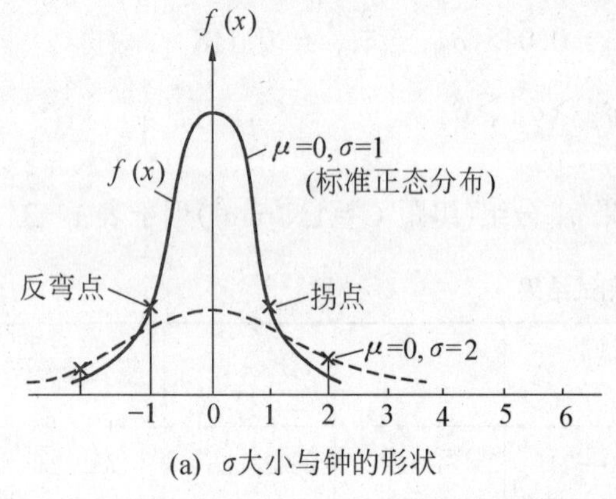

(a) σ大小与钟的形状

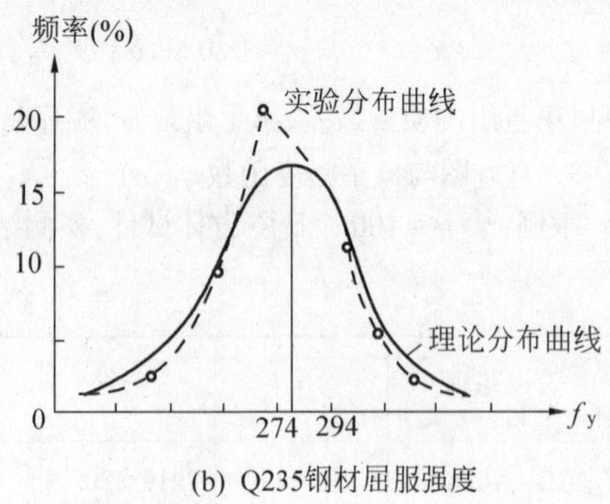

(b) Q235钢材屈服强度

图 1-4　正态分布

右，当 $\mu=0,\sigma=1$ 时称 $N(0,1)$ 为标准正态分布，其函数值可查概率积分表得到。图 1-4b 表示某钢厂生产的 Q235 钢材屈服强度统计的分布曲线。

如果在一随机变量中取一定值(如图 1-5 的 $\mu-2\sigma$)，随机变量出现大于、等于它的概率，就称为关于这一取值的保证率 ω。曲线与横轴 x 之间的总面积代表总概率为 100%，显然，对于算术平均值 μ 的保证率为 $\omega=50\%$，由定义可知，图 1-5 中正态分布函

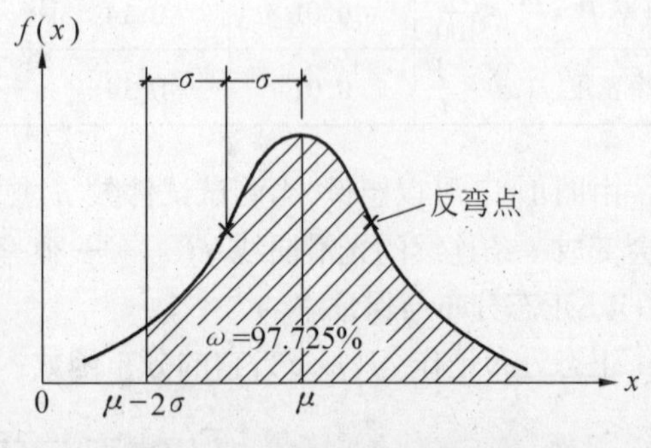

图 1-5　正态分布与保证率 ω

数关于 $x \geqslant \mu - 2\sigma$ 的保证率 ω(图中阴影部分)为:

$$\begin{aligned}
\omega &= \int_{\mu-2\sigma}^{\infty} f(x)\mathrm{d}x \\
&= \frac{1}{\sqrt{\pi}}\int_{\mu-2\sigma}^{\infty} \mathrm{e}^{-\left(\frac{x-\mu}{\sqrt{2}\sigma}\right)^2}\mathrm{d}\left(\frac{x-\mu}{\sqrt{2}\sigma}\right) \\
&= \frac{1}{\sqrt{\pi}}\int_{0}^{\infty} \mathrm{e}^{-x^2}\mathrm{d}x + \frac{1}{\sqrt{\pi}}\int_{0}^{\sqrt{2}} \mathrm{e}^{-x^2}\mathrm{d}x \\
&= 0.5 + \frac{1}{\sqrt{\pi}}\int_{0}^{\sqrt{2}} \mathrm{e}^{-x^2}\mathrm{d}x
\end{aligned} \tag{1-9}$$

后一项为标准正态分布函数值,由概率积分表可查得为0.47725,从而 $\omega = 0.97725$,即保证率为97.725%。同理可求关于 $\mu - \sigma$ 和 $\mu - 3\sigma$ 的保证率分别为84.134%和99.865%。

1.2.3 有关极限状态设计的几点说明

1. 结构上的作用(actions)

长期以来,工程上都习惯用“荷载”这个术语来概括加在结构上的各种力(集中力或分布力),如恒荷载、活荷载、风荷载、雪荷载等。由于这些力直接施加在结构上,因此可称为直接作用(也称为荷载)。而引起结构外加变形和约束变形的其他作用,如地震、基础沉降、混凝土收缩、温度变化、焊接等,就不宜用“荷载”来概括。若对地震的作用采用“地震荷载”一词,就容易使人误解为地震作用是对结构施加的与地基和结构本身无关的外力。通常,由地震、沉降、收缩、温度等引起结构外加变形或约束变形的作用,称为间接作用。因此,标准(GBJ 68—84)和文献[2]就采用“作用”这个词作为正式术语,来概括能使结构产生效应(内力、变形等)的所有原因,而“荷载”一词只用于施加在结构上的直接作用。

按随时间的变异分类:永久作用(permanent action)、可变作用(variable action)和偶然作用(accidental action);按随空间位置的变异分类:固定作用(fixed action)和自由作用(free action);按结构的反应特点分类:静态作用(static action)和动态作用(dynamic action)。如吊车荷载按上述作用分类应该属于:可变作用、自由作用、动态作用。

2. 设计基准期、设计使用年限

设计基准期(design reference period)——为确定可变作用及与时间有关的材料性能取值而选用的时间参数,即所考虑的荷载统计参数,都是按设计基准期 $T = 50$ 年确定的。如设计时需采用其他设计基准期,就必须另行确定在设计基准期内最大荷载的概率分布(probability distribution)及相应的统计参数(statistical parameter)。必须指出,设计基准期与结构物的寿命虽有一定的联系,但不等同,因为当使用年限达到或超过基准期时,并不意味着结构物的报废,而只是它的可靠度水平将逐渐降低,即失效概率将逐渐增大。

设计使用年限(design working life)——在规定的时期内(表1-4),房屋建筑在正常设计、正常施工、正常使用和维护下所达到的使用年限,即地基基础工程和主体结构工程“合理使用年限”的具体化。

表 1-4　设计使用年限分类

类　别	设计使用年限(年)	示　例	结构重要性系数 γ_0
1	5	临时性结构	≥0.9
2	25	易于替换的结构构件	视情况取值
3	50	普通房屋和构筑物	≥1.0
4	100	纪念性建筑和特别重要的建筑结构	≥1.1

3. 建筑结构的安全等级

建筑结构设计时，应根据结构破坏可能产生的后果(危及人的生命、造成经济损失、产生社会影响等)的严重性，采用不同的安全等级(表 1-5)。

表 1-5　建筑结构的安全等级

安全等级	破坏后果	建筑物类型	γ_0
一级	很严重	重要的房屋	≥1.1
二级	严　重	一般的房屋	≥1.0
三级	不严重	次要的房屋	≥0.9

注：①对特殊的建筑物，其安全等级应根据具体情况另行确定。
②地基基础设计安全等级及按抗震要求设计时建筑结构的安全等级，尚应符合国家现行有关规范的规定。

4. 结构的可靠性和可靠度

结构的可靠性(reliability)——是指结构在规定的时间(基准期)内，在规定的条件下(即以正常设计、正常施工、正常使用为条件，不考虑人为过失的影响)完成预定功能的能力。标准[2]规定建筑结构应满足以下功能要求：

(1)安全性(safety)——即建筑结构应能承受在正常施工和正常使用时可能出现的各种作用。此外，还应具有在偶然事件发生时和发生后保持整体稳定的能力；

(2)适用性(serviceability)——指建筑结构在正常使用条件下应具有良好的工作性能，例如，不应有过大的变形和出现影响正常使用的振动等；

(3)耐久性(durability)——指建筑结构在正常使用条件下应具有规定的耐久性能，例如在基准期内，结构材料的锈蚀或其他腐蚀，均不应超过一定的限度等等。

建筑结构在预定的正常使用条件下，在预定的基准使用期限内，若其安全性、适用性、耐久性都得到了保证，就是可靠的。建筑结构的这一特性称为结构的可靠性。结构的可靠性的定义显然比安全性全面。

结构可靠度(degree of reliability)——结构可靠性的定量指标，即结构可靠度的定义是："结构在规定的时间内，在规定的条件下完成预定功能的概率"。可见，结构可靠度是结构可靠性的概率度量。结构可靠度的这一概率定义从统计数学观点出发，是比较科学的定义。与其他各种从定值观点出发的定义，如认为"结构的安全是结构的安全储备"有本质的区别。

5. 结构的极限状态(limit state)

整个结构或结构的一部分超过某一特定状态就不能满足设计规定的某一功能要求时，此特定状态为该功能的极限状态。极限状态分两大类：

(1)承载能力极限状态(ultimate limit states)。这种极限状态对应于结构或结构构件达到最大承载能力或不适于继续承载的变形。

当结构或结构构件出现下列状态之一时,应认为超过了承载能力极限状态:

①整个结构或结构的一部分作为刚体失去平衡,如倾覆等;

②结构构件或连接因超过材料强度而破坏(包括疲劳破坏),或因过度变形而不适于继续承载;

③结构转变为机动体系;

④结构或结构构件丧失稳定(stability),或屈曲(buckling);

⑤地基丧失承载能力而破坏。

(2)正常使用极限状态(serviceability limit states)。这种极限状态对应于结构或结构构件达到正常使用或耐久性能的某项规定限值。

当结构或结构构件出现下列状态之一时,应认为超过了正常使用极限状态:

①影响正常使用或外观的变形;

②影响正常使用或耐久性能的局部损坏,包括裂缝等;

③影响正常使用的振动;

④影响正常使用的其他特定状态。

6. 结构的作用效应 S(effect of an action)和结构抗力 R(resistance)

作用对结构产生的效应(内力、变形等)称为结构的作用效应 S,因而荷载对结构产生的效应称为荷载效应,标准[2]假定荷载与荷载效应近似地呈线性关系,故荷载效应可用荷载值乘以荷载效应系数来表达。

结构上的作用,不但具有随机性质,而且除永久荷载外,一般还与时间参数有关,所以作用效应 S 宜用随机过程概率模型来描述。

结构抗力 R 是构件材料性能、几何参数以及计算模式的不定性的函数,当不考虑材料性能随时间的变异时,结构抗力 R 是随机变量。

1.2.4 结构可靠度的计算方法

这里论述的计算方法主要适用于作用效应 S 与构件结构抗力 R 相互独立的情况。

结构的可靠度通常受各种作用、材料性能、几何参数、计算公式精确性等因素的影响。这些因素一般具有随机性,称为“基本变量”(basic variable),记为 X_i($i=1,2,\cdots,n$)。因而,结构或构件的工作性能可用“功能”函数表示:

$$Z = g(X_1, X_2, \cdots, X_n) \tag{1-10}$$

如将影响结构可靠性的各因素概括为两个随机变量 S 和 R,则功能函数(performance function):

$$Z = g(S, R) = R - S \tag{1-11}$$

式中 R——抗力(resistance)。与构件的截面尺寸、材料强度有关;

S——作用效应。用截面内力 M、N 等表示(砼结构),或用截面上某点的应力 $\sigma_M = M/W$,$\sigma_N = N/A$ 等表示(钢结构);

Z——随机变量。它是 R、S 的函数。

显然,$Z>0$ 结构可靠;$Z<0$ 结构失效;而结构的极限状态方程是:

$$Z = g(S,R) = R - S = 0 \tag{1-12}$$

根据概率理论,结构的失效概率(Probability of failure)为:

$$P_f = P\{Z < 0\} \tag{1-13}$$

设 S、R 为正态分布,故 $Z=R-S$ 亦为正态分布,其标准差 $\sigma_Z>0$,从而,式(1-13)P_f 可表示为:

$$P_f = P\left\{\frac{Z-\mu_Z}{\sigma_Z} < \frac{-\mu_Z}{\sigma_Z}\right\} = \phi\left(-\frac{\mu_Z}{\sigma_Z}\right) = \phi(-\beta) = 1-\phi(\beta) \tag{1-14}$$

式中 $\phi(\cdot)$——标准正态分布函数,可查表得到;

μ_Z、σ_Z——Z 的算术平均值、标准差;

β——可靠指标,见图1-6。β 可表示为:

$$\beta = \frac{\mu_Z}{\sigma_Z} = \frac{\mu_R-\mu_S}{\sqrt{\sigma_R^2+\sigma_S^2}} \tag{1-15}$$

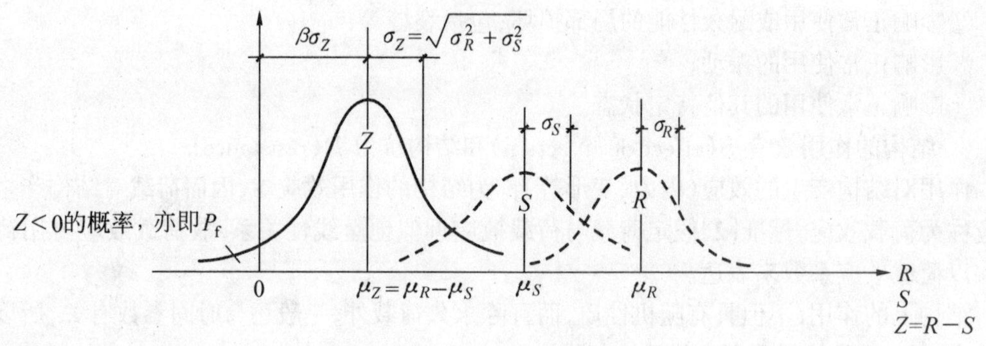

图1-6 $P_f\sim\beta$ 之关系

式(1-15)即为二阶矩法的设计式。

式(1-14)确切地表达了 P_f 与 β 的对应关系,已知 β 后,即可求得 P_f(表1-6)。由于 β 越大,P_f 就越小,即结构越可靠(图1-6),因此,β 完全可作为衡量结构可靠度的一个数量指标,故称 β 为可靠指标。

表1-6 $\beta\sim P_f$ 关系

β	2.7	3.2	3.7	4.2
P_f	3.4×10^{-3}	0.68×10^{-3}	0.1×10^{-3}	0.013×10^{-3}

当基本度量不按正态分布时,结构构件的可靠指标应以 S 和 R 的当量正态分布平均值和标准差代入式(1-15)计算。

至此,必须选择一个结构最优的 P_f 或目标可靠指标〔β〕,以达到结构可靠与经济最佳的目的。由于〔β〕的选择涉及的因素非常复杂,理论上难于找到合理的定量的分析方法,目前许多国家采用“校准法”(Calibration)来选择〔β〕或最优失效概率〔P_f〕。规范[1]采用的结构构件可靠指标就是通过对规范(GBJ 17—88)的反演分析找出校准点,确定设计采用的〔β〕(表1-7),只要知道由式(1-15)算出的 β 值,若 $\beta\geqslant$〔β〕,就认为结构或构件是可靠的。

表1-7　结构构件承载能力极限状态的目标可靠指标[β]

破坏类型	安全等级(safety classes)		
	一级	二级*	三级
延性破坏(ductile failure)	3.7	3.2	2.7
脆性破坏(brittle failure)	4.2	3.7	3.2

注：①若以二级为准，一级增0.5，三级减0.5。"脆性破坏"的[β]取高一点。

②当承受偶然作用时，结构构件的可靠指标应符合专门规范的规定。

考虑到概率计算不够简洁，且广大设计人员对概率计算又不很熟悉，因此，规范[1]的设计公式仍采用设计人员乐意接受的分项系数表达式(1-2)。Schueller和Melchers曾这样说过："在修改规范时，如果要有什么改变，只能是逐步地和微小的，以便不引起规范使用者们的不安和苦恼。规范修订所导致的安全度水平的变化若大于10%，就常常会使实际工作者恐慌，从而拒绝接受。"因此，规范[1]的概率水准是Ⅱ，但采用的设计计算表达形式仍与概率水准Ⅰ的计算表达式相当。但必须指出，规范[1]中的分项系数与概率水准Ⅰ的分项系数(安全系数)具有完全不同的含义。因为，规范[1]度量结构的可靠度是可靠指标β值，而不再是安全系数，其分项系数是按概率设计法确定的，并通过优化选择，使分项系数设计的结构具有的可靠度尽可能地接近目标可靠指标[β]所对应的可靠度。简言之，结构可靠度用的可靠指标值已在分项系数中考虑了。

结构构件正常使用极限状态的可靠指标，根据其可逆程度宜取0～1.5。

1.2.5　实用分项系数γ的结构设计表达式

对于承载能力极限状态，结构构件采用荷载效应的基本组合和偶然组合进行设计。

1. 基本组合

对于基本组合，应按下列极限状态表达式中最不利值确定：

$$\gamma_0\left(\gamma_G S_{G_k}+\gamma_{Q_1}S_{Q_{1k}}+\sum_{i=2}^{n}\gamma_{Q_i}\psi_{ci}S_{Q_{ik}}\right)\leqslant R(\gamma_R,f_k,a_k,\cdots) \tag{1-16}$$

$$\gamma_0\left(\gamma_G S_{G_k}+\sum_{i=1}^{n}\gamma_{Q_i}\psi_{ci}S_{Q_{ik}}\right)\leqslant R(\gamma_R,f_k,a_k,\cdots) \tag{1-17}$$

对一般排架、框架结构，式(1-16)可简化为：

$$\gamma_0\left(\gamma_G S_{G_k}+\psi\sum_{i=1}^{n}\gamma_{Q_i}S_{Q_{ik}}\right)\leqslant R(\gamma_R,f_k,a_k,\cdots) \tag{1-18}$$

式中　γ_0——结构重要性系数，按表1-4、表1-5取值；

γ_G——永久荷载分项系数，当永久荷载效应对结构构件的承载能力不利时，式(1-16)和式(1-18)中的$\gamma_G=1.2$，对式(1-17)，$\gamma_G=1.35$；当永久荷载效应对结构构件的承载能力有利时，γ_G不应大于1.0；

γ_{Q_1}、γ_{Q_i}——第1个、第i个可变荷载分项系数，当可变荷载效应对结构构件承载能力不利时，一般情况下$\gamma_Q=1.4$，对标准值大于4kN/m^{2}的工业房屋楼面结构的活荷载$\gamma_Q=1.3$；当可变荷载效应对结构构件承载力有利时，$\gamma_Q=0$；

S_{G_k}——永久荷载标准值的效应；

$S_{Q_{1k}}$——在基本组合中起控制作用的一个可变荷载标准值的效应；

$S_{Q_{ik}}$——第 i 个可变荷载标准值的效应；

ψ_{ci}——第 i 个可变荷载的组合值系数，其值不应大于1；

$R(\cdot)$——结构构件的抗力函数；

γ_R——结构构件抗力分项系数，Q235 钢的 $\gamma_R = 1.087$；Q345、Q390 和 Q420 的 $\gamma_R = 1.111$；端面承压 $\gamma_{Ru} = 1.538$；

f_k——钢材强度标准值，如 Q235 钢，$f_k = f_y = 235\text{N/mm}^2$；

f——钢材强度设计值：$f = f_k/\gamma_R = 235/1.087 \approx 215\text{N/mm}^2$（附表 1-3，板厚 $t \leqslant$ 16mm）；

a_k——几何参数的标准值，当几何参数的变异对结构构件有明显影响时可另增减一个附加值 Δ_a 考虑其不利影响；

ψ——简化设计表达式中采用的荷载组合系数；一般情况下可取 $\psi = 0.90$，当只有一个可变荷载时，取 $\psi = 1.0$。

2．偶然组合

对于偶然组合，极限状态设计表达式宜按下列原则确定：偶然作用的代表值不乘以分项系数；与偶然作用同时出现的可变荷载，应根据观测资料和工程经验采用适当的代表值。具体的设计表达式及各种系数，应符合专门规范的规定。

对于正常使用极限状态，结构构件应分别采用荷载效应的标准组合、频遇组合和准永久组合进行设计。钢结构只考虑标准组合：

$$S_{G_k} + S_{Q_{1k}} + \sum_{i=2}^{n} \psi_{ci} S_{Q_{ik}} \leqslant [v] \tag{1-19}$$

式中 S_{G_k}——永久荷载标准值对结构或构件产生的变形值；

$S_{Q_{1k}}$、$S_{Q_{ik}}$——起控制作用的第 1 个可变荷载、第 i 个可变荷载标准值产生的变形值；

$[v]$——结构或构件的容许变形值。

1.3 纯钢结构工程一览表

世界部分高层、大跨度纯钢结构，如表 1-8 所示。

表 1-8 部分高层、大跨度纯钢结构

No.	建筑物名称	城市 建成时间	层数 n	高度 H(m)/ 跨度 l(m)	结构体系	用钢 (kg/m^2)
1	锦江饭店	上海 1988	46	153m/	钢框架 + 钢支撑 + 钢板剪力墙	156
2	金沙江饭店	上海 1989	14	41.4m/	钢框架 + 钢支撑	69
3	世界贸易中心(双塔) World Trade Center (Twin Towers)(图 1-7)	纽约 1973	110	417m/	外钢框筒 + 内钢框架	186

续表

No.	建筑物名称	城市 建成时间	层数 n	高度 H(m)/ 跨度 l(m)	结构体系	用钢 (kg/m²)
4	西尔斯塔(图1-8) (Sears Tower)	芝加哥 1974	110	443m/	束钢框筒(9筒)	161
5	北京工人体育馆 (图1-9)	北京 1961	1	/圆平面 $D=96$m	车辐式双层钢索结构	54.3*
6	浙江省人民体育馆 (图1-10)	杭州 1968	1	/椭圆 80m×60m	鞍形钢索网结构	17.3*
7	汉城体育馆 (第24届奥运会主场馆) (图1-11)	汉城 1988	1	/圆 $D=120$m	准张拉整体体系(准 Tersegrity System)	15**
8	乔治亚穹顶(Georgia Dome) (第26届奥运会主场馆) (图1-12)	亚特兰大 1996	1	/椭圆 240.79m×192.02m	准张拉整体 (准 Tersegrity)	30**
9	广东奥林匹克体育场 (图1-13)	广州 2002	1	/外悬 52.4m	梁式平面桁架	200
10	深圳宝安体育馆 (图1-14)	深圳 2003	1	/外悬 48.295m	梁式平面桁架	68
11	广州白云国际机杨 10#飞机维修库(图1-15)	广州 2004	1	(平面 100m+150m +100m)×80m	梁式平面桁架	250
12	鸟巢(图1-16) (国家体育场,2008年北京第29届奥运会主体育场)	北京 2008	1	/椭圆 332.3m×297.3m (中央开洞口: 185.3m×127.5m)	梁式平面框架	707.1

注:①钢结构精心设计的四大步骤中的第1步:正确选择结构方案对有效地减少结构用钢量是个关键,上表所列出的工程能证明之。一般梁式屋盖结构,当跨度 $l=100$m 时,用钢量约 80kg/m²,随着跨度的增大,用钢量将随 l^2 成正比猛增。从而可估算 No.12 的用钢量约:$(297.3/100)^2\times80=707.1$kg/m²,这说明大跨度屋盖不能采用梁式平面桁架系结构。若结构方案选错,优化无用。

②准 Tersegrity 体系,是当前世界上最先进的大跨度屋盖结构方案之一,用钢量将不会随 l^2 成正比增加,如 No.8 的跨度比 No.7 几乎增加1倍,用钢量却只增加 15kg/m²。

③ *——含 RC 外环用钢; **——不含外环用钢。

图1-7 World Trade Center(用钢量 186kg/m²)

西尔斯塔

图1-8 Sears Tower(用钢量 161kg/m²)

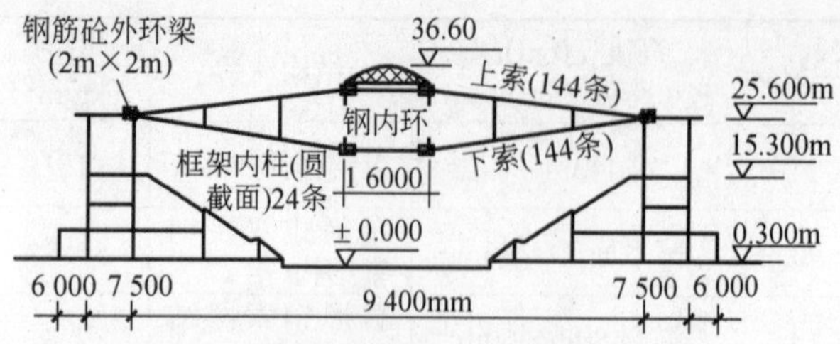

图 1-9　北京工人体育馆
(用钢量:54.3kg/m²(包外环))

图 1-10　浙江省人民体育馆
(用钢量:17.3kg/m²(包外环))

图 1-11　汉城体育馆(准 Tersegrity)
(用钢量:15kg/m²(不包外环))

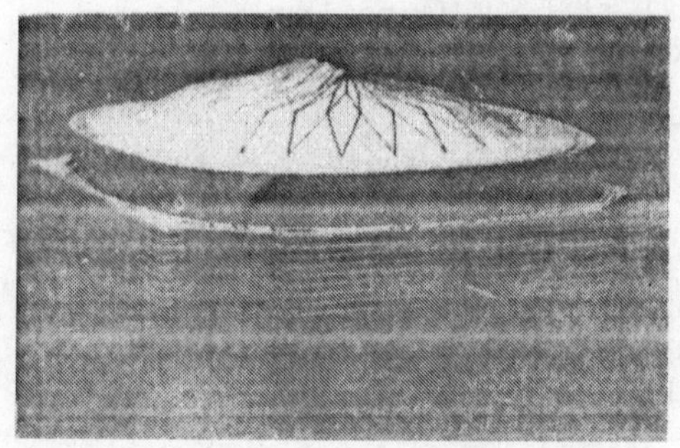

图 1-12　美国 Georgia Dome(准 Terstgrity)
(用钢量:30kg/m²(不包外环))

图 1-13　广东奥林匹克体育场(美国方案)
(用钢量:200kg/m²)

图1-14　深圳宝安体育馆(法国方案)
(用钢量:68kg/m²)

图1-15　广州白云国际机场10#飞机维修库(澳大利亚斯塔公司中标)
(用钢量:250kg/m²)

图1-16　国家体育场(2008奥运主场馆)
(建筑诺贝尔奖得主瑞士赫尔佐格建筑师中标)
(用钢量:707.1kg/m²)

第2章 钢结构材料

2.1 钢结构对材料的要求

钢结构的主要材料是钢，钢材品种多，用处不同，所需钢材的性能各异。如机械加工的切削工具，需要钢材有很高的强度和硬度；石油化工设备需要钢材具有耐高温高压的性能。用于钢结构的钢材必须具有下列性能：

1. 较高的强度

屈服点 f_y 和抗拉强度 f_u 较高。f_y 是衡量钢材强度的指标之一，屈服强度高可以减小截面，节约钢材，降低造价。抗拉强度高可以增加结构的安全保障。

2. 较好的塑性、韧性

塑性、韧性好，可使结构在静力荷载和动力荷载作用下有足够的变形能力。塑性好反映结构破坏前变形较明显，可减少脆性破坏的危险，且塑性变形能调整局部高峰应力，使之趋于平缓。韧性好表示在动力荷载作用下破坏时吸收较多的能量，也有减轻脆性破坏的倾向。

3. 良好的加工性能

适合冷加工、热加工，同时具有良好的可焊性，不因这些加工而对结构的强度、塑性、韧性造成较大的不利影响。

4. 其他性能

另外，根据结构的具体工作条件，在必要时还要求钢材具有适应低温、高温和抵抗有害介质侵蚀的性能。

按上述要求，规范[1]规定：承重结构采用的钢材应具有抗拉强度、伸长率、屈服强度和硫、磷含量的合格保证，对焊接结构尚应具有碳含量的合格保证。

焊接承重结构以及重要的非焊接承重结构采用的钢材还应具有冷弯试验的合格保证。

2.2 钢材的工作性能

2.2.1 单向拉伸时的工作性能

钢材的力学性能指标，是钢结构设计的重要依据。这些指标主要是通过试验来测定。最基本、最主要的是单向拉伸时的力学性能指标，其他的钢材性能信息可从该试验推断。

低碳钢钢材标准试件在常温静载下，进行一次拉伸试验，其应力－应变曲线（$\sigma-\varepsilon$）如图2－1所示，从中可见，钢材历经四个阶段：

1．弹性阶段(OA)

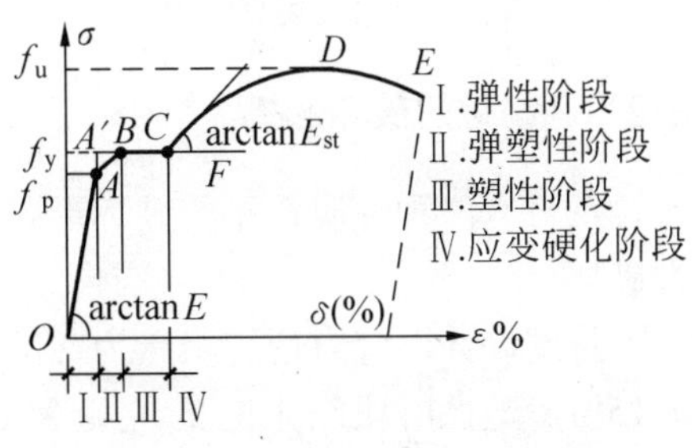

图2－1　钢材的一次拉伸应力－应变曲线

应力由零到比例极限 f_p(因弹性极限和比例极限很接近，通常以比例极限为弹性阶段的结束点)，应力与应变成正比，符合虎克定律。从 OA 直线上任意一点开始卸载，应力－应变状态将沿着直线下降，直至完全卸载时，返回至原点 O，不存在残余应变。直线的斜率记为弹性模量 E，$E=\tan\alpha=\sigma/\varepsilon$，钢材的弹性模量很大，为 $2.06\times10^5\ \mathrm{N/mm^2}$。

2．弹塑性阶段(AB)

应力应变是非线形关系，应力增加时，增加的应变包括弹性应变和塑性应变，在此阶段卸荷时，弹性应变立即恢复，而塑性应变不能恢复，称为残余应变。由 A 点到 B 点，应力与应变是波动过程，逐渐趋于平稳。B 点对应的应力为屈服点记为 f_y。

3．塑性阶段(BC)

应力到达屈服点后，应力保持不变，应变继续增加，应力应变关系呈水平线段 BC，通常称为屈服平台，即塑性流动阶段，钢材表现为完全塑性。整个屈服平台对应的应变幅度称为流幅，流幅越大，钢材的塑性越好。

4．强化阶段(CD)

塑性阶段结束后，钢材又恢复了抵抗外荷载的能力，此阶段的 $\sigma-\varepsilon$ 为上升的非线形关系，直至应力达到抗拉强度 f_u 时，试件在材质较差处的截面发生颈缩现象，该处截面迅速减小，承载能力随之下降，到 E 点时试件断裂破坏。

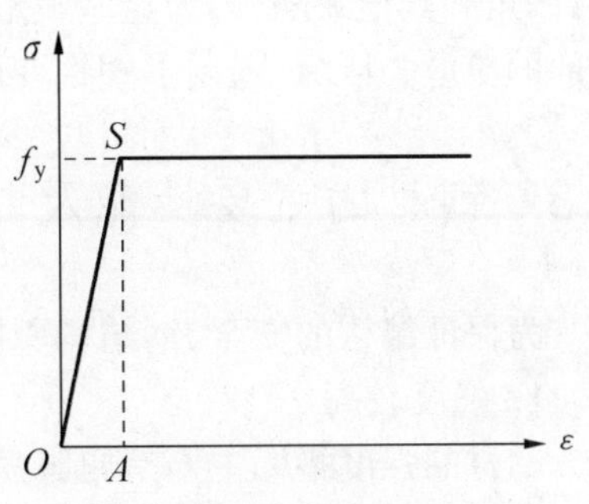

图2－2　理想的弹－塑性体的应力－应变曲线

对于没有缺陷和残余应力影响的试件，比例极限与屈服点比较接近，且屈服点前的应变很小，低碳钢约为0.15%。为简化计算，将这两点归并成一个屈服点，钢材历经两个阶段：弹性阶段和塑性阶段，屈服点以前，钢材为完全弹性，屈服点后完全塑性，这样钢材可视为理想的弹－塑性体，其应力－应变曲线表现为双直线，如图2－2所示。

2.2.2　受压、受剪时的工作性能

粗短钢试件在单向受压时的工作性能，基本与上述单向受拉时相同。

钢材受剪时的力学性能也相类似，但受剪的屈服强度和抗剪强度均较受拉时低，剪变模量 G 也低于弹性模量 E。理论和试验都给出了以下关系：

受剪屈服强度
$$f_{vy}=f_y/\sqrt{3} \tag{2-1}$$

剪变模量
$$G=\frac{E}{2(1+\nu)} \tag{2-2}$$

式中　ν——泊松比。

高强度钢材没有明显的屈服点和屈服台阶。这类钢的屈服条件是根据试验分析结果而人为规定的，故称为条件屈服点，是以卸荷后试件中的残余应变为0.2%所对应的应力定义

的，有时用 $f_{0.2}$ 表示，见图 2-3。

2.2.3 钢材的破坏形式

钢材有两种性质各异的破坏形式：塑性破坏和脆性破坏。

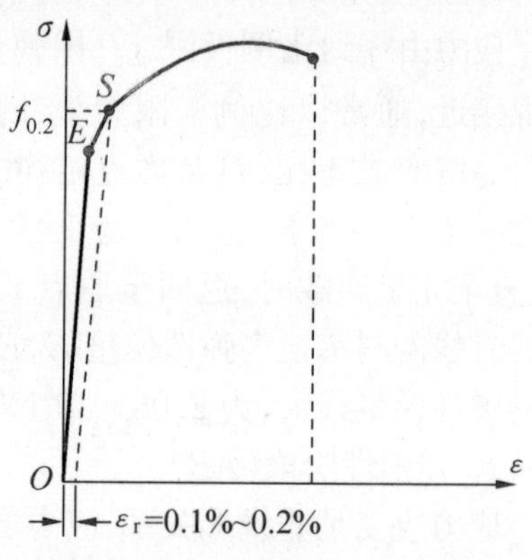

图 2-3 高强度钢的应力-应变曲线

强度设计以应力达屈服点为标准，屈服应变约为 0.15%。塑性阶段结束时的应变为 2%～3%，称为塑性破坏。而真正破坏是应力达到极限强度后才发生。对于常用的 Q235 钢，全部塑性变形约等于弹性变形的 200 余倍，说明结构在破坏前出现很大的变形，很容易及时发现而采取措施予以补救，不致造成严重后果。另外，塑性变形带来的另一个有利因素，就是使结构出现内力重分布，使结构或构件中原先受力不等的部位的应力趋于均匀，从而提高承载力。

脆性破坏则相反，破坏前变形很小。一般当平均应力小于屈服强度时，断裂便从应力集中处开始。破坏前没有预兆，破坏突然发生，无法及时察觉和采取补救措施。脆性破坏危及生命财产安全，后果严重。因此，在钢结构的设计和施工中，应避免在构件中存有缺口、裂纹、凹角和其他缺陷，因为这些缺陷往往是高度应力集中处，是断裂的发源地。此外，两向或三向的拉应力区域，遏制了塑性变形的发展，易发生脆性破坏，也应避免。

2.3 钢材的主要性能及其测定

为保证结构的安全，钢结构所用的钢材应具有下列性能要求：

1. 强度较高

钢材的强度指标主要是屈服强度 f_y 和抗拉强度 f_u，这两项指标必须获得保证。

在屈服强度 f_y 之前，钢材应变很小，在屈服强度 f_y 之后，钢材产生很大的塑性变形，常使结构出现使用上不允许的残余变形，因此屈服强度 f_y 是设计时钢材可以达到的最大应力，采用屈服强度高的钢材，可减少截面，减轻自重，节约钢材。

抗拉强度 f_u 虽比屈服强度高，但一般很难利用。因为当应力超过屈服台阶时，结构已产生很大的塑性变形而失去使用性能（低碳钢此时的应变为 2.5%）。抗拉强度 f_u 可作为 f_y 一种附加的安全保障。屈强比 f_y/f_u 是衡量钢材强度储备的系数，屈强比越低钢材的安全储备越大，但屈强比过小，钢材强度的利用率太低，不经济；屈强比过大时，安全储备太小而不够安全。

2. 塑性好

塑性是指钢材在应力超过屈服点后，能产生显著的残余变形而不立即断裂的性质。衡量钢材塑性的主要指标有二：伸长率 δ 和断面收缩率 Ψ。伸长率 δ 和断面收缩率 Ψ 是由钢材的静力拉伸试验得到：

$$\delta = \frac{l_1 - l_0}{l_0} \times 100\% \tag{2-3}$$

式中　l_0、l_1——试件原标距长度和拉断后标距长度。

当标距和直径之比 $l_0/d=5$ 和 10 时，伸长率分别用 δ_5 和 δ_{10} 表示。伸长率代表材料断裂前具有的塑性变形能力。

断面收缩率 Ψ 等于试件拉断后断面面积缩小值与原截面积比值的百分率：

$$\Psi = \frac{A_0 - A_1}{A_0} \times 100\% \tag{2-4}$$

式中　$A_0 = \pi d_0^2/4$——试件原截面积；

A_1——试件拉断后在断裂处的截面积。

3. 良好的冷弯性能

冷弯性能是指钢材在常温下加工产生塑性变形时，对产生裂缝的抵抗能力。冷弯性能可在材料试验机上通过冷弯试验确定，见图 2-4。试验时按照规定的弯心直径将试件弯曲 180°，以其表面及侧面无裂纹或分层，即为合格。冷弯试验合格表示材料塑性变形能力符合要求，同时表示钢材的冶金质量（颗粒结晶及非金属夹杂分布）符合要求。因此，冷弯性能是判别钢材塑性变形能力及冶金质量的综合指标。重要结构中需要有良好的冷、热加工的工艺性能时，应有冷弯试验合格保证。

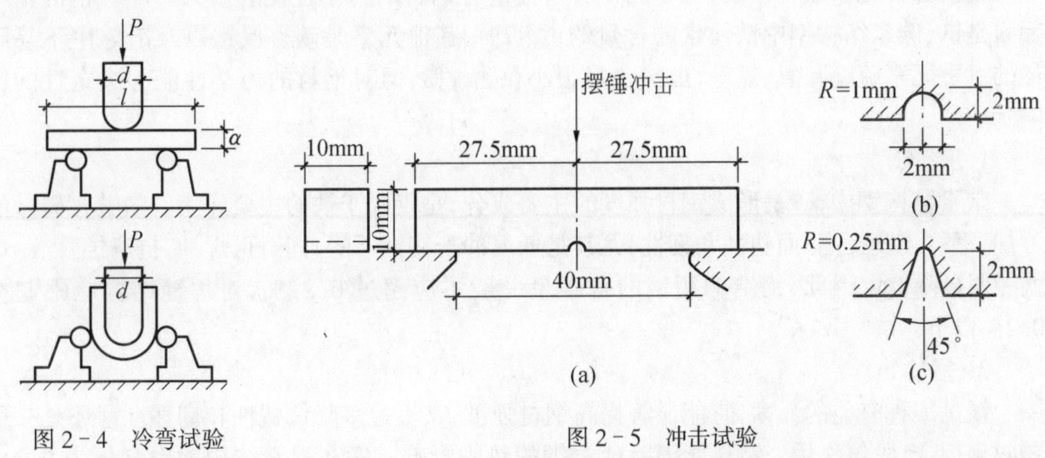

图 2-4　冷弯试验　　　　图 2-5　冲击试验

4. 冲击韧性好

拉力试验所表现的钢材性能，如强度和塑性，是静力性能，而韧性试验则可获得钢材的一种动力性能。韧性是钢材在塑性变形和断裂过程中吸收能量的能力，也即钢材抵抗冲击荷载的能力。吸收较多能量才断裂的钢材，是韧性好的钢材。

对试件冲击韧性的测量，可用不同的方法进行。我国过去多用梅氏方法。该方法规定用跨中带 U 型缺口的方形截面小试件，在规定的试验机上进行，见图 2-5a 及 b。试件在摆锤冲击下折断后，断口处单位面积上的功即为冲击韧性值，用 α_k 表示，单位为 J/cm^2。

现行国家标准《碳素结构钢》规定采用国际通用的夏比试验法，试件与梅氏试件的区别仅仅在于带 V 型缺口，见图 2-5c。由于缺口比较尖锐，更接近实际构件中可能出现的严重缺陷。夏比缺口韧性用 C_V 表示，其值为试件折断所需的功，单位为 J。

由于低温对钢材的脆性破坏有显著影响，在寒冷地区建造的结构不但要求钢材具有常温（20±5℃）冲击韧性指标，还要求具有 0℃或负温（-20℃、-40℃）冲击韧性的指标，以保证结构具有足够的抗脆性破坏能力。

5. 良好的可焊性

可焊性是指采用一般焊接工艺就可完成合格焊缝的性能。焊接结构要求钢材具有良好的可焊性,即在一定的材料、工艺下,要求钢材施焊后获得良好的焊接接头性能。可焊性分两种:施工上的可焊性和使用性能上的可焊性。

施工上的良好可焊性,是指在一定的焊接工艺条件下,焊缝金属和近缝区均不产生裂纹。使用性能上的良好可焊性,指焊接构件在施焊后的力学性能均不低于母材的力学性能。

钢材的可焊性受碳含量和合金元素含量的影响。含碳量在0.12%~0.20%范围内的碳素钢,可焊性最好。钢材中含碳量的增加,将恶化可焊性。因此,焊接结构所用的钢材,其含碳量应限制不超过0.20%。钢材合金元素大多也对可焊性有不利影响。

2.4 影响钢材性能的因素

2.4.1 化学成分的影响

钢由各种化学成分组成,化学成分及其含量对钢材的力学性能有重大影响。钢的基本元素是铁,碳素结构钢中铁元素的含量约占99%,其他元素是碳、硅、锰以及冶炼中不易除尽的有害元素硫、磷、氧、氮等,虽然含量很小仅占1%,但对钢材的力学性能起决定性的影响。

1. 碳(C)

碳素结构钢中,碳是形成钢材强度的主要成分,是仅次于铁的主要元素。随着含碳量的增加,钢材强度提高,而塑性和韧性,尤其是低温冲击韧性下降,同时可焊性、抗腐蚀性、冷弯性能明显降低。因此,钢结构用钢的含碳量一般不应超过0.22%,对焊缝结构应限制在0.2%以下。

2. 锰(Mn)

锰是一种有益的元素,它能显著提高钢材强度,又不过多降低塑性和韧性。锰还是一种弱脱氧剂,有脱氧作用。锰还能消除硫对钢的热脆影响。锰在碳素结构钢中含量为0.3%~0.8%,在低合金钢中一般为1.2%~1.6%。锰可使钢材的可焊性降低,故含量应限制。

3. 硅(Si)

硅是有益元素,有更强的脱氧作用,是强脱氧剂。硅能使钢材的颗粒变细,适量的硅可提高钢材的强度而不显著影响塑性、韧性、冷弯性能及可焊性。锰在碳素镇静钢中含量为0.12%~0.3%,在低合金钢中一般为0.2%~0.55%,过量时,会恶化可焊性和抗锈蚀性。

4. 钒(V)、铌(Nb)、钛(Ti)

钒、铌、钛都能使钢材晶粒细化。我国的低合金钢都含有这三种元素,作为锰以外的合金元素,既可提高钢材强度,又能保持良好的塑性和韧性。

5. 硫(S)

硫是一种有害因素,能生成易于熔化的硫化铁,在高温时变脆,称为热脆。硫会降低钢材的塑性、韧性、可焊性、抗锈蚀性。因此,对硫的含量必须严格控制,一般不应超过0.05%,在焊缝结构中不超过0.045%。

6. 磷(P)

磷也是一种有害的元素。虽磷的存在使钢材的强度和抗锈蚀性提高,但严重降低钢材的塑性、韧性、可焊性和冷弯性能等,特别是在低温时使钢材变脆,称为冷脆。钢材中磷的含量一般不超过0.045%。

7. 氧(O)、氮(N)

氧和氮都是有害杂质。氧的作用与硫类似,使钢材产生热脆,其作用比硫剧烈,一般要求其含量小于0.05%;氮的作用与磷类似,使钢材冷脆,一般要求其含量小于0.008%。由于氧、氮在冶炼过程中容易逸出,其含量一般不会超过极限含量。

钢结构所用碳素结构钢中的Q235钢及低合金钢中的Q345、Q390的化学成分及其含量,见附表1-1,钢材的机械性能见附表1-2。

2.4.2 冶炼、浇铸、轧制过程的影响

1. 冶炼

承重结构用钢的冶炼方法有平炉炼钢和氧气顶吹转炉炼钢。其中平炉炼钢生产效率低,现已基本淘汰,目前主要使用氧气顶吹转炉炼钢。

2. 浇铸

钢水出炉浇铸钢锭时,为排除钢水中的氧元素,浇铸前要向钢液中投入脱氧剂,按脱氧程度不同,钢分成沸腾钢、镇静钢、半镇静钢和特殊镇静钢。

向钢水罐中注入锰作为脱氧剂,由于锰脱氧能力较弱,不能充分脱氧,致使氧、氮和一氧化碳等气体从钢水中逸出,形成钢水沸腾现象,故称为沸腾钢。沸腾钢浇铸钢锭时冷却快,氧、氮等气体来不及从钢水中全部逸出而存在钢锭中,使钢的构造和晶粒粗细不均匀,沸腾钢的塑性、韧性和可焊性较差,时效敏感并易变脆。

如果同时用锰和硅作脱氧剂,脱氧彻底,可使钢水中的氧减少到不能再析出一氧化碳的程度,钢水没有沸腾现象,故称为镇静钢。镇静钢内部组织致密,其屈服强度、抗拉强度和冲击韧性均比沸腾钢高,冷脆性和时效敏感性较小,可焊性和抗锈蚀性较好。

3. 轧制

钢的轧制在1200~1300℃高温下进行,在辊轧压力作用下,钢锭中的小气泡、裂纹、疏松等缺陷焊合起来,使钢的晶粒变细,使金属组织更加致密,因而改善了钢材的力学性能。薄板因辊轧次数多,轧制压缩比大,其强度比厚板略高。钢材浇铸时的非金属夹杂物在轧制后能造成钢材的分层,所有分层是钢材(尤其是厚板)的一种缺陷。

2.4.3 钢材缺陷的影响

钢材常见的冶金缺陷有偏析、非金属夹杂、裂纹和分层等。

1. 偏析

钢材中化学成分不一致和不均匀性称为偏析。偏析使钢材的性能变坏,特别是硫、磷的偏析将降低钢材塑性、韧性和冷弯性能等。

2. 非金属夹杂

钢材中含有硫化物和氧化物等杂质,称为非金属夹杂。非金属夹杂物的存在,对钢材的性能不利。硫化物使钢材在高温下变脆,降低钢材的力学性能和工艺性能。

3. 裂纹

不管是微观的裂纹或是宏观的裂纹，均使钢材的冷弯性能、冲击韧性和疲劳强度显著降低，并增加钢材脆性破坏的危险性。

4. 分层

沿厚度方向形成并不相互脱离的层间，称为分层。分层不影响垂直厚度方向的强度，但显著降低冷弯性能。在分层的夹缝处还易被锈蚀，在应力作用下，锈蚀加速。对于厚板，缺陷明显，故设计时应尽量避免拉力垂直于板面，以防止层间撕裂。

2.4.4 钢材硬化的影响

引起钢材硬化，有三种情况：冷作硬化、时效硬化、应变时效。

1. 冷作硬化

冷拉、冷弯、冲孔、机械剪切等冷加工过程使钢材产生很大塑性变形时，提高了钢材的屈服强度，但却降低了塑性、韧性，这种现象称为冷作硬化(或应变硬化)。冷作硬化增加了脆性破坏的危险。

2. 时效硬化

在高温时熔化于铁中的少量氮和碳，随着时间的增长逐渐从铁中析出，形成氮化物和碳化物微粒，散布在晶粒的滑动面上，阻碍滑移，遏制纯铁体的塑性变形发展，从而使钢材的强度提高，塑性和韧性下降。这种现象称为时效硬化，又称老化。发生时效硬化的过程一般很长，从几天到几十年。

3. 应变时效

在钢材产生一定的塑性变形后，晶体中的固溶氮和碳将更容易析出，时效硬化加速进行。因此，应变时效是应变硬化和时效硬化的复合作用，特别是在高温下，应变时效发展迅速，仅需数小时完成。

不管哪一种硬化，都会降低钢材的塑性和韧性，对钢材不利。一般钢结构并不利用硬化来提高强度，对特殊或重要的结构，往往还要采取措施，以消除或减轻硬化的不良影响。

2.4.5 温度的影响

钢材性能随着温度变动而有所变化。总的趋势是：温度升高，钢材强度降低，应变增大；反之，温度降低，钢材强度会略有增加，塑性和韧性却会降低；使钢材变脆，见图 2－6。

大约在 200℃ 内钢材性能没有很大的变化，430～540℃ 之间强度急剧下降，600℃ 时强度很低不能承担荷载。在 250℃ 左右，钢材的抗拉强度反而略有提高，同时塑性和韧性均下降，材料有转脆的倾向，钢材表面氧化膜呈现蓝色，这种现象称为蓝脆现象。钢材应避免在蓝脆温度范围内进行热加工。从 200℃ 以内钢材性能无变化来看，工程结构表面所受辐射温度应不超过这一温度。设计时规定以 150℃ 为适宜，超过此温度结构表面即需加设隔热保护层。

当温度从常温下降时，钢材强度略有提高而塑性和韧性降低。当温度降至某一数值时，钢材的冲击韧性突然降低，试件断口呈现脆性破坏特征，这种现象称作低温冷脆现象。图 2－7是冲击断裂功与温度的关系曲线。由图可见，钢材由塑性破坏到脆性破坏的转变是在温度区间 $T_1 \sim T_2$ 内完成的，这个温度区称为脆性转变过渡区段。在此区段内，曲线的转折

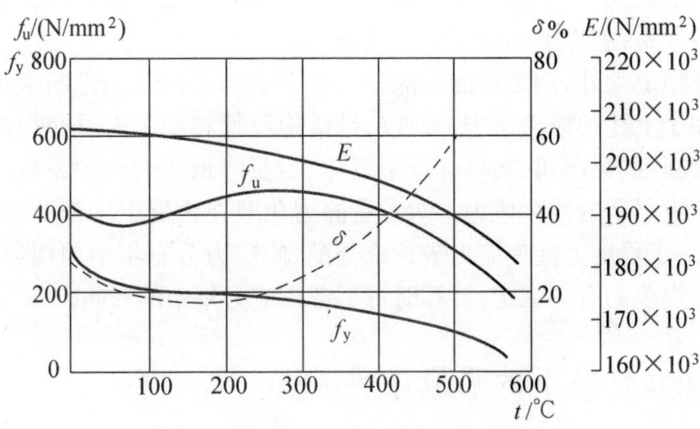

图 2-6　温度对钢材机械性能的影响

点所对应的温度 T_0 称为脆性转变温度。每种钢材的脆性转变温度区 $T_1 \sim T_2$ 需要大量的试验和统计分析确定。钢结构设计中应防止脆性破坏,因而钢结构在整个使用过程中可能出现的最低温度,应高于 T_1,但并不要求一定要高于上限 T_2,因为这样虽然安全,但会造成选材困难和浪费。

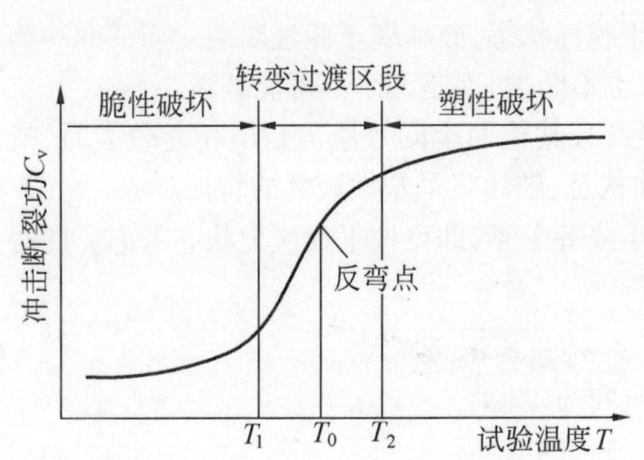

图 2-7　冲击韧性与温度的关系曲线

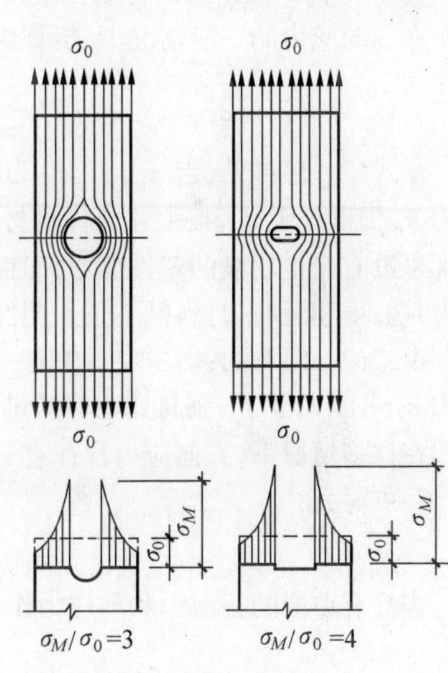

图 2-8　应力集中

2.4.6　应力集中的影响

在钢结构中,经常不可避免地有孔洞、槽口、凹角、裂缝、厚度或形状变化等,这时构件截面上的应力不再保持均匀分布,而在某些点上产生局部高峰应力,在另外一些点上则应力达不到净截面的平均应力,形成应力集中现象,如图 2-8 所示。高峰应力 σ_M 与净截面平均应力 σ_0 之比称为应力集中系数。从弹性力学的分析结果可得:靠近高峰应力的区域总是存在同号的平面或立体应力场,有使钢材变脆的趋势。

应力集中系数的大小，取决于构件形状变化的情况。变化愈急剧，高峰应力愈大，钢材的塑性就降得愈严重，脆性破坏的危险也就愈大。

除结构丧失稳定性外，钢结构的大部分工程事故都是由于脆性断裂引起的。而脆性断裂的根源往往在于上述的应力集中。所以，钢结构设计和施工人员必须注意采用合理的构件形状和构造措施，避免凹角、槽口等急剧变化，尽量降低应力集中系数。加工制造时注意采取措施避免产生严重的残余应力。对承受静力荷载在常温下工作的钢结构，由于建筑钢材塑性较好，在一定程度上促使应力进行重分配，使应力分布不均匀现象趋于平缓，故只要符合设计和施工规范的有关规定，计算时可不考虑应力集中的影响。

2.5 复杂应力状态下的屈服条件

前已述及，单向受力时，当应力达到屈服强度，钢材便屈服而进入塑性状态。但在复杂应力如平面或立体应力作用下，钢材是否进入塑性状态，不能按其中某一项应力是否达到屈服强度来判断。由于钢材是比较理想的弹-塑性体，可根据能量强度理论来确定这个屈服条件。按能量强度理论，判断准则用折算应力 σ_r 和单向拉伸时的屈服强度 f_y 相比较：

当 $\sigma_r < f_y$　　则钢材处在弹性状态

当 $\sigma_r \geqslant f_y$　　则钢材处在塑性状态

在三向应力的一般情况下，折算应力 σ_r 可通过主应力 σ_1、σ_2、σ_3 用式(2-5)表示：

$$\sigma_r = \sqrt{\frac{1}{2}[(\sigma_1 - \sigma_2)^2 + (\sigma_2 - \sigma_3)^2 + (\sigma_3 - \sigma_1)^2]} \tag{2-5}$$

由式(2-5)可见：当 σ_1、σ_2、σ_3 为同号且数值相接近时，即使它们都远大于 f_y，但折算应力 σ_r 仍可小于 f_y，按上述条件钢材还没进入塑性状态。当三向应力均为拉应力时，直到破坏也没有产生明显的塑性变形，即钢材处于脆性状态，破坏属于脆性断裂。当三向均为压应力且数值相近时，材料既不进入塑性状态，也不断裂，而是几乎不可能破坏。

由式(2-5)看到：当主应力中有一个异号，且其他两个同号应力数值相差较大时，折算应力 σ_r 可能大于 f_y，钢材比较容易进入塑性状态，破坏将呈塑性破坏的特征。

在许多情况下，三向应力往往有一项很小或等于零，即可按平面应力状态考虑。此时式(2-5)可写为：

$$\sigma_r = \sqrt{\sigma_1^2 + \sigma_2^2 - \sigma_1\sigma_2} \tag{2-6}$$

当只有单向的正应力和剪应力作用时，可写为：

$$\sigma_r = \sqrt{\sigma_1^2 + 3\tau^2} \tag{2-7}$$

当受纯剪时，$\sigma_r = \sqrt{3}\tau$，代入 $\sigma_r \geqslant f_y$ 并取等号，得：

$$\tau = \frac{1}{\sqrt{3}} f_y \tag{2-8}$$

即当剪应力达到该值时，钢材进入屈服阶段，所以这个剪应力值也称为剪切的屈服强度。

2.6 钢材的疲劳

在连续反复荷载的作用下，即使应力低于抗拉强度，甚至低于屈服强度，钢材也会发生破坏,这种现象称为钢材的疲劳。疲劳破坏前,钢材无明显的变形和局部收缩,它和脆性破坏一样,是一种突然发生的断裂。

钢材的疲劳强度取决于应力集中和应力循环次数。在应力集中的高峰应力处形成双向和三向同号拉应力场,在反复应力作用下,首先在高峰应力处出现微观裂纹,然后逐渐开展形成宏观裂缝。于是有效截面减小,应力集中现象加剧,最后晶体内的结合力抵抗不住高峰应力而突然断裂。

荷载变化不大或不频繁的钢结构,一般不会发生疲劳破坏,不必进行疲劳计算。在应力循环中不出现拉应力的部位,也不必计算疲劳。直接承受动力荷载重复作用的钢结构构件及其连接,如吊车梁吊车桁架和工作平台,当应力变化的循环次数 $n \geqslant 5\times10^4$ 次时,应进行疲劳验算。

连续重复荷载之下应力往复变化一次称为一个循环,见图 2－9。应力循环特征常用应力比值 $\rho=\sigma_{min}/\sigma_{max}$ 来表示,拉应力为正值,压应力为负值。当 $\rho=-1$ 时,称为完全对称循环,见图 2－9a;$\rho=1$ 相当于静荷载作用,见图 2－9b;$\rho=0$ 时称为脉冲循环,见图 2－9c。ρ 可以是介于 $+1\sim-1$ 之间的值,图 2－9d 是以拉应力为主的一种应力循环。

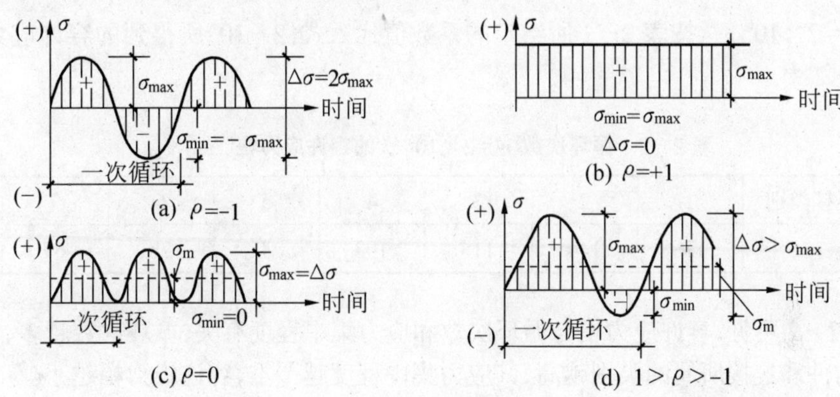

图 2－9　循环应力谱

$\Delta\sigma=\sigma_{max}-\sigma_{min}$ 称为应力幅,表示应力变化的幅度,当所有应力循环内的应力幅保持常量,称为常幅应力循环,其疲劳规律较易掌握。此外,还有变幅应力循环,即在每次应力循环中,其应力幅值不是常数而是一种随机变量。

规范[1]规定一般钢结构都是按照以概率为基础的极限状态原则进行验算的,但对疲劳计算则规定按容许应力方法进行验算。这是由于现阶段对疲劳裂缝的形成扩展以至断裂这一过程的研究还不足的缘故。

2.6.1　常幅疲劳

永久荷载所产生的应力为不变值,没有应力幅。应力幅只由可变荷载产生,所有疲劳验算按可变荷载标准值进行。荷载计算中不考虑吊车动力系数。常幅疲劳验算按式(2－9)进行:

$$\Delta\sigma \leqslant [\Delta\sigma] \tag{2-9}$$

式中　$\Delta\sigma$——对焊接部位为应力幅,$\Delta\sigma=\sigma_{max}-\sigma_{min}$;对非焊接部位为折算应力幅,$\Delta\sigma=$

$\sigma_{max}-0.7\sigma_{min}$；

σ_{max}——计算部位每次应力循环中最大拉应力(取正值)；

σ_{min}——计算部位每次应力循环中最小拉应力(取正值)或压应力(取负值)；

$[\Delta\sigma]$——常幅疲劳的容许应力幅,单位为 N/mm^2,其值按下式计算：

$$[\Delta\sigma]=\left(\frac{C}{n}\right)^{1/\beta} \tag{2-10}$$

式中 n——应力循环次数；

C,β——参数,根据附录 8 附表 8-1 的构件和连接分类类别按表 2-1 采用。

表 2-1　参数 C、β 值

构件和连接类别	1	2	3	4	5	6	7	8
C	1940×10^{12}	861×10^{12}	3.26×10^{12}	2.18×10^{12}	1.47×10^{12}	0.96×10^{12}	0.65×10^{12}	0.41×10^{12}
β	4	4	3	3	3	3	3	3

当 $n=2\times10^6$ 时,按表 2-1 所给定的系数值代入式(2-10)所得到的容许应力幅$[\Delta\sigma]$列于表 2-2 中。

表 2-2　循环次数 $n=2\times10^6$ 次的容许应力幅$[\Delta\sigma]_{2\times10^6}$　　N/mm^2

构件和连接类别	1	2	3	4	5	6	7	8
$[\Delta\sigma]_{2\times10^6}$	176	144	118	103	90	78	69	59

从表 2-2 可见,容许应力幅与循环次数和应力集中程度有关,循环次数越多,容许应力幅越小;构件和连接所属的类别越高,其应力集中程度越严重,容许应力幅越小。

2.6.2　变幅疲劳

实际结构大部分承受的是变幅循环应力的作用,而不是常幅循环应力,见图 2-10。比如吊车梁的受力就是变幅的,因为吊车不是每次都是满载运行,吊车小车也不是总处于极限位置,因此每次循环的应力幅不是都达到最大值,实际是欠载的变幅疲劳。对于重级工作制吊车梁和重级、中级工作制吊车桁架,可以将最大的应力幅乘以欠载效应的等效系数 α_f,将它看作为常幅疲劳问题按式(2-11)计算：

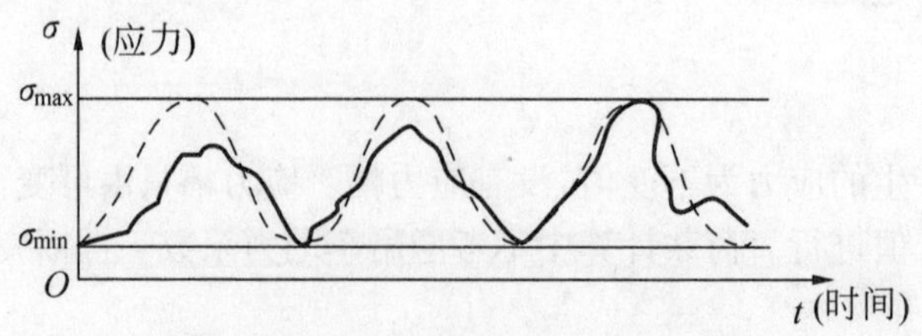

图 2-10　吊车梁变幅疲劳的应力谱

$$\alpha_f \cdot \Delta\sigma \leqslant [\Delta\sigma]_{2\times10^6} \quad (2-11)$$

式中　α_f——按表 2-3 采用；

$[\Delta\sigma]_{2\times10^6}$——按表 2-2 采用。

表 2-3　吊车梁和吊车桁架欠载效应的等效系数 α_f 值

吊　车　类　别	α_f
重级工作制硬勾吊车(如均热炉车间夹钳吊车)	1.0
重级工作制软勾吊车	0.8
中级工作制吊车	0.5

2.7　建筑钢材的种类和规格

2.7.1　建筑钢材的种类

建筑所用的钢材主要有两大类:碳素结构钢和低合金高强度结构钢。后者因含有锰、钒等合金元素而具有较高的强度。另外,处于腐蚀性介质中的结构,则采用耐候结构钢,这种钢因含有铜、铬、镍等合金元素而具有较高的抗锈能力。

1. 碳素结构钢

按国家标准《碳素结构钢》(GB/T700—88)生产的钢材共有 Q195、Q215、Q235、Q255 和 Q275 等 5 种品牌,钢材的屈服点分别为 195N/mm^2、215N/mm^2、235N/mm^2、255N/mm^2 和 275N/mm^2,其中 Q235 含碳量在 0.22%以下,属于低碳钢,钢材强度适中,塑性、韧性较好。该牌号钢材又根据化学成分和冲击韧性的不同划分为 A、B、C、D 共 4 个质量等级,从 A 级到 D 级,表示质量由低到高。A 级钢只保证抗拉强度、屈服点、伸长率,其冷弯试验、冲击韧性及碳、锰含量可以不作为交货条件。B、C、D 级钢均保证抗拉强度、屈服点、伸长率、冷弯性能和冲击韧性。三者冲击韧性的试验温度有所不同,B 级钢要求常温(20±5℃)冲击值,C、D 级则分别要求 0℃和 -20℃冲击值。化学成分对碳、硫、磷有严格的要求。

钢的牌号由字母 Q、屈服点数值、质量等级符号、脱氧方法符号等四个部分按顺序组成,其中"Q"是屈服强度中屈字汉语拼音的字首。质量等级符号可为 A、B、C、D,脱氧方法符号为 Z、F 或 b,分别代表镇静钢、沸腾钢或半镇静钢。此外,还有用铝补充脱氧的特殊镇静钢,用 TZ 表示。按有关规定,符号 Z 和 TZ 可省略不写。碳素结构钢的牌号有 Q195、Q215A 及 B,Q235A、B、C 及 D。从 Q195 到 Q235,是按强度由低到高排列的。碳素结构钢的强度主要由其碳元素含量的多少决定,所以,钢号的由低到高在很大程度上代表了含碳量的由低到高。建筑结构在碳素结构钢这一钢种中主要采用 Q235。钢号表示法和代表的意义如下:

Q235A——屈服强度为 235N/mm^2,A 级,镇静钢;

Q235A·F——屈服强度为 235N/mm^2,A 级,沸腾钢;

Q235B·b——屈服强度为 235N/mm^2,B 级,半镇静钢。

2. 低合金高强度结构钢

低合金高强度结构钢是在钢的冶炼过程中添加少量几种合金元素,虽然合金元素的总量低于5%,但钢的强度明显提高,故称低合金高强度结构钢。低合金高强度结构钢分为Q295、Q345、Q390、Q420、Q460等五种,其符号含义与碳素结构钢牌号的含义相同。Q345、Q390、Q420是钢结构设计规范规定采用的钢种。钢材仍有质量等级之分,除与碳素结构钢A、B、C、D四个等级相同外,增加一个等级E,主要是要求-40℃的冲击韧性。

低合金高强度结构钢一般为镇静钢,因此钢的牌号不注明脱氧方法。冶炼方法也由供方自行解决。

3.厚度方向性能钢板

厚度方向性能钢板是指钢板不仅要求沿宽度方向和长度方向有一定的力学性能,而且要求厚度方向有良好的抗层状撕裂的性能。钢板的抗层状撕裂的性能采用厚度方向拉伸试验的断面收缩率来评定。钢板按厚度方向性能分为Z15、Z25、Z35三个级别,断面收缩率(%)应符合表2-4的规定。厚度方向性能钢板常用于造船、海上采油平台、压力容器等某些重要焊接构件。

表2-4　钢板厚度方向的断面收缩率

质量级别	厚度方向的断面收缩率(%)	
	三个试样平均值	单个试样值
Z15	≥15	≥10
Z25	≥25	≥15
Z35	≥35	≥25

2.7.2　钢材的选择

钢材的选择在钢结构设计中是首要的一环,选择的目的是保证结构安全可靠,同时用材经济合理。选择钢材时通常考虑下列因素。

1. 结构重要性

对重型工业建筑结构、大跨度结构、高层或超高层结构,应考虑选用质量好的钢材,对一般工业与民用建筑结构,可按工作条件选用普通质量的钢材。

2. 荷载性质

荷载分静态荷载和动态荷载。直接承受动态荷载的结构和强烈地震区的结构,应选用综合性能好的钢材;一般承受静态荷载的结构可选用价格较低的Q235钢。

3. 连接方法

钢结构的连接方法有焊接和非焊接。由于焊接会产生焊接应力和焊接变形,有导致结构产生裂缝和脆性破坏的危险。因此焊接结构对材质的要求更为严格。在化学成分方面,焊接结构必须严格控制碳、硫、磷的极限含量,如碳含量不得超过0.2%。

4. 结构的工作温度和环境

钢材在低温时容易发生冷脆,因此在低温条件下工作的结构,应选用具有良好抗低温脆断性能的镇静钢。比如需要验算疲劳的焊接结构,冬季工作温度在0℃和-20℃之间,Q235和Q345应选用具有0℃冲击韧性合格的C级钢,Q390和Q420则应选用具有-20℃冲击韧性合格的D级钢。若工作温度等于和低于-20℃,则钢材的质量级别还要提高一级,

Q235 和 Q345 应选用 D 级钢,Q390 和 Q420 则应选用 E 级钢。

一般情况下,承重结构的钢材应保证抗拉强度、屈服点、伸长率和硫、磷的极限含量,对焊接结构尚应保证碳的极限含量。Q235A 的含碳量不作为交货条件,故不容许用于焊接结构。

焊接承重结构和重要的非焊接结构的钢材应具有冷弯试验的合格保证。对于需要验算疲劳的以及主要的受拉或受弯的焊接结构钢材,应具有常温冲击韧性的合格保证。

当选用 Q235A、Q235B 级钢时,还需要选定钢材的脱氧方法。以前,镇静钢的价格高于沸腾钢,凡是沸腾钢能够胜任的场合不用镇静钢。目前,镇静钢价格高的问题不再存在。因此,一般情况下都用镇静钢。由于沸腾钢的性能不如镇静钢,规范对它的使用提出了限制,包括不能用于需要验算疲劳的焊接结构、处于低温的焊接结构以及需要验算疲劳并且处于低温的非焊接结构。

2.7.3　钢材的规格

钢结构采用的型材有热轧成型的钢板、型钢以及冷弯(或冷压)成型的薄壁型钢。

1. 热轧钢板

热轧钢板分厚板和薄板两种。厚板的厚度为 4.5～60mm,薄板的厚度为 0.35～4mm。前者广泛用于组成焊接构件,后者是冷弯薄壁型钢的原料。钢板的表示方法为“－宽度×厚度×长度”(单位为 mm),如－400×12×1 600 表示宽度为 400mm,厚度为 12mm,长度为 1 600mm 的钢板。

2. 热轧型钢

常用的型钢有角钢、槽钢、工字钢、H 型钢等,见图 2－11。

角钢　分等边和不等边两种。等边角钢的表示方法为“∟宽度×厚度”(单位为 mm),如∟50×5,表示边宽为 50mm,厚度为 5mm 等边角钢。不等边角钢表示方法为“∟长边宽×短边宽×厚度”,如∟100×80×6,单位均为 mm。

槽钢　通常用号数来表示,号数即为截面的高度(cm)。号数 20 以上的槽钢还要附上字母 a、b 或 c 以表示腹板较薄、中等、较厚。例如[32b 表示截面高度 32cm、腹板中等厚的槽钢。目前,我国生产的最大槽钢号数为[40 号。槽钢的伸出肢比工字钢的大,承受斜弯曲较有利。槽钢翼缘内侧斜度较小,安装螺栓比工字钢容易。

工字钢　分成普通工字钢和轻型工字钢。普通工字钢的外轮廓的高度(cm)即为型号,例如Ⅰ20a 表示外轮廓高度为 20cm,腹板厚度最薄。普通型者当型号数较大时腹板厚度分 a、b 及 c 三种。普通工字钢和轻型工字钢主要用于在腹板平面内受弯的构件。由于两个方向的惯性矩相差较大,不宜用作轴心受压或双向弯曲构件。

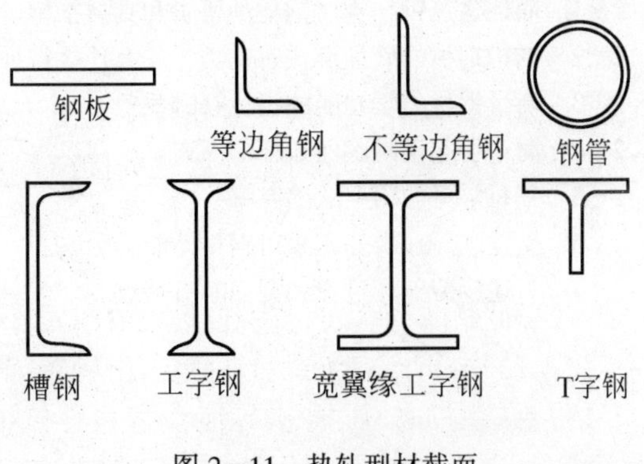

图 2－11　热轧型材截面

H 型钢和部分 T 型钢　热轧 H 型钢

是目前世界各国使用很广泛的热轧型钢。它的翼缘较宽,两个方向的惯性矩相差较小,可用于轴压、压弯和双向弯曲构件。与普通工字钢相比,其翼缘内外两侧平行,便于与其他构件相连。热轧H型钢可分为三类:宽翼缘H型钢(HW)、中翼缘H型钢(HM)、窄翼缘H型钢(HN)。H型钢型号的表示方法是先用符号HW、HM、HN表示H型钢的类别,后面加“高度×宽度(mm)”。例如HW300×300,即为截面高度为300mm,翼缘宽度为300mm的宽翼缘H型钢。部分T型钢系由对应的H型钢沿腹板中部对等剖分而成,也分为三类:宽翼缘剖分T型钢(TW)、中翼缘剖分T型钢(TM)、窄翼缘剖分T型钢(TN)。其表示方法与H型钢相同。

钢管 钢管有无缝钢管和焊接钢管两种,用符号“ϕ”后面加“外径×厚度”表示,如ϕ400×6,表示直径是400mm、厚度是6mm的钢管。圆管截面任一方向都是主轴方向,所以各方向的惯性矩相等,风载体型系数小,宜用作塔桅结构的杆件。

3. 冷弯薄壁型钢

冷弯薄壁型钢是用1.5~6mm厚的薄板经冷弯或模压而成型的。常用的截面形式见图2-12。当用量较大时,其截面形式和尺寸可由设计者自行设计。应用冷弯薄壁型钢能充分利用钢材的强度,节约用钢量。压型钢板是近年来开始使用的薄壁型材,所用钢板厚度为0.4~2mm,用作轻型屋面、墙面等构件。

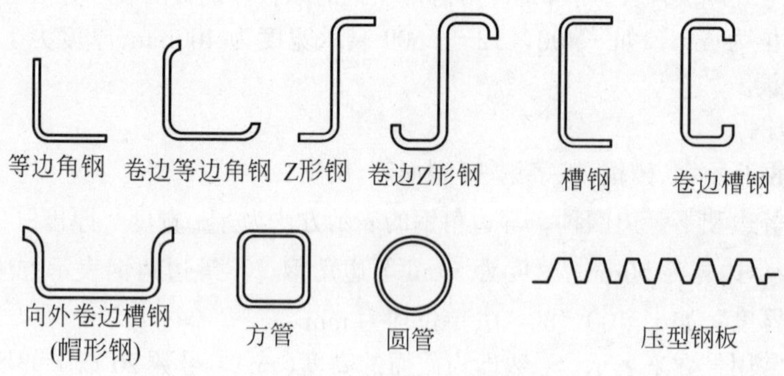

图2-12 冷弯薄壁型钢的截面形式

习 题

2-1 简述建筑钢结构对钢材的要求和具体指标。规范推荐使用的钢材有哪几类?

2-2 结构钢材的破坏形式有几类?各有什么特征?

2-3 衡量钢材力学性能的指标有哪些?

2-4 简述引起钢材脆性破坏的因素。

2-5 钢材常见的冶金缺陷有哪些?

2-6 简述碳、硫、磷等元素对钢材性能的影响。

2-7 简述疲劳破坏过程和截面断口特点。

第3章 连 接

3.1 钢结构的连接方法

钢结构通常是由钢板、角钢、槽钢和工字钢等型钢拼合连接而成,基本构件运到工地后经过安装连接组合成整体结构。因此,在钢结构中,连接占有很重要的地位。连接方式及其质量优劣直接影响钢结构的工作性能。钢结构的连接必须符合安全可靠、传力明确、构造简单、制造方便等原则。

钢结构的连接通常采用焊接连接、铆钉连接、螺栓连接三种方法(图3-1)。

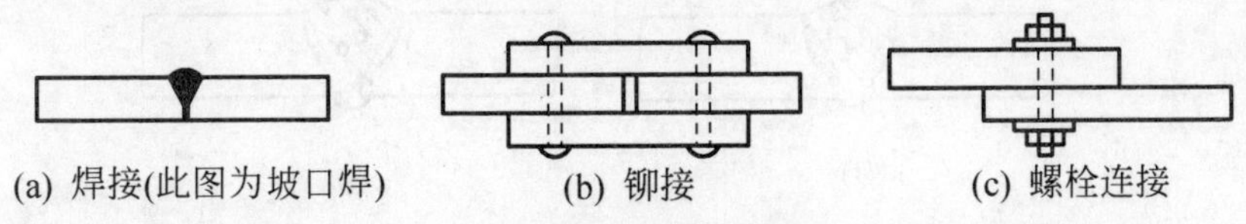

图3-1 钢结构的连接方法

1. 焊缝连接

焊缝连接是现代钢结构最主要的连接方法。它的优点:

(1)构造简单,任何形状的结构都可用焊接;不需钻孔,截面无削弱,用料经济,省工省钢。

(2)连接的密封性好,刚度和整体性大。

(3)可实现自动化操作,生产效率高。

目前,在工业和民用建筑结构中,焊接结构已占绝对优势。但是,焊缝连接还存在以下不足:

(1)受焊接时的高温影响,焊缝附近的主体金属中存在所谓的"热影响区",这个区的宽度为5~6mm。热影响区内,钢材的金相组织及性能发生变化,塑性、韧性降低、材质变脆。

(2)焊缝易存在各种缺陷,如裂纹、边缘未熔合、根部未焊透、咬肉、焊瘤、夹渣和气孔等(图3-2)。这些缺陷的存在导致构件内产生应力集中而使裂纹扩大,局部裂纹易扩展到整体。

(3)焊接后,由于不均匀胀缩,使构件内部存在焊接残余应力和焊接残余变形。

2. 铆钉连接

铆钉连接需要先在构件上开孔,用加热的铆钉进行铆合,有时也可用常温的铆钉进行铆合,但需要较大的铆合力。由于构造复杂,费工费钢,现在已很少采用。但是,铆钉连接的塑性和韧性较好,传力可靠,质量易于检查,在一些重型和直接承受动力荷载的结构中,有时仍

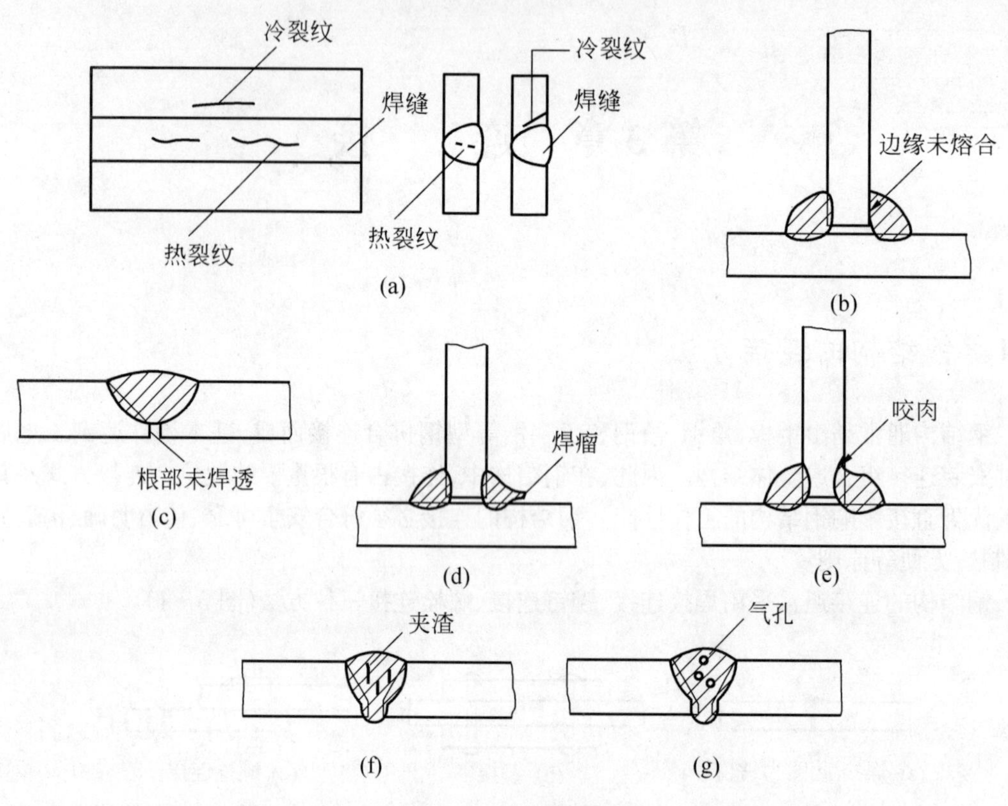

图 3-2　焊接中的缺陷

然采用。

3. 螺栓连接

螺栓连接有普通螺栓和高强度螺栓两类。

(1)普通螺栓。普通螺栓的优点是装拆便利,不需要特殊设备。普通螺栓分为 A、B、C 三级。A 级、B 级为精制螺栓,C 级为粗制螺栓。A 级、B 级螺栓,一般用 45 号钢和 35 号钢制成,材料性能等级为 8.8 级。小数点前的数字表示螺栓成品的抗拉强度不小于 800N/mm^2,小数点及小数点以后数字表示其屈服强度与抗拉强度之比(简称屈强比)为 0.8。C 级螺栓材料一般用 Q235 钢制成,性能等级为 4.6 级或 4.8 级。

A 级、B 级精制螺栓是由毛胚在车床上经过切削加工精制而成。其表面光滑,尺寸精确,栓杆直径与孔径相差无几,因质量较好可用于要求较高的抗剪连接。但其加工复杂,价格较贵。C 级螺栓由未经加工的圆钢压制而成,对螺栓孔的制作要求较低,孔径比杆径大 1.5~3.0mm(详见表 3-1),以便于螺栓插入。由于螺栓杆与螺栓孔之间有较大的空隙,受剪力作用时,板件之间将产生较大的相对位移,故 C 级螺栓广泛用于承受拉力的安装连接,不重要的连接或安装时的临时固定。

表3-1 C级螺栓孔径

螺栓公称直径(mm)	12	16	20	(22)	24	27	30
螺栓孔公称直径(mm)	13.5	17.5	22	(24)	26	30	33

(2)高强度螺栓。高强度螺栓连接有两种类型:一种是高强度螺栓的摩擦型连接,它依靠连接板件间的摩擦阻力来承受荷载,并以剪力不超过接触面摩擦力作为设计准则;另一种是高强度螺栓的承压型连接,是以摩擦力被克服,接触面相对滑移,栓杆受剪和孔壁承压破坏为设计准则。二者以前者应用最多。

3.2 焊缝及其连接形式

3.2.1 焊接方法

钢结构应用最多的是电弧焊、电阻焊和气焊。它们都是利用电弧产生的热能使连接处的焊件钢材局部熔化,并添加焊接时由焊条或焊丝熔化的钢液,冷却后共同形成焊缝而使两焊件连成一体。

1. 手工电弧焊

手工电弧焊是最常用的一种焊接方法,图3-3为手工电弧焊示意图。通电后,将焊把稍稍提起,在涂有药皮的焊条与焊件之间产生电弧,电弧温度可高达3000℃。在此高温作用下,焊件钢材局部熔化形成熔池,同时,焊条中的焊丝熔化滴落入熔池中,与焊件的融熔金属相互结合,冷却后形成焊缝金属。

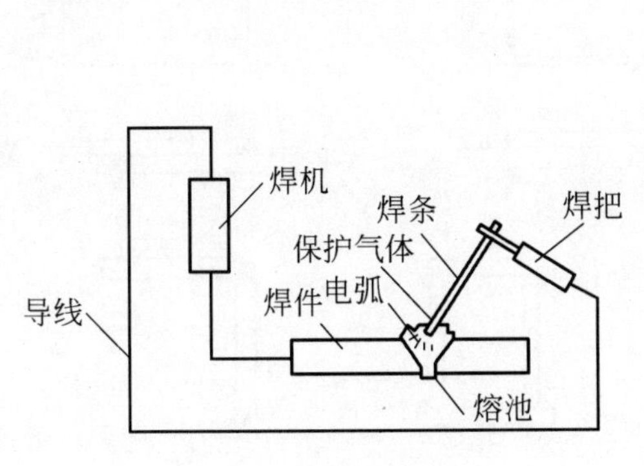

图3-3 手工电弧焊

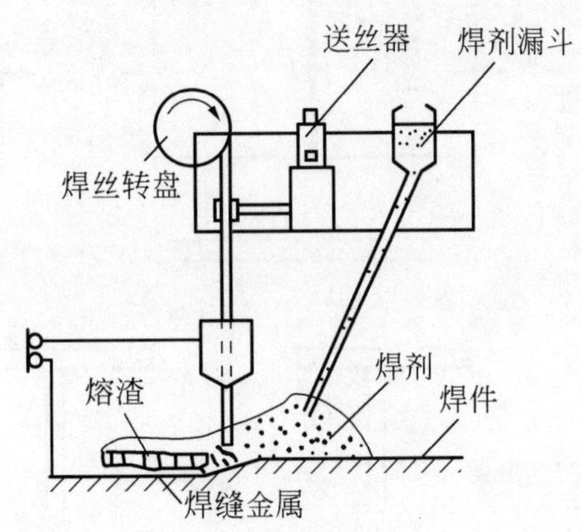

图3-4 自动埋弧焊

焊条外须涂以各种药皮,药皮的主要作用是施焊时,随着药皮的熔化,在电弧外围产生大量气体,保护电弧和熔化金属,并形成熔渣覆盖着焊缝,使其与空气隔离,防止空气中的氧、氮等气体进入焊缝而使焊缝变脆。

手工电弧焊所用的焊条型号应与焊件母材的钢号相匹配。对Q235钢采用E43型焊条,对Q345采用E50型焊条,对Q390钢和Q420钢采用E55型焊条。当两种不同强度的钢材相焊接时,宜采用与较低强度钢材相匹配的焊条。

2. 自动(半自动)埋弧焊

图 3－4 为自动埋弧焊的示意图。自动或半自动埋弧焊是将光焊丝埋在焊剂层下,故称为埋弧焊。通电后,由电弧的作用使焊丝和焊剂熔化。熔化后的焊剂浮在熔化金属的表面保护熔化金属,使之不与空气接触,还可提供必要的合金元素。自动电焊机以一定的速度向前移动,焊剂不断地由漏斗流下,焊丝自动随着熔化而下降。自动焊与半自动焊的差别只是在于前者焊机的移动是自动的,而后者是人工的。

自动(半自动)埋弧焊使用的电流大,母材的熔化深度大,生产效率高,尤其是焊缝质量比手工焊的均匀,其韧性、塑性较好,焊接变形小,同时,高的焊速也减小了热影响区的范围。

3. 电阻焊

电阻焊是利用电流通过焊件接触点表面的电阻所产生的热量来熔化金属,再通过压力使其焊合,一般只适用于板叠厚度不大于 12mm 的焊接。

4. 气体保护焊

气体保护焊是利用二氧化碳气体或其他惰性气体作为保护介质的一种电弧熔焊方法,它直接依靠保护气体在电弧周围造成局部的保护层,以防止有害气体的侵入,并保证焊接过程中的稳定性。其焊接速度快,焊件熔深大,焊缝质量好,但施焊时周围的风速不能太大,以免保护气体被吹散。

3.2.2 焊缝连接形式

焊缝连接形式按被连接焊件的相互位置分为对接(也称平接)、搭接、T 形连接和角部连接四种,如图 3－5 所示。

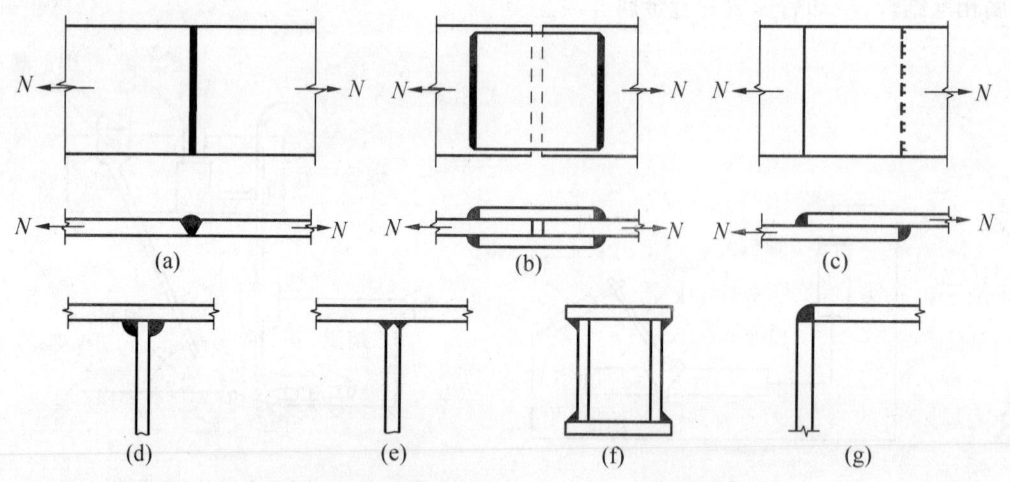

图 3－5　焊缝连接的形式

(a)对接连接;(b)用拼接盖板的对接连接;(c)搭接连接;(d)、(e)T 形连接;(f)、(g)角部连接

图 3－5a 是对接焊缝的平接连接。由于相互连接的构件在同一平面内,传力平顺均匀,无明显的应力集中,且用料经济。

图 3－5b 是利用双层盖板的角焊缝的对接连接。这种连接传力不均匀,费料,但施工简便,被连接的板件之间的间隙无需精确控制。

图3-5c是角焊缝的搭接连接，适用于不同厚度构件的连接。传力不均匀，材料耗费多，但构造简单，施工方便。

T形连接也称为顶接，省工省料，常用于制作组合截面。图3-5d是采用角焊缝的连接，图3-5e是K形对接焊缝连接。图3-5f、图3-5g是角接，用于制作箱形截面。

3.2.3 焊缝类别

焊缝类别主要有两种：对接焊缝和角焊缝。

对接焊缝也称为坡口焊缝，传力最为直接，焊缝受力明确，基本不产生应力集中，构造也最简单。随着板厚的增加，为了能焊透焊缝，对焊件的边缘需进行加工，形成各种型式的坡口，焊缝金属填充在坡口内。坡口形式通常有I形、单边V形、V形、U形、K形、X形等(图3-6)。各种坡口中，沿板件厚度方向通常有高度为p间隙为c的一段不开坡口，起托住熔化金属的作用。坡口形式与焊件厚度和施工条件有关，当焊件厚度较小时($t \leqslant 10$mm)，可用I形(即不开坡口)；当焊件厚度$t=10 \sim 20$mm，可采用具有斜坡口的单边V形或V形焊缝；焊件厚度$t>20$mm，则采用U形、K形、X形。对坡口焊缝形式的选用，应根据板厚和施工条件按有关标准进行。

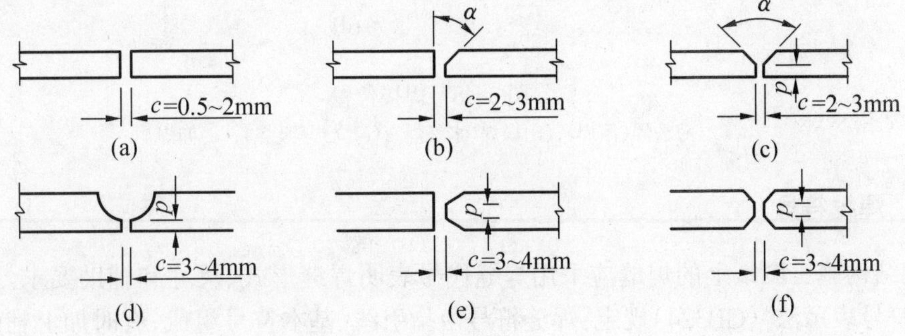

图3-6 坡口焊缝的坡口形式

(a)直边缝；(b)单边V形坡口；(c)V形坡口；(d)U形坡口；(e)K形坡口；(f)X形坡口

角焊缝连接的板件不需要开坡口，焊缝位于板件边缘的角区内。

角焊缝的截面形状，如图3-7所示。两焊脚间的夹角为直角时称为直角角焊缝，两焊脚间的夹角小于90°时称为锐角角焊缝，两焊脚间的夹角大于90°时称为钝角角焊缝。

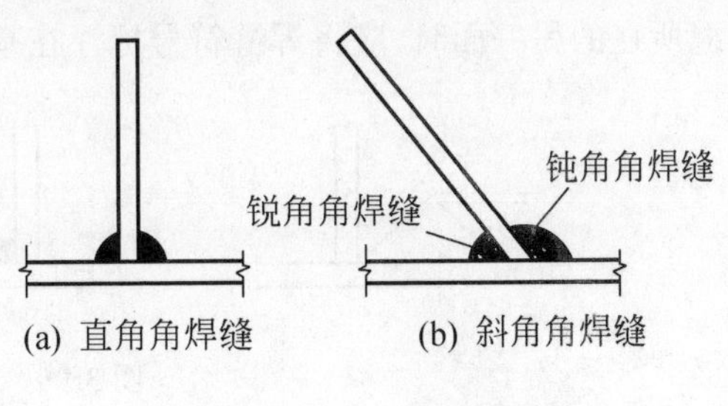

图3-7 角焊缝

3.2.4 焊接位置

施工时，焊工所持焊条与焊缝的相对位置称为焊接位置。图3-8给出常用的四种焊接位置。其中平焊(或称俯焊)最易操作，质量最易保证。横焊、立焊比平焊难操作，因而焊缝质量及生产效率比平焊差一些。仰焊最难操作，焊缝质量最不易保证，因而焊缝设计时应尽量避免仰焊。

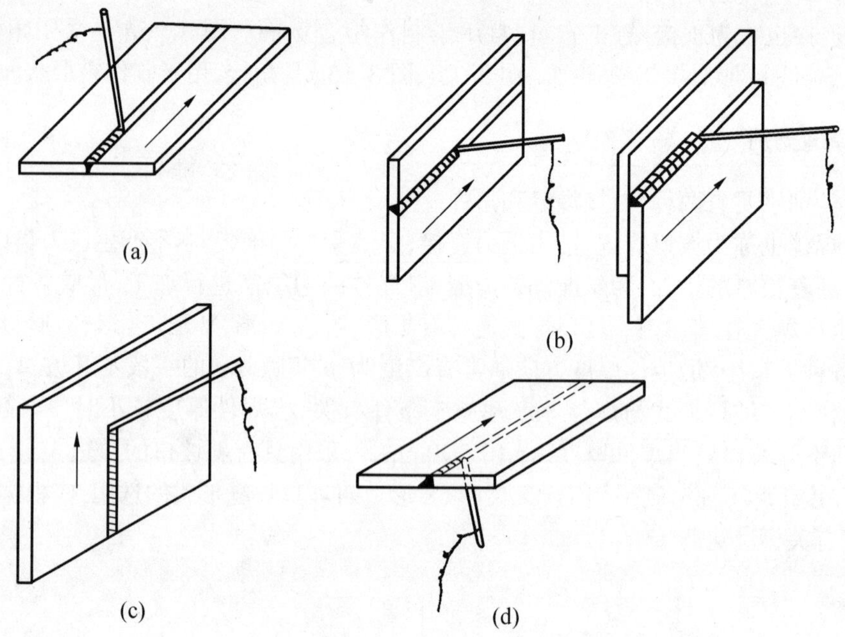

图 3-8 焊接位置

(a)平焊(俯焊);(b)横焊(水平焊);(c)立焊(竖焊);(d)仰焊

3.2.5 焊缝符号

钢结构施工图纸上的焊缝应采用焊缝代号表明焊缝形式、尺寸和辅助要求。国家标准《焊缝符号表示法》(GB324)规定:焊缝符号由指引线、基本符号组成,有时加上辅助符号、补充符号和焊缝尺寸符号。

指引线一般由箭头线和两条相互平行的基准线组成,一条基准线为实线,另一条为虚线。当箭头指向焊缝所在的一面时,应将焊缝符号标注在基准线的实线上;当箭头指向对应焊缝所在的另一面时,应将焊缝符号标注在基准线的虚线上,如图 3-9 所示。

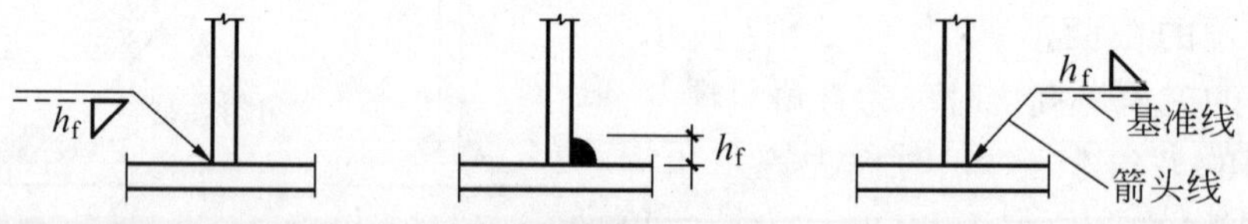

图 3-9 指引线画法

基本符号用以表示焊缝的形状,如用⊿表示角焊缝,用 V 表示 V 形坡口的对接焊缝,表 3-2 列出了一些基本符号。

表3-2 常用焊缝基本符号

名称	封底焊缝	对接焊缝					角焊缝	塞焊缝与槽焊缝	点焊缝
		I形焊缝	V形焊缝	单边V形焊缝	带钝边的V形焊缝	带钝边的U形焊缝			
符号		‖	V		Y				○

注:①符号的线条宜粗于指引线。

②单边V形焊缝与角焊缝符号的竖向边永远画在符号的左边。

辅助符号是表示焊缝的辅助要求,如用▶表示现场安装焊缝,[为三面围焊符号。钢结构图中常用的辅助符号、补充符号见表3-3。

表3-3 焊缝符号中的辅助符号和补充符号

	名称	示意图	符号	示例
辅助符号	平面符号		—	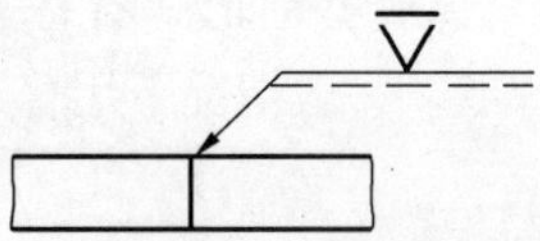
	凹面符号	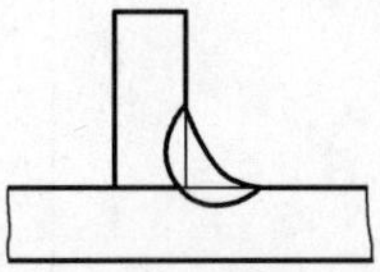		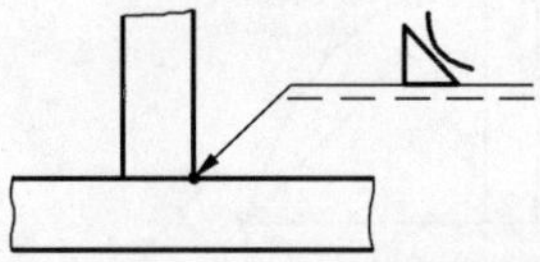
补充符号	三面围焊符号	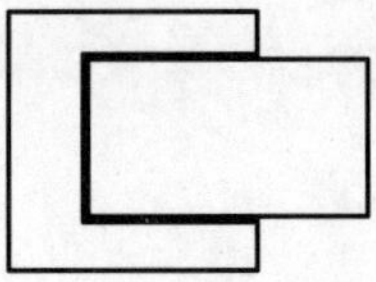		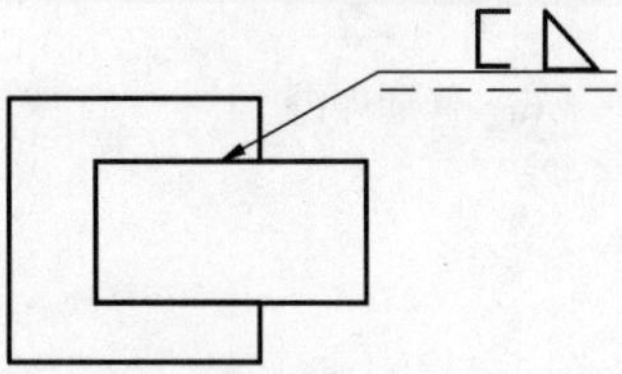
	周边焊缝符号	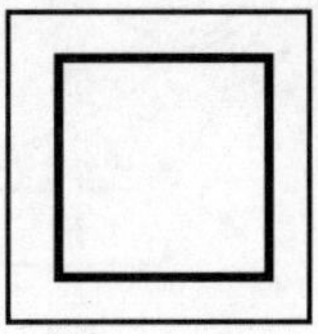	○	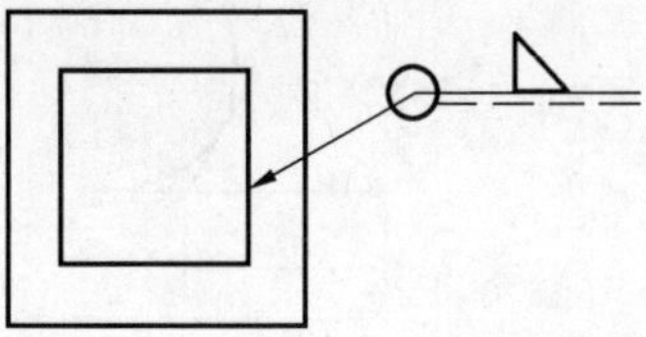
	工地现场焊符号			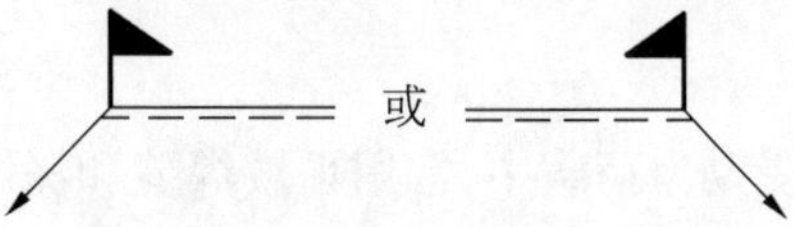 或
	焊缝底部有垫板的符号	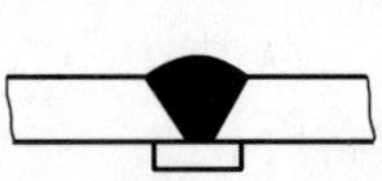		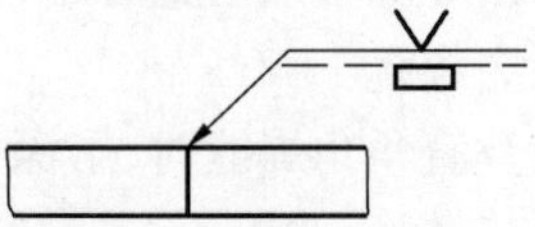

注:工地现场焊符号的旗尖指向基准线的尾部。

另外，焊缝尺寸如角焊缝的焊脚尺寸 h_f 等一律标在焊缝基本符号的左侧。

3.3 角焊缝的构造和计算

3.3.1 角焊缝的形式和受力性能

角焊缝按其焊缝长度方向与外力的关系可分为正面角焊缝和侧面角焊缝。正面角焊缝也称端缝，其焊缝长度方向垂直于外力方向；侧面角焊缝也称侧缝，其焊缝长度方向平行于外力方向，如图 3-10 所示。

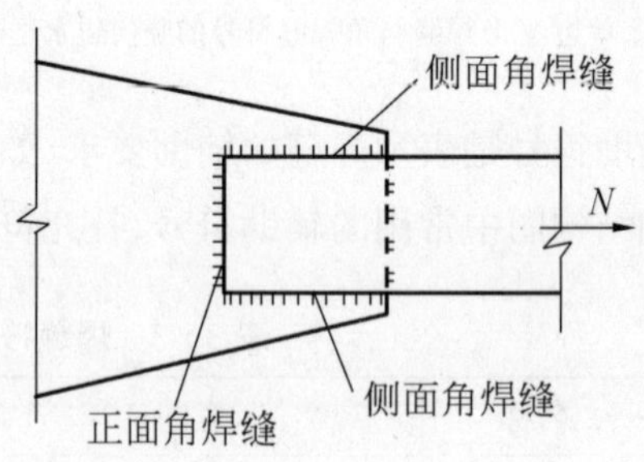

图 3-10 正面、侧面角焊缝

角焊缝按其截面形式可分为直角角焊缝(见图 3-11)和斜角角焊缝(见图 3-12)。

直角角焊缝截面形式有普通焊缝、平坡焊缝、深熔焊缝。一般情况下用普通焊缝，在直接承受动力荷载中，常用平坡焊缝和深熔焊缝。

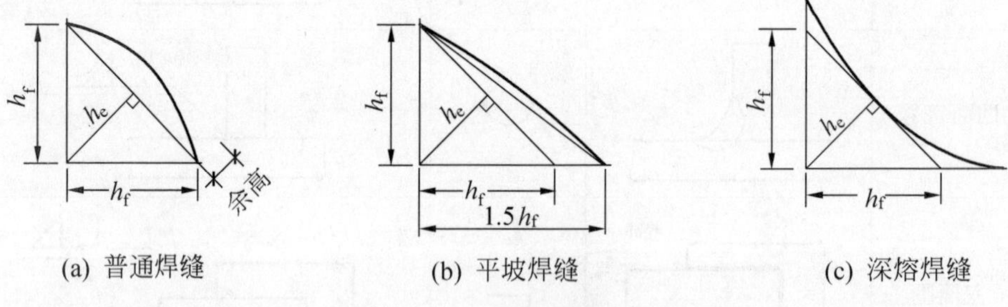

图 3-11 直角角焊缝截面

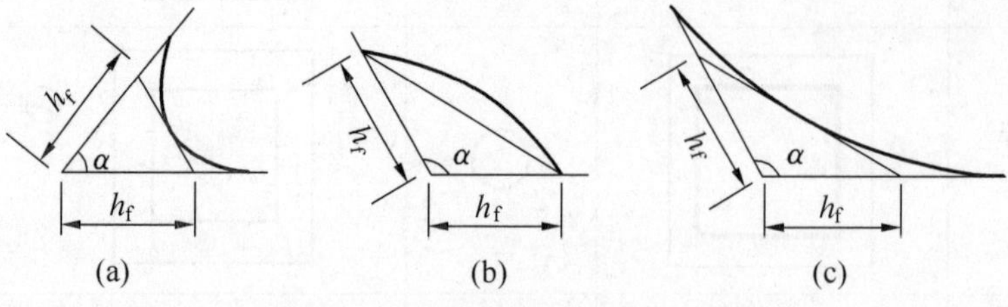

图 3-12 斜角角焊缝截面

斜角角焊缝常用于钢管结构中，对于夹角 $\alpha>135°$ 和 $\alpha<60°$ 的斜角焊缝，除钢管外，不宜用作受力焊缝。

在计算直角角焊缝时，熔深(熔入母材的深度)和余高均不计入，一般假定焊缝截面为一等边直角三角形，并以 45°方向的斜面为计算的破坏面，以斜面上的最小高度 h_e 为直角角焊缝的有效厚度，$h_e=0.7h_f$，h_f 为焊脚尺寸，也称焊缝厚度。图 3-13 给出了焊缝轴线与外力平行的侧面角焊缝搭接接头。计算焊缝时常假定沿焊缝有效截面接头发生破坏，破坏时，焊缝的下半部连于板件B,上半部连于板件A。焊缝主要承受剪应力,塑性较好,弹性模量低,强度较低。试验证明:剪应力沿焊缝方向的分布是不均匀的,两端剪应力大,中间较小,焊缝越长,不均匀分布越显著。但由于塑性变形,在破坏前,分布可逐渐趋向均匀。

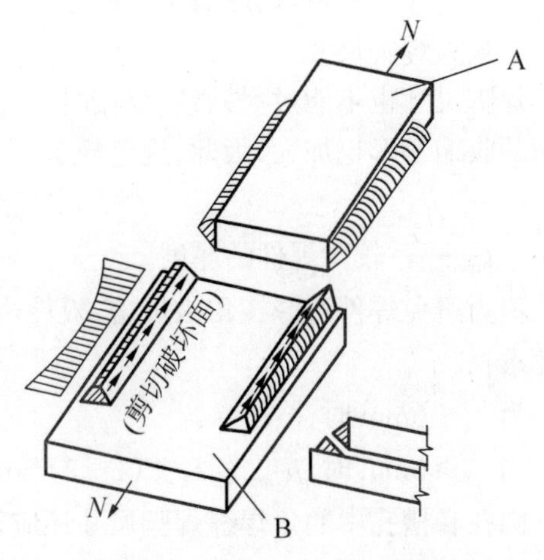

图3-13　侧面角焊缝的应力

图3-14为焊缝轴线与外力方向相垂直的正面角焊缝连接的搭接接头。焊脚面 ac 上主要有拉应力 σ_x, σ_x 沿焊脚高度分布是不均匀的,根部 a 处应力较高,由此引起面上产生竖向剪应力 τ_{xy}。在水平焊脚面 ab 上,主要承受剪应力,也有正应力,靠近趾部为拉应力,靠近根部为压应力。试验证明,正面角焊缝的强度比侧面角焊缝大,主要是由于正面角焊缝的应力沿焊缝长度方向分布均匀,破坏面的面积比理想的有效截面面积大,但正面角焊缝的塑性比侧面角焊缝差。

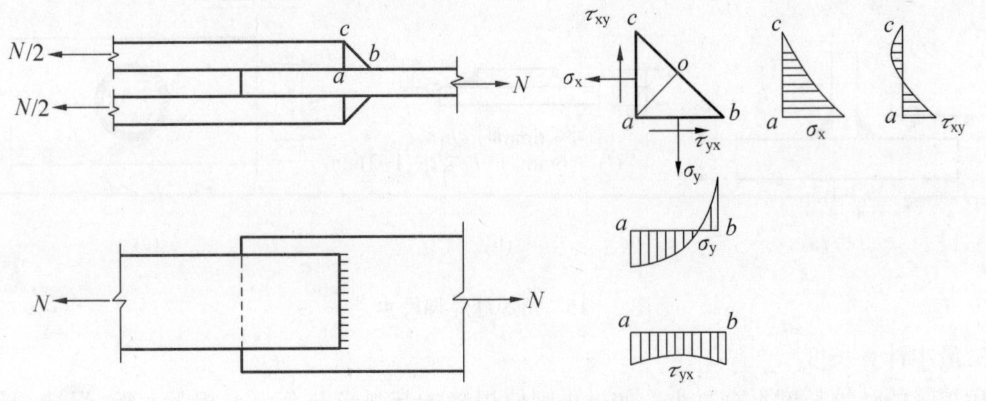

图3-14　正面角焊缝应力状态

3.3.2　角焊缝的构造要求

角焊缝的尺寸包括焊脚尺寸和焊缝计算长度。在计算角焊缝连接时,除满足强度要求外,还必须符合对其尺寸的限制和构造上的要求。

1. 最小焊脚尺寸

角焊缝的焊脚尺寸相对于焊件的厚度不能过小。当过小时,施焊过程因输入的能量小,很快被与其相连的焊件吸收,焊缝冷却过快,焊缝易变脆。规范规定:

手工焊:　$h_{fmin} \geqslant 1.5\sqrt{t_{max}}$ (mm)

埋弧自动焊:　$h_{fmin} \geqslant 1.5\sqrt{t_{max}} - 1$ (mm)

T形连接的单面角焊缝:　$h_{fmin} \geqslant 1.5\sqrt{t_{max}} + 1$ (mm)

式中　t_{max}——较厚焊件的厚度;当采用低氢型碱性焊条施焊时,t 可采用较薄焊件的厚度。

当焊件的厚度 $t \leqslant 4\text{mm}$ 时，则取 $h_{\text{fmin}} = t$。

2. 最大焊脚尺寸

焊脚尺寸也不能过大，否则焊接时，可能造成焊件“过烧”或被烧穿。同时，焊缝过大，冷却时的收缩变形也加大，因此，规范规定：

$$h_{\text{fmax}} \leqslant 1.2 t_{\min}$$

式中　$t_{\min}$——较薄焊件的厚度。

但为避免焊件边缘棱角被烧熔，板件边缘（厚度为 t_1）角焊缝最大焊脚尺寸尚应符合下列要求：

当 $t_1 \leqslant 6\text{mm}$ 时，$h_{\text{fmax}} \leqslant t_1$

当 $t_1 > 6\text{mm}$ 时，$h_{\text{fmax}} \leqslant t_1 - (1 \sim 2)\text{mm}$

圆孔和槽孔中的角焊缝焊脚尺寸还应符合：

$$h_{\text{fmax}} \leqslant d/3$$

d 为圆孔直径或槽孔的短径。

角焊缝的最小 h_f 和最大 h_f 见图 3-15。

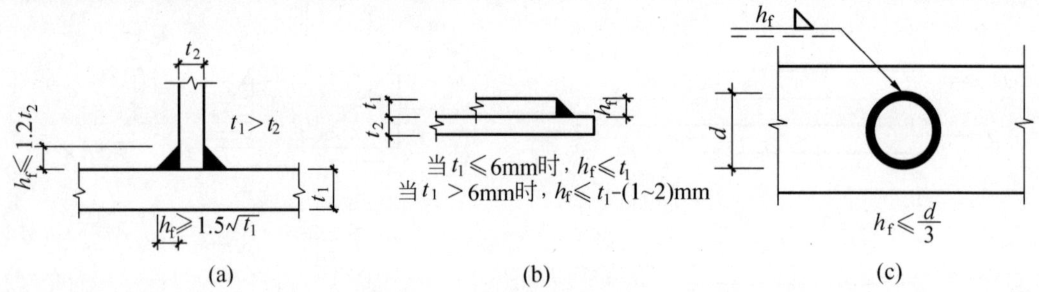

图 3-15　角焊缝焊脚尺寸

3. 最小计算长度

角焊缝的计算长度不宜过小。如过小则使焊缝的起弧点与落弧点相距太近，焊缝端部易坍塌，焊脚尺寸大而长度较小时，焊件的局部加热严重。因此规范规定：角焊缝的计算长度应同时满足：

$$l_w \geqslant 8h_f \text{ 和 } l_w \geqslant 40\text{mm}$$

此规定适合于正面角焊缝和侧面角焊缝。

4. 最大的计算长度

前已述及，传递轴心荷载的侧面角焊缝弹性阶段沿焊缝长度方向受力是不均匀的，两端大，中间小，焊缝长度越大，不均匀分布程度越甚。如果焊缝长度超过某一限值，有可能首先在焊缝的两端破坏。因此规范规定侧向角焊缝的计算长度 l_w 不宜大于 $60h_f$。当实际焊缝长度大于上述数值时，其超出部分不予考虑。若内力是沿侧面角焊缝全长分布时，其计算长度不受此限制。比如，焊接组合梁的翼缘与腹板的连接焊缝，屋架中弦杆与节点板的连接焊缝等等。

5. 其他构造要求

在次要构件或次要焊缝连接中，由于焊缝受力不大，可采用断续角焊缝，如图 3-16 所示。断续角焊缝的焊段长度 l 应满足：

$$l \geqslant 10h_f \text{ 或 } 50\text{mm}$$

净距 e 应满足：

$$e \leqslant 15t\text{（受压构件）}$$

$$e \leqslant 30t\text{（受拉构件）}$$

t 为较薄焊件厚度。

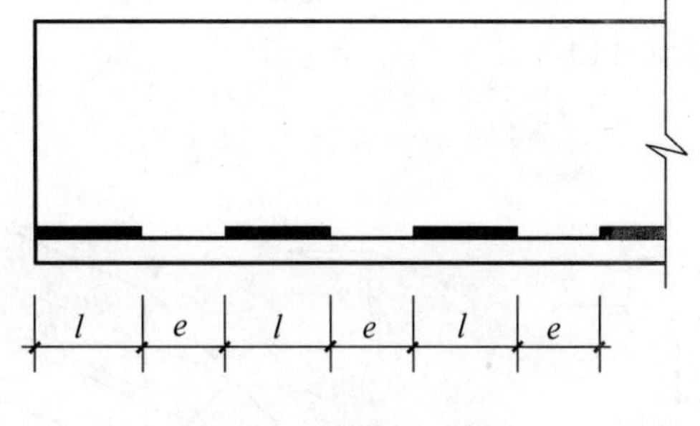

图 3-16　断续角焊缝

由于断续角焊缝的应力集中较严重，只能用于次要构件和次要连接中。

当板件端部仅有两条侧面角焊缝连接时（如图 3-17），为避免应力传递的过分弯折而使板件应力过分不均匀，每条焊缝长度 l_w 不宜小于两焊缝之间的距离 b，即 $b/l_w \leqslant 1$。

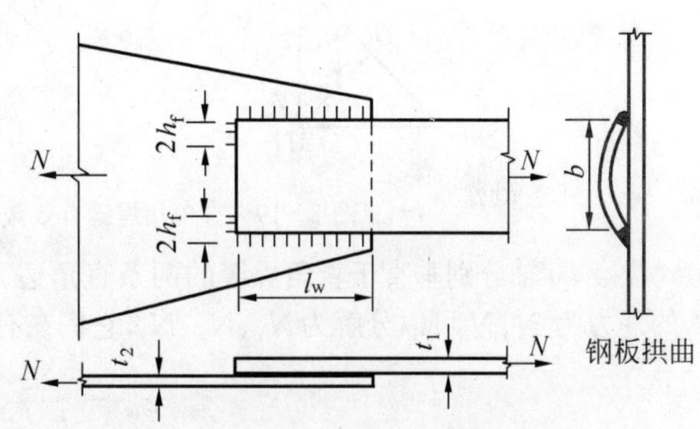

图 3-17　端部两条侧面焊缝

同时，为了避免因焊缝横向收缩引起板件拱起，b 也不宜大于 $16t$（当 $t>12$mm）或 190mm（$t \leqslant 12$mm），t 为较薄焊件的厚度，以免因焊缝横向收缩，引起板件拱曲。当 b 不能满足此规定时，应加设端焊缝。

搭接连接中，搭接长度不得小于焊件厚度的 5 倍，并不得小于 25mm，见图 3-18。规范之所以有此规定，考虑到搭接连接时两板件不在同一平面，当受力如图 3-18a，接头将转动。限制搭接长度不使其过短，可改善接头性能。

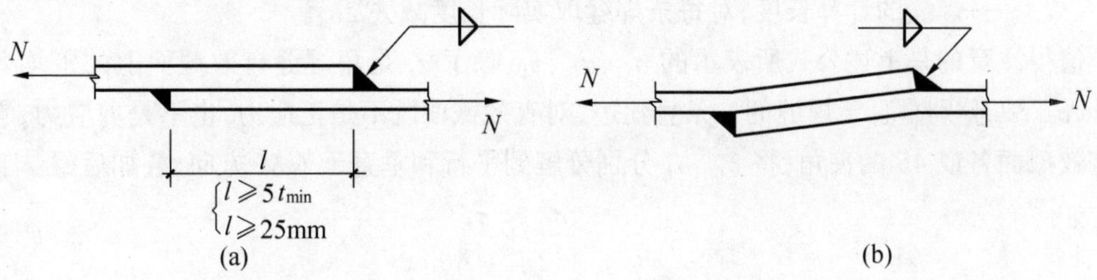

图 3-18　搭接接头的尺寸限制

3.3.3　角焊缝的强度计算公式

图 3-19 所示为直角角焊缝的截面，直角边边长 h_f 为焊脚尺寸，$h_e=0.7h_f$ 为直角角焊缝的有效厚度，焊缝的有效截面 $OO'M'M$ 面积为 $h_e l_w$，任何受力情况的角焊缝均可求得作用于有效截面的三种应力：垂直于焊缝有效截面的正应力 $\sigma_\perp$，垂直于焊缝长度方向的剪应力 $\tau_\perp$，以及沿焊缝长度方向的剪应力 $\tau_{/\!/}$。这三种应力互相垂直。国际标准化组织 ISO 推荐用下式来确定角焊缝的极限强度：

$$\sqrt{\sigma_\perp^2 + 3(\tau_\perp^2 + \tau_{/\!/}^2)} \leqslant \sqrt{3} f_f^w \tag{3-1}$$

由于规范规定的角焊缝强度设计值 f_f^w 是根据抗剪条件确定的，$\sqrt{3}f_f^w$ 相当于角焊缝的抗拉设计值。

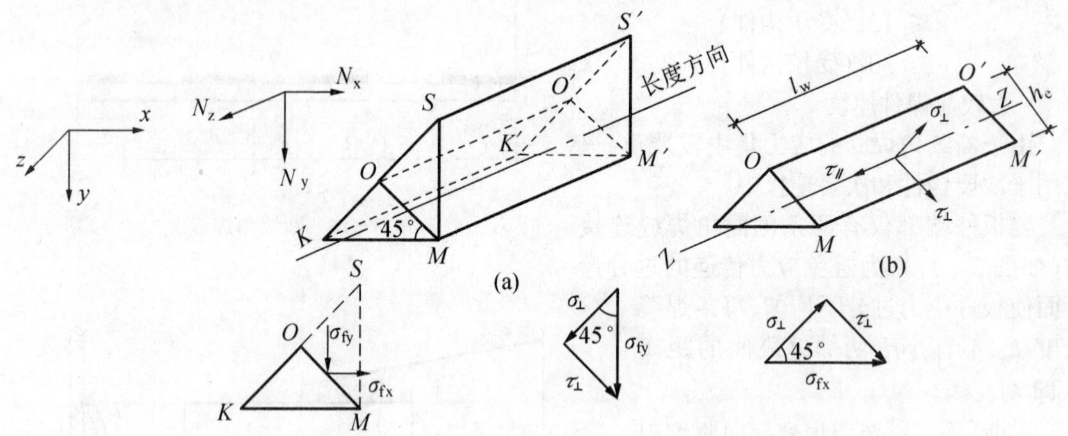

图 3-19 直角角焊缝有效截面上的应力分量

设 x、y 轴分别垂直于直角焊缝的两条直角边，z 轴为焊缝的长度方向，作用在焊缝某处的外力为 N，N 可以分解为 N_x、N_y、N_z，它们在有效截面上引起的平均应力为：

$$\sigma_{fx}=\frac{N_x}{h_e l_w} \tag{3-2}$$

$$\sigma_{fy}=\frac{N_y}{h_e l_w} \tag{3-3}$$

$$\tau_f=\frac{N_z}{h_e l_w}=\tau_{/\!/} \tag{3-4}$$

式中 l_w——焊缝的计算长度，对每条焊缝取实际长度减去 $2h_f$。

值得注意的是上述公式所表示的 σ_{fx}、σ_{fy}、τ_f，除了 τ_f 是角焊缝有效截面上的平均剪应力外，σ_{fx}、σ_{fy}分别垂直于焊缝的一条直角边，对有效截面既不是正应力，也不是剪应力，它们与有效截面各成 45°的夹角，将 σ_{fx}、σ_{fy}分别分解到平行和垂直于 OM 方向，叠加后得：

$$\tau_{\perp}=\frac{\sigma_{fx}}{\sqrt{2}}+\frac{\sigma_{fy}}{\sqrt{2}} \tag{3-5}$$

$$\sigma_{\perp}=\frac{\sigma_{fx}}{\sqrt{2}}-\frac{\sigma_{fy}}{\sqrt{2}} \tag{3-6}$$

将式(3-4)、式(3-5)、式(3-6)代入式(3-1)，整理后得：

$$\sqrt{\sigma_{fx}^2+\sigma_{fy}^2+\sigma_{fx}\cdot\sigma_{fy}+1.5\tau_f^2}\leqslant 1.22f_f^w \tag{3-7}$$

(1)只有外力 N_z，$N_x=N_y=0$，即焊缝只受到平行于焊缝长度方向的力，焊缝属于侧焊缝，如图 3-20a 所示。

$\tau_f=\dfrac{N_z}{h_e l_w}$，$\sigma_{fx}=\sigma_{fy}=0$ 代入式(3-7)，得：

$$\tau_f=\frac{N_z}{h_e l_w}\leqslant f_f^w \tag{3-8}$$

(2)当只有外力 N_x,$N_y=N_z=0$,即焊缝只受到垂直于焊缝长度方向的力,焊缝属于端焊缝,如图 3-20b 所示。

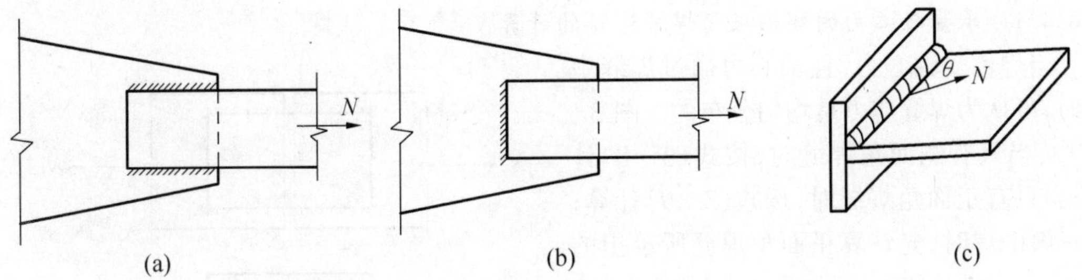

图 3-20 受轴心力的角焊缝

$\sigma_{fx}=\dfrac{N_x}{h_e l_w}$,$\sigma_{fy}=\tau_f=0$ 代入式(3-7),得:

$$\sigma_f=\frac{N_x}{h_e l_w}\leqslant 1.22f_f^w \tag{3-9}$$

从此可看出端焊缝的强度是侧焊缝强度的 1.22 倍。

式(3-9)也可写成:

$$\frac{N}{1.22h_e l_w}\leqslant f_f^w \tag{3-10}$$

(3)当有外力 N_x、N_z,仅 $N_y=0$,焊缝受到平行于焊缝长度方向的力和垂直于焊缝长度方向的力的同时作用,如图 3-20c 所示,N 可以分解成 N_x、N_z

$\sigma_{fx}=\dfrac{N_x}{h_e l_w}$,$\tau_f=\dfrac{N_z}{h_e l_w}$,$\sigma_{fy}=0$ 代入式(3-7),得:

$$\sqrt{\left(\frac{\sigma_f}{\beta_f}\right)^2+\tau_f^2}\leqslant f_f^w \tag{3-11}$$

综上所述,直角角焊缝的计算公式可归纳为下列三个公式:

当作用力 N 平行于焊缝长度方向时:

$$\tau_f=\frac{N}{h_e l_w}\leqslant f_f^w$$

当作用力 N 垂直于焊缝长度方向时:

$$\sigma_f=\frac{N}{h_e l_w}\leqslant \beta_f f_f^w$$

当平行和垂直于焊缝长度方向均有作用力时:

$$\sqrt{\left(\frac{\sigma_f}{\beta_f}\right)^2+\tau_f^2}\leqslant f_f^w$$

式中 β_f——正面角焊缝的强度设计增大系数:对承受静力荷载和间接动力荷载的结构,$\beta_f=1.22$;对直接承受动力荷载的结构,$\beta_f=1.0$;

f_f^w——角焊缝的强度设计值,见附表 1-4a。

式(3-11)是角焊缝的基本公式,对于各种非轴心力作用下的有效截面上的应力,只要求得平行于焊缝长度方向的应力 τ_f 和垂直于焊缝长度方向的应力 σ_f,按式(3-11)即可进行计算。

3.3.4 直角角焊缝连接的计算

3.3.4.1 承受轴心力的矩形板角焊缝连接的计算

当焊件受轴心力，且轴心力通过焊缝中心时，可认为焊缝应力是均匀分布的。图3-21中，当只有侧面角焊缝时，按式(3-8)计算；当只有正面角焊缝时，按式(3-9)计算；当三面围焊时，先计算正面角焊缝所承担的内力 $N' = \beta_f f_f^w \sum h_e l_{w1}$，式中 $\sum l_{w1}$ 为连接一侧所有的正面角焊缝计算长度总和。剩下的力 $(N - N')$ 由侧面角焊缝承担：

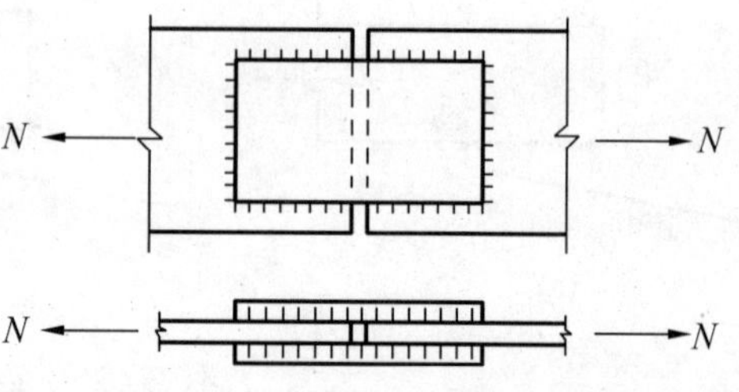

图3-21 受轴心力的盖板连接

$$\tau_f = \frac{N - N'}{\sum h_e l_{w2}} \leqslant f_f^w$$

式中 $\sum l_{w2}$——连接一侧的所有侧面角焊缝计算长度的总和。

3.3.4.2 承受斜向轴心力的角焊缝连接的计算

图3-22，外力 F 作用在焊缝的形心上，与焊缝长度方向的夹角为 θ，将外力 F 分解为垂直于焊缝的分力 N 和平行于焊缝的分力 V：

$$N = F\sin\theta, V = F\cos\theta$$

$$\sigma_f = \frac{N}{\sum h_e l_w} \tag{3-12}$$

$$\tau_f = \frac{V}{\sum h_e l_w} \tag{3-13}$$

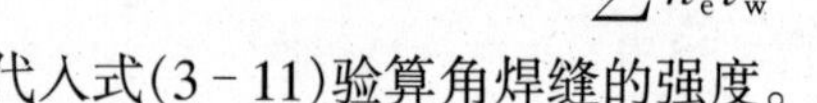

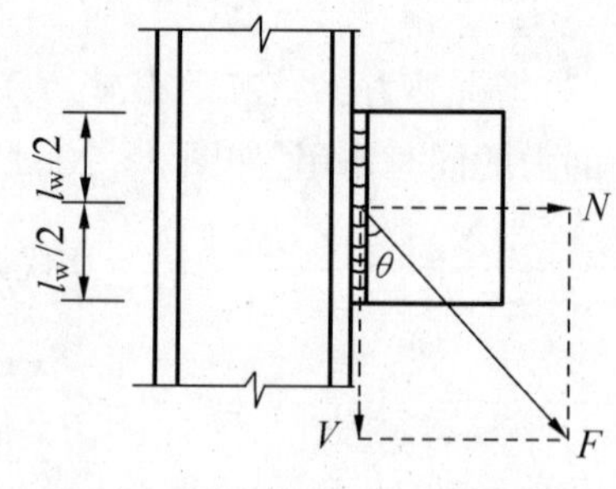

图3-22 斜向轴心力作用

代入式(3-11)验算角焊缝的强度。

3.3.4.3 承受轴心力的角钢角焊缝的计算

钢桁架、钢屋架中，腹杆杆件选用角钢，角钢与节点板的连接焊缝一般采用二面侧焊，也可采用三面围焊。腹杆受轴心力作用，虽然该轴心力通过角钢截面的形心，但由于角钢形心到肢背、肢尖的距离不等，肢背焊缝和肢尖焊缝的受力也不相等。

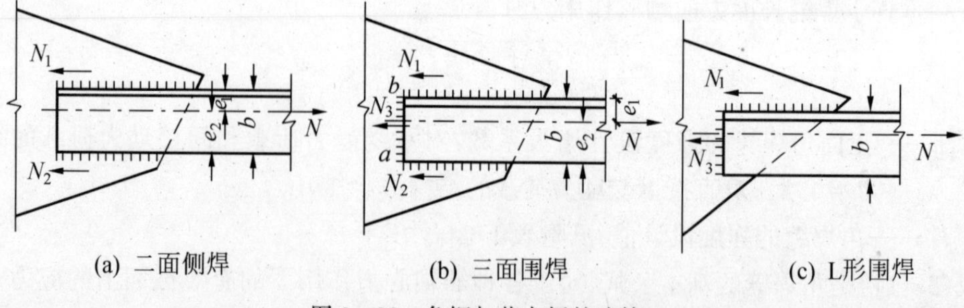

图3-23 角钢与节点板的连接

对于二面侧焊，设 N_1、N_2 分别为角钢肢背、肢尖焊缝承担的内力，如图 3-23a 所示。

其平衡条件：$N_1+N_2=N$；$N_1e_1=N_2e_2$，解得：

$$N_1=\frac{e_2}{b}N \tag{3-14}$$

$$N_2=\frac{e_1}{b}N \tag{3-15}$$

式中 b、e_1、e_2——分别为角钢的肢宽、角钢形心到肢背、肢尖的距离。

不同规格的角钢，b、e_1、e_2 不相同，但$\frac{e_2}{b}$、$\frac{e_1}{b}$的比值在一定范围内变化，

令

$$k_1=\frac{e_2}{b} \tag{3-16}$$

$$k_2=\frac{e_1}{b} \tag{3-17}$$

式中 k_1、k_2——焊缝内力分配系数，近似按表 3-4 采用。

表 3-4 角钢角焊缝分配系数

角钢类型	连接形式	角钢肢背 k_1	角钢肢尖 k_2
等 肢		0.70	0.30
不等肢		0.75	0.25
不等肢		0.65	0.35

故上两式可分别写成：

$$N_1=k_1N \tag{3-18}$$

$$N_2=k_2N \tag{3-19}$$

求得各焊缝所受的内力后，可先按规范规定的构造要求假定肢背、肢尖焊缝的焊脚尺寸 h_{f1} 和 h_{f2}，即可求出肢背、肢尖的计算长度。对于双角钢截面：

$$l_{w1}=\frac{N_1}{2\times0.7h_{f1}f_f^w} \tag{3-20}$$

$$l_{w2}=\frac{N_2}{2\times0.7h_{f2}f_f^w} \tag{3-21}$$

式中 h_{f1}、l_{w1}——一个角钢肢背上的焊脚尺寸和计算长度；

h_{f2}、l_{w2}——一个角钢肢尖上的焊脚尺寸和计算长度。

考虑到每条焊缝两端的起灭弧缺陷，每个缺陷为 h_f，实际焊缝长度为计算长度 $+2h_f$。采用绕角焊的角焊缝实际长度等于计算长度，绕角长度 $2h_f$ 不计入计算。

对于三面围焊,如图 3-23b 所示,可先假定端焊缝的焊脚尺寸 h_{f3},端焊缝的焊缝长度为角钢的肢宽,这样按式(3-9)可求出端焊缝所承担的轴心力 N_3:

$$N_3 = \beta_f \times 0.7h_{f3} \times \Sigma l_{w3} \times f_f^w \tag{3-22}$$

当双角钢,肢宽为 b 时,$\Sigma l_{w3} = 2b$;单角钢时,$\Sigma l_{w3} = b$。假定 N_3 作用在端焊缝的中心。

由平衡条件 $\Sigma M_a = 0$,有

$$N_1 \cdot b + N_3 \cdot \frac{b}{2} = N \cdot e_2 \tag{3-23}$$

由平衡条件 $\Sigma M_b = 0$,有

$$N_2 \cdot b + N_3 \cdot \frac{b}{2} = N \cdot e_1 \tag{3-24}$$

解得:

$$N_1 = N \cdot \frac{e_2}{b} - \frac{N_3}{2} = k_1 N - \frac{N_3}{2} \tag{3-25}$$

$$N_2 = N \cdot \frac{e_1}{b} - \frac{N_3}{2} = k_2 N - \frac{N_3}{2} \tag{3-26}$$

求得肢背、肢尖所受内力后,即可求出肢背、肢尖的焊缝计算长度。对于三面围焊,由于在杆件端部转角处必须连续施焊,每条侧面角焊缝只有一端有焊口影响,故实际长度为计算长度加 h_f,而端焊缝的计算长度就等于实际长度。

当杆件内力很小时,可采用 L 形围焊,如图 3-23c,不必先选定端焊缝的 h_f,而令式(3-26)中的 $N_2=0$,可得:

$$N_3 = 2k_2 N \tag{3-27}$$

$$N_1 = N - N_3 = N(1 - 2k_2) \tag{3-28}$$

例 3-1 图 3-24 所示为拼接盖板的对接连接。已知钢材为 Q235B,手工焊,焊条 E43 型,承受静态轴心力 $N = 1400\text{kN}$(设计值),试设计角焊缝。

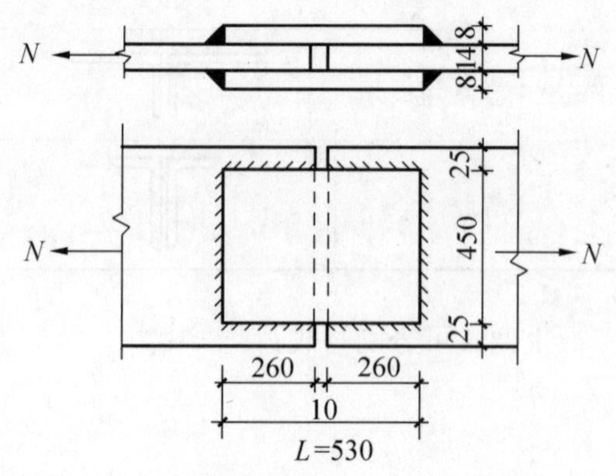

图 3-24 例题 3-1 图

解 采用三面围焊,根据钢板和盖板厚度

$$h_{f\min} = 1.5\sqrt{14} = 5.6\text{mm}$$

$$h_{f\max} = t_1 - (1 \sim 2) = 8 - (1 \sim 2) = 7 \sim 6\text{mm}$$

取 $h_f = 6\text{mm}$

端焊缝计算长度 $l'_w = 450\text{mm}$,承担内力

$$N' = 2\beta_f \times 0.7h_f l'_w f_f^w = 2 \times 1.22 \times 0.7 \times 6 \times 450 \times 160 = 737\ 856\text{N}$$

侧焊缝承担的力　　$N'' = N - N' = 662\ 144\text{N}$

空隙一侧所需侧焊缝总长度

$$\sum l_w = \frac{N''}{0.7h_f f_f^w} = \frac{662144}{0.7 \times 6 \times 160} = 985.3\text{mm}$$

一条侧焊缝实际长度　　$l_w = \frac{985.3}{4} + h_f = 246.3 + 6 = 252.3\text{mm}$

取 $l_w = 260\text{mm}$，

盖板长度　　$L = 2 \times 260 + 10 = 530\text{mm}$

此处的 10mm 是钢板间的空隙。

例 3-2　图 3-25 所示为 14mm 的钢板，用角焊缝焊于工字型柱的翼缘板上。钢板承受静态荷载设计值 $F = 620\text{kN}$，已知钢材Q235B·F，手工焊，焊条 E43 型，试确定焊脚尺寸 h_f。

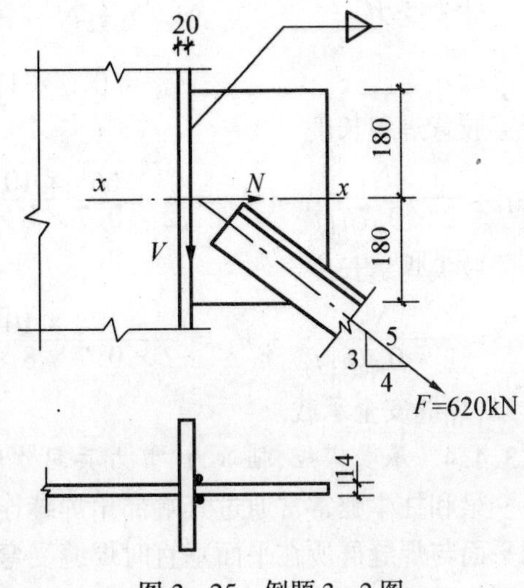

图 3-25　例题 3-2 图

解　将 F 分解成水平方向力 N 和竖向方向力 V，

$$N = \frac{4}{5}N = 496\text{kN}$$

$$V = \frac{3}{5}N = 372\text{kN}$$

因为外力通过焊缝形心，故焊缝应力

$$\sigma_f = \frac{N}{2h_e l_w} = \frac{496 \times 10^3}{2h_e l_w} = \frac{248 \times 10^3}{h_e l_w}$$

$$\tau_f = \frac{V}{2h_e l_w} = \frac{372 \times 10^3}{2h_e l_w} = \frac{186 \times 10^3}{h_e l_w}$$

代入式(3-11)$\sqrt{\left(\frac{\sigma_f}{\beta_f}\right)^2 + \tau_f^2} \leqslant f_f^w$，得：

$$\frac{10^3}{h_e l_w}\sqrt{\left(\frac{248}{1.22}\right)^2 + 186^2} \leqslant 160$$

解得：

$$h_e l_w \geqslant 1722\text{mm}^2$$

$$0.7h_f(360 - 2h_f) \geqslant 1722$$

$$h_f^2 - 180h_f + 1230 = 0$$

$$h_f \geqslant \frac{180 - \sqrt{180^2 - 4 \times 1230}}{2} = 7.1\text{mm}$$

取 $h_f = 8\text{mm}$ $\begin{cases} > 1.5\sqrt{t_{\max}} = 1.5\sqrt{20} = 6.7\text{mm} \\ < 1.2t_{\min} = 1.2 \times 14 = 16.8\text{mm} \end{cases}$

故 $h_f = 8\text{mm}$ 满足要求。

例 3-3　图 3-26 所示某桁架的腹杆采用 2 ∟140×10，用角焊缝三面围焊与节点板连接。钢材 Q235B·F，手工焊，E43 型焊条，承受静力荷载设计值 $N = 1170\text{kN}$，试验算焊缝

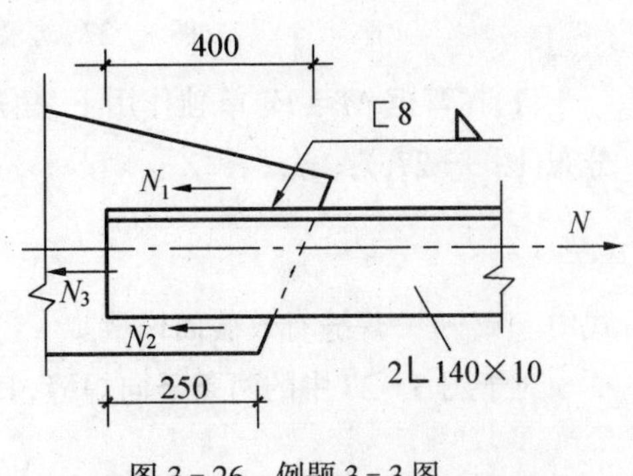

图 3-26　例题 3-3 图

能否安全承载。

解 先求端焊缝承担的力

$$N_3 = 2\beta_f 0.7 h_f l_{w3} f_f^w = 2 \times 1.22 \times 0.7 \times 8 \times 140 \times 160 = 306.1 \times 10^3 \text{N} = 306.1 \text{kN}$$

肢背受力 $$N_1 = k_1 N - \frac{N_3}{2} = 0.7 \times 1170 - 306.1/2 = 666 \text{kN}$$

肢尖受力 $$N_2 = k_2 N - \frac{N_3}{2} = 0.3 \times 1170 - 306.1/2 = 198 \text{kN}$$

所需肢背焊缝长度

$$l_{w1} = \frac{N_1}{2 \times 0.7 h_f f_f^w} + h_f = \frac{666 \times 10^3}{2 \times 0.7 \times 8 \times 160} + 8 = 380 \text{mm} < 400 \text{mm} < 60 h_f = 480 \text{mm}$$

所需肢尖焊缝长度

$$l_{w2} = \frac{N_2}{2 \times 0.7 h_f f_f^w} + h_f = \frac{198 \times 10^3}{2 \times 0.7 \times 8 \times 160} + 8 = 118 \text{mm} < 250 \text{mm} < 60 h_f = 480 \text{mm}$$

所以,焊缝安全承载。

3.3.4.4 承受弯矩、轴心力、剪力共同作用的角焊缝的计算

梁和柱牛腿常常通过其端部角焊缝连接于钢柱的翼缘,采用顶接连接形式。当力矩作用平面与焊缝群所在平面垂直时焊缝受弯,图 3-27a 所示的角焊缝承受弯矩、轴心力、剪力共同作用,可先分析各单独工况下的作用效应,最后再叠加。焊缝有效截面如图 3-27b 所示。

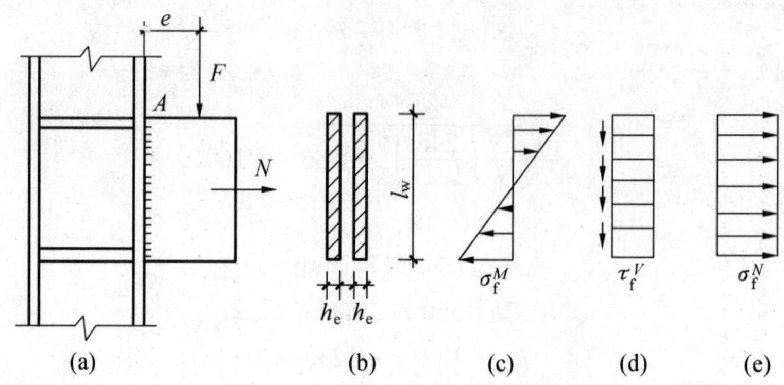

图 3-27 承受弯矩、剪力和拉力的角焊缝

(1)在弯矩 $M = Fe$ 单独作用下,角焊缝产生垂直于焊缝长度方向的应力 σ_f^M,呈三角形分布(图 3-27c):

$$\sigma_f^M = \frac{M}{W_e} \tag{3-29}$$

式中 W_e——焊缝有效截面模量。

对于图 3-27 中的两条竖向焊缝,其有效截面的惯性矩:

$$W_e = 2 \times \frac{h_e l_w^2}{6}$$

代入式(3－29)得：

$$\sigma_f^M = \frac{6M}{2h_e l_w^2} \tag{3-30}$$

(2)在剪力 V 单独作用下，角焊缝产生平行于焊缝长度方向的应力 τ_f^V，因剪力 V 通过焊缝形心，应力均匀分布(图 3－27d)：

$$\tau_f^V = \frac{V}{A_e} \tag{3-31}$$

式中　A_e——焊缝的有效截面面积。

(3)在轴心力 N 单独作用下，角焊缝产生垂直于焊缝长度方向的应力 σ_f^N，因轴心力 N 通过焊缝形心，应力均匀分布(图 3－27e)：

$$\sigma_f^N = \frac{N}{A_e} \tag{3-32}$$

当 M、V、N 同时作用时，σ_f 和 τ_f 可叠加，σ_f^M、σ_f^N 在 A 点处的方向相同，直接叠加后，该点的应力 $\sigma_f = \sigma_f^M + \sigma_f^N$，$A$ 点为焊缝截面受力最大的点，将 A 点的 σ_f 和 $\tau_f = \tau_f^V$ 代入角焊缝公式(3－11)，得：

$$\sqrt{\left(\frac{\sigma_f^M + \sigma_f^N}{\beta_f}\right)^2 + \tau_f^2} \leqslant f_f^w \tag{3-33}$$

对于工字形梁与钢柱翼缘角焊缝连接，图 3－28 焊缝通常受弯矩 M 和剪力 V 的联合作用。由于翼缘的竖向刚度小，计算时通常假设腹板焊缝承受全部剪力，而弯矩则由全部焊缝承受。

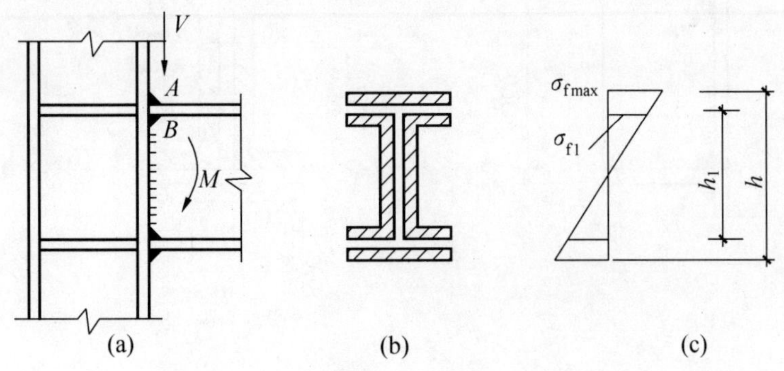

图 3－28　工字形梁(或牛腿)的角焊缝连接

在弯矩 M 的作用下，焊缝产生了垂直于焊缝长度方向的弯曲正应力 σ_f，σ_f 呈三角形分布，最大应力 σ_{fmax} 发生在翼缘焊缝的最外纤维处 A 点：

$$\sigma_{fmax} = \frac{M}{W_e} \tag{3-34}$$

式中　W_e——全部焊缝有效截面模量。

对 A 点，由于翼缘焊缝不承受剪力，该点的 $\tau_f^V = 0$，为保证焊缝正常工作，此处的应力应满足：

$$\sigma_{fmax} = \frac{M}{W_e} \leqslant \beta_1 f_f^w \tag{3-35}$$

腹板焊缝承受二种应力的联合作用，即垂直于焊缝长度方向的 σ_f 和平行于焊缝长度方向的 τ_f。离焊缝形心越远，σ_f 越大，而 τ_f 则是均匀分布。所以腹板焊缝上受力最大的点为翼缘焊缝与腹板焊缝的交点 B。B 点的焊缝应力：

$$\sigma_{f1} = \frac{M}{I_e} \cdot \frac{h_1}{2} \tag{3-36}$$

或

$$\sigma_{f1} = \sigma_{fmax} \cdot \frac{h_1}{h} \tag{3-37}$$

$$\tau_f = \frac{V}{\sum h_e l_w} \tag{3-38}$$

式中 I_e——整个焊缝的有效截面对中和轴的惯性矩；

$\sum h_e l_w$——竖向腹板焊缝的有效面积之和。

因此，B 点的焊缝强度验算式为：

$$\sqrt{\left(\frac{\sigma_{f1}}{\beta_f}\right)^2 + \tau_f^2} \leqslant f_f^w \tag{3-39}$$

例 3-4 试验算图 3-29 所示牛腿与钢柱连接角焊缝的强度。已知钢材 Q235，E43 型焊条，手工焊，$h_f = 8$mm，图 3-29b 为焊缝的有效截面。

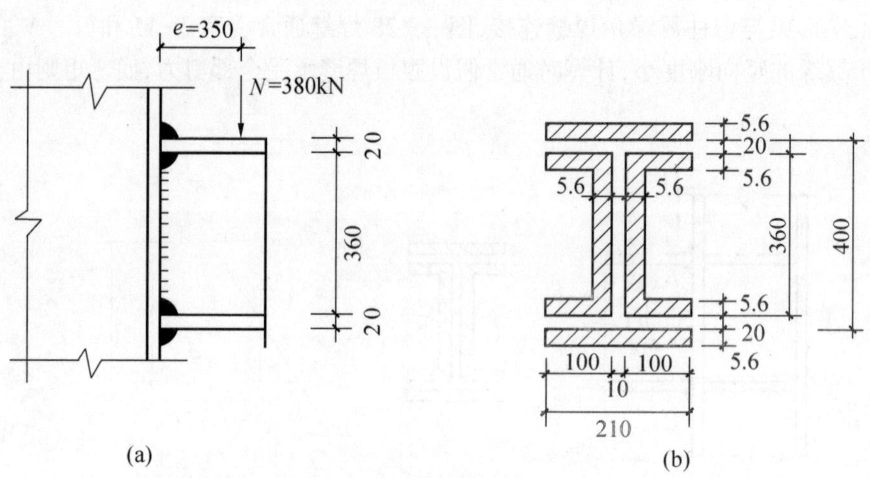

图 3-29 例题 3-4 图

解 将 N 向焊缝形心简化，引起剪力 $V = N = 380$kN 和弯矩 $M = Ne = 380 \times 0.35 = 133$kN·m，焊缝有效厚度 $h_e = 0.7 \times 8 = 5.6$mm，焊缝有效截面对中和轴的惯性矩

$$I_w = 2 \times \frac{0.56 \times (36 - 2 \times 0.56)^3}{12} + 2 \times 21 \times 0.56 \times \left(\frac{40}{2} + \frac{0.56}{2}\right)^2 + 4 \times 10 \times 0.56 \times \left(\frac{36}{2} - \frac{0.56}{2}\right)^2 = 20667\text{cm}^4$$

焊缝最外边缘的抵抗矩为：

$$W_e = \frac{I_w}{y_{max}} = \frac{20667}{(20 + 0.56)} = 1005\text{cm}^3$$

翼缘焊缝的最大应力

$$\sigma_f = \frac{M}{W_e} = \frac{133 \times 10^6}{1005 \times 10^3} = 132.3\text{N/mm}^2 < 1.22 f_f^w = 195.2\text{N/mm}^2$$

腹板和翼缘连接处的水平应力

$$\sigma_{f1} = \sigma_f \cdot \frac{y_1}{y_{max}} = 132.3 \times \frac{18}{20.56} = 115.8\text{N/mm}^2$$

假定剪力由两条腹板焊缝承受，引起的竖向剪应力平均分布：

$$\tau_f = \frac{V}{A_f} = \frac{380 \times 10^3}{2 \times 0.7 \times 8 \times 360} = 94.2\text{N/mm}^2$$

代入式(3-11)验算：

$$\sqrt{\left(\frac{115.8}{1.22}\right)^2 + 94.2^2} = 133.7\text{N/mm}^2 < f_f^w = 160\text{N/mm}^2$$

所以，焊缝安全。

3.3.4.5　扭矩、剪力、轴心力共同作用下角焊缝的计算

当力矩作用平面与焊缝所在平面平行时，焊缝受扭，如图3-30所示的搭接连接，先算出焊缝有效截面的形心O，它距作用力F的距离为e，将F向形心O简化，该焊缝承受竖向剪力$V=F$和扭矩$T=Fe$和轴心力N。

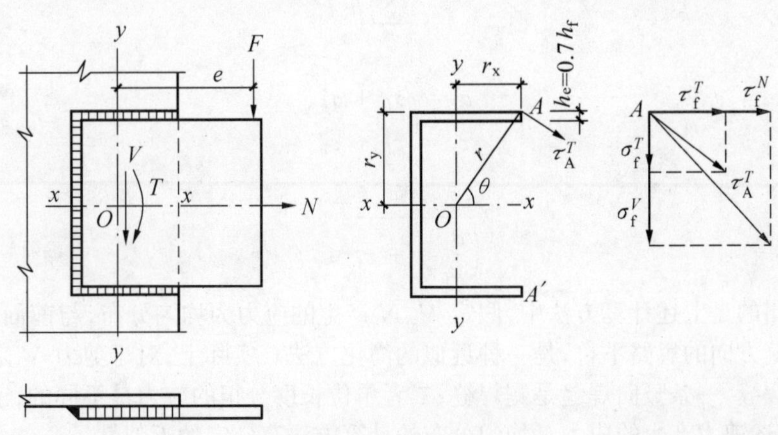

图3-30　角焊缝受扭矩

角焊缝在扭矩作用下的计算基于下列假定：

(1)被连接件是绝对刚性，它有绕焊缝形心O旋转的趋势，而焊缝本身是弹性。

(2)角焊缝任一点的应力方向垂直于该点与形心的连线，应力与连线长度r成正比。

图中的A点、A'点距形心O点最远，故由扭矩T引起的应力最大，A点、A'点为控制点，其值按下式计算：

$$\tau_A^T = \frac{Tr}{I_\rho} \tag{3-40}$$

式中　I_ρ——角焊缝有效截面的极惯性矩，为绕x轴的惯性矩I_x与绕y轴的惯性矩I_y之和，$I_\rho = I_x + I_y$。

由于应力τ_A^T与x轴、y轴有夹角，为方便与其他应力叠加，将τ_A^T沿x轴、y轴分解为

两分力：

x 方向：

$$\tau_f^T = \tau_A^T \cdot \sin\theta = \frac{Tr}{I_\rho} \cdot \frac{r_y}{r} = \frac{Tr_y}{I_\rho} \tag{3-41}$$

y 方向：

$$\sigma_f^T = \tau_A^T \cdot \cos\theta = \frac{Tr}{I_\rho} \cdot \frac{r_x}{r} = \frac{Tr_x}{I_\rho} \tag{3-42}$$

式中　r_x、r_y——分别为 A 点在 x 方向、y 方向的坐标。

剪力 V 通过焊缝形心 O 点，在焊缝有效截面上引起的竖向剪力是均匀分布，对于 A 点，该竖向应力是垂直于焊缝长度方向的，故其值设为 σ_f^V：

$$\sigma_f^V = \frac{V}{\sum h_e l_w} \tag{3-43}$$

式中　$\sum h_e l_w$——所有焊缝的有效面积之和。

同理，轴心力 N 在有效截面上引起的水平应力也是均匀分布，对于 A 点，该应力是平行焊缝长度方向，故其值设为 τ_f^N：

$$\tau_f^N = \frac{V}{\sum h_e l_w} \tag{3-44}$$

A 点应力：

$$\sigma_f = \sigma_f^T + \sigma_f^V \tag{3-45}$$

$$\tau_f = \tau_f^T + \tau_f^N \tag{3-46}$$

应满足：

$$\sqrt{\left(\frac{\sigma_f}{\beta_f}\right)^2 + \tau_f^2} \leqslant f_f^w \tag{3-47}$$

应该指出的是上述计算方法中，假定 V、N 产生的应力为均匀分布，与前面基本公式推导时考虑焊缝方向的思路不符，是一种近似的简化方法。实际上，对于剪力 V 来说，二条水平焊缝是端焊缝，一条竖向焊缝是侧焊缝，二者单位长度分担的应力是不同的，前者大，后者小。因此，上述剪力产生的应力是均匀分布的计算方法有一定的近似性。

例 3-5　图 3-31 所示的钢牛腿，牛腿板厚 12mm，柱翼缘板厚 16mm。静力荷载设计值 $F=120$kN，钢材 Q235，手工焊，E43 型焊条。试验算该连接。

解　焊缝有效截面，如图 3-31b 所示。焊缝形心位置：

$$\overline{x} = \frac{0.7 \times 1.0 \times (2 \times 10 \times \frac{10}{2})}{0.7 \times 1.0 \times (2 \times 10 + 25)} = 2.22\text{cm}$$

将 F 向焊缝形心简化，焊缝受剪力 $V=120$kN，扭矩 $T=F\cdot e=120\times(0.11+0.2-0.022)=34.56$kN·m

惯性矩　$$I_x = \frac{0.7\times1.0\times25^3}{12} + 2\times0.7\times1.0\times10\times12.5^2 = 3099\text{cm}^4$$

$$I_y = 0.7 \times 1.0 \times 25 \times 2.22^2 + 2 \times \left[\frac{0.7 \times 1.0 \times 10^3}{12} + 0.7 \times 1.0 \times 10 \times (5 - 2.22)^2\right]$$
$$= 311\ \text{cm}^4$$

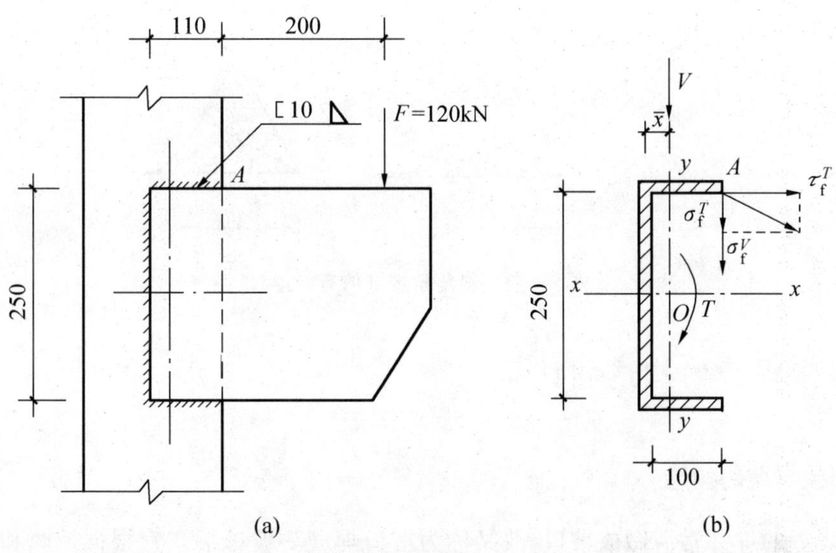

图 3-31　例题 3-5 图

$$I_\rho = I_x + I_y = 3099 + 311 = 3410\text{cm}^4$$

A 点处的应力最大：

$$\tau_f^T = \frac{T \cdot y_A}{I_\rho} = \frac{34.56 \times 10^6 \times 125}{3410 \times 10^4} = 126.7\text{N/mm}^2$$

$$\sigma_f^T = \frac{T \cdot x_A}{I_\rho} = \frac{34.56 \times 10^6 \times (10 - 2.22)}{3410 \times 10^4} = 78.8\text{N/mm}^2$$

$$\sigma_f^V = \frac{V}{\sum A_e} = \frac{120 \times 10^3}{0.7 \times 10 \times (250 + 2 \times 100)} = 38.1\text{N/mm}^2$$

$$\sqrt{\left(\frac{78.8 + 38.1}{1.22}\right)^2 + 126.7^2} = 158.8\text{N/mm}^2 < f_f^w = 160\text{N/mm}^2$$

所以，连接安全。

3.3.5　斜角角焊缝连接的计算

斜角角焊缝连接的计算采用与直角角焊缝相同的公式(3-8)、公式(3-9)、公式(3-11)，但不考虑焊缝是端焊缝还是侧焊缝，一律取 $\beta_f = 1.0$。在确定焊缝有效厚度时(图 3-32)，假定焊缝在其所成的夹角的最小斜面上发生破坏，因此，当两焊脚边夹角 $\alpha > 90°$，焊缝的有效厚度：

$$h_e = h_f \cos\frac{\alpha}{2}$$

对于 $\alpha < 90°$ 斜角角焊缝，按常理焊缝的有效厚度 h_e 也应等于 $h_f \cos\frac{\alpha}{2}$。考虑到此种锐角角焊缝的焊根不易施焊，当 α 远低于 90°时，熔深也难以满足要求，因此其有效厚度取为 $h_e = 0.7h_f$。

此外，夹角 $\alpha > 135°$ 和 $\alpha < 60°$ 的斜角角焊缝，不宜用作受力焊缝(钢管结构除外)。

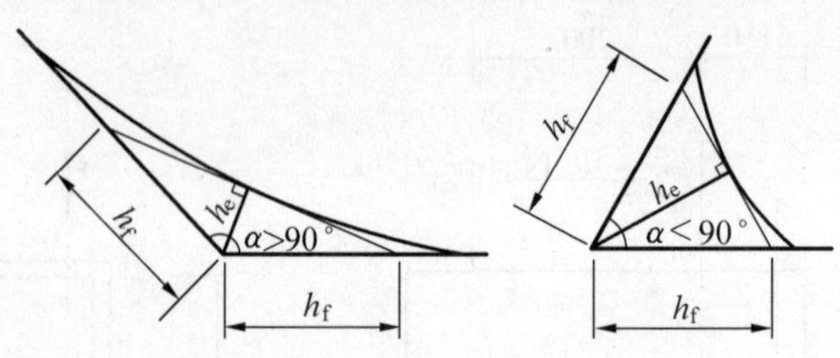

图 3-32　斜角角焊缝的有效厚度

3.4　对接焊缝的构造和计算

3.4.1　对接焊缝的构造

对接焊缝的焊件常需做成坡口,故又称为坡口焊缝。坡口形式宜根据板厚和施工条件按有关现行国家标准选用,具体内容已在 3.2.3 节中述及。

一般情况下,每条焊缝的两端常因焊接时的起弧、灭弧的影响而出现弧坑、未焊透等缺陷,常称为焊口,容易引起应力集中,对受力不利。故焊接时应在两端设置引弧板,如图 3-33 所示。引弧板的钢材和坡口应与焊件相同,焊后将它割除。只有在受条件限制,无法放置引弧板时才允许不用引弧板,此时对接焊缝计算长度等于实际长度减去 $2t$,t 为连接件的较小厚度。

在对接焊缝的拼接处,当两侧焊件的宽度不同或厚度相差 4mm 以上时,为使传力平顺,减少应力集中,应分别在宽度方向或厚度方向从一侧或两侧,将较宽或较厚板件加工成不大于 1:2.5 的坡度,以使截面过渡平缓,如图 3-34 所示。当厚度不同时,焊缝坡口形式应根据较薄焊件厚度按有关规定选用。

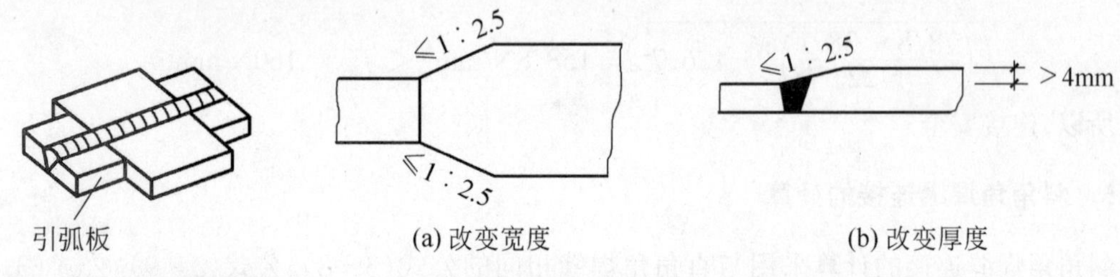

图 3-33　对接焊缝施焊时的引弧板

图 3-34　不同宽度或厚度的钢板对接

3.4.2　对接焊缝的计算

对接焊缝分为焊透和部分焊透两种。

3.4.2.1　对接焊缝的强度

对接焊缝的强度与所用钢材的牌号、焊条型号及焊缝质量的检验标准等因素有关。

焊缝质量检验一般可用外观检查及无损检查,前者检查外观缺陷和几何尺寸,后者检查内部缺陷。无损检测目前广泛采用超声波检验,使用灵活经济,对内部缺陷反映灵敏;有时还用磁粉检验、荧光检验作为辅助手段;最明确可靠的检验方法是 X 射线和 γ 射线透照和拍片,X 射线应用较广。

《钢结构工程施工质量验收规程》(GB50205—2001)规定焊缝按焊缝质量等级一级、二级和三级规定检验等级。对一级焊缝除外观检查外,应100%进行探伤。对二级焊缝除外观检查外,应20%进行探伤。三级焊缝只要求外观检查。

如果焊缝中不存在任何缺陷,焊缝金属的强度是高于母材的。但由于焊接技术问题,焊缝中可能有气孔、夹渣、咬边等缺陷。实验证明,焊接缺陷对受压、受剪的对接焊缝影响不大,故可认为不论级别,所有对接焊缝的受压、受剪强度与母材相等。但受拉的对接焊缝对缺陷很敏感,当缺陷面积超过焊缝面积5%时,对接焊缝的抗拉强度明显下降。由于三级焊缝存在的缺陷较多,故其抗拉强度是母材强度的85%,而通过一级、二级检验的对接焊缝的抗拉强度与母材相等。

3.4.2.2 焊透的对接焊缝的计算

由于对接焊缝是焊件截面的组成部分,应力分布与焊件原来的分布基本相同,设计时可用计算焊件的方法进行焊缝设计。

(1)对接焊缝承受轴心力

图3-35所示是对接焊缝承受轴心拉力或压力N,可按下式计算:

$$\sigma = \frac{N}{l_w t} \leqslant f_t^w \text{ 或 } f_c^w \tag{3-48}$$

式中 l_w——焊缝的计算长度。当未用引弧板时,取实际长度减去$2t$;

t——在对接接头中为被连接件的较小厚度;在T形接头中为腹板厚度;

f_t^w、f_c^w——对接焊缝的抗拉、抗压强度设计值,由附表1-4a查得。

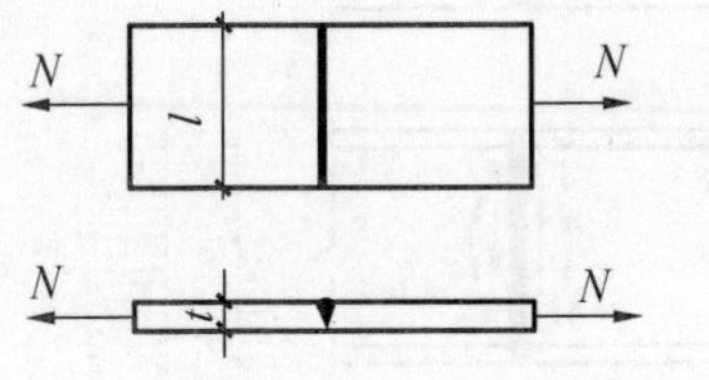

图3-35 直对接焊缝

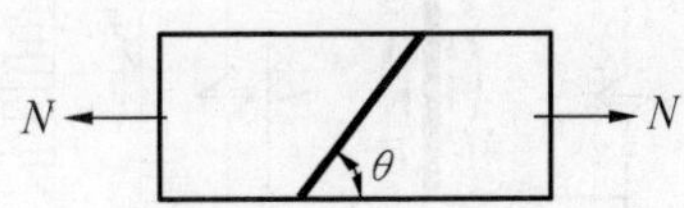

图3-36 斜对接焊缝

由于焊缝质量为一级、二级的对接焊缝的强度与母材相等,即只要钢材强度已经满足要求,则焊缝强度同样能满足要求(有引弧板时),故只有三级质量的焊缝在受拉时才需要按式(3-48)进行焊缝抗拉强度计算。如果直缝不能满足要求,可采用如图3-36所示的斜对接焊缝,当焊缝与作用力之间的夹角θ满足$\tan\theta \leqslant 1.5$时($\theta \leqslant 56.3°$),斜焊缝的强度不低于母材,可不必再验算焊缝。

例3-6 图3-37所示两块厚度为14mm的钢板采用V型坡口对接焊缝。钢材Q235,手工焊,焊条为E43型。承受静态轴心拉力$N=490\text{kN}$,焊缝质量三级,不用引弧板。试验算焊缝的强度。

解 焊缝质量为三级,焊缝的$f_t^w=185\text{N/mm}^2$

$$l_w = b - 2t = 200 - 2\times 14 = 172\text{mm}$$

$$\sigma = \frac{N}{l_w t} = \frac{490\times 10^3}{172\times 14} = 203.5\text{N/mm}^2 > f_t^w = 185\text{N/mm}^2$$

直缝不安全,改用斜缝对接。

取切割斜度为1.5∶1,相应的倾角$\theta=56.3°$。

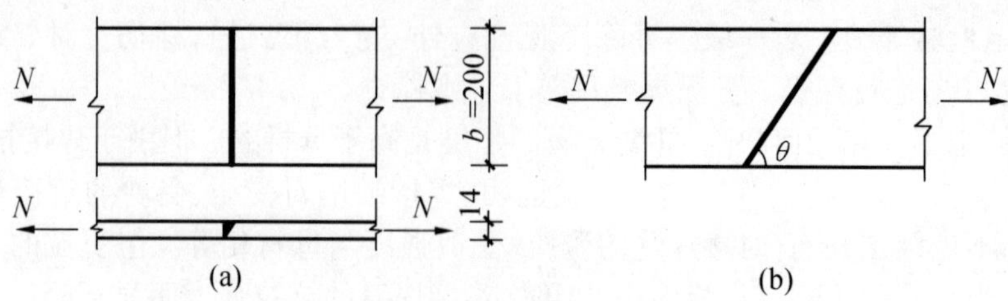

图 3-37　例题 3-6 图

$$\sin\theta = 0.832, \cos\theta = 0.555, l'_w = \frac{200}{\sin\theta} - 2t = 212.4\text{mm}$$

$$\sigma = \frac{N\sin\theta}{l'_w t} = \frac{490 \times 10^3 \times 0.832}{212.4 \times 14} = 137\text{N/mm}^2 < f_t^w = 185\text{N/mm}^2$$

$$\tau = \frac{N\cos\theta}{l'_w t} = \frac{490 \times 10^3 \times 0.555}{212.4 \times 14} = 91.5\text{N/mm}^2 < f_v^w = 125\text{N/mm}^2$$

所以,斜缝满足要求。

(2)对接焊缝承受弯矩 M、剪力 V 共同作用

图 3-38a 所示的钢板对接直缝,承受弯矩 M、剪力 V 共同作用,由于焊缝是矩形截面,正应力、剪应力图形分别为三角形和抛物线形。

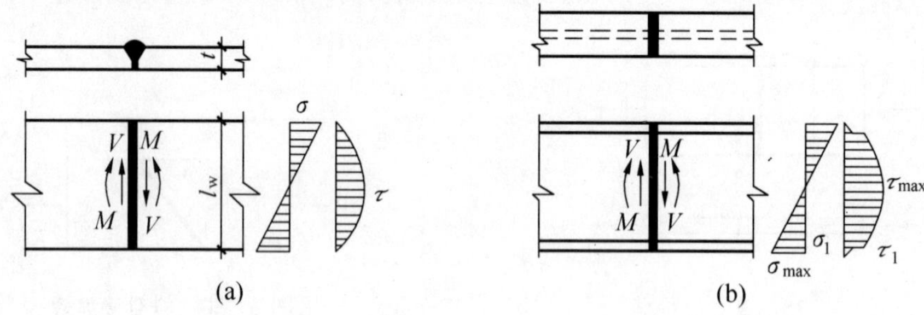

图 3-38　对接焊缝受弯矩和剪力作用

其应力最大值应满足下列条件:

$$\sigma_{max} = \frac{M}{W_w} = \frac{6M}{l_w^2 t} \leqslant f_t^w \tag{3-49}$$

$$\tau_{max} = \frac{VS}{I_w t} = \frac{1.5V}{l_w t} \leqslant f_v^w \tag{3-50}$$

式中　W_w、S_w、I_w——分别为焊缝截面的截面模量、面积矩、惯性矩。

图 3-38b 是工字形截面梁的接头,采用对接焊缝,焊缝截面也是工字形,正应力分布为三角形,剪应力图形大致为抛物线,只是在翼缘与腹板的交接点,剪应力有突变。除应验算最大正应力、最大剪应力外,对于同时受有较大的正应力和较大的剪应力处,如翼缘与腹板的交接点,还应按下式验算折算应力:

$$\sigma_1 = \frac{My_1}{I_w} \tag{3-51}$$

$$\tau_1 = \frac{VS_1}{I_w t} \tag{3-52}$$

$$\sqrt{\sigma_1^2 + 3\tau_1^2} \leqslant 1.1 f_t^w \tag{3-53}$$

式中　S_1——为一个翼缘截面对中和轴的面积矩；

y_1——验算点距中和轴的距离；

σ_1、τ_1——验算点处的焊缝的正应力、剪应力；

1.1——考虑最大折算应力只发生在个别点，而将强度设计值适当提高10%。

(3)对接焊缝承受弯矩 M、剪力 V、轴心力 N 共同作用

当轴心力与弯矩、剪力共同作用时，焊缝的最大正应力为轴心力与弯矩引起的正应力之和，剪应力仍按式(3-50)验算，折算应力按式(3-53)验算。

例3-7　某简支工作平台梁，工字形截面，如图3-39所示。因腹板长度不够，拟在腹板上设置对接焊缝进行拼接。拼接处作用弯矩 $M = 2600\text{kN·m}$，剪力 $V = 244\text{kN}$，钢材为Q345，手工焊，E50型焊条，用引弧板施焊，质量等级为三级。试验算该焊缝强度。

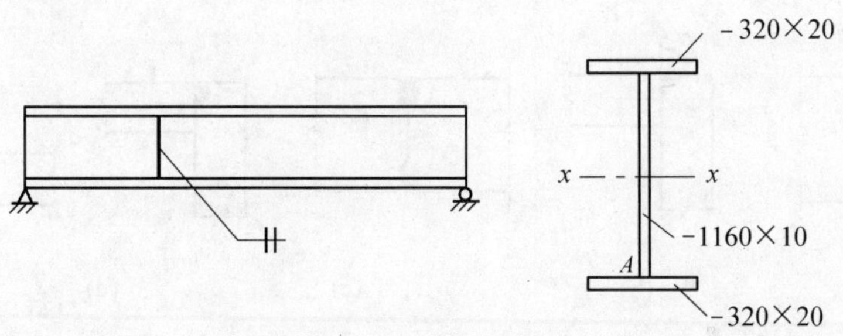

图3-39　例题3-7图

解　因为腹板的对接焊缝的形状尺寸与被连接的腹板相同，所以这条腹板焊缝与二块翼缘板组成的工字形截面共同抵抗外荷载。

焊缝所在处截面的几何特性

$$I_x = \frac{1}{12} \times (32 \times 120^3 - 31 \times 116^3) = 575685\text{cm}^4$$

下翼缘对 x 轴的面积矩

$$S_1 = 32 \times 2 \times \left(\frac{116}{2} + 1.0\right) = 3776\text{cm}^3$$

上半截面对 x 轴的面积矩

$$S = 3776 + \frac{1}{2} \times 116 \times 1.0 \times \frac{1}{4} \times 116 = 5458\text{cm}^3$$

腹板对接焊缝上最大弯曲正应力的点在腹板与下翼缘交界点 A 点，

$$\sigma_A = \frac{My_1}{I_x} = \frac{2600 \times 10^6 \times 1160/2}{575685 \times 10^4} = 262\text{N/mm}^2 < f_t^w = 265\text{N/mm}^2$$

$$\tau_A = \frac{VS_1}{I_x t} = \frac{244 \times 10^3 \times 3776 \times 10^3}{575685 \times 10^4 \times 10} = 16\text{N/mm}^2 < f_v^w = 180\text{N/mm}^2$$

折算应力

$$\sigma_r = \sqrt{\sigma_A^2 + 3\tau_A^2} = \sqrt{262^2 + 3 \times 16^2} = 263.5\text{N/mm}^2 < 1.1 f_t^w = 1.1 \times 265 = 291.5\text{N/mm}^2$$

所以,焊缝安全。

3.4.2.3　部分焊透的对接焊缝的计算

当受力很小时,焊缝起联系作用;或焊缝受力虽然较大,但采用焊透的对接焊缝将使材料不能充分发挥作用时,可采用部分焊透的对接焊缝。比如用四块较厚的板焊成箱形截面的轴心受压柱,显然用图 3-40a 所示的焊透对接焊缝是不必要的。如采用图 3-40b 所示的角焊缝,外形不平整。采用图 3-40c 所示的部分焊透对接焊缝,省工省料,平整美观。

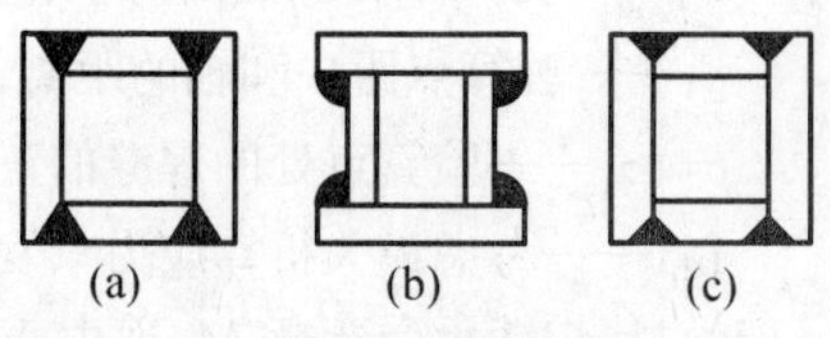

图 3-40　箱形截面焊接

部分焊透对接焊缝必须在设计图纸上注明坡口的形式和尺寸。坡口形式分 V 形(如图 3-41a、b、e),U 形(图 3-41c)、J 形(图 3-41d)。

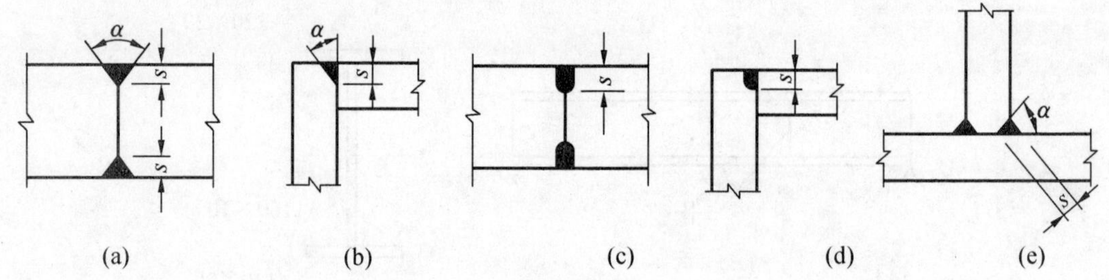

图 3-41　不焊透对接焊缝的截面

由图可见,部分焊透对接焊缝实际上可视为在坡口内焊接的角焊缝,故其强度计算可按角焊缝的计算公式,在垂直于焊缝长度方向的压力作用下,取 $\beta_f = 1.22$,其他受力情况 $\beta_f = 1.0$。焊缝有效计算厚度 h_e 应采用:

(1)V 形坡口(图 3-41a)

当 $\alpha \geqslant 60°$ 时,　　　$h_e = s$

当 $\alpha < 60°$ 时,　　　$h_e = 0.75s$

(2)单边 V 形和 K 形坡口(图 3-41b、e)

$$\alpha = 45° \pm 5° \qquad h_e = s - 3$$

(3)U 形、J 形坡口(图 3-41c、d)

$$h_e = s$$

s 为坡口深度,即焊缝根部至焊缝表面(不考虑余高)的最短距离(mm);α 为 V 形、单边 V 形、K 形坡口角度。

当熔合线处焊缝截面边长等于或接近于最短距离 s 时(图 3-41b、d、e),抗剪强度设计值应按角焊缝的强度设计值乘以 0.9。

3.5 焊接应力和焊接变形

3.5.1 焊接应力的分类和产生原因

焊接应力有沿焊缝长度方向的纵向焊接应力、垂直于焊缝长度方向的横向焊接应力和沿厚度方向的焊接应力。

3.5.1.1 纵向焊接应力

焊接过程是一个不均匀加热和冷却的过程。在施焊时，焊件上产生不均匀的温度场，焊缝、焊缝附近温度最高，可达1600℃以上，而邻近区域温度则急剧下降（图3-42a、b），不均匀的温度场产生不均匀的膨胀。温度高的钢材膨胀大，但受到两侧温度较低、膨胀量小的钢材所限制，产生了热态塑性压缩。焊缝冷却时，被塑性压缩的焊缝区趋于缩短，但受到两侧钢材限制而产生纵向拉应力。这种拉应力在焊缝冷却后仍残留在焊缝区钢材内，故也称为焊接残余应力。在低碳钢和低合金钢中，这种拉应力常常达到钢材的屈服强度。因焊接应力是构件未受到荷载作用而早已残余在钢材内的应力，因而截面上的焊接应力必须自相平衡，在焊缝区有残余拉应力，则在焊缝区以外有残余压应力（如图3-42c），数值和分布应满足 $\sum X = 0$ 和 $\sum M = 0$ 等静力平衡条件。

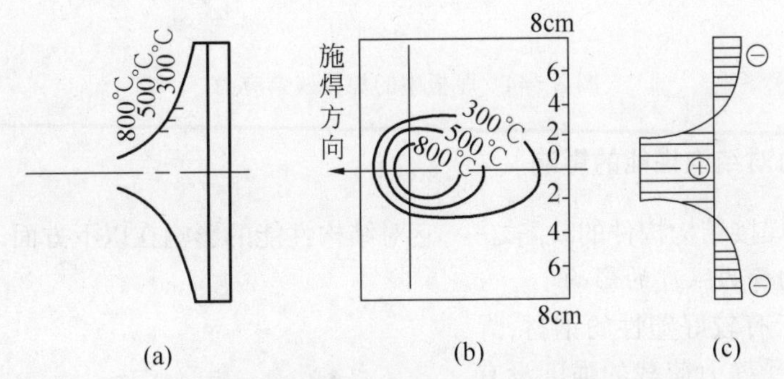

图3-42　施焊时焊缝及附近的温度场和焊接残余应力

(a)、(b)施焊时焊缝及附近的温度场；(c)钢板上纵向焊接应力

3.5.1.2 横向焊接应力

两钢板以对接焊缝连接时，除产生上述的纵向焊接应力外，还会产生横向焊接应力。横向焊接应力的产生由两部分组成：一是焊缝区纵向收缩，使两块钢板趋向于形成反方向的弯曲变形，但实际上焊缝已将两块钢板连成整体，不能分开，于是两块钢板的中间产生横向拉应力，而两端则产生压应力，如图3-43b。二是由于焊缝形成有先有后，先焊的部分先冷却，先冷却的焊缝已经凝固，阻止后焊焊缝在横向自由膨胀，使其发生横向的塑性压缩变形。当焊缝冷却时，后焊焊缝的收缩受到已凝固焊缝的限制而产生横向拉应力，而先焊部分则产生横向压应力，因应力自相平衡，更远处的焊缝则受拉应力，如图3-43c。焊缝的横向应力是由上述两种原因产生的应力合成的结果，如图3-43d。

3.5.1.3 厚度方向的焊接应力

厚钢板连接中，焊缝需多层施焊，在厚度方向将产生沿厚度方向的焊接应力，如图

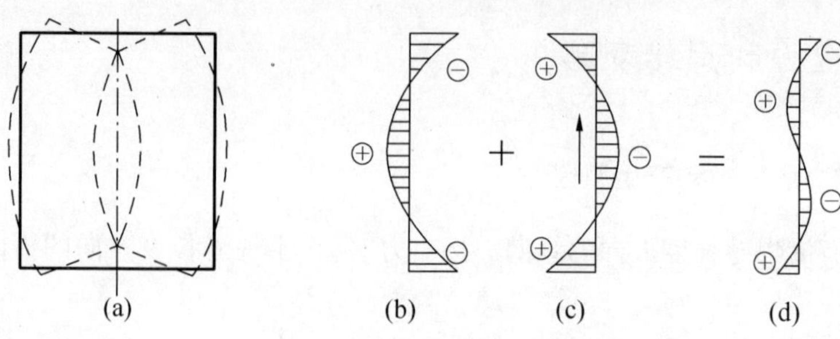

图 3-43　焊缝的横向焊接应力

3-44。焊缝表面与空气接触面散热较快而先冷却结硬，中间部分后冷却，收缩受到阻碍，形成中间焊缝受拉，四周受压的应力状态。因此，除有纵向和横向焊接应力 σ_x、σ_y 外，还有沿厚度方向的焊接应力 σ_z。这样在厚板焊缝中形成三向的同号拉应力场，大大降低了焊缝的塑性。当板厚在 20mm 以下时，可不考虑厚度方向的焊接应力。

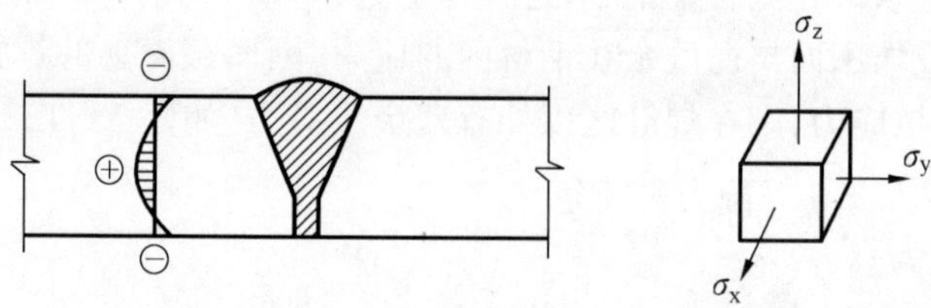

图 3-44　厚板中的焊接残余应力

3.5.2　焊接应力对结构性能的影响

焊接应力是焊接结构构件的缺陷之一，它对结构性能的影响在以下方面。

3.5.2.1　对结构静力强度的影响

常温下，对于有较好塑性的钢材，焊接应力对构件承受静力荷载的强度没有影响。例如一轴心受拉的钢板，在未受外荷载之前，截面上已经存在纵向焊接应力，假设其分布如图 3-45a 所示。在轴心拉力作用下，截面焊接应力已达到屈服强度的塑性区 bt，应力不再增大，拉力 N 由受压的弹性区承担，两侧的受压区应力由原来的受压逐渐变为受拉，最后应力达到屈服强度 f_y。

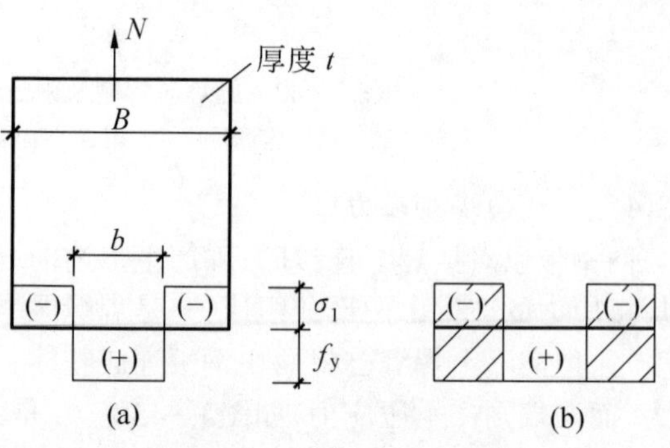

图 3-45　有焊接残余应力的轴心拉杆受荷过程

钢板承受的外拉力 N 等于图 3-45b 中的阴影面积

所以
$$N=(B-b)t(\sigma_1+f_y)=(B-b)t\sigma_1+(B-b)tf_y$$

因为
$$btf_y=(B-b)t\sigma_1$$

所以
$$N = btf_y + (B - b)tf_y = Btf_y$$

故有焊接应力的板的承载力与没有焊接应力的板完全相同。

3.5.2.2　对结构刚度的影响

焊接残余应力虽不影响常温下结构的静力强度，却会降低结构的刚度，现仍以轴心受拉构件为例。由于截面 bt 部分已达到 f_y，进入塑性状态而丧失继续承受荷载的能力，这部分刚度为零，构件在拉力 N 作用下的应变

$$\varepsilon_1 = \frac{N}{(B - b) \cdot t \cdot E}$$

如构件上无残余应力，则应变

$$\varepsilon_2 = \frac{N}{B \cdot t \cdot E}$$

显然 $\varepsilon_1 > \varepsilon_2$，焊接残余应力的存在增大了结构变形，降低了结构刚度。

3.5.2.3　对疲劳强度和低温冷脆的影响

焊接结构中常有两向和三向焊接拉应力场，使材料的塑性变形不能开展，钢材变脆，裂缝易发生和开展，降低疲劳强度，增加了钢材在低温下的脆断倾向。

3.5.3　焊接变形

焊接引起结构构件的变形称为焊接变形，它伴随着焊接应力而产生。焊接变形包括纵向收缩、横向收缩、角变形、弯曲变形、波浪变形、扭曲变形(图 3－46)。焊接变形对结构构件的工作性能产生不利影响，应加以限制。焊接变形中的横向收缩和纵向收缩在下料时应予注意。焊接变形超过施工验收规范规定的容许值时，应进行矫正，以免影响构件的承载能力。

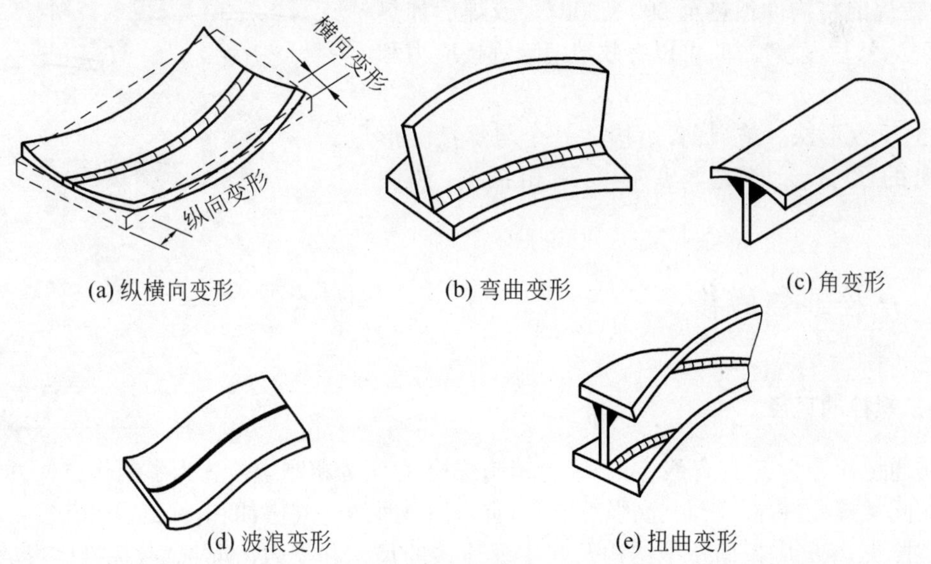

(a) 纵横向变形　(b) 弯曲变形　(c) 角变形

(d) 波浪变形　(e) 扭曲变形

图 3－46　焊接残余变形

既然焊接应力和焊接变形对结构产生不利影响，所以从设计、制作、施工都应采取减少焊接应力和焊接变形的措施，如合理的焊缝设计和工艺措施。

1. 合理的焊缝设计

(1)采用合适的焊缝厚度和焊缝长度,宜用细长焊缝,不用粗短焊缝。

(2)焊缝位置的合理安排。焊缝不宜过分集中,以防止焊接变形受到严重的约束而产生过大的焊接应力;焊缝尽量对称于构件截面的对称轴,以减少焊接变形。

(3)尽量避免焊缝三向相交。因为相交处往往出现三向同号拉应力场,使材料变脆。为防止三向焊缝相交,应使次要焊缝断开,保证主要焊缝连续。如图 3-47c,梁的加劲肋切去一角,让翼缘与腹板的焊缝通过,避免与加劲肋的焊缝相交。

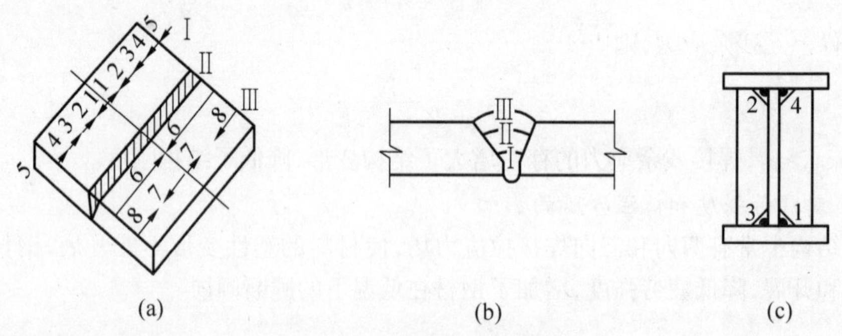

图 3-47 合理的施焊次序

(a)分段退焊;(b)沿厚度分层焊;(c)对角跳焊

2. 合理的工艺措施

(1)采用合理的施焊次序。如钢板对接时采用对称焊、分段退焊,工字形截面采用对角跳焊,如图 3-47a、c。

(2)焊前预热法、焊后退火法。当焊件尺寸较小时,可在焊前将构件预热至 200~300℃,或焊后加热至 600℃,然后慢慢冷却,可以有效地消除焊接应力和焊接变形。

(3)反变形法。施焊前,给构件一个与焊接变形反方向的预变形,使之与焊接变形相抵消,如图 3-48。

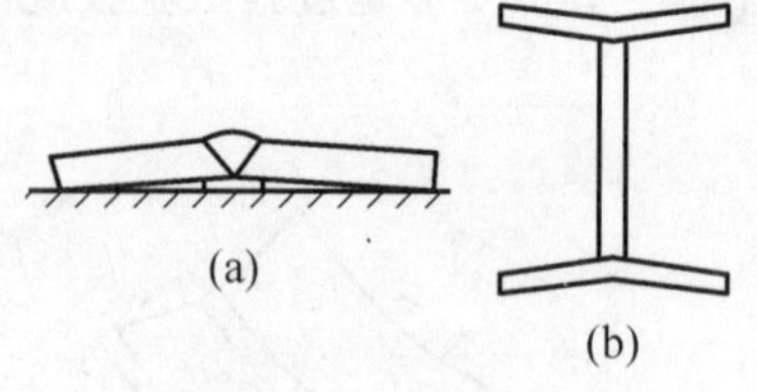

图 3-48 焊接前反变形

3.6 螺栓连接的构造

3.6.1 螺栓的直径

普通螺栓分为 A、B、C 级,A、B 级为精制螺栓,C 级为粗制螺栓。为了制作方便,同一结构中的同类螺栓(粗制、精制、高强螺栓等)宜采用一种统一规格,即钢种、直径、孔径都相等。

螺栓直径 d 应根据整个结构及其主要连接的尺寸和受力情况选定,标准螺栓直径为 M12、(14)、16、(18)、20、(22)、24、27、30mm 等,常用 M20~M24,受力螺栓一般用≥M16。

C 级螺栓的孔径 d_0 比杆径 d 大 1~2mm,A、B 级螺栓的孔径与杆径几乎相等,摩擦型高强螺栓的孔径比杆径大 1.5~2mm,承压型高强螺栓的孔径比杆径大 1~1.5mm。

螺纹削弱螺栓杆截面，螺栓受拉时将在螺纹处断裂，由于螺纹是斜方向的，所以螺栓受拉时采用有效直径 d_e，螺栓的有效直径和有效面积详见附表9-1。

螺栓、铆钉和孔的制图符号见图3-49，其中细线“+”表示中心点定位线，另应标注螺栓或铆钉的直径和孔径。

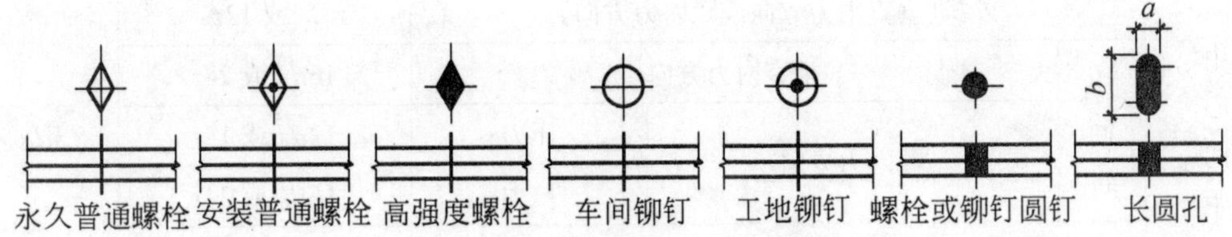

图3-49 螺栓、铆钉和孔的符号

3.6.2 螺栓的排列和间距

螺栓的排列应简单、统一、整齐而紧凑。排列方法有并列和错列两种，并列简单整齐，错列较紧凑。

构件上排列成行的螺栓孔中心连线称作螺栓线，相邻两条螺栓线的间距称为中距。连接中最末一个螺栓孔中心沿连接的受力方向至构件端部的距离称为端距，螺栓孔中心在垂直于受力方向至构件端部的距离称为边距，见图3-50。

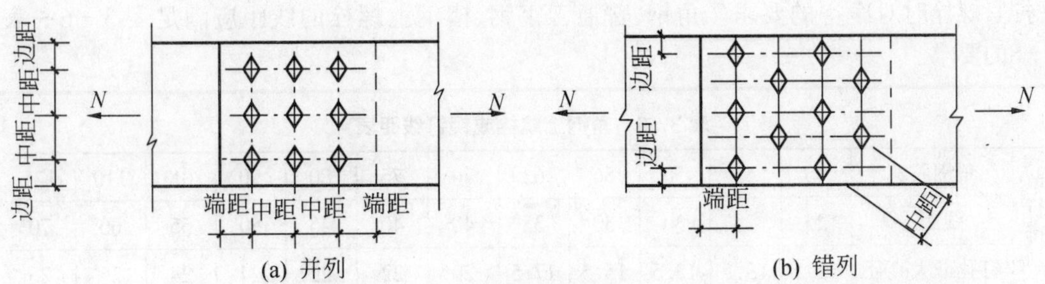

图3-50 螺栓排列

螺栓在构件上的排列应考虑下列要求：

1．受力要求

在受力方向的端距不能太小。端距太小，栓钉前钢板有被剪断的可能。当端距≥$2d_0$（d_0 为孔径），可保证钢板不被剪断。对于受拉构件，当各排中距太小时，构件有沿折线或直线破坏的可能。对于受压构件，沿外力方向的中距不宜过大，否则构件易发生张口或鼓曲现象。

2．构造要求

螺栓的边距及中距不宜过大，否则被连接板件接触面不紧密，潮气侵入缝隙，造成钢材锈蚀。

3．施工要求

布置螺栓时，要保证有一定的空间，以便转动扳手拧紧螺帽。

根据上述要求，规范规定了螺栓的最大、最小容许距离，见表 3－5。

表 3－5　螺栓或铆钉的最大、最小容许距离

<table>
<tr><td>名称</td><td colspan="3">位置和方向</td><td>最大容许距离（取两者的较小值）</td><td>最小容许距离</td></tr>
<tr><td rowspan="5">中心间距</td><td colspan="3">外排（垂直内力方向或顺内力方向）</td><td>$8d_0$ 或 $12t$</td><td rowspan="5">$3d_0$</td></tr>
<tr><td rowspan="3">中间排</td><td colspan="2">垂直内力方向</td><td>$16d_0$ 或 $24t$</td></tr>
<tr><td rowspan="2">顺内力方向</td><td>压力</td><td>$12d_0$ 或 $18t$</td></tr>
<tr><td>拉力</td><td>$16d_0$ 或 $24t$</td></tr>
<tr><td colspan="3">沿对角线方向</td><td rowspan="5">$4d_0$ 或 $8t$</td></tr>
<tr><td rowspan="4">中心至构件边缘距离</td><td colspan="3">顺内力方向</td><td>$2d_0$</td></tr>
<tr><td rowspan="3">垂直内力方向</td><td colspan="2">剪切边或手工气割边</td><td rowspan="2">$1.5d_0$</td></tr>
<tr><td rowspan="2">轧制边自动精密气割或锯割边</td><td>高强度螺栓</td></tr>
<tr><td>其他螺栓或铆钉</td><td>$1.2d_0$</td></tr>
</table>

注：①d_0 为螺栓孔或铆钉孔直径，t 为外层较薄板件的厚度；

②钢板边缘与刚性构件（如角钢、槽钢等）相连的螺栓或铆钉的最大间距，可按中间排的数值采用。

螺栓在型钢长度方向上排列的间距，除应满足表 3－5 的最大、最小容许距离外，还应考虑拧紧螺栓时对净空的要求。角钢、普通工字钢、槽钢上螺栓的线距应满足表 3－6～表 3－8的要求。

表 3－6　角钢上螺栓或铆钉线距表

mm

<table>
<tr><td rowspan="3">单行排列</td><td>角钢肢宽</td><td>40</td><td>45</td><td>50</td><td>56</td><td>63</td><td>70</td><td>75</td><td>80</td><td>90</td><td>100</td><td>110</td><td>125</td></tr>
<tr><td>线距 e</td><td>25</td><td>25</td><td>30</td><td>30</td><td>35</td><td>40</td><td>40</td><td>45</td><td>50</td><td>55</td><td>60</td><td>70</td></tr>
<tr><td>钉孔最大直径</td><td>11.5</td><td>13.5</td><td>13.5</td><td>15.5</td><td>17.5</td><td>20</td><td>22</td><td>22</td><td>24</td><td>24</td><td>26</td><td>26</td></tr>
<tr><td rowspan="4">双行错排</td><td>角钢肢宽</td><td>125</td><td>140</td><td>160</td><td>180</td><td>200</td><td colspan="2" rowspan="4">双行并列</td><td colspan="2">角钢肢宽</td><td>160</td><td>180</td><td>200</td></tr>
<tr><td>e_1</td><td>55</td><td>60</td><td>70</td><td>70</td><td>80</td><td colspan="2">e_1</td><td>60</td><td>70</td><td>80</td></tr>
<tr><td>e_2</td><td>90</td><td>100</td><td>120</td><td>140</td><td>160</td><td colspan="2">e_2</td><td>130</td><td>140</td><td>160</td></tr>
<tr><td>钉孔最大直径</td><td>24</td><td>24</td><td>26</td><td>26</td><td>26</td><td colspan="2">钉孔最大直径</td><td>24</td><td>24</td><td>26</td></tr>
</table>

注：e、e_1、e_2 见图 3－51a。

表 3－7　工字钢和槽钢腹板上的螺栓线距表

mm

工字钢型号	12	14	16	18	20	22	25	28	32	36	40	45	50	56	63
线距 c_{min}	40	45	45	45	50	50	55	60	60	65	70	75	75	75	75
槽钢型号	12	14	16	18	20	22	25	28	32	36	40	—	—	—	—
线距 c_{min}	40	45	50	50	55	55	55	60	65	70	75	—	—	—	—

表3-8　工字钢和槽钢翼缘上的螺栓线距表　　mm

工字钢型号	12	14	16	18	20	22	25	28	32	36	40	45	50	56	63
线距 a_{min}	40	40	50	55	60	65	65	70	75	80	80	85	90	95	95
槽钢型号	12	14	16	18	20	22	25	28	32	36	40	—	—	—	—
线距 a_{min}	30	35	35	40	40	45	45	45	50	56	60	—	—	—	—

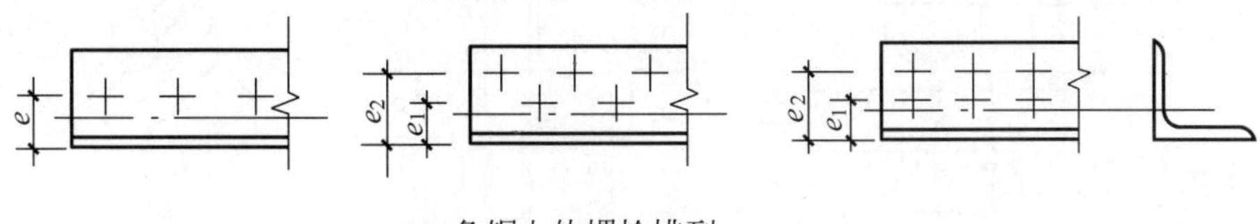

(a) 角钢上的螺栓排列

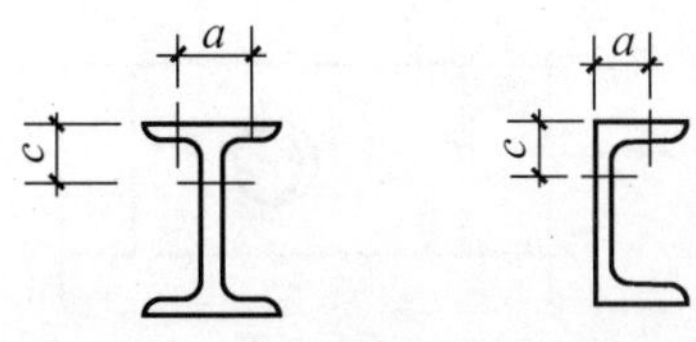

(b) 工字钢、槽钢的螺栓排列

图3-51　型钢的螺栓排列

3.7　普通螺栓连接的计算

普通螺栓连接按受力情况可分为三类：①螺栓只受剪力；②螺栓只受拉力；③螺栓同时受剪力、拉力。因此，按螺栓传力方式可分为抗剪螺栓、抗拉螺栓以及同时抗剪和抗拉螺栓。抗剪螺栓依靠螺栓杆的抗剪和螺栓杆对孔壁的承压传递垂直于螺栓杆方向的剪力，如图3-52；抗拉螺栓则是螺栓杆承受沿杆长方向的拉力。

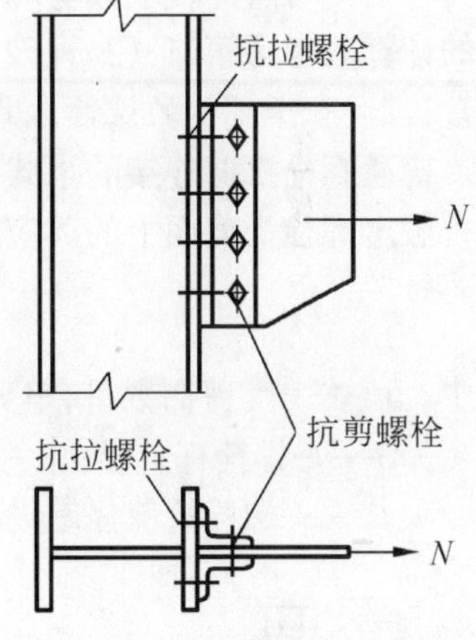

图3-52　螺栓连接

3.7.1　抗剪螺栓

3.7.1.1　抗剪螺栓的工作性能

普通螺栓拧紧后有少量的初拉力，把被连接件夹紧。当外剪力较小时，外力由构件间的摩擦力承受，此时被连接件之间无相对滑移，螺栓杆和孔壁间保持原有的空隙。当外力增大超过摩擦力时，构件间发生相对滑移，螺杆一侧开始接触孔壁，产生承压应力，螺栓杆则受剪切和弯曲。当连接的变形处于弹性阶段时，螺栓群中各个螺栓受力不均，两端大，中间小。随着外力的增大，连接进入弹塑性阶段后，各螺栓受力趋于相等，直到破坏。故当外力作用于螺栓群中心时，可认为各螺栓受力相等。

抗剪螺栓连接达到极限承载力时，可能有四种破坏形式：

(1)当栓杆直径较小而板件较厚时，栓杆可能先被剪坏，如图3-53a。

(2)当栓杆直径较大而板件较薄时,孔壁可能先被挤压坏,如图 3-53b。

(3)构件可能因螺栓孔削弱过多而被拉断,如图 3-53c。

(4)板件端部螺栓孔端距太小,端距范围内的板件有可能被栓杆冲剪破坏,如图 3-53d。

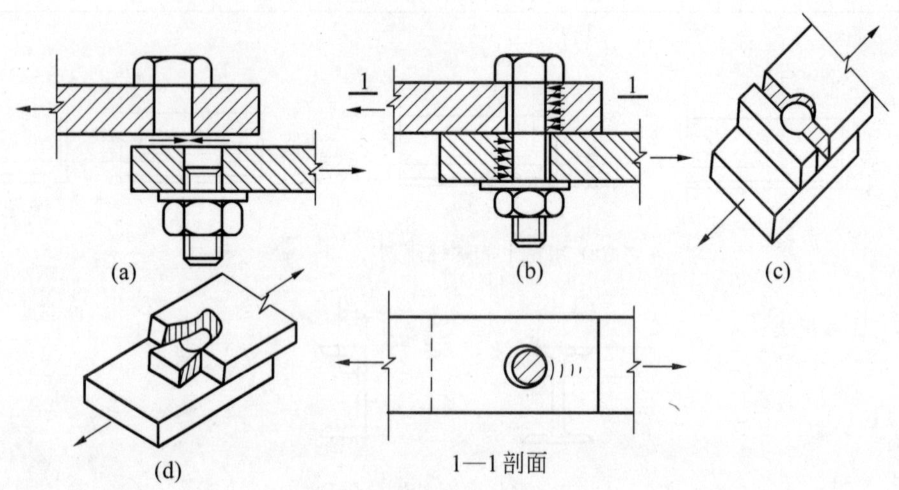

图 3-53 抗剪螺栓连接的破坏形式

上述四种破坏形式中,第(4)种破坏可通过构造措施加以防止。如使端距 $e \geqslant 2d_0$(d_0 为孔径),则可避免板端被剪坏。第(3)种破坏形式属于构件的强度计算。因此,抗剪螺栓连接的计算只考虑第(1)(2)种破坏形式:杆身被剪断和板件的孔壁被挤压坏。

3.7.1.2 一个螺栓的设计承载力

普通螺栓抗剪连接的承载力,应考虑栓杆受剪和孔壁承压两种情况。

假定螺栓受剪面上的剪应力是均匀分布,则一个螺栓的抗剪设计承载力为:

$$N_v^b = n_v \frac{\pi d^2}{4} f_v^b \tag{3-54}$$

式中 n_v——受剪面数目,单剪=1,双剪=2,如图 3-54;

d——螺栓杆直径;

f_v^b——螺栓抗剪强度设计值,取决于螺栓钢材,查附表 1-4b。

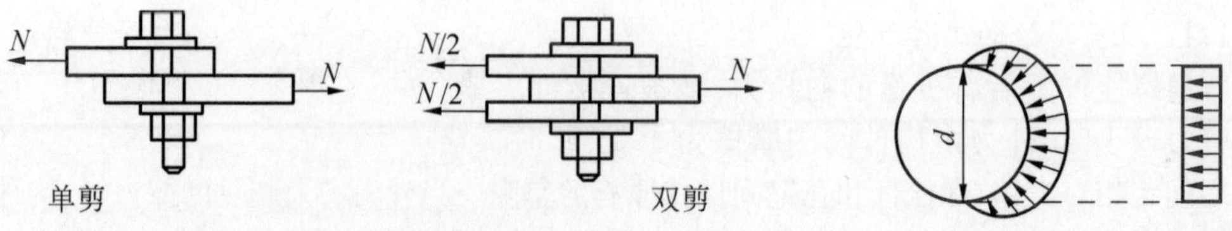

图 3-54 螺栓受剪

图 3-55 螺栓承压的计算承压面积

螺栓的实际承压面积为半个圆柱面面积,如图 3-55。为简化计算,假定螺栓承压应力分布于螺栓直径截面 dt 上,并且假定该承压面上的应力为均匀分布,则一个螺栓的承压设计承载力为:

$$N_c^b = d \sum t f_c^b \tag{3-55}$$

式中　Σt——同一方向的承压构件的较小总厚度；

f_c^b——螺栓承压强度设计值，取决于构件钢材，查附表1-4b。

按公式计算N_v^b、N_c^b后，取其较小值以N_{min}^b表示，该值为一个螺栓设计承载力。

3.7.1.3　普通螺栓的抗剪连接计算

1. 螺栓群轴心受剪计算

如图3-56所示，外力作用线通过了螺栓群的形心，假定外力由每个螺栓平均分担，各个螺栓受力相等，所需的螺栓数目为：

$$n \geqslant \frac{N}{N_{min}^b} \tag{3-56}$$

当钢板平接时，n为连接一侧螺栓的数目；当钢板搭接时，n为总的螺栓数目。按构造要求进行螺栓布置后，由于螺栓孔削弱了构件的截面，因此需验算构件的净截面强度：

$$\sigma = \frac{N}{A_n} \leqslant f \tag{3-57}$$

式中　f——钢材的抗拉设计强度；

A_n——构件的净截面面积。

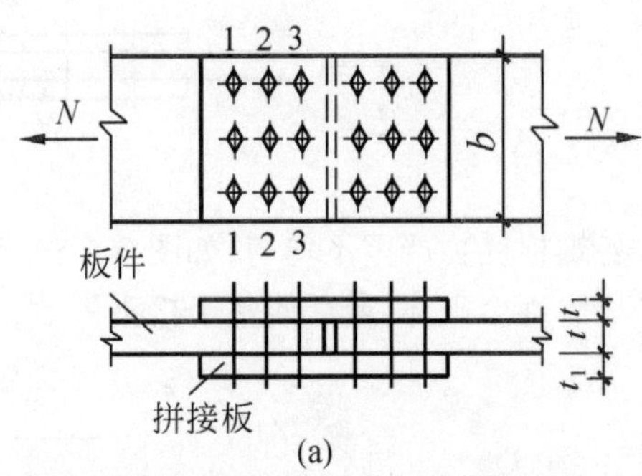

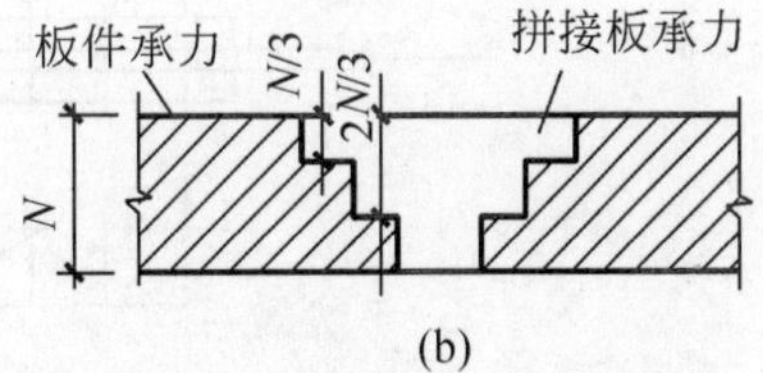

图3-56　螺栓并列布置钢板受力

图3-56所示的并列螺栓连接中，左边板件所承担的力N通过九个螺栓传至两块拼接板，每个螺栓传递$N/9$。然后两块拼接板通过右边九个螺栓把力传给右边板件，如此左右板件的内力达到平衡。从力的传递过程中可算出各截面受力的大小，对于板件，1—1截面受力为N，2—2截面受力为$N-\frac{n_1}{n}N$，3—3截面受力为$N-\frac{n_1+n_2}{n}N$，1—1截面受力最大，其净截面面积为：

$$A_n = t(b - n_1 d_0) \tag{3-58}$$

式中　n_1、n_2、n_3、n——分别为第一列、第二列、第三列及总的螺栓数目；

d_0——螺栓孔径。

因为是并列布置，各个截面的净截面面积相同，所以只需验算受力最大的第一列螺栓处的净截面强度，即1—1截面的净截面强度。

对于拼接盖板，3—3截面受力最大，数值为N，其净截面面积为：

$$A_n = 2t_1(b - n_3 d_0) \tag{3-59}$$

当螺栓错列布置且列距a较小时，板件有可能沿直线1—1截面或锯齿形2—2截面破坏，如图3-57，除按式(3-58)计算第一列1—1截面净截面面积外，还需计算锯齿形2—2的净截面面积：

$$A_n = \left[2e_1 + (n_2 - 1)\sqrt{a^2 + e^2} - n_2 d_0\right]t \tag{3-60}$$

式中　n_2——锯齿形2—2截面上的螺栓数目。

应同时算出两个可能破坏的净截面面积，然后取其较小者代入式(3-57)验算。

应当指出，在构件的节点处或拼接接头的一端，若螺栓沿受力方向的连接长度l_1过大

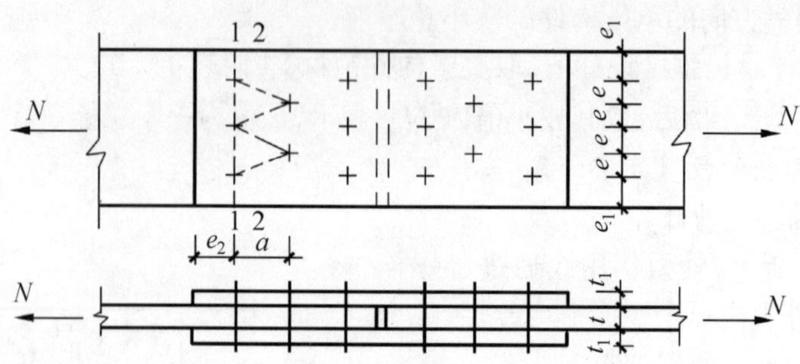

图 3-57　螺栓错列布置钢板净截面面积

时，各螺栓受力严重不均匀，如图 3-58。端部螺栓会因受力过大而首先破坏，随后依次向内发展，逐个破坏，最后使整个接头失效，为防止这种现象，规范规定：当 $l_1>15d_0$ 时，螺栓

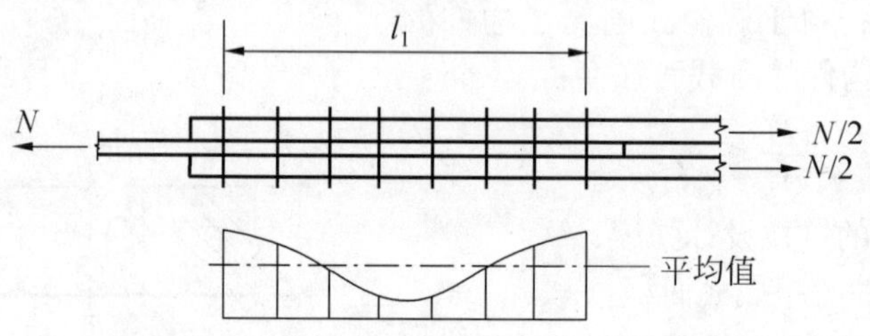

图 3-58　长接头螺栓的内力分布

的设计承载力应按下式予以折减，折减系数 β 为：

$$\beta = 1.1 - \frac{l_1}{150d_0} \geqslant 0.7 \tag{3-61}$$

当 $l_1>60d_0$ 时，取 $\beta=0.7$

式中　l_1——第一个螺栓至最末螺栓的距离；

d_0——孔径。

另外，当出现下列情况，由于连接的工作情况较差，规范规定螺栓数目应相应增加：

(1)一个构件借助填板或其他中间板件与另一个构件连接时，其连接螺栓或铆钉数目(摩擦型连接的高强度螺栓除外)应按计算值增加 10%。

图 3-59 表示两块不等厚度的钢板的螺栓平接接头，在右侧有较薄板的一侧需设填板。因填板一侧的螺栓受力后易弯曲，工作状况较差，因而该侧螺栓数应增加 10%。

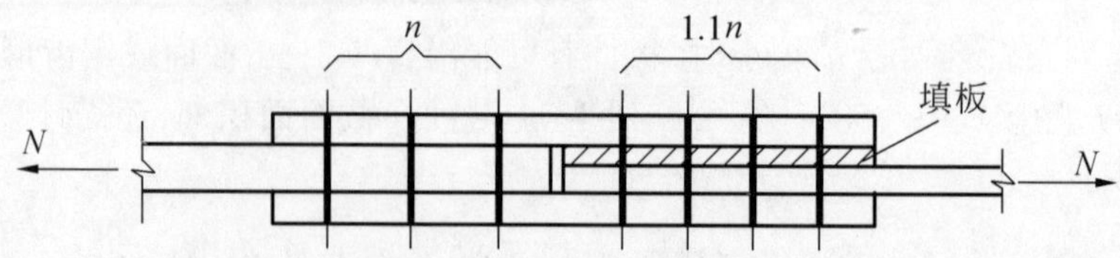

图 3-59　用填板的螺栓对接接头

(2)搭接接头或用拼接板的单面连接，见图 3-60。由于接头易弯曲，螺栓(不包括摩擦型高强度螺栓)或铆钉数目应按计算数增加 10%。

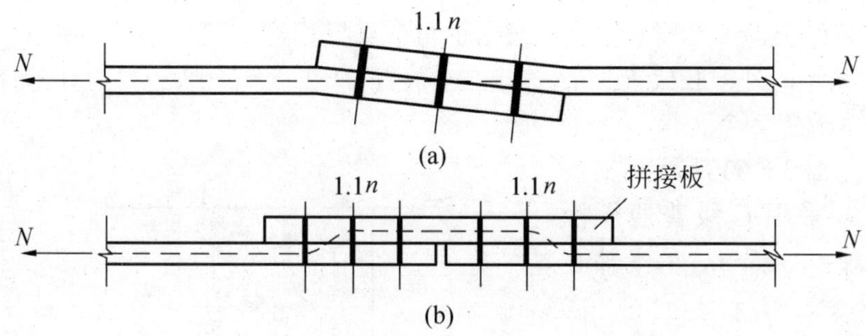

图3-60　搭接接头和单面拼接板连接

(a)搭接接头;(b)单面拼接板连接

(3)轴心受力的单角钢构件单面连接时,考虑不对称单面搭接的不利影响,螺栓连接的强度或承载力应按0.85系数折减,见图3-61。如果是焊缝连接,则焊缝强度也要按0.85系数折减。

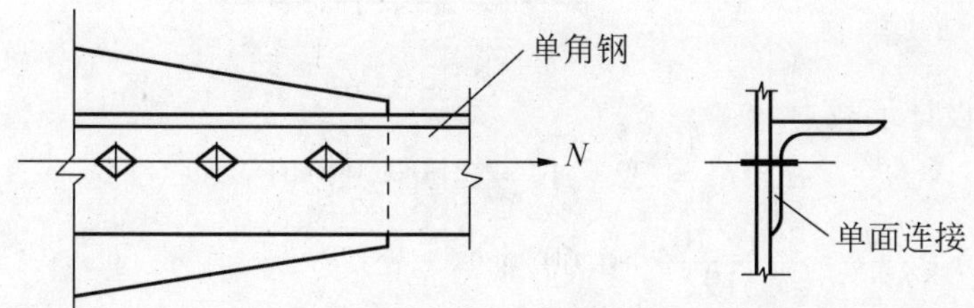

图3-61　单角钢单面连接

(4)在杆件端部连接中,当利用短角钢与型钢的外伸肢相连以缩短连接长度时,(见图3-62a),在短角钢两肢中的任一肢上所用螺栓数目应按计算值增加50%。

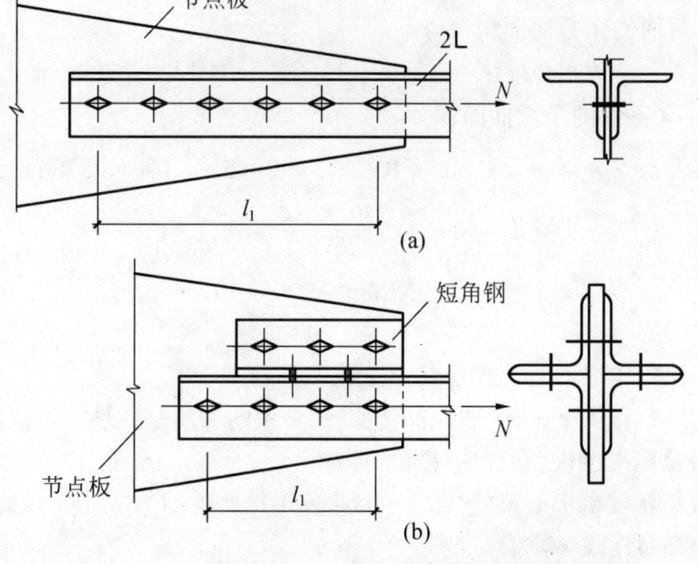

图3-62　角钢与节点板的螺栓连接

图 3-62 是角钢与节点板的连接,连接长度太长。为缩短连接长度,角钢上保留所需 6 个螺栓中的 4 个,其余 2 个螺栓则利用短角钢与节点板相连,如图 3-62b 所示。按上条规定,可以在短角钢的外伸肢放置 2 个,连接肢上放置 2×1.5=3 个;也可以在外伸肢上放置 3 个,连接肢上放置 2 个。

例 3-8 图 3-63 所示某钢板的搭接连接。采用 C 级普通螺栓 M22,孔径 $d_0=23.5\text{mm}$,承受轴心拉力 $N=350\text{kN}$,钢材为 Q235。试设计该连接。

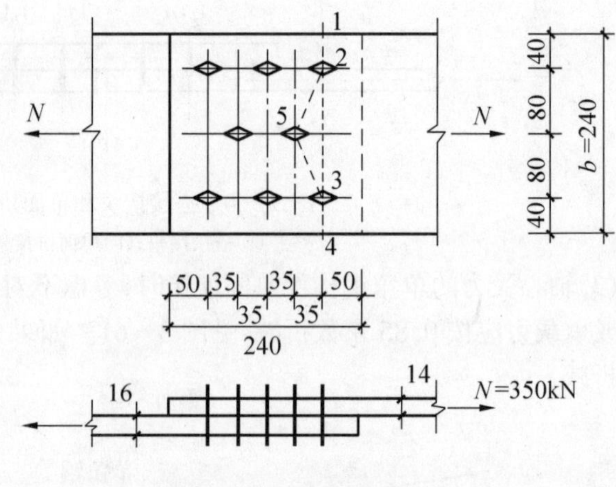

图 3-63 例题 3-8 图

解 (1)螺栓连接计算

一个螺栓的抗剪设计承载力

$$N_v^b = n_v \cdot \frac{\pi d^2}{4} f_v^b$$

$$= 1 \times \frac{3.14 \times 22^2}{4} \times 140$$

$$= 53192\text{N}$$

一个螺栓的承压设计承载力

$$N_c^b = d\Sigma t f_c^b = 22 \times 14 \times 305 = 93940\text{N}$$

所需螺栓数 $n \geqslant \frac{N}{N_{\min}^b} = \frac{350 \times 10^3}{53192} = 6.60(\text{个})$

因为是搭接连接,螺栓数增加 10%,所以实际所需螺栓数目 $n=6.60\times1.1=7.26$ 个。

取 $n=8$ 个,排列布置如图 3-63。

(2)构件净截面验算

因为是错列布置,有可能沿 1—2—3—4 直线破坏,也有可能沿 1—2—5—3—4 折线破坏。

1—2—3—4 截面的净截面面积

$$A_n = (b - 2d_0)t = (240 - 2 \times 23.5) \times 14 = 2702\text{mm}^2$$

1—2—5—3—4 截面的净截面面积

$$A_n' = (2 \times 40 + 2\sqrt{80^2 + 35^2} - 3 \times 23.5) \times 14 = 2578\text{mm}^2$$

$$\sigma = \frac{N}{A_n'} = \frac{350 \times 10^3}{2578}$$

$$= 136\text{N/mm}^2 < f = 215\text{N/mm}^2$$

所以,净截面安全。

2. 螺栓群在扭矩作用下的计算

螺栓群在扭矩 T 作用下,每个螺栓都受剪,最常用的方法是弹性分析法,计算时假定:

(1)连接板件是绝对刚性,螺栓为弹性。

(2)各个螺栓绕螺栓群形心旋转(图 3-64),各螺栓所受剪力大小与该螺栓至形心距离 r 成正比,其方向则与连线 r 垂直。

设 O 为螺栓群形心,各螺栓至 O 的距离为 r_i,每个螺栓在扭矩作用下的剪力为 N_i^T,根

据平衡条件,各螺栓的剪力对形心 O 的力矩之和等于外扭矩 T

$$N_1^T r_1 + N_2^T r_2 + \cdots + N_n^T r_n = T \quad \text{(a)}$$

根据假定(2),有:

$$\frac{N_1^T}{r_1} = \frac{N_2^T}{r_2} = \cdots = \frac{N_n^T}{r_n} \quad \text{(b)}$$

则 $N_2^T = N_1^T \dfrac{r_2}{r_1}, N_n^T = N_1^T \dfrac{r_n}{r_1}$

将上式代入式(a),得:

$$\frac{N_1^T}{r_1}(r_1^2 + r_2^2 + \cdots + r_n^2) = \frac{N_1^T}{r_1}\Sigma r_i^2 = T$$

螺栓 1 距形心 O 最远,所受剪力 N_1^T 最大

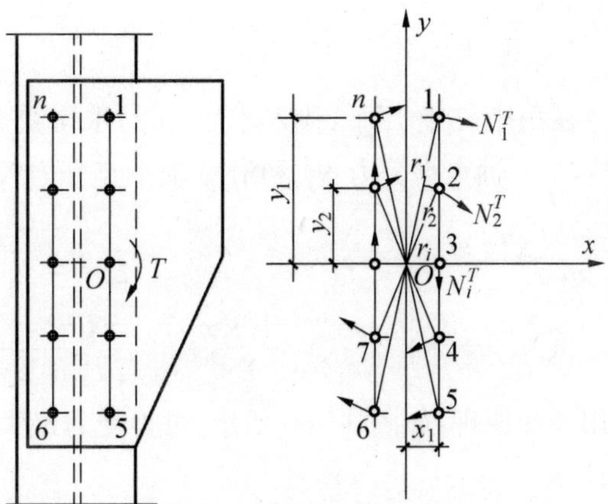

图 3-64 螺栓群受扭矩作用

$$N_1^T = \frac{Tr_1}{\Sigma r_i^2} = \frac{Tr_1}{\Sigma x_i^2 + \Sigma y_i^2} \quad (3-62)$$

设计时,通常根据构造要求先排好螺栓,再用式(3-62)计算受力最大螺栓所受剪力 N_1^T 值,并应满足 $N_1^T \leqslant N_{\min}^{b}$。

当螺栓群布置在一个狭长带,如图 3-64 中的 $y_1 > 3x_1$ 时,x_i 可忽略不计,公式简化为:

$$N_1^T = \frac{Tr_1}{\Sigma y_i^2} \quad (3-63)$$

同理,当 $x_1 > 3y_1$ 时,y_i 可忽略不计,公式简化为:

$$N_1^T = \frac{Tr_1}{\Sigma x_i^2} \quad (3-64)$$

3. 螺栓群偏心受剪计算

图 3-65 所示的牛腿与柱翼缘的连接,通常先布置好螺栓,再验算。验算时,将偏心力 N 向螺栓群形心简化,得作用于形心的剪力 $V=N$ 及扭矩 $T=Ne$。

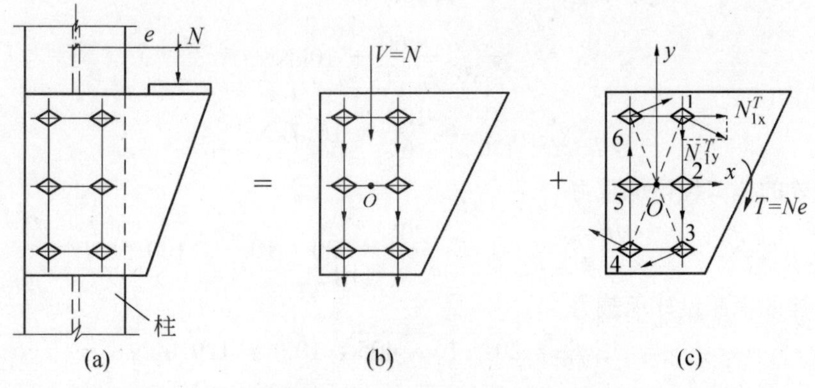

图 3-65 螺栓群偏心受剪

在 V 作用下，每个螺栓平均受力为：

$$N_{1y}^{V}=\frac{V}{n} \tag{3-65}$$

在扭矩 T 作用下，代入式(3-62)求得受力最大的螺栓所承受的剪力为 N_1^T，将 N_1^T 分解为沿 x 轴水平分力 N_{1x}^T 和沿 y 轴垂直分力 N_{1y}^T

$$N_{1x}^{T}=N_{1}^{T}\cdot\frac{y_{1}}{r_{1}}=\frac{T\cdot y_{1}}{\Sigma r_{i}^{2}}=\frac{T\cdot y_{1}}{\Sigma x_{i}^{2}+\Sigma y_{i}^{2}} \tag{3-66}$$

$$N_{1y}^{T}=N_{1}^{T}\cdot\frac{x_{1}}{r_{1}}=\frac{T\cdot x_{1}}{\Sigma r_{i}^{2}}=\frac{T\cdot x_{1}}{\Sigma x_{i}^{2}+\Sigma y_{i}^{2}} \tag{3-67}$$

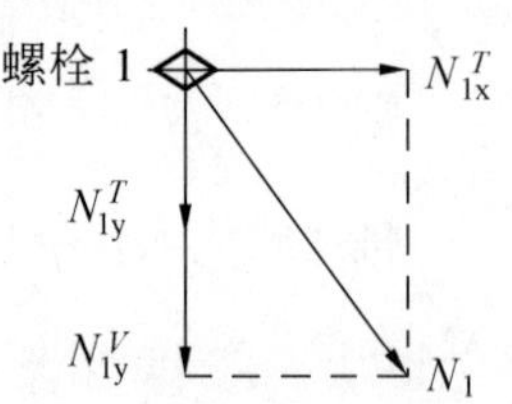

图 3-66　螺栓 1 所受合力

利用叠加原理，如图 3-66 所示，可得受力最大的螺栓 1 所受合力为：

$$N_{1}=\sqrt{(N_{1y}^{V}+N_{1y}^{T})^{2}+(N_{1x}^{T})^{2}}\leqslant N_{\min}^{b}$$

例 3-9　图 3-67 所示一厚度为 16mm 的牛腿板用 A 级螺栓(8.8 级)与厚度为 18mm 的柱翼缘板相连。M20，$d_0=20.5$mm，Q235B·F 钢，试验算该连接。

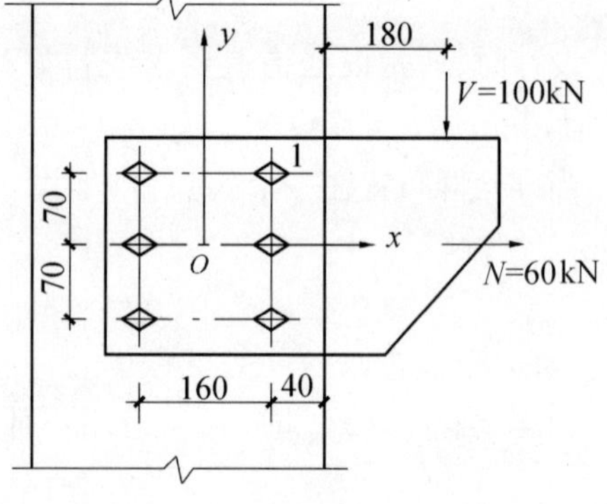

图 3-67　例题 3-9 图

解　螺栓群同时受竖向力 $V=100$kN、扭矩 $T=100\times0.3=30$kN·m 和水平力 $N=60$kN 同时作用。在扭矩 T 作用下，离形心 O 最远的螺栓 1 受力最大，其分力与 V、N 产生的作用力方向一致，因而螺栓 1 起控制作用。

$$\Sigma x_i^2+\Sigma y_i^2=6\times80^2+4\times70^2=58000\text{mm}^2$$

$$N_{1x}^{T}=\frac{Ty_{1}}{\Sigma x_{i}^{2}+\Sigma y_{i}^{2}}=\frac{30\times10^{6}\times70}{58000}=36207\text{N}=36.2\text{kN}$$

$$N_{1y}^{T}=\frac{Tx_{1}}{\Sigma x_{i}^{2}+\Sigma y_{i}^{2}}=\frac{30\times10^{6}\times80}{58000}=41379\text{N}\approx41.4\text{kN}$$

$$N_{1x}^{N}=\frac{N}{6}=\frac{60}{6}=10\text{kN}$$

$$N_{1y}^{V}=\frac{V}{6}=\frac{100}{6}=16.7\text{kN}$$

一个螺栓的抗剪设计承载力

$$N_{v}^{b}=n_{v}\frac{\pi d^{2}}{4}f_{v}^{b}=1\times\frac{\pi\times20^{2}}{4}\times320\times10^{-3}=100.5\text{kN}$$

一个螺栓的承压设计承载力

$$N_{c}^{b}=d\Sigma tf_{c}^{b}=20\times16\times405\times10^{-3}=129.6\text{kN}$$

螺栓 1 所受的剪力

$$N_{1}=\sqrt{(36.2+10)^{2}+(41.4+16.7)^{2}}=74.2\text{kN}<N_{\min}^{b}=100.5\text{kN}$$

所以,连接安全。

3.7.2 抗拉螺栓

3.7.2.1 抗拉螺栓连接的受力性能

抗拉螺栓连接在外力作用下构件的接触面有脱开趋势。此时,螺栓受到沿杆轴方向的拉力作用,栓杆被拉断作为抗拉螺栓连接的破坏极限。

螺栓受拉时,通常拉力不可能正好作用在螺栓的轴线上,而是常常通过连接角钢或T形钢传递,如图3-68所示的T形连接。如果连接件的刚度小,受力后与螺栓杆垂直的板件会有变形,此时螺栓有撬开的趋势,犹如杠杆一样,会使端板外角点附近产生杠杆力或称撬力,使螺栓拉力增加。图中螺杆实际所受拉力为:

$$N_t = N + Q$$

撬力 Q 的大小与连接件的刚度有关,刚度小,则撬力大。由于确定撬力值比较复杂,为了简化计算,不直接求撬力 Q,而是把普通螺栓的抗拉强度设计值 f_t^b 取为螺栓钢材抗拉强度设计值 f 的0.8倍,以考虑撬力的不利影响。对Q235钢,螺栓的 $f_t^b = 170\text{N/mm}^2$。

螺栓受拉时,其最不利的截面在螺母下螺纹削弱处。破坏时,在这里被拉断,应根据螺纹削弱处的有效直径或有效面积计算。

单个螺栓的抗拉设计承载力为:

$$N_t^b = \frac{\pi d_e^2}{4} f_t^b = A_e f_t^b \tag{3-68}$$

式中　d_e——普通螺栓螺纹处的有效直径,查附表9-1;

A_e——普通螺栓的有效面积,查附表9-1;

f_t^b——普通螺栓抗拉强度设计值,查附表1-4b。

由于螺纹是斜方向的,所以螺栓抗拉时采用的直径既不是栓杆的外径 d 也不是净直径 d_n 或平均直径 d_m,如图3-69。根据现行国家标准:

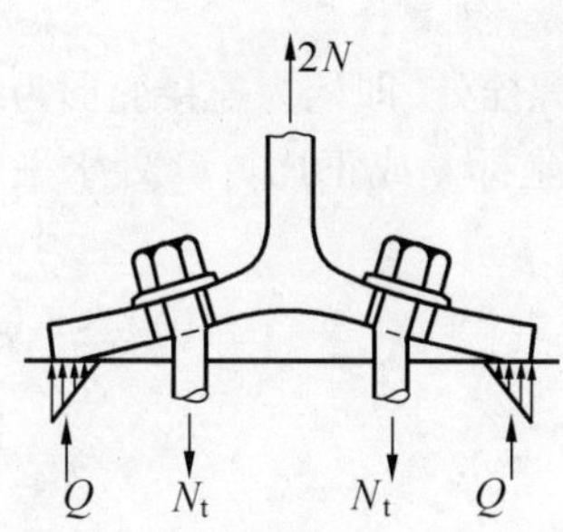

图3-68　受拉螺栓的撬力

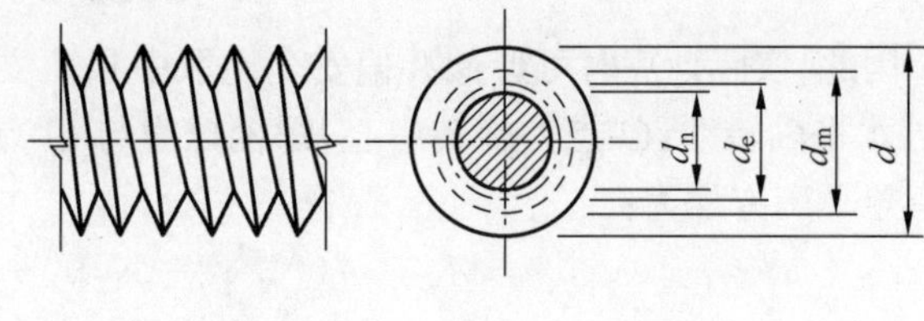

图3-69　螺栓螺纹处的直径

$$d_e = d - \frac{13}{24}\sqrt{3}t \tag{3-69}$$

式中　t——螺距。

3.7.2.2 螺栓群轴心受拉

图3-70所示,螺栓群在轴心力 N 作用下的抗拉连接,假定每个螺栓平均受力,则一个螺栓所受拉力为:

$$N_t^N = \frac{N}{n} \leqslant N_t^b$$

式中　n——螺栓总数。

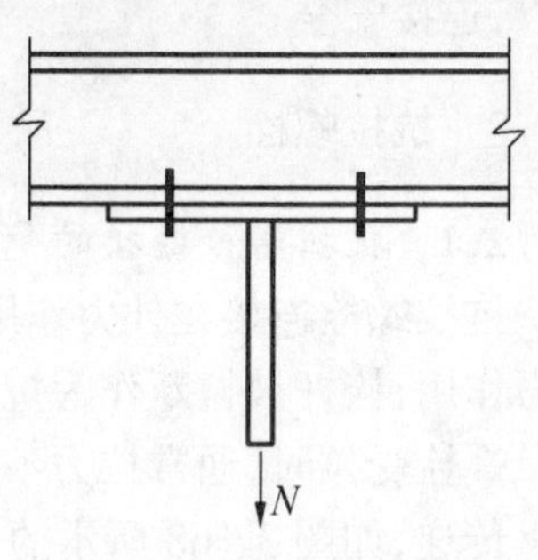

图 3-70　螺栓群轴心受拉

3.7.2.3　螺栓群受弯矩作用

图 3-71 所示，螺栓群在弯矩 M 作用下的抗拉连接，剪力 V 则通过承托板传递。按常规的弹性设计法计算螺栓内力。在 M 作用下，连接中的中和轴以上部分螺栓受拉力，中和轴以下的端板受压力。弯曲拉应力和压应力按三角形直线分布，离中和轴越远的螺栓受拉力越大。设中和轴至端板边缘距离为 c。这种连接受力有以下特点：螺栓间距很大，受拉螺栓只是弧立的几个螺栓点，而钢板受压区则是宽度很大的实体矩形面积。当计算其形心位置作为中和轴时，所求得的端板受压区高度 c 很小，中和轴通常在弯矩指向一侧最外排螺栓以外的附近某个位置。

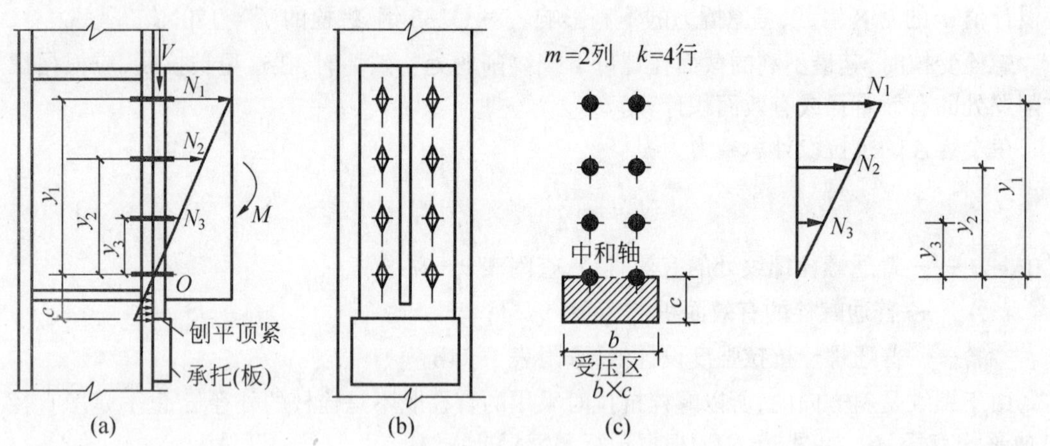

图 3-71　普通螺栓弯矩受拉

因此，实际计算时可近似并偏安全地取中和轴位于最下排螺栓处，即认为连接变形为绕 O 处水平轴转动，O 点为旋转中心，螺栓拉力与 O 点算起的纵坐标 y 成正比。O 处水平轴的弯矩平衡方程为：

$$M = m(N_1 y_1 + N_2 y_2 + \cdots + N_n y_n) \tag{a}$$

因为

$$\frac{N_1}{y_1} = \frac{N_2}{y_2} = \cdots = \frac{N_n}{y_n} \tag{b}$$

所以

$$N_2 = N_1 \frac{y_2}{y_1}, \cdots, N_n = N_1 \frac{y_n}{y_1} \tag{c}$$

将式(c)代入式(a)得：

$$N_1^M = \frac{My_1}{m\Sigma y_i^2} \leqslant N_t^b \tag{3-70}$$

或

$$N_i^M = \frac{My_i}{m\Sigma y_i^2} \leqslant N_t^b \tag{3-71}$$

式中　m——螺栓的列数；

N_1^M——由 M 引起的顶排受力最大螺栓的轴心拉力；

$$\Sigma y_i^2 = y_1^2 + y_2^2 + \cdots + y_n^2$$

设计时要求受力最大的最外排螺栓1的拉力 $N_1 \leqslant N_t^b$。

3.7.2.4　螺栓群偏心受拉

由图3－72可知，螺栓群偏心受拉相当于连接承受轴心拉力 N 和弯矩 $M = Ne$ 的联合作用。

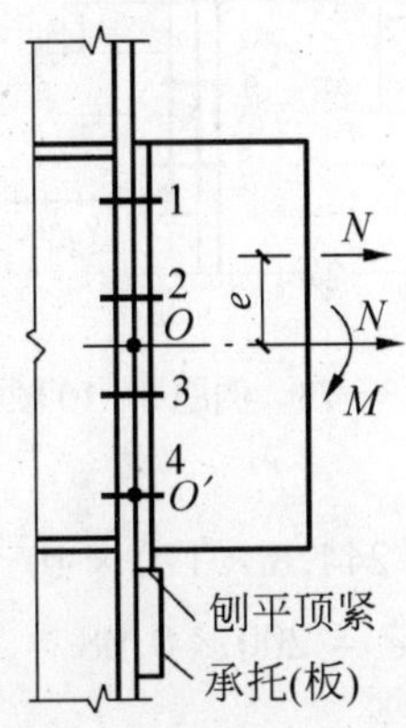

图3－72　螺栓群偏心受拉

N 由 n 个螺栓平均承受，则一个螺栓受力为：

$$N^N = \frac{N}{n}$$

在弯矩 M 的作用下，连接板有顺 M 方向旋转的趋势，假定假转中心在最下排螺栓轴线 O' 点上，各螺栓受力的大小与其至 O 点的距离成正比，所以最上一排螺栓受力 N_1^M 最大，由平衡条件得：

$$M = m(N_1^M y_1 + N_2^M y^2 + N_3^M y_3 + \cdots + N_i^M y_i) \tag{3-72}$$

因为

$$\frac{N_1^M}{y_1} = \frac{N_2^M}{y_2} = \frac{N_3^M}{y_3} = \cdots = \frac{N_i^M}{y_i} \tag{3-73}$$

所以

$$N_2^M = \frac{N_1^M}{y_1} y_2, N_3^M = \frac{N_1^M}{y_1} y_3, \cdots, N_i^M = \frac{N_1^M}{y_1} y_i \tag{3-74}$$

将式(3－74)代入式(3－72)得：

$$N_1^M = \frac{My_1}{m\Sigma y_i^2} \tag{3-75}$$

式中　m——螺栓的列数；

N_1^M——由 M 引起的顶排受力最大螺栓的轴心拉力；

y_1——离旋转中心最远螺栓的距离；

$$\Sigma y_i^2 = y_1^2 + y_2^2 + \cdots + y_i^2$$

这样，N 和 M 的共同作用下，受力最大螺栓承受的总拉力应满足强度条件：

$$N_1 = N^N + N_1^M \leqslant N_t^b$$

例 3-10 图 3-73 为某一屋架下弦节点，C 级螺栓，M20，Q235B·F 钢。偏心拉力值 $N=200\text{kN}$，偏心距 $e=80\text{mm}$。试验算此连接。

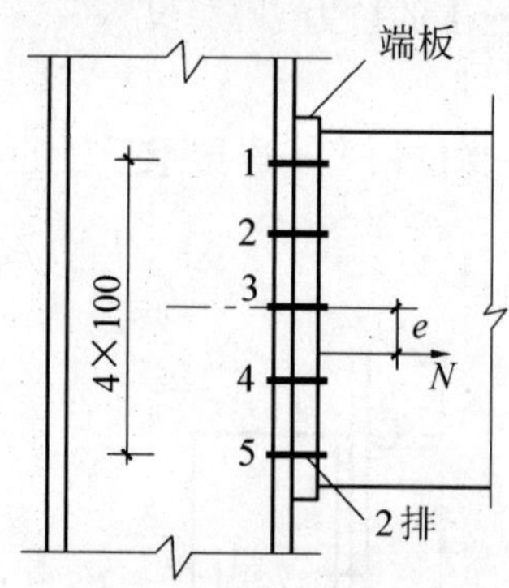

图 3-73　例题 3-10 图

解　螺栓的抗拉设计承载力

$$N_t^b = A_e f_t^b = 244.8 \times 170 \times 10^{-3} = 41.6\text{kN}$$

$$M = N \cdot e = 200 \times 0.08 = 16\text{kN·m}$$

在 N 作用下，每个螺栓受拉力相等

$$N^N = \frac{N}{n} = \frac{200}{10} = 20\text{kN}$$

在 M 作用下，端板绕最上排螺栓 1 旋转，螺栓 5 受拉力最大

$$N_{5t}^M = \frac{My_5}{m\Sigma y_i^2}\frac{16 \times 10^3 \times 400}{2 \times (400^2 + 300^2 + 200^2 + 100^2)} = 10.6\text{kN}$$

$$N_5 = N^N + N_{5t}^M = 20 + 10.6 = 30.6\text{kN} < N_t^b = 41.6\text{kN}$$

所以，连接安全。

例 3-11 同例题 3-10，但偏心拉力 $N=135\text{kN}$，偏心距 $e=250\text{mm}$，如图 3-74 所示。试验算此连接。

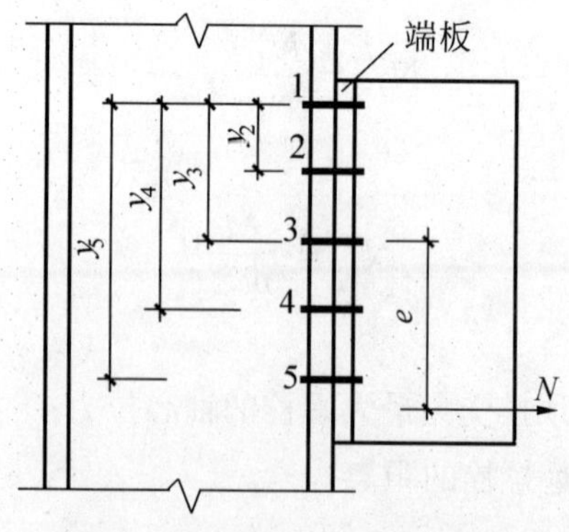

图 3-74　例题 3-11 图

解　N 向形心转化，$M=N\cdot e=135\times0.25=33.75\text{kN·m}$

端板绕最上排螺栓处1旋转，螺栓5受力最大

$$m\sum y_i^2 = 2\times(100^2+200^2+300^2+400^2) = 6\times10^5\text{mm}^2$$

$$N_{5t}^M = \frac{My_5}{m\sum y_i^2} = \frac{33.75\times10^3\times400}{6\times10^5} = 22.5\text{kN}$$

$$N_5 = N^N + N_{5t}^M = 20+22.5 = 42.5\text{kN} > N_t^b = 41.6\text{kN}$$

因为$\frac{42.5-41.6}{41.6}\times100\%=2.2\%<5\%$

所以，近似认为连接安全。

3.7.3 螺栓同时受拉和受剪

图3-75所示是螺栓同时受拉、受剪的常用型式，这种连接有两种算法。

1. 当不设置支托或支托仅起安装作用

剪力由全部螺栓均匀分担，每个螺栓所受剪力为：

$$N_v = \frac{V}{n}$$

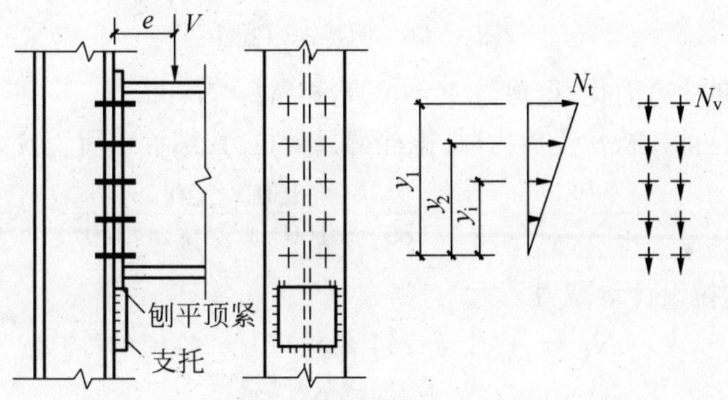

图3-75 螺栓群同时承受剪力和拉力

弯矩M使各个螺栓不均匀受拉，应先求出最大受拉螺栓所受拉力N_t

$$N_t = N_1^M = \frac{My_1}{m\sum y_i^2}$$

规范规定同时承受剪力和拉力的普通螺栓，应满足下列公式：

$$\sqrt{\left(\frac{N_v}{N_v^b}\right)^2+\left(\frac{N_t}{N_t^b}\right)^2} \leqslant 1.0 \tag{3-76}$$

$$N_v \leqslant N_c^b \tag{3-77}$$

式中 N_v、N_t——一个螺栓所承受的剪力和拉力；

N_v^b、N_t^b、N_c^b——一个螺栓的抗剪设计承载力、抗拉设计承载力和承压设计承载力。

满足式(3-76)可防止螺杆受剪或受拉破坏，满足式(3-77)可防止孔壁承压破坏。

2. 设置支托，并且支托与端板刨平顶紧时

支托承受剪力，螺栓只受弯矩作用，按式(3-70)计算。支托与柱翼缘的角焊缝按下式计算：

$$\tau_{\mathrm{f}} = \frac{\alpha V}{0.7 h_{\mathrm{f}} \sum l_{\mathrm{w}}} \leqslant f_{\mathrm{f}}^{\mathrm{w}}$$

式中　α——考虑剪力对焊缝的偏心影响系数,可取1.25~1.35。

例3-12　图3-76所示牛腿用C级螺栓连于钢柱上,螺栓M20,钢材Q235B·F。试求:(1)牛腿下有承托板承受剪力时,该连接能承受的力有多大?(2)牛腿下不设承托时,连接能承受的力有多大?

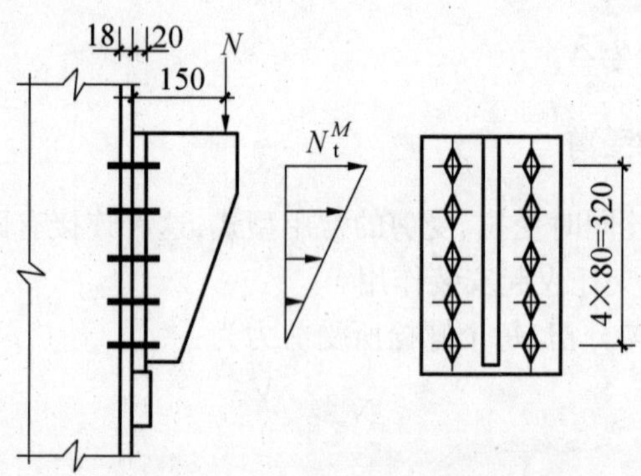

图3-76　例题3-12图

解　外力N向柱边简化,得剪力$V=N$,弯矩$M=N\cdot e$。

(1)当牛腿下有承托板承受剪力时,螺栓群只受拉力,螺栓1所受拉力最大。

$$N_1^M = \frac{My_1}{m\sum y_i^2} = \frac{N \times 150 \times 320}{2 \times (80^2 + 160^2 + 240^2 + 320^2)} = \frac{N}{8}$$

一个螺栓的抗拉设计承载力

$$N_{\mathrm{t}}^{\mathrm{b}} = A_{\mathrm{e}} f_{\mathrm{t}}^{\mathrm{b}} = 244.8 \times 170 = 41616\mathrm{N}$$

因为
$$N_1^M \leqslant N_{\mathrm{t}}^{\mathrm{b}}$$

所以
$$\frac{N}{8} \leqslant 41616 \qquad N \leqslant 8 \times 41616 = 332928\mathrm{N} = 332.9\mathrm{kN}$$

故当设有支托时,此连接能承受荷载$N=332.9\mathrm{kN}$。

(2)当不设支承板时,螺栓同时受拉力、剪力。

螺栓平均所受剪力　$N_{\mathrm{v}} = \dfrac{V}{10} = \dfrac{N}{10}$

螺栓1所受拉力最大　$N_{\mathrm{t}} = N_1^M = \dfrac{N}{8}$

一个螺栓的抗剪、承压设计承载力分别为:

$$N_{\mathrm{v}}^{\mathrm{b}} = n_{\mathrm{v}} \cdot \frac{\pi d^2}{4} f_{\mathrm{v}}^{\mathrm{b}} = 1 \times \frac{\pi \times 20^2}{4} \times 140 \times 10^{-3} = 44.0\mathrm{kN}$$

$$N_{\mathrm{c}}^{\mathrm{b}} = d \sum t f_{\mathrm{c}}^{\mathrm{b}} = 20 \times 18 \times 305 \times 10^{-3} = 109.8\mathrm{kN}$$

$$\sqrt{\left(\frac{N_{\mathrm{v}}}{N_{\mathrm{v}}^{\mathrm{b}}}\right)^2 + \left(\frac{N_{\mathrm{t}}}{N_{\mathrm{t}}^{\mathrm{b}}}\right)^2} = \sqrt{\left(\frac{N/10}{44.0}\right)^2 + \left(\frac{N/8}{41.6}\right)^2} \leqslant 1.0$$

解得
$$N \leqslant 265.4\mathrm{kN}$$

因为 $$N_v = \frac{N}{n} = \frac{265.4}{10} = 26.54\text{kN} < N_c^b = 109.8\text{kN}$$

所以 $N=265.4\text{kN}$ 是此连接能承受的最大荷载。

对比(1)(2)不难发现当设有支托,并由支托承受剪力时,可减少螺栓的负担,增加螺栓群承受荷载的能力。

3.8 高强度螺栓连接的计算

3.8.1 高强度螺栓连接的分类和工作性能

高强度螺栓连接是近几十年来迅速发展和应用的螺栓连接新形式。螺栓杆内强大的拧紧预拉力把被连接的板件夹得很紧,足以产生很大的摩擦力,因而连接的整体性和刚性较好。

高强度螺栓连接按设计和受力要求可分为摩擦型连接和承压型连接两种。高强度螺栓的摩擦型连接在受剪时,以外剪力达到板件间的摩擦力为极限状态,当超过时,板件间产生相对滑移即认为连接失效破坏。高强度螺栓的承压型连接在受剪时允许摩擦力被克服并发生板件间相对滑移,外力继续增加直至螺栓杆剪切或孔壁承压的最终破坏为极限状态。由于判断承载力极限状态失效破坏标准的不同,承压型连接的抗剪承载力将高于摩擦型。两种型式连接在受拉时没有区别。

工程上广泛采用的是高强度螺栓摩擦型连接,它有较高的传力可靠性和连接整体性,承受动力荷载和疲劳的性能较好。高强度螺栓承压型连接只允许用在承受静力或间接动力荷载结构中,并且允许发生一定的滑移变形的连接中,由于它的承载力高于摩擦型,所以可减少螺栓数量。

3.8.1.1 高强度螺栓的钢材

高强度螺栓连接的螺栓本身、螺母和垫圈均采用高强度钢材,螺栓材料经热处理后强度进一步提高。目前,我国常采用8.8、10.9两种强度性能等级的高强度螺栓。整数部分"8"、"10"表示螺栓经热处理后的最低抗拉强度 $f_u=800\text{N/mm}^2$ 或 $f_u=1000\text{N/mm}^2$;小数点和小数点后面的数字".8"或".9"表示螺栓经热处理后的屈强比 $f_y/f_u=0.8$ 或 $f_y/f_u=0.9$。

8.8级螺栓常用45号钢、35号钢和40B钢,10.9级螺栓常用20MnTiB钢、35VB钢。45号或40B钢制成的较大直径螺栓的热处理淬火性较差,只用于 $d\leqslant22\text{mm}$ 螺栓。

3.8.1.2 高强度螺栓的预拉力

1. 预拉力的大小

高强度螺栓的预拉力值希望尽量高一些,以抗拉强度 f_u 为准,但需保证螺栓不会在拧紧过程中屈服或断裂。

规范规定预拉力设计值按下式确定:

$$P = \frac{0.9\times0.9\times0.9}{1.2}A_e f_u = 0.6075A_e f_u$$

式中 f_u——螺栓经热处理后的最低抗拉强度,对8.8级取 $f_u=830\text{N/mm}^2$,对10.9级取 $f_u=1040\text{N/mm}^2$;

A_e——螺栓螺纹处的有效面积。

在拧紧螺栓时,除使螺杆产生预拉力外,还有因施加扭矩而产生剪应力,式中分母系数1.2是为了考虑剪应力产生的不利影响。分子中的第一个0.9是考虑螺栓材质的不均匀性而引进的一个折减系数,第2个0.9是考虑施工时的超张拉影响,第3个0.9是考虑以抗拉强度为准的附加安全系数。各种规格高强度螺栓预拉力取值见表3-9。

表3-9　一个高强度螺栓的设计预拉力值(kN)

螺栓规格 性能等级	M16	M20	M22	M24	M27	M30
8.8级	80	125	150	175	230	280
10.9级	100	155	190	225	290	355

2.预拉力的控制方法

高强度螺栓分为大六角头型和扭剪型两种,如图3-77所示。这两种高强度螺栓预拉力的具体控制方法各不相同,但它们都是通过拧紧螺帽,使螺杆受到拉伸作用,产生预拉力,从而被连接件间产生夹紧力。

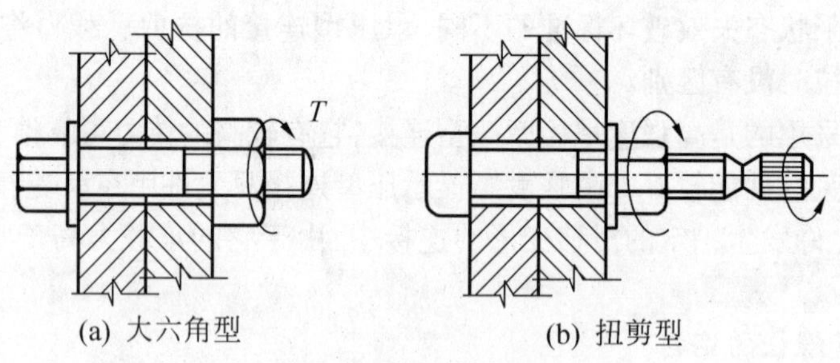

(a) 大六角型　　(b) 扭剪型

图3-77　高强度螺栓

对大六角头型螺栓的预拉力的控制方法有力矩法和转角法。力矩法是用可直接显示或控制扭矩的特制扳手,利用事先测定的扭矩与螺栓预拉力的对应关系施加扭矩,达到预定扭矩时自动或人工停拧;转角法是先用人工扳手初拧螺母直到拧不动为止,使被连接件紧密贴合,终拧时以初拧位置为起点,自动或人工控制继续旋拧螺母一个角度,即为达到预定的预拉力值。

扭剪型高强度螺栓是我国20世纪80年代研制的新型连接件之一。它具有强度高、安装简便、质量易保证、对安装人员无特殊要求等优点。它与普通大六角形高强度螺栓不同,它的尾部连有一个截面较小的沟槽和梅花头,终拧时梅花头沿沟槽被拧断即为达到规定的预拉力值。此法也称为扭剪法。

3.8.1.3　接触面的处理和抗滑移系数

使用高强度螺栓时,构件的接触面通常应经特殊处理,使其洁净并粗糙,以提高其抗滑移系数μ。μ的大小与构件接触面的处理方法和构件的钢号有关,常用的处理方法及对应的μ值详见表3-10。高强度螺栓在潮湿环境中,将严重降低抗滑移系数,故应严格避免雨季施工，并应保证连接表面干燥。

表3-10　摩擦面的抗滑移系数 μ 值

连接处构件接触面的处理方法	构件的钢号		
	Q235钢	Q345、Q390钢	Q420钢
喷砂(丸)	0.45	0.50	0.50
喷砂(丸)后涂无机富锌漆	0.35	0.40	0.40
喷砂(丸)后生赤锈	0.45	0.50	0.50
钢丝刷清除浮锈或未经处理的干净轧制表面	0.30	0.35	0.40

3.8.2　高强度螺栓摩擦型连接的计算

3.8.2.1　承受剪力的计算

高强度螺栓摩擦型连接受剪时的设计准则是外剪力不超过接触面的摩擦力，而摩擦力的大小与预拉力、抗滑移系数及摩擦面数目有关。一个高强度螺栓的最大摩擦阻力为 $n_f\mu P$，考虑到连接中螺栓受力未必均匀等不利因素，一个摩擦型连接的高强度螺栓的抗剪设计承载力为：

$$N_v^b = 0.9n_f\mu P \tag{3-78}$$

式中　0.9——抗力分项系数 $\gamma_R(1.111)$的倒数；

n_f——传力摩擦面数目。单剪时取1，双剪时取2；

μ——摩擦面抗滑移系数，按表3-10；

P——每个高强度螺栓的预拉力。

传递剪力 N 所需的螺栓数为：

$$n = \frac{N}{N_v^b}$$

板件净截面强度的验算与普通螺栓略有不同，板件最危险截面是在第一排螺栓孔处，该截面上传递的力是 N' 而不是 N，如图3-78所示。这是由于摩擦阻力的作用，一部分力由孔前接触面传递。试验表明：孔前接触面传力占高强度螺栓传力的一半。设连接一侧的螺栓数为 n，每个螺栓承受的力为 N/n，所计算截面1—1上的螺栓数为 n_1，则1—1截面上高强度螺栓传力为：$n_1 \cdot \frac{N}{n}$；1—1截面上高强度螺栓孔前传力为：$0.5n_1 \cdot \frac{N}{n}$；板件1—1截面所

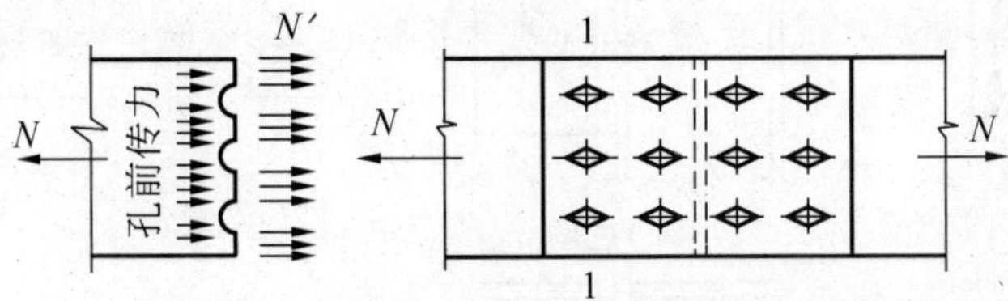

图3-78　轴心力作用下高强度螺栓的摩擦型连接

传力为：

$$N' = N - 0.5n_1 \cdot \frac{N}{n} = N\left(1 - 0.5\frac{n_1}{n}\right) \tag{3-79}$$

式中 n_1——1—1 截面上的螺栓数；

n——连接一侧的螺栓总数。

净截面强度应满足：

$$\sigma = \frac{N'}{A_n} \leqslant f \tag{3-80}$$

3.8.2.2 承受拉力的计算

高强度螺栓在承受外拉力前，螺杆间已有很高的预拉力 P，板层间已有较大的预压力 C，$C=P$，如图 3-79。当螺栓受外拉力 N 时，栓杆被拉长，此时螺杆中的拉力增量为 ΔP，夹紧的板件被拉松，压力 C 减少了 ΔC。实验得知：当外拉力大于预拉力时，板件间发生松弛现象；当外拉力小于预拉力 80% 时，板件间仍保证一定的夹紧力，无松弛现象发生，连接有一定的整体性。因此规范规定，一个螺栓的抗拉设计承载力为：

$$N_t^b = 0.8P \tag{3-81}$$

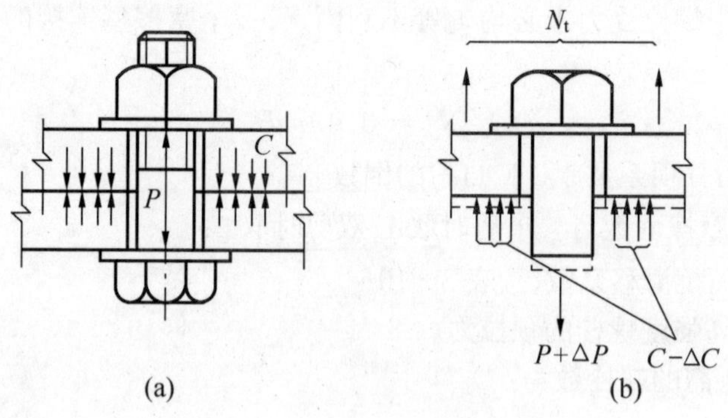

图 3-79 高强度螺栓受拉

式(3-81)只适用于摩擦型连接，承压型连接的 N_t^b 应按普通螺栓公式计算。

图 3-80 所示是高强度螺栓承受弯矩作用，由于螺栓所受的外拉力 $N_t \leqslant N_t^b = 0.8P$，所以被连接的接触面始终保持紧密贴合，因此可把接触面看作是受弯构件的一个截面，中和轴

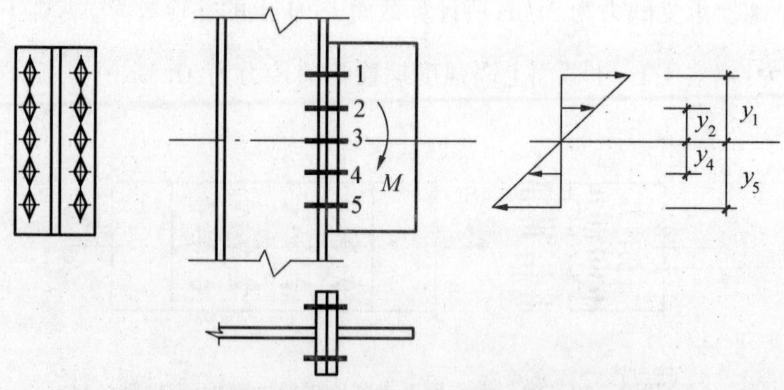

图 3-80 承受弯矩的高强度螺栓摩擦型连接

在螺栓群的形心轴上，上部螺栓受拉，下部螺栓受压，最上端的螺栓1所受拉力最大，根据平衡条件，可得最大拉力及其验算式为：

$$N_{t1} = \frac{My_1}{m\sum y_i^2} \leqslant N_t^b = 0.8P \tag{3-82}$$

式中　m——螺栓的列数；

y_1——最上端螺栓至中和轴的距离；

$\sum y_i^2 = y_1^2 + y_2^2 + \cdots + y_n^2$。

值得注意的是高强度螺栓受弯公式(3-82)与普通螺栓受弯公式(3-71)的形式相同，但惟一区别在于前者坐标原点在螺栓群的形心，后者在螺栓的最外排处。

3.8.2.3　同时受剪和受拉的计算

高强度螺栓摩擦型连接同时承受外剪力 N_v 和杆轴方向的外拉力 N_t 时，摩擦面间的预压力从 P 减小到 $(P-N_t)$，摩擦面的抗滑移系数也随板件间挤压力的减小而降低。考虑这些影响，同时承受剪力和拉力的高强度螺栓摩擦型连接应满足下式：

$$\frac{N_v}{N_v^b} + \frac{N_t}{N_t^b} \leqslant 1 \tag{3-83}$$

式中　N_v、N_t——某个高强度螺栓承受的剪力、拉力；

N_v^b、N_t^b——一个高强度螺栓的抗剪、抗拉承载力设计值。

式(3-83)可改写为 $N_v = N_v^b\left(1-\frac{N_t}{N_t^b}\right)$，将 $N_v^b = 0.9n_f\mu P$，$N_t^b = 0.8P$ 代入上式得：

$$N_v = 0.9n_f\mu(P - 1.25N_t) \tag{3-84}$$

式(3-84)中的 N_v 是同时作用剪力和拉力时，单个螺栓所承受的最大剪力设计值。式(3-83)与式(3-84)是等价的。当螺栓群中各螺栓的拉力 N_t 不相同时，剪力的验算应满足下式：

$$V \leqslant \sum_{i=1}^{n} 0.9n_f\mu(P - 1.25N_{ti}) \tag{3-85}$$

3.8.3　高强度螺栓承压型连接的计算

承压型连接的高强度螺栓的设计预拉力 P 与摩擦型连接的高强度螺栓相同，连接处构件接触面除应清除油污和浮锈外，不要求做其他处理。

1. 抗剪连接计算

在抗剪连接中，承压型连接的高强度螺栓是以栓杆被剪坏或孔壁被挤压破坏为承载力极限，与普通螺栓相同，所以每个承压型连接的高强度螺栓的抗剪设计承载力的计算方法与普通螺栓的计算方法相同，因而仍可用普通螺栓的计算公式(3-54)、公式(3-55)计算单个螺栓的设计承载力值，只是 f_v^b、f_c^b 应采用承压型连接的高强度螺栓的相应设计强度。另外，当剪切面在罗纹处，公式中的 d 改用螺纹处的有效直径 d_e 进行计算。

2. 抗拉连接计算

在栓杆轴向受拉连接中，一个承压型连接的高强度螺栓的抗拉设计承载力计算方法与普通螺栓相同，用公式(3-68)计算。

3. 同时受剪和受拉的连接计算

同时受剪和杆轴方向有拉力的承压型连接的高强度螺栓的计算方法与普通螺栓相同，除应满足相关公式：

$$\sqrt{\left(\frac{N_v}{N_v^b}\right)^2+\left(\frac{N_t}{N_t^b}\right)^2}\leqslant 1.0 \tag{3-86}$$

还应满足：

$$N_v\leqslant N_c^b/1.2 \tag{3-87}$$

由于在剪应力单独作用下，高强度螺栓对板层间产生强大的夹紧力，当摩擦力被克服，螺杆与孔壁接触时，板件孔前区形成三向应力场，因而承压型连接的高强度螺栓的承压强度 f_c^b 比普通螺栓的 f_c^b 高 50%。当高强度螺栓受杆轴方向的拉力作用时，板层间的压紧力随外拉力的增加而减小，因而 f_c^b 随之降低。降低多少与外拉力的大小有关。为计算简便，规范规定：只要受外拉力，就将承压强度除以 1.2，以考虑承压强度设计值因拉力而降低的影响。

例 3-13 图 3-81a 所示为一高强度螺栓的搭接接头，钢材 Q235A，8.8 级 M20 螺栓，孔径 $d_0=21.5$mm。摩擦面为喷砂后生赤锈，承受恒荷载标准值 $N_{Gk}=52$kN，活荷载标准值 $N_{Qk}=280$kN。试分别按摩擦型和承压型设计此连接。

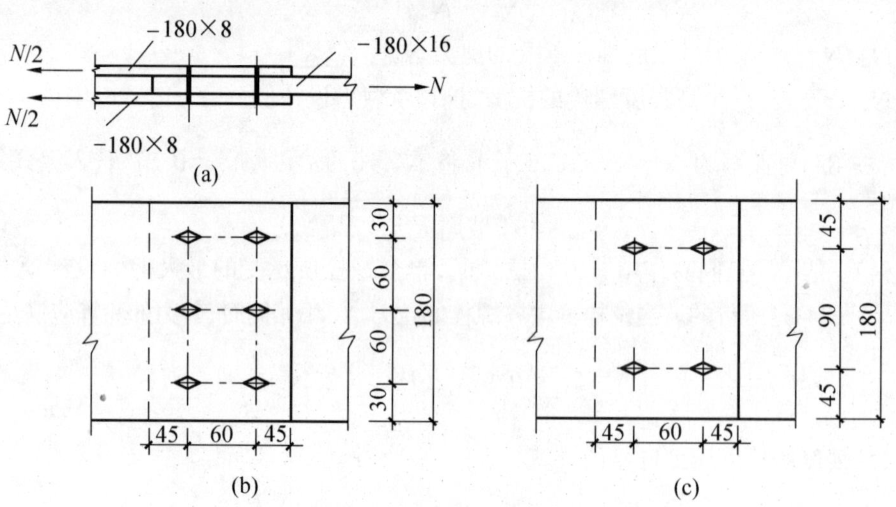

图 3-81 例题 3-13 图

解 (1)采用高强度螺栓的摩擦型连接，查表 3-9 和表 3-10 得：

预拉力 $P=125$kN，抗滑移系数 $\mu=0.45$

一个螺栓的抗剪设计承载力

$$N_v^b=0.9n_f\mu P=0.9\times 2\times 0.45\times 125=101.3\text{kN}$$

从数值上看轴心力设计值由活荷载效应控制，$\gamma_G=1.2$，$\gamma_Q=1.4$。

所以，轴心力设计值 $N=1.2\times 52+1.4\times 280=454.4$kN

需要的螺栓数 $n=\dfrac{N}{N_v^b}=\dfrac{454.4}{101.3}=4.5$ 个

实际采用 $n=6$ 个，排列如图 3-81b。净截面验算按式(3-79)、式(3-80)：

$$N'=N\left(1-0.5\frac{n_1}{n}\right)=454.4\left(1-0.5\times\frac{3}{6}\right)=340.8\text{kN}$$

$$A_n = (b - 3d_o)t = (180 - 3 \times 21.5) \times 16 = 1848\text{mm}^2$$

$$\sigma = \frac{N'}{A_n} = \frac{340.8 \times 10^3}{1848} = 184.4\text{N/mm}^2 < f = 215\text{N/mm}^2$$

(2)采用高强度螺栓的承压型连接

$$N_v^b = n_v \cdot \frac{\pi d^2}{4} f_v^b = 2 \times \frac{\pi \times 20^2}{4} \times 250 \times 10^{-3} = 157\text{kN}$$

$$N_c^b = d \sum t f_c^b = 20 \times 16 \times 470 \times 10^{-3} = 150.4\text{kN} = N_{min}^b$$

$$n = \frac{N}{N_c^b} = \frac{454.4}{150.4} = 3.02\text{个}$$

因为是搭接连接，螺栓数目增加10%，

$$n = 3.02 \times 1.1 = 3.3\text{个}$$

采用 $n = 4$ 个，排列如图3-81c。

净截面验算按式(3-57)：

$$A_n = (b - 2d_o)t = (180 - 2 \times 21.5) \times 16 = 2192\text{mm}^2$$

$$\sigma = \frac{N}{A_n} = \frac{454.4 \times 10^3}{2192} = 207.3\text{N/mm}^2 < f = 215\text{N/mm}^2$$

所以，连接安全可靠。

例3-14 试验算如图3-82所示的高强度螺栓连接。钢材为Q235B·F，采用10.9级M20，接触面采用喷砂处理，恒载标准值 $P_G = 90\text{kN}$，活载标准值 $P_Q = 400\text{kN}$。

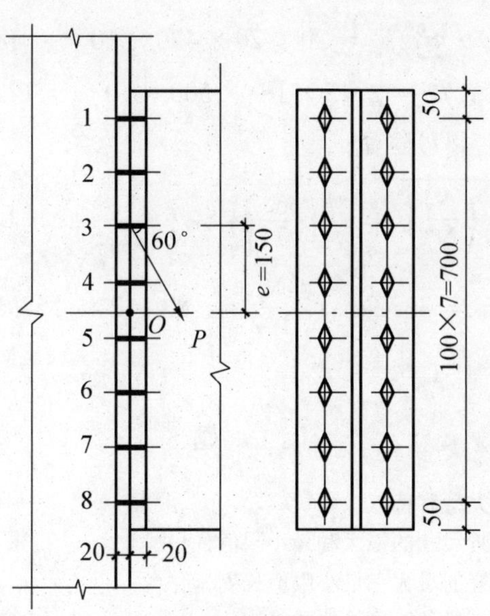

图3-82 例题3-14图

解 (1)按摩擦型计算，$\mu = 0.45$，$P = 155\text{kN}$，荷载设计值

$$P = 1.2P_G + 1.4P_Q = 1.2 \times 90 + 1.4 \times 400 = 668\text{kN}$$

将 P 分解成水平方向和竖向方向,并向形心 O 简化得:

水平拉力 $N = P\cos60° = 668 \times 0.5 = 334\text{kN}$

竖向剪力 $V = P\sin60° = 668 \times 0.866 = 578.5\text{kN}$

弯矩 $M = N \cdot e = 334 \times 15 = 5010\text{kN}\cdot\text{cm}$

螺栓群在 M 作用下,绕形心 O 旋转,顶排螺栓受拉力最大,在 M、N 共同作用下,螺栓1所受拉力为:

$$N_{1t} = \frac{N}{n} + \frac{My_1}{m\sum y_i^2} = \frac{334}{16} + \frac{5010 \times 35}{2(2 \times 5^2 + 2 \times 15^2 + 2 \times 25^2 + 2 \times 35^2)}$$

$$= 20.875 + 20.875 = 41.8\text{kN} < 0.8P = 0.8 \times 155 = 124\text{kN}$$

在剪力 V 作用下,平均受剪力

$$N_v = \frac{V}{n} = \frac{578.5}{16} = 36.2\text{kN}$$

一个高强度螺栓的摩擦型连接的抗剪设计承载力

$$N_v^b = 0.9n_f\mu P = 0.9 \times 1 \times 0.45 \times 155 = 62.78\text{kN}$$

$$N_t^b = 0.8P = 0.8 \times 155 = 124\text{kN}$$

代入式(3-83)验算:

$$\frac{N_v}{N_v^b} + \frac{N_t}{N_t^b} = \frac{36.2}{62.78} + \frac{41.8}{124} = 0.91 < 1.0$$

(2)按承压型计算

$$N_v^b = n_v \times \frac{\pi d^2}{4} f_v^b = 1 \times \frac{\pi \times 20^2}{4} \times 310 = 97.4 \times 10^3\text{N} = 97.4\text{kN}$$

$$N_c^b = d\sum t f_c^b = 20 \times 20 \times 470 \times 10^{-3} = 188\text{kN}$$

$$N_t^b = A_e f_t^b = 2.45 \times 10^2 \times 500 \times 10^{-3} = 122.5\text{kN}$$

代入式 (3-86)、式(3-87)验算:

$$\sqrt{\left(\frac{N_v}{N_v^b}\right)^2 + \left(\frac{N_t}{N_t^b}\right)^2} = \sqrt{\left(\frac{36.2}{97.4}\right)^2 + \left(\frac{41.8}{122.5}\right)^2} = 0.50 < 1.0$$

$$N_v = 36.2\text{kN} < \frac{N_c^b}{1.2} = 188/1.2 = 157\text{kN}$$

所以,连接安全可靠。

习 题

3-1 简述钢结构连接的类型和特点。

3-2 规范规定角焊缝焊脚尺寸的最大和最小限值,何故?

3-3 规范规定侧面角焊缝的最大和最小限值长度,何故?

3-4 简述焊接残余应力对构件工作性能的影响。

3-5 普通螺栓抗剪连接有哪几种可能的破坏形式?如何防止?

3-6 高强度螺栓摩擦型连接与承压型连接在性能上有何不同?

3-7 图3-83所示为双角钢与节点板连接(有绕角)。钢材Q235钢,手工焊,焊条E43系列,采用三面围焊,设计此连接角焊缝。

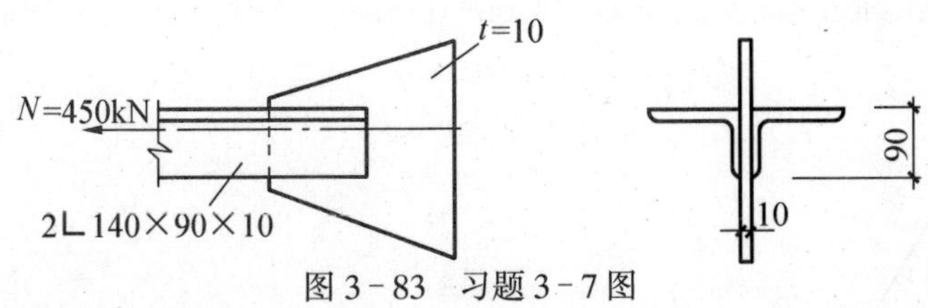

图3-83 习题3-7图

3-8 图3-84所示为角钢两边用角焊缝与柱翼缘连接(有绕角)。钢材Q345钢,手工焊,焊条为E50系列,试确定焊脚尺寸。

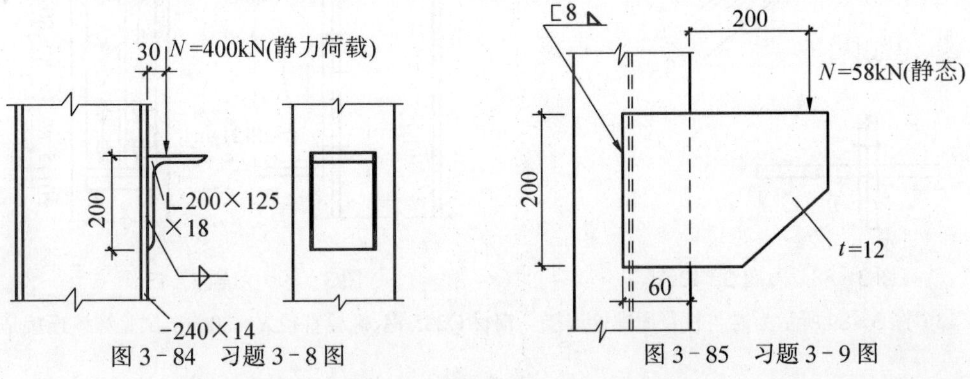

图3-84 习题3-8图

图3-85 习题3-9图

3-9 图3-85所示为牛腿板。钢材Q235钢,手工焊,焊条E43系列,$h_f = 8$mm,试验算该角焊缝。

3-10 图3-86所示为某焊接工字形梁仅在腹板上设一道拼接的对接焊缝。钢材Q235钢,半自动焊,焊条E43系列,焊缝质量等级三级,有引弧板,试验算该焊缝的强度。

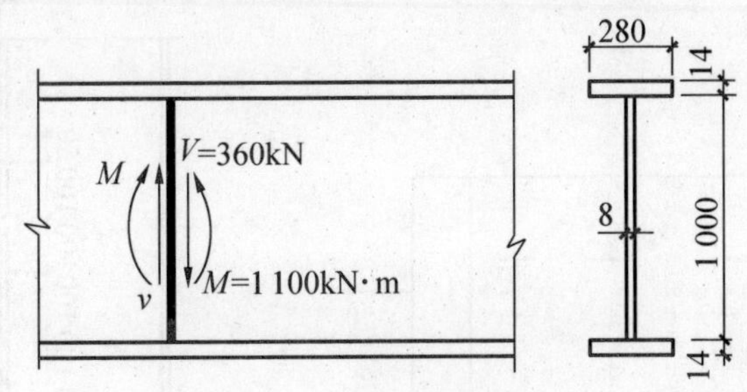

图3-86 习题3-10图

3-11 图3-87所示为双盖板普通螺栓连接。构件钢材Q235钢,螺栓直径$d = 20$mm,孔径$d_o =$ 21.5mm,试验算该连接安全否?

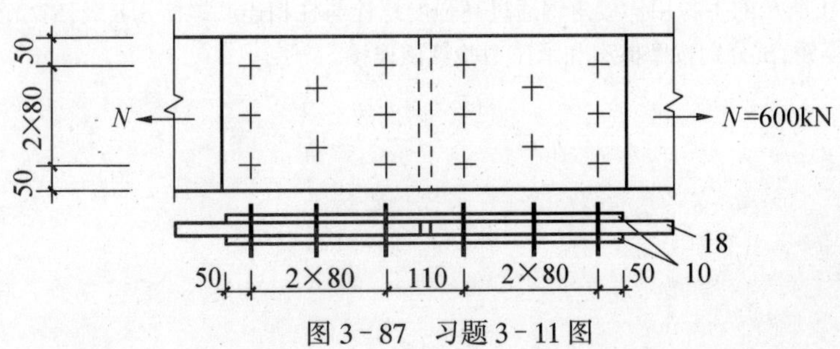

图3-87 习题3-11图

3-12　图3-88所示为节点板与柱翼缘用普通螺栓连接。已知钢材Q235钢，螺栓直径 $d=20\text{mm}$，试验算该连接安全否？

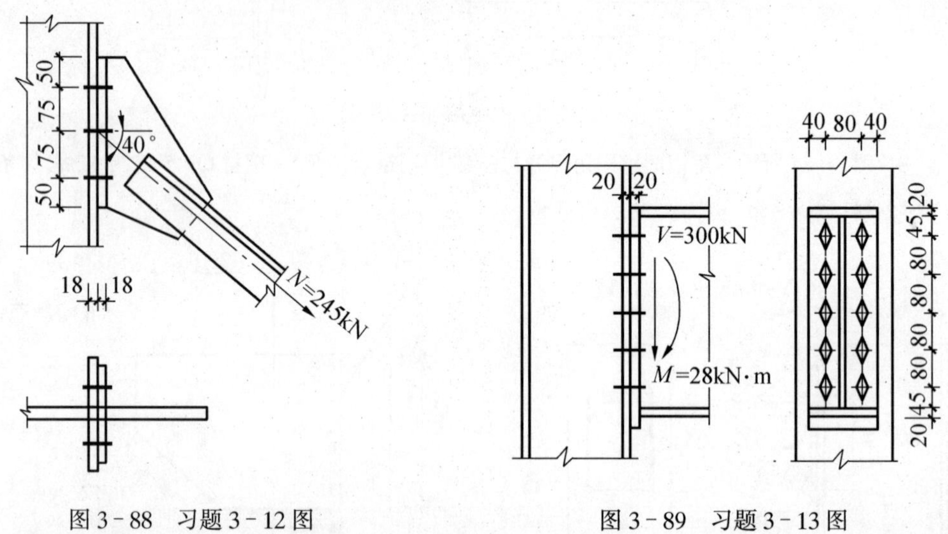

图3-88　习题3-12图　　图3-89　习题3-13图

3-13　图3-89所示为梁与柱普通螺栓连接。钢材Q235钢，螺栓直径 $d=20\text{mm}$，试验算该连接是否安全？

3-14　图3-90所示为某高强度螺栓摩擦型连接。钢材Q235钢，8.8级，螺栓M24，$d_0=25.5\text{mm}$，接触面喷砂处理，试计算该连接最大承载力 $N=$？

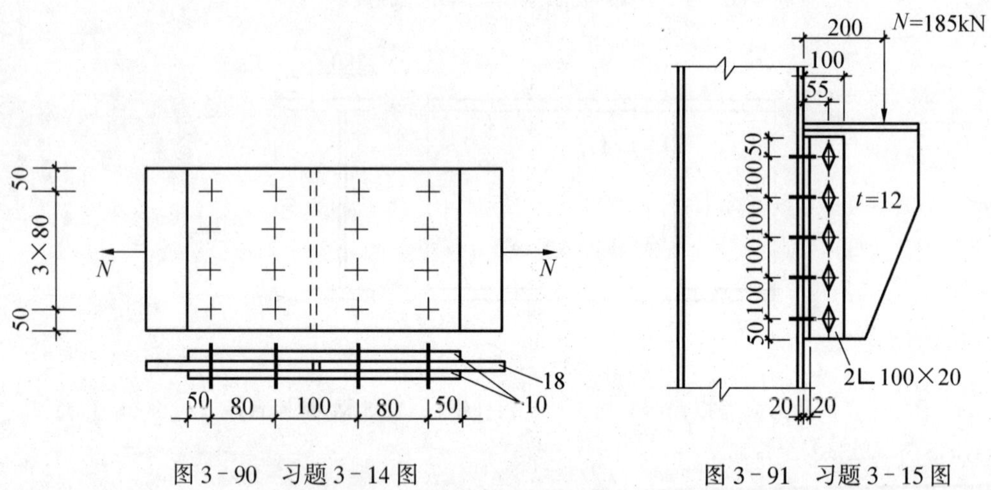

图3-90　习题3-14图　　图3-91　习题3-15图

3-15　图3-91所示的牛腿用连接角钢通过高强度螺栓与柱相连。螺栓8.8级，M22，钢材Q235钢，接触面用钢丝刷除浮锈，试分别按摩擦型和承压型验算该连接。

第 4 章　轴心受力构件与索

轴心受力构件是指作用力沿杆轴向、且通过构件截面形心作用的两端铰接构件，在建筑力学中称为二力杆。根据作用力的方向不同，将轴心受力构件分为轴心受拉构件（简称拉杆）和轴心受压构件（简称压杆或柱），前者满足强度条件，后者通常由稳定计算控制。在实际工程中，它们的应用非常广泛（图 4－1）。

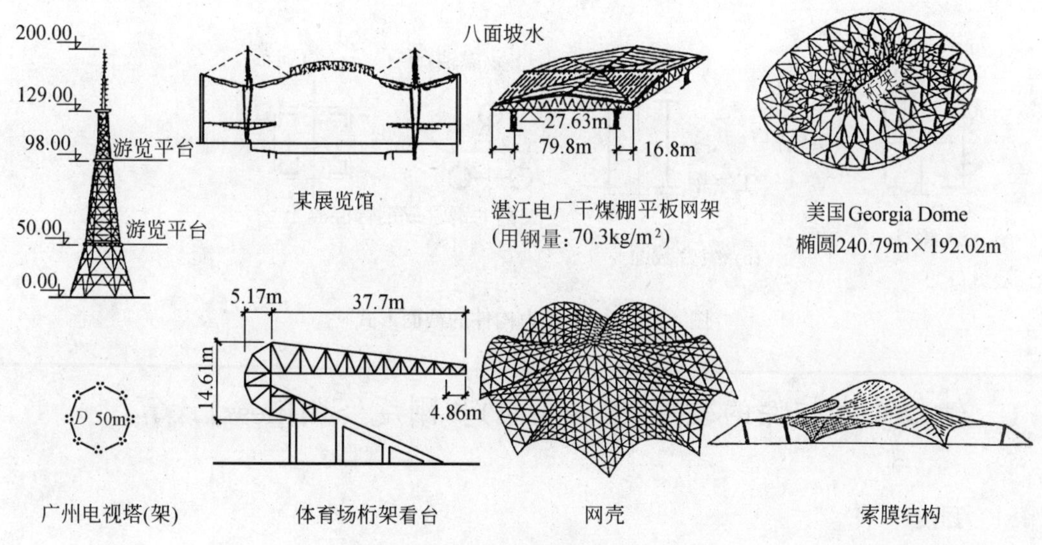

图 4－1　轴心受力构件在工程中的应用

轴心受力构件的截面形式有三类：①热轧型钢截面，如圆钢、圆管、方管、角钢、工字钢、槽钢和 H 型钢、T 型钢等（图 4－2a）；②冷轧或冷弯薄壁型钢，如不带卷边或带卷边的角形、槽形或 Z 形截面等（图 4－2b）；③由型钢和钢板连接而成的组合截面，其中又分实腹式组合截面和格构式组合截面两种（图 4－2c）。对于轴心受拉构件，截面形式主要应能提供按强度要求的横截面面积，同时还要便于与相邻的其他构件连接。对于轴心压杆，为了获得较好的经济效果，应该采用壁薄而开展的截面，以提高截面的惯性矩 I。因为，压杆的临界力 $N_{cr} = \pi^2 EI/l_0^2$。对于压力很大的构件，如操作平台的支柱和大跨度重型桁架的弦杆，可以采用焊接组合实腹式截面或组合格构式截面。对于压力虽不很大但很长的杆件，采用三肢或四肢格构式截面可以节省钢材。在轻型屋盖结构中采用冷轧或冷弯薄壁型钢比较有利。

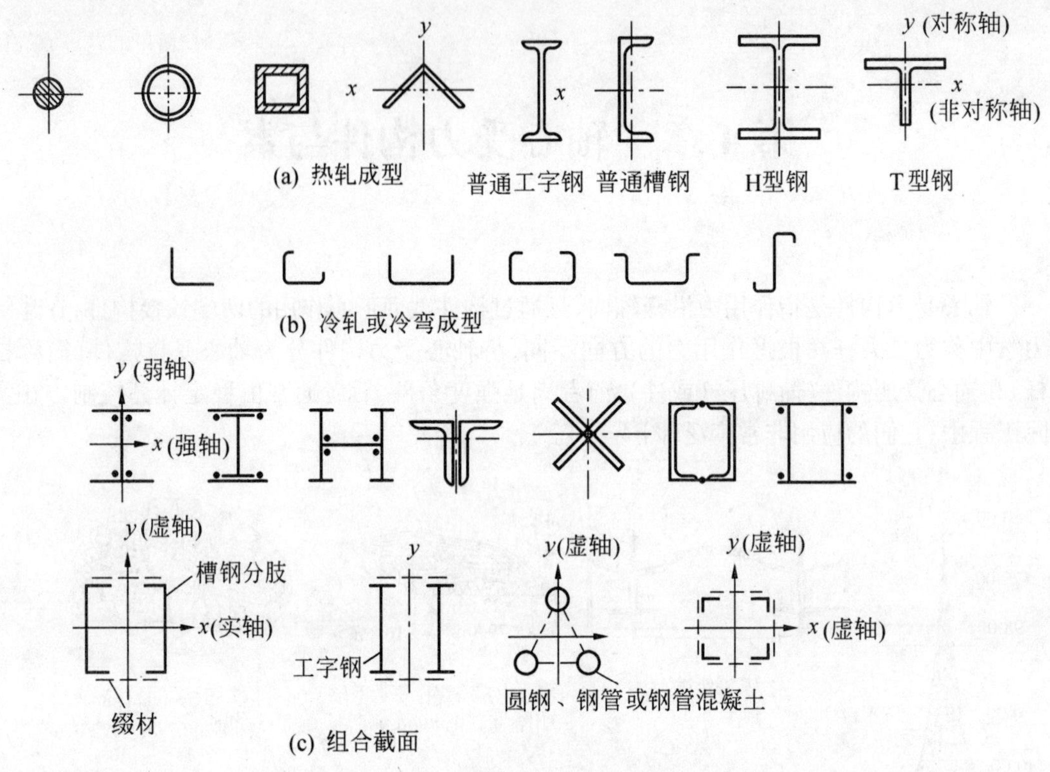

图 4-2 轴心受力构件的截面形式

4.1 轴心受力构件的强度(Strength)和刚度(Stiffness)计算

4.1.1 强度

由于建筑钢材的良好塑性性能,轴心受力构件按强度的极限状态,是以构件净截面面积 A_n(net Area)的平均应力达到屈服强度为极限(图 4-3b),强度计算公式为:

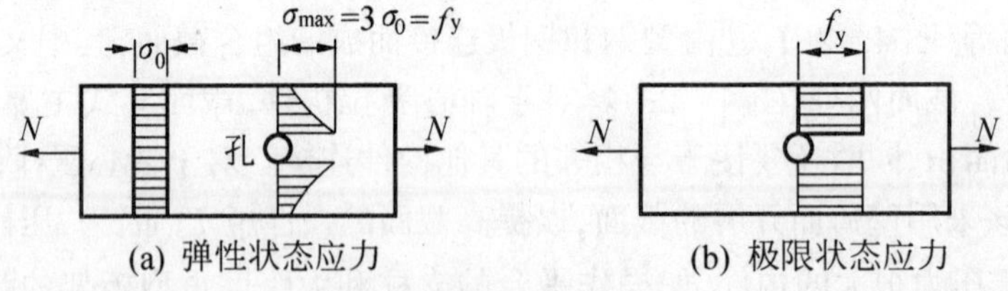

图 4-3 截面开孔处的应力分布

$$\sigma = \frac{N}{A_n} \leqslant \frac{f_y}{\gamma_R} = f \tag{4-1a}$$

式中 f ——钢材的抗拉或抗压强度设计值(附表 1-3);

N ——轴心拉力或压力;

A_n ——构件的净截面面积。

例 4-1　已知图 4-4a 所示热轧角钢组成的拉杆，钢材牌号 Q235，杆上有交错排列的螺栓孔(普通 C 级螺栓)，试验算拉杆的强度。

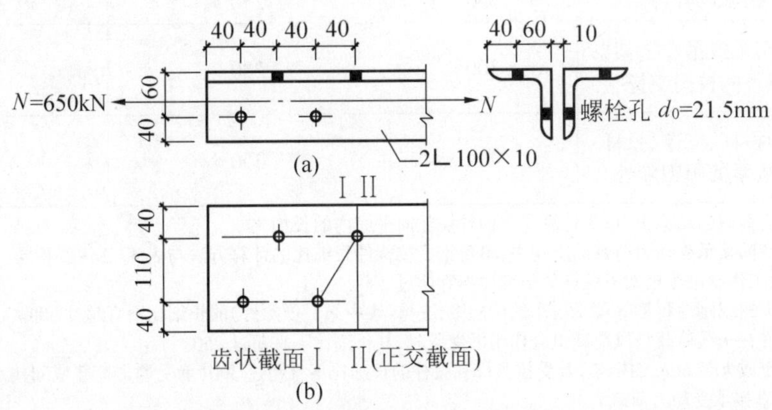

图 4-4　有螺栓孔的拉杆

解　图 4-4b 为一个角钢的中面展开图。

齿状 Ⅰ 净截面：$A_n=(\sqrt{11^2+4^2}+2\times4)\times1-2\times2.15\times1=15.4\text{cm}^2$

正交 Ⅱ 净截面：$A_n=(4+11+4-2.15)\times1=16.85\text{cm}^2$

由式(4-1a)求得：

$$\sigma=\frac{650\times10^3}{2\times15.4\times10^2}=211.04\text{N/mm}^2<f=215\text{N/mm}^2$$

强度满足要求。

对于摩擦型高强螺栓连接的杆件(图 4-5)，轴力 N 的一部分将由摩擦力在孔前传力：$F=0.5N\dfrac{n_1}{n}$。从而，净截面传力为：

$$N'=N-F=N(1-0.5n_1/n)$$

此时的强度验算公式为：

$$\sigma=\frac{N'}{A_n}\leqslant f \tag{4-1b}$$

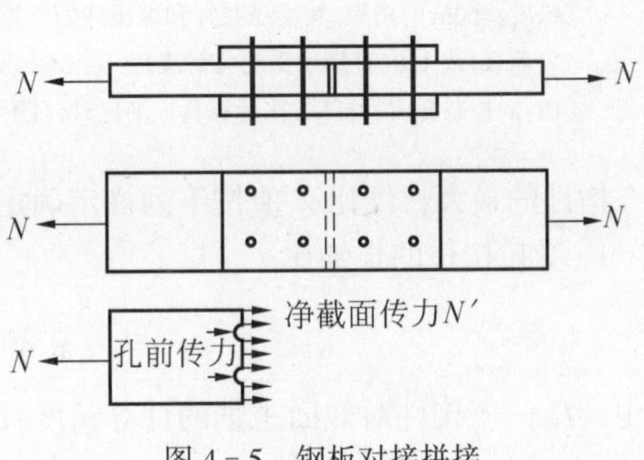

图 4-5　钢板对接拼接

式中　n ——连接一侧的高强螺栓总数；

n_1 ——计算截面(最外列螺栓处)上的高强螺栓数。

4.1.2　刚度

轴心受力构件的刚度计算，用构件的长细比 λ 来控制，即

$$\lambda\leqslant[\lambda] \tag{4-2}$$

式中　$[\lambda]$——构件的容许长细比(见表 4-1、表 4-2)。

表 4-1 受拉构件的容许长细比[λ]

项 次	构 件 名 称	承受静力荷载或间接承受动力荷载的结构		直接承受动力荷载
		一般建筑结构	有重级工作制吊车的厂房	
1	桁架的杆件	350	250	250
2	吊车梁或吊车桁架以下的柱间支撑	300	200	—
3	其他拉杆、支撑、系杆等(张紧的圆钢除外)	400	350	—

注:①承受静力荷载的结构中,可仅计算受拉构件在竖向平面内的长细比。

②在直接或间接承受动力荷载的结构中,单角钢受拉构件长细比的计算方法与表 4-2 注②相同。

③中、重级工作制吊车桁架下弦杆的长细比不宜超过 200。

④在设有夹钳或刚性料耙等硬钢吊车的厂房中,支撑(表中第 2 项除外)的长细比不宜超过 300。

⑤受拉构件在永久荷载与风荷载组合作用下受压时,其长细比不宜超过 250。

⑥跨度等于或大于 60m 的桁架,其受拉弦杆和腹杆的长细比不宜超过 300(承受静力荷载或间接承受动力荷载)或 250(直接承受动力荷载)。

表 4-2 受压构件的容许长细比[λ]

项 次	构 件 名 称	容许长细比
1	柱、桁架和天窗架中的杆件	150
	柱的缀条、吊车梁或吊车桁架以下的柱间支撑	
2	支撑(吊车梁或吊车桁架以下的柱间支撑除外)	200
	用以减小受压构件长细比的杆件	

注:①桁架(包括空间桁架)的受压腹杆,当其内力等于或小于承载能力的 50%时,可取[λ]=200。

②计算单角钢受压构件的长细比时,应采用角钢的最小回转半径,但计算在交叉点相互连接的交叉杆件平面外的长细比时,可采用与角钢肢边平行轴的回转半径。

③跨度≥60m 的桁架,其受压弦杆和端压杆的[λ]宜取 100,其他受压腹杆可取 150(承受静力荷载或间接承受动力荷载)或 120(直接承受动力荷载)。

④由[λ]控制截面的杆件,在计算其长细比时,可不考虑扭转效应。

构件的最大长细比 λ 值按下列规定确定。

1. 受拉构件的长细比

$$\lambda = \frac{l_0}{i} \tag{4-3}$$

式中 l_0 ——构件对截面主轴的计算长度:$l_0 = \mu l$,其中:l 为构件的几何长度;μ 为计算长度系数,与构件两端部构造有关。

i ——构件截面对主轴的回转半径:$i = \sqrt{\frac{I}{A}}$,其中:A 为毛截面,I 为毛截面对相应主轴的惯性矩。

2. 受压构件的长细比

(1)截面为双轴对称或极对称时,按式(4-3)计算。对双轴对称的十字形截面,λ 值不得小于 $5.07b/t$,其中:b/t 为悬伸板件的宽厚比。

(2)截面为单轴对称时,绕非对称轴 x(见图 4-6a)的长细比 λ_x,仍按式(4-3)计算;绕

对称轴 y 的长细比应计入绕杆轴 z 的扭转效应，而采用换算长细比 λ_{yz}：

$$\lambda_{yz}=\frac{1}{\sqrt{2}}\left[(\lambda_y^2+\lambda_z^2)+\sqrt{(\lambda_y^2+\lambda_z^2)^2-4(1-e_0^2/i_0^2)\lambda_y^2\lambda_z^2}\right]^{1/2} \tag{4-4}$$

式中　λ_y——构件绕截面对称轴的长细比；

λ_z——扭转屈曲的换算长细比：

$$\lambda_z=\sqrt{\frac{i_0^2 A}{(I_t/25.7+I_w/l_w^2)}} \tag{4-5}$$

i_0——截面对剪心的极回转半径：$i_0=\sqrt{e_0^2+i_x^2+i_y^2}$；

e_0——截面形心至剪心的距离；

I_t——毛截面抗扭惯性矩；

I_w——毛截面扇性惯性矩。对 T 形截面(轧制、双板焊接、双角钢组合)、十字形截面和角形截面，可取 $I_w\approx 0$；

l_w——扭转屈曲的计算长度。对两端铰接端部截面可自由翘曲或两端嵌固端部截面的翘曲完全受到约束的构件，取 $l_w=l_{oy}$；

A——构件的毛截面面积。

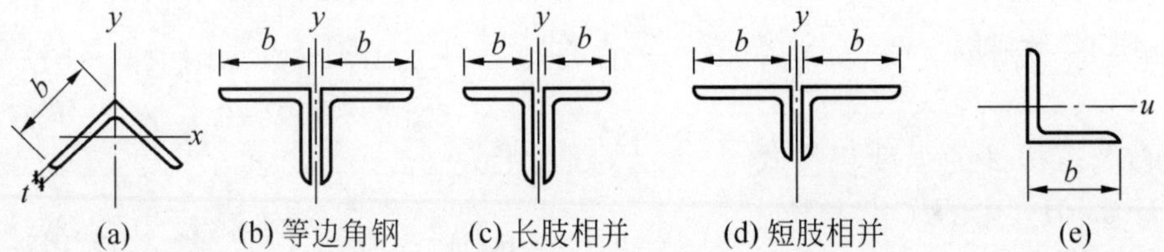

图 4-6　单角钢截面和双角钢组合 T 形截面

(3)单角钢截面和双角钢组合 T 形截面绕对称轴 y 的 λ_{yz}，可采用下列简化方法确定。

①等边单角钢截面(图 4-6a)

当 $b/t\leqslant 0.54l_{oy}/b$ 时：　$$\lambda_{yz}=\lambda_y\left(1+\frac{0.85b^4}{l_{oy}^2 t^2}\right) \tag{4-6a}$$

当 $b/t>0.54l_{oy}/b$ 时：　$$\lambda_{yz}=4.78\frac{b}{t}\left(1+\frac{l_{oy}^2 t^2}{13.5b^4}\right) \tag{4-6b}$$

②等边双角钢截面(图 4-6b)

当 $b/t\leqslant 0.58l_{oy}/b$ 时：　$$\lambda_{yz}=\lambda_y\left(1+\frac{0.475b^4}{l_{oy}^2 t^2}\right) \tag{4-7a}$$

当 $b/t>0.58l_{oy}/b$ 时：　$$\lambda_{yz}=3.9\frac{b}{t}\left(1+\frac{l_{oy}^2 t^2}{18.6b^4}\right) \tag{4-7b}$$

③长肢相并的不等边双角钢(短肢宽 b)截面(图 4-6c)

当 $b/t\leqslant 0.48l_{oy}/b$ 时：　$$\lambda_{yz}=\lambda_y\left(1+\frac{1.09b^4}{l_{oy}^2 t^2}\right) \tag{4-8a}$$

当 $b/t>0.48l_{oy}/b$ 时：　$$\lambda_{yz}=5.1\frac{b}{t}\left(1+\frac{l_{oy}^2 t^2}{17.4b^4}\right) \tag{4-8b}$$

④短肢相并的不等边双角钢(长肢宽 b)截面(图 4-6d)

当 $b/t \leqslant 0.56 l_{oy}/b$ 时： $$\lambda_{yz} \approx \lambda_y \tag{4-9a}$$

当 $b/t > 0.56 l_{oy}/b$ 时： $$\lambda_{yz} = 3.7\frac{b}{t}\left(1+\frac{l_{oy}^2 t^2}{52.7b^4}\right) \tag{4-9b}$$

(4)在计算等边单角钢构件绕截面平行轴 u(图 4-6e)的稳定性时,可按下式计算换算长细比 λ_{uz},并按 b 类截面确定 φ 值。

当 $b/t \leqslant 0.69 l_{ou}/b$ 时： $$\lambda_{uz} = \lambda_u\left(1+\frac{0.25b^4}{l_{ou}^2 t^2}\right) \tag{4-10a}$$

当 $b/t > 0.69 l_{ou}/b$ 时： $$\lambda_{uz} = 5.4b/t \tag{4-10b}$$

式中 $\lambda_u = l_{ou}/i_u$。

单轴对称的轴心受压杆在绕非对称主轴以外的任一轴失稳时,应按弯扭屈曲计算。

无任何对称轴且又非极对称的截面(单面连接的不等边单角钢除外),不宜用作轴心受压构件。

对单面连接的单角钢轴心受压构件,考虑折减系数 η 后,可不考虑弯扭效应。当槽形截面用于格构式构件的分肢(图 4-2c),计算分肢绕对称轴(x 轴)的稳定性时,不必考虑扭转效应,直接用 λ_x 查出 φ_x 值。

4.2 实腹式轴心受压构件的弯曲屈曲(flexural buckling)

轴心受压构件的强度仍按式(4-1)计算,但式中的 f 代表钢材的抗压强度设计值。然而,只有极短的压杆,或者局部有较大孔洞削弱的压杆,才会因截面的平均应力达到强度设计值而丧失承载能力,致使强度计算式(4-1)起控制作用。一般地说,轴心压杆的承载力是由稳定条件决定的。

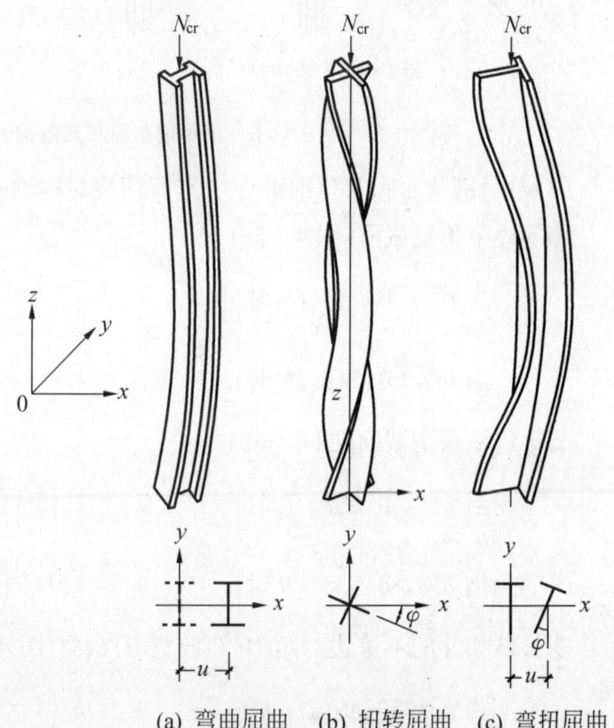

(a) 弯曲屈曲(绕y轴) (b) 扭转屈曲(绕z轴) (c) 弯扭屈曲(绕 y、z 轴)

图 4-7 理想轴心受压杆的屈曲形态(两端铰接)

稳定和强度是两个不同的概念。轴心压杆的屈曲(buckling),即构件丧失整体稳定具有突然性,以往国内外因压杆突然丧失稳定而导致重大工程事故的例子屡见不鲜,因而,必须引起足够的重视。

理想轴心受压构件的屈曲形态,可能有三种形式(图 4-7,图中 N_{cr} 为临界力—critical force)。它们属于第一类稳定问题,即质变失稳问题。本节只讨论弯曲屈曲,而扭转屈曲和弯扭屈曲问题将分别在 4.7 节和 4.8 节中论述。

4.2.1　理想轴心压杆的弯曲屈曲

4.2.1.1　弹性屈曲

压杆弯曲屈曲时(图 4－8b 绕 z 轴)，截面中将产生弯矩 M 和剪力 $V=\frac{\mathrm{d}M}{\mathrm{d}x}$。$x$ 截面处的总变形 y 由弯矩产生的变形 y_{m} 和剪力产生的变形 y_{v} 组成，即

$$y = y_{\mathrm{m}} + y_{\mathrm{v}} \tag{a}$$

图 4－8c：
$$\frac{\mathrm{d}y_{\mathrm{v}}}{\mathrm{d}x}\approx\gamma=\frac{\tau}{G}=\frac{sV}{GA}=\overline{\gamma}V=\overline{\gamma}\,\frac{\mathrm{d}M}{\mathrm{d}x}$$

式中　γ——单元的剪应变，即剪切角；

$\overline{\gamma}$——单位剪力($V=1$)引起的剪切角；

s——实腹式杆的截面形状系数：

$s=1.2$　　(矩形截面)

$s=32/27=1.19$　　(圆形截面)

$s=A/A_{\mathrm{w}}\approx1$　　(工字形截面，W 代表腹板 Web)

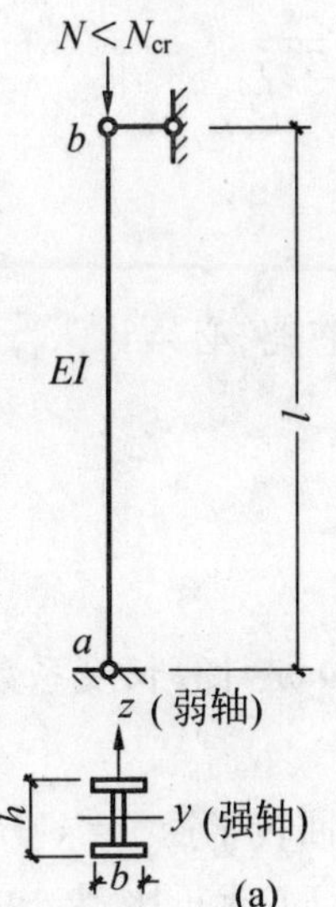

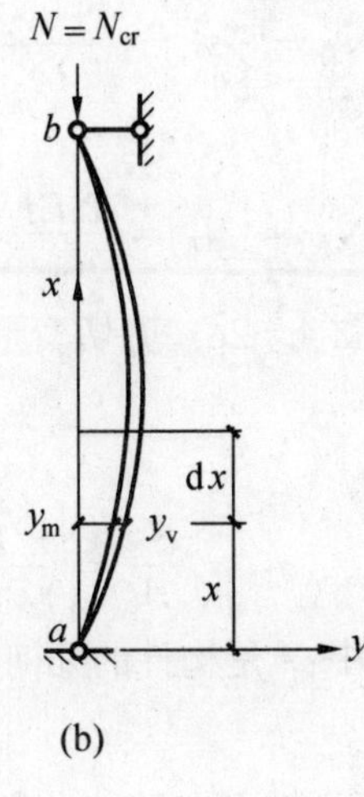

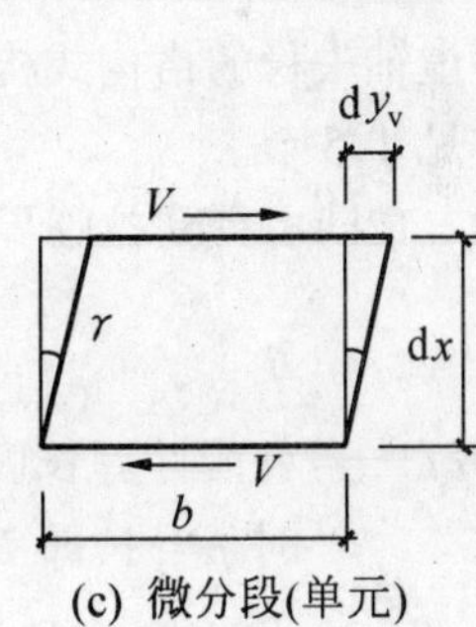

图 4－8　考虑剪切变形的压杆稳定

从而，曲率：

$$\frac{1}{\rho}=\frac{y''}{[1+(y')^2]^{3/2}}$$

$$\approx\frac{\mathrm{d}^2y}{\mathrm{d}x^2}=\frac{\mathrm{d}^2y_{\mathrm{m}}}{\mathrm{d}x^2}+\frac{\mathrm{d}^2y_{\mathrm{v}}}{\mathrm{d}x^2}=-\frac{M}{EI}+\overline{\gamma}\,\frac{\mathrm{d}^2M}{\mathrm{d}x^2}=\frac{Ny}{EI}+\overline{\gamma}N\,\frac{\mathrm{d}^2y}{\mathrm{d}x^2}$$

即
$$(1-\overline{\gamma}N)\frac{\mathrm{d}^2y}{\mathrm{d}x^2}+\frac{N}{EI}y=0 \tag{4-11a}$$

令
$$\alpha^2=\frac{N}{EI(1-\bar{\gamma}N)} \tag{b}$$

式(4－11a)变成：
$$y''+\alpha^2 y=0$$

通解
$$y=A\sin\alpha x+B\cos\alpha x \tag{4－11b}$$

边界条件：$x=0$ 时，$y=0$，得 $B=0$；$x=l$ 时，$y=0$，得 $A\sin\alpha l=0$

因为 $A\neq0$，所以 $\sin\alpha l=0$，即 $\alpha l=0,\pi,2\pi,\cdots$

最小根
$$\alpha l=\pi \tag{c}$$

把式(b)代入式(c)：

$$N_{cr}=N_E\frac{1}{1+\bar{\gamma}N_E} \tag{4－12a}$$

式中　N_E ——欧拉力(Euler′s force)：$N_E=\dfrac{\pi^2 EI}{l_0^2}=\dfrac{\pi^2 EA}{\lambda^2}$。

由式(4－12a)可见，当计入剪力对临界力的影响时，需将 N_E 乘上一个小于 1 的修正系数：

$$\frac{1}{1+\bar{\gamma}N_E}$$

式(4－12a)由静力法导出，也可用能量法推出[15]。

必须指出，对于绕实轴屈曲的压杆，可近似认为 $\bar{\gamma}=0$。因为：

$$\bar{\gamma}N_E=\frac{s}{GA}N_E=\frac{s}{G}\sigma_E=\frac{s\times200}{79\times10^3}=\frac{s}{395}$$

从而，对实腹式构件，式(4－12a)变成：

$$N_{cr}=N_E=\frac{\pi^2 EI}{l_0^2} \tag{4－12b}$$

对于绕虚轴失稳的格构式构件(图 4－2c)，剪切变形不可忽略，必须计入 $\bar{\gamma}$ 的影响。$\bar{\gamma}$ 值的推导详见 4.5 节。

由式(4－12b)可得欧拉临界应力：

$$\sigma_{cr}=\sigma_E=\frac{N_{cr}}{A}=\frac{\pi^2 E}{\lambda^2} \tag{4－13}$$

式中　$l_0=\mu l$ ——杆的计算长度，其中：l 是构件的几何长度；μ 是计算长度系数；两端铰接时 $\mu=1$，即 $l_0=l$；

$\lambda=l_0/i$ ——杆的长细比，取两主轴方向的较大者，其中回转半径 $i=\sqrt{I/A}$。

由式(4－12b)可见，压杆的临界力 N_{cr} 与构件的弯曲刚度 EI 成正比，与构件的计算长度 l_0 的平方成反比，而与材料的强度无关。因此，采用高强度材料，不能提高 N_{cr} 值，而只有用增大截面的惯性矩 I 或减少计算长度 l_0 等措施来提高构件的稳定性。式(4－13)表明临界应力 σ_{cr} 与长细比 λ 的平方成反比，即 λ 越大，σ_{cr} 就越小，压杆的稳定性就越差。

式(4－13)只适用于应力不大于比例极限(proportional limit) f_p 的情况(图 4－9)。即由条件：$\sigma_{cr}=\pi^2 E/\lambda^2\leqslant f_p$，可得弹性屈曲的范围：

$$\lambda\geqslant\lambda_p=\pi\sqrt{E/f_p}=\begin{cases}\pi\sqrt{\dfrac{206\times10^3}{0.8\times235}}\approx104 & (\text{Q235 钢})\\[2ex] \pi\sqrt{\dfrac{206\times10^3}{0.8\times345}}\approx86 & (\text{Q345 钢})\end{cases}$$

4.2.1.2　弹塑性屈曲

当 $\sigma_{cr} > f_p$，即 $\lambda < \lambda_p$ 时，压杆的工作已进入非弹性范围。此时，材料的 $\sigma-\varepsilon$ 关系成为非线性(图 4－9a 的 *abc* 曲线)关系，致使屈曲问题变得复杂起来。非弹性屈曲在理论方面的研究，经历了一个曲折的发展过程。

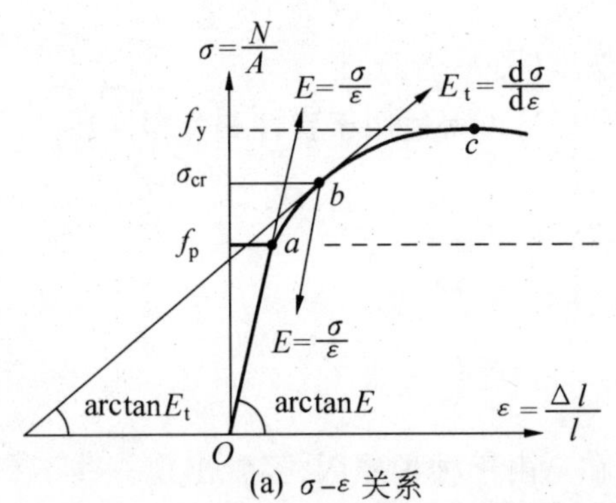

(a) $\sigma-\varepsilon$ 关系

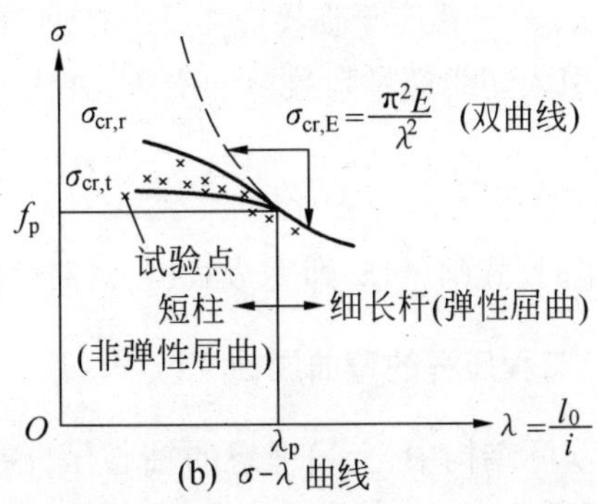

(b) $\sigma-\lambda$ 曲线

图 4－9　$\sigma-\varepsilon$、$\sigma-\lambda$ 曲线

1889 年，德国人 Engesser 建议用切线模量 E_t 来替代欧拉公式中的弹性模量 E，将欧拉公式推广到非弹性范围，称为切线模量理论(tangent modulus theory)。该理论假定：杆从挺直到微弯位置(小变形)过渡期间，轴向荷载增加，且增加的平均轴向压应力 $\Delta\sigma_n=\Delta N/A$ 大于弯曲引起构件凸侧最外纤维的拉应力 σ_b，即 $\Delta\sigma_n>\sigma_b$。从而，截面上所有点的压应力都是增加的，其 $\sigma-\varepsilon$ 关系均由切线模量 E_t 控制，截面上的中和轴与形心轴重合(图 4－10a)。

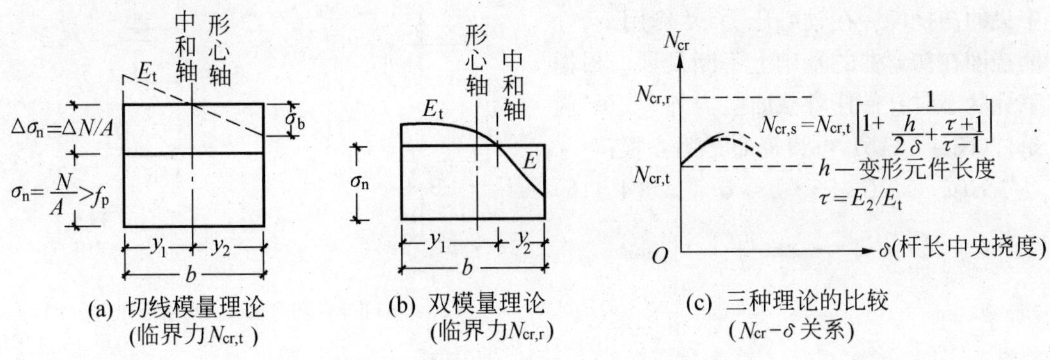

(a) 切线模量理论
(临界力$N_{cr,t}$)

(b) 双模量理论
(临界力$N_{cr,r}$)

(c) 三种理论的比较
($N_{cr}-\delta$ 关系)

图 4－10　非弹性屈曲的三种理论

1895 年，Engesser 根据另一德国人 Considere 的建议，考虑到截面卸载区的 $\sigma-\varepsilon$ 关系仍遵循弹性模量 E 的规律变化，认为取代欧拉公式中的 E 不单是 E_t，而应是换算模量 $E_r=\frac{EI_1+E_t I_2}{I}$，该理论称为双模量理论(double modulus theory)，又叫折减模量理论(reduced modulus theory)。双模量理论的基础是：假设临界荷载作用下，轴心压杆从直的外形到微弯变化过程中，轴向荷载保持不变。从而，当构件微弯(屈曲)时，截面上任一点的总应力将由一个均匀压应力 $\sigma_n=N/A$ 和一个弯曲应力 σ_b 组成(图 4－10b)。显然，在构件凸侧(中性轴右侧)的应力按 E 卸载，凹侧由 E_t 控制。直到 1910 年，Karman 精确地导出了矩形截面和理想的 H 截面轴心压杆的 E_r 之后，双模量理论才得到广泛的承认。然而，许多轴心压杆的试验结果更接近切线模量理论(图 4－9a)，这是很矛盾的。

1946 年,年轻的香利(Shanley)在《The Column Paradox》一书中,利用有名的试验模型(压杆弹塑性性质集中到杆长中央的变形元件上),才成功地解释了上述矛盾。

香利理论指出:弹塑性压杆的香利临界力 $N_{cr,s}$ 介于 $N_{cr,t}$ 与 $N_{cr,r}$ 之间,$N_{cr,t}$ 更接近实际,即

$$\sigma_{cr} = \sigma_{cr,t} = \frac{\pi^2 E_t}{\lambda^2} \tag{4-14}$$

式中　E_t ——相应于临界应力 σ_{cr} 对应点的切线坡度(图 4-9a)。

如引入切线模量系数 $\eta = E_t/E$,并代入式(4-14),可得适用于弹性和弹塑性屈曲的一般公式:

$$\sigma_{cr} = \pi^2 \eta E/\lambda^2 \tag{4-15}$$

当 $\eta = 1$ 时,式(4-15)即变成式(4-13)(弹性阶段)。

4.2.2　工程压杆的弯曲屈曲

在实际结构中,上述理想的轴心压杆并不存在。由于种种原因,经常出现一些不利因素,如初弯曲 v_0、初偏心 e_0、残余应力(residual stress)σ_r 等缺陷,其中,v_0 与 e_0 属于几何缺陷,而 σ_r 为力学缺陷。它们在不同程度上使压杆的承载能力降低。

4.2.2.1　初弯曲

图 4-11a 所示为具有微小初弯曲的两端铰接的轴心压杆,其初弯曲为正弦曲线函数:$y_0 = v_0 \sin\frac{\pi x}{l}$,其中 v_0 为杆长度中央的初挠度。在轴心压力 N 作用下,杆的挠度在初弯曲的基础上不断发展。根据临界状态时杆件任意截面上内外弯矩平衡条件(图 4-11b),可得挠曲平衡方程:

$$EIy'' + N(y_0 + y) = 0 \tag{4-16}$$

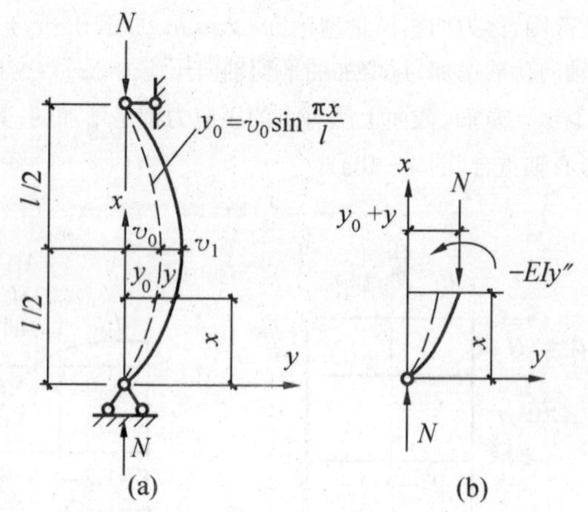

图 4-11　有初弯曲 v_0 的轴心压杆

令

$$y_0 = v_0 \sin\frac{\pi x}{l}$$

$$y = v_1 \sin\frac{\pi x}{l}$$

并代入式(4-16):

$$EI\left(-\frac{\pi^2}{l^2} v_1 \sin\frac{\pi x}{l}\right) + N\left(v_0 \sin\frac{\pi x}{l} + v_1 \sin\frac{\pi x}{l}\right) = 0$$

即

$$\sin\frac{\pi x}{l}\left[-v_1 \frac{\pi^2 EI}{l^2} + N(v_1 + v_0)\right] = 0$$

由于 $\sin\frac{\pi x}{l} \neq 0$,上式变成:

$$-v_1 N_E + N(v_1 + v_0) = 0$$

得

$$v_1 = \frac{N v_0}{N_E - N} \tag{4-17}$$

从而，杆长度中点的总挠度为：

$$v = v_0 + v_1 = v_0\left(1 + \frac{N}{N_E - N}\right) = v_0\left(\frac{N_E}{N_E - N}\right) = v_0\left(\frac{1}{1-\alpha}\right) \tag{4-18}$$

式中 $\alpha = N/N_E$，其中欧拉临界力 $N_E = \frac{\pi^2 EI}{l^2}$。

由式(4－18)可知，v 不随 N 按比例增加，当压力 N 达到欧拉值 N_E 时，对不同初弯曲的轴心压杆，v 均趋于无限大。由式(4－18)可画出 $v_0 = 1\text{mm}$ 时的 $\alpha—v$ 曲线(图 4－12 中的 bca)，该曲线是建立在材料无限弹性的基础上，它有下面几个特点：

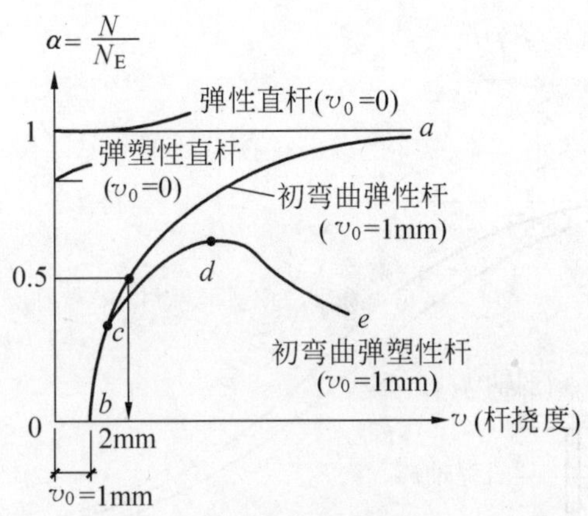

图 4－12　初弯曲 v_0 压杆的 $\alpha－v$ 曲线

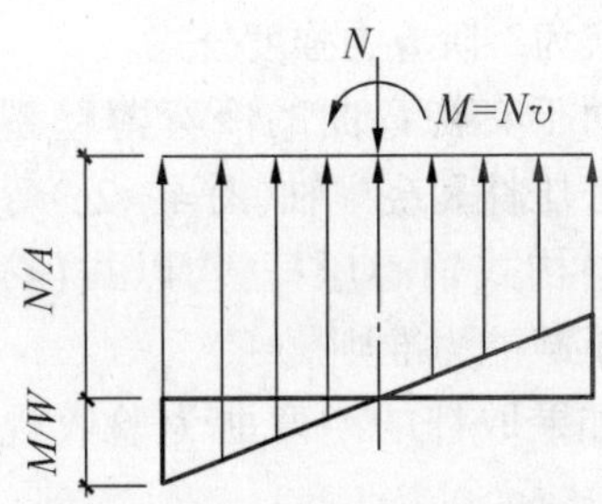

图 4－13　M、N 产生的应力

(1)压力一旦作用，就产生挠曲变形(曲线 bca)，当 $N \to N_E$ 时，$v \to \infty$。这与理想轴心压杆的 $01a$ 线不同；

(2)不管初弯曲值多么小，压杆的整体稳定承载能力总低于 N_E；

(3)由式(4－18)可见，v_0 值越大，在相同压力作用下，杆的挠度也越大。

由于实际压杆并非完全弹性体，挠度增大到一定程度，就会由于杆的轴力 N 和弯矩 Nv 所产生的组合应力，使杆截面出现不断增加的塑性区。塑性的开展会使杆在压力还未达到 N_E 之前就被压坏而丧失承载力(图 4－12 的曲线 $bcde$)。曲线上 c、d 两点分别为截面边缘纤维开始屈服时、杆件被压溃时的 α 值。若以前者为屈曲准则，则称边缘纤维屈服理论(c 点)；若以后者为准则，则称压溃理论(d 点)。对于有初弯曲的实腹式轴心压杆，可以采用 $bcde$ 曲线，压力 N 在未达到 d 点之前，杆始终处于稳定平衡状态，在 d 点之后，杆的平衡是不稳定的，因为要在 de 段维持平衡，必须降低压力。除了长细比很大的杆件，一般杆件失稳时都存在不同程度的塑性区。塑性区的范围直接影响杆的承载力，它主要取决于杆截面的形状和尺寸、杆的长细比和初弯曲的取值等。对于有残余应力的杆，还取决于残余应力的分布。为了比较起见，在图 4－12 中还绘出了理想的弹性直杆和弹塑性直杆($v_0 = 0$)的曲线。

对于无残余应力的截面，由边缘纤维屈服理论可得(图 4－13)：

$$\sigma_{max} = \frac{N}{A} + \frac{N}{W}\left(\frac{v_0 N_E}{N_E - N}\right) = f_y \tag{a}$$

或

$$\frac{N}{A}\left(1 + \frac{Av_0}{W} \cdot \frac{N_E}{N_E - N}\right) = f_y$$

即
$$\sigma_{cr}\left(1+\varepsilon_0\frac{\sigma_E}{\sigma_E-\sigma_{cr}}\right)=f_y \tag{b}$$

化简式(b):
$$\sigma_{cr}^2-\sigma_{cr}[f_y+\sigma_E(1+\varepsilon_0)]+\sigma_E f_y=0$$

解得:
$$\sigma_{cr}=\frac{f_y+(1+\varepsilon_0)\sigma_E}{2}-\sqrt{\left[\frac{f_y+(1+\varepsilon_0)\sigma_E}{2}\right]^2-f_y\sigma_E} \tag{4-19}$$

式中　ε_0 ——相对初弯曲(即初弯曲率 $\varepsilon_0=v_0/\rho$);

ρ ——核心距 $\rho=W/A$;

σ_E ——欧拉(Euler)临界应力 $\sigma_E=N_E/A=\pi^2E/\lambda^2$。

式(4-19)称为柏利(Perry)公式,它由边缘纤维屈服理论导出,该公式实为二阶应力强度公式。

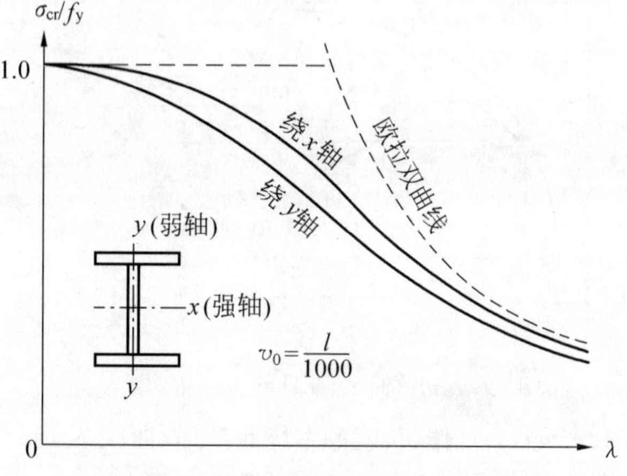

图 4-14　仅考虑初弯曲时的柱子曲线

对于有初弯曲的冷弯薄壁型钢轴心压杆和绕虚轴(图 4-2c)弯曲的格构式轴心压杆,均以式(a)作为承载能力准则。

如果取杆的初弯曲为验收规范的最大允许值:$v_0=\frac{l}{1000}$,则式(a)成为:

$$\frac{N}{A}\left[1+\frac{\lambda}{1000}\frac{i}{\rho(1-\alpha)}\right]=f_y \tag{4-20}$$

式中　$i=l/\lambda$。

虽然式(4-20)不能真实地反映弹塑性轴心压杆的承载力,但仍可反映当杆的长细比相等时,初弯曲对不同截面形式杆的承载力的影响,因为,不同截面形式的 i/ρ 是不同的,i/ρ 值愈大,初弯曲对杆承载力的影响也愈大。例如焊接工字形截面(图 4-2c),绕强轴 x 的 $i/\rho\approx1.16$;绕弱轴 y 的 $i/\rho\approx2.10$,在相同 v_0 的情况下,绕 x 轴的柱子曲线就会高于绕 y 轴的曲线(图4-14)。

4.2.2.2　初偏心

由于构造上的原因和构件截面尺寸的变异,作用在杆端的轴压力不可避免地会偏离截面的形心而产生初偏心 e_0。一般可用 $e_0/\rho=0.05$ 来考虑初偏心对轴心受压构件的影响。

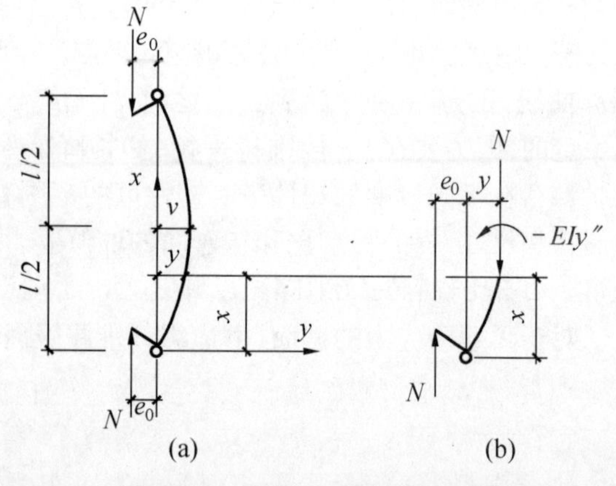

图 4-15　具有初偏心的压杆

图 4-15a 是有初偏心压杆的计算简

图，由平衡条件（图 4－15b）：

$$EIy'' + N(e_0 + y) = 0 \tag{a}$$

令 $k = N/EI$，式(a)变成：

$$y'' + k^2 y = -k^2 e_0 \tag{b}$$

式(b)是二阶常系数非齐次线性微分方程，其通解是：

$$y = A\sin kx + B\cos kx - e_0$$

系数 A、B 由边界条件确定。

边界条件	积分常数	方　　程
$x=0$ 时，$y=0$ $x=l$ 时，$y=0$	$B=e_0$ $A=\dfrac{e_0(1-\cos kl)}{\sin kx}$	$y=A\sin kx-e_0(1-\cos kx)$ $y=e_0\left(\dfrac{1-\cos kx}{\sin kl}\sin kx+\cos kx-1\right)$　(4－21)

将 $x=l/2$ 代入式(4－21)，可得杆长中点的最大挠度：

$$v = e_0\left(\sec\frac{\pi}{2}\sqrt{\frac{N}{N_E}}-1\right) = e_0\left(\sec\frac{\pi}{2}\sqrt{\alpha}-1\right) \tag{4-22}$$

由式(4－22)可见，v 也不随 N 成比例增加。和初弯曲一样，当压力 N 达到 N_E 时，$v\to\infty$。图 4－16 绘出 $e_0=1$mm 和 3mm 时的 $\alpha-v$ 曲线。不论在弹性阶段还是弹塑性阶段，初偏心的影响和初弯曲的影响在本质上是相同的，但影响的程度有差别。初偏心对短压杆的影响比较明显，而对长杆的影响甚微；初弯曲对中长杆有较大影响。图 4－16 上的虚曲线表示弹塑性阶段。

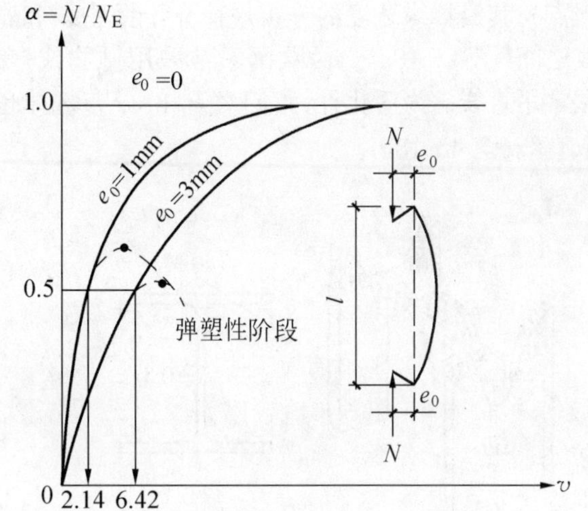

图 4－16　初偏心 e_0 压杆的 $\alpha-v$ 曲线

4.2.2.3　残余应力 σ_r

20 世纪 40 年代，国外对 σ_r 的研究就已开始，50 年代又做了大量系统的研究。残余应力的产生原因有：①焊接或热轧型钢的不均匀加热和不均匀冷却；②火焰切割板边缘后的热塑性收缩；③冷加工（校正）的塑性变形。其中第①项研究得比较充分。残余应力是一种初应力，即构件受荷载前，截面上就已存在的应力。在一个截面上，残余应力具有自相平衡的特点（图 4－17）。

杆件中残余应力的产生、分布及其大小，与杆件的截面形状、尺寸、加工方法和加工过程有密切关系，而与材料的屈服点关系不大。图 4－18 所示热轧 H 型钢截面（图 4－18a）、热轧工字钢截面（图 4－18b）、焊接 H 型钢截面（图 4－18c、d）和焊接箱形截面（图 4－18e）的残余应力分布（图中所示为沿板厚方向的平均值）。对图4－18a来说，由于在热轧冷却过程中，翼缘两端单位体积的暴露面积比翼缘与腹板相交处为大，因此冷却较快；同样，腹板中间部分也比腹板两端相交处较快冷却，后冷却的区域就会受到较早冷却部分的约束，因而板的相交处产生拉应力。相反，在早冷却部分截面上就会产生压应力。

对于厚板（$t \geqslant 40$mm）组成的截面，残余应力沿厚度方向（横向）的变化不能忽视（图 4-19）。

残余应力在构件中的分布规律和数值，常用应力释放法测定：将构件刨切或锯切成许多纵向窄条，由于切成窄条后，相互间互不约束而从原先有残余应力的情况下解脱开来，这就是应力释放。对每窄条在切割前后的长度分别测量，长度的改变量表明了原来杆件中存在的残余应力的性质和大小。由大量实测结果，就能得到截面上残余应力的分布规律和数值。对热轧 H 型钢，翼缘端部平均最大残余应力 σ_r 约为 $0.3f_y$（f_y 为钢材的屈服点），其沿翼缘宽度的分布规律介于抛物线和直线之间（图 4-18a）。西欧国家常采用抛物线；美国常用直线。为简化计，我们对 σ_r 的分布规律也取直线（图 4-18a）。

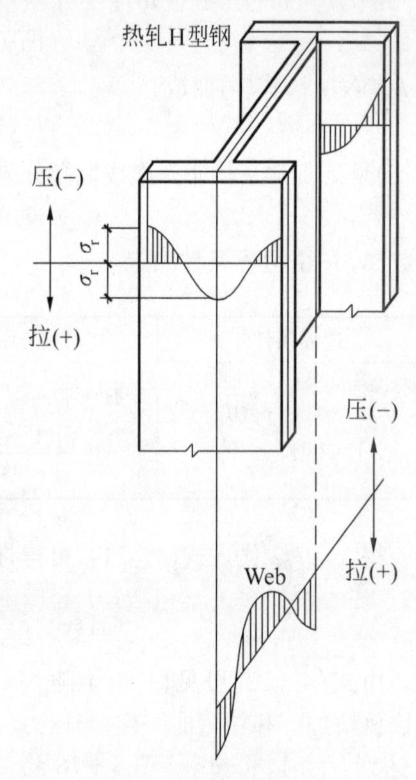

图 4-17 热轧 H 型钢纵向残余应力 σ_r 分布

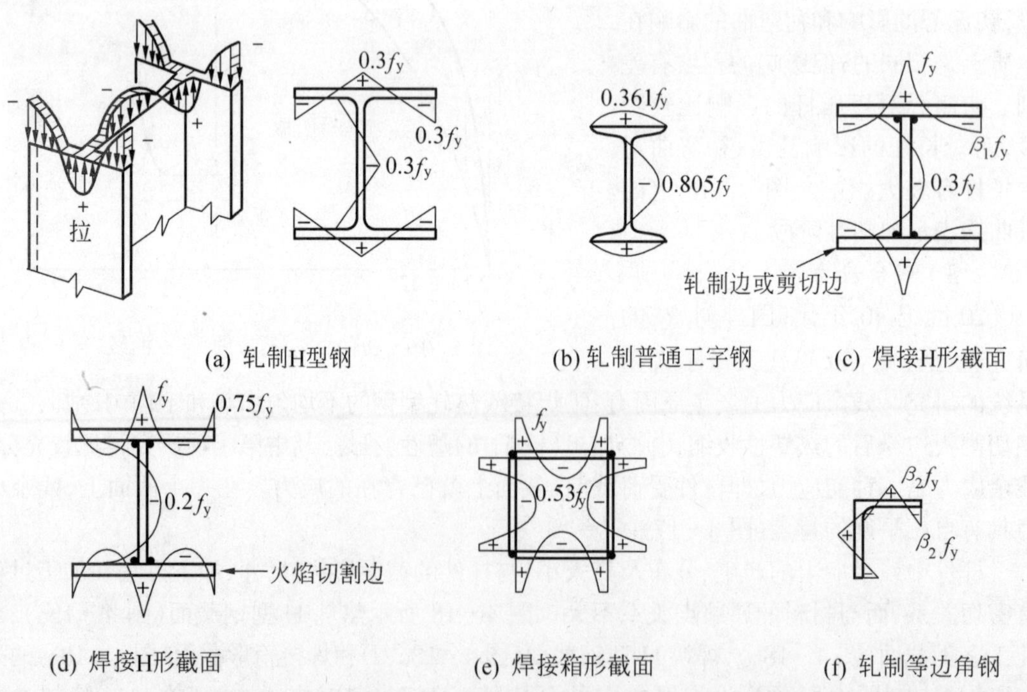

图 4-18 纵向 σ_r 简化图（$\beta_1=0.3\sim0.6$，$\beta_2=0.25$）

残余应力的存在也可用短柱试验法来验证：用一根很短的柱（其长度使柱不会失稳）在试验机上进行压力试验，绘出的平均应力 $\sigma = N/A$ 和应变 ε 之关系曲线，如图 4 - 20 中的实线 OAB 所示。图中虚线 ODC 为理想试件（无残余应力 σ_r）的 $\sigma - \varepsilon$ 关系。比较上述两线可见，σ_r 的存在使比例极限 f_p 降低到 $f_{p,eff}$（称为有效比例极限），在 $f_{p,eff}$ 和 f_y 间出现了一条过渡曲线 AB。短柱试验结果只能反映出残余应力对 $\sigma - \varepsilon$ 关系的影响，不能得出截面上残余应力的分布和大小。

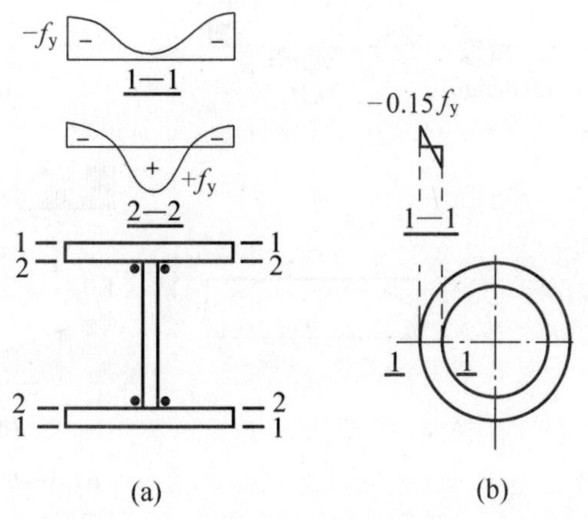

图 4 - 19　厚板（壁）的残余应力 σ_r

图 4 - 21a 所示有残余应力的理想 H 型钢截面。设两个翼缘面积（flange Area）之和为 A_f（因腹板厚度小，腹板面积可略去不计）。

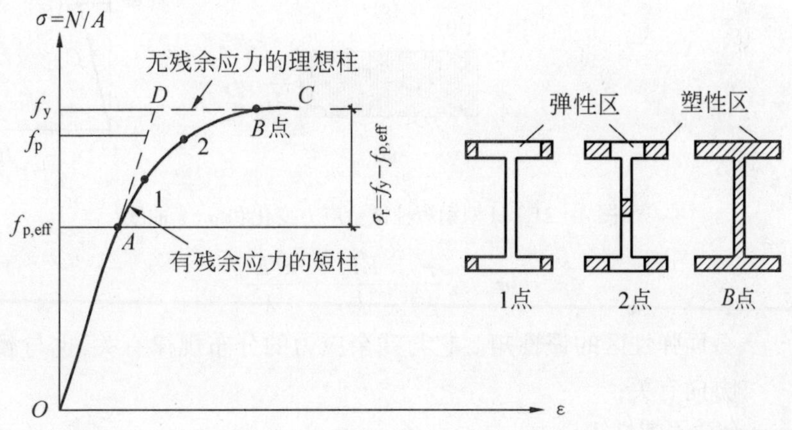

图 4 - 20　短柱 $\sigma - \varepsilon$ 曲线

当外荷载所产生的应力分别为：$N/A_f = 0, 0.5f_y, 0.7f_y$ 时，杆截面上的应力由图 4 - 21b、c、d 表示，它们在图 4 - 21g 上的位置，分别是 O, C, D 三点，该三点在一直线上，即压杆弹性工作。当继续加大荷载 $N = f_y \times \frac{A_f}{2} + \left(\frac{f_y + 0.7f_y}{2}\right) \times \frac{A_f}{2}$，即 $N/A_f = 0.925f_y$ 时（图 4 - 21e）和 $N/A_f = f_y$ 时（图 4 - 21f），它们在图 4 - 21g 上的相应位置是 E 点和 F 点。

由上可见：

当 $\sigma = N/A_f \leqslant f_{p,eff}$ 时，压杆弹性工作：$\sigma_{cr} = \pi^2 E/\lambda^2$。

当 $\sigma > f_{p,eff}$ 时，杆件截面出现部分塑性区和部分弹性区（图 4 - 21e）。由切线模量理论知，杆弯曲时无应变变号，因此，凸边翼缘塑性区的应力也不会变号，这样，能够产生抵抗力矩的只有截面的弹性区，此时的临界荷载：

$$N_{cr} = \frac{\pi^2 EI_e}{l_0^2} = \frac{\pi^2 EI}{l_0^2} \cdot \frac{I_e}{I} \tag{4-23}$$

相应临界应力：

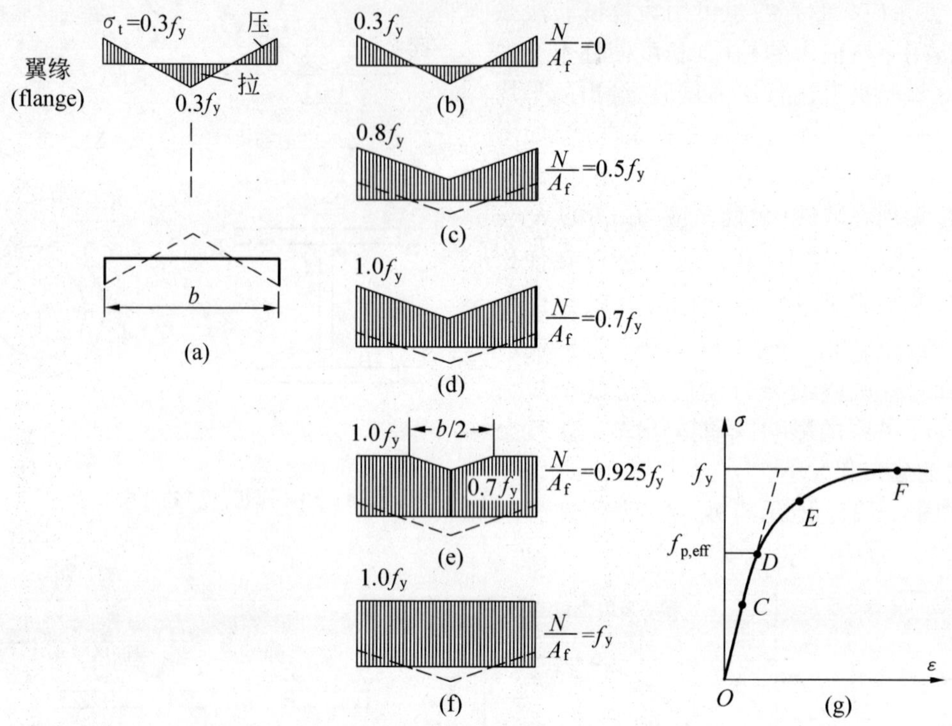

图 4－21　H 型钢短柱试验应力变化和 $\sigma-\varepsilon$ 曲线

$$\sigma_{cr}=\frac{\pi^2}{\lambda^2}\cdot\frac{EI_e}{I}=\frac{\pi^2E_{eff}}{\lambda^2} \tag{4-24}$$

式中　I_e——截面弹性区的惯性矩。它与残余应力的分布规律有关，也与截面形状、屈曲方向有关；

I——全截面惯性矩；

E_{eff}——有效弹性模量(effective elasticity modulus)，$E_{eff}=E\dfrac{I_e}{I}$。

对图 4－22a 所示的热轧宽翼缘 H 截面，有效弹性模量计算如下(忽略腹板惯性矩的贡献)：

绕 x 轴(强轴)屈曲时：

$$E_{eff,x}=E\frac{I_{e,x}}{I_x}\approx E\frac{2(A_{f,e}/2)(h/2)^2}{2(A_f/2)(h/2)^2}=E\frac{A_{f,e}}{A_f}=Ek \tag{4-25}$$

式中　$A_{f,e}$——翼缘弹性区面积，即 $A_{f,e}=2t_fkb$；

A_f——翼缘总面积，即 $A_f=2t_fb$；

k——翼缘弹性区面积与总面积之比，即 $k=\dfrac{A_{f,e}}{A_f}$。

绕 y 轴(弱轴)屈曲时：

$$E_{eff,y}=E\frac{I_{ey}}{I_y}=E\left(\frac{2t_f(kb)^3/12}{2t_fb^3/12}\right)=Ek^3 \tag{4-26}$$

比较式(4－25)和式(4－26)可见，在有残余应力的条件下，对不同主轴的 E_{eff} 是不同的。

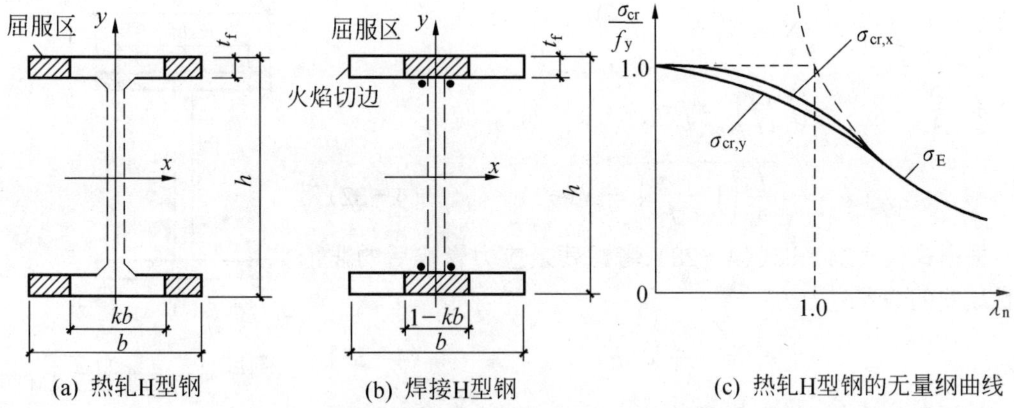

图 4－22　E_{eff}的计算截面$\left(\text{正则化长细比：}\lambda_n=\frac{\lambda}{\pi}\sqrt{f_y/E}\right)$

由于 $k<1$，则 $k^3\ll k$。由此，可以得出结论：残余应力对热轧 H 型钢截面绕弱轴 y 屈曲的影响要比绕强轴 x 严重得多(图 4－22c)，原因是截面远离 y 轴的部分恰好是残余压应力最大的部分。

对于翼缘板边缘经火焰切割的焊接 H 型钢截面(图 4－22b)，绕 y 轴(弱轴)的屈曲：

$$E_{eff,y}=E\left[\frac{\frac{1}{12}t_f b^3-\frac{1}{12}t_f(1-k)^3 b^3}{\frac{1}{12}t_f b^3}\right]=E(3k-3k^2+k^3) \tag{4-27}$$

上述例子可见，$E_{eff}=E\,\dfrac{I_e}{I}$是$k$ 的函数，即 $I_e/I=\psi(k)$　　(4－28)

式中

$$k=A_{f,e}/A_f \tag{4-29}$$

k 的大小取决于残余应力的分布，确定方法有二：

(1)由短柱试验得到平均 $\sigma-\varepsilon$ 曲线，当 $\sigma=N/A_f>f_{p,eff}$时，切线模量为：

$$E_t=\frac{d\sigma}{d\varepsilon}=\frac{dN/A_f}{(dN/A_{ef})/E}=\frac{EA_{f,e}}{A_f}=Ek \tag{4-30a}$$

由此可得：

$$k=E_t/E \tag{4-30b}$$

在求得了短柱的平均 $\sigma-\varepsilon$ 曲线后，即可求此曲线相应于各平均应力时的 E_t/E 值，此比值即 k 值。此法仅需由短柱试验得到 $N/A-\varepsilon$ 曲线，不需明确知道残余应力的具体分布情况。

当无试验曲线而已知残余应力的具体分布时，则可用下述解析法求 k 值。

(2)解析法。对于图 4－23a 所示的理想 H 型钢截面，若设翼缘上的残余应力为直线分布(图 4－23b)，当 $N/A_f>f_{p,eff}$时，截面上出现部分屈服区。此时，作用在杆上的总荷载是：

$$N=f_y(A_f-A_{f,e})+\left(\frac{\sigma_0+f_y}{2}\right)A_{f,e} \tag{4-31}$$

式中　σ_0 ——翼缘中点的应力(图 4－23c)。

由图 4－23c 的几何关系：

$$\sigma_0=f_y-2\sigma_r\frac{b_e}{b}=f_y-2\sigma_r\frac{A_{f,e}}{A_f}$$

代入式(4－31),可得:

$$N = f_y A_f - \sigma_r \frac{A_{f,e}^2}{A_f}$$

即 $\sigma = \dfrac{N}{A_f} = f_y - \sigma_r \left(\dfrac{A_{f,e}}{A_f}\right)^2 = f_y - \sigma_r k^2$,从而

$$k = \sqrt{\frac{f_y}{\sigma_r}\left(1 - \frac{\sigma}{f_y}\right)} = \phi(\sigma_{cr}) \qquad (4-32)$$

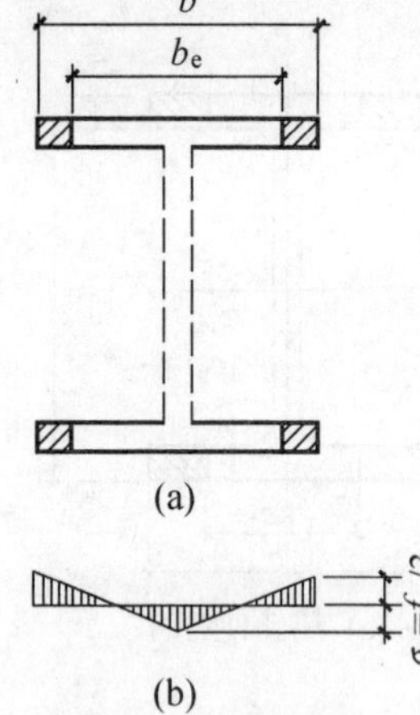

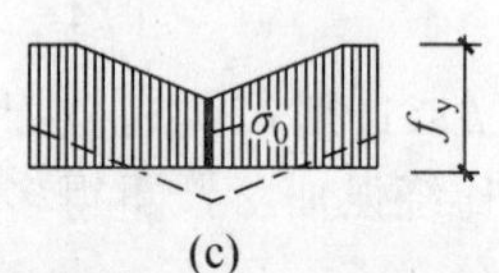

图 4－23 热轧 H 型钢

根据式(4－24)和式(4－28),考虑残余应力影响后的非弹性屈曲的临界应力为:

$$\sigma_{cr} = \frac{\pi^2 E}{\lambda^2}\psi(k) \qquad (4-33)$$

为了避免反复试算,最简单的方法是把式(4－33)改写成:

$$\lambda^2 = \frac{\pi^2 E}{\sigma_{cr}}\psi(k) = \frac{\pi^2 E}{\sigma_{cr}}\psi[\phi(\sigma_{cr})] \qquad (4-34)$$

按式(4－34)可绘出 $\sigma_{cr} - \lambda$ 曲线,从而由 λ 直接查得 σ_{cr}。$\sigma_{cr} - \lambda$曲线叫做柱子曲线。

关于考虑残余应力影响的弹塑性屈曲,还需进一步指出:即当 $I_e/I = k$ 时,临界应力可直接用式(4－14)计算。因为,若将 $k = I_e/I = E_t/E$ 代入式(4－24)可得式(4－14)。对于由式(4－28)表示的 $I_e/I = \psi(k)$的一般情况,临界应力就不能直接用切线模量理论,即不能用式(4－14)计算,而必须采用式(4－24)。

4.2.3 柱子曲线的确定方法

4.2.3.1 轴心压杆的极限承载力

理想的轴心压杆临界应力的一般表达式为式(4－15),该式可用图 4－24 中的 ABC 曲线(称为柱子曲线)表示。然而,在实际结构中,经常出现一些不利因素,如上述的初弯曲 v_0、初偏心 e_0 和残余应力 σ_r 等,使实际屈曲应力达不到式(4－15)的理论值。对非理想轴心压杆的理论和试验研究结果表明,σ_{cr}常变化于图 4－24 中的阴影线范围内。在弹塑性范围内,由于切线模量的非线性变化(图 4－9a),使理论分析复杂起来,因而确定柱子曲线有许多不同的方法。就目前各国规范所用的柱子曲线来看,大致有以下几种方式。

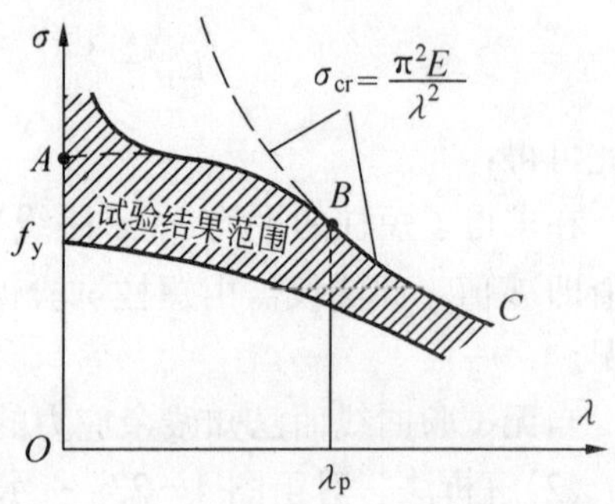

图 4－24 柱子曲线范围

(1)用理想轴心压杆为依据,通过提高安全度来考虑 v_0、e_0 的不利影响,并在确定 σ_{cr}值时,计入 σ_r 的效应。

(2)按有一定 v_0、e_0 的压杆进行计算。计算有两种不同方法:以“边缘纤维屈服理论”为承载能力的极限,或以“压溃理论”为准则。

(3)主要由试验资料确定弹塑性范围的柱子曲线。试验条件可采取严格对中以接近理想情况,也可以不严格对中以满足构件的实际工作情况。

究竟采用哪种方法?一直存在着不同的看法。目前通用的压杆计算长度几乎都是以第(1)种方式为依据。计算压杆整体稳定,采用压溃理论,即最大强度准则(图 4-12 中的 d 点)。

从概率统计的观点来讲,实际压杆中各种初始缺陷(v_0、e_0 和 σ_r)同时达到最不利的可能性极小。由于 v_0、e_0 的影响类似,热轧钢板和型钢组成的普通钢结构,通常只考虑影响最大的 v_0 和 σ_r 两个缺陷。

如果采用压溃理论,并同时考虑 v_0 和 σ_r,则沿杆长方向各截面和沿横截面的各点,其 $\sigma-\varepsilon$ 曲线都是变数,很难列出临界力的解析式,只能借助计算机用压杆挠曲线法(CDC 法)和逆算单元长度法等数值积分法求解。

4.2.3.2　轴心压杆的多条柱子曲线

关于柱子曲线的确定还有一个问题,就是对不同截面型式的压杆采用单一曲线还是多条曲线?当考虑 v_0、e_0 的影响并以压溃理论作为计算准则时,临界应力不仅随长细比 λ 变化,还因截面形状不同和屈曲方向不同而有所差别,当考虑 σ_r 时,这种差别就更加复杂。因此,单一柱子曲线总是针对某一种有代表性的典型截面而得出的,它很难适应各种不同截面的情况。

多条柱子曲线的研究是 1970 年左右开始的,美国 Lehigh 大学和欧洲钢结构协会(ECCS)作了大量的研究,后者通过 1000 多根试件的轴压试验进行统计分析和理论研究,提出了图 4-25 所示的五条柱子曲线的建议。图中曲线 a、b、c 系按不同的截面形式、尺寸关系、残余应力是否消除以及屈曲方向等因素分成三组,并由各组代表性截面得出。曲线 a° 和 d 分别为高强度型钢和重型钢的关系曲线。这项建议从 1976 年开始已被一些国家采纳。多条柱子曲线提高了计算精确性,能使设计获得较安全而经济的效果。

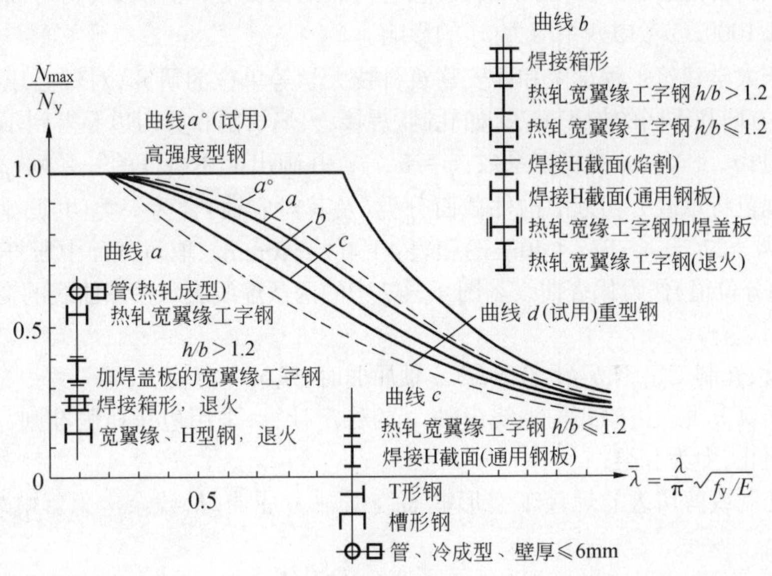

图 4-25　欧洲 ECCS 柱子曲线

美国压杆研究委员会(CRC)根据 Lehigh 大学对 112 根压杆的试验研究成果,提出了类似于图 4－25 的三条柱子曲线(图 4－26),但遗憾的是美国自己的规范并未采纳。1974 年加拿大标准协会(CSA)首次采用曲线 2 作为钢结构基本设计曲线。

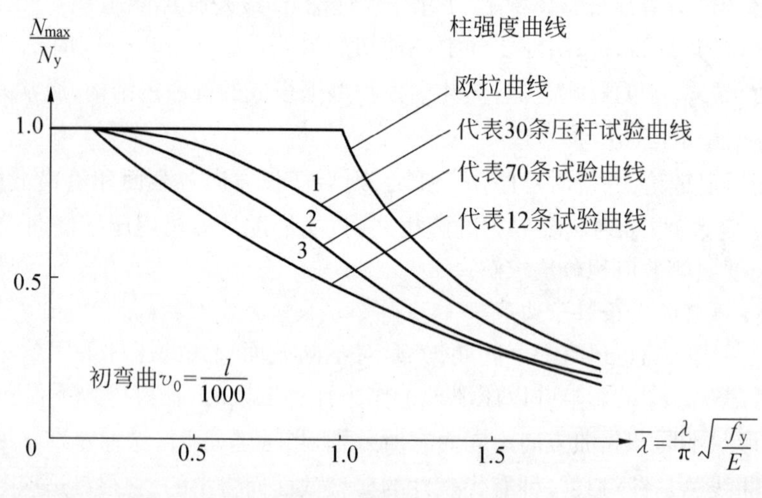

图 4－26　美国 CRC 柱子曲线

4.2.4　我国规范的整体稳定计算

4.2.4.1　稳定系数 φ 的分类

根据概率统计分析结果,我国规范[1]对轴心压杆的缺陷只考虑了初弯曲 v_0 和残余应力 σ_r 两个主要因素,并按小偏心受压构件用“压溃理论”近似来确定承载力,并采用了下列简化假定:①钢材是理想的弹塑性体;②构件轴线的初弯曲曲线和外荷载引起的弯曲曲线都是正弦半波形;③构件截面始终保持平面;④忽略荷载的初偏心,构件轴线初弯曲的最大挠度取为杆长的 1/1000;⑤考虑残余应力 σ_r 的影响。

根据重庆大学建筑工程学院和西安建筑科技大学等单位的研究,对轴心压杆的不同截面类型、屈曲方向和不同的加工方法,如轧制、焊接、火焰切割和剪切边等得到不同长细比 λ 时的最大应力:$\sigma_{cr}=N_{cr}/A$ 和稳定系数:$\varphi=\sigma_{cr}/f_y$,并画出上述诸杆的一系列 φ—$\overline{\lambda}$ 无量纲关系曲线。规范将承载力相近的构件截面分类(及其对应轴)合为一类,共归纳为 a、b、c、d 四类,详见图 4－27、表 4－3($t<40$mm)和表 4－4($t\geqslant40$mm),取每截面中压杆曲线的平均值(即 50%的分位值)作为代表曲线。图 4－27 中的两条虚线表示关系曲线的变动范围。

说明:

热轧圆管、轧制工字钢 $b/h\leqslant0.8$ 绕 x 轴屈曲时,残余应力较小,属 a 类;

一般截面属 b 类。格构式构件绕虚轴 y 的稳定计算,采用边缘屈服准则,且分肢的扭转受到缀件阻止,列为 b 类;

翼缘为轧制或剪切边的焊接工字形截面绕弱轴 y 屈曲时,残余应力影响较大,应为 c 类;

板件厚度 $t\geqslant40$mm(厚板),残余应力 σ_r 同时沿板件宽度和厚度方向变化,且厚板的质量(均匀性和密实度)较差,截面分类列入表 4－4。

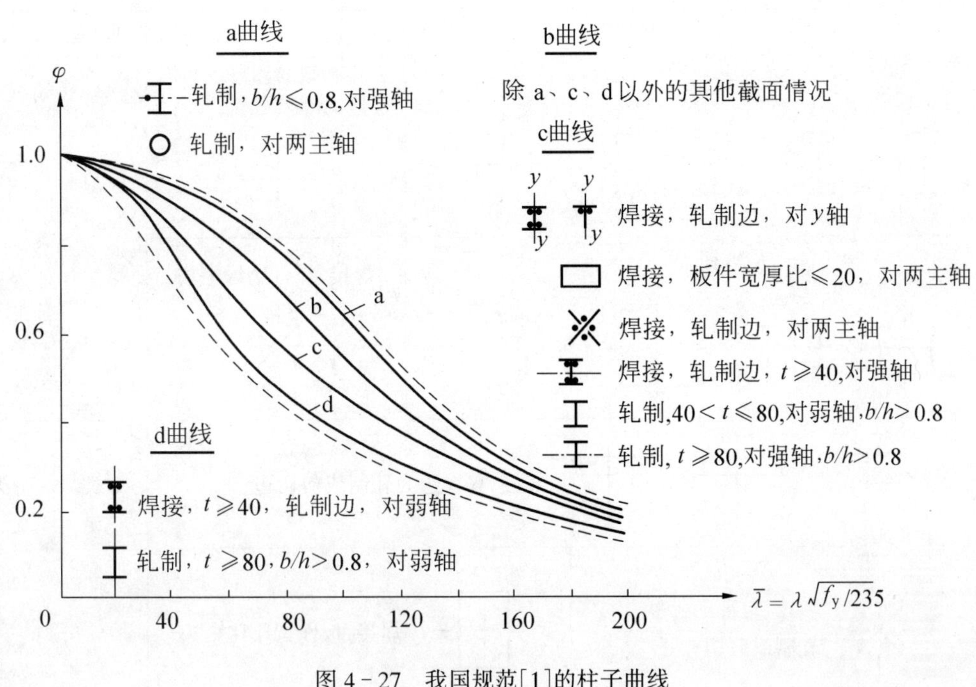

图 4－27　我国规范[1]的柱子曲线

表 4－3　轴心受压构件的截面分类(板厚 $t<40$mm)

截　面　形　式	对 x 轴	对 y 轴
轧制	a类	a类
轧制, $b/h\leqslant0.8$	a类	b类
轧制, $b/h>0.8$；焊接,翼缘为焰切边；焊接；轧制；轧制等边角钢	b类	b类
箱形:轧制、焊接(板件宽厚比>20)；轧制或焊接	b类	b类

续表

截面形式		对 x 轴	对 y 轴
焊接 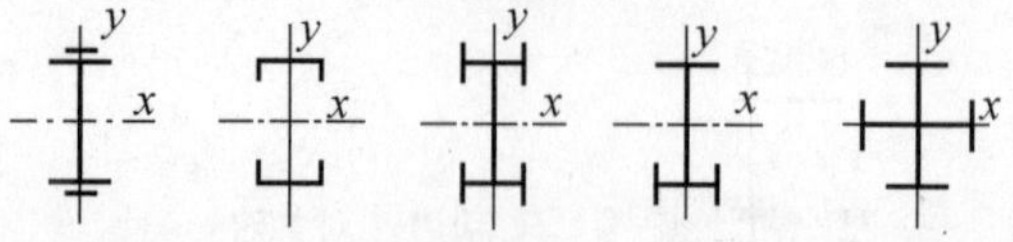	轧制截面和翼缘为焰切边的焊接截面 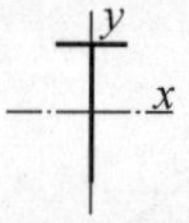	b类	
格构式 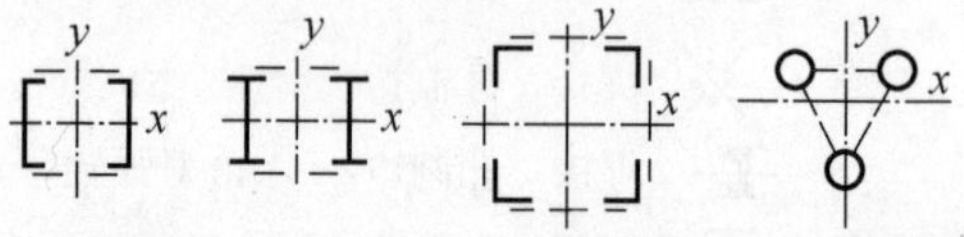	焊接、板件边缘焰切 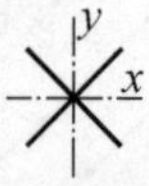	b类	
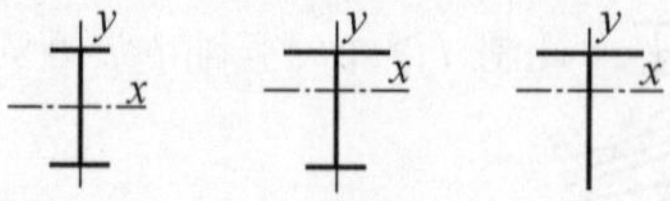 焊接，翼缘边为轧制或剪切边		b类	c类
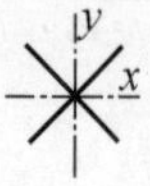 焊接，板件边缘轧制或剪切	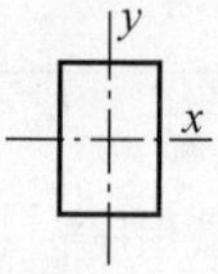 焊接，板件宽厚比⩽20	c类	

表 4-4　轴心受压构件的截面分类(板厚 $t\geqslant$40mm)

截面形式		对 x 轴	对 y 轴
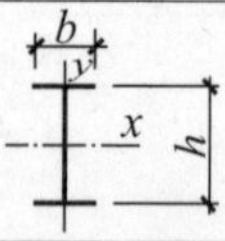 轧制工字形或H形截面	$t<80$mm	b类	c类
	$t\geqslant80$mm	c类	d类
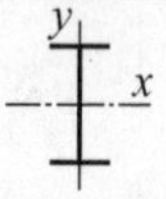 焊接工字形截面	翼缘为焰切边	b类	b类
	翼缘为轧制或剪切边	c类	d类
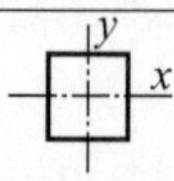 焊接箱形截面	板件宽厚比>20	b类	b类
	板件宽厚比⩽20	c类	c类

4.2.4.2　φ值的表达式

为了便于使用电算，采用非线性函数的最小二乘法，对于 $\lambda_n=\frac{\lambda}{\pi}\sqrt{f_y/E}>0.215$(相当于 $\lambda>20\sqrt{\frac{235}{f_y}}$)的各类截面的理论 φ 值，拟合成柏利(Perry)公式(4-19)的形式表达：

$$\varphi=\frac{\sigma_{cr}}{f_y}=\frac{1}{2}\left\{\left[1+(1+\varepsilon_0)\frac{\sigma_E}{f_y}\right]-\sqrt{\left[1+(1+\varepsilon_0)\frac{\sigma_E}{f_y}\right]^2-4\frac{\sigma_E}{f_y}}\right]\tag{4-35}$$

按 Perry 公式的原意，上式中 ε_0 表示初弯曲的相对值，即 $\varepsilon=v_0/\rho=v_0A/W$。若把 ε_0 的含义加以改变，式(4-35)就可用来计算既有 v_0 又有 σ_r 影响的轴心压杆稳定系数。这时 φ 值不再以边缘纤维屈服为准则，而应根据图 4-12 中 d 点的最大承载力 N_u 来确定，即用 $\sigma_u=N_u/A$ 代替式(4-35)中的 σ_{cr}，然后反算出 ε_0 值。这样算出的 ε_0 值称为等效缺陷，它

综合考虑了 v_0 和 σ_r 对轴心压杆的影响。a、b、c、d 四条 $\varphi-\lambda_n$ 曲线就有对应的四组等效缺陷：

a 类截面：$\varepsilon_0=0.152\lambda_n-0.014$

b 类截面：$\varepsilon_0=0.300\lambda_n-0.035$

c 类截面：$\varepsilon_0=0.595\lambda_n-0.094$　　（$\lambda_n\leqslant 1.05$ 时）

$\varepsilon_0=0.302\lambda_n+0.216$　　（$\lambda_n>1.05$ 时）

d 类截面：$\varepsilon_0=0.915\lambda_n-0.132$　　（$\lambda_n\leqslant 1.05$ 时）

$\varepsilon_0=0.432\lambda_n+0.375$　　（$\lambda_n>1.05$ 时）

将 ε_0 代入式(4-35)，得：

$$\varphi=\frac{1}{2\lambda_n^2}\left[(\alpha_2+\alpha_3\lambda_n+\lambda_n^2)-\sqrt{(\alpha_2+\alpha_3\lambda_n+\lambda_n^2)^2-4\lambda_n^2}\right] \tag{4-36}$$

式中　α_2、α_3 ——系数。根据表 4-3、4-4 的截面分类，按表 4-5 采用。

表 4-5　α_1、α_2、α_3 系数

<table>
<tr><th colspan="2">截 面 分 类</th><th>α1</th><th>α2</th><th>α3</th></tr>
<tr><td colspan="2">a 类</td><td>0.41</td><td>0.986</td><td>0.152</td></tr>
<tr><td colspan="2">b 类</td><td>0.65</td><td>0.965</td><td>0.300</td></tr>
<tr><td rowspan="2">c 类</td><td>λn≤1.05</td><td rowspan="2">0.73</td><td>0.906</td><td>0.595</td></tr>
<tr><td>λn>1.05</td><td>1.216</td><td>0.302</td></tr>
<tr><td rowspan="2">d 类</td><td>λn≤1.05</td><td rowspan="2">1.35</td><td>0.868</td><td>0.915</td></tr>
<tr><td>λn>1.05</td><td>1.375</td><td>0.432</td></tr>
</table>

当 $\lambda_n\leqslant 0.215$ 时，Perry 公式不再适用，可用一近似曲线使 $\lambda_n=0.215$ 与 $\lambda_n=0(\varphi=1.0)$衔接，即

$$\varphi=1-\alpha_1\lambda_n^2 \tag{4-37}$$

式中　α_1 ——系数，按表 4-5 采用。

以上讨论可见，式(4-36)和式(4-37)的 φ 值与下列三个因素有关：①钢材的品种（即 f_y 和 E 值）；②长细比 λ；③压杆截面分类。对常用的钢种和 a、b、c、d 四类截面，附录附表 4-1a～d 列出了不同的 λ 值所对应的、由式(4-36)和式(4-37)所算得的 φ 值。

4.2.4.3　整体稳定计算公式

轴心受压构件的整体稳定性，按下式验算：

$$\sigma=\frac{N}{A}\leqslant\frac{\sigma_{cr}}{\gamma_R}=\frac{\sigma_{cr}}{f_y}\cdot\frac{f_y}{\gamma_R}=\varphi f$$

即

$$\frac{N}{\varphi A}\leqslant f \tag{4-38}$$

式中　A ——轴心受压构件的毛截面面积；

N ——轴心受压构件的压力设计值；

f ——钢材的强度设计值；

φ——轴心受压构件的整体稳定系数(取截面两主轴稳定系数中的较小者),应根据构件的长细比 λ、钢材屈服强度 f_y 和截面分类,按附录 4 采用。

4.3 实腹式轴心受压构件的局部屈曲

实腹式组合截面轴心压杆都是由一些板件组成的,如果板件的宽厚比太大,则在压力作用下,板件将发生屈曲(图 4-28)。这种现象称为板件丧失局部稳定。当截面的某个板件屈曲退出工作后,将使截面的有效承载力部分减少,有时会使截面变得不对称,因而降低构件的承载能力。

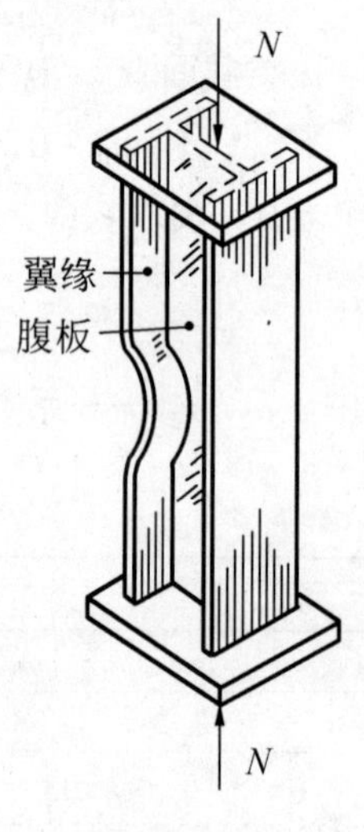

图 4-28

4.3.1 矩形薄板的屈曲

板在各种中面力作用下(图 4-29)的屈曲问题属于第一类稳定,它的临界力需用弹性力学求解。板在弹性阶段屈曲时的平衡偏微分方程:

$$D\nabla^4 w+\left(N_x\frac{\partial^2 w}{\partial x^2}+N_y\frac{\partial^2 w}{\partial y^2}+2N_{xy}\frac{\partial^2 w}{\partial x\partial y}\right)=0 \quad (4-39)$$

式中 w——板的挠度(z 轴方向);

N_x、N_y 和 $N_{xy}=N_{yx}$——板单位宽度所承受的压力和剪力(N/mm);

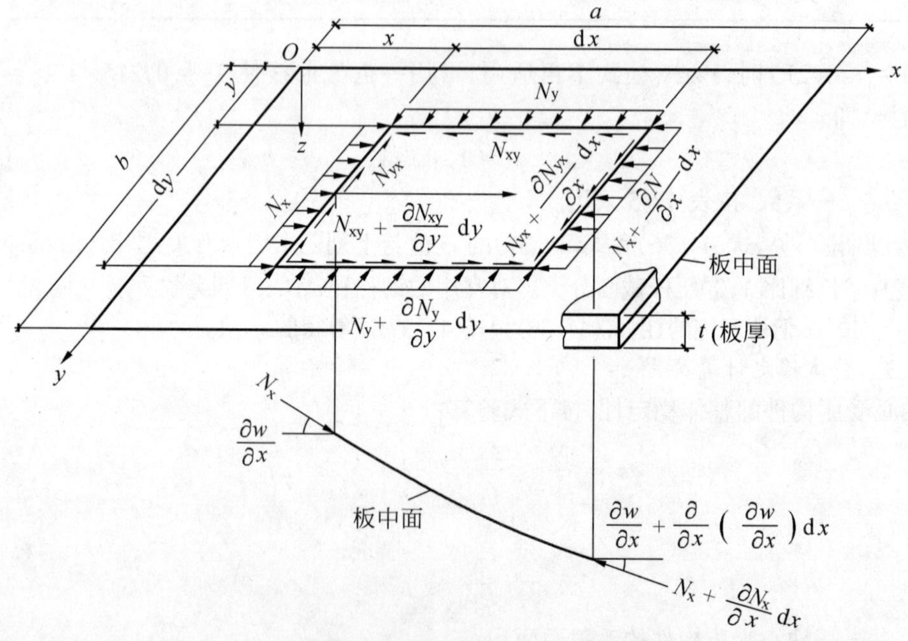

图 4-29 薄板 ($5\sim8<b/t<80\sim100$)

$\nabla^2\nabla^2=\left(\frac{\partial^2}{\partial x^2}+\frac{\partial^2}{\partial y^2}\right)\left(\frac{\partial^2}{\partial x^2}+\frac{\partial^2}{\partial y^2}\right)=\left(\frac{\partial^4}{\partial x^4}+2\frac{\partial^4}{\partial x^2\partial y^2}+\frac{\partial^4}{\partial y^4}\right)$，其$\nabla^2$称为拉普拉斯算子(Laplacian)。

$D=E\dfrac{1\times t^3}{12(1-\nu^2)}$是单位宽度板的抗弯刚度。其中，$\nu$ 是钢材的泊松比(Poisson ratio)，钢材 $\nu=0.3$，t 是板厚。

当板仅沿 x 方向单向受压，即 $N_y=N_{xy}=N_{yx}=0$ 时，式(4-39)成为：

$$D\left(\frac{\partial^4 w}{\partial x^4}+2\frac{\partial^4 w}{\partial x^2\partial y^2}+\frac{\partial^4 w}{\partial y^4}\right)+N_x\frac{\partial^2 w}{\partial x^2}=0 \tag{4-40}$$

对四边简支矩形板(图 4-30)，其边界条件：

$$\left.\begin{aligned}x&=\begin{cases}0\\a\end{cases}\text{时}, \quad w=0, \quad M_x=\frac{\partial^2 w}{\partial x^2}=0\\ y&=\begin{cases}0\\b\end{cases}\text{时}, \quad w=0, \quad M_y=\frac{\partial^2 w}{\partial^2 y}=0\end{aligned}\right\} \tag{4-41}$$

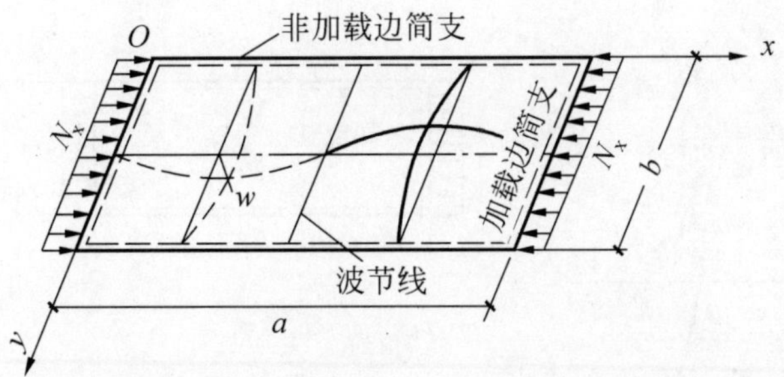

图 4-30　四边简支 x 方向均匀受压板的屈曲

满足条件(4-41)的方程式(4-40)的解通常可用双三角级数表示：

$$w=\sum_{m=1}^{\infty}\sum_{n=1}^{\infty}A_{m,n}\sin\frac{m\pi x}{a}\sin\frac{n\pi y}{b} \tag{4-42}$$

式中　m、n ——板屈曲时纵向、横向半波数，如图 4-30 所示，$m=2$，$n=1$。

将式(4-42)代入式(4-40)：

$$\sum_{m=1}^{\infty}\sum_{n=1}^{\infty}A_{m,n}\left(\frac{m^4\pi^4}{a^4}+2\frac{m^2n^2\pi^4}{a^2b^2}+\frac{m^4n^4}{b^4}-\frac{N_x}{D}\frac{m^2\pi^2}{a^2}\right)\sin\frac{m\pi x}{a}\sin\frac{n\pi y}{b}=0 \tag{4-43}$$

等式(4-43)左端是无穷项之和，使此和为零的充要条件是每项的系数等于零，而 $A_{m,n}$不能为零，因此

$$\left(\frac{m^4\pi^4}{a^4}+2\frac{m^2n^2\pi^4}{a^2b^2}+\frac{m^4n^4}{b^4}-\frac{N_x}{D}\frac{m^2\pi^2}{a^2}\right)=0$$

从而，可得板单位宽度的临界力：

$$\begin{aligned}N_{x,cr}&=\pi^2D\left(\frac{m}{a}+\frac{n^2a}{mb^2}\right)^2\\&=\pi^2D\left[\frac{1}{b}\left(\frac{mb}{a}+\frac{n^2a}{mb}\right)\right]^2\\&=\frac{\pi^2D}{b^2}\left[\frac{m}{(a/b)}+\frac{n^2(a/b)}{m}\right]^2\end{aligned} \tag{4-44}$$

式(4－44)为四边简支板单向均匀受压屈曲时的临界力计算式。

当 $n=1$,即假定沿 y 轴方向(横向)板失稳的屈曲面只有一个正弦曲线的半波段时(图 4－30),N_{cr}为最小,则式(4－44)可改写:

$$N_{x,cr} = k\frac{\pi^2 D}{b^2} \tag{4-45}$$

相应临界应力

$$\sigma_{x,cr} = N_{x,cr}/t = k\frac{\pi^2 E}{12(1-\nu^2)}\left(\frac{t}{b}\right)^2 \tag{4-46}$$

式中

$$k=\left[\frac{m}{(a/b)}+\frac{(a/b)}{m}\right]^2 \tag{4-47}$$

称为板的屈曲系数。

根据式(4－47)绘出的图 4－31 可见,当 $\beta=a/b\geqslant 1$ 时,k 值变化不大,可视为常数 $k_{min}=4$。因此,减小板的非加载边 a 的长度,不能提高板的临界力。仅当 $\beta<0.8$ 时,k 值才有显著提高。表 4－6 列出与 β 值对应的 k 值。

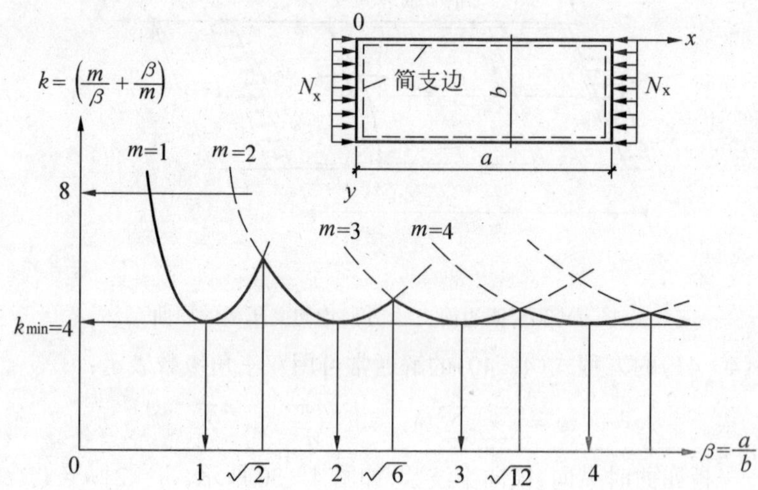

图 4－31　四边简支单向均匀受压板的屈曲系数 k

表 4－6　四边简支薄板单向均匀压力为 N_x 时的屈曲系数 k

$\beta=\frac{a}{b}$	0.4	0.5	0.6	0.7	0.8	1.0	1.2	1.4	1.6	1.8	2.0	2.4	3.0
k	8.41	6.25	5.14	4.53	4.20	4.00	4.13	4.47	4.20	4.04	4.00	4.13	4.00

式(4－45)和式(4－46)不仅适用于四边简支板,也适用于其他边缘支承条件的板,不过 k 值要另取相应的数值(图 4－32)。

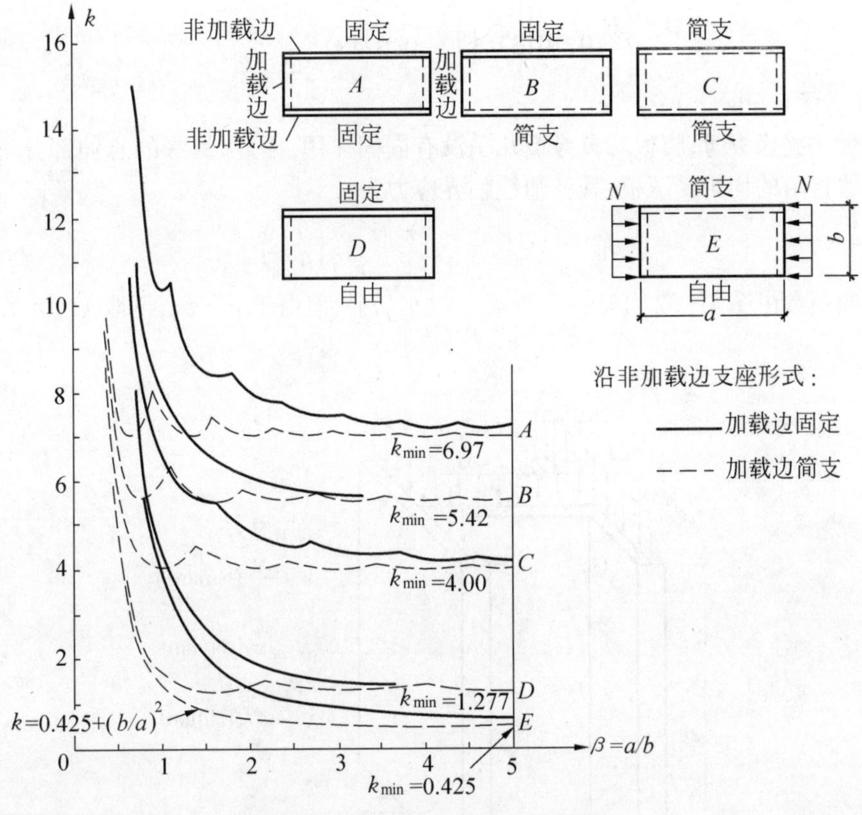

图 4-32　不同支承条件板的屈曲系数 k

4.3.2　组合工字形截面构件的腹板和翼缘板的局部屈曲

4.3.2.1　腹板(web)

对轴心压杆来说,式(4-46)中的 b 代表腹板高度 h_0(图 4-33),腹板视为四边简支均匀压缩板。因翼缘板厚度 $t \geqslant t_w$(腹板厚度 t_w),且翼缘具有一定的宽度,因此,当腹板发生屈曲时,翼缘板可视为腹板纵向边的支承,对腹板将起一定的弹性嵌固作用。经理论分析和实验验证,这种嵌固作用可使腹板的临界应力提高约 30%。考虑这一因素,均匀受压腹板的临界应力:

$$\sigma_{cr} = \chi k \frac{\pi^2 E}{12(1-\nu^2)}\left(\frac{t_w}{h_0}\right)^2 \tag{4-48}$$

式中　χ ——嵌固系数,对均匀受压的腹板可取:$\chi = 1.3$;

k ——板屈曲系数,$k = 4$。

对于截面没有残余应力的板件,当板件屈曲之前的轴压应力 σ 超过比例极限而进入弹塑性状态时,板件受力方向的变形将按切线模量 $E_t = \eta E$ 变化,而在与压应力相垂直的方向,材料变形仍遵循弹性模量 E,此时的板成为**正交异性板**,屈曲应力可按下面近似公式计算:

$$\sigma_{cr} = 1.3 \times 4\sqrt{\eta}\,\frac{\pi^2 E}{12(1-\nu^2)}\left(\frac{t_w}{h_0}\right)^2 \tag{4-49}$$

式中　η——弹性模量修正系数，从试验资料可概括为下面的计算式：

$$\eta = 0.1013\lambda^2\left(1 - 0.0248\lambda^2 \frac{f_y}{E}\right)\frac{f_y}{E} \tag{4-50}$$

4.3.2.2　翼缘板(flange)

因腹板比翼缘板薄，腹板对翼缘板几乎没有嵌固作用，因此，翼缘的悬伸部分可视为三边简支一边自由的均匀受压板，其弹塑性临界应力为：

$$\sigma_{cr} = k_{min}\sqrt{\eta}\,\frac{\pi^2 E}{12(1-\nu^2)}\left(\frac{t}{b_1}\right)^2 \tag{4-51}$$

式中的屈曲系数由图 4-32 可知：$k = 0.425 + (b_1/a)^2$，但由于 $a \gg b_1$，可取 $k_{min} = 0.425$。

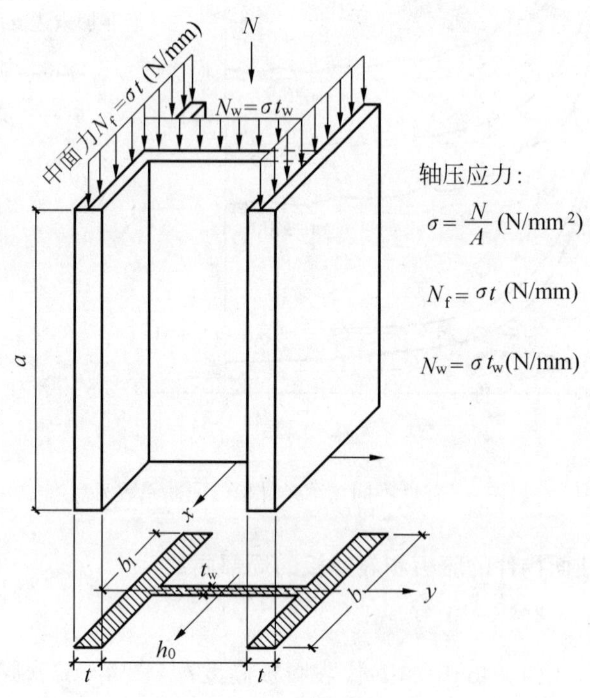

图 4-33　轴力 N 传给翼缘和腹板的力：N_f 和 N_w

4.3.3　组合工字形截面构件的板件宽厚比限值

对于板件的宽厚比有两种考虑原则：一种是不允许板件的屈曲先于构件的整体屈曲。另一种是允许板件的屈曲先于整体屈曲。前者在一般钢结构设计中采用，后者在冷弯薄壁型钢结构中采用，局部屈曲虽会降低构件的承载力，但有时采用宽而薄的板件反而会节约钢材。对于一般钢结构的部分板件，例如大尺寸焊接组合工字形截面的腹板，也允许按第二种原则来求板件宽厚比的限值。这一节所规定的限值是根据第一种原则确定的。

4.3.3.1　腹板

对于通常采用的中等长细比的轴心压杆，屈曲时的材料已进入了弹塑性阶段，按第一种原则，可由式(4-49)得：

$$5.2\sqrt{\eta}\,\frac{\pi^2 E}{12(1-\nu^2)}\left(\frac{t_w}{h_0}\right)^2 \geqslant \varphi f_y \tag{4-52}$$

式中的 φ 由式(4－36)计算，若取 b 类截面 $\alpha_2=0.965$，$\alpha_3=0.3$，$\lambda_n=\frac{\lambda}{\pi}\sqrt{\frac{f_y}{E}}$，并取 $\eta=0.4$，$\nu=0.3$，$E=206\times10^3\text{N/mm}^2$，代入式(4－52)可得 $h_0/t_w-\lambda$ 关系，因关系复杂(图 4－34a 中虚线)不便计算，规范作了简化，如图 4－34a 实线所示。

$$h_0/t_w\leqslant(25+0.5\lambda)\sqrt{235/f_y} \tag{4-53}$$

式中　λ——构件两方向长细比的较大值。当 $\lambda<30$ 时，取 $\lambda=30$；当 $\lambda>100$ 时，取 $\lambda=100$。

在实际设计中如果遇到应力没有用足的构件，即 $\sigma=\frac{N}{A}<\varphi f$ 的情况，还可将式(4－53)算得的值乘以 $\sqrt{\varphi f/\sigma}$，以便采用更薄一些的腹板。

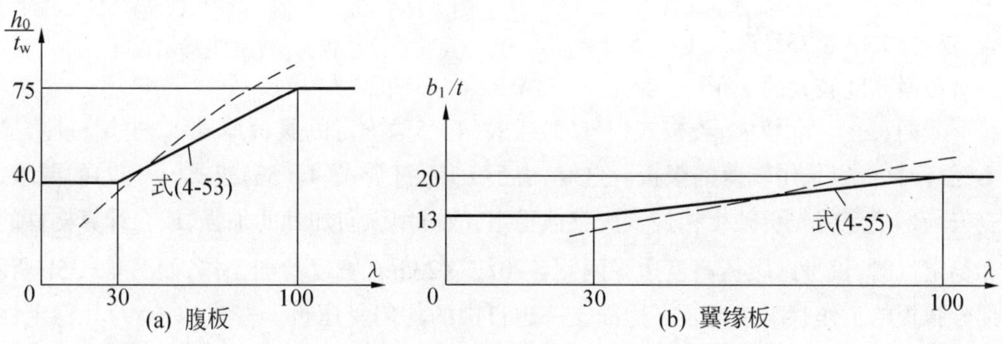

图 4－34　$\frac{h_0}{t_w}-\lambda$ 和 $\frac{b_1}{t}-\lambda$ 的关系曲线

4.3.3.2　翼缘板

根据翼缘板屈曲不先于构件的整体屈曲的原则，由式(4－51)得：

$$0.425\sqrt{\eta}\,\frac{\pi^2E}{12(1-\nu^2)}\left(\frac{t}{b_1}\right)^2\geqslant\varphi f_y \tag{4-54}$$

式中 φ 的计算式(4－36)中的 α_2、α_3 应取自 c 类截面之值(表 4－5)。所得 $b_1/t-\lambda$ 的关系曲线如图 4－34b 中的虚线。为计算方便，规范采用三段直线代替(图 4－34b 中的实线)：

$$b_1/t\leqslant(10+0.1\lambda)\sqrt{235/f_y} \tag{4-55}$$

式中　λ——构件两方向长细比的较大值。当 $\lambda<30$ 时，取 $\lambda=30$；当 $\lambda>100$ 时，取 $\lambda=100$。

4.3.4　其他组合截面杆的板件宽厚比限值

4.3.4.1　箱形截面

图 4－35a 所示箱形截面，腹板属于四边简支的均匀受压板，腹板的临界应力仍采用式(4－48)计算，但它的翼缘刚度不如工字形截面那样强，因而偏于安全计，可不考虑翼缘对腹板的嵌固作用，即取 $\chi=1$，从而

$$\sigma_{cr}=4\,\frac{\pi^2E}{12(1-\nu^2)}\left(\frac{t_w}{h_0}\right)^2 \tag{4-56}$$

由于箱形截面多用于重型结构中，为了提高腹板的稳定性，要求 $\sigma_{cr}=0.95f_y$，由式(4－

56)得：$h_0/t_w=46\sqrt{235/f_y}$，规范取

$$h_0/t_w \leqslant 40\sqrt{235/f_y} \quad (4-57)$$

箱形截面的翼缘中间部分 b_0 和它的腹板一样，属于四边简支的均匀受压板，宽厚比取：

$$b_0/t \leqslant 40\sqrt{235/f_y} \quad (4-58)$$

翼缘的自由悬伸部分 b_1，临界应力由式(4－51)计算，并令 $\sigma_{cr}=0.95f_y$，可得 $b_1/t=14.6\sqrt{235/f_y}$，规范[1]采用：

$$b_1/t \leqslant 13\sqrt{235/f_y} \quad (4-59)$$

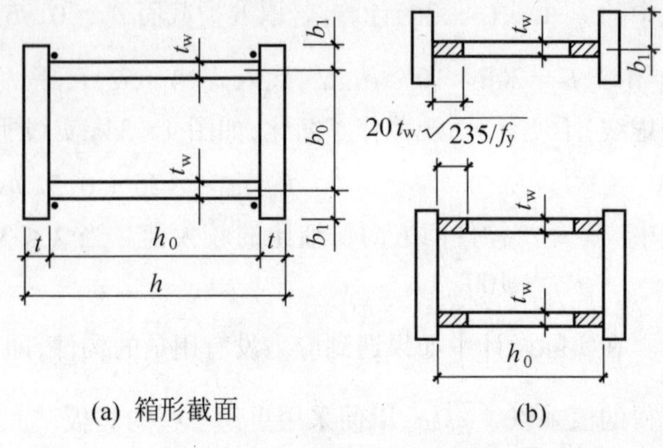

图 4－35　箱形截面、工字形截面及其腹板失稳后的有效截面

对截面高度较大的 H 形、工字形或箱形截面，由于 h_0 较大，若按式(4－53)或式(4－57)确定的腹板厚度 t_w 也嫌过厚，显得很不经济时，可以采用较薄的腹板。这时，由于 t_w 不符合式(4－53)或式(4－57)的要求，腹板丧失局部稳定将先于整个构件丧失整体稳定，故可用纵向加劲肋加强，或在计算构件的强度和稳定性时，仅考虑腹板高度边缘两侧各$20t_w\sqrt{235/f_y}$宽度参加工作，如图 4－35b 所示。这部分腹板的工作状况接近于三边简支一边自由的均匀受压板。按式(4－59)其稳定性有保证的宽度为 $13t_w\sqrt{235/f_y}$，但考虑到翼缘板对它的嵌固作用，故加大到 $20t_w\sqrt{235/f_y}$。但计算构件的 φ 值时，仍采用全部截面。

4.3.4.2　T 形截面

腹板的工作可视为三边简支一边自由的均匀受压板，如图 4－36 所示。规范[1]规定：

热轧剖分 T 形钢：

$$h_0/t_w \leqslant (15+0.2\lambda)\sqrt{235/f_y} \quad (4-60a)$$

焊接 T 形钢：

$$h_0/t_w \leqslant (13+0.17\lambda)\sqrt{235/f_y} \quad (4-60b)$$

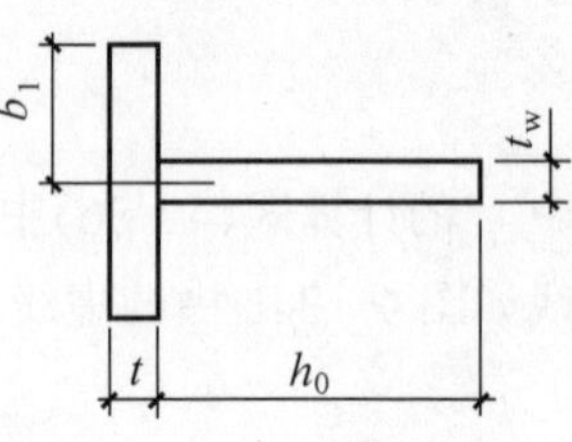

图 4－36　T 形截面

4.3.4.3　圆管截面

圆管的径厚比也是根据管壁局部屈曲不先于整体屈曲确定的。对于无缺陷的圆管，其尺寸如图 4－37 所示，管壁弹性屈曲应力的理论值是：

$$\sigma_{cr}=1.21Et/d \quad (4-61)$$

式中　d ——管外径；

t ——管壁厚。

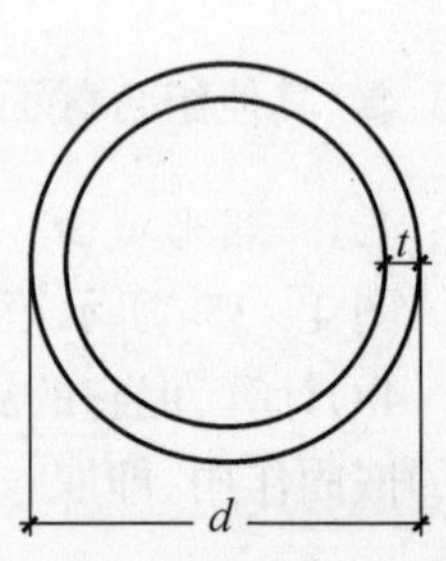

图 4－37　圆管截面

如以 $\sigma_{cr}=f_y$ 代入式(4－61)，可得：

$$d/t=1.21E/f_y=1.21\times 206\times 10^3/f_y$$
$$=249\times 10^3/f_y \quad (4-62)$$

然而，管壁的缺陷，如局部不平直、残余应力等对屈曲应力的影响很大，管壁愈薄，这种影响就愈严重。由于试验结果的高度离散性，根据不同的径厚比 d/t，弹性屈曲应力要乘以折减系数 0.3～0.6，而一般圆管都按在弹塑性状态下工作设计。因此，规范[1]规定：

$$d/t \leqslant 100(235/f_y) \tag{4-63}$$

4.4　实腹式轴心压杆的截面设计

4.4.1　截面形式

实腹式轴心压杆的截面形式有图 4-2 所示的型钢和组合截面两大类，一般采用双轴对称截面，以避免弯扭屈曲。其中常用的截面形式有工字形、圆形和箱形。在普通钢桁架中，也有采用两个角钢组成的 T 形截面。单角钢截面主要用于塔桅结构和轻型钢桁架中。

在选择截面形式时，首先要考虑用料经济，并尽可能使结构简单、制造省工，方便运输和便于装配。要达到用料经济，就必须使截面符合等稳定性和壁薄而宽敞的要求。所谓等稳定性，就是使轴心压杆在两个主轴方向的稳定系数近似相等，即 $\varphi_x \approx \varphi_y$；所谓壁薄而宽敞的截面，就是要在保证局部稳定的条件下，尽量使壁薄一些，使材料离形心轴远些，以增大截面的回转半径，提高稳定承载力。

热轧普通工字钢(图 4-38a)的制造最省工，但因两个主轴方向的回转半径相差较大；且腹板又相对较厚，用料很不经济。为了增大 i_y，可采用图 4-38b、c 所示的组合截面或热轧 H 型钢(图 4-38d)。

三块钢板焊成的工字形截面(图 4-38c)，其回转半径与轮廓尺寸的近似关系是 $i_x = 0.43h$，$i_y = 0.24b$(见附表 3-1)。若要使 $i_x = i_y$，就应满足 $0.43h = 0.24b$，即 $b \approx 2h$。这种实腹式截面构件的制造(电焊)及其和其他构件的连接等方面，都很难做到合理。因此，一

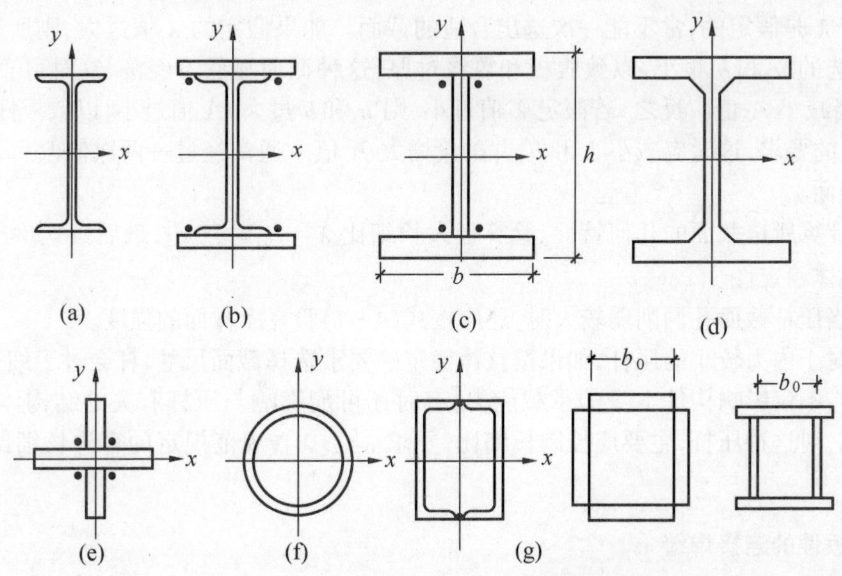

图 4-38　实腹式轴心压杆的截面形式

般将三块钢板焊成的工字形截面的截面高度取为 $h \approx b$。虽然这种截面的 $i_x \approx 2i_y$，但构造简单，可采用自动电焊，且板厚也可根据局部稳定的要求用得较薄，故用料还是经济的。若在这种杆的中点沿 x 方向设一侧向支撑，使 $l_{ox}=2l_{oy}$，也可达到等稳定性的要求 $\lambda_x \approx \lambda_y$。

热轧 H 型钢(图 4－38d)的宽度 b 和高度 h 一般比较接近(HW 型，见附表 2－1a)，最大优点是制造省工(自动焊)，用料经济，便于连接。

用钢板焊成的十字形截面杆件(图 4－38e)虽然抗扭刚度不好，但具有两向等稳定性，在重型压杆，如在高层结构的底层柱中采用，较为有利。

钢管、方管，或由钢板及型钢组成的闭合截面(图 4－38f、g)，刚度较大，外形美观，且符合各向等稳定性和壁薄而宽敞的要求，用料最省，但缺点是管内不易油漆。若在管中灌入混凝土，形成所谓钢管混凝土(concrete-filled steel tubular)压杆，计算时考虑钢和混凝土共同受力，可节省钢材，且能防止管内锈蚀和管壁局部屈曲。管截面多用在网架结构和大中型桁架结构中，节点采用实心球、空心球或相贯节点等形式。

在轻型结构中，冷弯薄壁型钢组成的压杆，非常经济。冷弯薄壁方管常用于轻屋架中。

4.4.2 截面选择和验算

当轴心压杆的钢材牌号、计算长度 l_0、构件的计算压力 N 和截面形式确定以后，其截面选择和验算可按下列步骤进行：

(1)先假定长细比 λ，然后根据截面分类表 4－3 或表 4－4 查附录 4 得稳定系数 φ，并计算所需的回转半径 $i=l_0/\lambda$。在假定 λ 时，可参考下列经验数据：当 $l_0=5\sim6\text{m}$，$N<1500\text{kN}$ 时，$\lambda=70\sim100$；当 $N=1500\sim3500\text{kN}$ 时，$\lambda=50\sim70$。

(2)由式(4－38)计算所需的截面面积：$A \geqslant \dfrac{N}{\varphi f}$，根据 i 和 A 值选择型钢号(附录 2)；或利用附录 3 确定组合截面的轮廓尺寸：$h=i_x/\alpha_1$ 和 $b=i_y/\alpha_2$，然后，由板的局部稳定条件确定翼缘和腹板的尺寸。

由于 λ 是假定的，常不能一次选出合适的截面。如果假定的 λ 值过大，则所得 A 值也大，而初选的 h 和 b 很小，以致腹板和翼缘过厚，这种截面显然不经济，这时可直接加大 b 和 h，适当减小 A 值。反之，若假定 λ 值过小，则 h 和 b 过大，A 值过小，以致板件不能满足局部稳定的要求，这时应减小 h 和 b，并酌量增大 A 值。通常经过一两次修改后，即可选出合理的截面。

(3)计算所选截面的几何特性、验算最大长细比 $\lambda=l_0/i \leqslant [\lambda]$，最后按式(4－38)验算构件的整体稳定性。

(4)当压杆截面孔洞削弱较大时，还应按式(4－1)验算净截面的强度。

(5)对于内力较小的压杆，如果按整体稳定的要求选择截面尺寸，杆会过于细长，刚度不足。这样，不仅影响构件本身的承载能力，有时还可能影响与压杆有关的结构体系的可靠性。因此，对这种压杆，主要应控制长细比，要求 $\lambda \leqslant [\lambda]$，规范规定的容许长细比 $[\lambda]$ 值见表 4－2。

4.4.3 板件的连接焊缝

在轴心压杆中，由于偶然性弯曲所引起的剪力很小，故翼缘和腹板的连接焊缝可按构造要求，采用 $h_f=4\sim 8$mm。为加强构件抗扭刚度而设置的横向加劲肋和横隔板，其构造要求见图 4－52。

例 4－2　已知图 4－39 所示体系，钢材 Q235，验算两端铰接轴心受压杆 AB 的整体稳定性。

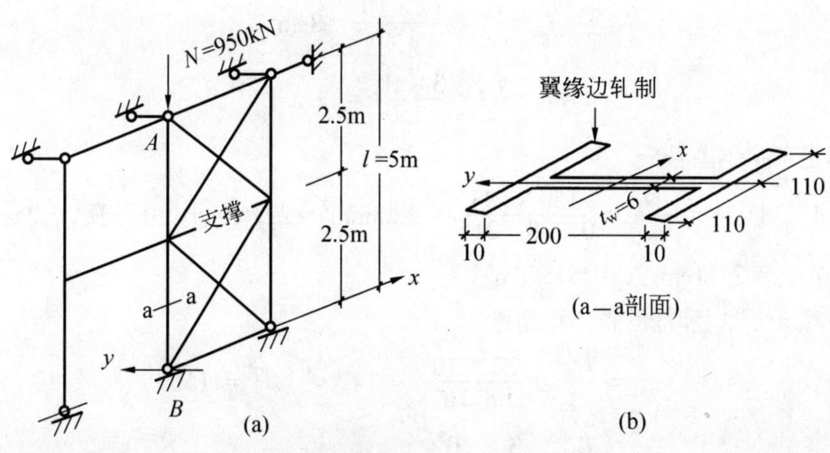

图 4－39　例 4－2 计算简图

解　由题意得 $l_{ox}=l=5\text{m}, l_{oy}=l/2=2.5\text{m}$

(1)截面几何特性

$$A=2\times(22\times1)+20\times0.6=56\text{cm}^2$$

$$I_x=(22\times22^3-21.4\times20^3)/12=5254.7\text{cm}^4,\quad i_x=\sqrt{\frac{I_x}{A}}=9.69\text{cm}$$

$$I_y=2\times\frac{1\times22^3}{12}=1775\text{cm}^4,\quad i_y=\sqrt{\frac{I_y}{A}}=5.63\text{cm}$$

(2)λ 和 φ 值

$$\lambda_x=l_{ox}/i_x=5\times10^2/9.69=51.6<[\lambda]=150\quad(\text{表 }4-2)$$

$$\lambda_y=l_{oy}/i_y=2.5\times10^2/5.63=44.4<[\lambda]=150$$

根据截面组成条件：焊接和翼缘边轧制或剪切，从表 4－3 知，板厚 $t=10\text{mm}<40\text{mm}$，对 x 轴属 b 类，对 y 轴属 c 类。由附表 4－1b(b 类截面)，按 $\lambda_x=51.6$ 查得 $\varphi_x=0.852-\frac{0.852-0.847}{10}\times6=0.849$；由附表 4－1c(c 类截面)，按 $\lambda_y=44.4$ 查得 $\varphi_y=0.814-(0.814-0.807)\times0.4=0.811=\varphi_{min}$。

(3)用式(4－38)验算柱的整体稳定：

$$\frac{N}{\varphi_{min}A}=\frac{950\times10^3}{0.811\times56\times10^2}$$

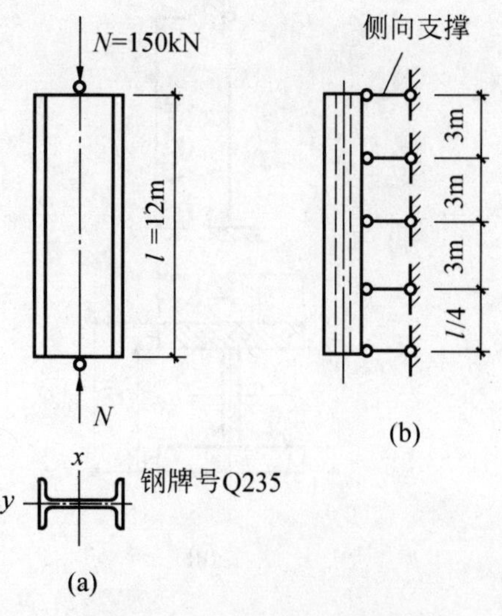

图 4－40　例 4－3 计算简图

$$=209.2\text{N/mm}^3 < f = 215\text{N/mm}^2$$

例 4-3 已知图 4-40 所示两端铰接的轴心压杆,试选择热轧普通工字钢。

解 由表 4-3 知,热轧普通工字钢($b/h \leqslant 0.8$)截面分类:对 x 轴为 a 类,对 y 轴为 b 类。

(1)设 $\lambda=150$,由附录 4-1 查得 $\varphi_x=0.339$(a 类)和 $\varphi_y=0.308$(b 类)。

且

$$i_x=\frac{l_{ox}}{\lambda}=\frac{12\times10^2}{150}=8\text{cm}$$

$$i_y=\frac{l_{oy}}{\lambda}=\frac{3\times10^2}{150}=2\text{cm}$$

(2)确定工字钢型号

由式(4-38):$A=\frac{N}{\varphi_{\min}f}=\frac{150\times10^3}{0.308\times215}=2265\text{mm}^2=22.65\text{cm}^2$,由附表 2-2a 选用 I20a:$i_x=8.16\text{cm}, i_y=2.11\text{cm}, A=35.55\text{cm}^2$

(3)验算 $\lambda \leqslant [\lambda]$ 和杆的整体稳定性

$$\lambda_x=\frac{l_{ox}}{i_x}=\frac{12\times10^2}{8.16}=147<[\lambda]=150$$

$$\lambda_y=\frac{l_{oy}}{i_y}=\frac{3\times10^2}{2.11}=142<[\lambda]=150$$

由附表 4-1a,b 分别查得 $\varphi_x=0.351, \varphi_y=0.337=\varphi_{\min}$

$$\frac{N}{\varphi_{\min}A}=\frac{150\times10^3}{0.337\times35.55\times10^2}=125.2\text{N/mm}^2<f=215\text{N/mm}^2$$

所选截面符合整体稳定和构件长细比限制的要求。由于热轧型钢翼缘和腹板一般较厚,不需验算局部稳定性。

例 4-4 某柱的下端固定,上端铰接(图 4-41a),钢材 Q235,翼缘边为轧制,焊条 E43 型,要求:(1)设计此柱的焊接工字形截面;(2)若柱的 $l=7\text{m}$,求所设计截面的承载力 N_u。

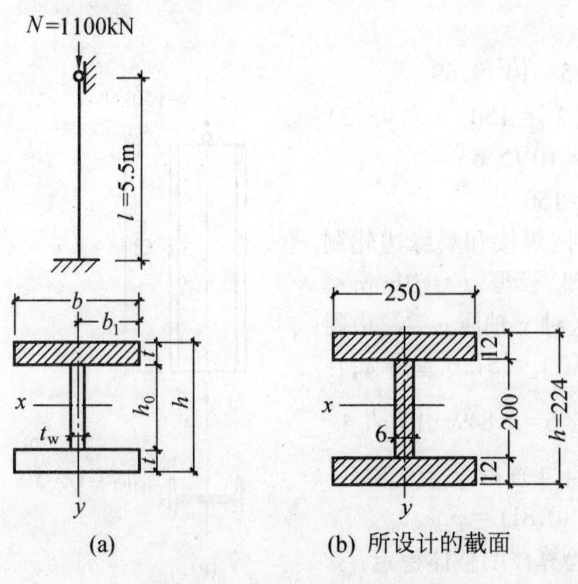

图 4-41 例 4-4 的计算简图

解　(1)截面分类:对 x 轴属 b 类,对 y 轴属 c 类。

$$l_{ox} = l_{oy} = 0.7l = 0.7 \times 5.5 = 3.85\text{m}。$$

假定 $\lambda = 100$,查得 $\varphi_x = 0.555$(b 类)和 $\varphi_y = 0.463$(c 类)。所需回转半径 $i = l_0/\lambda = 3.85 \times 10^2/100 = 3.85\text{cm}$。

$A = \dfrac{N}{\varphi_{min} f} = \dfrac{1100 \times 10^3}{0.463 \times 215} = 11050.3\text{mm}^2 \approx 110.5\text{cm}^2$,由附录 3 中的近似关系得:

$$h = \frac{i_x}{\alpha_1} = \frac{3.85}{0.43} = 8.95\text{cm}, \qquad b = \frac{i_y}{\alpha_2} = \frac{3.85}{0.24} = 16.04\text{cm}$$

初选截面如下:

翼缘:采用 -160×12,截面积 $A_f = 2(16 \times 1.2) = 38.4\text{cm}^2$。其宽厚比 $b_1/t = 80/12 = 6.67 < (10 + 0.1 \times 100)\sqrt{235/235} = 20$,局部稳定。

腹板:$A_w = A - A_f = 110.5 - 38.4 = 72.1\text{cm}^2$,试取 $h_0 = 20\text{cm}$,得腹板厚度 $t_w = \dfrac{A_w}{h_0} = \dfrac{72.1}{20} = 3.6\text{cm} \gg t$,腹板太厚,说明假定的 λ 值太大,材料过分集中在弱轴 y 的附近,用料极不经济,应扩展轮廓尺寸,并适当减小截面面积 A。经试算后,采用图 4-41b 所示的截面:

翼缘:$2 - 250 \times 12 \quad A_f = 2(25 \times 1.2) = 60\text{cm}^2$

腹板:$1 - 200 \times 6 \quad A_w = 1 \times 20 \times 0.6 = 12\text{cm}^2$

$$A = A_f + A_w = 72\text{cm}^2$$

验算图 4-41b 的截面:

$I_x = (25 \times 22.4^3 - 24.4 \times 20^3)/12 = 7148.8\text{cm}^4$

$i_x = \sqrt{\dfrac{I_x}{A}} = 9.96\text{cm}, \qquad \lambda_x = \dfrac{l_{ox}}{i_x} = \dfrac{385}{9.96} = 38.7 < [\lambda] = 150$

$I_y = 2(1.2 \times 25^3/12) = 3125\text{cm}^4$

$i_y = \sqrt{\dfrac{I_y}{A}} = 6.59\text{cm} \qquad \lambda_y = \dfrac{l_{oy}}{i_y} = \dfrac{3.85 \times 10^2}{6.59} = 58.4 < [\lambda] = 150$

由附表 4-1c 内插法,得:$\varphi_y = 0.7192 = \varphi_{min}$

由式(4-38):

$$\frac{N}{\varphi_{min} A} = \frac{1100 \times 10^3}{0.7192 \times 72 \times 10^2} = 212.4\text{N/mm}^2 < f = 215\text{N/mm}^2$$

翼缘宽厚比,由式(4-55):

$$10 + 0.1 \times 58.4 = 15.84 > b_1/t = 12.5/1.2 = 10.4$$

腹板宽厚比,由式(4-53):

$$25 + 0.5 \times 58.4 = 54.2 > h_0/t_w = 20/0.6 = 33.3$$

(2)当 $l = 7\text{m}$ 时,

$$l_{oy} = 0.7 \times 7 \times 10^2 = 490\text{cm}, \lambda_y = \frac{490}{6.59} = 74.4, \text{得 } \varphi_y = 0.6136 = \varphi_{min}\text{(c 类)}$$

$$N_u = \varphi_y A f = 0.6136 \times 72 \times 10^2 \times 215 = 949853\text{N} \approx 950\text{kN}$$

上述两种情况柱的几何长度之比为 5.5∶7 = 1∶1.27，按弹性轴心压杆的欧拉临界力，前者是后者的$(1.27)^2 = 1.61$倍。而按规范[1]计算安全承载力的结果，二者之比仅为 0.7192/0.6136 = 1.17 倍。可见，按规范[1]计算已考虑到初弯曲、残余应力和弹塑性工作等因素的影响，故安全承载能力的变化规律跟欧拉临界力的变化规律不同。

4.5 格构式轴心受压构件的设计

当轴心受压构件较长时，为了节约钢材，宜采用格构式。格构式轴心压杆一般用两根槽钢、热轧工字钢或焊接工字钢作为**肢件**，通过**缀件**，即**缀条**或**缀板**联成整体。这种构件便于调整两肢重心线之间的距离 a，以实现对两个主轴的等稳定性。槽钢的翼缘可以向内(图 4－42a)，也可以向外(图 4－42b)。前者用得较普遍，因为在轮廓尺寸 b 相同的情况下，可以得到较大的惯性矩，且外观平整，便于和其他构件相连接。对于强大的柱子，肢件常用焊接组合工字形截面。

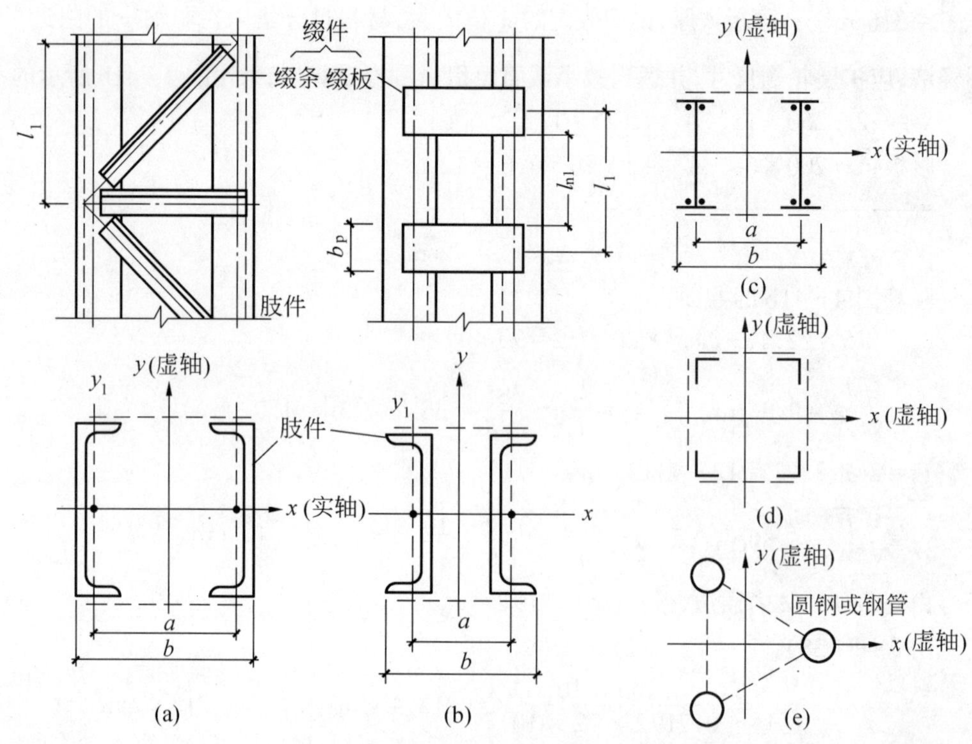

图 4－42　格构式受压构件的缀件布置

截面上穿过肢件腹板的轴称为**实轴**，穿过缀件平面的轴称为**虚轴**。对于长度较大而受力不大的压杆，可用四个角钢(图 4－42d)或三个圆钢或钢管组成的截面(图 4－42e)，这时两个主轴都是虚轴。

格构式构件绕**实轴**的稳定计算与实腹式构件相同，但它绕**虚轴**的稳定性却比具有同等长细比的实腹式构件为小。因为，格构式构件的肢件是每隔一定距离用缀件连系起来的，当构件绕虚轴弯曲屈曲时，引起的变形就比实腹式构件大。轴心压杆屈曲时与梁的弯曲一样，

会产生弯矩 M 和剪力 $V=\dfrac{\mathrm{d}M}{\mathrm{d}x}$，它的变形是由弯矩和剪力两个因素共同引起的。对于实腹式构件，由 V 产生的变形很小，一般都可忽略不计。但格构式构件绕虚轴屈曲时，就必须考虑 V 所产生的变形及其对临界力的影响。

4.5.1　对虚轴的换算长细比

格构式构件对截面虚轴 y 的稳定性，可用式(4-12a)进行近似计算，从而

$$\begin{aligned}\sigma_{\mathrm{cr,y}} = \frac{N_{\mathrm{cr,y}}}{A} &= \frac{\pi^2 EI_{\mathrm{y}}}{l_{\mathrm{oy}}^2 A}\cdot\frac{1}{1+\overline{\gamma}\pi^2 EI_{\mathrm{y}}/l_{\mathrm{oy}}^2}\\ &=\frac{\pi^2 E}{\lambda_{\mathrm{y}}^2}\cdot\frac{1}{1+\pi^2\overline{\gamma}EA/\lambda_{\mathrm{y}}^2}\\ &=\frac{\pi^2 E}{\lambda_{\mathrm{y}}^2+\pi^2 EA\overline{\gamma}}=\frac{\pi^2 E}{\lambda_{\mathrm{oy}}^2}\end{aligned}\tag{4-64}$$

式中　λ_{oy}——格构式受压构件对截面虚轴 y 的**换算长细比**：

$$\lambda_{\mathrm{oy}}=\sqrt{\lambda_{\mathrm{y}}^2+\pi^2 EA\overline{\gamma}}\tag{4-65}$$

式(4-64)具有式(4-13)相同的形式。因此，格构式构件对虚轴 y 的稳定性，只需求出换算长细比 λ_{oy}，就可用 λ_{oy} 去查轴心受压构件的稳定系数 φ，并按式(4-38)进行验算。

由式(4-65)可见，只要算出单位剪力产生的剪切角 $\overline{\gamma}$ 的大小，换算长细比 λ_{oy} 即可求得。

4.5.1.1　两肢件组成的轴心压杆的 λ_{oy} 值

1. 缀条式

如图 4-43 所示，假设缀条与肢件的连接为铰接，并忽略横缀条的变形，则由单位剪力 ($V=1$) 所引起的剪切角 $\overline{\gamma}$ 为：

$$\overline{\gamma}=\frac{\delta}{d\sin\alpha}=\frac{(\Delta d/\cos\alpha)}{(l_1/\sin\alpha)\sin\alpha}=\frac{\Delta d}{l_1\cos\alpha}\tag{a}$$

式中　d——斜缀条的几何长度；

α——斜缀条的倾角；

Δd——斜缀条的伸长。

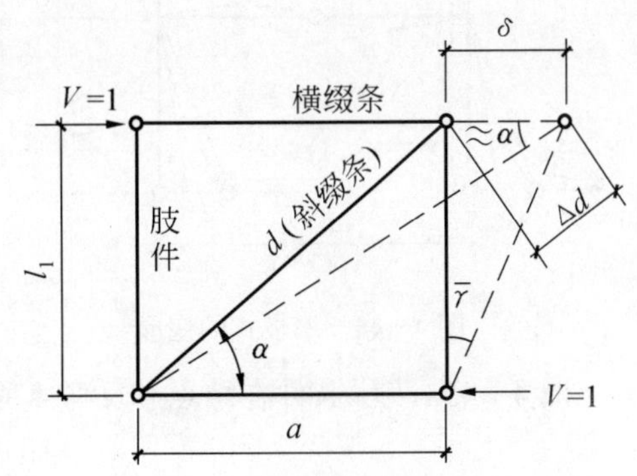

图 4-43　缀条式桁架体系

在 $V=1$ 作用下，两个缀条面上斜缀条所受的拉力之和为：

$$N_{\mathrm{d}}=1/\cos\alpha$$

设两根斜缀条毛截面面积之和为 A_1，则伸长量 Δd 可由虎克定律求得：

$$\Delta d=\frac{N_{\mathrm{d}}d}{EA_1}=\frac{(1/\cos\alpha)(l_1/\sin\alpha)}{EA_1}\tag{b}$$

将式(b)代入式(a)：

$$\overline{\gamma}=\frac{1}{\cos^2\alpha\sin\alpha EA_1}\tag{c}$$

将式(c)代入式(4-65),可得缀条式轴心压杆对虚轴的换算长细比:

$$\lambda_{oy}=\sqrt{\lambda_y^2+\frac{\pi^2 A}{\cos^2\alpha\sin\alpha\cdot A_1}}$$

考虑到斜缀条的倾角 α 一般为 35°~60°,若取 $\alpha=45°$,则式中$\frac{\pi^2}{\cos^2\alpha\sin\alpha}\approx 27$,故上式写成:

$$\lambda_{oy}=\sqrt{\lambda_y^2+27\frac{A}{A_1}} \tag{4-66}$$

式中 A ——肢件横截面总面积;

A_1 ——各斜缀条横截面的毛面积之和。

在用式(4-66)计算 λ_{oy}时,应先假设斜缀条面积 A_1,求出 λ_{oy},然后由 λ_{oy}查得 φ_y。

为使缀条式轴心受压构件的单肢件不会先于构件的整体失稳,规范规定:单肢的长细比 $\lambda_1=\frac{l_1}{i_1}$不应大于构件两个方向长细比的较大值 λ_{max}的 0.7 倍,即应满足 $\lambda_1\leqslant 0.7\lambda_{max}$。这里的 l_1 是节间距离;i_1 是单肢绕平行于虚轴的形心轴 y_1 的回转半径。

2. 缀板式

缀板与肢件的连接处可视为刚接,整个格构式构件相当于一个单跨的多层框架结构。这样的体系发生剪切变形时,缀板与肢段均呈 S 形弯曲(图 4-44 虚线),反弯点可近似地取在缀板和肢段的中点。

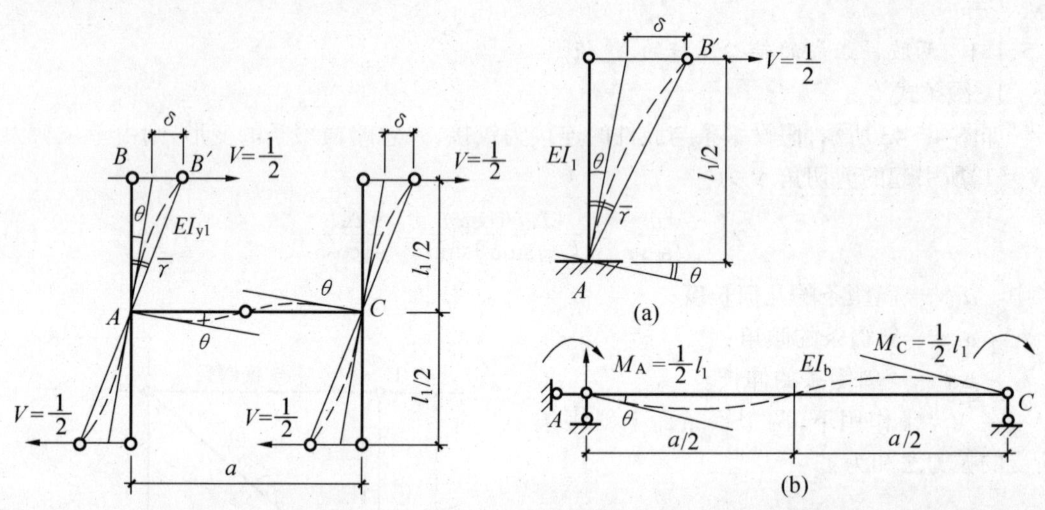

图 4-44 缀板式的变形

图 4-45 肢板与缀板的变形计算简图

图 4-45a 表示肢件在结点和反弯点间的一段,可视为一悬臂梁,线位移为:

$$\delta=\frac{V(l_1/2)^3}{3EI_{y1}}=\frac{l_1^3}{48EI_{y1}}$$

式中 I_{y1}——一个肢件绕平行于虚轴的形心轴 y_1 的惯性矩(图 4-42b)。

图 4-45b 表示缀板脱离体,由此可得角位移:

$$\theta=\frac{M_A a}{3EI_b}-\frac{M_C a}{6EI_b}=\frac{l_1 a}{12EI_b}$$

式中　EI_b ——二块缀板截面对水平轴的抗弯刚度。这样可得剪切角：

$$\overline{\gamma} = \theta + \frac{\delta}{(l_1/2)} = \frac{l_1 \alpha}{12EI_b} + \frac{l_1^2}{24EI_{y1}}$$

将上式代入式(4-65)：

$$\lambda_{oy} = \sqrt{\lambda_y^2 + \pi^2 EA\left(\frac{l_1 \alpha}{12EI_b} + \frac{l_1^2}{24EI_{y1}}\right)}$$

上式圆括弧内的第一项$\frac{l_1 \alpha}{12EI_b}$影响较小可以略去，从而

$$\lambda_{oy} = \sqrt{\lambda_y^2 + \frac{\pi^2 l_1^2 A}{24 I_{y1}}} = \sqrt{\lambda_y^2 + \frac{\pi^2 l_1^2}{12 i_{y1}^2}}$$

近似地取$\frac{\pi^2}{12} \approx 1$，这样，可得缀板式轴心压杆对虚轴的换算长细比：

$$\lambda_{oy} = \sqrt{\lambda_y^2 + \lambda_{y1}^2} \quad (缀板式) \tag{4-67}$$

式中　λ_{y1}——一个肢件(分肢)对 y_1 轴的长细比 $\lambda_{y1} = l_{o1}/i_{y1}$。其中，$i_{y1}$ 为分肢绕 y_1 轴的回转半径。

考虑到缀板的刚度较大，其计算长度 l_{01} 为：

当缀板与肢件焊接连接时，取相邻两缀板间的净距 l_{n1}(图 4-42b)；

当缀板与肢件螺栓连接时，取相邻两缀板边缘螺栓的最近距离。

设计时应事先假设分肢长细比 λ_{y1}，才能按式(4-67)计算换算长细比 λ_{oy}。为了确保分肢不先于构件的整体屈曲，规范[1]规定：$\lambda_{y1} \leqslant 40$ 和 $\lambda_{y1} \leqslant 0.5\lambda_{max}$(当 $\lambda_{max} < 50$ 时，取 $\lambda_{max} = 50$)。

4.5.1.2　三肢件组成的缀条式轴心受压构件的 λ_{oy} 和 λ_{ox} 值

1. 绕 y 轴的计算

当单位剪力 $V=1$ 沿 $x-x$ 轴作用时(图 4-46)，仅 AB 和 AC 两个侧面上的斜缀条受剪，图中绘出 AB 侧面的剪切变形。

设 V_1 为 $V=1$ 作用时分配给 AB 侧面内的剪力，因截面对称关系，AC 侧面内的剪力也为 V_1，故 $V_1 = \frac{1}{2\cos\theta}$。

又设 N_1 为 AB 或 AC 侧面内斜缀条的内力，d_1 为斜缀条的长度，α_1 为斜缀条与横缀条间的夹角，Δd_1 为其长度增量，A_1 为肢件横截面所切三个侧面内的斜缀条横截面面积之和，并设三个侧面内斜缀条的截面积相等，显然

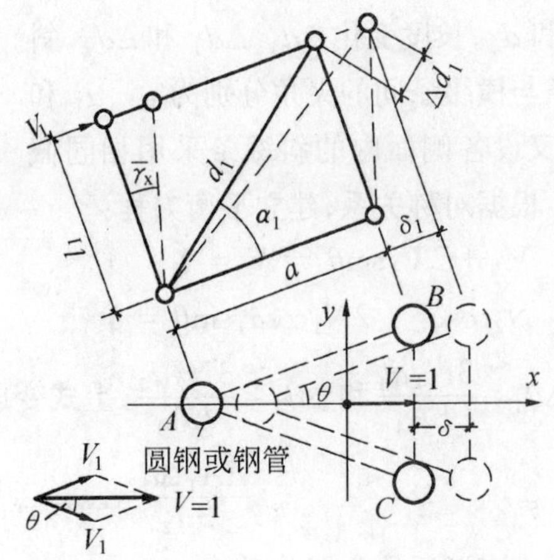

图 4-46　单位剪力 $V=1$ 沿 x 轴作用

$$N_1 = V_1/\cos\alpha_1 = \frac{1}{2\cos\alpha_1 \cos\theta}$$

$$\Delta d_1 = \frac{N_1 d_1}{EA_1/3} = \frac{3d_1}{2EA_1 \cos\alpha_1 \cos\theta}$$

由此可得在 $V=1$ 作用下，沿 $x-x$ 轴产生的角变位 $\bar{\gamma}_x$ 为：

$$\bar{\gamma}_x=\frac{\delta}{l_1}=\frac{\delta_1}{l_1\cos\theta}=\frac{\Delta d_1/\cos\alpha_1}{l_1\cos\theta}=\frac{3}{2EA_1\cos^2\alpha_1\cos^2\theta(l_1/d_1)}$$

$$=\frac{3}{2EA_1\cos^2\alpha_1\cos^2\theta\sin\alpha_1}\tag{4-68}$$

将式(4-68)代入式(4-65)，得：

$$\lambda_{oy}=\sqrt{\lambda_y^2+\pi^2EA\bar{\gamma}_x}=\sqrt{\lambda_y^2+\frac{3\pi^2}{2\sin\alpha_1\cos^2\alpha_1\cos^2\theta}\cdot\frac{A}{A_1}}$$

如取 $\alpha_1=45°$，则 $\frac{3\pi^2}{2\sin45°\cos^2 45°}\approx42$，这样，可得三肢件缀条式压杆对 y 轴的换算长细比：

$$\lambda_{oy}=\sqrt{\lambda_y^2+\frac{42A}{A_1\cos^2\theta}}\tag{4-69}$$

式中　A_1 ——与构件横截面相交的三个缀条面的斜缀条横截面面积之和；

　　　A ——三个肢件横截面积之和。

2. 绕 x 轴的计算

当单位剪力 $V=1$ 沿 y 轴作用时，三个侧面上的斜缀条都参加工作，其剪切变形如图 4-47 所示。

由于截面的对称关系，在 AB、AC 和 BC 三个侧面内的剪力分配分别为 V_1、V_1 和 V_2。图 4-47 中，只绘出 AC 和 BC 两个侧面的剪切变形。斜缀条的内力分别为 N_1、N_1 和 N_2，长度为 d_1、d_1 和 d_2，长度变化 Δd_1、Δd_1 和 Δd_2，斜缀条与横缀条间的夹角分别为 α_1、α_1 和 α_2，又设各侧面内的斜缀条采用相同截面。根据对称关系，建立平衡方程：

$$V_2+2V_1\sin\theta=V=1$$

即　$$N_2\cos\alpha_2+2N_1\cos\alpha_1\sin\theta=1$$

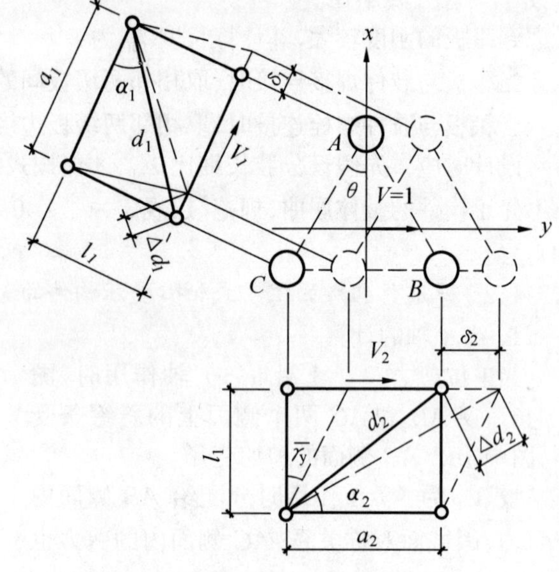

图 4-47　单位剪力 $V=1$ 沿 y 轴作用

因 $\Delta d_1=\frac{3N_1d_1}{EA_1}$ 和 $\Delta d_2=\frac{3N_2d_2}{EA_1}$，上式变成：

$$\frac{EA_1\Delta d_2}{3d_2}\cos\alpha_2+2\frac{EA_1\Delta d_1}{3d_1}\cos\alpha_1\sin\theta=1\tag{4-70}$$

由变形后的几何关系：

$\delta_1=\delta_2\sin\theta$，$\delta_1=\Delta d_1/\cos\alpha_1$，$\delta_2=\Delta d_2/\cos\alpha_2$，故有 $\Delta d_1=\frac{\cos\alpha_1\sin\theta}{\cos\alpha_2}\cdot\Delta d_2$，代入式(4-70)，简化后得：

$$\Delta d_2=\frac{1}{EA_1\left(\dfrac{\cos\alpha_2}{3d_2}+\dfrac{2\cos^2\alpha_1\sin^2\theta}{3d_1\cos\alpha_2}\right)}$$

所以,在 $V=1$ 作用下,构件沿 y 轴的剪切角 $\overline{\gamma}_y$:

$$\begin{aligned}\overline{\gamma}_y&=\frac{\delta_2}{l_1}=\frac{\Delta d_2}{l_1\cos\alpha_2}\\&=\frac{3}{EA_1\left(\dfrac{l_1\cos^2\alpha_2}{d_2}+\dfrac{2l_1\cos^2\alpha_1\sin^2\theta}{d_1}\right)}\\&=\frac{3}{EA_1(\cos^2\alpha_2\sin\alpha_2+2\cos^2\alpha_1\sin^2\theta\sin\alpha_1)}\end{aligned}\tag{4-71}$$

将式(4-71)代入式(4-65):

$$\begin{aligned}\lambda_{ox}&=\sqrt{\lambda_x^2+\pi^2EA\overline{\gamma}_y}\\&=\sqrt{\lambda_x^2+\frac{3\pi^2}{\cos^2\alpha_2\sin\alpha_2+2\cos^2\alpha_1\sin^2\theta\sin\alpha_1}\cdot\frac{A}{A_1}}\\&=\sqrt{\lambda_x^2+\frac{3\pi^2}{2\cos^2\alpha_1\sin\alpha_1\left(\dfrac{\cos^2\alpha_2\sin\alpha_2}{2\cos^2\alpha_1\sin\alpha_1}+\sin^2\theta\right)}\cdot\frac{A}{A_1}}\end{aligned}$$

近似取 $\alpha_1=\alpha_2=45°$, $\dfrac{3\pi^2}{2\cos^2 45°\sin45°}=42$, $\dfrac{\cos^2 45°\sin45°}{2\cos^2 45°\sin45°}=\dfrac{1}{2}$,这样,可得三肢件缀条式轴心压杆绕虚轴 x 的换算长细比:

$$\lambda_{ox}=\sqrt{\lambda_x^2+\frac{42A}{A_1(1.5-\cos^2\theta)}}\tag{4-72}$$

同理,可求出四肢件缀条式轴心压杆的换算长细比。

为了查找方便起见,现将格构式轴心压杆对虚轴的换算长细比的计算公式汇集于表4-7。

表 4-7　换算长细比公式汇总

项次	构件截面形式	缀材类别	计 算 公 式	符 号 意 义
1	y(虚轴) y1 缀件 x(实轴) 肢件	缀条	$\lambda_{oy}=\sqrt{\lambda_y^2+27A/A_1}$	A ——肢件横截面总面积 A_1 ——构件横截面所截各斜缀条的横截面面积之和 λ_{y1}——单肢对 y_1 轴的长细比 A_{1x}、A_{1y}——分别为构件横截面所截垂直于 $x-x$ 轴、$y-y$ 轴的平面内各斜缀条的横截面面积之和
2		缀板	$\lambda_{oy}=\sqrt{\lambda_y^2+\lambda_{y1}^2}$	
3	y(虚轴) x(虚轴) 1 1 肢件	缀条	$\lambda_{ox}=\sqrt{\lambda_x^2+40A/A_{1x}}$ $\lambda_{oy}=\sqrt{\lambda_y^2+40A/A_{1y}}$	
4		缀板	$\lambda_{ox}=\sqrt{\lambda_x^2+\lambda_1^2}$ $\lambda_{oy}=\sqrt{\lambda_y^2+\lambda_1^2}$	

续表

项次	构件截面形式	缀材类别	计算公式	符号意义
5	y(虚轴) 肢件 θ θ x(虚轴) 圆钢、钢管或钢管砼	缀条	$\lambda_{oy}=\sqrt{\lambda_y^2+\dfrac{42A}{A_1\cos^2\theta}}$ $\lambda_{ox}=\sqrt{\lambda_x^2+\dfrac{42A}{A_1(1.5-\cos^2\theta)}}$	θ——缀条所在平面与x轴的夹角

4.5.2 截面选择

格构式轴心受压构件两肢件截面的选择步骤:

步骤1:按绕实轴x的稳定性,选择肢件截面A,具体方法与实腹式轴心受压构件相同;

步骤2:按等稳定条件:$\lambda_{oy}=\lambda_x$,确定轮廓尺寸b。对缀条式受压构件,使$\lambda_{oy}=\sqrt{\lambda_y^2+27\dfrac{A}{A_1}}=\lambda_x$,可得需要的长细比$\lambda_y=\sqrt{\lambda_x^2-27\dfrac{A}{A_1}}$,$A_1$值可预先估计,对于受力不大的构件,缀条采用∟40×5或∟50×6;对缀板式受压构件,令$\lambda_{oy}=\sqrt{\lambda_y^2+\lambda_{y1}^2}=\lambda_x$,可求得$\lambda_y=\sqrt{\lambda_x^2-\lambda_{y1}^2}$和$i_y=l_{oy}/\lambda_y$,再利用回转半径的移轴公式,即可求得两肢件截面形心的间距:$a=2\sqrt{i_y^2-i_{y1}^2}$。

4.5.3 缀材计算

4.5.3.1 剪力的确定

当格构式轴心压杆绕虚轴弯曲屈曲时,轴心压力因屈曲而产生弯矩M和横向剪力(图4-48b)$V=\dfrac{dM}{dz}$,此剪力由缀材体系承受。

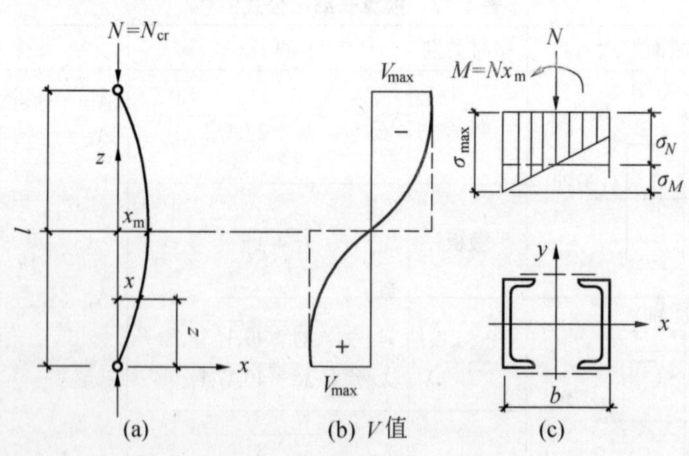

图4-48 轴心压杆弯曲屈曲时的横向剪力V

临界状态时,设压杆弯曲屈曲为正弦半波曲线,即 $x=x_{\mathrm{m}}\sin\dfrac{\pi z}{l}$(图 4 - 48a),可得:

$$M = Nx = N \cdot x_{\mathrm{m}}\sin\frac{\pi z}{l}$$

$$V = \mathrm{d}M/\mathrm{d}z = N\frac{\pi x_{\mathrm{m}}}{l}\cos\frac{\pi z}{l}$$

剪力沿杆长 z 方向的变化,如图 4 - 48b 中实线所示。当 $z=0$ 及 $z=l$ 时,剪力最大(绝对值):

$$V_{\max} = \frac{N\pi x_{\mathrm{m}}}{l} \tag{a}$$

根据边缘纤维准则,由图 4 - 48c 可得:

$$\sigma_{\max} = \sigma_N + \sigma_M = \frac{N}{A} + \frac{Nx_{\mathrm{m}}}{I_{\mathrm{y}}} \cdot \frac{b}{2} = f_{\mathrm{y}}$$

把 $I_{\mathrm{y}}=Ai_{\mathrm{y}}^2$ 代入上式,并整理:

$$\frac{N}{f_{\mathrm{y}}A}\left(1+\frac{x_{\mathrm{m}}}{i_{\mathrm{y}}^2}\cdot\frac{b}{2}\right)=1 \tag{b}$$

令$\dfrac{N}{f_{\mathrm{y}}A}=\varphi$, $b=\dfrac{i_{\mathrm{y}}}{0.44}=2.27i_{\mathrm{y}}$(附录 3),式(b)变成:

$$x_{\mathrm{m}} = 0.88i_{\mathrm{y}}(1-\varphi)/\varphi \tag{c}$$

将式(c)代入式(a):

$$V_{\max} = \frac{0.88\pi(1-\varphi)}{\lambda_{\mathrm{y}}} \cdot \frac{N}{\varphi} = \frac{1}{K} \cdot \frac{N}{\varphi} \tag{d}$$

式中
$$K=\frac{\lambda_{\mathrm{y}}}{0.88\pi(1-\varphi)}$$

通常 $\lambda_{\mathrm{y}}=40\sim150$,经分析:对钢号 Q235、Q345、Q390 和 Q420,可统一取:

$$K=85\sqrt{235/f_{\mathrm{y}}}$$

从而式(d)成为:

$$V = V_{\max} = \frac{Af}{85}\sqrt{f_{\mathrm{y}}/235} \tag{4-73}$$

可以认为此剪力值系沿构件全长不变(4 - 48b 中虚线)。

4.5.3.2 缀条设计

缀条的布置形式一般宜采用单斜式缀条(图 4 - 49a);对受力很大的压杆,可采用双斜式缀条(图 4 - 49b);当两肢件的间距较大时,也可在单斜式缀条之间设置横缀条来减小单肢的计算长度(图 4 - 49c)。

计算斜缀条的内力时,可将格构式压杆两侧的缀条系统当作桁架来分析。剪力 V 由前后两片缀条承担,每片承担剪力 $V_1=V/2$(图 4 - 49d),对三肢件杆,$V_1=V/(2\cos\theta)$(图 4 - 49e)。由于剪力方向可左可右,故每根斜缀条都可能受拉或受压,其值为:

$$N_1=\pm\frac{V_1}{n\cos\alpha} \tag{4-74}$$

式中　n ——对单斜式缀条,$n=1$;对双斜式,$n=2$;

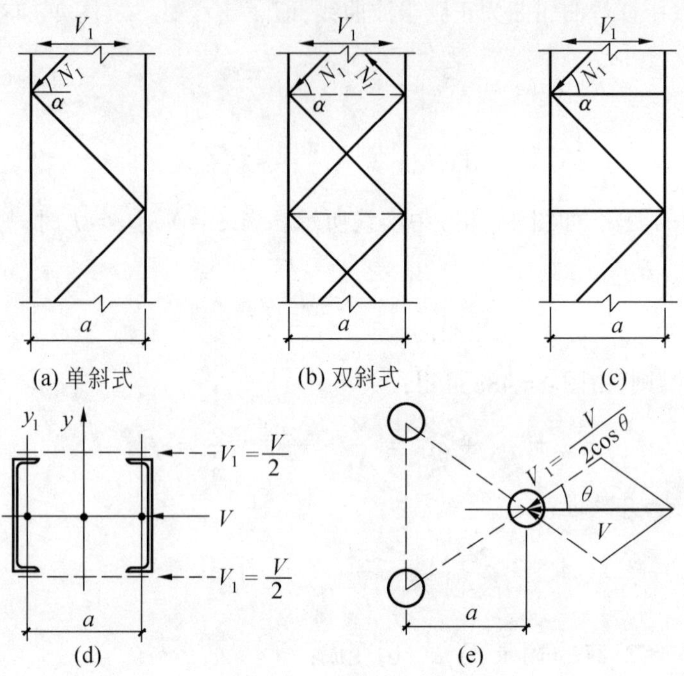

图 4-49 缀条的内力

α ——在 $\alpha=35°\sim60°$ 之间取用。

缀条一般采用单角钢,它与肢件单面焊接连接,考虑到受力时的偏心和受压时的弯扭,当按轴心受力构件设计(不计扭转效应)时,应将钢材强度设计值乘以表 4-8 所列折减系数 η。

表 4-8 η 值

计算性质			η
强度和连接			0.85(考虑偏心影响)
稳定性	等边角钢		$0.60+0.0015\lambda\leqslant1$
	不等边角钢	短边相连	$0.50+0.0025\lambda\leqslant1$
		长边相连	0.70

λ ——缀条的长细比。对中间无联系的单角钢压杆,应按最小回转半径计算长细比,当 $\lambda<20$ 时,取 $\lambda=20$;对交叉缀条体系的横缀条(图 4-49b),按受压力 $N_1=V_1$ 计算。

为了减小肢件的计算长度,横缀条截面一般与斜缀条相同,按 $[\lambda]=150$ 确定,采取较小的截面。缀条的轴线通常应与肢件轴线交于一点(图 4-50a、b)。斜缀条一般与肢件搭接,为了减小搭接长度和增强受动力荷载的性能,宜采用三面围焊。当肢件翼缘较窄时,缀条与肢件的连接有两种方法:①横缀条搭接在与肢件翼缘边对接焊的小节点板上(图 4-50a);②缀条全部搭接在节点板上(图 4-50b)。由于构造原因,也允许缀条的轴线与槽钢的外边缘汇交(图 4-50c)。

为使构件表面平整,缀条也可放在构件内侧,但内侧焊接比较困难。

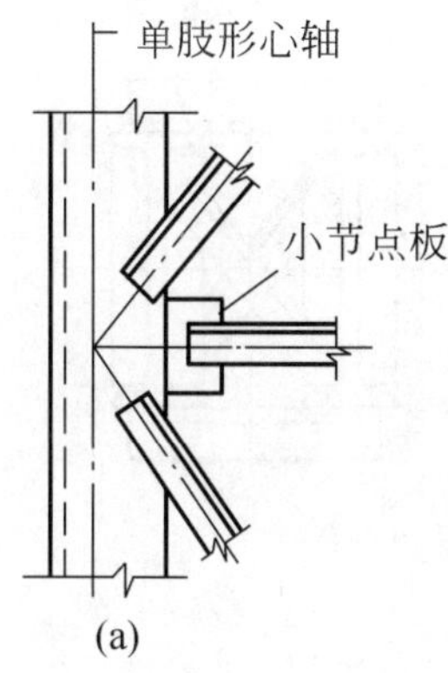

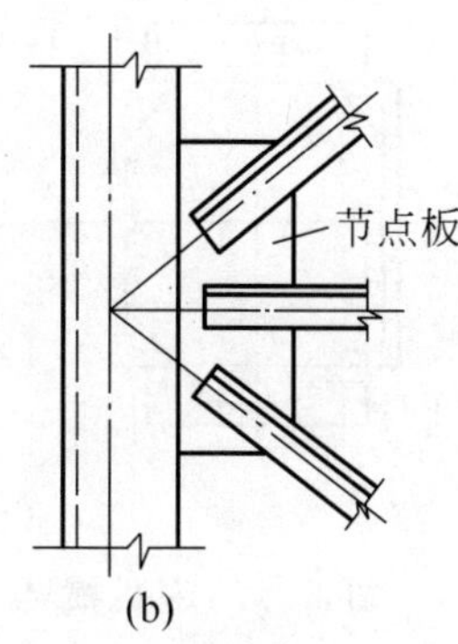

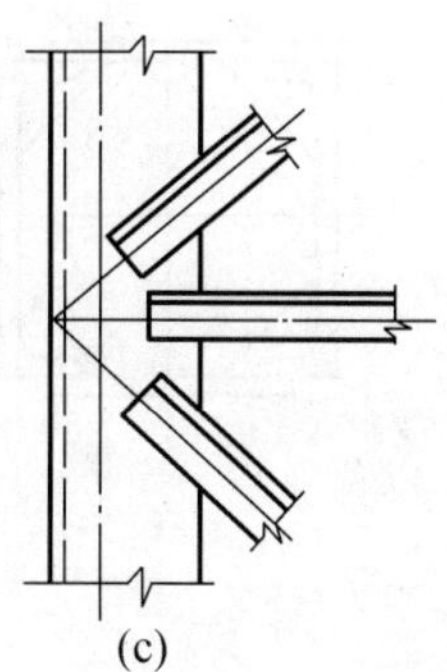

图 4－50　缀条与肢件的搭接

4.5.3.3　缀板设计

从缀板体系的受力状态(图 4－51a)中取出脱离体(图 4－51b)。由平衡条件：

$$\frac{V_1}{2}\cdot l_1 = S\cdot\frac{a}{2}$$

可得缀板内力为：

剪力　$$S=\frac{V_1 l_1}{a} \tag{4-75}$$

弯矩(在和肢件连接处)　$$M=S\,\frac{a}{2}=\frac{V_1 l}{2} \tag{4-76}$$

缀板用角焊缝与肢件连接，搭接长度一般为 20～30mm。角焊缝承受 S 和 M 的共同作用，如果验算角焊缝符合强度要求，就不必验算缀板强度，因角焊缝的强度设计值小于钢板的强度设计值。

规范[1]规定：在同一截面处缀板线刚度之和不得小于柱较大分肢线刚度的 6 倍。一般来说，缀板宽度 $b_p \geqslant 2a/3$(图 4－42b)，厚度 $\delta_p \geqslant a/40$，且大于 6mm。柱子的端缀板宜适当加宽，取 $b_p = a$。

为了保证柱在运输和安装过程中具有必需的截面刚度，避免截面歪扭，规范规定：格构式柱和组合实腹式的横隔间距不得大于柱截面较大宽度的 9 倍，且不大于 8m，在受有较大水平力处或运输单元的端部均应设置横隔。横隔可用钢板(图 4－52a)或交叉角钢组成(图 4－52b)。

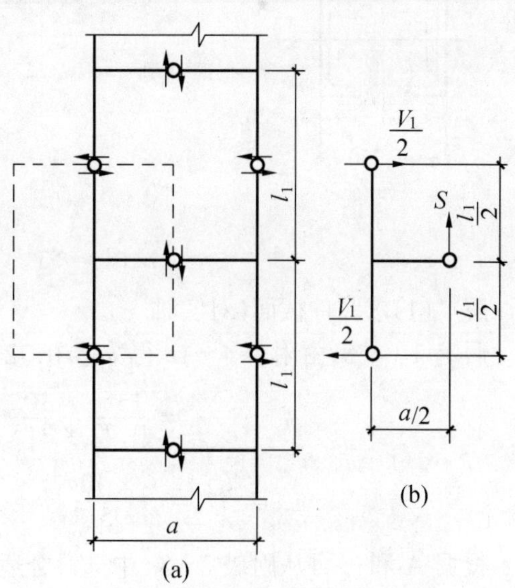

图 4－51　缀板体系的受力状态

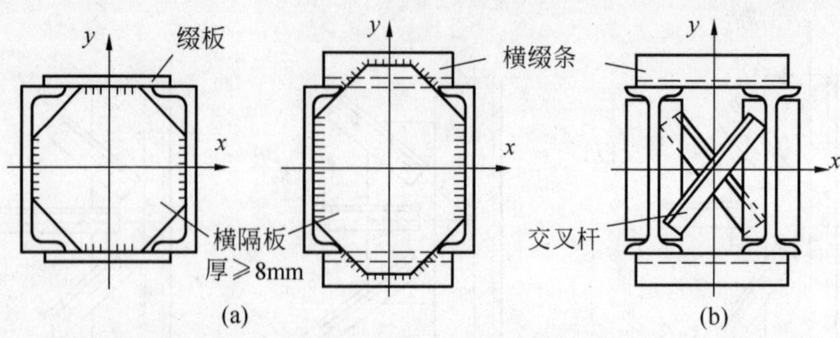

图 4-52 柱的横隔

例 4-5 已知:图 4-53a 所示,焊条 E43。设计一根两端铰接的缀条式轴心受压构件。

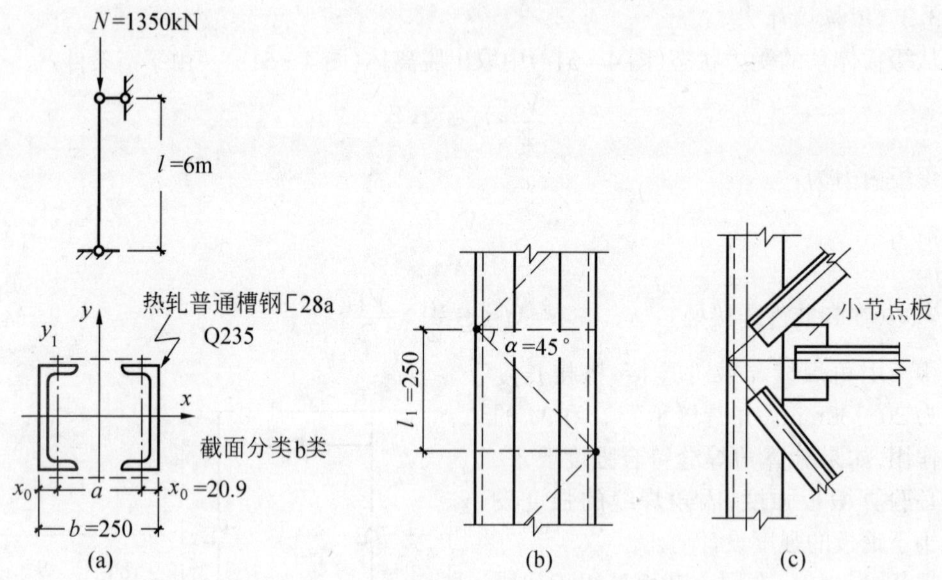

图 4-53 例 4-5 计算图

解 (1)求肢件截面(对实轴 x)

假定 $\lambda_x=75$,由附表 4-1b 得 $\varphi_x=0.72$,从而可算出所需的截面面积和回转半径:

$$A=\frac{N}{\varphi_x f}=\frac{1350\times10^3}{0.72\times215}=8720.9\text{mm}^2=87.2\text{cm}^2$$

$$i_x=\frac{l_{ox}}{\lambda_x}=\frac{6\times10^2}{75}=8\text{cm}$$

根据 A 和 i_x 可从附表 2-3a 中选得合适的槽钢型号。现试选 2[28a(图 4-53a):$A=2\times40.02=80.04\text{cm}^2$, $i_x=10.9\text{cm}$, $I_{y1}=217.9\text{cm}^4$, $i_{y1}=2.33\text{cm}$, $x_0=2.09\text{cm}$,从而,实际长细比 $\lambda_x=6\times10^2/10.9=55<[\lambda]=150$。由 $\lambda_x=55$ 查附表 4-1b 得 $\varphi_x=0.833$(b类)。

从而 $$\frac{N}{\varphi_x A}=\frac{1350\times10^3}{0.833\times80.04\times10^2}=202.5\text{N/mm}^2<f=215\text{N/mm}^2$$

(2)求 b 值(对虚轴 y)

设用单斜式缀条∟45×4，由附表 2－4a 得 $A_1=2\times3.486\approx7.0\text{cm}^2$。由等稳条件 $\lambda_{oy}=\lambda_x$，并代入式(4－66)，可得：

$$\lambda_y=\sqrt{\lambda_x^2-27A/A_1}=\sqrt{55^2-27\times80.04/7}\approx52$$

相应的回转半径

$$i_y=l_{oy}/\lambda_y=6\times10^2/52=11.5\text{cm}$$

由附录 3 得：$b=i_y/0.44=11.5/0.44=26.1\text{cm}$，取 $b=25\text{cm}$。

(3)验算绕虚轴 y 的稳定

$$I_y=2(217.9+40.02\times10.41^2)=9109.58\text{cm}^4$$

$$i_y=\sqrt{I_y/A}=\sqrt{9109.58/80.04}=10.67\text{cm}$$

$$\lambda_y=l_{oy}/i_y=6\times10^2/10.67=56.2$$

$$\lambda_{oy}=\sqrt{\lambda_y^2+27A/A_1}=\sqrt{56.2^2+27\times80.04/7}=58.9<[\lambda]=150$$

由附表 4－1b 内插得：

$$\varphi_y=0.818-(0.818-0.813)\times0.9=0.8135$$

$$\sigma=\frac{N}{\varphi_yA}=\frac{1350\times10^3}{0.8135\times80.04\times10^2}=207.3\text{N/mm}^2<f=215\text{N/mm}^2$$

用 $\alpha=45°$，则 $l_1=250\text{mm}$，从而，单肢长细比：

$\lambda_1=l_1/i_1=25/2.33=10.7<0.7\lambda_{max}=0.7\times58.9=41$，单肢稳定。

(4)缀条设计

由式(4－73)：$V=\dfrac{Af}{85}\sqrt{f_y/235}=\dfrac{80.04\times10^2\times215}{85}\sqrt{235/235}=20245\text{N}$

单缀条的内力，由式(4－74)计算：

$$N_1=V_1/n\cos\alpha=\frac{(20.245/2)}{1\times\cos45°}=14.315\text{kN}$$

一个∟45×4，$A_b=3.486\text{cm}^2$，$i_{min}=0.89$，斜缀条长 $l_b=b/\cos45°=25/0.707=35\text{cm}$，$\lambda_b=l_b/i_{min}=35/0.89=40$，$\varphi=0.899$(b 类)，由表 4－8 计算折减系数：

$$\eta=0.6+0.0015\lambda_b=0.6+0.0015\times40=0.66$$

$$\sigma=N_1/(\varphi A_b)=14.315\times10^3/(0.899\times3.486\times10^2)=45.7\text{N/mm}^2<\eta f=0.66\times215=141.9\text{N/mm}^2$$

缀条设计合理。

单角钢与肢件连接的角焊缝取 $h_f=4\text{mm}$，则所需焊缝长度：

$$\Sigma l_w=N_1/(0.7h_f\times0.85f_f^w)=14.315\times10^3/(0.7\times4\times0.85\times160)=37\text{mm}$$

实际焊缝长度和布置见图 4－53c，超过计算需要长度。

横缀条也用∟45×4，焊缝取最短长度 40mm。由于三杆相交，必须加焊一块小节点板，同时把缀条轴线汇交在槽钢外边缘(图 4－53b、c)。

例 4-6　设计一缀板柱，设计资料同例 4-5。

解　(1)按绕实轴 x 选定 2[28a：$A/2=40.02\text{cm}^2$，$I_{y1}=217.9\text{cm}^4$，$i_{y1}=2.33\text{cm}$；

(2)绕虚轴 y 确定 b

取 $\lambda_{y1}=30$，由等稳定条件 $\lambda_{oy}=\lambda_x$，并代入式(4-67)：

$$\lambda_y=\sqrt{\lambda_x-\lambda_{y1}^2}=\sqrt{55^2-30^2}=46$$

从而

$$i_y=l_{oy}/\lambda_y=6\times10^2/46=13\text{cm}$$

$b=i_y/0.44=29.5\text{cm}$，取 $b=28\text{cm}$。

(3)验算对 y 轴的稳定

$$I_y=2\left[I_{y1}+\frac{A}{2}\left(\frac{a}{2}\right)^2\right]$$

$$=2\left[217.9+40.02\left(\frac{23.82}{2}\right)^2\right]=11789.3\text{cm}^4$$

$$i_y=\sqrt{I_y/A}$$

$$=\sqrt{11789.3/(2\times40.02)}=12.14\text{cm}$$

$$\lambda_y=l_{oy}/i_y$$

$$=6\times10^2/12.14=49.4$$

$$\lambda_{oy}=\sqrt{\lambda_y+\lambda_1^2}=\sqrt{49.4^2+30^2}$$

$$=57.8<[\lambda]=150\text{，刚度满足要求。}$$

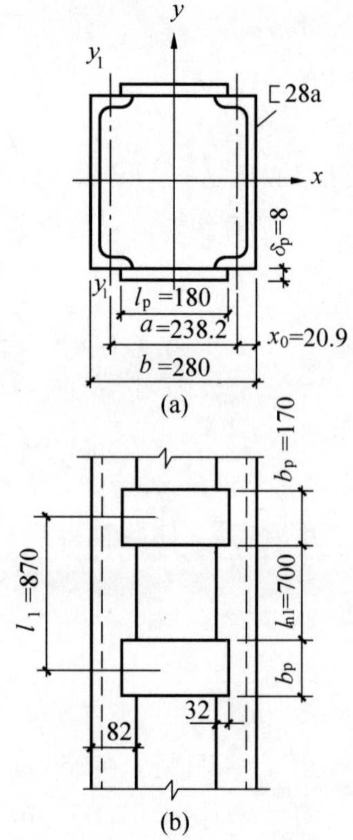

图 4-54　例 4-6 计算图

由附表 4-1b 查得

$$\varphi_y=0.823-(0.823-0.818)\times0.8=0.819(\text{b类})$$

$$\sigma=\frac{N}{\varphi_y A}=\frac{1350\times10^3}{0.819\times80.04\times10^2}=205.9\text{N/mm}^2<f=215\text{N/mm}^2$$

整体稳定可保证。

因分肢(件)长细比 $\lambda_1=30<40$，且$\approx0.5\lambda_{max}=0.5\times57.8=28.9$，故不必验算单肢的强度和稳定。

(4)缀板设计

缀板间的净距 $l_{n1}=i_{y1}\lambda_{y1}=2.33\times30=69.9\text{cm}$；

缀板宽度 $b_p\geqslant\frac{2}{3}a=\frac{2}{3}\times238.2=158.8\text{mm}$，　　取 $b_p=170\text{mm}$；

缀板厚度 $\delta_p\geqslant\frac{a}{40}=\frac{238.2}{40}=5.96\text{mm}$，　　取 $\delta_p=8\text{mm}$；

缀板长度 $l_p=280-2(82-30)=176\text{mm}$，　　取 $l_p=180\text{mm}$。

故缀板尺寸为：$-170\times180\times8$。缀板的间距(中到中)：$l_1=l_{01}+170=700+170=870\text{mm}$。

柱的剪力已由例 4-5 算出：$V=20.245\text{kN}$，一个缀板平面所受的剪力 $V_1=\frac{1}{2}V=10.123\text{kN}$，一块缀板所受的剪力和弯矩分别由式(4-75)和式(4-76)计算：

$$S = V_1 l_1 / a = 10.123 \times 0.87/0.2382 = 36.973\text{kN}$$
$$M = V_1 l_1 /2 = 10.123 \times 0.87/2 = 4.404\text{kN} \cdot \text{m}$$

角焊缝长 $l_w = 170$mm(两端绕角焊)，$h_f = 7$mm，验算如下：

$$\sqrt{\left(\frac{M}{1.22W_f}\right)^2 + \left(\frac{S}{A_f}\right)^2} = \sqrt{\left(\frac{6 \times 4.404 \times 10^6}{1.22 \times 0.7 \times 7 \times 170^2}\right)^2 + \left(\frac{36.973 \times 10^3}{0.7 \times 7 \times 170}\right)^2}$$
$$= 159.3\text{N/mm}^2 < f_f^w = 160\text{N/mm}^2$$

缀板焊缝可保证。

4.6　柱头和柱脚

当轴心压杆充当柱子时，它要直接承受上部结构(如梁)传来的荷载。并通过它把荷载传给基础。为此，柱的上、下端部必须适当扩大，这就形成了柱头和柱脚。柱头、柱脚的构造原则是**传力可靠、构造简单和便于安装**。

4.6.1　柱头

轴心受压柱的柱头承受由梁传来的压力 N。图 4－55a 是典型的实腹式柱的柱头构造。图 4－56a 是格构式柱的柱头。

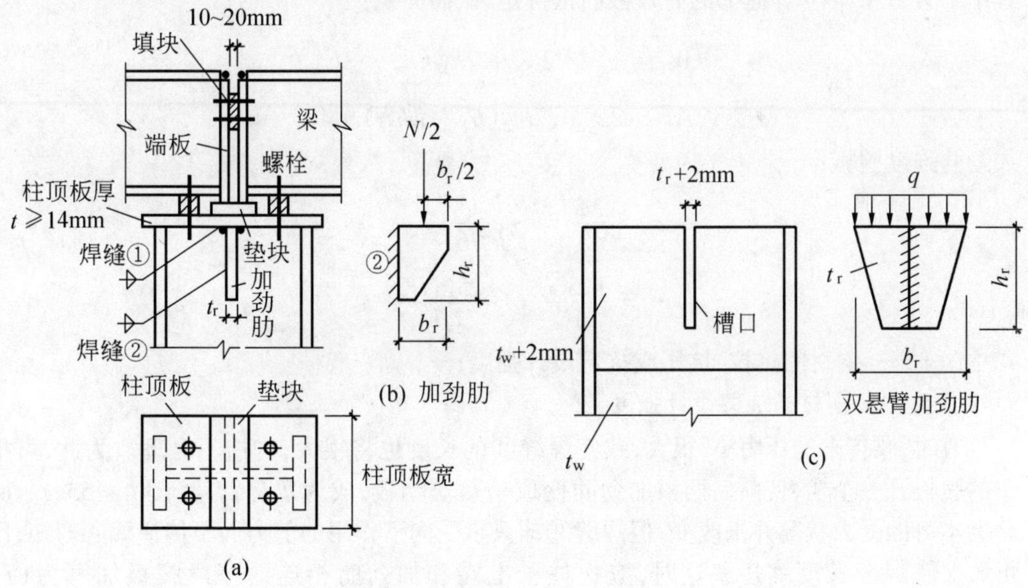

图 4－55　实腹式柱的柱头构造

首先应在柱顶设一块**柱顶板**来安放梁。梁的全部压力通过梁的**端板**压在柱顶板的中部。有时为了提高顶板的抗弯刚度，可在顶板上面加焊一块**垫块**，在顶板的下面设**加劲肋**。这样，柱顶板本身就不需要太厚，一般≥14mm 即可。

对于实腹式柱，梁传来的全部压力 N 通过端板和垫块间的端面承压传给垫块，垫块又以挤压形式传给柱顶板，而垫块只需用一些构造焊缝和顶板连接。柱顶板将 N 传给加劲肋,加劲肋和柱顶板之间的传力,可以依靠局部承压(当 N 力较大时),也可依靠水平角焊缝①(当 N 力不大时),如图 4－55a 所示。焊缝①受向下的均布剪力作用,属于端焊缝。计算公式如下:

局部承压传力: $\sigma=(N/2)/(b_r t_r)\leqslant f_{ce}$ (4－77)

水平端焊缝①传力: $\sigma_f=(N/2)/[2\times0.7h_{f1}(b_r-2h_{f1})]\leqslant\beta_f f_f^w$ (4－78)

式中 b_r 和 t_r ——加劲肋(rib)的宽度和厚度;

h_{f1}——角焊缝①的焊脚尺寸;

β_f ——端焊缝的强度设计值增大系数,其值取 1.22 或 1.0;

f_{ce}——钢材的端面承压设计强度(附表 1－3)。

加劲肋在 $N/2$ 的偏心力作用下(图 4－55b),用两根角焊缝②把向下剪力 $N/2$ 和偏心弯矩 $(N/2)(b_r/2)$ 传给柱子腹板。通常先假设加劲肋的高度 h_r,再进行焊缝验算。加劲肋的宽度 b_r 参照柱顶板的宽度而定,厚度 t_r 应符合局部稳定的要求,取 $t_r>b_r/15$ 及 $t_r\geqslant$ 10mm,且不宜比柱腹板厚度超过太多。在验算焊缝②的同时,应按悬臂梁验算加劲肋本身的抗剪和抗弯强度。

焊缝②强度验算:

$$\sqrt{\left(\frac{\sigma_f}{\beta_f}\right)^2+\tau_f^2}=\sqrt{\left(\frac{b_r N/4}{\beta_f W_f}\right)^2+\left(\frac{N/2}{A_f}\right)^2}\leqslant f_f^w \tag{4-79}$$

式中 W_f、A_f ——焊缝②的有效截面抵抗矩、截面面积:

$$W_f=\frac{1}{6}\times2\times0.7h_{f2}(h_r-2h_{f2})^2$$

$$A_f=2\times0.7h_{f2}(h_r-2h_{f2})$$

加劲肋强度验算:

$$\sigma=\frac{M}{W_r}=\frac{b_r N/4}{t_r h_r^2/6}\leqslant f \tag{4-80}$$

$$\tau=\frac{1.5V}{A_r}=\frac{1.5(N/2)}{t_r h_r}\leqslant f_v \tag{4-81}$$

式中 f ——钢材的抗拉、抗压或抗弯设计强度;

f_v ——钢材的抗剪设计强度。

有时,梁传来的压力 N 很大,致使焊缝②的长度也将很大,构造不合理。为此,可把柱子的腹板开一个槽,使前后两根加劲肋变成一整块钢板,成为**双悬臂梁**(图 4－55c)。此悬臂梁本身的受力状况并未改变,但焊缝②却只承受向下作用的剪力而不传递偏心弯矩,因而可大大使焊缝长度缩短。这时,应把柱子上端和加劲肋相连的一段腹板加厚为(t_w＋2mm)。焊缝②按下式验算:

$$\tau_f=\frac{N}{4\times0.7h_f(h_r-2h_f)}\leqslant f_f^w \tag{4-82}$$

加劲肋仍按式(4－80)和式(4－81)验算。

为了固定柱顶板的位置,顶板和柱身应采用构造焊缝进行围焊。为了固定梁在柱头上的位置,常采用四个粗制螺栓穿过梁的下翼缘和柱顶板相连(图 4－55a)。

图 4－56a 所示为格构式柱的柱头构造。它由**柱顶板**、**柱端加劲肋**和两块**柱端缀板**组

成，其传力过程是：$N \xrightarrow{\text{承压}}$ 垫块 $\xrightarrow{\text{承压}}$ 顶板 $\xrightarrow{\text{承压或焊缝①}}$ 加劲肋 $\xrightarrow{\text{焊缝②}}$ 缀板 $\xrightarrow{\text{焊缝③}}$ 柱肢。

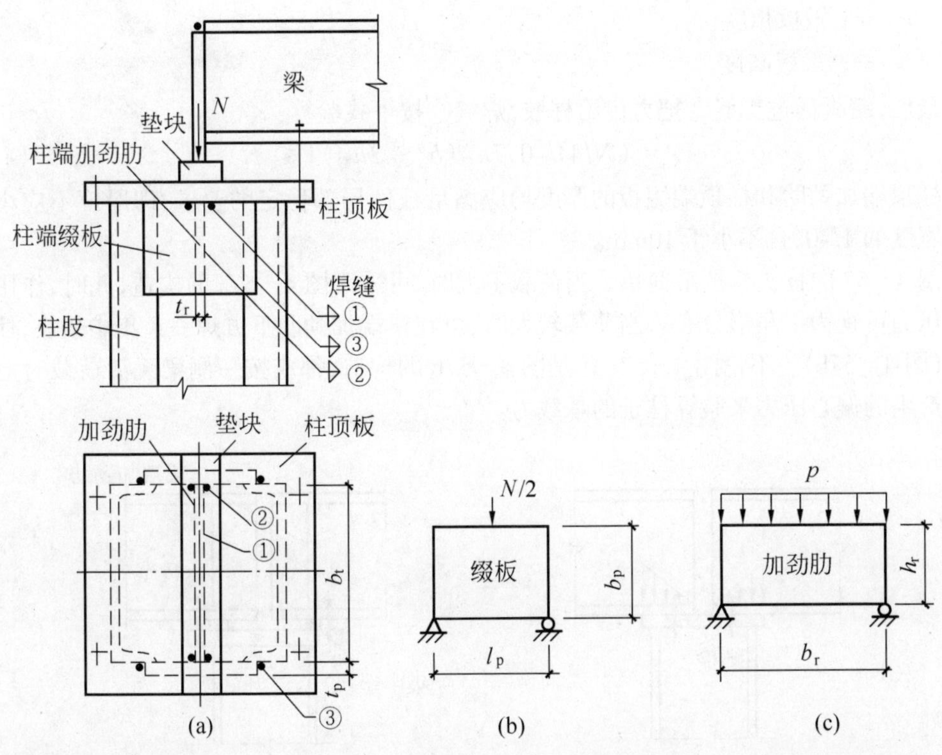

图 4-56　格构式柱的柱头构造

其中，顶板传力给加劲肋的计算公式和式(4-77)、式(4-78)相似，当由局部承压传力时，传力面必须**铣平顶紧**，验算公式为：

$$\sigma = N/(b_r t_r) \leqslant f_{ce} \tag{4-83}$$

由端焊缝①传力时：

$$\sigma_f = N/[2 \times 0.7 h_{f1}(b_r - 2h_{f1})] \leqslant \beta_f f_f^w \tag{4-84}$$

加劲肋按简支梁计算(图 4-56c)，承受顶板传来的均布荷载 $p = \dfrac{N}{b_r}$，加劲肋的强度验算公式是：

$$\sigma = \frac{M}{W_r} = \frac{1}{8} p b_r^2/(t_r h_r^2/6) \leqslant f \tag{4-85}$$

$$\tau = \frac{1.5V}{A_v} = 1.5 \times 0.5 p b_r/(t_r h_r) \leqslant f_v \tag{4-86}$$

式中　t_r 和 h_r——加劲肋的厚度和高度。

加劲肋的支反力为 $N/2$，通过两条角焊缝②传给柱端缀板，焊缝②按下式验算：

$$\tau_f = (N/2)/[2 \times 0.7 h_{f2}(b_p - 2h_{f2})] \leqslant f_f^w \tag{4-87}$$

柱端缀板焊接在柱肢上，近似地视作简支梁(图 4-56b)，在跨中承受由焊缝②传来的集中力($N/2$)，从而柱端缀板的强度验算：

$$\sigma = (N l_p/8)/(t_p b_p^2/6) \leqslant f \tag{4-88}$$

$$\tau = (1.5N/4)/(t_p b_p) \leqslant f_v \tag{4-89}$$

式中 t_p——缀板厚度;

l_p——缀板长度;

b_p——缀板高度。

最后,缀板通过焊缝③把力传给柱肢,焊缝③按下式验算:

$$\tau_f = (N/4)/[0.7h_{f3}(b_p - 2h_{f3})] \leqslant f_f^w \tag{4-90}$$

柱顶端加劲肋和柱顶端缀板的厚度均应满足板件局部稳定的要求,即厚度不应小于承载边宽度的1/40,且不小于10mm。

图4-57的柱头构造最简单。当荷载不大时,可采用图4-57a的构造,此时,作用在柱顶的压力可视为三角形分布。当荷载较大时,可在梁端加劲肋下方焊一条集中垫块,使传力明确(图4-57b)。不论图4-57a还是图4-57b的构造,都应按一侧梁无活荷载时对柱子可能产生的偏心压力来验算柱子的承载力。

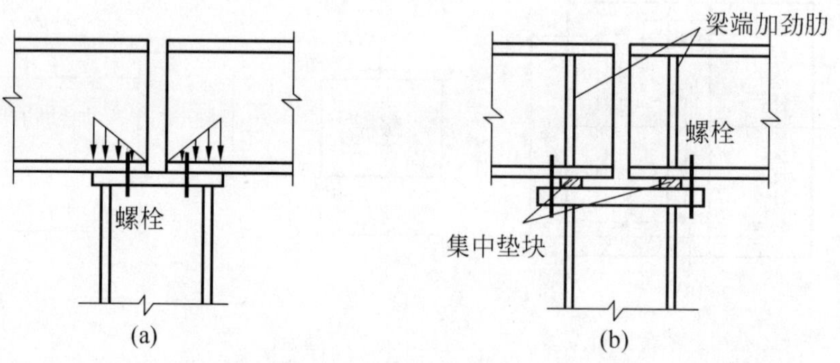

图4-57 柱头构造

梁连接于柱侧的简支构造如图4-58所示。当梁传来的支反力不大时,可采用图4-58a的构造,这时支反力经图示的承托传给柱子。梁的上翼缘应设一短角钢和柱身相连,它不能有效地限制梁端发生转角,但能防止梁端在出平面方向产生侧移。图4-58b的构造适用于梁的支反力较大的情况,但制造精度要求较高。这时,在柱翼缘板上设一块厚钢板或用角钢截成的承托。承托的顶面应刨平,和梁的端板以局部承压传力,承托宽度应比实际梁的端板宽10mm。承托用角焊缝和柱身翼缘焊接,考虑到梁传来的力 N 可能产生偏心的不利

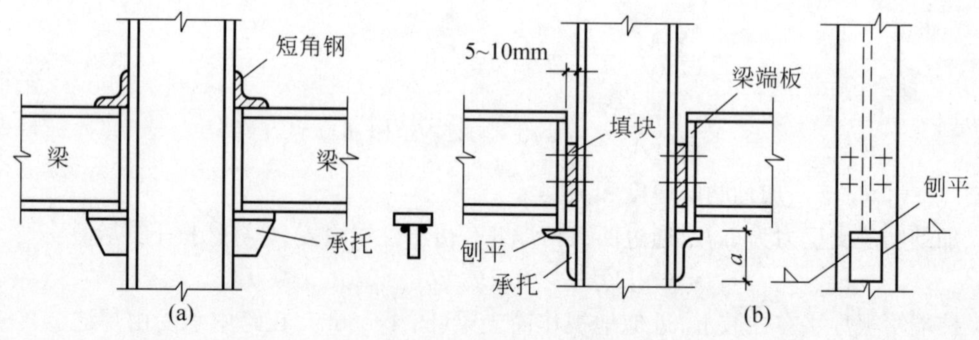

图4-58 梁连接于柱侧

因素，按 1.25N 来计算焊缝：

$$\tau_{\mathrm{f}} = 1.25N/[2\times0.7h_{\mathrm{f}}(a-2h_{\mathrm{f}})] \leqslant f_{\mathrm{f}}^{\mathrm{w}} \tag{4-91}$$

式中　a ——承托高度。

梁端与柱身间应留 5～10mm 的空隙，安装时加填块并设置构造螺栓，以固定梁的位置。

4.6.2　柱脚

轴心受压柱的柱脚常设计成铰接，它把柱身压力明确地传给钢筋混凝土基础。铰接柱脚有轴承式(图 4－59a)和平板式(图 4－59b、c、d)，其中，图 4－59d 的构造形式最常用，它由**靴梁、底板和锚栓**等组成。刚接柱脚如图 4－59e 所示，这时底板要求较厚。

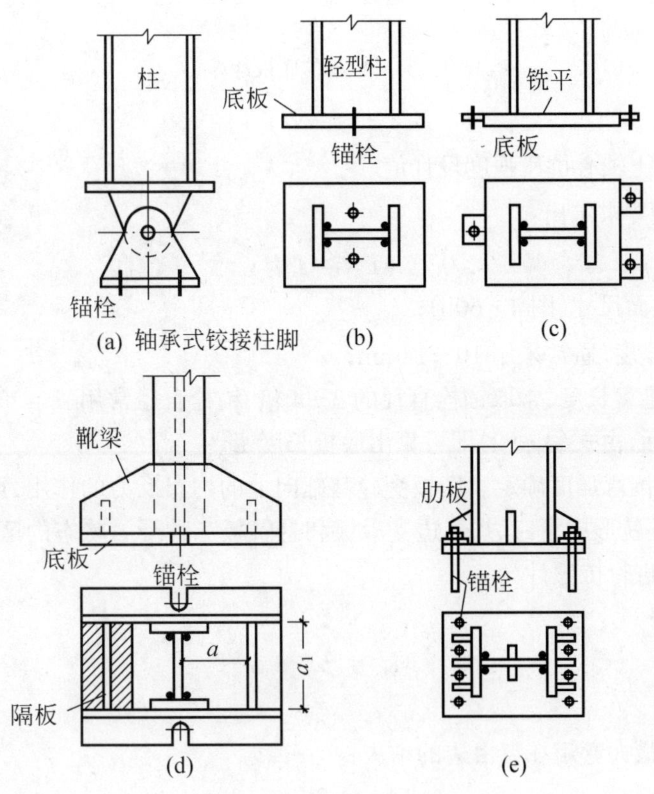

图 4－59　实腹式柱的柱脚

由于砼基础的抗压强度值比钢材低得多，因而必须在柱脚处加一块较大的底板，把荷载分布到基础的较大面积上去。图 4－60 所示平板式柱脚，柱身传来的压力 N 首先经柱身和靴梁间的四条焊缝①传给靴梁(每根焊缝①的计算长度不宜大于 $60h_{\mathrm{f1}}$)，再经角焊缝②由靴梁传给底板，最后由底板把压力 N 传给砼基础。焊缝①和②都按 N 力均匀受剪计算。而柱身和底板之间的连接则采用构造焊缝；柱身槽钢内侧和靴梁间的焊缝以及该范围内靴梁和底板间的焊缝，因焊接很难保证质量，也都属于构造焊缝。

1. 底板计算

假设基础对底板的反力是均匀分布的，则可由下式确定底板平面尺寸：

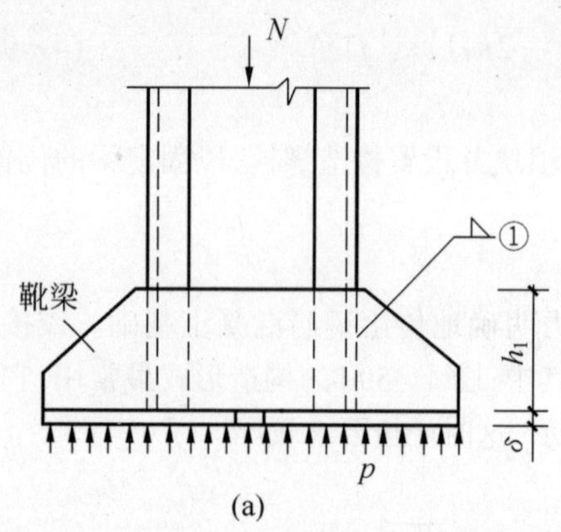

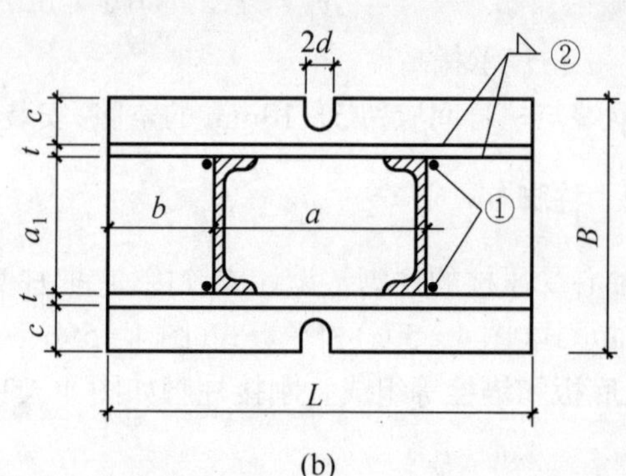

图 4-60 柱脚的底板计算

$$B \times L = N/f_c \tag{4-92}$$

式中 f_c ——混凝土轴心抗压强度设计值。

底板宽度 B 由构造要求定出：

$$B = a_1 + 2(t + c) \tag{4-93}$$

式中 a_1 ——柱截面尺寸(图 4-60b)；

t ——靴梁厚度,通常采用 10～14mm;

c ——底板悬臂长度,常取锚栓直径的 3～4 倍,锚栓直径常用 $d=20$～24mm。当 B 确定后,由式(4-92)即可算出底板长度 L。

底板厚度 δ 由抗弯强度确定。底板受砼基础向上的均布反力的作用,可把柱身和靴梁看作是它的支承,这就形成了四边、三边支承板和悬臂板三种受力状态的区域,可近似地按照各不相关的板块进行抗弯计算。

悬臂板的弯矩：

$$M_1 = pc^2/2 \tag{4-94}$$

式中 $p=N/(BL)$。

三边支承板的最大弯矩在自由边的中央：

$$M_3 = \beta p a_1^2 \tag{4-95}$$

式中 a_1 ——自由边的长度(图 4-60b)；

β ——系数,取决于与自由边垂直的 b 和自由边 a_1 的比值,见表 4-9。

表 4-9 β 系数(三边支承板)

b/a_1	0.3	0.4	0.5	0.6	0.7	0.8	0.9	1.0	1.2	≥1.4
β	0.026	0.042	0.058	0.072	0.085	0.092	0.104	0.111	0.120	0.125

由表 4-9 可见,β 系数是第三支承边对跨度为 a_1 的简支梁式板所受弯矩的影响。b 越小,影响越大,弯矩就越小。当 $b \geqslant 1.4a_1$ 时,此影响接近于零,板的弯矩最大为 $pa_1^2/8$。因

此，为了减轻板的工作，当 $b>a_1$ 时，可加设隔板，进一步把此区域分成一块四边支承部分和一块三边支承部分，如图4-59d所示。隔板可近似按承受图示阴影部分反力的简支梁计算。

四边支承板的最大弯矩在板中央的短边方向：

$$M_4 = \alpha p a^2 \tag{4-96}$$

式中　a ——短边长度(图4-59d)。

　　　α ——系数，根据 a_1/a 由表4-10查得。a_1 为长边长度。

表4-10　α 系数(四边支承板)

a_1/a	1.0	1.1	1.2	1.3	1.4	1.5	1.6	1.7	1.8	1.9	2.0	3.0	≥4.0
α	0.048	0.055	0.063	0.069	0.075	0.081	0.086	0.091	0.095	0.099	0.101	0.119	0.125

由表4-10可见，当 $a_1/a \geqslant 4.0$ 时，长边 a_1 对短边 a 的影响趋于零，板成为跨度为 a 的简支板。系数 α 值最小的情况是正方形。

取上面 M_1、M_3 和 M_4 中之最大者计算底板厚度：

$$\delta \geqslant \sqrt{6M_{\max}/f} \tag{4-97}$$

显然，合理的设计应使 M_1、M_3 和 M_4 基本接近，这可通过调整底板尺寸和加设隔板等办法来实现。

底板厚度一般取 $\delta=20\sim40$mm，以保证必要的刚度，满足基础反力为均匀分布的假设。

上述确定底板厚度的计算方法是偏于保守的，没有考虑各区域底板的连续性。但方法简单，一直被设计人员所采用。

确定底板尺寸和厚度后，可按传力过程计算焊缝并验算靴梁强度。

2. 靴梁计算

图4-60所示，柱身内力 N 经焊缝①(侧面角焊缝)传给靴梁，靴梁再把 N 力经焊缝②(端焊缝)传给底板。

靴梁截面是高为 h_1，厚为 t 的矩形板条，可视为支承在柱身(焊缝①)上的双悬伸梁，受均布反力的作用(图4-60a)。

底板上的锚栓孔开有缺口，便于柱子安装，定位后，垫板焊在底板上，然后扭紧螺帽。

例4-7　图4-61所示的钢柱，已知钢材Q235，焊条E43，基础砼轴心抗压强度等级C25，设计焊接工字形截面轴心受压柱的柱头和柱脚。

解　(1)柱头

所需加劲肋的面积：

$$A_r = N/f_{ce} = 1300\times10^3/325 = 4000\text{mm}^2 \quad (\text{肋与顶板承压})$$

加劲肋的宽度 b_r 可以超过，也可以小于柱的翼缘宽度，视传力大小而定。肋的厚度 t_r 除保证自身的稳定外，还应考虑和柱腹板厚度相协调。如果肋的厚度比柱腹板的厚度 t_w 大很多，则应将柱腹板局部加厚。本例试选肋宽 $b_r=120$mm，则肋厚为 $t_r=A_r/(2b_r)=4000/(2\times120)=16.7$mm，取 $t_r=16$mm，符合 $b_r/t_r=120/16=7.5<15$ 的局部稳定要求。此时，柱端腹板也应换成 $t_w=16$mm的钢板。

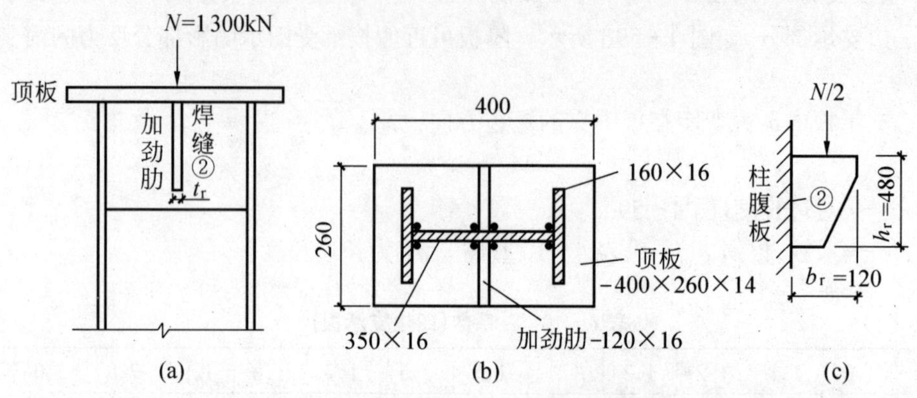

图 4－61　例 4－7 计算简图

顶板尺寸采用－400×260×14，可以盖住柱顶及加劲肋截面(图 4－61a、b)。

每根加劲肋经端面承压传入 $N/2=650$kN 的力后，将通过和柱腹板相连的两根角焊缝②把力传给柱腹板(图 4－57c)。取肋高 $h_r=480$mm，设焊缝②的焊脚尺寸 $h_f=10$mm。从而可得焊缝面积和焊缝截面抵抗矩

$$A_f = 0.7h_f\Sigma l_w = 0.7\times10\times2(480-10) = 6580\text{mm}^2$$

$$W_f = 2\times0.7h_f l_w^2/6 = 2\times0.7\times10\times470^2/6 = 515\times10^3\text{mm}^3$$

并验算焊缝②的强度(图 4－61c)：

$$\sqrt{\left(\frac{\sigma_f}{1.22}\right)^2+\tau_f^2}=\sqrt{\left(\frac{650\times10^3\times60}{1.22\times515\times10^3}\right)^2+\left(\frac{650\times10^3}{6580}\right)^2}$$

$$=116.7\text{N/mm}^2 < f_f^w = 160\text{N/mm}^2$$

加劲肋按悬臂梁计算，梁截面 16×480，受剪力 $V=N/2=650$kN 及弯矩 $M=V\dfrac{b_r}{2}=650\times\dfrac{120}{2}=39000$kN·mm，从而

$$\sigma = 39000\times10^3/(16\times480^2/6) = 63.5\text{N/mm}^2 < f = 215\text{N/mm}^2$$

$$\tau = 1.5\times650\times10^3/(16\times480) = 127\text{N/mm}^2 > f_v = 125\text{N/mm}^2$$

但　　$(127-125)/125 = 0.016 < 5\%$

可见，加劲肋高度 480mm 取决于本身的抗剪强度。

(2)柱脚(图 4－62)

由式(4－93)取底板宽度 $B=160+2(10+60)=300$mm，则由式(4－92)得底板长度：

$$L = N/(Bf_c) = 1300\times10^3/(300\times11.9) = 364\text{mm}，取\ L = 450\text{mm}。$$

轴心压力 $N=1300$kN 经四条角焊缝①传给靴梁，取 $h_f=8$mm，则需角焊缝长度为 $l_w=1300\times10^3/(4\times0.7\times8\times160)=363\text{mm}<60h_f=480$mm，取靴梁高 $h_1=380$mm。

靴梁内力 N 经焊缝②传给底板，考虑到施焊不方便的部分不设受力焊缝，则焊缝长度为 $\sum l_w=2[(450-10)+2(50-16-5)]=996$mm，从而，焊缝厚度：$h_f=N/(0.7\sum l_w f_f^w)=1300\times10^3\div(0.7\times996\times160)=11.7$mm，取 $h_f=12$mm。

底板受力 $p = N/(BL) = 1300 \times 10^3/(300 \times 450) = 10\text{N/mm}^2$。

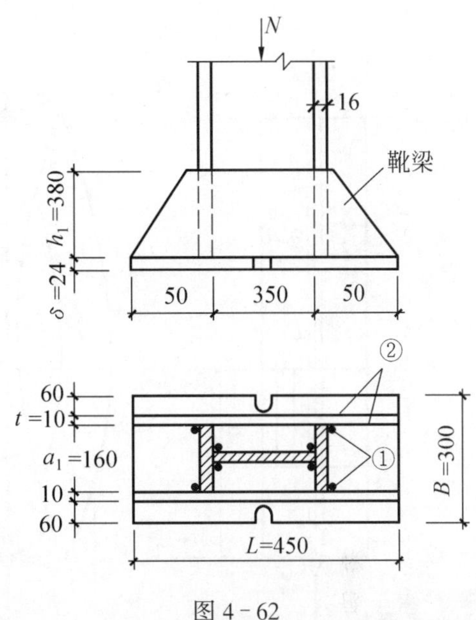

图 4－62

悬臂板弯矩由式(4－94)计算：

$$M_1 = pc^2/2$$
$$= 10 \times 60^2/2 = 18000\text{N} \cdot \text{mm/mm}$$

三边支承板弯矩由式(4－95)求得，因为 $a_1 = 160\text{mm}$，$b = 50 - 16 = 34\text{mm}$，$b/a_1 = 0.213 < 0.3$，按悬臂长 34mm 的悬壁板计算。

$$M_2 = pc^2/2 = 10 \times 34^2/2 = 5780\text{N} \cdot \text{mm/mm}$$

四边支承板(图 4－62 中的柱截面范围内的板)，因 350/72＝4.861，查表 4－10 得 $\alpha = 0.125$，由式(4－96)：

$$M_3 = \alpha p a^2 = 0.125 \times 10 \times 72^2$$
$$= 6480\text{N} \cdot \text{mm/mm}$$

上述计算可见：$M_{max} = M_1 = 18000\text{N} \cdot \text{mm/mm}$，由式(4－97)可求底板厚度：

$$\delta = \sqrt{6M_{max}/f} = \sqrt{6 \times 18000/205} = 22.9\text{mm}\ 取\ \delta = 24\text{mm}$$

靴梁强度验算，按双悬伸梁考虑，悬伸部分长 50mm，每块靴梁板所受荷载：$\overline{p} = p(B/2) = 10(300/2) = 1500\text{N/mm}$，剪力 $V = 50\overline{p} = 50 \times 1500 = 75 \times 10^3\text{N}$，弯矩 $M = 1.5 \times 50^2/2 = 18.75 \times 10^2\text{kN} \cdot \text{mm}$，从而

$$\sigma = M/W = 18.75 \times 10^5/(10 \times 380^2/6) = 8\text{N/mm}^2 \leqslant f = 215\text{N/mm}^2$$

$$\tau = 1.5V/(h_1 t) = 1.5 \times 75 \times 10^3/(380 \times 10) = 30\text{N/mm}^2 \leqslant f_v = 125\text{N/mm}^2$$

可见，靴梁尺寸取决于焊缝的构造要求。

4.7　实腹式轴心压杆的扭转屈曲(torsional buckling)

对抗扭刚度很差的双轴对称截面轴心压杆，如十字形截面杆等，有可能在作用力未达到欧拉力之前，杆产生微小扭转变形而屈曲。

图 4－63a 所示双轴对称工字形截面轴心压杆，上下端均为**“夹支”铰接端**，即杆端截面只能自由翘曲，却不能绕截面剪心纵轴 z 旋转。设杆产生扭转屈曲时，在距杆端 z 处的任意截面对 z 轴的扭转角为 φ(图 4－63b)。

为了建立扭转屈曲时任意截面的扭矩平衡方程，取出一段长度为 dz 的微元体，该微元体两端所在截面的相对扭转角为 $d\varphi$，如图 4－63c 所示。离剪心 S 距离为 ρ 的任一点 D 转动至 D' 点，$DD' = \rho\varphi$，微元体上的纤维 DE 在扭转后位移到 $D'E'$。DE 在截面上的相对位移 $D'F = \rho d\varphi$，该纤维倾斜以后的倾角为 α(图 4－63c)，因相对转角 $d\varphi$ 很微小，故 α 可由下式确定：

$$\alpha = \frac{D'F}{dz} = \rho \frac{d\varphi}{dz} \tag{a}$$

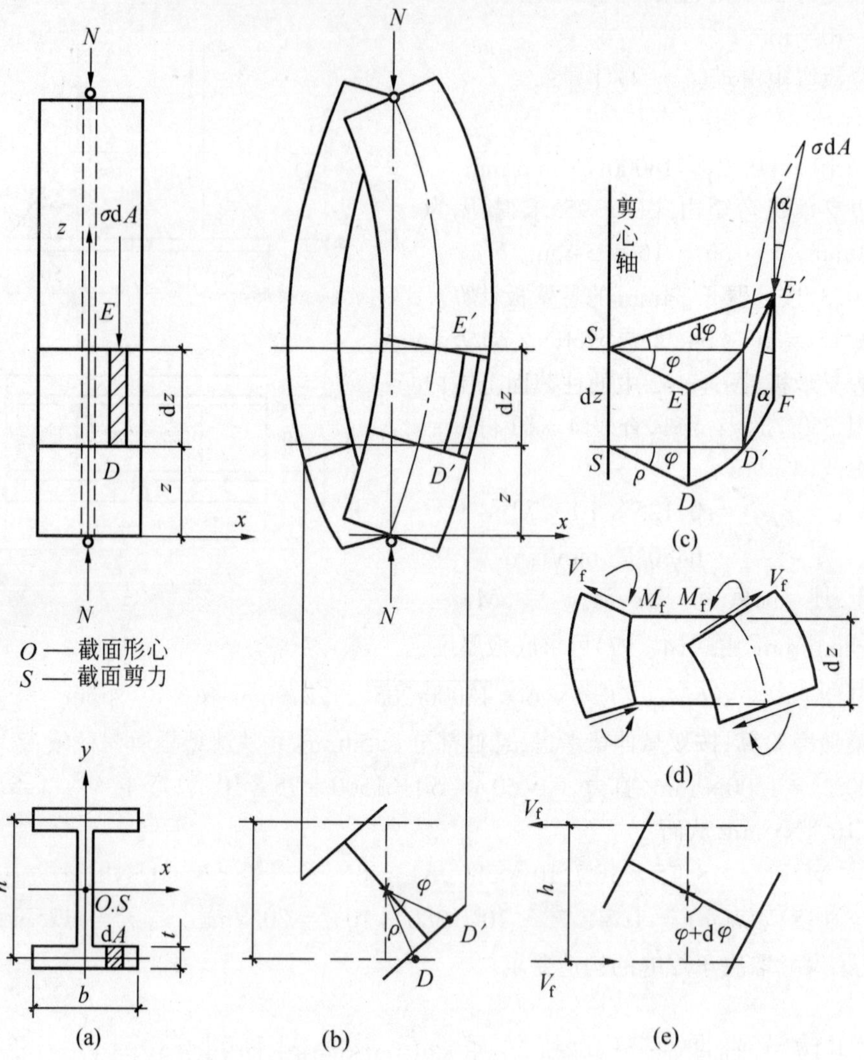

图 4-63　双轴对称工字形截面轴心压杆的扭转屈曲

4.7.1　外力 N 对扭转变形杆的任意截面的作用扭矩 M_{T1}

纤维 DE 上端作用的压力为 $\sigma dA=\dfrac{N}{A}dA$（图 4-63a）。纤维倾斜后，在截面内产生分力 $\sigma dA\alpha=\sigma dA\cdot\rho\dfrac{d\varphi}{dz}$，这个分力对剪心 S 形成逆时针旋转的扭矩（图 4-63c）：

$$dM_{T1}=\sigma dA\alpha\cdot\rho=\sigma\rho^2\frac{d\varphi}{dz}dA \tag{b}$$

从而，可得外力作用在整个截面上的扭矩：

$$\begin{aligned}M_{T1}&=\sigma\frac{d\varphi}{dz}\int_A\rho^2 dA\\&=\sigma\frac{d\varphi}{dz}I_\rho=\sigma A\frac{I_\rho}{A}\frac{d\varphi}{dz}=Ni_0^2\frac{d\varphi}{dz}\end{aligned} \tag{4-98}$$

式中　I_ρ——截面对剪心 S 的极惯性矩；

i_0——极回转半径，$i_0^2=\dfrac{\int_A \rho^2 \mathrm{d}A}{A}=\dfrac{I_x+I_y}{A}$。

4.7.2　自由扭转力矩 M_s

非圆截面杆的自由扭转力矩由式(5-16)可得：

$$M_s = GI_t\frac{\mathrm{d}\varphi}{\mathrm{d}z} \tag{4-99}$$

式中　G——材料的剪变模量(shear modulus)；

I_t——扭转常数(torsion constant)，也叫自由扭转(free torsional)惯性矩。

对于由 n 个狭长形截面组成的工形、[形、T 形和 L 形等截面，可近似等于：

$$I_t = \frac{1}{3}\sum b_i t_i^3 \tag{4-100}$$

式中　b_i 和 t_i——各组成部分截面的宽度和厚度。

4.7.3　约束扭转力矩 M_w

非圆截面杆扭转以后，截面都趋向于产生如图 4-63b 所示的翘曲(warp)变形。但是，除杆端截面外，其他截面不能完全自由翘曲。从而，由于翘曲的约束作用，在两个翼缘(flange)内就会产生相反方向的弯矩 M_f 和剪力 V_f，如图 4-63d 所示。由此，可得一对剪力对剪心 S 形成的约束扭转力矩(图 4-63e)：

$$M_w = V_f h$$

关于截面的约束扭转力矩 M_w 和扭转角 φ 之间的关系，可在第 5 章梁的扭转一节中找到：

$$M_w = -EI_w\frac{\mathrm{d}^3\varphi}{\mathrm{d}z^3} \tag{4-101}$$

式中　I_w——翘曲常数，也称扇性惯性矩。

对双轴对称工字形截面：

$$I_w = \frac{I_1 h^2}{2} = \frac{I_y h^2}{4} = \frac{tb^3h^2}{24} \tag{4-102}$$

式中　I_1——一个翼缘截面对 y 轴的惯性矩，即 $I_1=\dfrac{I_y}{2}$。

4.7.4　杆扭转后扭转力矩的平衡方程

$$M_{T1} = M_s + M_w \tag{4-103}$$

把式(4-98)、式(4-99)和式(4-101)代入上式：

$$EI_w\varphi''' - (GI_t - Ni_0^2)\varphi' = 0 \tag{4-104}$$

根据两端“夹支”铰接杆的端部边界条件：$\varphi(0)=\varphi(l)=0$(没有扭转角)和 $\varphi''(0)=\varphi''(l)=0$(可以自由翘曲)。解方程(4-104)可得扭转屈曲临界力：

$$N_w = \left(\frac{\pi^2 EI_w}{l^2} + GI_t\right)/i_0^2 \tag{4-105}$$

对于两端非铰接的轴心压杆，式(4－105)中的 l 应是扭转屈曲计算长度 l_{ow}。

对双轴对称的工字形截面轴心压杆，弯曲屈曲的临界力一般小于扭转屈曲的临界力，因此一般不会发生扭转屈曲。但对十字形截面轴心压杆，由于 $I_w=0$，式(4－105)成为：

$$N_w = GI_t/i_0^2 \tag{4-106}$$

上式与杆的长细比无关，因此，当板件的宽厚比较大，而杆的长细比又较小时，N_w 将小于 N_y（N_y 为杆绕截面弱轴 y 的弯曲屈曲临界力）。此时，杆多半在弹塑性阶段发生扭转屈曲。

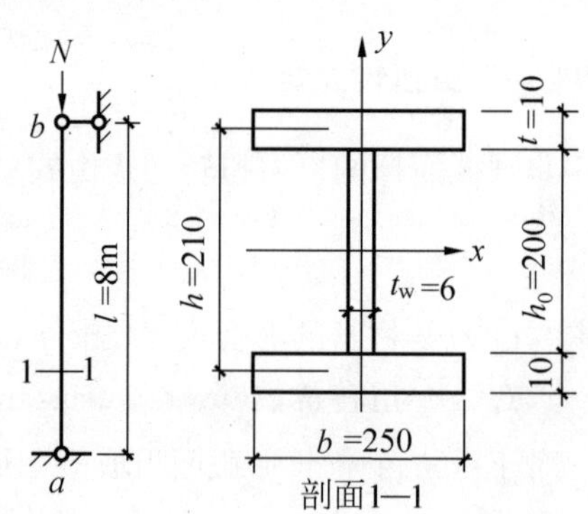

图 4－64　例 4－8

例 4－8　已知某两端“夹支”铰接轴心压杆（图 4－64），钢材 Q235。试计算 ab 杆的弹性弯曲屈曲应力和扭转屈曲应力。

解　(1)截面几何特性

$$A = 2(25\times1) + 20\times0.6 = 62\text{cm}^2$$

$$I_x = \frac{25\times22^3 - 24.4\times20^3}{12} = 5916.7\text{cm}^4$$

$$I_y = 2\left(\frac{1}{12}\times1\times25^3\right) = 2604\text{cm}^4$$

$$i_y = \sqrt{I_y/A} = 6.48\text{cm}$$

$$i_0^2 = (I_x + I_y)/A = 137.43\text{cm}$$

式(4－100)：$I_t = \frac{1}{3}(2\times25\times1^3 + 20\times0.6^3) = 18.11\text{cm}^4$

式(4－102)：$I_w = (1\times25^3\times21^2)/24 = 287109.4\text{cm}^6$

(2)屈曲应力

弯曲屈曲应力：

$$\sigma_{cr,y} = \frac{N_y}{A} = \frac{\pi^2 EI_y}{l_{oy}^2 A} = \frac{\pi^2\times206\times10^3\times2604\times10^4}{(8000)^2\times62\times10^2} = 133.4\text{N/mm}^2$$

扭转屈曲应力：

$$\sigma_{cr,w} = \frac{N_w}{A} = \left(\frac{\pi^2 EI_w}{l_{ow}^2} + GI_t\right)\Big/(I_x + I_y)$$

$$= \frac{\pi^2\times206\times10^3\times287109.4\times10^6/8000^2 + 79\times10^3\times18.11\times10^4}{(5916.7+2604)\times10^4}$$

$$= \frac{912083 + 1430690}{5916.7 + 2604} = 275\text{N/mm}^2 > \sigma_{cr,y} = 133.4\text{N/mm}^2$$

(3)讨论

①上述计算结果：$\sigma_{cr,w} > \sigma_{cr,y}$，说明杆是以弹性弯曲屈曲控制，因为此时 $\lambda_y = \frac{l_{oy}}{i_y} =$

$\dfrac{8\times10^2}{6.48}=123$(杆很长细)。

②若 $l=3\text{m}$ 时,$\lambda_y=\dfrac{3\times10^2}{6.48}=46.3$(杆粗短)。此时,

$$\sigma_{cr,y}=\frac{\pi^2E}{\lambda_y^2}=\frac{\pi^2\times206\times10^3}{46.3^2}=948.4\text{N/mm}^2$$

$$\sigma_{cr,w}=\frac{648524+1430690}{8520.7}=929.1\text{N/mm}^2<\sigma_{cr,y}=948.4\text{N/mm}^2$$

且 $\sigma_{cr,w}/\sigma_{cr,y}=929.1/948.4=0.980$,相差 2%。

③由②的结果可见,粗短杆时,$\sigma_{cr,w}$ 只比 $\sigma_{cr,y}$ 略小。若考虑到粗短杆的弹塑性性质,弹性模量 E 需要折减,以及残余应力和初弯曲对弯曲屈曲的影响比对扭转屈曲大,因此,一般来说,双轴对称工字形截面轴心压杆不会发生扭转屈曲。但美国 Connecticut 州,哈特福德市一体育馆网架屋盖(91.44m×109.73m),由于采用了四个等肢角钢组成的十字形截面,在 1978 年 1 月 18 日的风雪之夜,压杆扭转屈曲失稳,瞬间倒塌[39]。

4.8　实腹式轴心压杆的弯扭屈曲(torsional - flexural buckling)

由于单轴对称截面的形心 O 和剪心 S 不重合(图 4-65),它们之间的距离为 a。因此,当杆件绕截面的对称轴 y 发生微小弯曲时(图 4-66),因杆件倾斜产生的剪力 V 会对剪心 S 形成扭矩 Va,使杆产生微小扭转变形(即截面顺时针转向,图 4-66c),所以单轴对称截面轴心压杆绕对称轴 y 屈曲时,必然伴随扭转,从而产生弯扭屈曲。

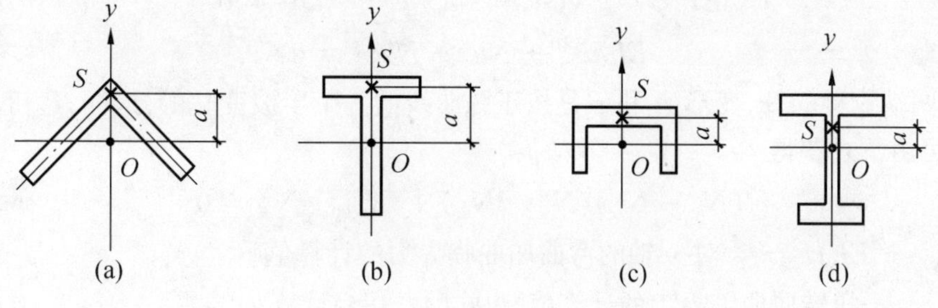

图 4-65

杆在弯曲的同时还出现扭转的平衡方程,可在杆的扭矩方程(4-103)的基础上建立起来。

设 z 截面处剪心 S 在 xz 平面内的位移为 u(图 4-66b、c),则外力的弯矩为 $M_y=Nu$,相应的剪力 $V=\dfrac{dM_y}{dz}=N\dfrac{du}{dz}$,它作用在截面形心 O 上,对剪心产生与扭转角 φ 方向相同的顺时针扭矩 $M_{T2}=N\dfrac{du}{dz}a$,从而式(4-103)变成:

$$M_{T1}+M_{T2}=M_s+M_w$$

即

$$EI_w\varphi'''-(GI_t-Ni_0^2)\varphi'+Nau'=0 \tag{4-107}$$

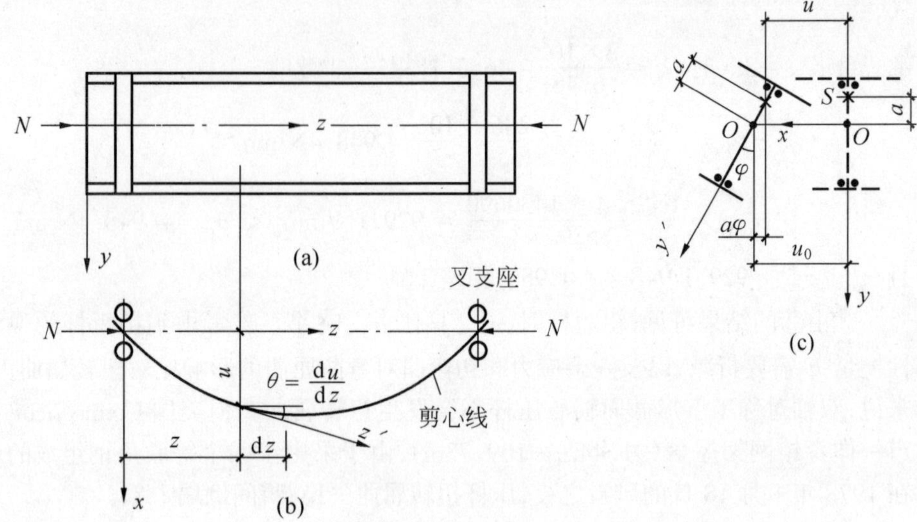

图 4-66　单轴对称截面的弯扭屈曲

上式中有扭转角 φ 和侧移 u 两个未知数，为此还要建立另一个与 φ 和 u 有关的平衡方程——杆对 y 轴的弯曲平衡方程：

$$EI_y u'' + Nu_0 = 0 \tag{4-108}$$

式中　$u_0 = u + a\varphi$——形心 O 的侧向位移(图 4-66c)。

为了使式(4-107)和式(4-108)适应不同的边界条件，上两式可写成：

$$EI_w \varphi^{(4)} - (GI_t - Ni_0^2)\varphi'' + Nau'' = 0 \tag{4-109}$$

$$EI_y u^{(4)} + Nu'' + Na\varphi'' = 0 \tag{4-110}$$

对于两端铰接的杆，变形 u 和 φ 是按正弦曲线的一个半波变化的，这样，弯扭屈曲的临界力 N_{cr}可由下式获得

$$(N_y - N_{cr})(N_w - N_{cr}) - (a/i_0)^2 N_{cr}^2 = 0 \tag{4-111}$$

式中　$N_y = \pi^2 EI_y / l_{oy}^2$——对 y 轴的弯曲屈曲临界力的计算值；

N_w——扭转屈曲临界力的计算值，由式(4-105)计算；

i_0——极回转半径，由下式计算：

$$i_0^2 = a^2 + (I_x + I_y)/A \tag{4-112}$$

由式(4-111)可见，对双轴对称截面，$a = 0$(即截面的形心 O 和剪心 S 重合)，可得 $N_{cr} = N_y$ 或 $N_{cr} = N_w$，取其中的最小值；对单轴对称截面，因 $a \neq 0$，N_{cr}比 N_y 或 N_w 都小，a/i_0愈大，它们之间的差别也愈大。

由于实际压杆存在残余应力 σ_r 和初弯曲 v_0 的影响，杆可能在弹塑性阶段屈曲。考虑弹塑性性能的一种近似计算方法是：根据等效原则，把由式(4-111)得到的弯扭屈曲应力 $\sigma_{cr} = N_{cr}/A$，视为长细比为 λ_{oy}的轴心压杆弯曲屈曲时的欧拉应力，这里的 λ_{oy}称为**换算长细比**：

$$\lambda_{oy} = \pi\sqrt{E/\sigma_{cr}} \tag{4-113}$$

由 λ_{oy} 查附录 4 可得 φ，以确定这种杆的弯扭屈曲承载力。

例 4－9　已知两端“夹支”铰接轴心压杆(图 4－67)，Q235。试计算 ab 杆的弯扭屈曲临界力。

解　$l_{ox}=l_{oy}=l_{ow}=l=250\text{cm}$

(1)截面几何特性

$$A=2(12\times0.8)=19.2\text{cm}^2$$

$$a=\frac{12\times0.8(6+0.4)}{19.2}=3.2\text{cm}$$

$$I_x=(12\times3.6^3-11.2\times2.8^3+0.8\times9.2^3)/3=312.32\text{cm}^4$$

$$i_x=\sqrt{I_x/A}=4.03\text{cm}$$

$$\lambda_x=l_{ox}/i_x=62$$

$$I_y=0.8\times12^3/12=115.2\text{cm}^4$$

$$i_y=\sqrt{I_y/A}=2.45\text{cm}$$

$$\lambda_y=l_{oy}/i_y=102$$

$$I_t=2\times\frac{1}{3}\times12\times0.8^3=4.1\text{cm}^4,$$

$$I_w=0$$

$$i_0^2=a^2+(I_x+I_y)/A=3.2^2+(312.32+115.2)/19.2=32.5\text{cm}^2$$

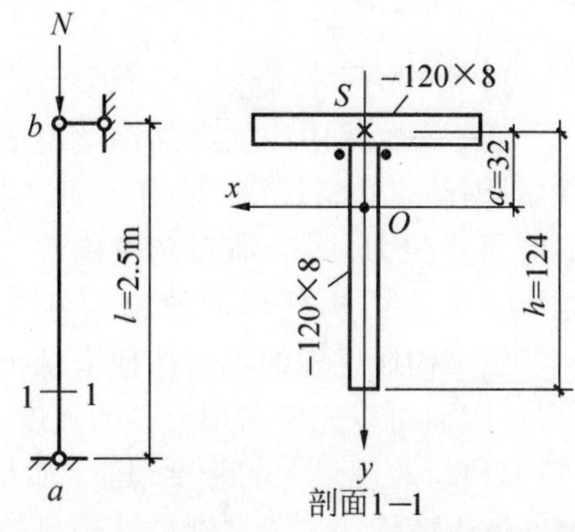

图 4－67　例 4－9 计算简图

(2)计算 N_y 和 N_w(因 EI_x 明显高于 EI_y，故不计算 N_x)

$$N_y=\pi^2EI_y/l_{oy}^2=\pi^2\times206\times115.2\times10^4/2500^2=374.7\text{kN}$$

$$N_w=GI_t/i_0^2=79\times4.1\times10^4/3250=996.6\text{kN}$$

(3)由式(4－111)计算弯扭屈曲临界力 N_{cr}：

$$(374.7-N_{cr})(996.6-N_{cr})-\left(\frac{3.2^2}{32.5}\right)N_{cr}^2=0$$

可得

$N_{cr}=325.1\text{kN}<N_y=374.7\text{kN}$，二者之比$\dfrac{325.1}{374.7}=0.868$，相差 13.2%

(4)讨论

由上面的计算结果：

$$\sigma_{cr}=\frac{N_{cr}}{A}=\frac{325.1\times10^3}{19.2\times10^2}=169.3\text{N/mm}^2$$，这相当于稳定系数：

$$\varphi=\sigma_{cr}/f_y=169.3/235=0.72$$

而按规范[1]的方法，由 $\lambda_y=102$，按照 c 类截面由附表 4－1c 查得稳定系数 $\varphi=0.454$。可见：按规范[1]采用的方法所算得的弯扭屈曲承载力是偏于安全的。

4.9 钢索计算简介

4.9.1 柔性单索

1. 索的力学性能

索——常采用冷拔高强钢丝组成的柔性索:钢丝束和钢铰线。由于柔性不抗弯,只能承受拉力,属于轴心受拉构件。以钢索为主要受力构件形成的结构称为索结构。索结构通过索的轴向拉伸来抵抗外力作用,因而可以充分利用材料的强度,减轻结构自重,跨越很大的跨度,是目前大跨度空间屋盖结构和大跨度索桥结构科技含量最高的结构形式。图 4-68 所示为世界最大跨度的准张拉整体体系,即连续拉、间断压体系——美国乔治亚穹顶(Georgia Dome),椭圆形平面:240.79m×192.02m,用钢量仅 35kg/m²(不包括外环用钢)。

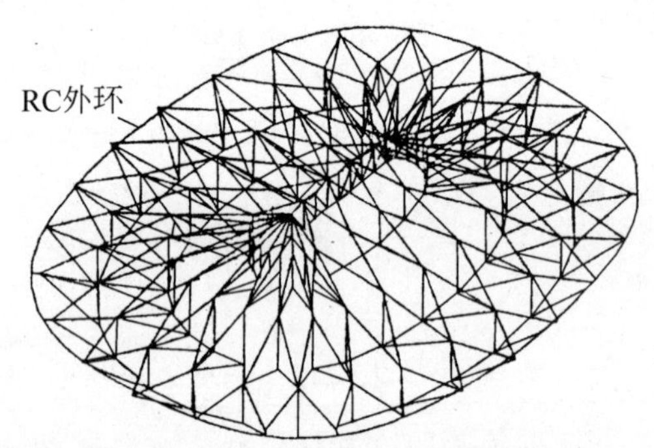

图 4-68 美国乔治亚穹顶(Georgia Dome)
(1996 年第 26 届奥运会主场馆)

高强钢丝的抗拉强度标准值 $f_{ptk}=1470\sim1860\text{N/mm}^2$,设计值 $f_{py}=0.85f_{ptk}/r_R$(抗力分项系数 γ_R 一般取 1.2,见表 4-11)。

高强钢丝的延伸率为 5%~6%。国内生产的冷拔高强钢丝直径有 3~9mm 7 种规格,除直径 3mm 的钢丝外,一般钢丝的直径愈细,其强度愈高,常用的钢丝直径为 4mm 和 5mm。由于高强钢丝很细,故对其质量要求严格,不但要限制硫、磷杂质含量<0.035%,而且对铬、镍的含量也要控制在 0.25%以内。对钢丝的外观质量如直径公差、伤痕、锈蚀等缺陷均有严格要求。

表 4-11 预应力钢筋的强度标准值和设计值(N/mm²)

种类		符号	f_{ptk}	f_{py}	f'_{py}
钢绞线	1×3	ϕS	1860	1320	390
			1720	1220	
			1570	1110	
	1×7		1860	1320	390
			1720	1220	
消除应力钢丝	光面 螺旋肋	ϕP ϕH	1770	1250	410
			1670	1180	
			1570	1110	
	刻痕	ϕI	1570	1110	
热处理钢筋	40Si2Mn	ϕH ϕT	1470	1040	400
	48Si2Mn				
	45Si2Cr				

注:当预应力钢绞线、钢丝的强度标准值不符合表 4-11 的规定时,其强度设计值应进行换算。

平行钢丝束通常由 7 根、19 根、37 根或 61 根直径为 4mm 或 5mm 的钢丝组成，其截面如图 4－69a、b 所示。平行钢丝束的各根钢丝相互平行，它们受力均匀，能充分发挥高强钢丝材料的轴向抗拉强度，弹性模量也与单根钢丝相接近。

钢绞线一般由 7 根钢丝捻成，一根在中心，其余六根在外层同一方向缠绕，标记为(1×7)，见图 4－69a 所示；我国有的厂家还生产由 2 根、3 根钢丝捻成的钢绞线，标记为(1×2)、(1×3)；也有多根钢丝如 19 根、37 根等捻成的钢绞线，分别由三层、四层钢丝组成，标记为(1×19)、(1×37)。国外常用多根钢丝捻成的钢绞线，其外层的钢丝截面有时还采用梯形、S 形等变形截面，如图 4－69d 所示。国内常用(1×7)钢绞线，或多根(1×7)钢绞线平行组成的钢绞线束，如图 4－69c 所示。

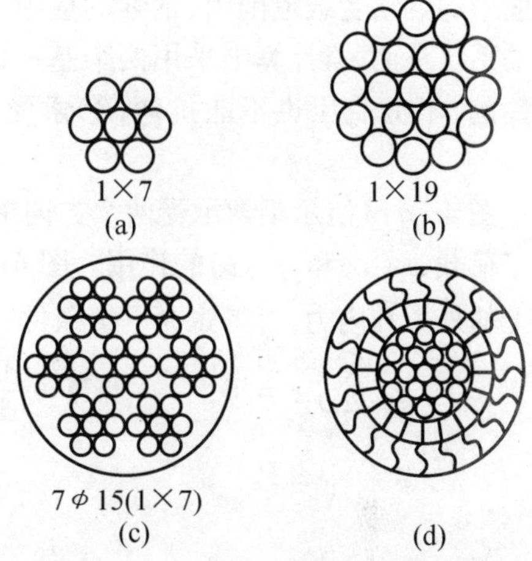

图 4－69　钢丝束、钢绞线

钢绞线受拉时，中央钢丝受力最大，外层钢丝的应力与其捻角大小有关。经测定，其外层钢丝应力大致与捻角 α 余弦的平方($\cos^2\alpha$)成正比。由于各钢丝之间受力不均匀，钢绞线的抗拉强度要比单根钢丝降低 10%～20%，相应地其弹性模量也有所降低。根据拉断试验表明，钢绞线的抗拉强度与捻角之间也大致保持 $\cos^2\alpha$ 的关系。另外对于由镀锌钢丝组成的钢索，计算截面积时包括了镀锌层在内，因此它的强度及弹性模量比不镀锌的低。常用钢绞线的力学性能指标列于表 4－11。

由于钢索是由直径较小的高强钢丝组成，任何因素引起的截面损伤、削弱都会构成索结构的不安全因素，因此为了保证钢索的长期使用，必须作好钢索的防护。钢索防护有以下几种做法：①黄油裹布；②多层塑料涂层，该涂层材料浸以玻璃加筋的丙稀树脂；③多层液体氯丁橡胶，并在表面覆以油漆；④塑料套管内灌液体的氯丁橡胶。可根据钢索的使用环境和具体施工条件选用。如我国的一些体育馆悬索屋盖，大多数露于室内的钢索都采用了黄油裹布的做法。即在编好的钢索外表涂满黄油一道，用布条或麻布条缠绕包裹进行封闭。涂油、裹布应重复 2～3 道，每道包布的缠绕方法与前一道相反。此法简单易行，价格较便宜。暴露于室外的钢索则易采用钢索外加套管内灌液体氯丁橡胶的做法。

不论采用哪种钢索防护做法，在钢索防护前均应注意认真作好除污、除锈，这是钢索防护施工中的首要工序，其目的是使钢索表面达到一定的清洁度，以利于防护涂层的附着和提高防护寿命。根据研究结果表明，影响钢索防护质量的各种因素中，表面处理占 49.5%～60%，因此当钢丝或钢绞线进入施工现场后首先应注意现场保护不使其锈蚀，未镀锌的钢丝或钢绞线应先涂一道红丹底漆。在做保护层前，若遇有钢丝或钢绞线已锈蚀时，应注意彻底清除浮锈；锈蚀严重时则应根据具体情况降低标准使用或不用。

2. 索的平衡方程

由于索的截面尺寸与索长相比很小，计算中不考虑索截面的抗弯刚度。但在某些连接点处，索可能有转折而产生较大的局部弯曲应力，此时应采取正确的节点构造措施。另外，钢索在初次加载时的拉伸图形如图 4－70 中的实线所示。曲线在开始时显出有一定的松弛变形(阶段 1)，随后的主要部分基本上为直线(阶段 2)，当接近极限强度时，才显示出明显的曲线性质(阶段3)。在实际工程中,钢索在使用前均需进行预张拉,可以消除初始阶段的非弹性变形。这样,钢索的变形曲线将如图4-70中的虚线所示。因此,在实际工程应用的钢索受载范围内,钢索的应力-应变曲线符合线性关系。从而,索计算中采用两个基本假定:①索是理想柔性的,不能受压也不能抗弯;②索受拉时符合虎克定律。

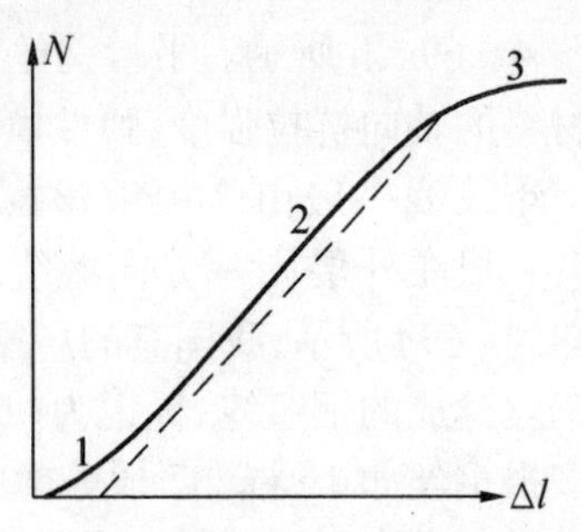

图4-70 高强钢索的拉伸曲线

图4-71a所示钢索承受两个方向单位长度上的任意分布荷载 $q_z(x)$ 和 $q_x(x)$ 的作用。图4-71b为索微分单元上的外力和内力,可得张力平衡条件:

$$\sum x = 0: \qquad H + \frac{dH}{dx}dx - H + q_x dx = 0$$

即

$$\frac{dH}{dx} + q_x(x) = 0 \tag{4-114a}$$

$$\sum z = 0: \qquad H\frac{dz}{dx} + \frac{d}{dx}\left(H\frac{dz}{dx}\right)dx - H\frac{dz}{dx} + q_z dx = 0$$

即

$$\frac{d}{dx}\left(H\frac{dz}{dx}\right) + q_z(x) = 0 \tag{4-114b}$$

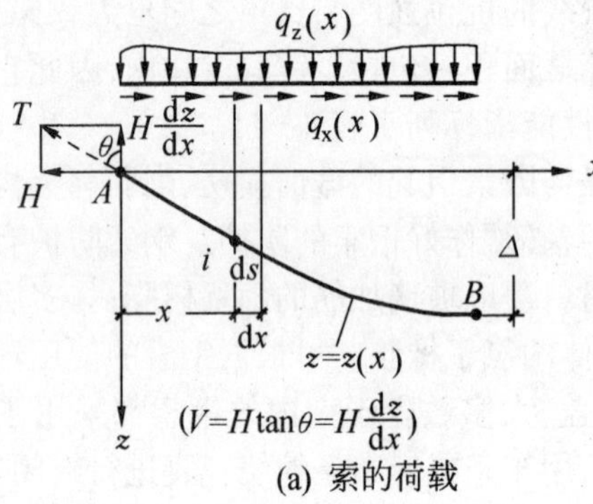

(a) 索的荷载

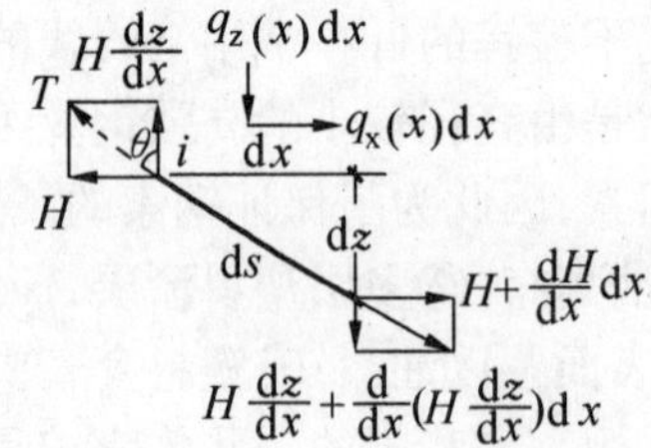

(b) 索微分单元及所作用的外力和内力

图4-71 $q_z(x)$、$q_x(x)$作用下索和索单元

式(4-114)就是单索的基本微分方程。在实际工程中,往往 $q_x(x)=0$,由式(4-114a)可得 $dH=0$,即索张力的水平分量 $H=$ 常数。

式(4-114b)的物理意义是:索曲线在 i 点的二阶导数 $\frac{d^2z}{dx^2}$(小挠度理论时的曲率)与作用在该点的竖向荷载的集度成正比。

(1)当荷载 $q_z(x)$ 沿跨度均布,即 $q_z(x)=q$(常数)时(图4-72),由式(4-114b):

$$\frac{d^2z}{dx^2} = -\frac{q}{H}$$

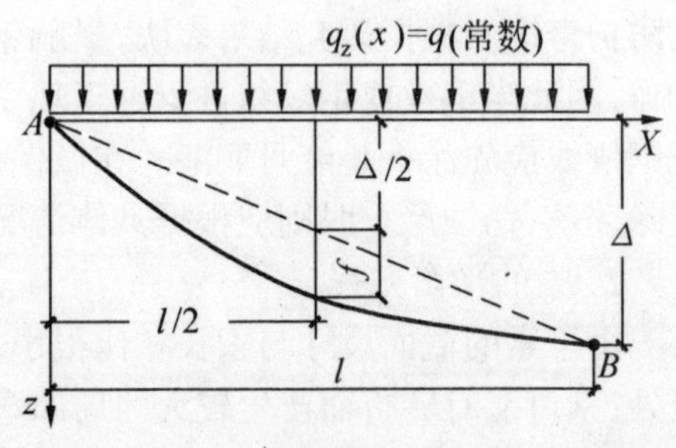

图4-72 荷载沿跨度均布 $q_z(x)=q_z$

积分两次:

$$z=-\frac{q}{2H}x^2+C_1x+C_2 \tag{a}$$

式(a)为一条抛物线。代入边界条件：$x=0$ 时，$z=0$；$x=l$ 时，$z=\Delta$。可得积分常数：

$$C_1=\frac{\Delta}{l}+\frac{ql}{2H};\quad C_2=0$$

代入式(a)，得：

$$z=\frac{q}{2H}x(l-x)+\frac{\Delta}{l}x \tag{4-115}$$

上式中的 H 还是未知的，说明式(4－115)代表的是一族不同垂度的抛物线，从而，还必须补充一个条件才能完全确定抛物线的形状。现将 $x=l/2$ 时，$z=\Delta/2+f$(图 4－72)代入式(4－115)，即可求得：

$$H=\frac{ql^2}{8f} \tag{4-116}$$

回代式(4－115)：

$$z=\frac{4fx(l-x)}{l^2}+\frac{\Delta}{l}x\quad (抛物线) \tag{4-117a}$$

式(4－117a)右侧的第二项代表支座连线 AB 的坐标，因此，第一项就代表以 AB 为基线的索曲线座标。当支座坐标等高，$\Delta=0$ 时：

$$z=\frac{4fx(l-x)}{l^2} \tag{4-117b}$$

由图 4－71b
$$T^2=H^2+\left(H\frac{\mathrm{d}z}{\mathrm{d}x}\right)^2$$

可得
$$T=H\sqrt{1+\left(\frac{\mathrm{d}z}{\mathrm{d}x}\right)^2} \tag{4-118}$$

对式(4－117b)求导，得曲线斜率为：

$$\frac{\mathrm{d}z}{\mathrm{d}x}=\frac{4f}{l}\left(1-\frac{2x}{l}\right)\bigg|_{x=0(A点)} \tag{b}$$

$$=4f/l \tag{c}$$

将式(c)代入式(4－118)可得最大值(支座点)：

$$\left(\frac{T}{H}\right)_{\max}=\sqrt{1+16\frac{f^2}{l^2}}$$

将式(b)代入式(4－118)，可得平均值：

$$\left(\frac{T}{H}\right)_{\mathrm{mean}}=\frac{1}{l}\int_0^l\sqrt{1+\left(\frac{\mathrm{d}z}{\mathrm{d}x}\right)^2}\mathrm{d}x=\frac{1}{l}\int_0^l\sqrt{1+\frac{16f^2}{l^2}\left(1-\frac{2x}{l}\right)^2}\mathrm{d}x$$

表 4－12

f/l	$(T/H)_{\max}$	$(T/H)_{\mathrm{mean}}$
0.05	1.0189	1.0066
0.10	1.0770	1.0260
0.15	1.1662	1.0571
0.20	1.2806	1.0983

(2)当荷载沿索长均布时(图 4-73a)

由图 4-73b：$q\mathrm{d}s = q_z(x)\mathrm{d}x$，可得 $q_z(x) = q\dfrac{\mathrm{d}s}{\mathrm{d}x} = q\sqrt{1+\left(\dfrac{\mathrm{d}z}{\mathrm{d}x}\right)^2}$，代入式(4-114b)：

$$H\frac{\mathrm{d}^2 z}{\mathrm{d}x^2} + q\sqrt{1+\left(\frac{\mathrm{d}z}{\mathrm{d}x}\right)^2} = 0 \tag{4-119}$$

求解可得满足图 4-73 边界条件的解：

$$z = \frac{H}{q}\left[\cosh\alpha - \cosh\left(\frac{2\beta x}{l} - \alpha\right)\right] \tag{4-120a}$$

式中

$$\alpha = \sinh^{-1}\left[\frac{\beta(\Delta/l)}{\sinh\beta}\right] + \beta$$

$$\beta = \frac{ql}{2H}$$

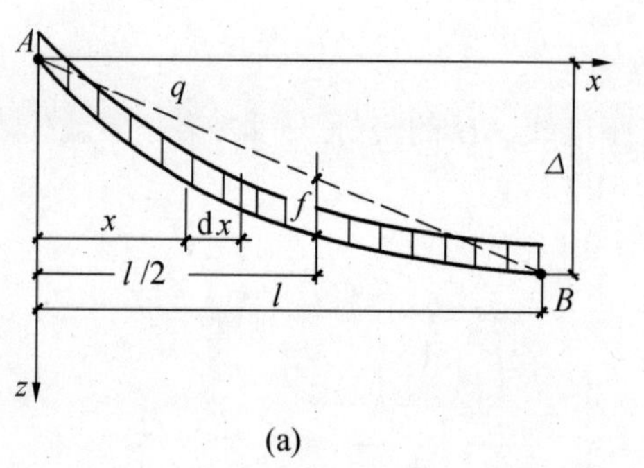

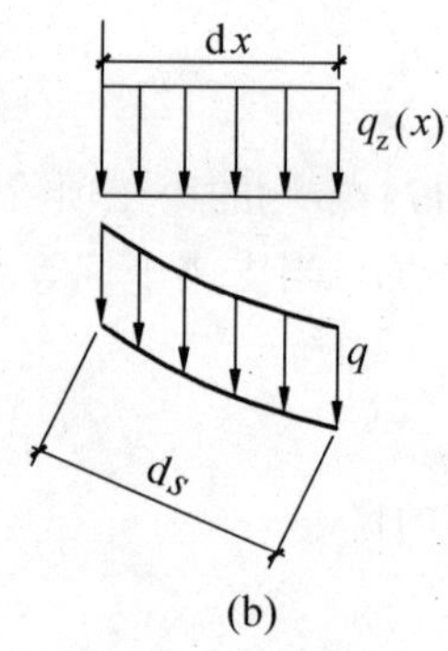

图 4-73　荷载 q 沿索长均布

式(4-120a)代表的是一族悬链线。与抛物线的情形相同，只要给定曲线上任一点的坐标值(如跨中垂直 f)，整条曲线即可完全确定。

当 $\Delta = 0$ 时，$\alpha = \beta = \dfrac{ql}{2H}$，代入式(4-120a)：

$$z = \frac{H}{q}\left[\cosh\alpha - \cosh\left(\frac{qx}{H} - \alpha\right)\right] \tag{4-120b}$$

当 $x = l/2$ 时，可得跨中垂度：

$$f = \frac{H}{q}(\cosh\alpha - 1) \tag{4-121}$$

当给定 f 后，由式(4-121)即可算出 H(注意：α 中包含 H)，然后整条曲线就可由式(4-120b)完全确定。

悬链线与抛物线的坐标比较见图 4-74。当二者的垂度 f 相同时，坐标的最大差值 $d_{\max}$ 大约在 $l/5$ 跨度处。当 $f/l = 0.3$ 时，$d_{\max} = 0.21\% f$。

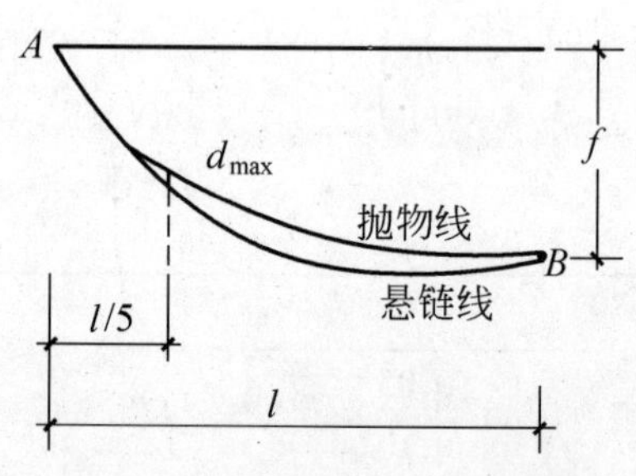

图 4-74　悬链线与抛物线的比较

可见，两条曲线的差异微小。由于悬链线屋盖中，索都比较平坦，把荷载 q_z 沿水平均布，其结果的误差很小。

(3)索的长度

由图 4-71b 索微分单元：

$$ds = \sqrt{dx^2 + dz^2} = \sqrt{1 + \left(\frac{dz}{dx}\right)^2}\,dx$$

积分得索的长度(图 4-72)：

$$s = \int_A^B ds = \int_0^l \sqrt{1 + \left(\frac{dz}{dx}\right)^2}\,dx \tag{4-122a}$$

式中函数$\sqrt{1+\left(\frac{dz}{dx}\right)^2}$是无理式，积分较复杂。在实际工程中，索垂度不大，$\left(\frac{dz}{dx}\right)^2$与 1 相比是小量。可将$\sqrt{1+\left(\frac{dz}{dx}\right)^2}$按级数展开：

$$\sqrt{1 + \left(\frac{dz}{dx}\right)^2} = 1 + \frac{1}{2}\left(\frac{dz}{dx}\right)^2 - \frac{1}{8}\left(\frac{dz}{dx}\right)^4 + \frac{1}{16}\left(\frac{dz}{dx}\right)^6 - \frac{5}{128}\left(\frac{dz}{dx}\right)^8 + \cdots$$

取上式前两项或三项，式(4-122a)变成：

$$s = \int_0^l \left[1 + \frac{1}{2}\left(\frac{dz}{dx}\right)^2\right]dx \tag{4-122b}$$

或

$$s = \int_0^l \left[1 + \frac{1}{2}\left(\frac{dz}{dx}\right)^2 - \frac{1}{8}\left(\frac{dz}{dx}\right)^4\right]dx \tag{4-122c}$$

例 4-10　试分析 A、B 支座等高时的抛物线索的长度。

解　对式(4-117a)求导：

$$\frac{dz}{dx} = \frac{4f + \Delta}{l} - \frac{8f}{l^2}x \tag{a}$$

并代入式(4-122b)或式(4-122c)

$$s = l\left(1 + \frac{\Delta^2}{2l^2} + \frac{8f^2}{3l^2}\right)\bigg|_{\Delta=0} = l\left(1 + \frac{8f^2}{3l^2}\right) \tag{b}$$

或

$$\begin{aligned} s &= l\left(1 + \frac{\Delta^2}{2l^2} + \frac{8f^2}{3l^2} - \frac{\Delta^4}{8l^4} - \frac{32f^4}{5l^4} - \frac{4\Delta^2 f^2}{l^4}\right)\bigg|_{\Delta=0} \\ &= l\left(1 + \frac{8f^2}{3l^2} - \frac{32f^4}{5l^4}\right) \end{aligned} \tag{c}$$

如果将式(a)代入式(4-122a)，就可得到抛物线索长度 s 的精确表达式。当 $\Delta = 0$ 时：

$$s = \frac{l}{2}\sqrt{1 + \frac{16f^2}{l^2}} + \frac{l^2}{8f}\ln\left[\frac{4f}{l} + \sqrt{1 + \frac{16f^2}{l^2}}\right] \tag{d}$$

索长度计算公式(b)、(c)、(d)的比较，见表 4-13 所示。

表 4-13 索长度计算公式的比较

$\frac{f}{l}$	索长 s					索在荷载作用下的伸长量:$\delta=s-l$				
	精确值式(d)	按式(b)		按式(c)		精确值按式(d)	按式(b)		按式(c)	
		值	误差	值	误差		值	误差	值	误差
0.05	$1.0066l$	$1.0067l$	0.01%	$1.0066l$	-0.00%	$0.0066l$	$0.0067l$	1.00%	$0.0066l$	-0.00%
0.10	$1.0260l$	$1.0267l$	0.07%	$1.0260l$	-0.00%	$0.0260l$	$0.0267l$	2.57%	$0.0260l$	-0.00%
0.15	$1.0571l$	$1.0600l$	0.27%	$1.0568l$	-0.03%	$0.0571l$	$0.0600l$	5.08%	$0.0568l$	-0.53%
0.20	$1.0985l$	$1.1067l$	0.75%	$1.0964l$	-0.19%	$0.0985l$	$0.1067l$	8.32%	$0.0964l$	-2.13%
0.25	$1.1478l$	$1.1667l$	1.65%	$1.1417l$	-0.53%	$0.1478l$	$0.1667l$	12.79%	$0.1417l$	-4.13%
0.30	$1.2043l$	$1.2400l$	2.96%	$1.1882l$	-1.34%	$0.2043l$	$0.2400l$	12.47%	$0.1882l$	-7.88%

由表 4-13 可见:当 $f/l\leqslant 0.1$ 时(多数实际工程中)用二项式(b);当 $f/l\leqslant 0.2$ 时用三项式(c),都可得到十分满意的精度。

对式(b)微分:

$$\mathrm{d}s=\frac{16f}{3l}\mathrm{d}f$$

即

$$\mathrm{d}f=\frac{3l}{16f}\mathrm{d}s \tag{e}$$

索长的变化 $\mathrm{d}s$ 可能由于索的拉伸、索的温差、支座位移或索锚固处的滑移等因素引起。由式(e)可见,当垂跨比 f/l 不大时,较小的 $\mathrm{d}s$ 变化将引起较显著的 f 变化。如当 $f/l=0.1$ 时,$\mathrm{d}f=1.875\mathrm{d}s$。

(4)索的变形协调方程

前面讲述了柔性单索的曲线方程和索的长度计算,但还不能解决实际工程问题。

现设索的一种"初始状态"(简称"始态",分量用右下脚标"0"标记),如初始荷载 q_0、索的初始形状 z_0、相应的初始拉力水平分量 H_0 等。索施加荷载增量 Δq 后,由始态转变到一个新的状态,称为"最终状态"或"荷载状态"(简称"终态")。从而,终态荷载为 $q=q_0+\Delta q$,终态坐标 $z=z_0+w$(图 4-75),终态内力 $H=H_0+\Delta H$ 等,其中位移 w 和 ΔH 是未知量,需要求解。必须指出,由于 q 是已知数,z 的形状也就已知,只要知道索曲线某一点的坐标(如索中垂度 f),整条曲线即可确定。同样,索各点的内力也可根据 H 值唯一确定。

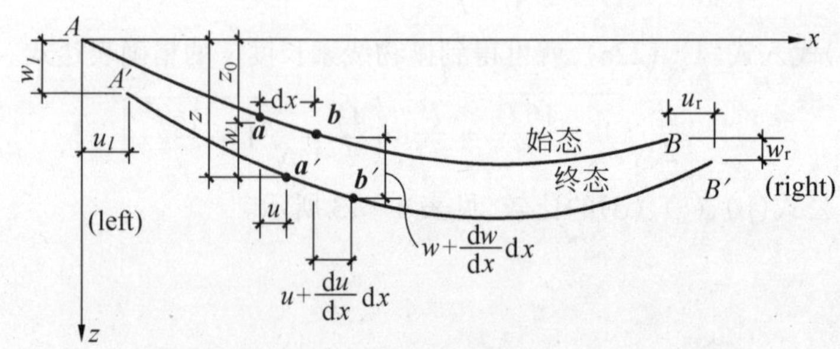

图 4-75 柔性单索的始态与终态

索的平衡方程只给出某一特定“状态”下 q、z、H 三者之间的关系(即平衡关系),而不能考虑“状态”的变化过程。所以,仅用平衡方程无法解决上面提出的实际问题。从数学角度来看,要求解 z(或 w)和 H(或 ΔH)两个未知量,只有一个平衡方程也不够。因此,必须在索由始态过渡到终态的过程中,考虑索的变形和位移情况,建立索的变形协调方程。

设索由始态过渡到终态时,左、右支座产生的位移(u_l、w_l)、(u_r,w_r)。同时,假定索在此过程中的温度变化为 Δt。

考察微分单元 ab(图 4-75),长度为:

$$ds_0 = \sqrt{dx^2 + dz_0^2} = \sqrt{1 + \left(\frac{dz_0}{dx}\right)^2}\,dx$$

变化后位置 $a'b'$,长度是:

$$\begin{aligned} ds &= \sqrt{(dx + du)^2 + dz^2} = \sqrt{\left(1 + \frac{du}{dx}\right)^2 + \left(\frac{dz}{dx}\right)^2}\,dx \\ &= \sqrt{1 + 2\frac{du}{dx} + \left(\frac{du}{dx}\right)^2 + \left(\frac{dz}{dx}\right)^2}\,dx \\ &\approx \sqrt{1 + 2\frac{du}{dx} + \left(\frac{dz}{dx}\right)^2}\,dx \end{aligned}$$

在上式中,由于 u 与 z 相比是高阶微量,故略去$\dfrac{du}{dx}$的二次幂项。

微分单元的伸长:$ds - ds_0 = \sqrt{1+2\dfrac{du}{dx} + \left(\dfrac{du}{dx}\right)^2}\,dx - \sqrt{1 + \left(\dfrac{dz_0}{dx}\right)^2}\,dx$,展开根号并保留微量的第一项,可得:

$$ds - ds_0 = \left[\frac{du}{dx} + \frac{1}{2}\left(\frac{dz}{dx}\right)^2 - \frac{1}{2}\left(\frac{dz_0}{dx}\right)^2\right]dx$$

整根索之总伸长:

$$\begin{aligned} \Delta s &= \int_l (ds - ds_0) = \int_l \left[\frac{du}{dx} + \frac{1}{2}\left(\frac{dz}{dx}\right)^2 - \frac{1}{2}\left(\frac{dz_0}{dx}\right)^2\right]dx \\ &= u_r - u_l + \frac{1}{2}\int_l \left[\left(\frac{dz}{dx}\right)^2 - \left(\frac{dz_0}{dx}\right)^2\right]dx \end{aligned} \tag{4-123a}$$

将 $z = z_0 + w$ 代入式(4-123a):

$$\Delta s = u_r - u_l + \int_l \left[\frac{dz_0}{dx}\cdot\frac{dw}{dx} + \frac{1}{2}\left(\frac{dw}{dx}\right)^2\right]dx \tag{4-123b}$$

索的伸长由索内力增量 ΔT 和温度差 Δt 引起,即

$$\begin{aligned} \Delta s &= \int_0 \left(\frac{\Delta T}{EA} + \alpha\Delta t\right)ds_0 = \int_l \left(\frac{\Delta H}{EA}\cdot\frac{ds_0}{dx} + \alpha\Delta t\right)\frac{ds_0}{dx}dx \\ &= \frac{\Delta H}{EA}\int_l \left(\frac{ds_0}{dx}\right)^2 dx + \alpha\Delta t\int_l \frac{ds_0}{dx}dx \\ &= \frac{\Delta H}{EA}\int_l \left[1 + \left(\frac{dz_0}{dx}\right)^2\right]dx + \alpha\Delta t\int_l \sqrt{1 + \left(\frac{dz_0}{dx}\right)^2}\,dx \qquad \text{(a)} \\ &= \frac{\Delta H}{EA}l\xi + \alpha\Delta t\cdot l\eta \qquad \text{(b)} \end{aligned}$$

式中
$$\xi = \frac{1}{l}\int_l \left[1 + \left(\frac{dz_0}{dx}\right)^2\right] dx$$

$$\eta = \frac{1}{l}\int_l \sqrt{1 + \left(\frac{dz_0}{dx}\right)^2} dx \approx \frac{1}{l}\int_l \left[1 + \frac{1}{2}\left(\frac{dz_0}{dx}\right)^2\right] dx \tag{c}$$

当索为式(4-117a)所表达的抛物线,可推导

$$\xi = 1 + \frac{16}{3}\frac{5^2}{l^2} + \frac{\Delta^2}{l^2}$$

$$\eta = 1 + \frac{8}{3}\frac{5^2}{l^2} + \frac{\Delta^2}{2l^2}$$

在小挠度理论中,式(c)中的$\left(\frac{dz_0}{dx}\right)^2$与1比较,可以忽略,即令$\xi = \eta = 1$,式(b)变成:

$$\Delta s = \frac{\Delta H}{EA} l + \alpha \Delta t \cdot l$$

$$= \frac{H - H_0}{EA} l + \alpha \Delta t \cdot l \tag{4-123c}$$

令式(4-123a)或(4-123b)与式(4-123c)相等,可得索的**变形协调方程**:

$$\frac{H - H_0}{EA} l = (u_r - u_l) + \frac{1}{2}\int_l \left[\left(\frac{dz}{dx}\right)^2 - \left(\frac{dz_0}{dx}\right)^2\right] dx - \alpha \Delta t \cdot l \tag{4-124a}$$

或

$$\frac{H - H_0}{EA} l = (u_r - u_l) + \int_l \left[\frac{dz_0}{dx} \cdot \frac{dw}{dx} + \frac{1}{2}\left(\frac{dw}{dx}\right)^2\right] dx - \alpha \Delta t \cdot l \tag{4-124b}$$

试算表明,当$f/l \leqslant 0.1$时,采用近似公式(4-123c),可以得到满意的精度。

索的平衡方程(4-114)、变形协调方程(4-124)是索屋盖结构的理论基础。

(5)索的解法

现不考虑式(4-124)右端第1、3两项,用例来说明柔性抛物线单索问题的解法。始态和终态时的索长:

$$s_0 = l\left[1 + \frac{1}{2}\left(\frac{\Delta}{l}\right)^2 + \frac{8}{3}\left(\frac{f_0}{l}\right)^2\right]$$

$$s = l\left[1 + \frac{1}{2}\left(\frac{\Delta}{l}\right)^2 + \frac{8}{3}\left(\frac{f}{l}\right)^2\right]$$

索的变形协调方程:

$$\frac{H - H_0}{EA} l = \Delta s = s - s_0 = \frac{8}{3}\frac{f^2 - f_0^2}{l} \tag{a}$$

式(a)可见,索的伸长量Δs与索的两个支座高差无关。

平衡方程:

$$f_0 = \frac{q_0 l^2}{8H_0} \tag{b}$$

$$f = \frac{q l^2}{8H} \tag{c}$$

将式(b)和式(c)代入式(a):

$$H - H_0 = \frac{EAl^2}{24}\left[\left(\frac{q}{H}\right)^2 - \left(\frac{q_0}{H_0}\right)^2\right] \tag{4-125}$$

上式求解 H 的三次方程，通常采用**迭代法**。

例 4-11　已知：$A=0.674\text{cm}^2$，$E=170\text{kN/mm}^2$，$l=8\text{m}$，$H_0=10\text{kN}$，$q_0=0.2\text{kN/m}$，$q=0.5\text{kN/m}$。求抛物线索内的水平张力 H 和始态、终态的跨中垂度。

解　将已知数代入式(4-125)，整理后得：

$$H^3+2.222H^2-7639=0$$

改写为迭代式：

$$H=\sqrt{\frac{7639}{H+2.222}}$$

先估计初始值，数次迭代后 $H=18.98\text{kN}$，从而

$$f_0=\frac{q_0l^2}{8H_0}=\frac{0.2\times8^2}{8\times10}=0.160\text{m}$$

$$f=\frac{ql^2}{8H}=\frac{0.5\times8^2}{8\times18.98}=0.211\text{m}$$

由于柔性索不抗弯，特别是在局部荷载下，会产生较大的机构性位移(图 4-76b)。常需采取各种措施，如施加预应力(双层索系和鞍形索网)、采用重屋面、设置横向加劲构件等，来提高结构的形状稳定性，这样却加大了边缘支承结构的负担。为此，采用劲性索(图 4-77a)就可改善上述缺点。下面介绍劲性索。

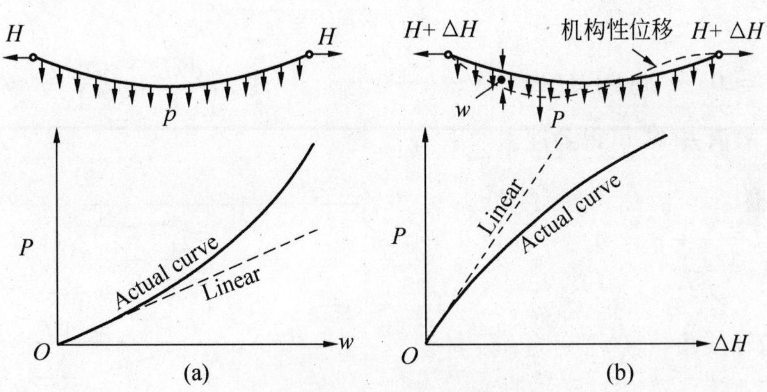

图 4-76　柔性索响应的非线性

4.9.2　劲性索

图 4-77b 所示 1980 年莫斯科第 22 届奥运会中心体育场工程，总用钢 127.2kg/m²，其中劲性索和环向加劲肋 14.4kg/m²，内环 5.6kg/m²，外环(包 RC 配筋)47kg/m²，钢板膜 40kg/m²，钢柱及配件 20.2kg/m²。224m×183m 椭圆形屋盖承重结构自重仅为 60kg/m²。

基本假设：①材料符合虎克定律；②竖向荷载作用下的小挠度理论；③索的曲率半径 R 与劲性索截面高度 h 之比≥5。

图 4-78 所示劲性索微分段。根据微分段的平衡条件，并略去高阶微量，可得：

$$\sum z=0,\qquad \mathrm{d}V+q\mathrm{d}x=0\qquad 即\quad \frac{\mathrm{d}V}{\mathrm{d}x}+q=0 \tag{a}$$

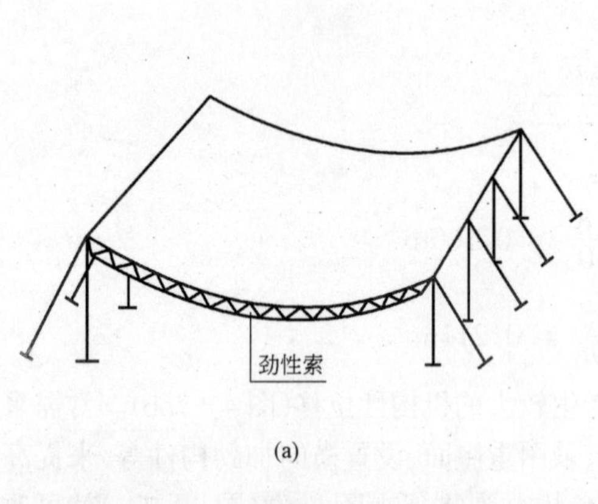

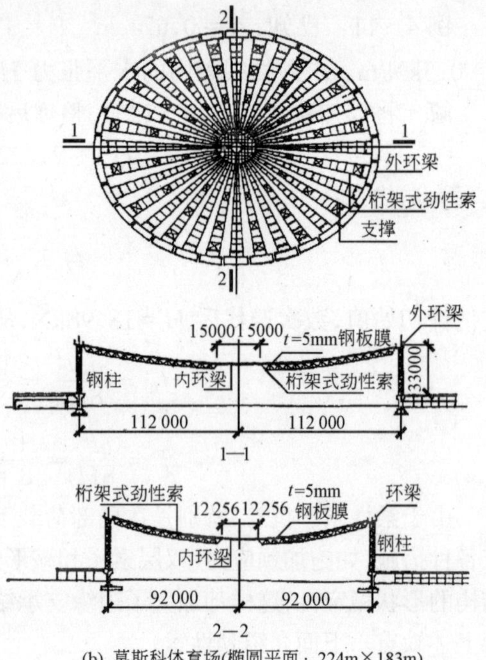

(b) 莫斯科体育场(椭圆平面：224m×183m)

图 4-77 劲性索及工程实例

$$\sum M = 0 \quad \mathrm{d}M + H\mathrm{d}z - V\mathrm{d}x = 0, \quad 即 \quad \frac{\mathrm{d}M}{\mathrm{d}x} + H\frac{\mathrm{d}z}{\mathrm{d}x} - V = 0 \tag{b}$$

联立式(a)和(b)消去 V,可得劲性索的平衡方程:

$$\frac{\mathrm{d}^2 M}{\mathrm{d}x^2} + H\frac{\mathrm{d}^2 z}{\mathrm{d}x^2} + q = 0 \tag{4-126}$$

式中 $z = z_0 + w$

劲性索的轴线由 $z_0(x)$变为$z(x)$,索的长度和曲率都有了变化。索长改变应与索的拉伸和温差协调,可导出第一个变形协调方程(与柔性索类似):

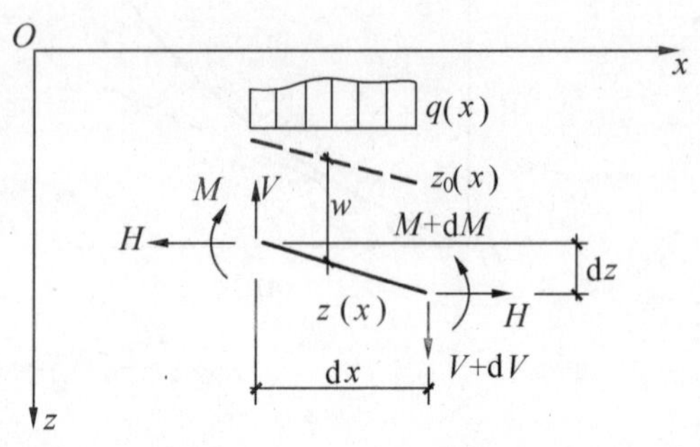

图 4-78 劲性索的微分单元

$$\frac{H}{EA}l = (u_r - u_l) + \int_l \left[\frac{\mathrm{d}z_0}{\mathrm{d}x}\cdot\frac{\mathrm{d}w}{\mathrm{d}x} + \frac{1}{2}\left(\frac{\mathrm{d}w}{\mathrm{d}x}\right)^2\right]\mathrm{d}x - \alpha\Delta t\cdot l \tag{4-127}$$

索轴线曲率的变化则应与劲性索的受弯和受剪变形相协调。劲性索的挠度 w 可分解为两部分:弯曲引起 $w_M(x)$和剪切引起 $w_V(x)$,即

$$w(x) = w_M(x) + w_V(x) \tag{c}$$

将式(c)两次求导,并注意到 $\frac{\mathrm{d}^2 w_M}{\mathrm{d}x^2} = -\frac{M(x)}{EI}$,$\frac{\mathrm{d}w_V}{\mathrm{d}s} = \gamma = \frac{V}{C}$,及$\frac{\mathrm{d}V}{\mathrm{d}x} = -q$,可得:

$$\frac{\mathrm{d}^2 w}{\mathrm{d}x^2} = -\frac{M(x)}{EI} - \frac{q}{C}$$

即第二个变形协调方程为：

$$M(x) = -EI\frac{\mathrm{d}^2 w}{\mathrm{d}x^2} - \frac{EI}{C}q \tag{4-128}$$

联立式(4－126)、式(4－127)和式(4－128)三个方程，可解出三个未知数：$w(x)$、$M(x)$和 H；联立式(4－126)和式(4－127)消去 $M(x)$，可得四阶微分方程：

$$\frac{\mathrm{d}^4 w}{\mathrm{d}x^4} - k^2\frac{\mathrm{d}^2 w}{\mathrm{d}x^2} = \frac{q}{EI} + k^2\frac{\mathrm{d}^2 z_0}{\mathrm{d}x^2} - \frac{1}{C}\frac{\mathrm{d}^2 q}{\mathrm{d}x^2} \tag{4-129}$$

通解：

$$w(x) = (C_1 + C_2 x + C_3\mathrm{e}^{kx} + C_4\mathrm{e}^{-kx}) + w^*(x) \tag{4-130}$$

式中　$k^2 = \frac{H}{EI}$；

$C_i(i=1\sim4)$——待定系数。

$w^*(x)$为方程特解。

将式(4－130)代入式(4－127)，可得到一个以水平张力 H 为未知数的超越方程式，解之得 H，然后回代到式(4－130)解出位移 $w(x)$。再由式(4－128)求索内弯矩 $M(x)$，由式(b)导出剪力：

$$V(x) = \frac{\mathrm{d}M}{\mathrm{d}x} + H\frac{\mathrm{d}(z_0 + w)}{\mathrm{d}x} \tag{4-131}$$

4.9.3　马鞍形索网概念

马鞍形索网由两组相互正交、曲率相反的钢索直接叠交，而形成的一种负高斯曲率的曲面索结构(图 4－79)。两组索中，下凹的承重索在下面，上凸的稳定索在上面。对鞍形索网必须进行预张拉。

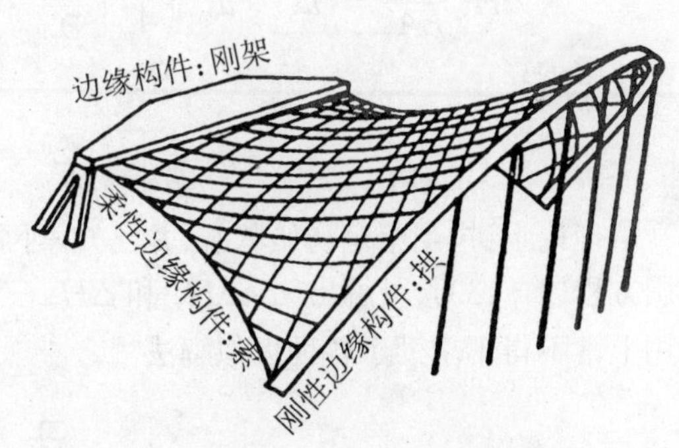

图 4－79　鞍形索网的刚、柔性边缘构件

索网计算的基本假定，与柔性单索相同，且还应增加 2 个假定：承重索与稳定索在交点处必须用 U 型螺栓连牢；只考虑小垂度、仅承受竖向荷载。

索网的计算有两种基本类型：离散理论和连续化理论。前者以节点位移为基本未知量，而以节点之间的索段作为计算单元，这种方法是计算机解法的基础；后者则是将索的截面沿曲面匀开，将索网视为薄膜进行计算，这种方法是许多实用计算法的基础。

与单索一样，在索网计算中也要明确规定一个初始态，已知初始形态、初始荷载、索内初始张力等。从理论的角度看，任何一种受力状态均可作为初始态。在实际计算中，则往往将尚未受外荷作用的预应力状态作为始态，由此出发，计算受荷状态。但也可将已有的均布恒载作用的"正常工作状态"设计成某种预定的状态，并以之作为初始态，由此出发反算相应的预应力状态和计算其他各种受荷状态。

索网理论是几何非线性的，因此，不能应用迭加原理。

这里只列出连续化理论导出的索网平衡方法和协调方程(图 4-80)。

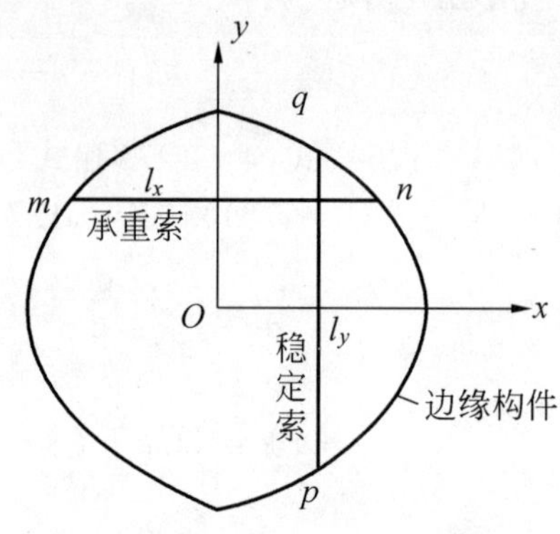

图 4-80　索网的平面图

仿单索式(4-114b),可得索网平衡方程:

$$H_{x0}\frac{\partial^2 z_0}{\partial x^2}+H_{y0}\frac{\partial^2 z_0}{\partial y^2}+q_0=0 \tag{4-132a}$$

略作变换后可写成:

$$H_x\frac{\partial^2 z}{\partial x^2}+H_y\frac{\partial^2 z}{\partial y^2}+q=0 \tag{4-132b}$$

将式(4-132b)略作变换后可写成:

$$(H_{x0}+\Delta H_x)\left(\frac{\partial^2 z_0}{\partial x^2}+\frac{\partial^2 w}{\partial x^2}\right)+(H_{y0}+\Delta H_y)\left(\frac{\partial^2 z_0}{\partial y^2}+\frac{\partial^2 w}{\partial y^2}\right)+q_0+\Delta q=0$$

展开后,再减去式(4-132a),可得索网平衡方程的增量形式:

$$H_{x0}\frac{\partial^2 w}{\partial x^2}+H_{y0}\frac{\partial^2 w}{\partial y^2}+\Delta H_x\left(\frac{\partial^2 z_0}{\partial x^2}+\frac{\partial^2 w}{\partial x^2}\right)+\Delta H_y\left(\frac{\partial^2 z_0}{\partial y^2}+\frac{\partial^2 w}{\partial y^2}\right)+\Delta q=0 \tag{4-132c}$$

仿单索式(4-124b),可得索网变形协调方程:

承重索:

$$\Delta H_x\frac{l_x}{EA_x}=u_n-u_m+\int_m^n\left[\frac{\partial z_0}{\partial x}\cdot\frac{\partial w}{\partial x}+\frac{1}{2}\left(\frac{\partial w}{\partial x}\right)^2\right]dx-\alpha\Delta t\cdot l_x \tag{4-133a}$$

稳定索:

$$\Delta H_y\frac{l_y}{EA_y}=v_q-v_p+\int_p^q\left(\frac{\partial z_0}{\partial y}\cdot\frac{\partial w}{\partial y}+\frac{1}{2}\left(\frac{\partial w}{\partial y}\right)^2\right]dy-\alpha\Delta t\cdot l_y \tag{4-133b}$$

从理论上讲,当给定初始状态,并已知索网边缘构件时,由式平衡方程(4-132c)及变形协调方程(4-133),可解出 w、ΔH_x 和 ΔH_y 三个未知量。但直接求解这些方程并非易事。实用上常不得不求助于各种近似解法[20]。

习　题

4-1　已知某轴心拉杆(图 4-81),钢材 Q235,验算杆的截面。若截面尺寸不够,应改用什么角钢?

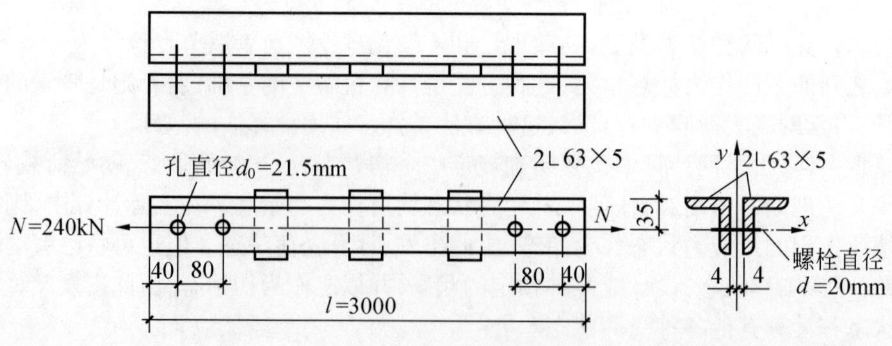

图 4-81　习题 4-1

4－2　已知某轴心受压柱 AB(图 4－82)，钢材 Q235，焊条 E43。试选：①普通热轧工字型钢(图 4－82a)；②用三块钢板焊成的工字形截面(图 4－82b)。

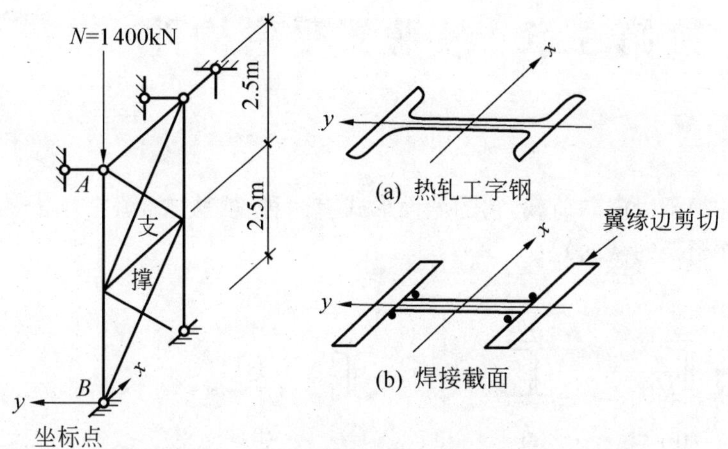

图 4－82　习题 4－2

4－3　已知基础砼 C20，设计习题 4－2 焊接柱的柱头和柱脚。

4－4　已知焊接箱形截面轴心压杆(图 4－83)，板厚 $t=16$mm，钢材 Q235－B，试验算该压杆的整体稳定性和板件的局部稳定性。

4－5　已知图 4－84(钢材 Q235－B，焊条 E43)，试分别设计格构式轴心受压缀条、缀板构件。

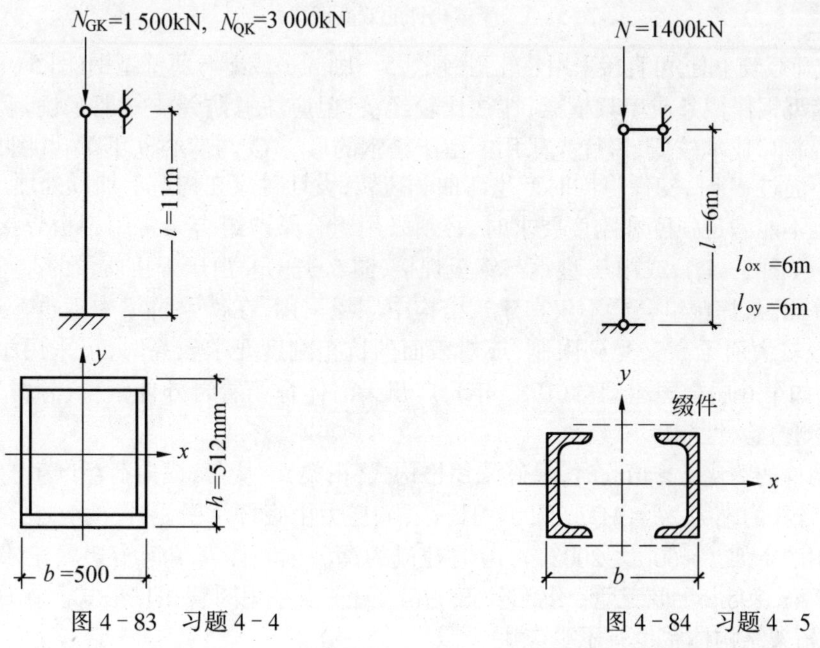

图 4－83　习题 4－4　　图 4－84　习题 4－5

第5章　实腹式受弯构件

受弯构件(梁式)承受横向荷载,它的截面形式有两种:实腹式(图5-1a～k)和格构式(图5-1l～n,平面桁架的截面)。

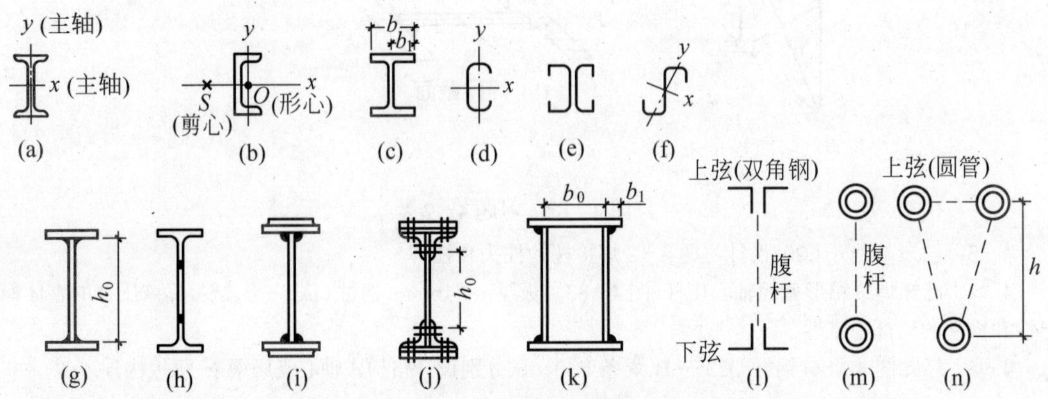

图5-1　受弯构件的截面形式

当跨度或荷载较小时,可直接采用热轧型钢(图5-1a、b、c)或冷弯薄壁型钢(图5-1d、e、f)。采用冷弯薄壁型钢作檩条或墙架横梁,往往比较经济,但应注意防锈。一般来说,型钢梁加工方便,制造简单,成本较低,可优先采用。由于槽钢的形心 O 与剪心 S 不重合(图5-1b),当横向荷载不通过 S 时,构件将同时产生弯曲和扭转,设计时应在构造上加以处理。

当型钢梁不能满足强度和刚度要求时,必须采用组合梁。组合梁常用钢板焊接(图5-1g、i、k)或铆接(图5-1j),或用T型钢与钢板焊接(图5-1h)。由于焊接质量的改善和铆接梁费钢费工等原因,焊接组合梁不仅在建筑结构中广泛采用,在铁路桥梁中现也普遍采用。当跨度或荷载较大而梁高又受到限制,或对截面的抗扭刚度要求较高时,可采用箱形截面(图5-1k)。如第6届全国运动会(1987年),广州天河体育场看台外伸钢梁(悬臂25m)箱形截面,经实测检验,性能良好。

当受弯构件的跨度 $l>40\text{m}$ 时,最好采用格构式(桁架)。从而,横向荷载产生的弯矩 M 转化为上、下弦杆的轴力 $N=M/h$(图5-1l、m、n),剪力由腹杆承受。1960年,在全国人民大会堂中采用的桁架 $l=60\text{m}$。2002年10月建成的深圳宝安体育馆钢桁架屋盖,跨度 $l=100\text{m}$,外伸臂48.295m上弦三管,用钢量68kg/m^2,管节点采用圆管相贯形式。在现代大型结构中,巨形桁架结构体系也有不少应用。

5.1　梁格的布置

梁格是由纵横交错的主、次梁组成的平面体系。楼面上的荷载通过铺板、梁、墙或柱,最后传给基础。

梁格有三种类型：

(1)简式梁格(图 5-2a)　只有主梁，铺板直接放在主梁上。适用于小跨度的楼盖、平台结构。

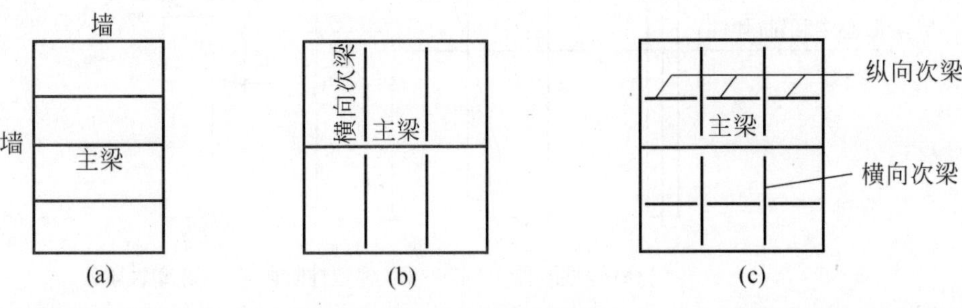

图 5-2　梁格布置

(2)普通式梁格(图 5-2b)　在各主梁之间设置若干横向次梁，将铺板划分成较小区格，借以减小铺板的厚度。

(3)复式梁格(图 5-2c)　在普通梁格的横向次梁之间，再设置纵向次梁，使铺板的区格尺寸与厚度保持在经济合理的范围内(即梁格与铺板的总用钢量最小)。

目前，平台上的铺板多数采用钢筋混凝土板(现浇或预制)。一般不考虑板与钢梁的共同受力。若在板与钢梁接触面之间采取构造措施，如放置连接件等，就形成所谓钢与混凝土组合结构。这种组合梁的设计，将在本书第 7 章中介绍。铺板也可采用钢板，板应与梁焊牢，然而，在设计钢梁时，一般仍不考虑板的强度。

5.2　抗弯强度(bending strength)

梁在对称轴平面内的外弯矩作用下，截面中的正应力 σ 发展过程可以分为三个工作阶段。

1. 弹性阶段(elastic stage)

截面上的正应力呈三角形分布，且其边缘的最大正应力不超过屈服点 f_y(图 5-3a)。对于直接承受动荷载的梁或剪应力较大的梁，常以最外纤维到达 f_y 作为梁最大承载能力的极限状态，这时，相应的屈服弯矩用 M_y 表示。

2. 弹塑性阶段

当作用外弯矩继续增加，梁截面边缘部分出现塑性区域，而中间部分仍保持弹性，如图 5-3b 所示。规范[1]对承受静荷载或间接承受动荷载的受弯构件的计算，就适当地考虑了截面的塑性发展。规范[1]限定：$a_{i\max}=h/8(i=1,2)$。

3. 塑性阶段(plastic stage)

若外弯矩再继续增大，梁截面的塑性区域继续由外向内发展，直到弹性核心几乎完全消失。可以认为，到达极限状态时的应力图形将成为两个矩形(图 5-3c 中实线)，这一阶段通常作为塑性设计方法(第 8 章)的理论根据。对应于这个阶段的弯矩称为截面的塑性弯矩 M_p。它代表理想弹塑性材料(图 5-4 中实线)的钢梁所能承受的最大弯矩。

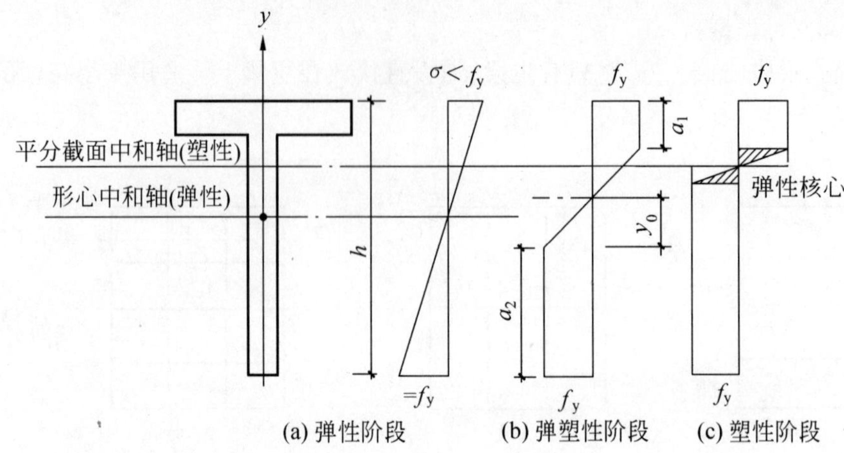

图 5－3　在纯弯矩作用下，单轴对称截面正应力 σ 的几个阶段

(a)屈服弯矩 M_y；(b)弹塑性阶段；(c)塑性弯矩 M_p

根据弹塑性阶段(图 5－5)，可建立如下平衡条件：

$$
\begin{aligned}
M &= \int_{A_e} y\sigma \mathrm{d}A + \int_{A_p} y f_y \mathrm{d}A \\
&= \int_{A_e} y\left(\frac{f_y y}{y_0}\right)\mathrm{d}A + \int_{A_p} y f_y \mathrm{d}A \\
&= f_y\left(\int_{A_e} y^2 \mathrm{d}A / y_0 + \int_{A_p} y \mathrm{d}A\right) \\
&= f_y(I_e/y_0 + W_p) \\
&= f_y(W_e + W_p) \qquad (5-1)
\end{aligned}
$$

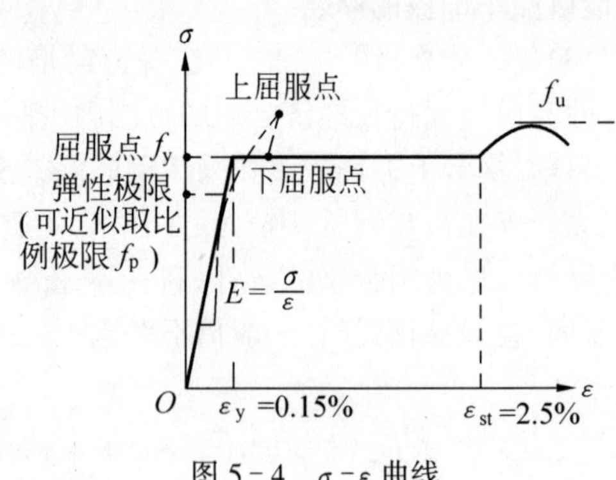

图 5－4　σ－ε 曲线

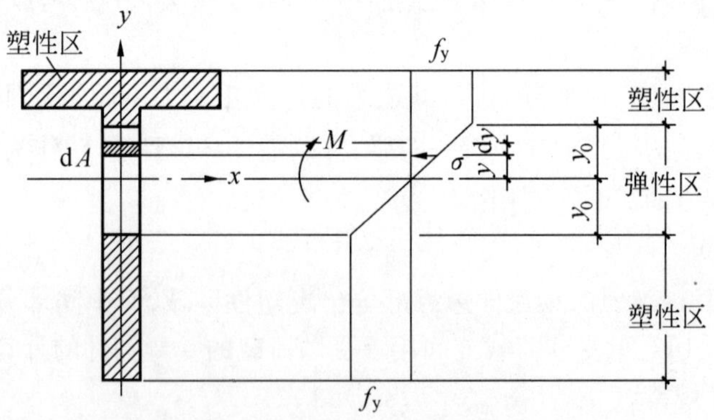

图 5－5　图 5－3 的弹塑性阶段

式中　A_e、A_p ——截面的弹性区域和塑性区域；

I_e、W_e ——截面弹性区域的惯性矩和截面模量；

W_p ——截面塑性区域的塑性截面模量。

对矩形截面(图 5-6)来说,当 $y_0 = \dfrac{h}{2}$ 时,弹性阶段的截面模量是:

$$W_e = I/y_0 = \frac{b(2y_0)^3}{12}\bigg/ y_0 = \frac{2by_0^2}{3}\bigg|_{y_0 = h/2} = \frac{bh^2}{6} = W_n, W_p = 0,$$

塑性阶段($y_0 = 0$)时:

$$W_p = 2\int_{y_0}^{h/2} yb\,\mathrm{d}y = b\left(\frac{h^2}{4} - y_0^2\right)\bigg|_{y_0 = 0} = \frac{bh^2}{4} = W_{pn}, W_e = 0$$

(上面的下标 n 表示净截面的——net Area)。

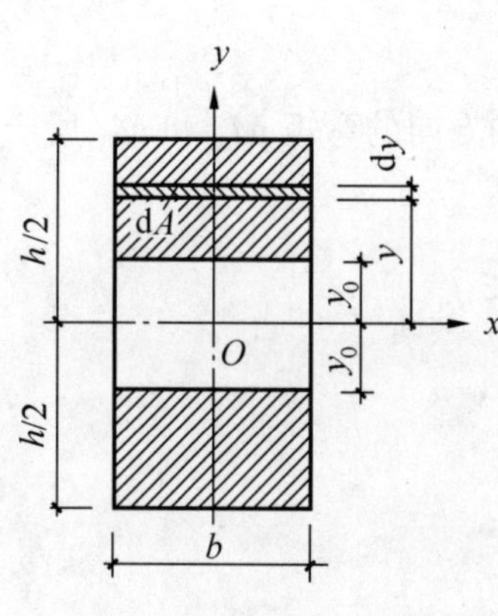

图 5-6 矩形截面

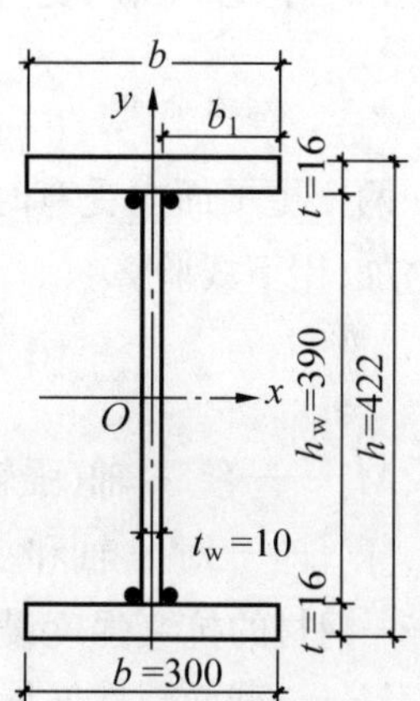

图 5-7 双轴对称工字型截面

代入式(5-1)可得:

$$M_y = W_n f_y \tag{5-2}$$

$$M_p = W_{pn} f_y \tag{5-3}$$

由式(5-2)、式(5-3),可得矩形截面的塑性弯矩 M_p 与屈服弯矩 M_y 之比:

$$S_f = \frac{M_p}{M_y} = \frac{W_{pn}}{W_n} = \frac{bh^2/4}{bh^2/6} = 1.5$$

这说明,一个矩形截面的塑性弯矩将超过屈服弯矩的 50%,比值 S_f 称为截面的形状系数,因为它只取决于横截面的形状,而与材料的性质无关。

对图 5-7 所示的工字形组合截面,由材料力学知:

$$W_{nx} = \frac{1}{h}\left[\frac{1}{3}bt^3 + bt(h - t)^2 + \frac{1}{6}t_w(h - 2t)^3\right] \tag{5-4}$$

$$W_{pnx} = bt(h - t) + \frac{1}{4}t_w(h - 2t)^2 \tag{5-5}$$

把图 5-7 的数据代入上面两式,可得

$$S_f = \frac{W_{pnx}}{W_{nx}} = \frac{2.33 \times 10^6}{2.11 \times 10^6} = 1.10$$

工字形截面的形状系数最小,通常为 1.1~1.2。其他截面,如圆形截面 $S_f = 1.7$,圆管截面 $S_f = 1.27$。一般来说,S_f 值愈小,利用材料塑性而取得的效果也愈小。

5.3 规范[1]采用的强度计算公式

5.3.1 弯曲正应力和剪应力

1. 弯曲正应力 σ

对承受静荷载或间接承受动荷载的梁，把最大弯矩控制在式(5-2)与式(5-3)之间，即允许考虑截面部分发展塑性变形，计算中引进截面塑性发展系数 γ_x 和 γ_y(表 5-1)。

当梁仅在一个主平面内受弯矩 M_x 和剪力 V 作用时，验算公式为：

$$\sigma = \frac{M_x}{\gamma_x W_{nx}} \leqslant f \tag{5-6a}$$

当梁在两个主平面内受弯时(图 5-61)，应将两主轴方向的弯矩 M_x 和 M_y 所产生的弯曲正应力叠加，用下式验算：

$$\sigma = \frac{M_x}{\gamma_x W_{nx}} + \frac{M_y}{\gamma_y W_{ny}} \leqslant f \tag{5-6b}$$

式中 M_x、M_y ——绕 x 轴(强轴)和 y 轴(弱轴)的弯矩；

W_{nx}、W_{ny}——对 x 轴和 y 轴的净截面抵抗矩；

f ——钢材的抗弯强度设计值，按附表 1-3 采用；

γ_x、γ_y ——截面塑性发展系数(表 5-1)。

表 5-1 截面塑性发展系数 γ_x、γ_y

项次	截面形式	γ_x	γ_y
1	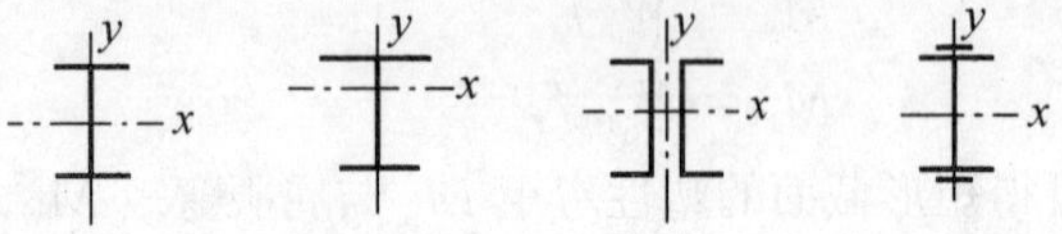	1.05	1.2
2	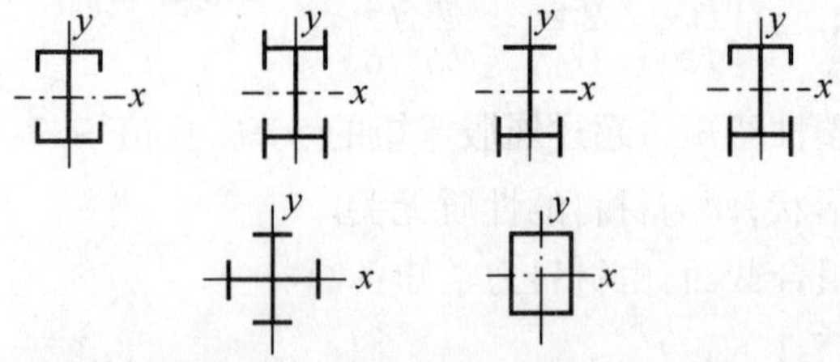		1.05
3	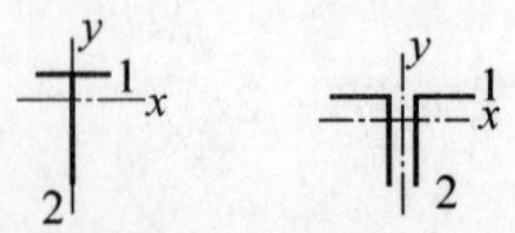	$\gamma_{x1} = 1.05$ $\gamma_{x2} = 1.2$	1.2
4	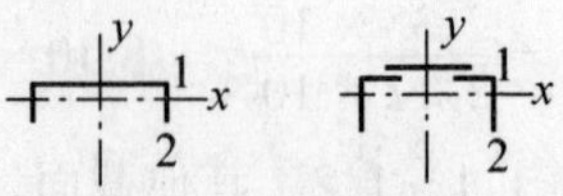		1.05

续表

项次	截面形式	γ_x	γ_y
5	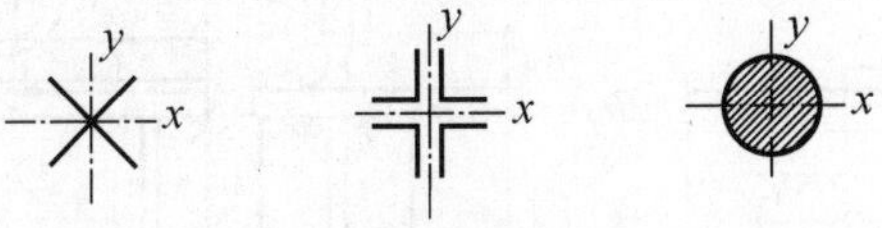	1.2	
6	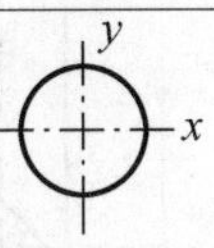	1.15	
7	格构式	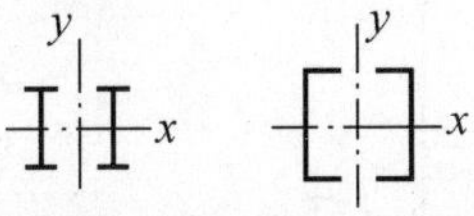 1.05	1.0
8	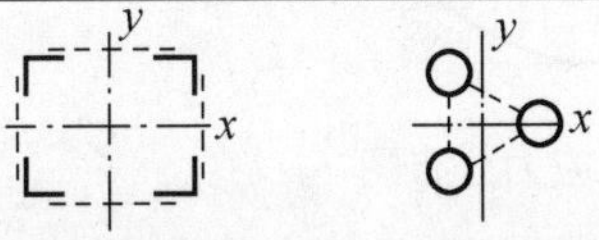 格构式	1.0	

为避免梁失去强度之前受压翼缘局部失稳，规范[1]规定：当梁受压翼缘的自由外伸宽度 b_1(图 5-7)与其厚度 t 之比，即 $b_1/t>13\sqrt{235/f_y}$，且不超过 $15\sqrt{235/f_y}$时，应取 $\gamma_x=1.0$。对于直接承受动力荷载且需计算疲劳的梁，如重级工作制吊车梁，塑性深入截面将使钢材硬化，促使疲劳断裂提前出现，宜取 $\gamma_x=\gamma_y=1.0$。

对于不直接承受动力荷载的固端梁和连续梁，允许按照塑性设计方法进行计算(第 8 章)，但应考虑截面内塑性变形的充分发展和由此而引起的内力重分布。

2. 剪应力 τ

$$\tau=\frac{VS}{I\delta}\leqslant f_v \tag{5-7}$$

式中　V——计算截面沿腹板平面作用的剪力；

S——计算剪应力处以上毛截面对中和轴的面积矩；

I——毛截面惯性矩；

δ——由图 5-7：腹板 $\delta=t_w$、翼缘 $\delta=b$；

f_v——钢材的抗剪强度设计值(附表 1-3)。

当梁的抗剪强度不足时，最有效的办法是加大腹板厚度 t_w。

5.3.2 局部压应力

梁在固定集中荷载(包括支座反力)处无支承加劲肋(图 5-8a)，或受有移动的集中吊车轮压时(图 5-8b)，应验算腹板高度边缘处的局部压应力。

在集中荷载作用下，翼缘板(在吊车梁中还应包括吊车轨道)类似于支承在腹板上的弹性地基梁，腹板边缘压应力分布如图 5-8c 所示。为了简化计算，假定集中荷载从作用处以 1:2.5(h_y 范围)和 1:1(h_R 范围)扩散，均匀分布于腹板计算高度边缘。按这种假定算出的均布压应力 σ_c 与理论的局部压应力的最大值接近。从而，梁腹板计算高度 h_0 边缘处的局

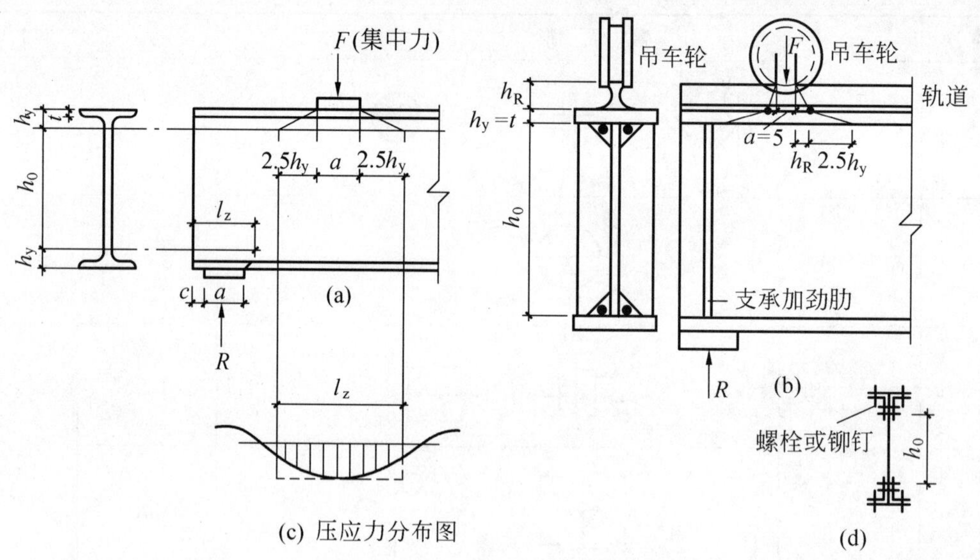

图 5－8　集中荷载作用下的梁

部压应力，按下式验算：

$$\sigma_c = \frac{\psi F}{t_w l_z} \leqslant f \tag{5-8}$$

式中　F ——集中荷载，支座处 $F=R$，对移动的集中吊车轮压应考虑动力系数；

ψ ——集中荷载增大系数：对重级工作制吊车轮压，$\psi=1.35$；对其他荷载，$\psi=1.0$；

l_z ——集中荷载在腹板计算高度边缘的假定分布长度：

跨中集中荷载　　$l_z = a + 5h_y + 2h_R$　　(5－9a)

梁端支反力　　$l_x = a + 2.5h_y + c$　　(5－9b)

a ——集中荷载沿梁跨度方向的支承长度，对钢轨上的吊车轮压可取为 50mm；

h_y ——梁承载的边缘到腹板计算高度边缘的距离；

h_R ——轨道的高度，无轨道时 $h_R=0$；

c ——梁端到支座板外边缘的距离，按实取，但不得大于 $2.5h_y$。

当腹板不满足式(5－8)时，对固定集中荷载，应采用成对的支承加劲肋加强；对移动集中荷载，则应加厚腹板。

h_0 按下列规定采用：

(1)热轧型钢梁是腹板与上下翼缘相连处两内弧起点间的距离(图 5－8a)；

(2)焊接组合梁是腹板高度(图 5－8b)；

(3)用铆钉或用高强螺栓连接的组合梁，是腹板与上下翼缘连接铆钉或螺栓钉线间的最近距离(图 5－8d)。

5.3.3　折算应力

在焊接组合梁腹板的计算高度边缘处，当同时有较大的正应力 σ、较大的剪应力 τ 和局部压应力 σ_c 作用，或同时有较大的 σ 和 τ 时(如连续梁中间支座截面或梁的翼缘截面改变处)，都应按下式验算其折算应力：

$$\sqrt{\sigma^2+\sigma_c^2-\sigma\sigma_c+3\tau^2}\leqslant\beta_1 f \tag{5-10}$$

式中　σ、τ、σ_c——腹板计算高度 h_0 边缘同一点上同时产生的正应力 σ、剪应力 τ 和局部压应力 σ_c（图 5-9）。τ 和 σ_c 分别按式(5-7)和式(5-8)计算，σ 按下式计算：

$$\sigma = M_x y/I_{nx} \tag{5-11}$$

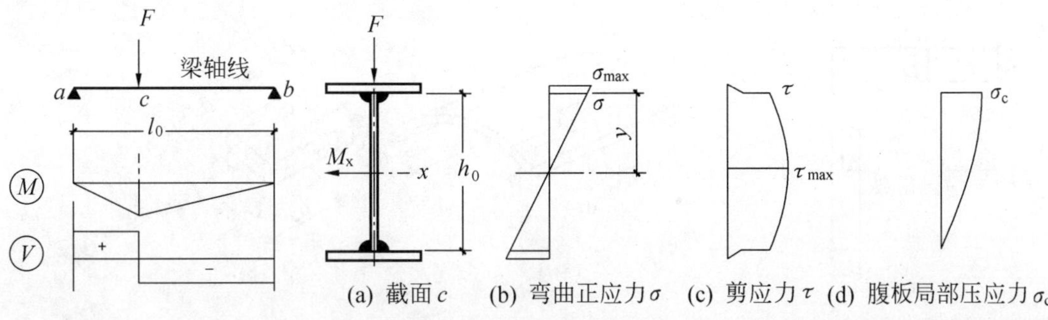

(a) 截面 c　(b) 弯曲正应力 σ　(c) 剪应力 τ　(d) 腹板局部压应力 σ_c

图 5-9　工字型截面梁的 σ、τ 和 σ_c

式中　I_{nx}——净截面惯性矩；

y——由计算点到梁中和轴的距离；

β_1——计算折算应力的强度设计值增大系数。当 σ 和 σ_c 异号时，取 $\beta_1=1.2$；当 σ 和 σ_c 同号或 $\sigma_c=0$ 时，由于塑性变形的能力较 σ 与 σ_c 异号时差，取 $\beta_1=1.1$。系数 β_1 是考虑到计算折算应力的部位仅是梁的局部，钢材设计强度应予以提高。

5.4　开口薄壁构件的弯曲和扭转

5.4.1　剪力流理论和剪力中心 S

5.4.1.1　剪力流

由材料力学公式(5-7)算得的截面剪应力分布(图 5-9c)，在翼缘与腹板交接处存在两个矛盾现象：①剪应力有突变(图 5-9c)；②翼缘内侧表面有剪应力，但实际上该面是自由表面，没有平衡这种剪应力的外力。矛盾的产生在于式(5-7)假定了剪应力沿翼缘宽度平均分布，该假定对薄壁构件来说是不科学的。薄壁杆截面上的剪应力可用剪力流理论来解决，该理论假定：剪应力在薄壁厚度上均匀分布。薄壁单位长度上的剪力即为平均剪应力 τ 与壁厚的乘积，其方向与截面中心线的切线方向一致，组成所谓剪力流(图 5-10)：

$$q = \tau t \qquad (\text{单位：N/mm}) \tag{5-12}$$

图 5-11a 为开口薄壁截面的受弯构件，x、y 和 z 为截面形心坐标轴(右手法则)。假定没有扭转，构件只在 xy 平面内产生单向弯曲，x 为中和轴。

由微元体(图 5-11b)的平衡条件 $\sum Z=0$ 得：

$$\left(\sigma_z t+\frac{\partial(\sigma_z t)}{\partial z}\mathrm{d}z\right)\mathrm{d}s-\sigma_z t\,\mathrm{d}s+\left(\tau t+\frac{\partial(\tau t)}{\partial s}\mathrm{d}s\right)\mathrm{d}z-\tau t\,\mathrm{d}z=0$$

化简后，得：

$$\frac{\partial(\sigma_z t)}{\partial z}+\frac{\partial(\tau t)}{\partial s}=0 \tag{a}$$

积分式(a)，可得弯曲剪力流：

$$q=\tau t=-\int_0^s\frac{\partial\sigma_z}{\partial z}t\,\mathrm{d}s \tag{b}$$

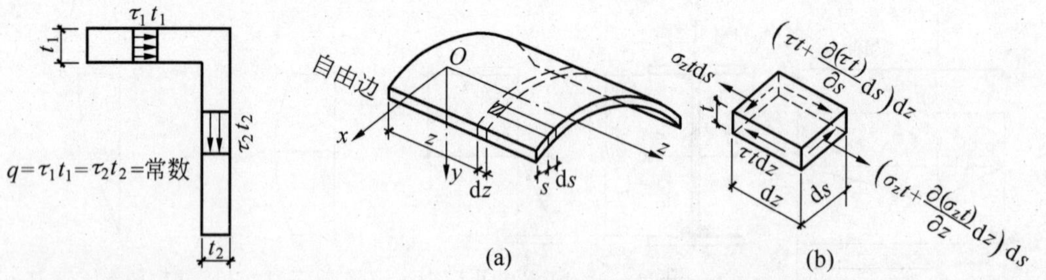

图 5-10　剪力流　　　　图 5-11　开口薄壁构件受弯

把 $\sigma_z=M_x y/I_x$，$\frac{\partial\sigma_z}{\partial z}=\frac{\partial}{\partial z}\ \frac{M_x y}{I_x}=\frac{1}{I_x}\ \frac{\mathrm{d}M_x}{\mathrm{d}z}y=\frac{V}{I_x}y$ 代入式(b)，则

$$\tau=-\frac{V}{I_x t}\int_0^s yt\,\mathrm{d}s \tag{5-13}$$

式中 $\int_0^s yt\,\mathrm{d}s$ 是 $s=0$ 至 $s=s$ 截面对中和轴 x 的面积矩（曲线坐标 s 的**原点**应取在截面的自由边）。

式(5-13)是开口薄壁构件弯曲剪力流理论的一般计算式。对照材料力学剪应力公式(5-7)和由剪力流理论导出的公式(5-13)，可见，它们在形式上是相同的。不同点是：前者的 δ 取构件截面的宽度（水平尺寸），而后者的 t 是指薄壁的厚度。

图 5-12a 所示双轴对称工字形截面，利用式(5-13)求剪力 V 作用下的剪应力分布。

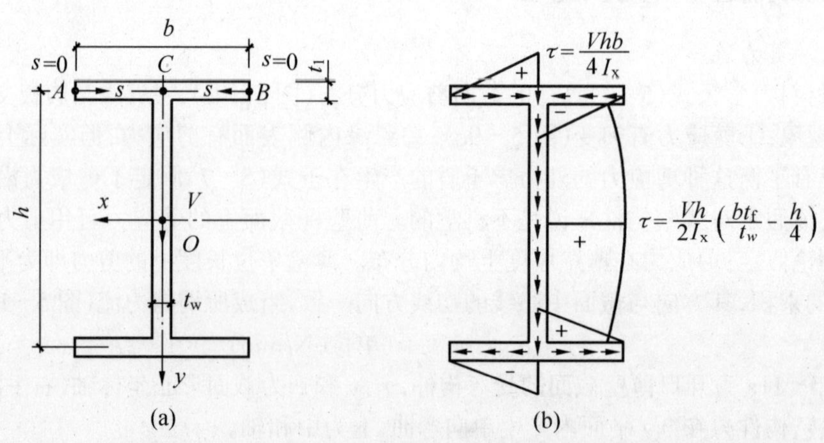

图 5-12　双轴对称工字型截面的剪应力分布

设 s 的原点取在翼缘上的 A 点(自由边),则

翼缘(flange)部分 AC 段 $\left(0\leqslant s\leqslant\frac{b}{2}\right)$:

$$\tau=-\frac{V}{I_{x}t_{f}}\int_{0}^{s}\left(-\frac{h}{2}\right)t_{f}\mathrm{d}s=\frac{Vhs}{2I_{x}}$$

A 点($s=0$):　$\tau=0$

C 点$\left(s=\frac{b}{2}\right)$:　$\tau=\frac{Vhb}{4I_{x}}$

腹板(web)部分 CO 段$\left(\frac{b}{2}\leqslant s\leqslant\frac{b}{2}+\frac{h}{2}\right)$:

$$\tau=-\frac{V}{I_{x}t_{w}}\left[bt_{f}\left(-\frac{h}{2}\right)+\left(s-\frac{b}{2}\right)t_{w}\left(\frac{h}{2}-\frac{s-b/2}{2}\right)\right]$$

C 点$\left(s=\frac{b}{2}\right)$:　$\tau=\frac{Vhb}{2I_{x}}\frac{t_{f}}{t_{w}}$

O 点$\left(s=\frac{b+h}{2}\right)$:　$\tau=\frac{Vh}{2I_{x}}\left(\frac{bt_{f}}{t_{w}}-\frac{h}{4}\right)$

τ 的分布如图 5-12b 所示。τ 的正值代表剪力流跟积分的方向一致,即 τ 沿 s 的正向。对于 BC 段,可取 B 点 $s=0$ 向 C 点进行积分,即可得到与 AC 段相似的结果。

由上所得腹板上的最大剪应力(在 O 点)与按式(5-7)计算结果一致,所以,在计算梁腹板上的剪应力时,式(5-7)同样适用。但对于翼缘上的剪应力,若按式(5-13)与式(5-7)计算,就有很大出入了。

5.4.1.2　剪力中心 S

对于上述双轴对称工字形截面梁,当横向荷载 P 作用在形心轴上时(如 y 轴),梁只产生弯曲,不产生扭转(图 5-13a)。而对于槽形、T 形和 L 形等非双轴对称截面,若横向荷载作用在非对称轴的形心轴上时,梁常在产生弯曲的同时还伴随有扭转(图 5-13b、c、d)。

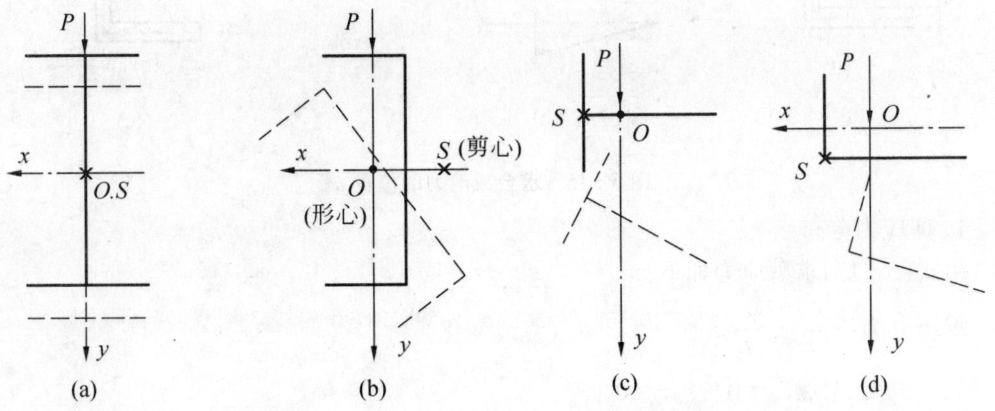

图 5-13　横向荷载 P 通过梁截面形心的变形

由图 5-14 可见,随着荷载 P 逐渐向腹板一侧平移,梁的扭转变形将逐渐减少(图 5-14a、b),直到荷载移到某一点 S 时,梁将只在与 yz 平面平行的平面内弯曲而无扭转(图 5-14c),此时,荷载 P 与截面上剪应力的合成剪力 V 必须平衡,即 P 与 V 在同一直线上。因

此,剪力 V 一定通过 S 点(图 5-14c),故称 S 为**剪力中心**(简称**剪心**)。

图 5-14a、b 中 P 与 V 不在同一直线上,故有扭矩产生,从而使梁绕 S 点扭转,故 S 点也叫**扭转中心**。下面以图 5-15a 所示槽形钢梁为例,说明应用求截面内的合成剪力位置来确定剪心 S 点的方法,分三步进行:

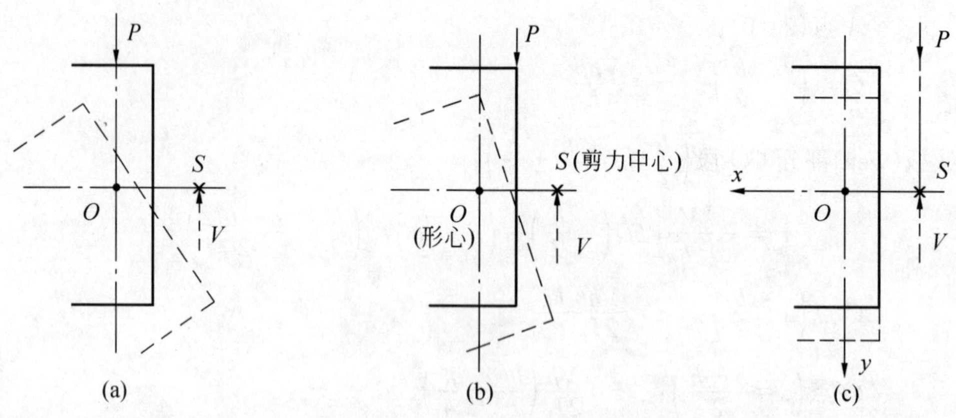

图 5-14 荷载 P 由形心 O 向剪心 S 移动

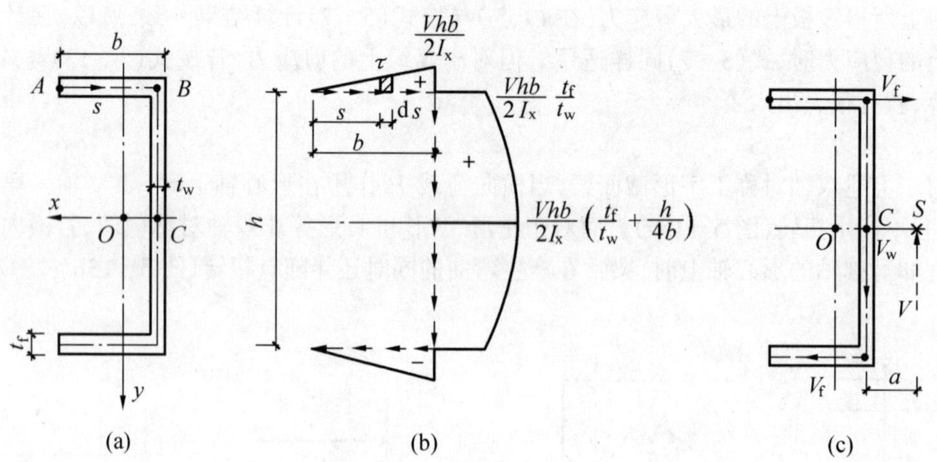

图 5-15 求合成剪力的位置 a

1. 剪应力分布

由式(5-13)求剪应力如下:

翼缘上为:$\tau=-\dfrac{V}{I_x t_f}st_f\left(-\dfrac{h}{2}\right)$ (直线变化)

A 点($s=0$): $\tau=0$

B 点($s=b$): $\tau=\dfrac{Vhb}{2I_x}$

腹板上为:$\tau=-\dfrac{V}{I_x t_w}\left\{bt_f\left(-\dfrac{h}{2}\right)+(s-b)t_w\left[-\left(\dfrac{h}{2}-\dfrac{s-b}{2}\right)\right]\right\}$

$$=\frac{V}{2I_x}\left[bh\frac{t_f}{t_w}+h(s-b)-(s-b)^2\right]\quad(\text{二次曲线变化})$$

B 点$(s=b)$：　　$\tau=\frac{Vhb}{2I_x}\frac{t_f}{t_w}$

C 点$\left(s=b+\frac{h}{2}\right)$：　$\tau=\frac{Vhb}{2I_x}\left(\frac{t_f}{t_w}+\frac{h}{4b}\right)$

下半截面可用上述相同方法计算，截面上的剪应力分布如图 5－15b 所示。

2. 剪力

剪力由剪应力分布图 5－15b 计算：

翼缘上剪力为　$V_f=\int_0^b \tau t_f \mathrm{d}s$

$$=\int_0^b\left(\frac{s}{b}\times\frac{Vhb}{2I_x}\right)t_f\mathrm{d}s=\frac{Vht_fb^2}{4I_x}$$

腹板上剪力为　$V_w=2\int_b^{b+h/2}\tau t_w \mathrm{d}s$

$$=\frac{V}{I_x}\int_b^{b+h/2}\left[bh\frac{t_f}{t_w}+h(s-b)-(s-b)^2\right]t_w\mathrm{d}s$$

$$=\frac{V}{I_x}\left(t_w\frac{h^3}{12}+\frac{t_fbh^2}{2}\right)=V$$

剪力计算结果示于图 5－15c。

3. 剪心 S 位置

如图 5－15c 所示，假定剪心 S 距腹板中线的距离为 a，则对腹板中心 C 点求矩，由平衡条件：

$$V_fh-Va=0$$

可得
$$a=\frac{V_fh}{V}=\frac{Vht_fb^2}{4I_x}\cdot\frac{h}{V}=\frac{t_fb^2h^2}{4I_x}\tag{5-14}$$

或
$$a=\frac{V_fh}{V_w}=\frac{t_fb^2h^2}{4[t_wh^3/12+2t_fb(h/2)^2]}=\frac{3t_fb^2}{t_wh+6t_fb}\tag{5-15}$$

如果荷载作用在截面的 x 轴方向，由于截面对称，剪应力的合力一定通过 x 轴，亦即说明剪心 S 一定位于对称轴上。

由式(5－14)或式(5－15)可见，剪心 S 仅与截面的形状尺寸有关，而与荷载无关。

根据上述简单的分析，可得剪心 S 位置的三点规律：

(1)单轴对称截面，剪心一定在对称轴上(图 5－15c)；

(2)双轴对称截面，剪心 S 与形心 O 重合(图 5－13a)；

(3)由矩形薄板相交于一点组成的截面，因合成剪力一定通过相交点，故剪心必在交点上(图 5－16)。

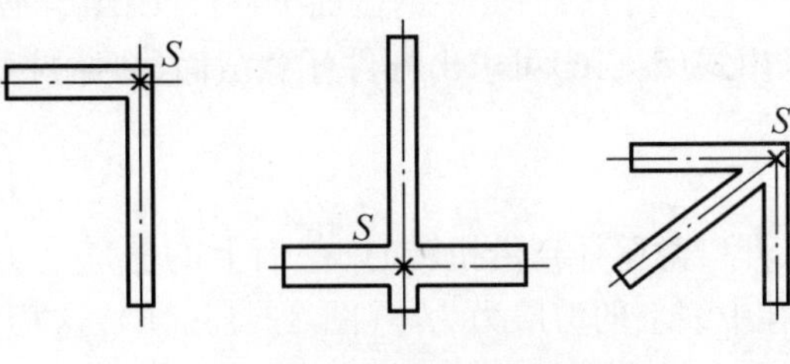

图 5－16　剪心 S 的位置

5.4.2 开口薄壁杆的扭转

开口薄壁杆在扭矩作用下,按照荷载和支承条件的不同,扭转有两种形式。一种是自由扭转或称纯扭转,或圣维南扭转(St.Venant Torsion)(图 5-17);另一种叫约束扭转或称弯曲扭转,也叫翘曲扭转(warping torsion)(图5-19)。

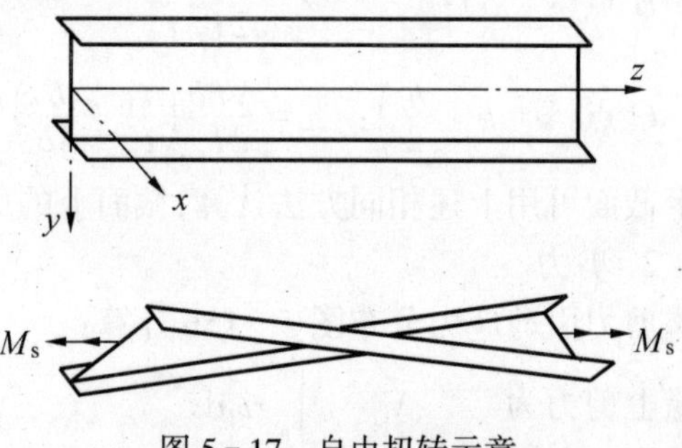

图 5-17 自由扭转示意

非圆截面杆的扭转与圆截面杆的扭转不同,前者扭转后的截面不再保持平面,而要发生翘曲(截面凹凸),即截面上各点有沿杆轴方向位移产生。

5.4.2.1 自由扭转

图 5-17 所示工字形等截面梁,两端无约束,只受大小相等、方向相反的扭矩 M_s 作用,杆产生自由扭转。图示可见,自由扭转有两个特点:

(1)杆件各截面的扭转角相同。因此,杆的纵向纤维不产生轴向应变,截面上没有正应力而只有扭转引起的剪应力 τ_s,剪应力的分布与杆件截面的形状有关,但各截面上的分布情况都相同。

(2)纵向纤维不发生弯曲,即翼缘和腹板上的纵向纤维保持直线。杆件单位长度的扭转角(即扭转率)为常量:

$$\theta = \frac{d\varphi}{dz} = \frac{M_s}{GI_t} \tag{5-16}$$

式中 φ——截面的扭转角;

G——材料的剪变模量;

I_t——截面的扭转常数或称自由扭转惯性矩。

对几个狭长矩形所组成的截面,如 I 形、[形、T 形、L 形、Z 形等,其扭转常数:

$$I_t = \frac{k}{3}\sum_{i=1}^{n} b_i t_i^3 \tag{5-17}$$

式中 n——组成截面的狭长矩形的数目;

b_i、t_i——第 i 个狭长矩形的长度、厚度;

k——截面形状系数,其值为:角钢截面 $k=1.0$;工字钢截面 $k=1.30$;槽钢截面 $k=1.12$;T 字钢截面 $k=1.20$;组合截面 $k=1.0$。

由式(5-16)可求出杆件任意截面(z 处)相对于左端的扭角 φ 与扭矩之关系为:

$$\varphi = \frac{M_s}{GI_t} z \tag{5-18}$$

开口薄壁杆自由扭转时,截面上的剪应力方向与中心线平行,且沿薄壁厚度 t 线性分布,在中线上的剪应力为零(图 5-18a、b),这相当于在截面内形成闭合循环的剪力流。截面周边上任意点的剪应力:

$$\tau_{s,max} = M_s t / I_t \tag{5-19}$$

因为外扭矩由剪应力组成的力矩来平衡，因此，若壁越薄，剪应力构成的内力臂就小，截面上将出现较大的剪应力，杆的抗扭能力就较差。

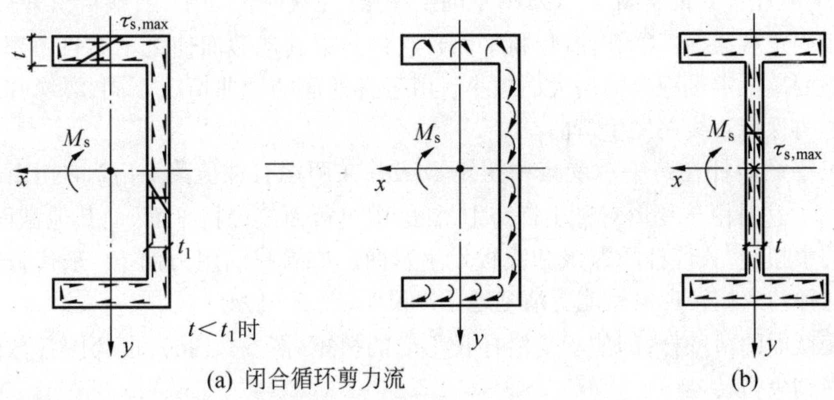

图 5－18　开口薄壁杆的自由扭转

5.4.2.2　约束扭转

如果开口薄壁杆在外荷载作用下发生扭转，由于支座的阻碍或其他原因，使杆的截面不能自由翘曲，这就出现了约束扭转(图 5－19)。

1. 约束扭转的特点

(1)杆件各截面的翘曲不相同，杆件的纵向纤维将发生拉伸或压缩变形，即截面翘曲。因此，截面上不仅有扭转剪应力 τ_s，而且还有约束扭转正应力 σ_w，由于 σ_w 的分布取决于杆截面的扇性坐标，故 σ_w 也叫**扇性正应力**。因各纤维正应力不相同，就导致杆件弯曲，所以

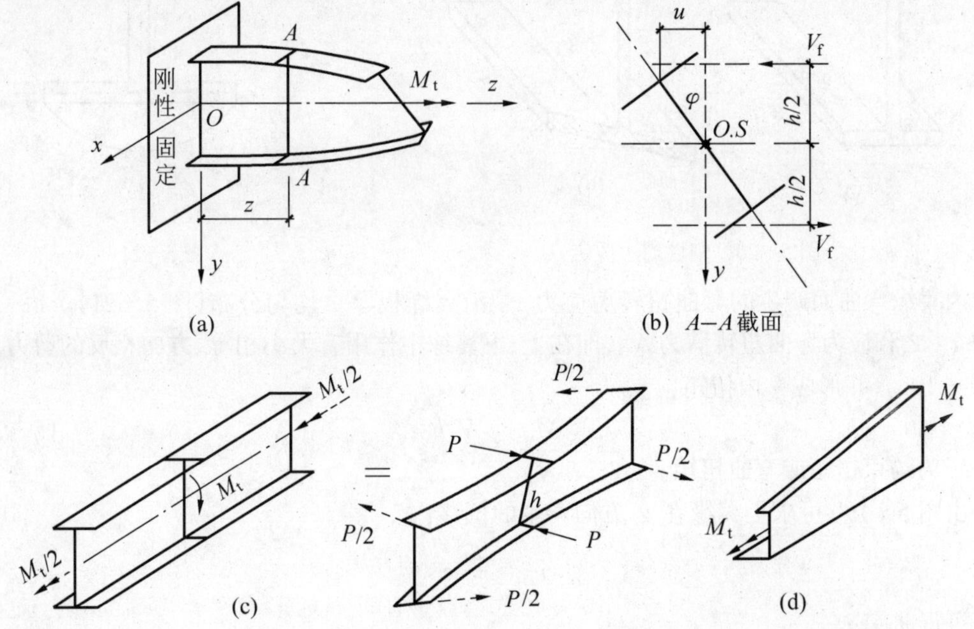

图 5－19　开口薄壁杆的约束扭转

截面的扇性坐标,故 σ_w 也叫**扇性正应力**。因各纤维正应力不相同,就导致杆件弯曲,所以约束扭转又常称为弯曲扭转。由于杆弯曲,必将产生弯曲扭转剪应力 τ_w,即**扇性剪应力**。

(2)扭率沿杆长变化。图 5-19a 所示的工字梁,左端刚性固定,右端自由并受扭矩 M_t 作用。由于固定端截面不能翘曲(保持平面),它将约束其他截面使之不能自由翘曲。约束的程度随截面离固定端距离的增大而减小。由于各截面的翘曲情况不同,翼缘和腹板上的纵向纤维不再保持直线而发生弯曲。

如果工字截面杆在跨中承受集中扭矩 M_t,并在两端有数值为 $M_t/2$ 的扭矩与之平衡(图 5-19c)。这时由于变形对称于杆跨中,杆的中央截面应保持平面,而其他截面有翘曲,故亦发生约束扭转,致使杆的翼缘和腹板发生弯曲。如果我们用力偶 Ph 来代替杆上的扭矩 M_t,则这种约束扭转现象就能更清楚地予以说明(图 5-19c)。

对于变截面的薄壁杆,即使承受沿杆长不变的扭矩(图 5-19d),也会因各截面翘曲不同而将发生约束扭转。

决定开口薄壁杆在约束扭转时截面上的应力分布是一个静不定问题。因此,问题必然联系到杆件扭转时的变形。在实用计算中,变形计算的基础是以符拉索夫的两个假定:截面周边不变形,即刚性周边假定(图 5-20b)和中间层上的材料不承受剪切,即剪切变形等于零。

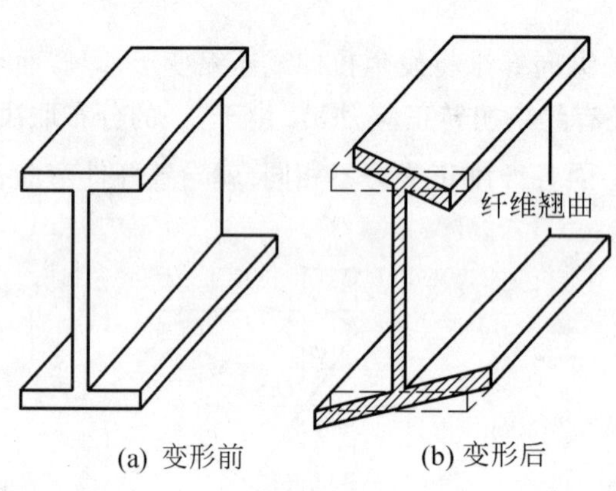

图 5-20 刚性周边假定

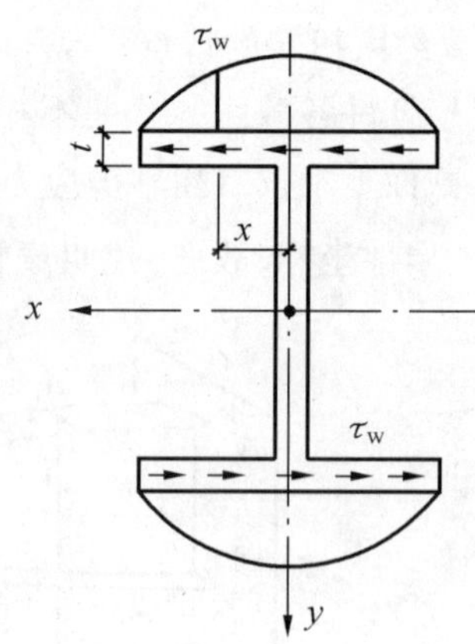

图 5-21

因翼缘弯曲而产生的弯曲扭转剪应力 τ_w 沿翼缘板厚 t 均匀分布(图 5-21)。每一翼缘中 τ_w 之和应为弯曲扭转剪力 V_f,即在上、下翼缘中作用有大小相等、方向相反的剪力 V_f(图 5-19b),并形成一内扭矩:

$$M_w = V_f h \tag{5-20}$$

称 M_w 为约束扭矩或弯曲扭矩。

由图 5-19b 可求上翼缘在 x 方向产生的位移:

$$u = \frac{h}{2}\varphi$$

从而可得曲率:

$$\frac{d^2 u}{dz^2} = \frac{h}{2}\frac{d^2 \varphi}{dz^2}$$

若取图 5-22 所示的弯矩方向为正，则由弯矩和曲率之关系，可得一个翼缘的侧向弯矩：

$$M_{\mathrm{f}} = EI_{\mathrm{f}} \frac{\mathrm{d}^2 u}{\mathrm{d}z^2}$$

$$= \frac{h}{2} EI_{\mathrm{f}} \frac{\mathrm{d}^2 \varphi}{\mathrm{d}z^2} \qquad (5-21)$$

式中　I_{f}——一个翼缘截面对 y 轴的惯性矩。

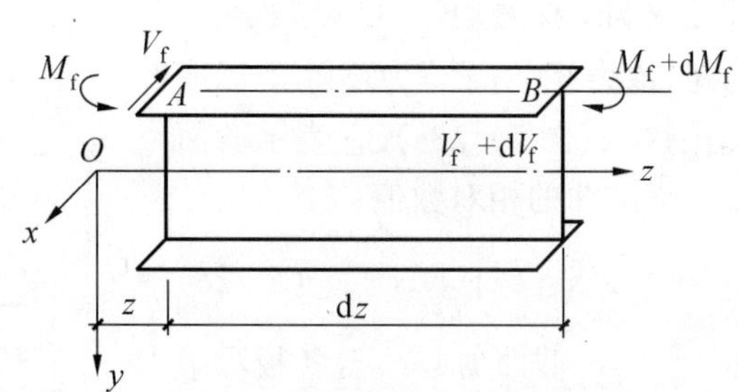

图 5-22　翼缘的侧向弯矩 M_{f}

再由上翼缘内力 $\sum M_{\mathrm{B}} = 0$，可得弯曲扭转剪力：

$$V_{\mathrm{f}} = -\frac{\mathrm{d}M_{\mathrm{f}}}{\mathrm{d}z}$$

把式(5-21)代入上式：

$$V_{\mathrm{f}} = -\frac{h}{2} EI_{\mathrm{f}} \frac{\mathrm{d}^3 \varphi}{\mathrm{d}z^3} \qquad (5-22)$$

从而，式(5-20)的弯曲扭矩：

$$M_{\mathrm{w}} = -\frac{EI_{\mathrm{f}} h^2}{2} \cdot \frac{\mathrm{d}^3 \varphi}{\mathrm{d}z^3} \qquad (5-23)$$

令

$$I_{\mathrm{w}} = \frac{I_{\mathrm{f}} h^2}{2} = \frac{I_y h^2}{4} \qquad (5-24)$$

式(5-23)变成：

$$M_{\mathrm{w}} = -EI_{\mathrm{w}} \frac{\mathrm{d}^3 \varphi}{\mathrm{d}z^3} \qquad (5-25)$$

I_{w} 是约束扭转计算中一个重要的截面几何性质，称为翘曲常数或扇性惯性矩。对双轴对称工字形截面 I_{w} 值可按式(5-24)计算，对于其他几种常用的 I_{w} 值可由附表 10-1 中的公式算出。

现设杆件的外加扭矩为 M_{t}，则由内外扭矩平衡条件：$M_{\mathrm{t}} = M_{\mathrm{s}} + M_{\mathrm{w}}$，并将式(5-16)和式(5-25)代入，则

$$M_{\mathrm{t}} = GI_{\mathrm{t}} \varphi' - EI_{\mathrm{w}} \varphi''' \qquad (5-26)$$

式(5-26)为开口薄壁杆件约束扭转计算的一般公式。式中 GI_{t} 和 EI_{w} 分别称为截面的自由扭转刚度和翘曲刚度。

2. 约束扭转应力的计算

由上可见，M_{f}、V_{f}、M_{s} 和 M_{w} 等内力都是扭转角 φ 或扭转率 θ 的函数，必须按式(5-26)解出 φ 或 θ 值后才能进行具体计算。一旦求得 M_{f} 和 V_{f} 后，梁的弯曲扭转正应力 σ_{w} 和剪应力 τ_{w} 便可应用下列公式进行计算。

(1)扇性正应力 σ_{w}。与 σ_{w} 相应的内力是所谓弯曲扭转双力矩 B(简称双力矩)，它的定义是：

$$B = \int_A \sigma_{\mathrm{w}} w \mathrm{d}A \qquad (5-27)$$

由此定义知，双力矩 B 可以视为 σ_w 的力矩，该力矩的“臂”为扇性坐标或翘曲函数 w（图 5-23a），它表示截面上任一点翘曲的相对数值：

$$w = \int_0^s r\mathrm{d}s \qquad (5-28)$$

式中 r ——截面剪心 S 至各板段中线的垂直距离，均取正号；

s ——由剪心 S 算起的截面上任意点的 s 坐标。

s 的方向规定为绕剪心 S 顺时针回转为正。因此，对双轴对称工字形截面，其扇性坐标如图 5-23b 所示。

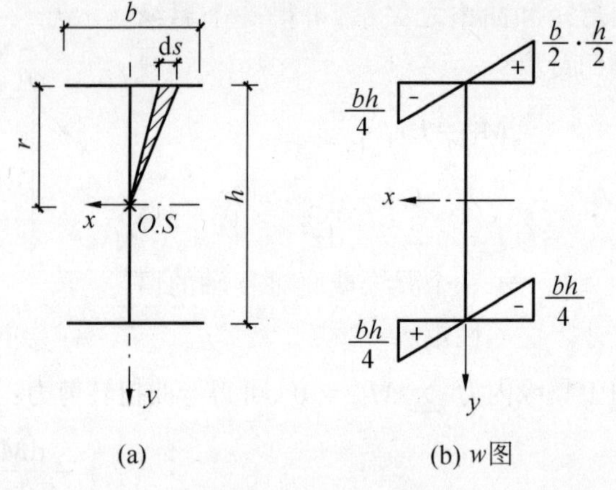

图 5-23　扇性坐标

由薄壁杆约束扭转理论知，扇性正应力 σ_w 按截面扇性坐标规律分布，即

$$\sigma_w = Ew\varphi'' \qquad (5-29)$$

把式(5-29)代入式(5-27)，得

$$B = E\varphi''\int_A w^2\mathrm{d}A$$

式中 $\int_A w^2\mathrm{d}A = I_w$，为截面的扇性惯性矩，故上式变成：

$$B = EI_w\varphi'' \qquad (5-30)$$

比较式(5-29)和式(5-30)，可得

$$\sigma_w = Bw/I_w \qquad (5-31)$$

式(5-31)就是扇性正应力 σ_w 与双力矩 B 之间的关系。

再比较式(5-25)与式(5-30)，得

$$M_w = \frac{\mathrm{d}B}{\mathrm{d}z} \qquad (5-32)$$

式(5-32)就是双力矩 B 与弯曲扭转力矩 M_w 之间的关系。

若将式(5-21)、式(5-24)代入式(5-30)，可得双轴对称工字形截面的双力矩：

$$B = \frac{2M_f}{hI_f}I_w = \frac{2M_f I_w}{h(2I_w/h^2)} = M_f h \qquad (5-33)$$

(2)扇性剪应力 τ_w。翼缘的弯曲扭转剪力 V_f 求得后，可用一般材料力学剪应力公式(5-7)来求 τ_w。图 5-21 所示任一点的扇性剪应力 τ_w 计算如下：

$$\tau_w = \frac{V_f S}{I_f t} = \frac{V_f}{(tb^3/12)t}\left(\frac{b}{2}-x\right)t\left(\frac{x+b/2}{2}\right)$$
$$= \frac{3}{2}\frac{V_f}{A_f}\left[1-\left(\frac{2x}{b}\right)^2\right] \qquad (5-34)$$

式中　$A_f = bt$。

例 5-1　求图 5-24a 所示双轴对称工字形截面梁的最大弯曲正应力 σ 和弯曲扭转正应力 σ_w。该梁两端分别简支在固定铰和滚动铰的“叉形”支座上(简称叉形简支)。受偏心横向均布荷载 $q = 90\text{kN/m}$(计算值),钢材 Q235,$E = 206 \times 10^3 \text{N/mm}^2$,$G = 79 \times 10^3 \text{N/mm}^2$,假定忽略梁的自重。

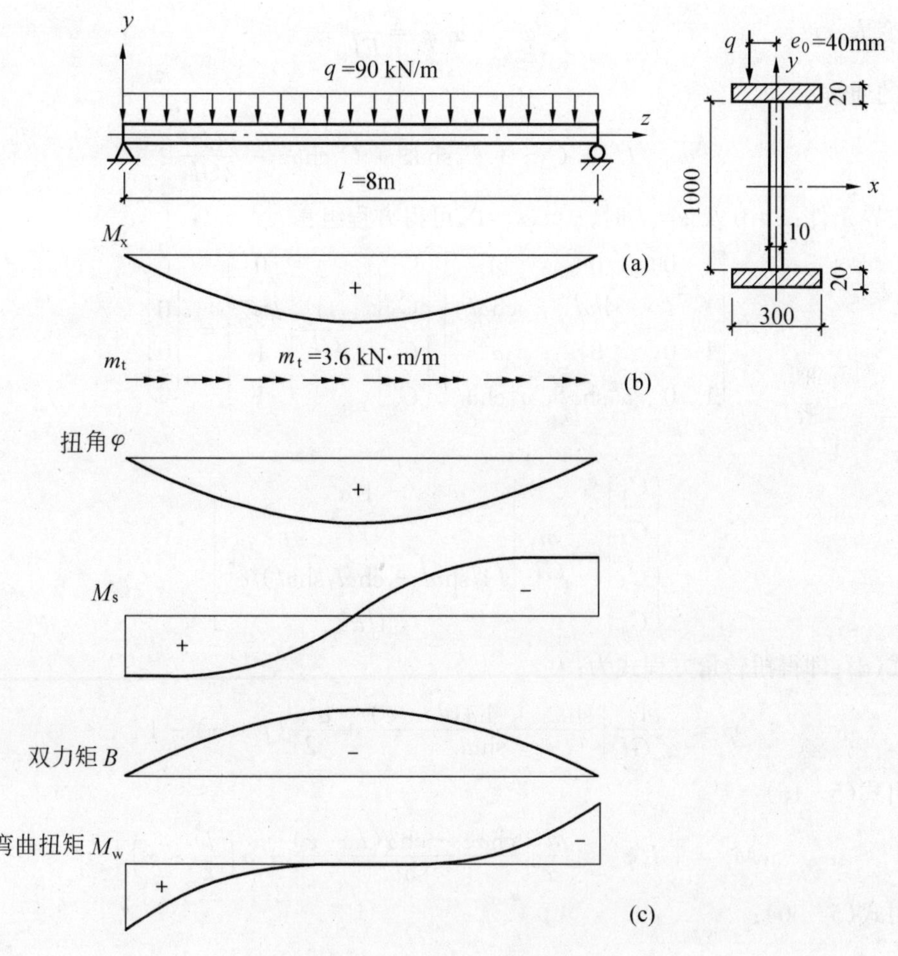

图 5-24　例 5-1 计算简图

解　(1) $M_{x,\max} = ql^2/8 = 90 \times 8^2/8 = 720\text{kN·m}$,梁的均布扭矩:

$$m_t = qe_0 = 90 \times 0.04 = 3.6\text{kN} \cdot \text{m/m}$$

(2)梁截面几何性质

$$I_x = (30 \times 104^3 - 29 \times 100^3)/12 = 395\,493\text{cm}^4$$

$$W_x = I_x/(h/2) = 395\,493/52 = 7\,606\text{cm}^3$$

由式(5-17):$I_t = (100 \times 1^3 + 2 \times 30 \times 2^3)/3 = 193\text{cm}^4$

由式(5-24):$I_w = I_f h^2/2 = (2 \times 30^3/12) \times 102^2/2 = 2.34 \times 10^7 \text{cm}^6$

由图 5-23b:$w_{\max} = \mp \dfrac{bh}{4} = \mp \dfrac{30 \times 102}{4} = \mp 765\text{cm}^2$(直线变化)

(3)计算双力矩 B

对式(5-26)求导：

$$EI_w\varphi'''' - GI_t\varphi'' = m_t \tag{a}$$

令
$$\alpha^2 = \frac{GI_t}{EI_w} \quad (1/\text{cm}^2) \tag{b}$$

式(a)变成：
$$\varphi'''' - \alpha^2\varphi'' = \frac{m_t}{EI_w} \tag{c}$$

式(c)的通解：

$$\varphi = C_1 + C_2 z + C_3 \text{sh}\alpha z + C_4 \text{ch}\alpha z - \frac{m_t z^2}{2GI_t} \tag{d}$$

代入边界条件：$z=0$ 及 $z=l$ 时，$\varphi=\varphi''=0$，可得方程组：

$$\begin{bmatrix} 1 & 0 & 0 & 1 \\ 1 & l & \text{sh}\alpha l & \text{ch}\alpha l \\ 1 & 0 & 0 & \alpha^2 \\ 1 & 0 & \alpha^2\text{sh}\alpha l & \alpha^2\text{ch}\alpha l \end{bmatrix}\begin{bmatrix} C_1 \\ C_2 \\ C_3 \\ C_4 \end{bmatrix} - \frac{m_t}{GI_t}\begin{bmatrix} 0 \\ l^2/2 \\ 1 \\ 1 \end{bmatrix} = \begin{bmatrix} 0 \\ 0 \\ 0 \\ 0 \end{bmatrix}$$

解得：

$$\begin{bmatrix} C_1 \\ C_2 \\ C_3 \\ C_4 \end{bmatrix} = \frac{m_t}{GI_t}\begin{bmatrix} -1/\alpha^2 \\ l/2 \\ (1/\text{sh}\alpha l - \text{ch}\alpha l/\text{sh}\alpha l)/\alpha^2 \\ 1/\alpha^2 \end{bmatrix}$$

代入式(d)，即得扭转角方程式为：

$$\varphi = \frac{m_t}{\alpha^2 GI_t}\left[\frac{\text{sh}\alpha z + \text{sh}\alpha(l-z)}{\text{sh}\alpha l} + \frac{\alpha^2 z}{2}(l-z) - 1\right] \tag{5-35}$$

由式(5-16)：

$$M_s = GI_t\varphi' = \frac{m_t}{\alpha}\left[\frac{\text{ch}\alpha z - \text{ch}\alpha(l-z)}{\text{sh}\alpha l} + \alpha\left(\frac{l}{2} - z\right)\right] \tag{5-36}$$

由式(5-30)：

$$\begin{aligned} B = EI_w\varphi'' &= \frac{m_t}{\alpha^2}\left[\frac{\text{sh}\alpha z + \text{sh}\alpha(l-z)}{\text{sh}\alpha l} - 1\right] \\ &= \frac{m_t}{\alpha^2}\left[\frac{\text{ch}\alpha\left(\frac{l}{2} - z\right)}{\text{ch}(\alpha l/2)} - 1\right] \end{aligned} \tag{5-37}$$

由式(5-25)：

$$M_w = -EI_w\varphi''' = -\frac{m_t}{\alpha}\cdot\frac{\text{ch}\alpha z - \text{ch}\alpha(l-z)}{\text{sh}\alpha l} \tag{5-38}$$

由式(5-35)～式(5-38)绘出的分布图形，见图5-24c。在跨中的最大双力矩 $B_{\max}$：

$$B_{\max} = \frac{m_t}{\alpha^2}\left[\frac{1}{\text{ch}(\alpha l/2)} - 1\right]$$

式中
$$\alpha^2 = \frac{GI_t}{EI_w} = \frac{79\times10^3\times193}{206\times10^3\times23.4\times10^6} = 0.003163\times10^{-3}(1/\text{cm}^2)$$

$$\alpha = 0.001778(1/\mathrm{cm})$$

$$\alpha l = 0.001778 \times 8 \times 10^2 = 1.422$$

$$\mathrm{ch}(\alpha l/2) = \mathrm{ch}\left(\frac{1.422}{2}\right) = 1.264$$

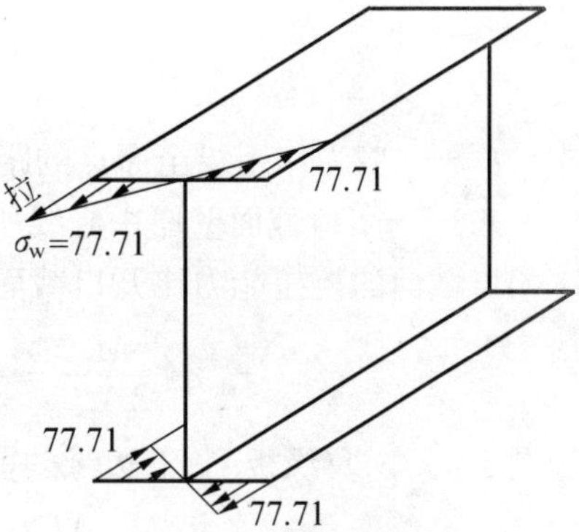

从而

$$B_{\max} = \frac{3.6}{0.003163 \times 10^{-3}}\left(\frac{1}{1.264} - 1\right)$$
$$= -0.2377 \times 10^6 \mathrm{kN} \cdot \mathrm{cm}^2$$
$$= -23.77 \mathrm{kN} \cdot \mathrm{m}^2$$

(4)最大弯曲正应力：

$$\sigma = M_{\mathrm{x,max}}/W_{\mathrm{x}} = 720 \times 10^6/7\ 606\ 000$$
$$= 94.66 \mathrm{N/mm^2}$$

图 5-25　σ_{w} 的分布

(5)最大弯曲扭转正应力 σ_{w}，由式(5-31)计算：

$$\sigma_{\mathrm{w}} = B w/I_{\mathrm{w}} = \frac{-23.77 \times 10^9(\pm 765 \times 10^2)}{2.34 \times 10^7 \times 10^6}$$
$$= \pm 77.71 \mathrm{N/mm^2}\quad（正号表示拉应力）$$

其 σ_{w} 的分布情况，如图 5-25 所示。

截面的最大正应力为：

$$|\sigma_{\max}| = |-94.66 - 77.71| = 172.37(\mathrm{N/mm^2})$$

5.5　闭口薄壁构件的自由扭转

闭口薄壁杆自由扭转时，截面上剪应力的分布与开口截面完全不同，它不可能有如图 5-18所示的闭合循环的剪力流，闭口截面壁厚两侧剪应力方向相同(图 5-27a)。由于是薄壁的，可以认为剪应力沿厚度均匀分布，方向为切线方向(图 5-26)，可以证明任一处壁厚的剪力 τt 为一常数。这样，微元段 ds 上的剪力对原点的力矩为 $h\tau t\mathrm{d}s$，自由扭转力矩为[12]：

$$M_{\mathrm{s}} = \oint h\tau t\,\mathrm{d}s = \tau t \cdot \oint h\,\mathrm{d}s = \tau t \cdot 2A$$

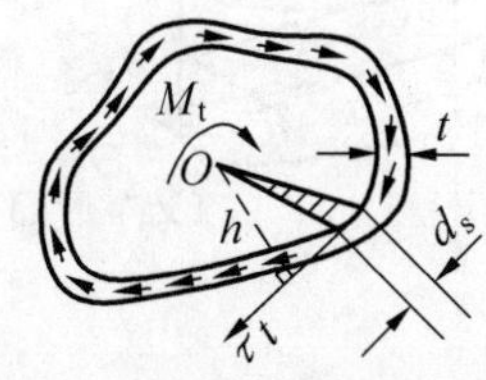

图 5-26　闭口截面的纯扭转

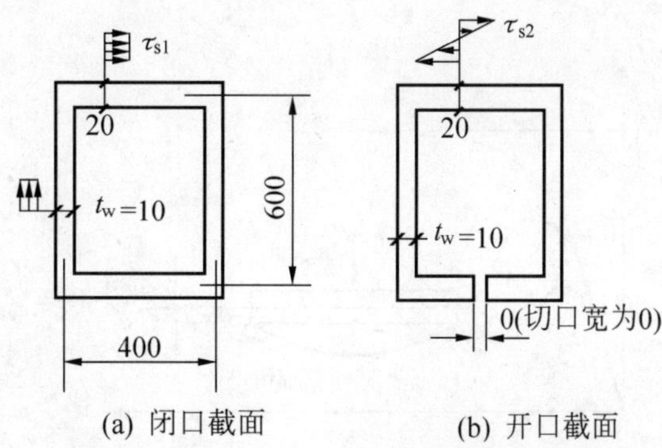

图 5-27　闭口、开口截面的剪应力分布

可得：

$$\tau = \frac{M_s}{2At} \tag{5-39}$$

式中　h ——剪力作用线至原点的距离；

A ——闭口截面壁厚中心线所围成的面积。

闭口截面的抗扭能力比开口截面的大得多。对于图 5-27a，腹板上的剪应力最大：

$$\tau_{s1} = \frac{M_s}{2At_w} = \frac{M_s}{2 \times 400 \times 600 \times 10} = \frac{M_s}{4.8 \times 10^6}$$

对于图 5-27b，翼缘板上、下边缘的剪应力最大，由式(5-19)：

$$\tau_{s2} = \frac{M_s t}{I_t} = \frac{M_s \times 20}{2840 \times 10^3} = \frac{M_s}{0.142 \times 10^6}$$

式中　284 ——由式(5-17)(槽形截面 $k=1.12$)：$I_t = \frac{1.12}{3}(40\times2^3+2\times20\times2^3+2\times60\times1^3)=284\text{cm}^4$。

比较可见，开口截面上的剪应力比闭口的大：

$$\tau_{s2}/\tau_{s1} = \frac{M_s}{0.142 \times 10^6}\bigg/\frac{M_s}{4.8 \times 10^6} \approx 33.8 \text{ 倍。}$$

5.6　梁的整体稳定性(弯扭屈曲)

5.6.1　基本概念

某两端“叉”形简支梁，在跨中受横向集中荷载 P 作用时，其跨中弯矩 M 和跨中挠度 v 的关系曲线如图 5-28 所示。如果取决于强度，跨中截面的弯矩应按曲线 Oa(虚线)经弹性阶段、弹塑性阶段，最后到达塑性阶段，形成所谓塑性弯矩 M_p 而破坏(图 5-3c)。如果截面的侧向抗弯刚度和抗扭刚度不足(如窄而高的开口工字形截面)，则会在截面形成塑性铰以前，甚至在弹性阶段，梁就有可能突然发生绕弱轴 y 的侧向弯曲，且同时伴随扭转变形而破

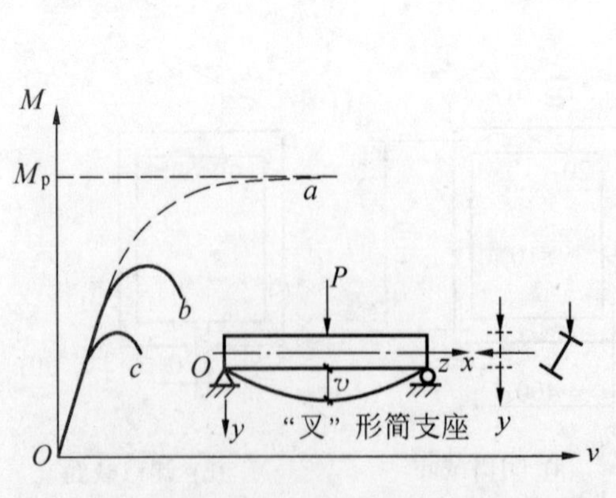

图 5-28　M—v 关系

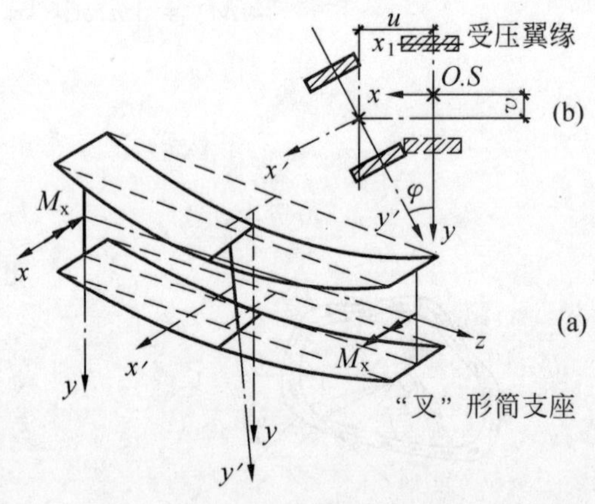

图 5-29　梁在纯弯矩作用下的弯扭屈曲

坏。这时梁的承载力低于按强度计算的承载能力，如图 5 - 28 中的实曲线 Oc 或 Ob 所示。梁的这种破坏形式，称之为梁的弯扭屈曲或梁丧失（侧向）整体稳定。当梁的两端有弯矩 M_x 作用时，同样也会发生这种破坏现象（图 5 - 29）。这种使梁丧失整体稳定的外荷载或外弯矩，称为临界荷载 P_{cr} 或临界弯矩（$M_{x,cr}$）。

对于平面弯曲的梁会发生平面外的侧向弯曲和扭转破坏，可以这样来解释：从性质的近似性，可以把梁的受压翼缘视为一轴心压杆。作为压杆，理应倾向于绕刚度较小轴（图 5 - 29b 中 x_1 轴）屈曲。但是，由于梁的腹板对该受压翼缘提供了连续的支持作用，使此屈曲不能发生。因此，当压力增大到一定数值时，受压的上翼缘就只能绕 y 轴产生屈曲，这必将带动梁的整个截面一起发生侧向位移并伴随扭转，这就是钢梁丧失整体稳定的原因和实质。

5.6.2　临界弯矩 $M_{x,cr}$

作为一种基本情况，先研究一根双轴对称工字形截面“叉”形简支梁受纯弯曲 M_x 时的弯扭屈曲（图 5 - 30，图中的梁用梁轴表示，弯矩 M_x 用矢量→表示）。

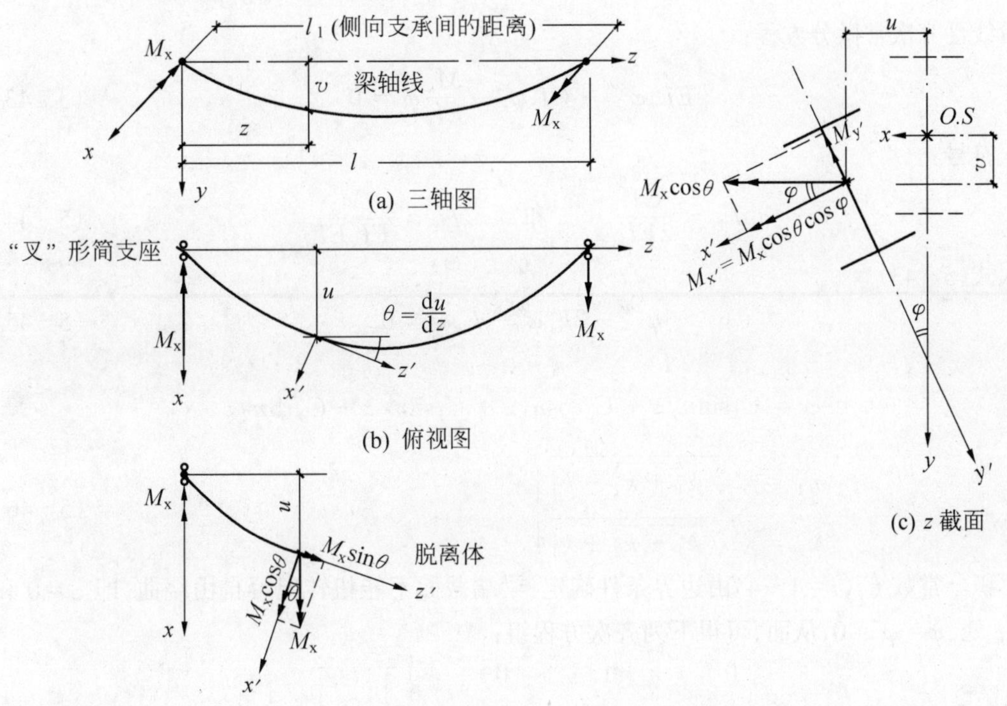

图 5 - 30　纯弯矩作用下梁的弯扭屈曲

图 5 - 30 中取 xyz 为固定坐标（右手法则），截面发生位移后的活动坐标相应取为 $x'y'z'$。假定截面剪心 S 沿 x、y 轴方向的位移分别为 u、v，沿坐标轴的正向为正；截面的扭转角为 φ，绕 z 轴正向作右手螺旋方向旋转为正。由于小变形，xz 和 yz 平面内的曲率分别为：$\frac{d^2u}{dz^2}$ 和 $\frac{d^2v}{dz^2}$，并认为在 $x'z'$ 和 $y'z'$ 平面内的曲率分别与之相等；在角度关系方面可取 $\sin\theta\approx\theta=\frac{du}{dz}$，$\sin\varphi=\varphi$，$\cos\theta=\cos\varphi\approx1$。从而，由图 5 - 30c、b：

绕 x' 轴弯矩：　　　　$M_{x'} = M_x\cos\theta\cos\varphi \approx M_x$

绕 y' 轴弯矩：　　　　$M_{y'} = M_x\cos\theta\sin\varphi \approx M_x\varphi$

绕 z' 轴扭矩：　　　　$M_{z'} = M_x\sin\theta \approx M_x\dfrac{du}{dz}$

根据材料力学中弯矩与曲率之关系：

$$EI_x\frac{d^2v}{dz^2} = -M_{x'} = -M_x \tag{5-40}$$

$$EI_y\frac{d^2u}{dz^2} = -M_{y'} = -M_x\varphi \tag{5-41}$$

和式(5-26)内、外扭矩间的关系：

$$GI_t\varphi' - EI_w\varphi''' = M_{z'} = M_x\frac{du}{dz} \tag{5-42}$$

式(5-40)仅是位移 v 的函数，可以独立求解；而式(5-41)和式(5-42)均为 u 和 φ 的函数，必须联立求解：将式(5-42)对 z 求导，并利用式(5-41)消去 $\dfrac{d^2u}{dz^2}$，可得关于扭角 φ 的四阶线性齐次常微分方程：

$$EI_w\varphi'''' - GI_t\varphi'' - \frac{M_x^2}{EI_y}\varphi = 0 \tag{5-43}$$

引入符号：

$$k_1 = \frac{GI_t}{2EI_w} \qquad 和 \qquad k_2 = \frac{M_x^2}{EI_yEI_w} \tag{5-44}$$

代入式(5-43)

$$\varphi'''' - 2k_1\varphi'' - k_2\varphi = 0 \tag{5-45}$$

解：

$$\varphi = C_1\sin n_1z + C_2\cos n_1z + C_3\mathrm{sh}n_2z + C_4\mathrm{ch}n_2z$$

式中

$$\left.\begin{aligned} n_1 &= \sqrt{\sqrt{k_1^2 + k_2^2} - k_1} \\ n_2 &= \sqrt{\sqrt{k_1^2 + k_2^2} + k_1} \end{aligned}\right\} \tag{5-46}$$

积分常数 $C_i(i=1\sim4)$ 由边界条件确定：梁端截面不能扭转但可自由绕曲，即 $z=0$ 和 $z=l$ 处，$\varphi=\varphi''=0$，从而，可得下列齐次方程组：

$$\begin{bmatrix} 0 & 1 & 0 & 1 \\ 0 & -n_1^2 & 0 & n_2^2 \\ \sin n_1l & 0 & \mathrm{sh}n_2l & 0 \\ -n_1^2\sin n_1l & 0 & n_2^2\mathrm{sh}n_2l & 0 \end{bmatrix}\begin{bmatrix} C_1 \\ C_2 \\ C_3 \\ C_4 \end{bmatrix} = \begin{bmatrix} 0 \\ 0 \\ 0 \\ 0 \end{bmatrix} \tag{5-47}$$

由式(5-47)的前两式，得 $C_2=C_4=0$；由后两式消去 C_1，可得

$$C_3(n_1^2 + n_2^2)\mathrm{sh}n_2l = 0$$

因 n_1^2、n_2^2 和 $\mathrm{sh}n_2l$ 总是正值，不为零，则必有 $C_3=0$。从而，由式(5-47)的第三式，得：

$$C_1\sin n_1l = 0$$

因 $C_1\neq0$，必有：

$$\sin n_1 l = 0 \tag{5-48}$$

满足上式的 n_1 最小值应为：

$$n_1 = \pi / l \tag{5-49}$$

把式(5－49)代入式(5－46)，即可求得 M_x，此值就是双轴对称工字形截面简支梁受纯弯曲时的临界弯矩，即

$$M_{x,cr} = \frac{\pi}{l}\sqrt{EI_y GI_t}\sqrt{1+\pi^2\frac{EI_w}{l^2 GI_t}} \tag{5-50}$$

式中　EI_y、GI_t 和 EI_w ——分别为截面的侧向抗弯刚度、自由扭转刚度和翘曲刚度；

l ——梁的侧向支承间的距离(图 5－30a，$l = l_1$)。

令 $\psi = \frac{E}{l^2 GI_t} I_w = \frac{E}{l^2 GI_t}\left(\frac{I_y h^2}{4}\right) = \left(\frac{h}{2l}\right)^2 \frac{EI_y}{GI_t}$，$k = \pi\sqrt{1+\pi^2\psi}$，式(5－50)变成：

$$M_{x,cr} = \frac{k}{l}\sqrt{EI_y GI_t} \tag{5-51}$$

式中　k ——梁整体稳定屈曲系数，对于其他种类的荷载，k 值列于表 5－2。

表 5－2　双轴对称工字形截面简支梁的整体稳定屈曲系数 k 值

荷载作用位置	荷载种类		
	纯弯曲 M（跨度 l）	均布荷载 q（跨度 l）	跨中集中荷载 P（跨度 l）
截面形心上	$\pi\sqrt{1+\pi^2\psi}$	$1.13\pi\sqrt{1+10\psi}$	$1.35\pi\sqrt{1+10.2\psi}$
上、下翼缘上		$1.13\pi(\sqrt{1+11.9\psi} \mp 1.44\sqrt{\psi})$	$1.35\pi(\sqrt{1+12.9\psi} \mp 1.74\sqrt{\psi})$

注：表中“－”号用于荷载作用在上翼缘，“＋”号用于荷载作用在下翼缘。

由表 5－2 可见：

(1)纯弯曲时的 k 值最低。这个结论很容易理解：因纯弯曲时(图 5－31a)梁的弯矩沿梁长不变，即所有截面的弯矩均为最大值，而其他两种荷载情况(图 5－31b、c)，弯矩仅在跨中为最大值，其余截面的弯矩均较小。

(2)竖向荷载作用在上翼缘比作用在下翼缘的 k 值低。这是因为：梁一旦发生扭转，作用在上翼缘的荷载 P(图 5－32a)对剪心 S 产生不利的附加扭矩 Pe，使梁的扭转加剧，助长屈曲，从而降低梁的临界弯矩。而荷载作用在下翼缘(图 5－32b)，荷载产生的附加扭矩则会减缓梁的扭转，有助于梁的稳定，从而可提高梁的临界弯矩。

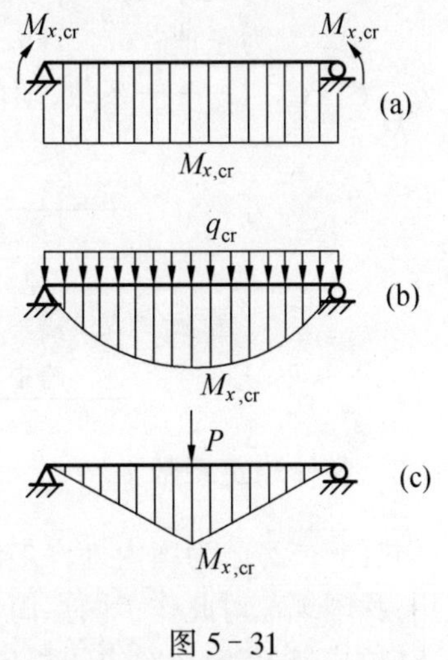

图 5－31

对于在不同荷载作用下的单轴对称截面简支梁(图 5－33)，由弹性稳定理论：

$$M_{x,cr} = C_1 \frac{\pi^2 EI_y}{l^2}\left[C_2 a + C_3\beta_y + \sqrt{(C_2 a + C_3\beta_y)^2 + \frac{I_w}{I_y}\left(1 + \frac{l^2 GI_t}{\pi^2 EI_w}\right)}\right] \tag{5-52}$$

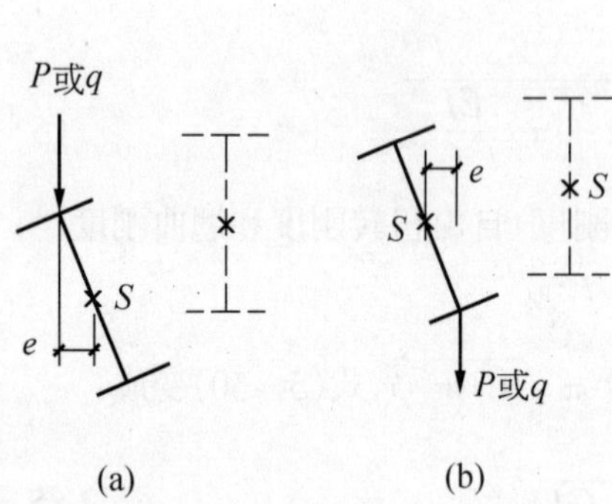

图 5-32

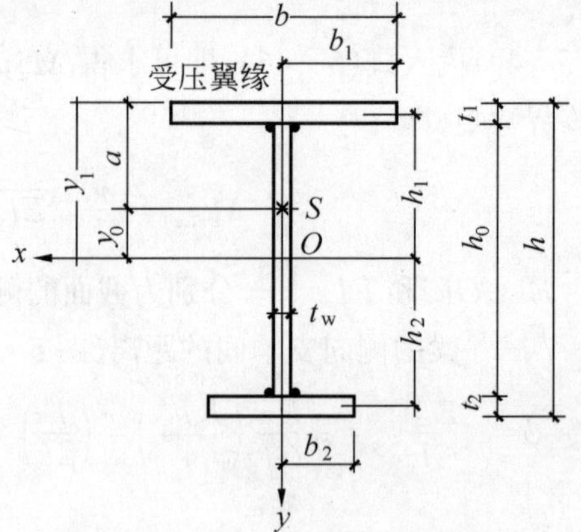

图 5-33 单轴对称截面

式中 $$I_w = \frac{I_1 I_2}{I_y}h^2 = \alpha_b(1-\alpha_b)I_y h^2 \tag{5-53}$$

$$\alpha_b = \frac{I_1}{I_1 + I_2} = I_1/I_y \tag{5-54}$$

$$\beta_y = \frac{1}{2I_x}\int_A y(x^2 + y^2)\mathrm{d}A - y_0 \tag{5-55}$$

y_0 ——剪心 S 的纵坐标：$y_0 = -\dfrac{I_1 h_1 - I_2 h_2}{I_y}$；

h_1、h_2 ——分别为受压、受拉翼缘形心至整个截面形心 O 的距离；

I_1、I_2 ——分别为受压、受拉翼缘对 y 轴的惯性矩，即

$$I_y = I_1 + I_2 = \frac{t_1(2b_1)^3}{12} + \frac{t_2(2b_2)^3}{12};$$

a ——荷载作用点至剪心 S 的距离，当荷载作用点位于剪心上方时，a 为负值，反之为正值；

C_1、C_2、C_3 ——系数，随荷载类型而异，其值见表 5-3。

表 5-3 系数 C_1、C_2、C_3 值

荷载类型	C_1	C_2	C_3
纯弯曲	1	0	1
满跨均布荷载	1.13	0.45	0.53
跨中集中荷载	1.35	0.55	0.41

5.6.3 整体稳定系数 φ_b

式(5-52)已为国内外许多试验所证实，并为许多国家制订设计规范时采用。为了便于应用，我国规范对此作了两点简化假定：

(1)式(5-55)中右边的积分项与 y_0 相比，数值不大，可取

$$\beta_y \approx -y_0 = -\left.\frac{(I_1 h_1 - I_2 h_2)}{I_y}\right|_{\text{双轴对称}: h_1 = h_2 = h/2}$$

$$= \frac{h}{2}\left(\frac{I_1 - I_2}{I_y}\right) = \frac{h}{2}(2\alpha_b - 1) \tag{5-56}$$

(2)截面的扭转惯性矩按式(5-17)计算,对图5-33的单轴对称截面:

$$I_t = \frac{1.25}{3}\sum_{i=1}^{n} b_i t_i^3 = \frac{1.25}{3}(2b_1 t_1^3 + 2b_2 t_2^3 + h_0 t_\omega^3)$$

$$\approx \frac{1}{3}(2b_1 t_1 + 2b_2 t_2 + h_0 t_\omega) t_1^2 = \frac{1}{3}At_1^2 \tag{5-57}$$

式中　A ——梁的横截面面积;

t_1 ——受压翼缘的厚度。

对于双轴对称工字截面简支梁,由式(5-56)可得 $\beta_y = 0$,又 $a = 0$,纯弯曲:$C_1 = 1$(表5-3),从而式(5-52)变成:

$$M_{x,cr} = \frac{\pi^2 EI_y}{l^2}\sqrt{\frac{I_w}{I_y}\left(1 + \frac{l^2}{\pi^2}\frac{GI_t}{EI_w}\right)} \tag{5-58}$$

相应临界应力:

$$\sigma_{cr} = M_{x,cr}/W_x \tag{5-59}$$

保证整体稳定的条件:

$$\sigma = M_x/W_{1x} \leqslant \frac{\sigma_{cr}}{\gamma_R} = \frac{\sigma_{cr}}{f_y}\cdot\frac{f_y}{\gamma_R} = \varphi_b f \tag{5-60}$$

式中　γ_R ——钢材抗力分项系数,对Q235:$\gamma_R = \frac{1}{0.92} = 1.087$。

$$\varphi_b = \frac{\sigma_{cr}}{f_y} = \frac{M_{x,cr}/W_x}{f_y} = \frac{\pi^2 EI_y}{l^2 W_x f_y}\sqrt{\frac{I_w}{I_y}\left(1 + \frac{l^2 GI_t}{\pi^2 EI_w}\right)} \tag{5-61}$$

将 $I_t = \frac{1}{3}At_1^2$,$I_w = \frac{h^2}{4}I_y$(来源见式(5-57)和式(5-24)),$E = 206\times10^3\text{N/mm}^2$ 和 $E/G = 2.6$,代入式(5-61),则双轴对称焊接工字形截面“叉”形简支梁(Q235),受纯弯曲时的整体稳定系数:

$$\varphi_b = \frac{4320}{\lambda_y^2}\frac{Ah}{W_{1x}}\sqrt{1 + \left(\frac{\lambda_y t_1}{4.4h}\right)^2} \tag{5-62}$$

式中　W_{1x}——按受压翼缘确定的梁毛截面模量;

$\lambda_y = l_1/i_y$ ——侧向支承点间的梁段对截面 y 轴的长细比;

l_1 ——梁受压翼缘的自由长度。对跨中无侧向支承点的梁:$l_1 = l$;跨中有侧向支承点的梁:为受压翼缘侧向支承点间的距离(梁叉支座处视为侧向支承点);

i_y ——梁的毛截面对 y 轴的回转半径。

对单轴对称工字形截面(图5-34b、c),应考虑截面的不对称影响系数 η_b,对于其他种类的荷载以及荷载的不同作用位置,还应乘以随参数 $\xi = l_1 t_1/(2b_1 h)$ 而变化的系数 β_b。从而,可写出不同钢材牌号的焊接工字形截面简支梁整体稳定系数的通式:

$$\varphi_b = \beta_b \frac{4320}{\lambda_y^2} \cdot \frac{Ah}{W_{1x}} \left[\sqrt{1 + \left(\frac{\lambda_y t_1}{4.4h} \right)^2} + \eta_b \right] \frac{235}{f_y} \tag{5-63}$$

式中 β_b——梁整体稳定的等效临界弯矩系数,按附表 6-1 采用;

η_b——截面不对称影响系数。对双轴对称工字形截面,$\eta_b = 0$(图 5-34a);对单轴对称工字形截面:$\eta_b = 0.8(2\alpha_b - 1)$(加强受压翼缘,图 5-34b)或 $\eta_b = (2\alpha_b - 1)$(加强受拉翼缘,图 5-34c),其中,参数 α_b 按式(5-54)计算。

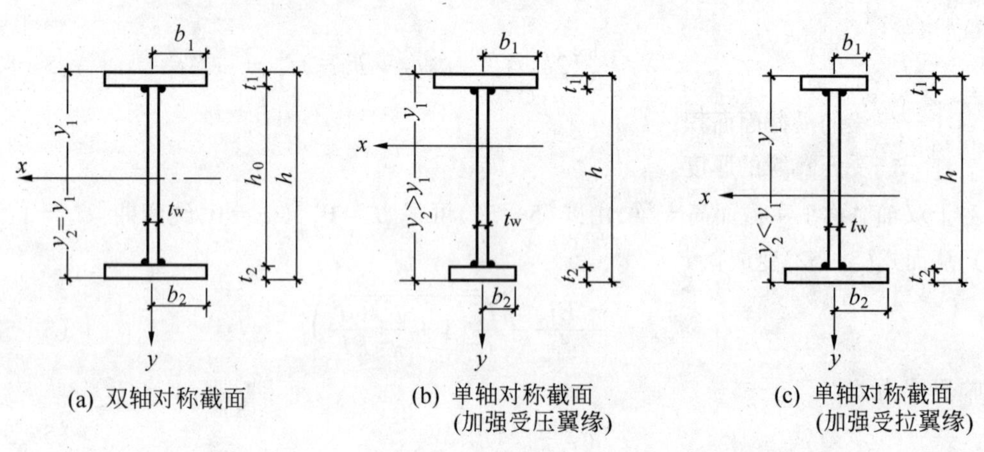

图 5-34 焊接工字形截面

轧制普通工字钢简支梁,由于翼缘有斜坡,翼缘与腹板交接处有圆角,其截面特性与三块钢板组合而成的工字形截面不同,故 φ_b 值不能按式(5-63)计算,而应根据型钢号码、荷载情况和侧向支承点间的距离 l_1,从附表 6-2 中直接查得整体稳定系数 φ_b。

热轧槽钢(图 5-35)简支梁受纯弯曲时的临界弯矩,仍可采用式(5-50)的形式,从而可得临界应力:

$$\sigma_{cr} = M_{x,cr}/W_{1x} = \frac{\pi\sqrt{EI_y GI_t}}{lW_{1x}} \sqrt{1 + \frac{\pi^2 EI_w}{l^2 GI_t}}$$

式中第二个根号内的 $\pi^2 EI_w/(l^2 GI_t) \ll 1$,可略去不计,上式变成:

$$\sigma_{cr} = \frac{\pi\sqrt{EI_y GI_t}}{l_1 W_{1x}} \tag{5-64}$$

由图 5-35,可近似取:$I_y \approx \frac{1}{6}tb^3$,$I_x \approx bt\frac{h^2}{2}$,$W_{1x} = \frac{I_x}{y_1} = bth$,$I_t = \frac{2}{3}bt^3$,并取 $E = 206 \times 10^3 \text{N/mm}^2$,$G = 79 \times 10^3 \text{N/mm}^2$,代入式(5-64),则

$$\varphi_b = \sigma_{cr}/f_y = \frac{570bt}{l_1 h} \cdot \frac{235}{f_y} \tag{5-65}$$

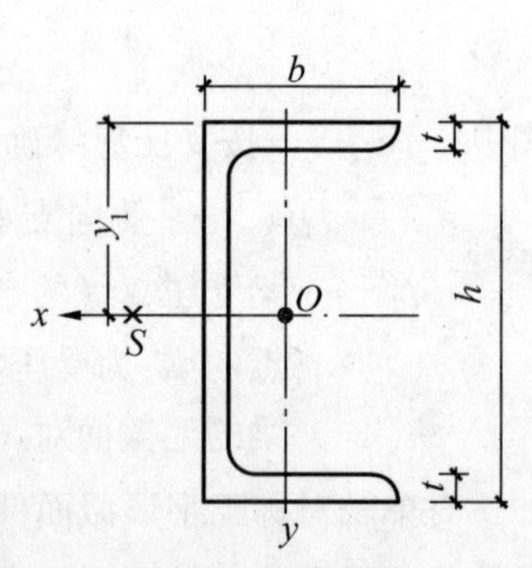

图 5-35 槽钢截面

规范认为,对热轧槽钢简支梁,不论荷载的形式和荷载作用点在截面高度上的位置如何,均可偏于安全地按式(5-65)计算,即式(附 6-3)。

对于双轴对称工字形等截面(含 H 型钢)悬臂梁,φ_b 值

仍可按式(5-63)计算，但式中系数 β_b 应按附表 6-3 查得。$\lambda_y = l_1/i_y$ 中的 l_1 为悬臂梁的悬伸长度。

以上是按弹性阶段确定梁的整体稳定系数。规范[1]规定，当求得的 $\varphi_b > 0.6$ 时，说明梁在弹塑性阶段失稳，应该用 φ_b' 代替 φ_b 按式(5-60)进行梁的整体稳定计算。根据武汉水电学院建议，与薄钢规范[16]协调，φ_b' 按下式计算：

$$\varphi_b' = 1.07 - 0.282/\varphi_b \tag{5-66}$$

但 $\varphi_b' \leqslant 1.0$。

当梁的整体稳定承载力不足时，可采用增大梁的翼缘宽度 b 值或增加侧向支承的办法来解决，一般来说，后者简单有效。

必须指出，梁的支座处应采取构造措施，使梁端截面只可自由翘曲，不能扭转($\varphi = \varphi'' = 0$)，即应采用"夹支座"，或叫"叉支座"。

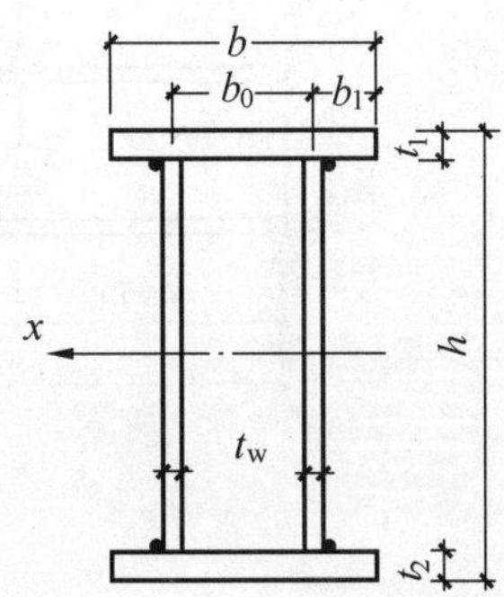

图 5-36　箱形截面

5.6.4　整体稳定性的保证

当钢梁符合下列条件之一，可不计算梁的整体稳定性：

(1)有铺板(各种钢筋混凝土板或钢板)密铺在梁的受压翼缘上并与其牢固相连、能阻止梁受压翼缘的侧向位移时。

(2)H 型或等截面工字形简支梁、箱形截面简支梁受压翼缘的自由长度，即受压翼缘侧向支承点间的距离 l_1 与其宽度 b 之比不超过表 5-4。

表 5-4　H 型钢或等截面工字形简支梁、箱形截面简支梁不需计算整体稳定性的最大 l_1/b、l_1/b_0 值

钢　号	l_1/b 值(H 型或工字形截面)			l_1/b_0 值(箱形截面)
	跨中无侧向支承点的梁，荷载作用在		跨中受压翼缘有侧向支承点的梁，不论荷载作用在何处	不管有无侧向支承点，不论荷载作用在何处
	上翼缘	下翼缘		
Q235	13.0	20.0	16.0	$\leqslant 95(235/f_y)$ (且 $h/b_0 \leqslant 6$)
Q345	10.5	16.5	13.0	
Q390	10.0	15.5	12.5	
Q420	9.5	15.0	12.0	

注：表中 l_1/b 值，应乘以 $\sqrt{235/f_y}$。

当钢梁不符合上述任一条件时，应进行整体稳定性验算：

在最大刚度主平面内弯曲时：

$$\frac{M_x}{\varphi_b W_{1x}} \leqslant f \tag{5-67a}$$

在两个主平面内受弯时：

$$\frac{M_x}{\varphi_b W_{1x}} + \frac{M_y}{\gamma_y W_y} \leqslant f \tag{5-67b}$$

式中 W_{1x}、W_y——按受压纤维确定的对 x 轴和 y 轴的毛截面抵抗矩；

M_x、M_y——绕 x 轴和 y 轴的最大弯矩；

φ_b——绕强轴弯曲所确定的整体稳定系数。

式(5-67b)是一个经验公式，公式左边第二项分母中引进绕弱轴 y 的截面塑性发展系数 γ_y，并不意味着绕 y 轴弯曲会出现塑性，而是适当降低第二项的影响。

例 5-2 已知某工字形截面焊接组合“叉”形支座简支梁(Q345 钢)，在跨长三分点处布置次梁，次梁传来的集中力 F(图 5-37)。要求验算该梁的整体稳定性。

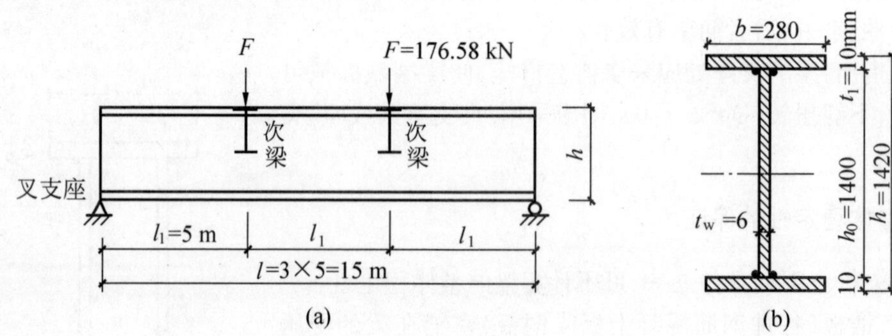

图 5-37 例 5-2

解 因 $l_1/b=\dfrac{5}{0.28}=17.86>10.5$(表 5-4)，故应进行梁的整体稳定验算。

由图 5-37b 可得梁的自重约 1.08kN/m，则

$$M_{x,\max}=176.58\times5+\frac{1}{8}\times1.2\times1.08\times15^2=882.9+36.45=919.35\text{kN}\cdot\text{m}$$

截面特性：

$$A=2(28\times1)+140\times0.6=140\text{cm}^2$$

$$I_x=\frac{28\times142^3-27.4\times140^3}{12}=415538.7\text{cm}^4$$

$$W_{1x}=415538.7/71=5852.7\text{cm}^3$$

$$I_y=2\times1\times28^3/12=3660\text{cm}^4$$

$$\lambda_y=l_1/\sqrt{I_y/A}=500/\sqrt{3660/140}=97.79$$

由附表 6-1 的项次 8 查出 $\beta_b=1.20$

由式(5-63)可得：

$$\varphi_b=1.2\times\frac{4320}{97.79^2}\cdot\frac{140\times142}{5852.7}\left[\sqrt{1+\left(\frac{97.79\times1}{4.4\times142}\right)^2}+0\right]\frac{235}{345}$$

$$=1.27>0.6$$

说明梁已进入弹塑性工作阶段。

由式(5-66)：$\varphi_b'=1.07-0.282/1.27=0.85$

由式(5-67a)：

$$\frac{M_x}{\varphi_b'W_{1x}}=\frac{919.35\times10^6}{0.85\times5852.7\times10^3}=185\text{N/mm}^2<f=310\text{N/mm}^2$$

梁的整体稳定性有保证。

例 5－3 已知“叉”形支座简支梁（$l=9\text{m}$），上翼缘上均布荷载产生的弯矩 $M_{x,\max}=1128\text{kN}\cdot\text{m}$，按满应力强度设计，所选截面如图 5－38 所示（Q235）。请验算该梁的整体稳定性。

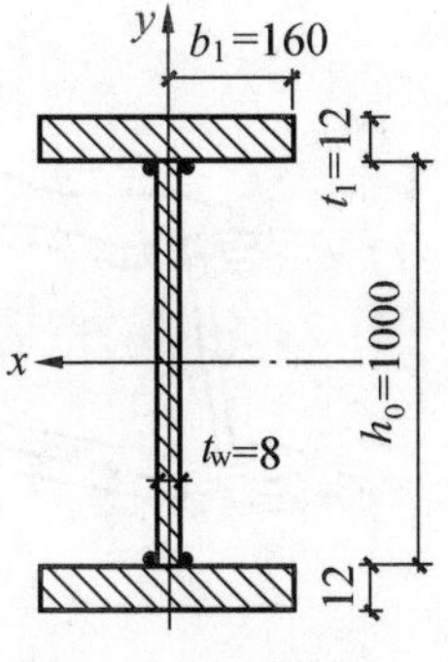

图 5－38 例 5－3

解 由图 5－38 可算得：$A=156.8\text{cm}^2$，$I_x=263311\text{cm}^4$，$W_x=5143\text{cm}^3$，$I_y=6554\text{cm}^4$，$i_y=\sqrt{I_y/A}=6.465\text{cm}$，$\lambda_y=l_1/i_y=9\times10^2/6.465=139$。

因 $\xi=l_1t_1/(2b_1h)=9\times10^2\times1.2/(2\times16\times102.4)=0.33<2.0$，由附表 6－1 项次 1 计算：

$$\beta_b=0.69+0.13\times0.33=0.733$$

由式（5－63）：

$$\varphi_b=0.733\times\frac{4320}{139^2}\times\frac{156.8\times102.4}{5143}\times\left[\sqrt{1+\left(\frac{139\times1.2}{4.4\times102.4}\right)^2}+0\right]\times\frac{235}{235}$$

$$=0.546<1$$

说明梁的承载力取决于整体稳定条件，该梁只能承受按强度设计荷载的 0.546 倍，显然很不经济。为了提高梁的整体稳定承载力，可在跨中设置一个可靠的侧向支承点，这时，$l_1=l/2=4.5\text{m}$，$\lambda_y=139/2\approx70$，由附表 6－1 的项次 5 查得 $\beta_b=1.15$，从而

$$\varphi_b=1.15\times\frac{4320}{70^2}\times\frac{156.8\times102.4}{5143}\sqrt{1+\left(\frac{70\times1.2}{4.4\times102.4}\right)^2}=3.22>0.6$$

由式（5－66）：

$$\varphi_b'=1.07-0.282/3.22=0.98\approx1.0$$

这样，梁不但抗弯强度充分利用（满应力），而且整体稳定性也正好能保证。

5.7 焊接组合梁的局部稳定和加劲肋(stiffening rib)设计

为了提高焊接组合梁的强度和刚度，腹板宜选得高一些，而为了提高梁的整体稳定性，翼缘宜选得宽一些。然而，若所选板件过于宽薄，矛盾就会转化，常会在梁发生强度破坏或丧失整体稳定性之前，梁的部分板面会偏离原来的平面位置而发生波形鼓曲（图 5－39），这种现象称为梁丧失局部稳定或称板屈曲。梁的翼缘或腹板局部失稳后，使梁的工作性能恶化（截面变得不对称），就有可能导致梁的过早破坏。

对于热轧型钢梁，由于轧制条件所限，其板件宽厚比较小，不需进行局部稳定性验算；对于冷弯薄壁型钢梁的受压或受弯板件，宽厚比不超过规定的限制时，认为板件全部有效；当超过此限制时，则只考虑一部分宽度有效（称为有效宽度），应按规范[16]计算。

考虑腹板屈曲后强度的梁设计将在 5.9 节中讲述。

5.7.1 受压翼缘板的屈曲

工字形截面梁的受压翼缘板和轴压柱的翼缘板相似，它三边简支一边自由，所受的压应力基本上均匀分布，板屈曲形如图 5－39a 所示。所以，翼缘的合理设计是采用一定厚度的

钢板,满足设计梁受压翼缘的宽厚比。

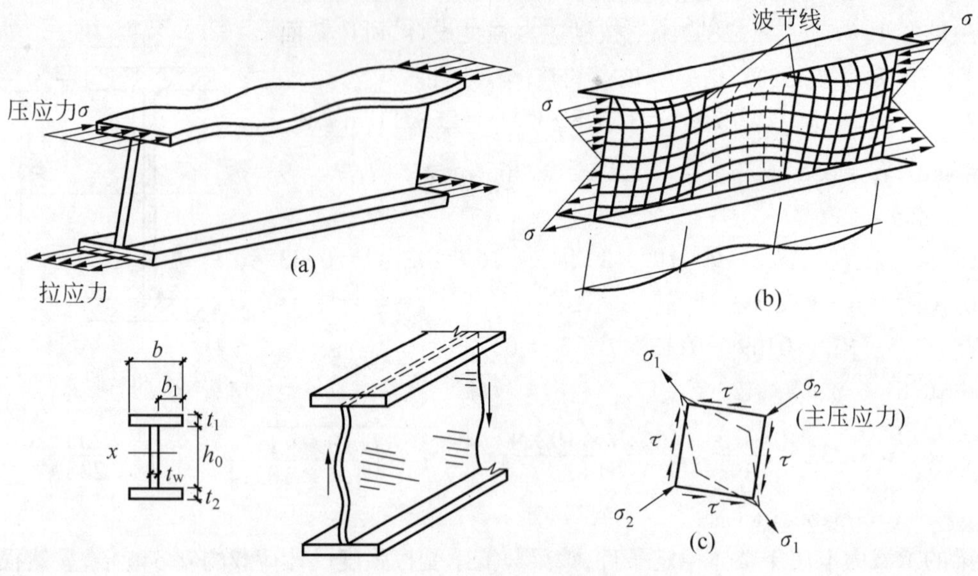

图 5-39　受压翼缘和腹板的屈曲

按式(4-48)计算,压应力方向已进入塑性,而另一方向仍然是弹性,故翼缘板属于正交异性板,一般采用$\sqrt{\eta}E$ 代替E(其中 $\eta=E_t/E$)。E_t 为切线模量,仿式(4-48):

$$\sigma_{cr} = \chi k \frac{\pi^2 \sqrt{\eta} E}{12(1-\nu^2)}\left(\frac{t}{b_1}\right)^2 \tag{5-68}$$

将 $E=206\times10^3\text{N/mm}^2$、泊松比 $\nu=0.3$、$\eta=0.25$、$\chi=1$ 和 $k=0.425$(图 4-32)代入上式,并由条件 $\sigma_{cr}\geqslant f_y$,可得

$$\frac{b_1}{t}\leqslant 13\sqrt{\frac{235}{f_y}} \tag{5-69}$$

当梁绕强轴 x 的强度,按弹性设计,即 $\gamma_x=1$ 时,b_1/t 值可放宽:

$$\frac{b_1}{t}\leqslant 15\sqrt{\frac{235}{f_y}} \tag{5-70}$$

箱形梁翼缘板(图 5-36)在两腹板之间的部分,相当于四边简支单向均匀受压板,$k=4$。由式(5-68),并由 $\sigma_{cr}\geqslant f_y$,可得

$$\frac{b_0}{t}\leqslant 40\sqrt{\frac{235}{f_y}} \tag{5-71}$$

5.7.2　腹板的屈曲与加劲肋(rib)的配置

对于梁的腹板,采用加厚板的办法来防止板的局部失稳,显然不经济,通常可用设置加劲肋的办法。加劲肋有横向、纵向和短加劲肋等三种(图 5-40),分别简称为横肋、纵肋和短横肋。通过加劲肋,把腹板划分成较小的区格。加劲肋就是每个区格的边支承。

直接承受动力荷载的吊车梁及类似构件,按下列规定配置加劲肋,并计算各板段的稳定性。

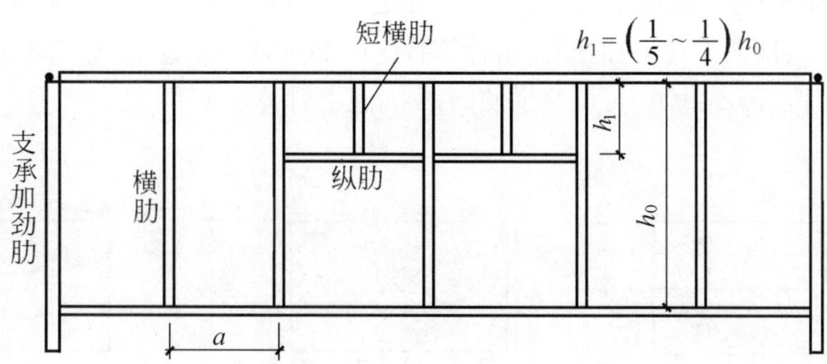

图 5-40　加劲肋设置

(1)当 $h_0/t_w\leqslant80\sqrt{235/f_y}$时，对有局部压应力($\sigma_c\neq0$)的梁，应按构造配置横向加劲肋(简称横肋)($0.5h_0\leqslant a\leqslant2h_0$)(图 5-41a)；对 $\sigma_c=0$ 的梁，可不配置加劲肋；

(2)当 $h_0/t_w>80\sqrt{235/f_y}$时，应按计算配置横肋(图 5-41a)；

(3)当 $h_0/t_w>170\sqrt{235/f_y}$(受压翼缘扭转受到约束，如连有刚性铺板、制动板或焊有钢轨时)或 $h_0/t_w>150\sqrt{235/f_y}$(受压翼缘扭转未受到约束时)或按计算需要时，应在弯矩较大区格的受压区增加配置纵向加劲肋(简称纵肋)(图 5-41b、c)。局部压应力很大的梁，必要时尚宜在受压区配置短加劲肋(简称短肋)(图 5-41d)。

任何情况下，h_0/t_w 均不应超过 250。

(4)梁的支座处和上翼缘受有较大固定集中荷载处宜设置支承加劲肋(图 5-49)。

腹板区格受弯曲正应力 σ、剪应力 τ 或局部压应力 σ_c 的作用(图 5-42)。横肋主要防

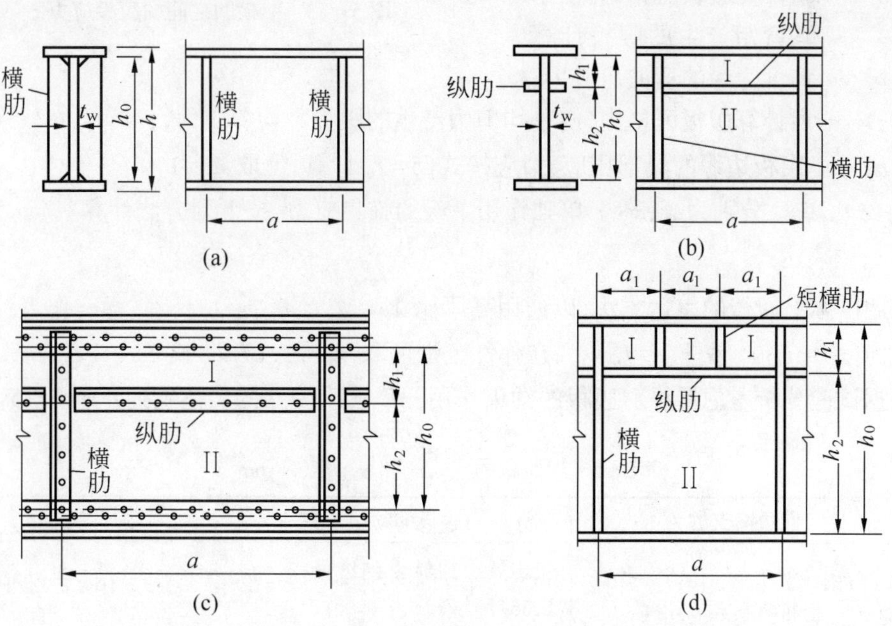

图 5-41　腹板加劲肋的布置

止由 τ 和 σ_c 可能引起的腹板屈曲；纵肋主要防止 σ 引起的腹板失稳；短横肋主要防止由 σ_c 引起的稳定。计算时，先布置加劲肋，再计算各区格的平均作用应力和相应的临界应力，使其满足稳定条件。若不满足，再调整横肋间距 a，重新计算。

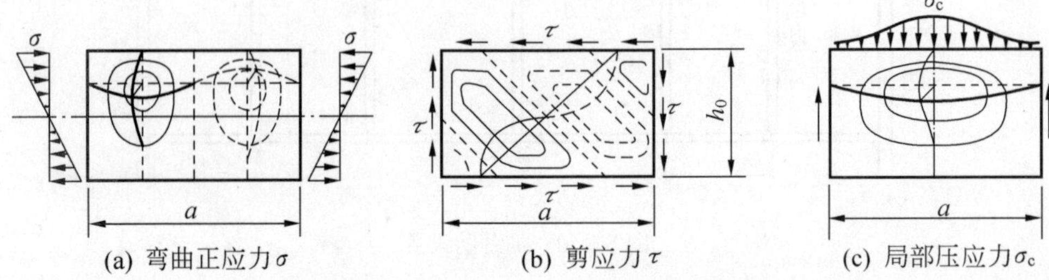

图 5－42　单独应力作用下的腹板屈曲

5.7.2.1　仅用横肋加强的腹板（图 5－41a）

图 5－43 所示为二横肋之间的腹板段，同时有 σ、τ 和 σ_c 的作用。当这些应力分别达到某种组合的一定值时，腹板将到达屈曲的临界状态。腹板不屈曲的相关方程是：

$$\left(\frac{\sigma}{\sigma_{cr}}\right)^2+\left(\frac{\tau}{\tau_{cr}}\right)^2+\frac{\sigma_c}{\sigma_{c,cr}}\leqslant 1 \tag{5-72}$$

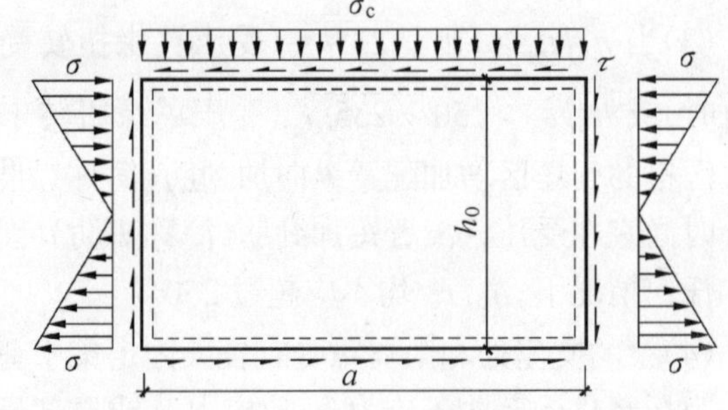

图 5－43　二横肋之间的腹板应力

式中　σ ——所计算腹板区格内，由平均弯矩产生的腹板计算高度边缘的弯曲压应力；

τ ——所计算腹板区格内，由平均剪力产生的腹板平均剪应力，$\tau=V/(h_w t_w)$；

σ_c ——腹板边缘的局部压应力，应按式（5－8）计算，但取 $\psi=1.0$。

σ_{cr}、$\sigma_{c,cr}$ 和 τ_{cr} 分别为 σ、σ_c、τ 单独作用下板的临界应力，按下列方法计算。

1. σ_{cr} 的表达式

采用国际上通行的表达方法，以通用高厚比 $\lambda_b=\sqrt{f_y/\sigma_{cr}}$ 或 $\lambda_s=\sqrt{f_{yv}/\tau_{cr}}$ 作为参数。即临界应力 $\sigma_{cr}=f_y/\lambda_b^2$ 或 $\tau_{cr}=f_{yv}/\lambda_s^2$，在弹性范围可取 $\sigma_{cr}=1.1f/\lambda_b^2$ 或 $\tau_{cr}=1.1f_v/\lambda_s^2$。

根据试验分析考虑翼缘对腹板的约束作用，σ_{cr}、τ_{cr} 和 $\sigma_{c,cr}$ 的表达式列于表 5－5。

表 5－5　梁腹板的 σ_{cr}、τ_{cr} 和 $\sigma_{c,cr}$ 值（N/mm^2）

	周边简支的 k	翼缘对腹板的约束系数 χ	弹性表达式
σ_{cr}	板屈曲系数 $k=24$	受压翼缘扭转受到约束：$\chi=1.66$	$\sigma_{cr}=7.4\times10^6(t_w/h_0)^2$
		其他情况：　$\chi=1.23$	$\sigma_{cr}=5.5\times10^6(t_w/h_0)^2$

续表

	周边简支的 k	翼缘对腹板的约束系数 χ	弹性表达式
τ_{cr}	当 $a/h_0 \leqslant 1.0$ $k=4+5.34(h_0/a)^2$	$\chi=1.25$	$\tau_{cr}=233\times10^3[4+5.34(h_0/a)^2](t_w/h_0)^2$
	当 $a/h>1.0$ $k=5.34+4(h_0/a)^2$		$\tau_{cr}=233\times10^3[5.34+4(h_0/a)^2](t_w/h_0)^2$
$\sigma_{c,cr}$	当 $0.5\leqslant a/h_0\leqslant1.5$ $k=7.4h_0/a+4.5(h_0/a)^2$ 当 $1.5<a/h_0\leqslant2.0$ $k=11.0h_0/a-0.9(h_0/a)^2$	$\chi=1.81-0.255h_0/a$	$\sigma_{c,cr}=186\times10^3k\chi\left(\frac{t_w}{h_0}\right)^2$

注：表 5-5 中各临界应力的表达式取弹性模量 $E=206\times10^3\text{N/mm}^2$，泊松比 $\nu=0.3$。

由表 5-5，当受压翼缘扭转受到约束时，$\sigma_{cr}=7.4\times10^6\left(\frac{t_w}{h_0}\right)^2$，则：

$$\lambda_b=\sqrt{\frac{f_y}{\sigma_{cr}}}=\frac{2h_c/t_w}{177}\sqrt{\frac{f_y}{235}} \tag{5-73a}$$

其他情况时，$\sigma_{cr}=5.5\times10^6\left(\frac{t_w}{h_0}\right)^2$，则：

$$\lambda_b=\sqrt{\frac{f_y}{\sigma_{cr}}}=\frac{2h_c/t_w}{153}\sqrt{\frac{f_y}{235}} \tag{5-73b}$$

式中　h_c——梁腹板弯曲受压区高度，对双轴对称截面 $2h_c=h_w$。

对没有缺陷的板，当 $\lambda_b=1$ 时，$\sigma_{cr}=f_y$。考虑残余应力和几何缺陷的影响，令 $\lambda_b=0.85$ 为弹塑性修正的上起始点 A，实际应用时取 $\lambda_b=0.85$ 时，$\sigma_{cr}=f$（图 5-44）。

弹塑性的下起始点 B 为弹性与弹塑性的交点，参照梁整体稳定，弹性界限取为 $0.6f_y$，相应的 $\lambda_b=\sqrt{f_y/(0.6f_y)}=\sqrt{1/0.6}=1.29$。考虑到腹板局部屈曲受残余应力的影响不如整体屈曲大，取 $\lambda_b=1.25$。

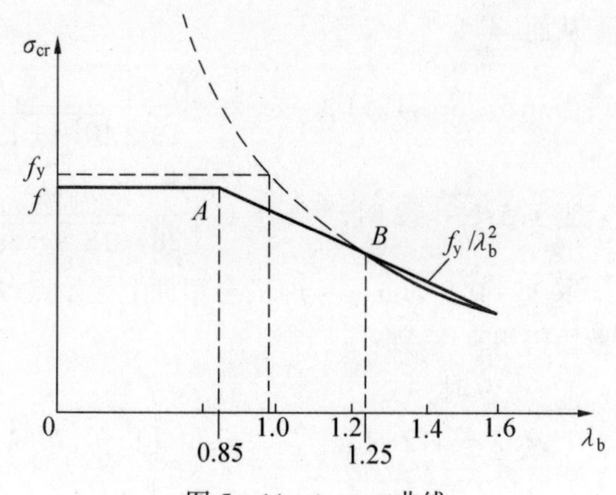

图 5-44　$\lambda_b\sim\sigma_{cr}$ 曲线

上、下起始点间的过渡段采用直线式，由此 σ_{cr} 的取值如下：

$\lambda_b\leqslant0.85$ 时，　$\sigma_{cr}=f$　(5-74a)

$0.85<\lambda_b\leqslant1.25$ 时，　$\sigma_{cr}=[1-0.75(\lambda_b-0.85)]f$　(5-74b)

$\lambda_b>1.25$ 时，　$\sigma_{cr}=1.1f/\lambda_b^2$　(5-74c)

2. τ_{cr} 的表达式

以 $\lambda_s=\sqrt{f_{vy}/\tau_{cr}}$ 作为参数，其中剪切屈服强度 $f_{vy}=f_y/\sqrt{3}$；τ_{cr} 由表 5-5 计算。

当 $a/h_0 \leqslant 1.0$ 时，$\tau_{cr}=233\times10^3[4+5.34(h_0/a)^2](t_w/h_0)^2$，则：

$$\lambda_s=\frac{h_0/t_w}{41\sqrt{4+5.34(h_0/a)^2}}\cdot\sqrt{\frac{f_y}{235}} \tag{5-75a}$$

当 $a/h_0>1.0$ 时，$\tau_{cr}=233\times10^3[5.34+4(h_0/a)^2](t_w/h_0)^2$，则：

$$\lambda_s=\frac{h_0/t_w}{41\sqrt{5.34+4(h_0/a)^2}}\cdot\sqrt{\frac{f_y}{235}} \tag{5-75b}$$

取 $\lambda_s=0.8$ 为 $\tau_{cr}=f_{vy}$ 的上起始点，$\lambda_s=1.2$ 为弹塑性与弹性相交的下起始点，过渡段仍用直线，则 τ_{cr} 的取值如下：

$\lambda_s \leqslant 0.8$ 时，$\tau_{cr}=f_v$ (5-76a)

$0.8<\lambda_s \leqslant 1.2$ 时，$\tau_{cr}=[1-0.59(\lambda_s-0.8)]f_v$ (5-76b)

$\lambda_s>1.2$ 时，$\tau_{cr}=f_{vy}/\lambda_s^2=1.1f_v/\lambda_s^2$ (5-76c)

3. $\sigma_{c,cr}$ 的计算式

以 $\lambda_c=\sqrt{f_y/\sigma_{c,cr}}$ 作为参数，由表 5-5，$\sigma_{c,cr}=186\times10^3k\chi\left(\frac{t_w}{h_0}\right)^2$，则 $\lambda_c=\frac{h_0/t_w}{28\sqrt{k\chi}}\cdot\sqrt{\frac{f_y}{235}}$，将表 5-5 中表达的 $k\chi$ 值改用较为简单的公式表达：

$$k\chi=[7.4h_0/a+4.5(h_0/a)^2](1.81-0.255h_0/a)$$
$$\approx 10.9+13.4(1.83-a/h_0)^3 \quad (当\ 0.5\leqslant a/h_0\leqslant 1.5)$$

或

$$k\chi=[11h_0/a-0.9(h_0/a)^2](1.81-0.255h_0/a)$$
$$\approx 18.9-5a/h_0 \quad (当\ 1.5<a/h_0\leqslant 2.0)$$

从而

当 $0.5\leqslant\frac{a}{h_0}\leqslant 1.5$ 时，
$$\lambda_c=\frac{h_0/t_w}{28\sqrt{10.9+13.4(1.83-a/h_0)^3}}\cdot\sqrt{\frac{f_y}{235}} \tag{5-77a}$$

当 $1.5<\frac{a}{h_0}\leqslant 2$ 时，
$$\lambda_c=\frac{h_0/t_w}{28\sqrt{18.9-5a/h_0}}\cdot\sqrt{\frac{f_y}{235}} \tag{5-77b}$$

取 $\lambda_c=0.9$ 为 $\sigma_{c,cr}=f_y$ 的全塑性上起始点；$\lambda_c=1.2$ 为弹塑性与弹性相交的下起始点，过渡段仍用直线，则：

$\lambda_c \leqslant 0.9$ 时，$\sigma_{c,cr}=f$ (5-78a)

$0.9<\lambda_c \leqslant 1.2$ 时，$\sigma_{c,cr}=[1-0.79(\lambda_c-0.9)]f$ (5-78b)

$\lambda_c>1.2$ 时，$\sigma_{c,cr}=1.1f/\lambda_c^2$ (5-78c)

5.7.2.2 同时用横、纵肋加强的腹板(图 5-41b)

纵肋将腹板分隔成两个区格Ⅰ、Ⅱ(图 5-45)，下面分别计算各区格的局部稳定性。

1. 受压翼缘与纵肋之间的区格Ⅰ

区格Ⅰ的受力情况(图 5-45a，均布剪应力 τ)与图 5-46 接近，而后者的临界条件(取 $\gamma_R=1.0$)：

$$\frac{\sigma}{\sigma_{cr1}}+\left(\frac{\tau}{\tau_{cr1}}\right)^2+\left(\frac{\sigma_c}{\sigma_{c,cr1}}\right)^2\leqslant 1 \tag{5-79}$$

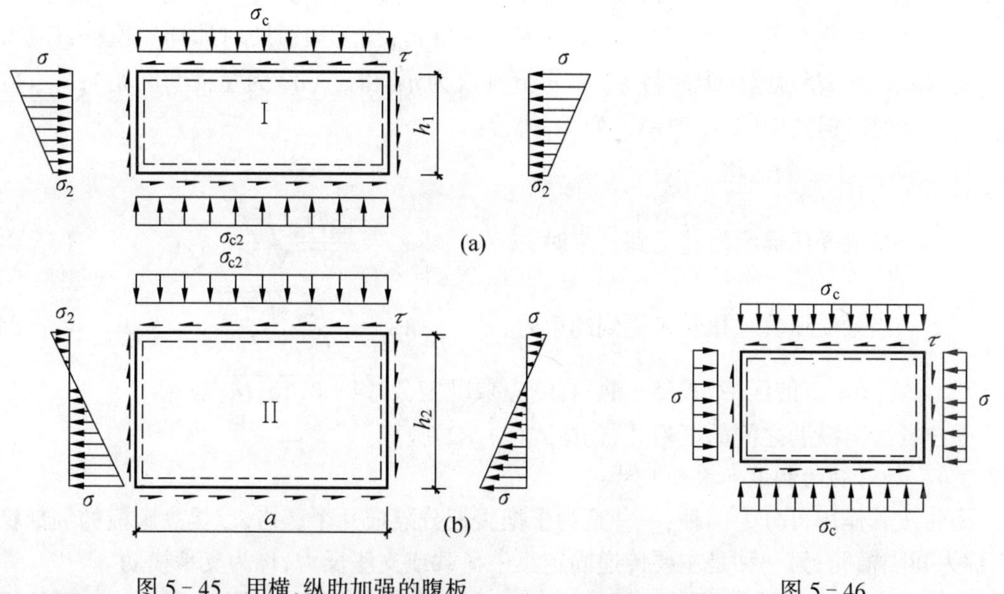

图 5-45　用横、纵肋加强的腹板　　　　图 5-46

式中　σ_{cr1}——按式(5-74)计算，但式中的 λ_b 用 λ_{b1} 代替：

受压翼缘扭转受到约束时，
$$\lambda_{b1}=\frac{h_1/t_w}{75}\sqrt{\frac{f_y}{235}} \tag{5-80a}$$

其他情况时，
$$\lambda_{b1}=\frac{h_1/t_w}{64}\sqrt{\frac{f_y}{235}} \tag{5-80b}$$

τ_{cr1}——按式(5-76)和式(5-75)计算，但式中的 h_0 改为 h_1。

$\sigma_{c,cr1}$——按式(5-78)计算，但式中的 λ_c 用 λ_1 代替：

受压翼缘扭转受到约束时：
$$\lambda_{c1}=\frac{h_1/t_w}{56}\sqrt{\frac{f_y}{235}} \tag{5-81a}$$

其他情况时：
$$\lambda_{c1}=\frac{h_1/t_w}{40}\sqrt{\frac{f_y}{235}} \tag{5-81b}$$

2. 受拉翼缘与纵肋之间的区格Ⅱ

稳定条件仍可用式(5-72)的形式，验算式为：

$$\left(\frac{\sigma_2}{\sigma_{cr2}}\right)^2+\left(\frac{\tau}{\tau_{cr2}}\right)^2+\frac{\sigma_{c2}}{\sigma_{c,cr2}}\leqslant 1.0 \tag{5-82}$$

式中　σ_2——所计算区格内，由平均弯矩产生的腹板在纵肋边缘的弯曲压应力；

σ_{c2}——腹板在纵肋处的横向压应力，取 $\sigma_{c2}=0.3\sigma_c$；

τ——与式(5-72)中的取值相同；

σ_{cr2}——按式(5-74)和式(5-73)计算，但式中的 λ_b 应用 λ_{b2} 代替：

$$\lambda_{b2}=\frac{h_2/t_w}{194}\sqrt{\frac{f_y}{235}} \tag{5-83}$$

τ_{cr2}——按式(5-76)和式(5-75)计算，但应将 h_0 改为 $h_2(h_2=h_0-h_1)$。

$\sigma_{c,cr2}$——按式(5-78)和式(5-77)计算，将 h_0 改为 h_2。当 $a/h_2>2$ 时，取 $a/h_2=2$。

5.7.2.3　在受压翼缘与纵肋之间设置短横肋的区格(图 5-41d)

其局部稳定性应按式(5-79)计算。该式中的 σ_{cr1} 按无短横肋时那样取值；τ_{cr1} 应按式(5-76)和式(5-75)计算，但应将 h_0 和 a 分别改为 h_1 和 a_1(a_1 为短横肋间距)；$\sigma_{c,cr1}$ 应按式(5-74)计算，但式中的 λ_b 改用下列 λ_{c1} 代替：

对 $a_1/h_1 \leqslant 1.2$ 的区格

当梁受压翼缘扭转受到约束时：
$$\lambda_{c1}=\frac{a_1/t_w}{87}\sqrt{\frac{f_y}{235}} \tag{5-84a}$$

当梁受压翼缘扭转未受到约束时：
$$\lambda_{c1}=\frac{a_1/t_w}{73}\sqrt{\frac{f_y}{235}} \tag{5-84b}$$

对 $a_1/h_1>1.2$ 的区格，式(5-84)右侧应乘以 $1/\sqrt{0.4+0.5a_1/h_1}$。

受拉翼缘与纵肋之间的区格Ⅱ，仍按式(5-82)验算。

5.7.2.4　加劲肋的构造和截面尺寸

横肋按其作用可分为两种：一种是为了把腹板分隔成几个区格，以提高腹板的局部稳定性，称为间隔横肋；另一种是主要传递固定集中荷载或支座反力，称为支承横肋。

横肋宜在腹板两侧成对配置(图 5-47b、d)，也允许单侧配置(图 5-47c、e)，但重级工作制吊车梁的加劲肋必须两侧配置。

横肋可采用钢板或型钢(图 5-47d、e)。

横肋的最小间距为 $0.5h_0$，最大间距为 $2h_0$。(对 $\sigma_c=0$ 的梁，当 $h_0/t_w \leqslant 100$ 时，可采用 $a=2.5h_0$)。

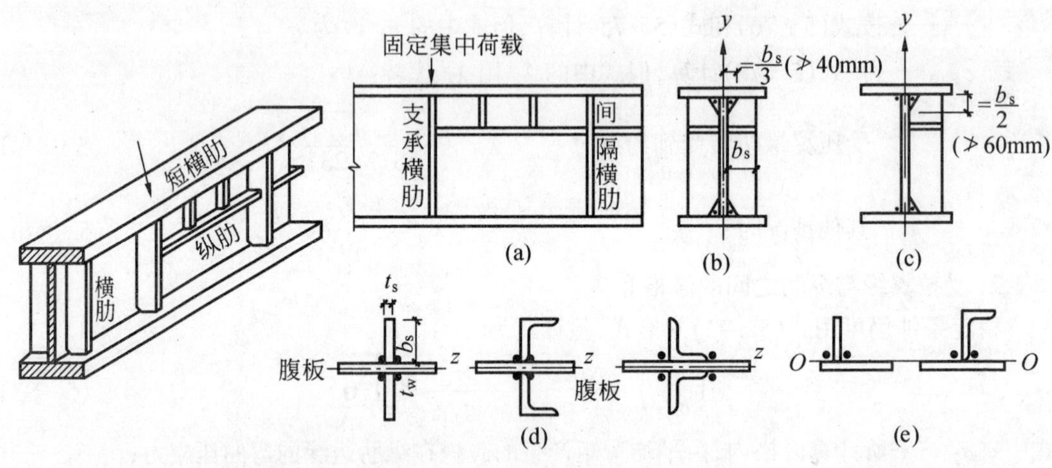

图 5-47　横肋的配置

加劲肋应有足够的刚度，使其成为腹板的不动支承，为此，要求：

(1)两侧配置钢板横肋时(图 5-47b)

肋宽
$$b_s \geqslant \frac{h_0}{30}+40\text{mm} \tag{5-85a}$$

肋厚
$$t_s \geqslant b_s/15 \tag{5-85b}$$

(2)单侧配置钢板横肋时(图 5-47c、e)，其肋宽应大于按式(5-85a)算得的 1.2 倍，厚度应不小于其肋宽的 1/15。单肋的截面惯性矩应按与加劲肋相连的腹板边缘为轴线 $O-O$ 进行计算(图 5－47e)。

(3)在同时用横肋和纵肋加强的腹板中,应在其相交处将纵肋断开,横肋保持连续(图 5－47a)。横肋的截面尺寸除应满足上述要求外,肋截面绕 z 轴(图 5－47d)的惯性矩还应满足下式要求:

$$I_z = t_s(2b_s + t_w)^3/12 \geqslant 3h_0 t_w^3 \tag{5-86}$$

纵肋截面绕 y 轴的惯性矩应满足下列公式(图 5－47b):

当 $a/h_0 \leqslant 0.85$ 时,

$$I_y \geqslant 1.5h_0 t_w^3 \tag{5-87}$$

当 $a/h_0 > 0.85$ 时,

$$I_y \geqslant \left(2.5 - 0.45\frac{a}{h_0}\right)\left(\frac{a}{h_0}\right)^2 h_0 t_w^3 \tag{5-88}$$

(4)短横肋的最小间距为 $0.75h_1$。钢板短肋的外伸宽度应取横肋外伸宽度的 0.7～1.0 倍,厚度不应小于短横肋外伸宽度的 1/15。

(5)用型钢作加劲肋,其截面惯性矩不得小于相应钢板加劲肋的惯性矩。

为了避免焊缝的集中和交叉,减少焊接应力,横肋的端部应切去宽约 $b_s/3$(但不大于 40mm)、高约 $b_s/2$(但不大于 60mm)的斜角(图 5－47b、c),以使梁的翼缘焊缝连续通过。在纵肋与横肋相交处,应将纵肋两端切去相应的斜角,以使横肋与腹板连接的焊缝连续通过。

横肋与上下翼缘焊牢能增加梁的抗扭刚度,但会降低疲劳强度。吊车梁横肋的上端应与上翼缘刨平顶紧(当为焊接吊车梁时,应焊牢)。肋的下端不应与受拉翼缘焊接,一般在距受拉翼缘 50～100mm 处断开(图 5－48a),为了提高梁的抗扭刚度,也可另加短角钢与横肋下端焊牢,但抵紧于受拉翼缘而不焊(图 5－48b)。

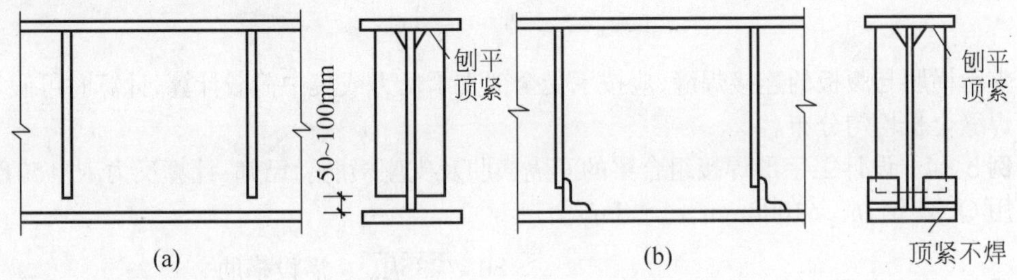

图 5－48　吊车梁横肋的构造

5.7.2.5　支承横肋的验算

支承横肋除满足上述刚度要求外,还需进行如下的验算。

1. 稳定性

在支座反力或固定集中荷载作用下,支承横肋连同其附近腹板,可能在腹板平面外(图 5－49 中绕 z 轴)失稳。因此,必须用式(4－38)按轴心压杆验算其稳定性。即

$$\frac{N}{\varphi A} \leqslant f$$

式中　N ——支座反力或集中荷载(图 5－49a);

A——包括横肋和肋侧面 $15t_w\sqrt{235/f_y}$ 范围内的腹板面积(图 5-49 中用斜线表示);

φ——稳定系数,由附录 4 查用。

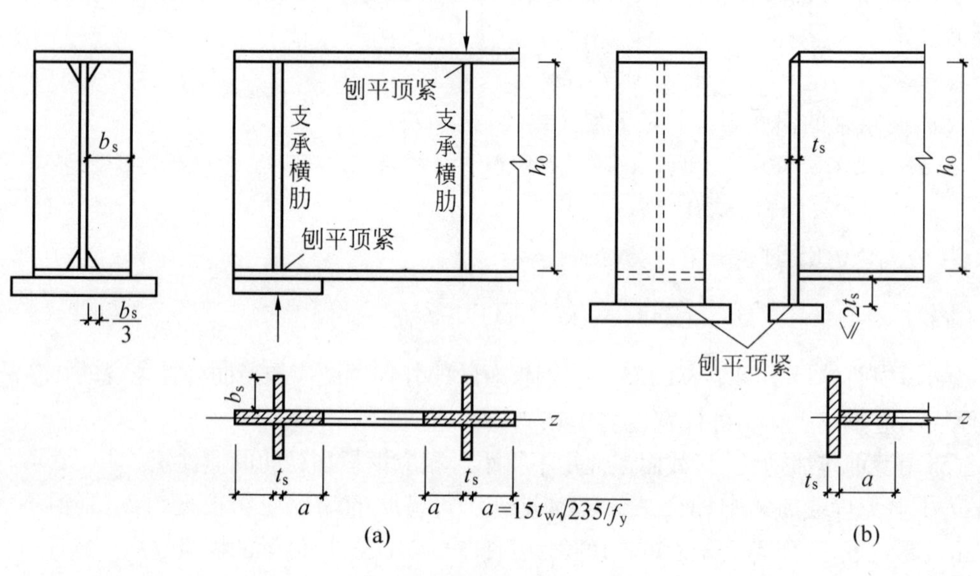

图 5-49 支承横肋的计算

2. 端面承压

当支承加劲肋端部刨平顶紧时,其端面承压应力按下式验算:

$$N/A_{ce} \leqslant f_{ce} \tag{5-89}$$

式中 A_{ce}——端面承压面积,即支承横肋与翼缘或柱顶接触处的净面积,如图 5-49a;

$$A_{ce} = 2\left(b_s - \frac{b_s}{3}\right)t_s$$

支承横肋与腹板的连接焊缝,应按承受全部支承反力或集中荷载计算,计算时可假定应力沿焊缝全长均匀分布。

例 5-4 设计工字形焊接组合梁的间隔横肋及支座横肋。已知:计算反力 $R=501\text{kN}$,材料用 Q235 钢,$h_0=1000\text{mm}$,$t_w=8\text{mm}$。

解 $\quad h_0 = t_w = 1000/8 = 125 \begin{cases} > 80\sqrt{235/f_y} & \text{需设横肋} \\ < 150\sqrt{235/f_y} & \text{不需设纵肋} \end{cases}$

(1)间隔横肋(图 5-50b)

由式(5-85a):

$$b_s = 1000/30 + 40 = 73\text{mm},\text{取 } b_s = 80\text{mm}$$

由式(5-85b):

$$t_s = 80/15 = 5.3\text{mm},\text{取 } t_s = 6\text{mm}。$$

横肋间距 $\quad a \begin{cases} \geqslant 0.5h_0 = 0.5\times1000 = 500\text{mm} \\ \leqslant 2h_0 = 2\times1000 = 2000\text{mm} \end{cases}$

故取 $a=2000\text{mm}$。

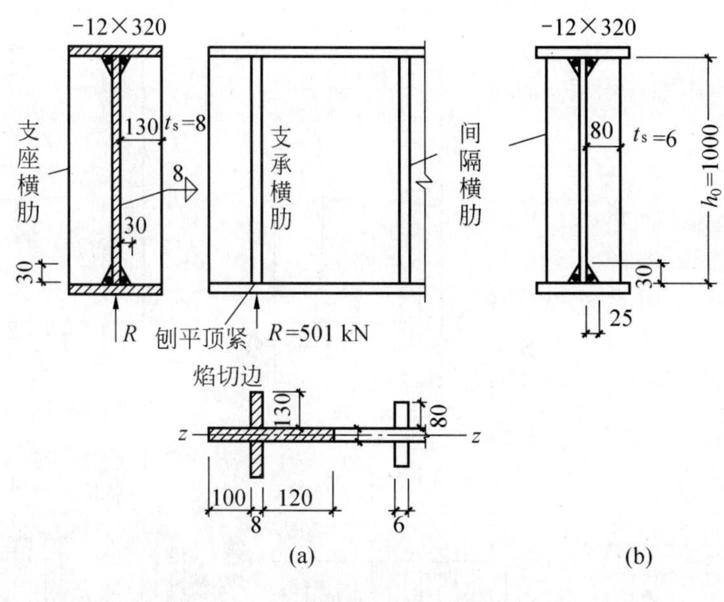

图 5-50　例 5-4

(2)支座横肋(图 5-50a)

需要的端面承压面积(附表 1-3:$f_{ce}=325\text{N/mm}^2$):

$$A_{ce} = R/f_{ce} = 501\times10^3/325 = 1541.5\text{mm}^2 = 15.4\text{cm}^2$$

采用 -8×130,实际承压面积为:$2(13-3)\times0.8=16\text{cm}^2>15.4\text{cm}^2$

横肋与腹板间的角焊缝验算:取 $h_f=8\text{mm}$,$l_w=60h_f=480\text{mm}$。

$$\tau_f = R\Big/\left(h_e\sum l_w\right) = 501\times10^3/(0.7\times8\times4\times480) = 46.6\text{N/mm}^2 < f_f^w = 160\text{N/mm}^2。$$

验算平面外的稳定:查表 4-3,十字形截面类型属 b 类(图 5-50a)。

$$A=2(0.8\times13)+0.8(10+12+0.8)=39.04\text{cm}^2$$

$$I_z=0.8\times26.8^3/12=1283\text{cm}^4 \qquad i_z=\sqrt{I_z/A}=5.73\text{cm}$$

$\lambda=h_0/i_z=100/5.73=17.5$,查附表 4-1b:$\varphi=0.977$(b 类截面)

$$\sigma=R/(\varphi A)=501\times10^3/(0.977\times39.04\times10^2)=131.4\text{N/mm}^2<f=215\text{N/mm}^2。$$

5.8　薄板的屈曲后强度

上述讨论中,都假定板屈曲时的挠度很小,忽略了板中面由挠曲产生的应力。然而,对于宽薄板来说,挠度较大,中面上形成的应力比较显著。板屈曲后仍能继续承担更大的荷载,即具有屈曲后强度。因而,对承受静荷载和间接承受动力荷载的组合梁和柱,宜考虑腹板的屈曲后强度。

5.8.1　受压板的屈曲后强度

图 5-51a 表示四边皆有支承的纵向受压板达弹性临界应力 σ_{cr}时,板中部的横向产生拉应力,牵制了纵向屈曲变形的发展,从而提高板纵向的承载力。随着压力的增加,板左右

两侧部分会超过 σ_{cr}，直到两侧纤维达到 f_y，板应力变成马鞍形(图 5－51b)。同时，板的两纵边也出现自相平衡的横向应力。

现将马鞍形应力分布(图 5－52a)，简化为凹矩形块分布(图 5－52b)，然后，根据合力不变的条件，将图 5－52b 变成图 5－52c，图中 b_e 称为此板的有效宽度 b_e(effective width)。必须指出，对于非均匀压应力的情况，板件两侧的有效宽度并不相等(图 5－53)，但相加之和仍等于 b_e。

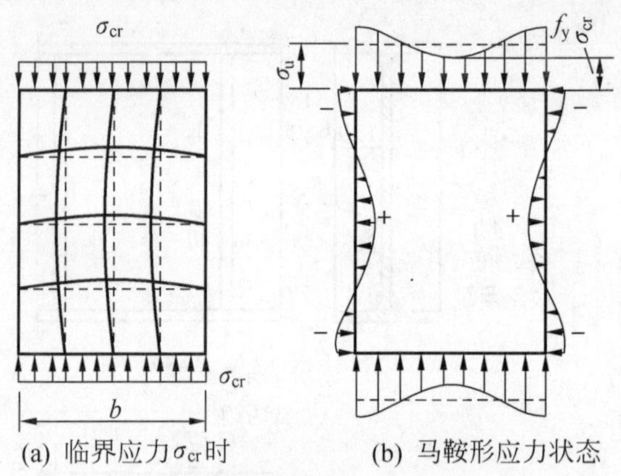

(a) 临界应力σ_{cr}时　　(b) 马鞍形应力状态

图 5－51　受压宽薄件的屈曲后强度

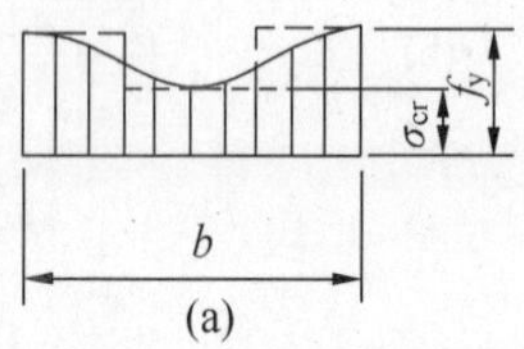

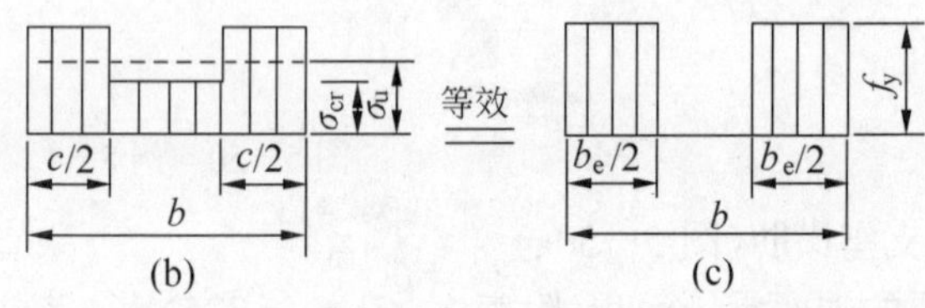

图 5－52　应力图形的简化

根据板件两侧边的支承情况，可将板件分为加劲板、部分加劲板和非加劲板三种。箱形截面的翼缘和腹板，它们的两侧边互为相连，属于加劲板(图 5－53a)；卷边槽钢的翼缘板，一纵边与腹板相连，另一纵边为卷边，可视为部分加劲板(图 5－53b)；槽钢截面的翼缘板，一纵边自由，一纵边与腹板相连，称为非加劲板(图 5－53c)。

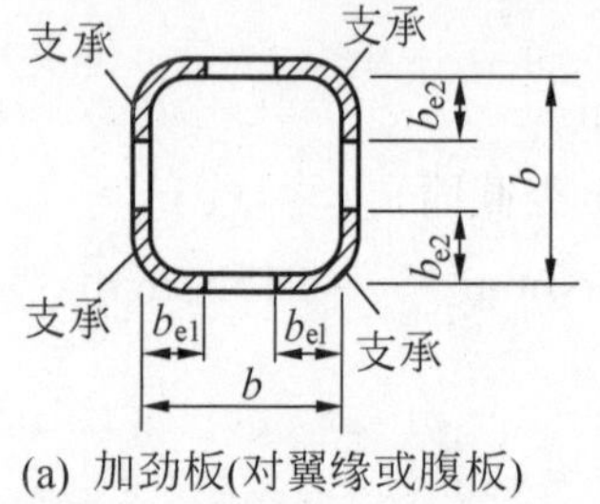

(a) 加劲板(对翼缘或腹板)

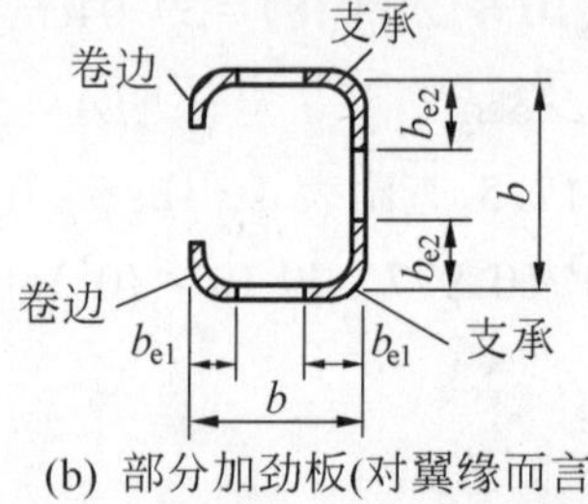

(b) 部分加劲板(对翼缘而言)

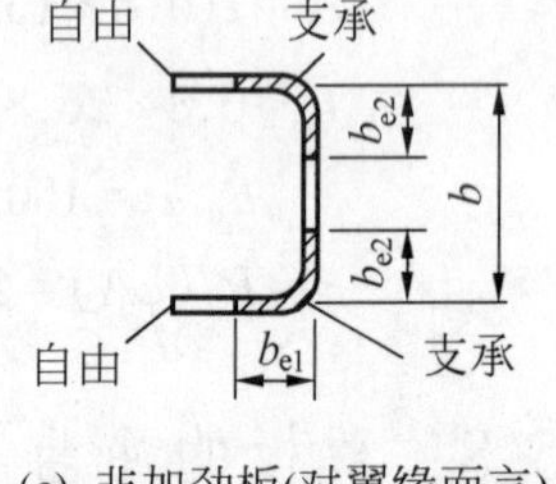

(c) 非加劲板(对翼缘而言)

图 5－53　三种受压板件的有效宽厚比

受压板件的有效宽度与板件宽厚比、压应力分布和大小、板件纵边和支承类型和相邻板件对它的约束程度有关。

5.8.2　梁腹板的屈曲后强度

考虑屈曲后强度，腹板的高厚比可达 $h_0/t_w=300$，这时，仅设置横肋，对大型受弯构件来说具有很大的经济意义。

下面介绍一种适用于建筑钢结构梁的张力场理论。

基本假定：①屈曲后的腹板极限剪力(ultimate shear force) V_u，一部分由小挠度理论算出的抗剪力承担，另一部分由薄膜效应(斜张力场作用)承担；②翼缘绕 x_1 轴的抗弯刚度小，不能承担腹板斜张力场产生的垂直分力的作用。

1．腹板受剪屈后的极限剪力 V_u

根据上述假定，腹板屈曲后的实腹梁犹如一桁架(图 5－54)，张力(场)带好似桁架的斜拉杆，而翼缘则为弦杆，加劲肋则起竖杆作用。

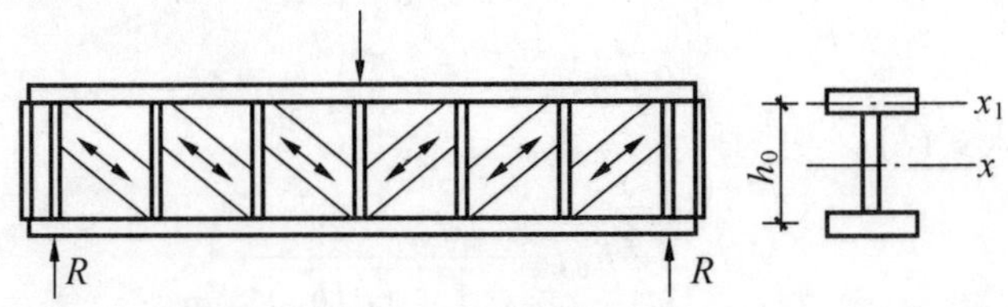

图 5－54　腹板的张力场作用

假定②认为张力场仅为传力到横肋的带形场，其宽度为 s(图 5－55a)：$s = h_0\cos\theta - a\sin\theta$，式中 θ 为薄膜张力在水平方向的最优倾角。

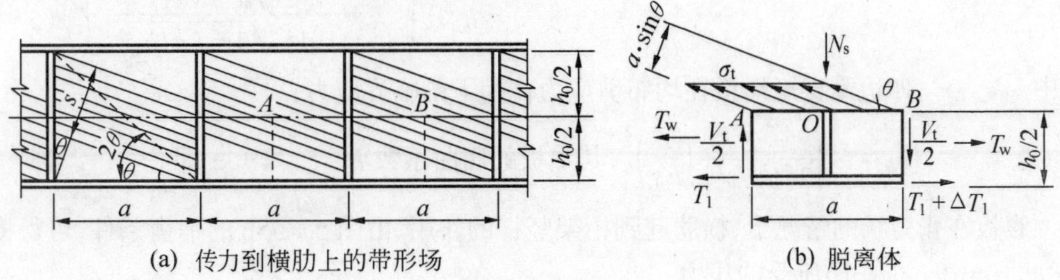

(a) 传力到横肋上的带形场　　(b) 脱离体

图 5－55　张力场作用下的剪力计算

带形场的拉应力 σ_t 所提供的剪力：

$$V_{t1} = \sigma_t \cdot t_w s \cdot \sin\theta = \sigma_t \cdot t_w(h_0\cos\theta - a\sin\theta)\sin\theta$$
$$= \sigma_t t_w(0.5h_0\sin2\theta - a\sin^2\theta)$$

最优 θ 值应使张力场作用提供最大的剪切抗力，从而，由 $dV_{t1}/d\theta = 0$，可得：

$$\tan2\theta = h_0/a$$

或

$$\sin2\theta = 1\Big/\sqrt{1+(a/h_0)^2} \tag{a}$$

实际上带形场以外部分也有少量薄膜应力，为此，最好按图 5－55b 来计算 V_t 值。由脱离体的平衡条件，可求翼缘和水平力增量 ΔT_1(已含腹板水平力增量)：

$$\Delta T_1 = \sigma_t \cdot t_w a \cdot \sin\theta\cos\theta = \frac{1}{2}\sigma_t t_w a\sin2\theta$$

由对 O 点的力矩之和 $\Sigma M_O = 0$：

$$\frac{V_t}{2}\cdot a = \Delta T_1 \cdot \frac{h_0}{2}$$

即
$$V_t = \frac{h_0}{a}\Delta T_1 = \frac{1}{2}\sigma_t t_w h_0 \sin 2\theta \tag{b}$$

将式(a)代入式(b):

$$V_t = \frac{1}{2}\sigma_t t_w h_0 \frac{1}{\sqrt{1+(a/h_0)^2}} \tag{c}$$

考虑到 σ_t 和 τ_{cr}二者共同作用的破坏条件,总剪应力达到其屈服值 f_{vy}时不再增大,即:$\tau_t + \tau_{cr} = f_{vy}$。其中,对应于拉应力 σ_t 的剪应力 τ_t,可根据剪应力作用下的屈服条件:$\tau_t = \sigma_t/\sqrt{3}$,从而

$$\sigma_t/\sqrt{3} + \tau_{cr} = f_{vy} \tag{d}$$

将式(d)中的 σ_t 代入式(c):

$$V_t = \frac{\sqrt{3}}{2}h_0 t_w \frac{f_{vy} - \tau_{cr}}{\sqrt{1+(a/h_0)^2}} \tag{5-90}$$

由假定①,极限剪力:

$$V_u = 屈曲剪力\ V_{cr} + 张力场剪力\ V_t = h_0 t_w \tau_{cr} + \frac{\sqrt{3}}{2}h_0 t_w \frac{f_{vy} - \tau_{cr}}{\sqrt{1+(a/h_0)^2}}$$

$$= h_0 t_w \left[\tau_{cr} + \frac{f_{vy} - \tau_{cr}}{1.15\sqrt{1+(a/h_0)^2}}\right] \tag{5-91}$$

式中 τ_{cr}——四边简支矩形板在均布剪应力作用下的临界应力:

$$\tau_{cr} = k\frac{\pi^2 E}{12(1-\nu^2)}\left(\frac{t}{h_0}\right)^2,其中板的屈曲系数\ k = 5.34 + \frac{4}{(a/h_0)^2} \tag{5-92}$$

腹板在张力场的情况下,横肋起到桁架竖杆的作用,由图 5-55b 的平衡条件,可得横向加劲肋(stiffening rib)所受的压力:

$$N_s = (\sigma_t a t_w \sin\theta)\sin\theta = \frac{1}{2}\sigma_t a t_w (1 - \cos 2\theta)$$

将 $\cos 2\theta = a\Big/\sqrt{h_0^2 + a^2}$ 和 $\sigma_t = \sqrt{3}(f_{vy} - \tau_{cr})$代入,上式变成:

$$N_S = \frac{a t_w}{1.15}(f_{vy} - \tau_{cr})\left[1 - \frac{a/h_0}{\sqrt{1+(a/h_0)^2}}\right] \tag{5-93}$$

梁的中间横肋,必须有足够截面来承受式(5-93)给出的压力。

对于梁端横肋承受的压力,可直接取梁支座反力 R(图 5-54),此肋还另外承受拉力带的水平分力 H_t(作用点可取距上翼缘 $h_0/4$ 处)。为了增加抗弯能力,还应在梁外延的端部加设封头加劲板,一般可将封头板与支承横肋之间视为一竖向构件,简支于上下翼缘,承受 H_t 和 R 产生的内力(图 5-59),计算其强度和稳定。

梁端构造处理还有另一方案:即缩小支座横肋和第一道中间横向加劲肋的距离 a_1,使 a_1 范围内的 $\tau_{cr} \geqslant f_v$,这时支座加劲肋就不会受到 H_t 的作用。

2. 腹板受弯屈曲后梁的极限弯矩

腹板高厚比 h_0/t_w 较大而不设纵肋时,在弯矩作用下腹板的受压区可能屈曲。屈曲后

的弯矩还可继续增大，但受压区的应力分布不再是线性的（图 5－56），其边缘应力达到 f_y 时即认为达到承载力的极限。此时梁的中和轴略有下降，腹板受拉区全部有效；受压区可引入有效宽度的概念，假定有效宽度均分在受压区的上下部位。梁所能承受的弯矩即取这一有效截面（图 5－56c）按应力线性分布计算。

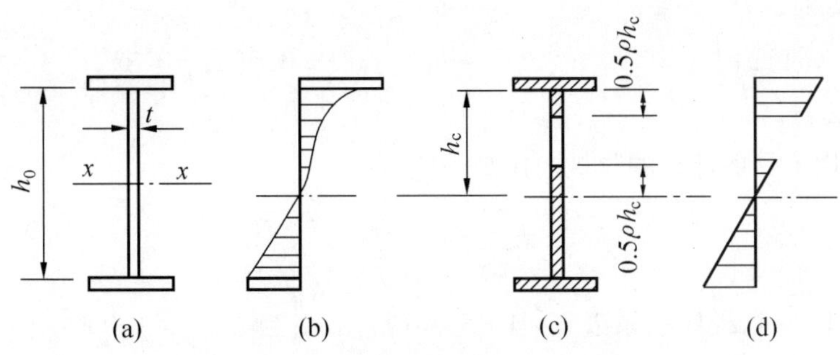

图 5－56　受弯矩时腹板的有效宽度

因为腹板屈曲后使梁的抗弯承载力下降得不多，在计算梁腹板屈曲后的抗弯承载力时，一般用近似公式来确定。各国资料采用的近似公式各不相同，但计算结果差别很小。规范[1]建议的梁抗弯承载力设计值见式（5－97）。

3．腹板同时受弯和受剪

梁腹板常在大范围内同时承受弯矩和剪力。这种腹板屈曲后对梁承载力的影响，分析起来比较复杂。弯矩 M 和剪力 V 的相关性可用多种不同的相关曲线来表达。

图 5－57 给出一种为规范[1]引用的 V 和 M 无量纲的相关关系。首先假定当弯矩不超过翼缘所提供的最大弯矩 $M_f = A_f h_f f$ 时（A_f 为一个翼缘截面积，h_f 为上下翼缘轴线间距离），腹板不参与承担弯矩作用，即假定在 $M \leqslant M_f$ 的范围内为一水平线，$V/V_u = 1.0$。

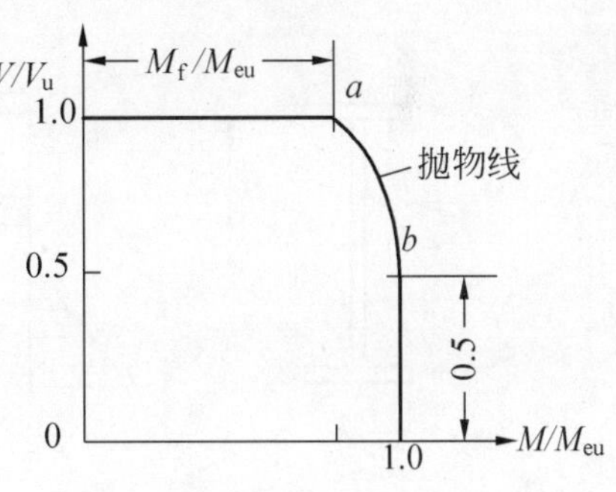

图 5－57　V 与 M 相关曲线

当截面全部有效而腹板边缘屈服时，腹板可以承受剪应力的平均值约为 $0.65f_{vy}$ 左右。对于薄腹板梁，腹板也同样可以负担剪力，可偏安全地取为仅承受剪力时最大值 V_u 的 0.5 倍，即当 $V/V_u \leqslant 0.5$ 时，取 $M/M_{eu} = 1.0$。

5.9　考虑腹板屈曲后强度的梁设计

承受静力荷载或间接承受动力荷载的焊接板，梁的腹板仅配置支承横肋（或尚存间隔横肋）而考虑屈曲后强度。

5.9.1 腹板的V_u值计算

腹板屈曲后的抗剪承载力应为屈曲剪力与张力场剪力之和,即式(5-91)。根据理论和试验研究,抗剪承载力设计值 V_u:

当 $\lambda_s \leqslant 0.8$ 时, $$V_u = h_0 t_w f_v \tag{5-94a}$$

当 $0.8 < \lambda_s \leqslant 1.2$ 时, $$V_u = h_0 t_w f_v [1 - 0.5(\lambda_s - 0.8)] \tag{5-94b}$$

当 $\lambda_s > 1.2$ 时, $$V_u = h_0 t_w f_v / \lambda_s^{1.2} \tag{5-94c}$$

式中 λ_s ——用于受剪计算的腹板通用高厚比:

$$\lambda_s = \sqrt{\frac{f_y}{\tau_{cr}}} = \frac{h_0/t_w}{41\sqrt{k}} \cdot \sqrt{\frac{f_y}{235}} \tag{5-95}$$

当 $a/h_0 \leqslant 1.0$ 时,板屈曲系数 $k = 4 + 5.34(h_0/a)^2$;当 $a/h_0 > 1.0$ 时,$k = 5.34 + 4(h_0/a)^2$。如果只设置支承加劲肋而使 a/h_0 甚大时,则可取 $k = 5.34$。

5.9.2 抗弯承载力 M_{eu}

腹板屈曲后考虑张力场的作用,抗剪承载力有所提高,但由于弯矩作用下腹板受压区屈曲后使梁的抗弯承载力稍有下降。规范[1]采用了近似计算公式来计算梁的抗弯承载力。

采用有效截面的概念,假定腹板受压区有效高度为 ρh_c,等分在 h_c 的两端,中部则扣去 $(1-\rho)h_c$ 的高度,梁的中和轴也有下降。现假定腹板受拉区与受压区同样扣去此高度(图5-58d),中和轴不变,计算较为简便。梁截面惯性矩(忽略孔洞绕本身轴惯性矩):

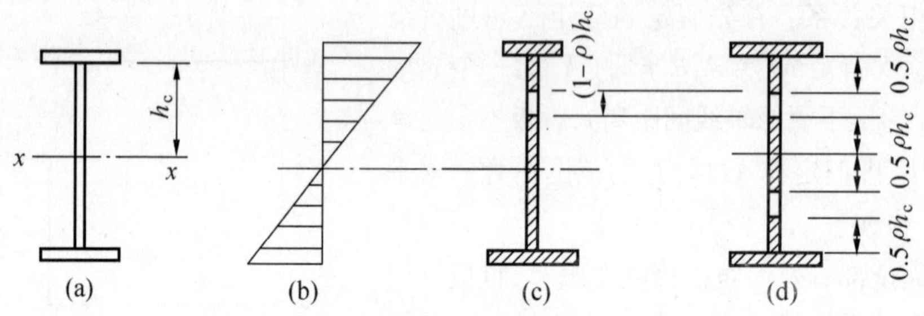

图5-58 梁截面模量折减系数的计算

$$I_{xe} = I_x - 2(1-\rho)h_c t_w \left(\frac{h_c}{2}\right)^2 = I_x - \frac{1}{2}(1-\rho)h_c^3 t_w$$

梁截面模量折减系数:

$$\alpha_e = \frac{W_{xe}}{W_x} = \frac{I_{xe}}{I_x} = 1 - \frac{(1-\rho)h_c^3 t_w}{2I_x} \tag{5-96}$$

式(5-96)按双轴对称截面塑性发展系数 $\gamma_x = 1.0$ 得出的偏安全的近似公式,也可用于 $\gamma_x = 1.05$ 和单轴对称截面。

梁的抗弯承载力设计值:

$$M_{eu} = \gamma_x \alpha_e W_x f \tag{5-97}$$

式(5－96)中的有效高度系数 ρ,与计算局部稳定中临界应力 σ_{cr} 一样以通用高厚比 $\lambda_b=\sqrt{f_y/\sigma_{cr}}$ 作为参数,也分为三个阶段,分界点也与计算 σ_{cr} 相同。

当 $\lambda_b\leqslant 0.85$ 时，　$\rho=1.0$　(5－98a)

当 $0.85<\lambda_b\leqslant 1.25$ 时，　$\rho=1-0.82(\lambda_b-0.85)$　(5－98b)

当 $\lambda_b>1.25$ 时，　$\rho=(1-0.2/\lambda_b)/\lambda_b$　(5－98c)

通用高厚比仍按局部稳定计算中式(5－73)计算。

当 $\rho=1.0$ 时,$\alpha_e=1$,截面全部有效。

任何情况下,以上公式中的截面数据 W_x、I_x 以及 h_c 均按截面全部有效计算。

5.9.3　梁的计算式

在横肋之间的腹板各区段,通常承受弯矩和剪力的共同作用。规范[1]采用的剪力 V 和弯矩 M 的无量纲的相关曲线(图 5－57),计算式为:

当 $M/M_f\leqslant 1.0$ 时，　$V\leqslant V_u$　(5－99a)

当 $V/V_u\leqslant 0.5$ 时，　$M\leqslant M_{eu}$　(5－99b)

其他情况，　$\left(\dfrac{V}{0.5V_u}-1\right)^2+\dfrac{M-M_f}{M_{eu}-M_f}\leqslant 1.0$　(5－99c)

式中　M、V ——梁的同一截面上同时产生的弯矩和剪力设计值;计算时,当 $V<0.5V_u$ 时,取 $V=0.5V_u$;当 $M<M_f$ 时,取 $M=M_f$;

M_{eu}、V_u ——M 或 V 单独作用时由式(5－97)和式(5－94)计算的承载力设计值;

M_f ——梁两翼缘所承担的弯矩设计值:对双轴对称截面梁,$M_f=A_f\cdot h_f\cdot f$(此处 A_f 为较大翼缘截面积;h_f 为上、下翼缘轴线间距离);对单轴对称截面梁,$M_f=\left(A_{f1}\cdot\dfrac{h_1^2}{h_2}+A_{f2}h_2\right)f$(此处 A_{f1}、h_1 为较大翼缘截面面积及其形心至梁中和轴距离;A_{f2}、h_2 为较小翼缘的相应值)。

5.9.4　横肋设计特点

(1)横肋宜在腹板两侧成对设置,其肋截面应满足式(5－85)的要求。

(2)考虑腹板屈曲后强度的中间横肋,受到斜向张力场的竖向分力的作用,此竖向分力 N_s 可用式(5－93)来表达。规范[1]考虑张力场张力的水平分力的影响,将中间横肋所受轴心压力加大:

$$N_s=V_u-h_0t_w\tau_{cr}\tag{5－100}$$

式中,V_u 按式(5－94)计算;τ_{cr} 按式(5－76)计算。

若中间横肋还承受集中荷载 F,则应按 $N=N_s+F$ 计算其在腹板平面外的稳定性。

(3)当 $\lambda_s>0.8$ 时,梁支座横肋,除承受梁支座反力 R 外,还承受张力场斜拉力的水平分力 H_t:

$$H_t=(V_u-h_0t_w\tau_{cr})\sqrt{1+(a/h_0)^2}\tag{5－101}$$

H_t 的作用点可取为距上翼缘 $h_0/4$ 处(图 5－59a)。为了增加抗弯能力,还应在梁外延的端部加设封头板。并采用下列方法之一进行计算:①将封头板与支座横肋之间视为竖向压弯构件,简支于梁的上下翼缘,计算其强度和稳定;②将支座横肋按承受支座反力 R 的轴心压杆计算,封头板截面积则不小于 $A_c=3h_0H_t/(16ef)$,式中 e 为支座肋与封头板的距离;f 为钢材强度设计值。

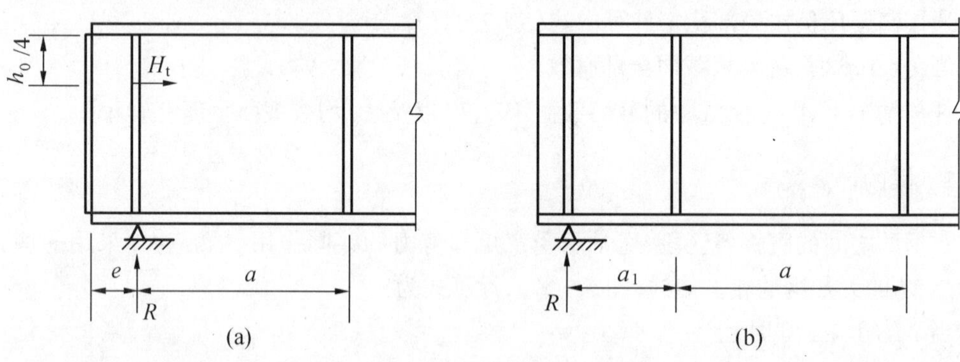

图 5－59　梁端构造

梁端构造还有另一方案:即缩小支座肋和第一道中间横向加劲肋的距离 a_1(图 5－59b),使 a_1 范围内的 $\tau_{cr}\geqslant f_v$(即 $\lambda_s\leqslant 0.8$),此种情况的支座横肋就不会受到 H_t 的作用。这种对端节间不利用腹板屈曲后强度的办法,为世界少数国家所采用,如美国。

5.10　梁的刚度验算

一般梁的截面由抗弯强度决定,若梁粗短,就取决于抗剪强度;而细长的梁则往往由刚度控制。梁的刚度不足,就不能保证正常使用。如楼盖梁的挠度过大,就会给人一种不安全的感觉,而且还会使天花板抹灰等脱落,影响整个结构的功能;吊车梁的挠度过大,会加剧吊车运行时的冲击和振动,甚至使吊车不能正常运行等等。因此,限制梁在使用时的最大挠度,就显得十分必要了。

受弯构件的刚度要求:

$$v\leqslant[v]\tag{5-102}$$

式中　v——由荷载标准值所产生的最大挠度。

$[v]$——规范[1]规定的受弯构件的挠度限值,(附录 5 附表 5－1)。

5.11　型钢梁的截面选择

型钢梁中应用最多的是普通热轧工字形和 H 形截面。型钢梁的设计一般应满足强度、刚度和整体稳定的要求。当梁承受集中荷载,且在该荷载作用处梁的腹板又未设置加劲肋加强时(图 5－8a),还需验算腹板计算高度上边缘的局部压应力。型钢梁腹板和翼缘的高(宽)厚比都不太大,局部稳定常可得到保证,一般不需进行验算。

5.11.1　单向弯曲型钢梁

这种梁的截面选择步骤是：

(1)计算梁的最大弯矩 M_x 和剪力 V(因型钢梁的腹板较厚，除剪力相对很大的短梁，或梁的支承截面受到较大削弱等情况之外，一般可不验算抗剪)；

(2)由式(5-6a)求所需的净截面模量：$W_{nx} \geqslant M_x/(\gamma_x f)$。当弯矩最大截面上有孔洞，如螺栓孔时，所需的毛截面模量 W_x 一般比 W_{nx} 增加 10%～15%，由 W_x 查附录 2 型钢表，选出适当规格的型钢；

(3)分别按式(5-6a)、式(5-102)和式(5-67)验算抗弯强度、刚度和整体稳定性。

例 5-5　图 5-60 所示某车间工作平台平面布置简图，平台上作用静力荷载标准值：$g_k = 1.5\text{kN/m}^2$(不包梁自重)，$q_k = 9\text{kN/m}^2$。试分别按①平台铺板与次梁连牢；②平台铺板与次梁未连牢两种情况选择中间次梁 A 的热轧普通工字钢规格 Q235 钢。

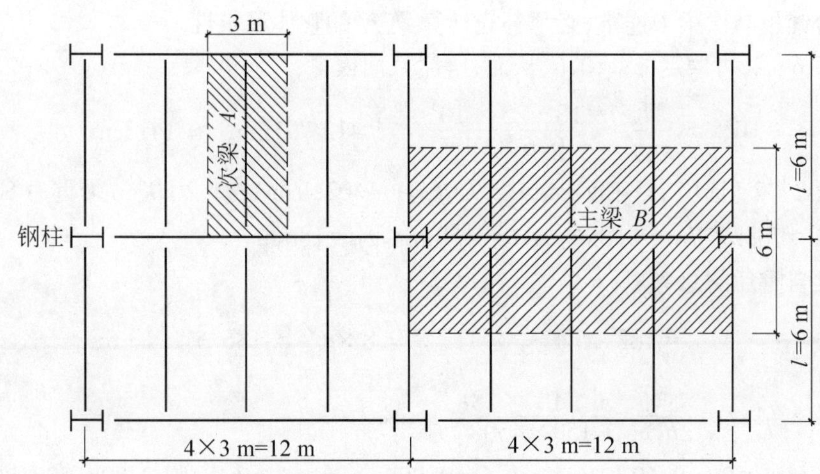

图 5-60　例 5-5 图

解　作用在次梁 A 上的荷载设计值为可变荷载(活荷载)效应控制的组合：

$$p = (1.2 \times 1.5 + 1.3 \times 9) \times 3 = 40.5 \text{ kN/m}$$

弯矩：$M_x = pl^2/8 = 40.5 \times 6^2/8 = 182.25\text{kN·m}$

剪力：$V = pl/2 = 40.5 \times 6/2 = 121.5 \text{ kN}$

所需净截面模量：$W_{nx} = \dfrac{M_x}{\gamma_x f} = \dfrac{182.25 \times 10^6}{1.05 \times 215} = 807309.0\text{mm}^3 = 807.3\text{cm}^3$

由附表 2-2a 选用热轧普通工字钢 I36a：$W_x = 877.6\text{cm}^3 > 807.3$，梁重力 60kg/m＝60×9.81＝588.6N/m≈0.6kN/m，$I_x = 15796\text{cm}^4$，$S_x = 508.8\text{cm}^3$，$t_w = 10\text{mm}$，$A = 76.44\text{cm}^2$。

考虑梁自重后的总弯矩：

$$M_x = 182.25 + \frac{1}{8} \times 1.2 \times 0.6 \times 6^2 = 185.49\text{kN} \cdot \text{m}$$

①平台铺板与次梁连牢，不必验算次梁的整体稳定性。

弯曲正应力：$\sigma = \dfrac{M_x}{\gamma_x W_{nx}} = \dfrac{185.49 \times 10^6}{1.05 \times 877.6 \times 10^3} = 201.3\text{N/mm}^2 < f = 215\text{N/mm}^2$

剪应力：$\tau=\dfrac{VS_x}{I_x t_w}=\dfrac{(121.5+1.2\times0.6\times3)10^3\times508.8\times10^3}{15796\times10^4\times10}=39.8\text{N/mm}^2$

$\ll f_v=125\text{N/mm}^2$　　（型钢腹板较厚，一般不验算抗剪强度）

挠度：在全部荷载标准值：$p'_k=g'_k+q'_k=(1.5\times3+0.6)+9\times3=32.1\text{kN/m}$ 作用下，梁挠度：

$$v_p=\frac{5p'_k l^4}{384EI_x}=\frac{5\times32.1\times10^3\times6\times6000^3}{384\times206\times10^3\times15796\times10^4}$$

$$=16.6\text{mm}<[v_{pk}]=\frac{l}{250}=\frac{6\times10^3}{250}=24\text{mm}$$

在活载标准值：$q_k=9\times3=27\text{kN/m}$ 作用下：

$$v_q=\frac{27}{32.1}\times16.6=14\text{mm}<[v_{qk}]=\frac{l}{300}=\frac{6\times10^3}{300}=20\text{mm}$$

（$[v_{pk}]$和$[v_{qk}]$由附录5查得）。

②平台铺板与次梁未连牢，必须补充计算梁 A 的整体稳定性。

由附表6－2，可假定 $\varphi_x=0.6$，从而，所需截面模量：

$$W_x=\frac{M_x}{\varphi_x f}=\frac{182.25\times10^6}{0.6\times215}=1\,412\,791\text{mm}^3\approx1413\text{cm}^3$$

由附表2－2a，选用 I45a：$W_x=1432.9\text{cm}^3$，$A=102.4\text{cm}^2$，$i_y=2.89\text{cm}$，梁重力 80.4kg/m＝$80.4\times9.81=788.7\text{N/m}\approx0.8\text{kN/m}$，$b=150\text{mm}$，$t_1=18\text{mm}$。

考虑梁自重后的总弯矩：

$$M_x=182.25+\frac{1}{8}\times1.2\times0.8\times6^2=186.57\text{kN}\cdot\text{m}$$

由附表6－1：$\zeta=\dfrac{l_1t_1}{2b_1h}=\dfrac{6\times10^3\times18}{150\times450}=1.6<2.0$

$$\beta_b=0.69+0.13\times1.6=0.898,\ \lambda_y=l/i_y=6\times10^2/2.89=207.6$$

由式(5－63)：

$$\varphi_b=0.898\times\frac{4300}{207.6^2}\cdot\frac{102.4\times45}{1432.9}\left[\sqrt{1+\left(\frac{207.6\times18}{4.4\times450}\right)^2}+0\right]\times\frac{235}{235}$$

$=0.615>0.6$，梁进入弹塑性阶段，由式(5－66)：

$$\varphi'_b=1.07-0.282/0.615=0.611$$

由式(5－67)验算梁的整体稳定性：

$$\frac{M_x}{\varphi'_x W_{1x}}=\frac{186.57\times10^6}{0.611\times1432.9\times10^3}=213.1\text{N/mm}^2<f=215\text{N/mm}^2$$

满足要求。

由以上计算可见，若按整体稳定条件选择截面，截面需要增大较多，用钢量约增加 $\dfrac{102.4-76.44}{76.44}=0.34=34\%$。因此，应尽可能将平台铺板与次梁连牢，用以提高梁的承载力。

5.11.2 双向弯曲型钢梁

众所周知，横向荷载作用线通过截面的剪心 S 而又不与截面的形心主轴 x、y 平行时(图 5-61a)，该梁即产生双向弯曲，也叫斜弯曲(图 5-61b)。

1. 型钢檩条的型式及拉条

钢檩条分两大类：实腹式和桁架式。这里只讨论实腹式檩条的计算。

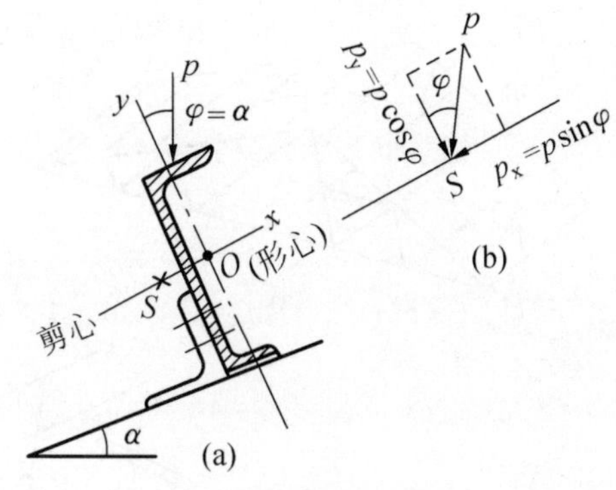

图 5-61　双向弯曲——檩条

双向弯曲梁的强度和整体稳定性分别按式(5-6b)和式(5-67b)验算。设计时，可按强度条件选择型钢截面，由式(5-6b)，可得：

$$W_{nx}=\left(M_x+\frac{\gamma_x}{\gamma_y}\frac{W_{nx}}{W_{ny}}M_y\right)\frac{1}{\gamma_x f}=\frac{M_x+\beta M_y}{\gamma_x f} \tag{5-103}$$

式中，$\beta=6$(窄翼缘 H 型钢和 Z 形钢)；$\beta=5$(槽钢)。

双向弯曲型钢梁最常用于檩条，其截面一般为 H 型钢(檩条跨度较大时)、槽钢(跨度较小时)或冷弯薄壁 Z 形钢(跨度不大且为轻型屋面时)等。这些型钢的腹板垂直于屋面放置，竖向线荷载 p 可分解为垂直于截面两个主轴 x 和 y 的分荷载 $p_y=p\cos\varphi$ 和 $p_x=p\sin\varphi$ (图 5-61、图 5-62)。

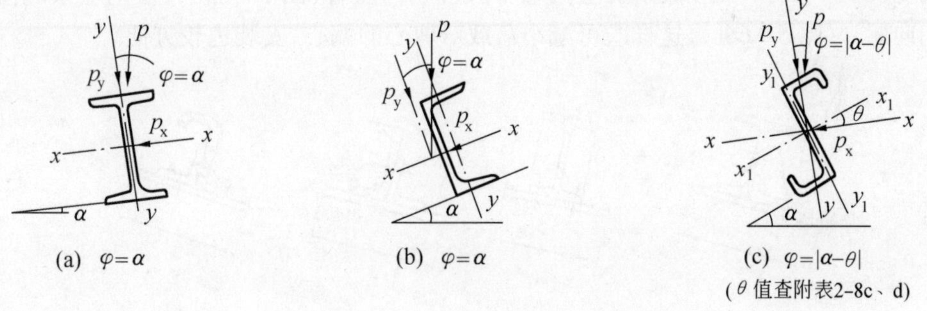

图 5-62　常用檩条截面的 φ 值

由于槽钢和 Z 型檩条的侧向刚度较小，一般在檩条之间沿屋面坡度方向设置拉条，以减小在该方向的弯矩，以及檩条的扭转变形。当檩条跨度 $l<6\text{m}$ 时，一般在檩条跨中设置一道拉条(图 5-63a)；当 $l>6\text{m}$ 时，在檩条跨度三分点处设两道拉条(图 5-63b)；小跨度的角钢檩条，一般不设拉条。

图 5-63 为 Z 型檩条的拉条布置。由于 Z 形檩条的上翼缘在荷载作用下，可能向屋脊方向弯曲，也可能向檐口方向弯曲，因此，两个方向都必须拉紧。为了使拉条的拉力能在屋脊处平衡，屋脊檩条在拉条连接处应互相联系(图 5-63a)，或在屋脊两边各设斜拉条和撑杆(图 5-63b)。檐口檩条旁也应设置斜拉条和撑杆，但当檐口处有承重的天沟或圈梁时，可只设垂直于檐口的拉条。

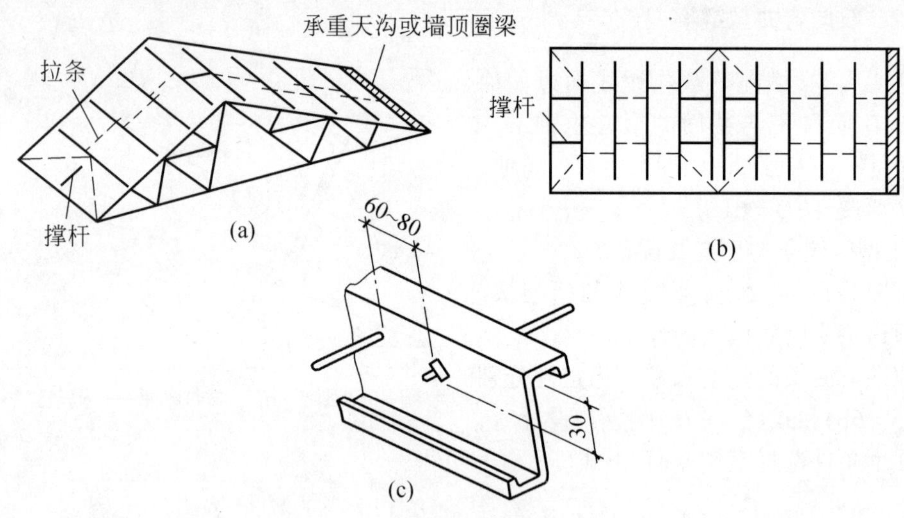

图 5-63　檩条的拉条和撑杆

槽钢檩条的拉条布置原则与 Z 形檩条基本相同,但由于在荷载作用下,槽钢檩条上翼缘不会向屋脊方向弯曲,故檐口处不必设置斜拉条和撑杆,也不必将拉条固结在檐口刚性构件上。

拉条与檩条的连接构造如图 5-63c 所示,安装时应将所有拉条张紧。

檩条的支承处应保证有足够的侧向约束,一般每端用两个螺栓连于预先焊在屋架上的短角钢上(图 5-64)。Z 形檩条的上翼缘平肢应朝向屋脊(图 5-64d);槽钢檩条的槽口一般也朝向屋脊(图 5-64c),这样既可减小荷载对剪心的偏心,安装也较方便。

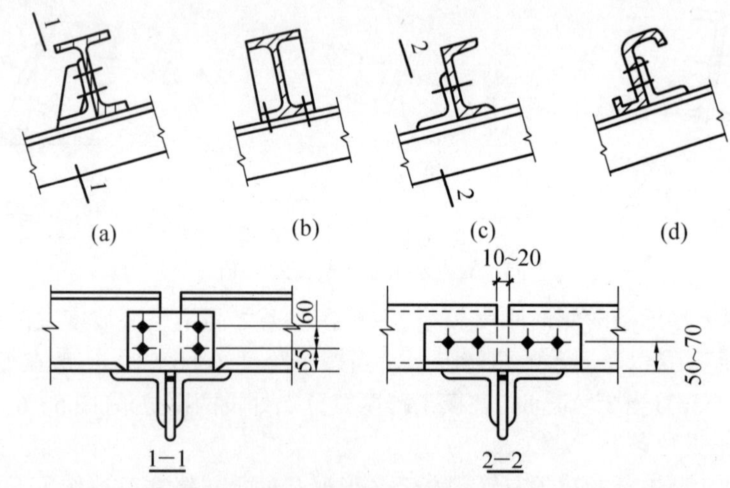

图 5-64　檩条与屋架弦杆的连接

2. 型钢檩条的截面选择

在计算檩条时,一般先假定截面型号,然后进行验算。

(1)强度:对型钢檩条,一般只按式(5-6b)验算弯曲正应力,而不必验算剪应力和局部压应力。式(5-6b)中,$M_x=\frac{1}{8}p_y l^2$,M_y 值见表5-6。

表5-6 檩条的 M_y 值

拉条数	M_y				注
	负弯矩		正弯矩		
0			$+\frac{1}{8}p_x l^2$	(5-104)	无拉条
1	$-\frac{1}{32}p_x l^2$	(5-105a)	$+\frac{1}{56}p_x l^2$	(5-105b)	设一道拉条
2	$-\frac{1}{90}p_x l^2$	(5-106a)	$+\frac{1}{112}p_x l^2$	(5-106b)	设二道拉条

注:l ——檩条跨度,即屋架间距;

p_x、p_y ——沿主轴 x、y 方向的荷载分量:$p_x=p\sin\varphi$、$p_y=p\cos\varphi$(图5-61)。

(2)整体稳定性:若屋面在构造上不能保证檩条无坡向移动时,应按式(5-68)验算稳定性。不过,经计算分析,下列两种情况的檩条,不论屋面情况如何,均不必进行整体稳定性验算:①设置有拉条的檩条;②未设置拉条,跨度 $l<5$m,而槽口向屋脊的槽钢檩条,或平行屋面的角钢肢尖朝向屋脊的角钢檩条(图5-65)。

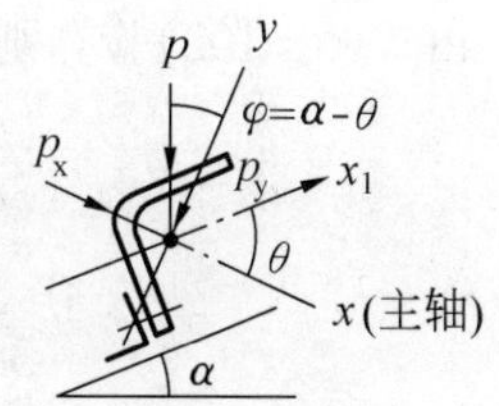

图5-65

(3)刚度:为保证屋面较为平整,一般只验算垂直于屋面方向的简支梁挠度。

例5-6 已知檩条布置如图5-66所示,雪载标准值0.25kN/m²,无积灰。试设计檩条。

解 檩条受荷面积(水平投影):5×12=60m²,未超过60m²,故取屋面活载0.5kN/m²>0.25kN/m²(雪),不考虑雪荷载。

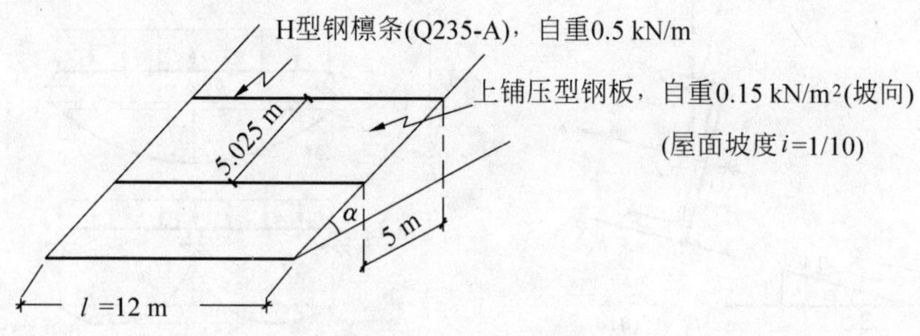

图5-66 例5-6计算简图

对轻屋面,只考虑活载效应控制的组合:

标准值:$p_k=0.15\times5.025+0.5+0.5\times5=3.754$kN/m

设计值:$p=1.2(0.15\times5.025+0.5)+1.4\times0.5\times5=5.005$kN/m

$$p_y=p\cos\varphi=5.005\times10/\sqrt{10^2+1^2}=4.98\text{kN/m}$$

$$p_x=p\sin\varphi=5.005\times1/\sqrt{101}=0.498\text{kN/m}$$

弯矩: $M_x=\frac{1}{8}\times4.98\times12^2=89.64\text{kN·m}$

$$M_y=\frac{1}{8}\times 0.498\times 12^2=8.964\text{kN}\cdot\text{m}$$

采用紧固件(自攻螺钉、钢拉铆钉或射钉等)使压型钢板与檩条受压翼缘连牢,可不计算檩条的整体稳定。由式(5-103):

$$W_{nx}=\frac{(89.64+6\times 8.964)\times 10^6}{1.05\times 215}=635322.3\text{mm}^3$$

由附表2-1a选用HN346×174×6×9: $W_x=649\text{cm}^3$, $I_x=11200\text{cm}^4$, $W_y=91\text{cm}^3$, $i_x=14.5\text{cm}$, $i_y=3.86\text{cm}$,梁重力41.8×9.81=410N/m=0.41kN/m,加上连接压型钢板的零件重力,与假设的0.5kN/m相等。

由式(5-6b)验算强度:

$$\frac{M_x}{\gamma_x W_{nx}}+\frac{M_y}{\gamma_y W_{ny}}=\frac{89.64\times 10^6}{1.05\times 649\times 10^3}+\frac{8.964\times 10^6}{1.2\times 91\times 10^3}$$

$$=213.6\text{N/mm}^2<f=215\text{N/mm}^2$$

由式(5-102)验算刚度:

$$v_{pk}=\frac{5}{384}\cdot\frac{p_{yk}l^4}{EI_x}$$

$$=\frac{5}{384}\cdot\frac{3.754\times(10/\sqrt{101})\times 12\times 10^3(12\times 10^3)^3}{206\times 10^3\times 11200\times 10^4}$$

$$=43.7\text{mm}<[v_{pk}]=\frac{l}{200}=\frac{12\times 10^3}{200}=60\text{mm}$$

$[v_{pk}]$由附表5-1查出。

例5-7 已知热轧普通槽钢檩条(Q235),檩条上活载标准值600N/m。跨中设有一道拉条(图5-67),试选择檩条截面。

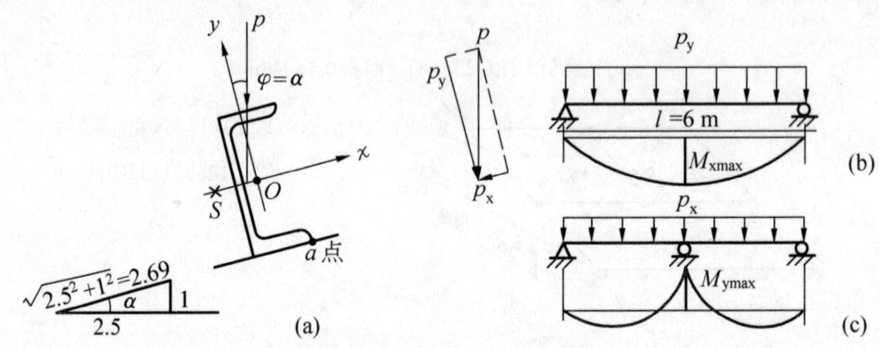

图5-67 例5-7图

解 设檩条重力10kg/m=10×9.81≈100N/m,从而

$$p_k=100+600=700\text{N/m}$$

$$p=1.2\times 100+1.4\times 600=960\text{N/m}$$

$$p_y=p\cos\varphi=960\times\frac{2.5}{2.69}=892.2\text{N/m},\ p_{yk}=892.2\times\frac{700}{960}=650.56\text{N/m}$$

$$p_x=p\sin\varphi=960\times\frac{1}{2.69}=356.9\text{N/m}$$

$$M_x = \frac{1}{8} \times 892.2 \times 6^2 = 4014.9\text{N} \cdot \text{m}$$

由式(5－105a)可得

$$M_y = -\frac{1}{32} \times 356.9 \times 6^2 = -401.5\text{N} \cdot \text{m}$$

由附表 2－3a:试选[10,重力 10kg/m,$W_x = 39.7\text{cm}^3$,$W_y = 7.8\text{cm}^3$,$I_x = 198.3\text{cm}^4$。

由式(5－6b)验算檩条跨中 a 点的强度(图 5－67a):

$$\sigma = \frac{4014.9 \times 10^3}{1.05 \times 39.7 \times 10^3} + \frac{401.5 \times 10^3}{1.2 \times 7.8 \times 10^3} = 96.3 + 42.9 = 139.2\text{N/mm}^2 < f = 215\text{N/mm}^2$$

由式(5－102)验算刚度(先由附表 5－1 查得$[v_{pk}] = \frac{l}{150} = \frac{6000}{150} = 40\text{mm}$):

$$v_{pk} = \frac{5}{384} \times \frac{650.56 \times 6 \times (6 \times 10^3)^3}{206 \times 10^3 \times 198.3 \times 10^4} = 26.9\text{mm} < [v_{pk}] = 40\text{mm}$$

例 5－8　试选择薄壁卷边 Z 形截面檩条,条件与例 5－7 相同。

解　卷边 Z 形截面的特性见附录附表 2－8c。设用 Z140×50×20×2.5(图 5－68),即腹板高 $h = 140\text{mm}$,翼缘宽 $b = 50\text{mm}$,卷边宽 $a = 20\text{mm}$,厚度 $t = 2.5\text{mm}$。由表查得:重力 5.09kg/m,$\theta = 19°25'$,$I_{x1} = 186.77\text{cm}^4$,$W_x^a = 32.55\text{cm}^3$,$W_x^b = 26.34\text{cm}^3$,$W_y^a = 6.69\text{cm}^3$,$W_y^b = 6.78\text{cm}^3$。

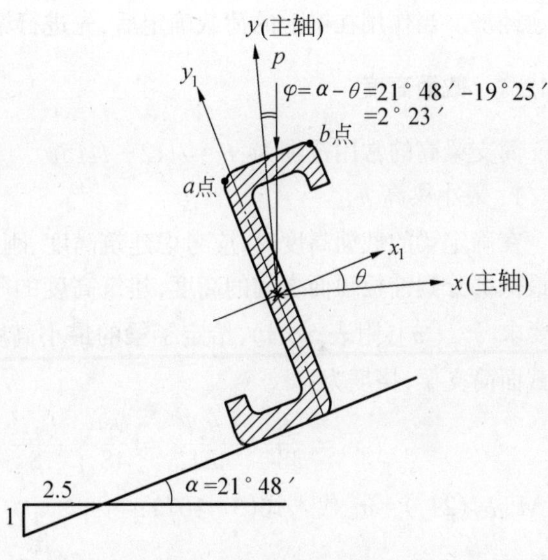

图 5－68　例 5－8 图

$$p = 5.09 \times 9.81 \times 1.2 + 600 \times 1.4 = 59.9 + 840 \approx 900\text{N/m}$$

$$p_x = p\sin 2°23' = 37.4\text{N/m}$$

$$p_y = p\cos 2°23' = 899.2\text{N/m}$$

$$M_x = \frac{1}{8} \times 899.2 \times 6^2 = 4046.4\text{N} \cdot \text{m}$$

$$M_y = -\frac{1}{32} \times 37.4 \times 6^2 = -42.1\text{N} \cdot \text{m}$$

强度验算:最大弯曲应力可能在 a 点或 b 点(图 5－68)

$$\sigma^a = -\frac{M_x}{W_x^a} - \frac{M_y}{W_y^a}$$

$$= -\frac{4046.4 \times 10^3}{32.55 \times 10^3} - \frac{42.1 \times 10^3}{6.69 \times 10^3} = -124.3 - 6.3 = -130.6\text{N/mm}^2$$

$$\sigma^b = -\frac{M_x}{W_x^b} + \frac{M_y}{W_y^b} = -\frac{4046.4}{26.34} + \frac{42.1}{6.78}$$

$$= -153.6 + 6.2 = -147.4\text{N/mm}^2$$

$$|\max\{\sigma^a, \sigma^b\}| = 147.4\text{N/mm}^2 < f = 215\text{N/mm}^2$$

$$v_{pk} = \frac{5}{384} \times \frac{(5.09 \times 9.81 + 600) \times 10^{-3} \times (2.5/2.69) \times (6 \times 10^3)^4}{206 \times 10^3 \times 186.77 \times 10^4}$$

$$= 26.5\text{mm} < [v_{pk}] = 40\text{mm}$$

从例5-7、5-8计算可见,冷弯薄壁Z型檩条(重力5.09kg/m)比普通热轧槽钢檩条(重力10kg/m)少用钢材$\frac{10-5.09}{10}=0.49=49\%$。

5.12 焊接组合梁的截面设计

当型钢梁不能满足受力和使用要求时,一般采用焊接梁。选择焊接梁的截面时要同时考虑安全和经济因素。梁的用钢量与截面面积 A 成正比,梁的承载能力则与截面的模量 W 成正比,因此,可用 $\rho=\frac{W}{A}$ 作为经济指标,即梁的截面在满足安全可靠的条件下,ρ 值愈大愈经济。当作用在梁上的荷载确定后,先进行梁的内力计算,然后进行截面选择。

5.12.1 截面高度

简支梁高的常用范围为:$h=l/12-l/15$。

1. 最小梁高 h_{min}

在确定梁的截面高度时,应考虑建筑高度、刚度条件和经济条件。建筑高度是指梁格底面最低部分到铺板顶面之间的高度,建筑高度的限制决定了梁的最大可能高度 h_{max}。由刚度要求 $v \leqslant [v]$(附表5-1),给定了梁的最小高度 h_{min}。例如,受均布荷载 p_k 的双轴对称等截面简支梁,挠度为:

$$v = \frac{5}{384} \times \frac{p_k l^4}{EI_x} = \frac{5}{48} \times \frac{p_k l^4}{8} \times \frac{l^2}{EI_x} \approx \frac{M_{xk} l^2}{10EI_x} = [v] \qquad (5-107)$$

将 $M_{xk}h/(2I_x)=\sigma_k$ 代入式(5-107):

$$v = \frac{\sigma_k l^2}{5Eh} \leqslant [v] \qquad (5-108)$$

式中 σ_k——荷载标准值产生的最大弯曲正应力,取 $\sigma_k=f/1.3$,其中1.3为平均荷载分项系数;

$[v]$——梁的容许挠度(附表5-1)。

从而

$$h_{min} = \frac{\sigma_k l^2}{5E[v]} = \frac{fl^2}{5 \times 1.3 \times 206 \times 10^3 [v]} = \frac{fl^2}{1339 \times 10^3 [v]} \qquad (5-109)$$

对变截面简支梁:

$$v = \frac{M_{xk} l^2}{10EI_x}\left(1 + \frac{3}{25} \times \frac{I_x - I_{x1}}{I_{x1}}\right) \leqslant [v] \qquad (5-110)$$

式中 I_x——跨中的截面惯性矩;

I_{x1}——支承端的截面惯性矩。

对于承受非均布荷载和非简支的梁,或上下翼缘不对称截面的梁,亦可按上述类似方法求得最小梁高。

2. 经济高度 h_s

从用料最小出发可以定出梁的经济高度。如以相同的抗弯承载能力选择梁高时，梁愈高，腹板用钢量 G_w 愈多，而翼缘用钢量 G_f 则愈少，如图 5－69 所示。由图可见，梁的高度大于或小于经济高度 h_s，都会使梁的单位长度的重量 G 增加。

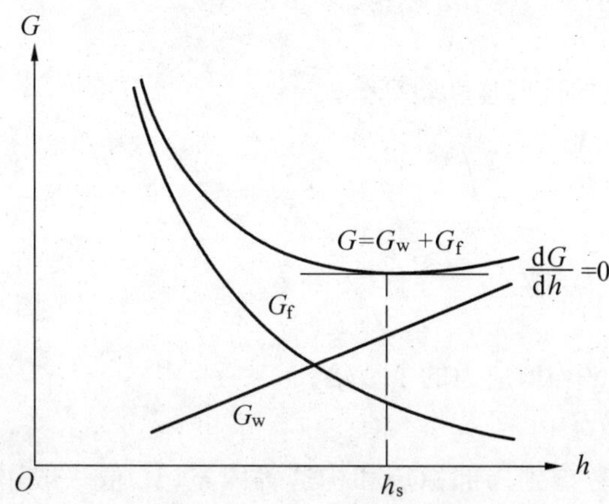

图 5－69　梁的经济高度 h_s

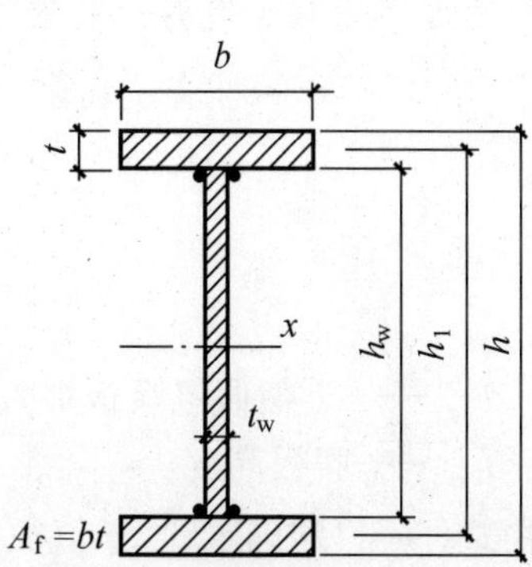

图 5－70　推导 $h_s = 2W_x^{0.4}$

假定工字形等截面梁(图 5－70)的单位长度重量：

$$G = G_f + G_w = 2A_f\gamma + \beta t_w h_w \gamma \tag{5-111}$$

式中　γ——钢的质量密度，一般取 $\gamma = 7850\text{kg/m}^3$；

β——构造系数，视加劲肋的情况而定，只有横肋时 $\beta = 1.2$；有纵、横肋时 $\beta = 1.3$。

因为 $I = I_f + I_w = 2A_f\left(\dfrac{h_1}{2}\right)^2 + \dfrac{t_w h_w^3}{12}$

并近似取 $h_w = h_1 = h$，从而

$$A_f = \frac{2I}{h^2} - \frac{t_w h}{6} = \frac{W_x}{h} - \frac{t_w h}{6} \tag{5-112}$$

将式(5－112)代入(5－111)，得

$$G = \gamma\left(\frac{2W_x}{h} - \frac{t_w h}{3} + \beta t_w h\right)$$

由 $\dfrac{dG}{dh} = \gamma\left(-2\dfrac{W_x}{h^2} - \dfrac{t_w}{3} + \beta t_w\right) = 0$，可得用钢量最小时的经济高度：

$$h_s = 2W_x^{0.4} \quad (\text{单位:mm}) \tag{5-113}$$

上式中：

$$W_x = \frac{M_x}{\alpha f} \tag{5-114}$$

式中　α——系数。一般单向弯曲梁：当最大弯矩处无孔眼时 $\alpha = \gamma_x = 1.05$；有孔眼时 $\alpha = 0.85 \sim 0.9$；对吊车梁，当考虑横向水平荷载的作用，可取 $\alpha = 0.7 \sim 0.9$。

前面已谈到，若采用的梁高大于或小于经济梁高，都会增加梁的用钢量(图 5－69)，但

据统计，h 与 h_s 值相差20%时，梁的重量仅增加3%左右。因此，在实际设计中，一般宜选择 h 比 h_s 约小20%，且根据钢板规格在范围 $h_s > h > h_{min}$ 内调整。通常腹板的高度取50mm的倍数。

一般来说，梁的腹板重量与翼缘重量接近时，梁的重量最轻。

5.12.2 腹板和翼缘板的尺寸

1. 腹板

腹板厚度应满足抗剪强度的要求。腹板的抗剪强度验算公式：

$$\tau \approx 1.2\frac{V_{max}}{h_w t_w} \leqslant f_v$$

可得：

$$t_w \geqslant 1.2\frac{V_{max}}{h_w f_v} \tag{5-115}$$

式中 1.2——近似假定腹板最大剪应力为平均剪应力的1.2倍；

h_w——腹板高度。

由式(5-115)确定的 t_w 值往往偏小。考虑到局部稳定和构造等因素，t_w 值一般用下列经验公式：

$$t_w = \sqrt{h_w}/3.5 \tag{5-116}$$

式(5-116)中，t_w 和 h_w 的单位均为mm。实际采用的腹板厚度应考虑钢板的现有规格，一般取2mm的倍数。对于非吊车梁，腹板厚度取值宜比式(5-116)的计算值略小；对考虑腹板屈曲后强度的梁，腹板厚度可更小，但不得小于6mm，也不宜使高厚比超过 $250\sqrt{235/f_y}$。

2. 翼缘板

已知腹板尺寸，由式(5-112)即可求得需要的翼缘截面积 A_f。

翼缘板的宽度通常取 $b_f = (1/5\sim1/3)h$，则厚度 $t = A_f/b_f$。翼缘板常用单层板做成，当厚度过大时，可采用双层板(图5-1i)。

确定翼缘板的尺寸时，应注意满足局部稳定要求，使受压翼缘的外伸宽度 b_1 与其厚度 t 之比 $b_1/t \leqslant 15\sqrt{235/f_y}$(弹性设计，即取 $\gamma_x = 1.0$)或 $13\sqrt{235/f_y}$(考虑塑性发展，即取 $\gamma_x = 1.05$)。

选择翼缘尺寸时，同样应符合钢板规格，宽度取10mm的倍数，厚度取2mm的倍数。

根据试选的截面尺寸，可求截面的各种几何数据，如惯性矩、截面模量等，然后进行验算。梁的截面验算包括强度、刚度、整体稳定和局部稳定几个方面。其中，腹板的局部稳定通常采用配置加劲肋来保证。

5.12.3 翼缘焊缝的计算

焊接梁的翼缘和腹板间必须用焊缝连接，使截面成为整体。否则在梁受弯时，翼缘和腹板就会相对滑移(图5-71a)。因此，焊缝的主要作用就是阻止这种滑移而承受接缝处的水平剪力(图5-71b)，以保证梁截面成为整体而共同工作。沿梁单位长度的水平剪力

(horizontal shear force)为：

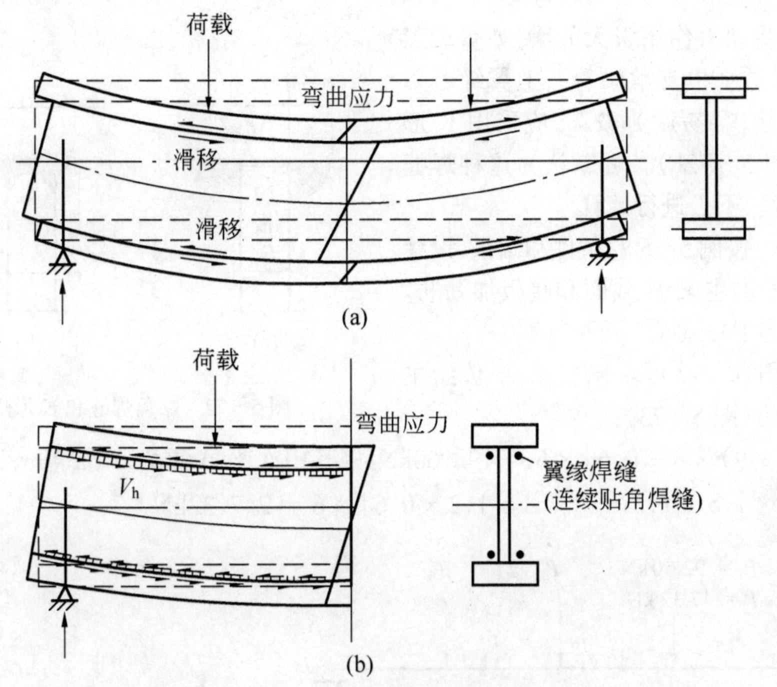

图 5-71　翼缘焊缝的计算

$$V_h = VS_1/I_x \tag{5-117}$$

式中　S_1 ——一个翼缘面积 A_f 对梁的中和轴的面积矩；

V、I_x ——在计算位置上，梁的剪力和截面惯性矩。

梁的翼缘焊缝一般采用焊在腹板两侧的两条连续贴角焊缝(图 5-72a)，由平衡条件：

$$VS_1/I_x \leqslant 2 \times 0.7 h_f f_f^w$$

可得，角焊缝的焊脚尺寸：

$$h_f \geqslant \frac{VS_1}{1.4 f_f^w I_x} \tag{5-118}$$

式中　f_f^w ——角焊缝的设计强度(附表 1-2)。

当梁的翼缘上受有固定集中荷载而该处又未设置支承加劲肋时，或受有移动集中荷载，如吊车轮压时，上翼缘和腹板之间的连接焊缝不仅承受水平剪力 V_h，同时还承受竖向局部压力引起的竖向剪应力。梁单位长度的竖向(Vertical)局部压力为：

$$V_v = \sigma_c t_w = \frac{\psi F}{t_w l_z} t_w = \frac{\psi F}{l_z} \tag{5-119}$$

式中　σ_c ——局部压应力，由式(5-8)确定。

V_h 和 V_v 的合力应满足：

$$\sqrt{V_h^2 + V_v^2} \leqslant 2 \times 0.7 h_f f_f^w$$

由此，可得翼缘与腹板的连接焊缝厚度：

$$h_f \geqslant \frac{\sqrt{V_h^2 + V_v^2}}{1.4 f_f^w} = \frac{1}{1.4 f_f^w}\sqrt{\left(\frac{V_{max} S_1}{I_x}\right)^2 + \left(\frac{\psi F}{l_z}\right)^2} \tag{5-120}$$

对于承受动力作用很大的梁(如重级工作制吊车梁、透平机支承梁等),上翼缘若采用角焊缝连接,容易疲劳破坏,应采用 K 形坡口焊缝(图 5-72b)。可以认为这种焊缝与腹板等强度,不必进行计算。

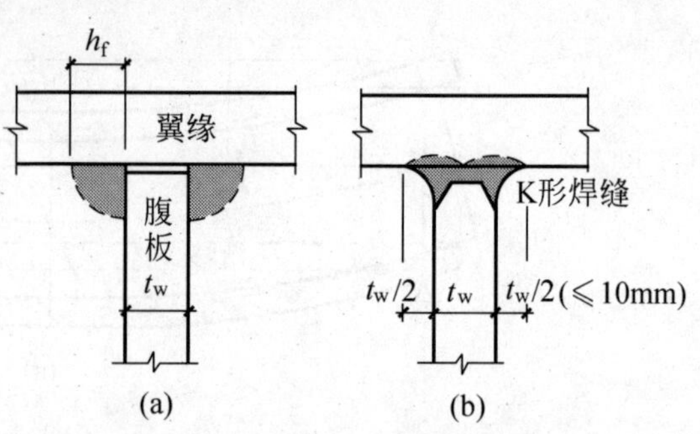

图 5-72 贴角焊缝和 K 形焊缝

例 5-9 按例 5-5 的条件和结果,设计图 5-60 所示的主梁 B 截面和腹板加劲肋。Q235 钢;焊条 E43 型。

解 由图 5-60 可求出次梁 A 传给主梁 B 的集中力(图 5-73):

$P_k = [(1.5+9)\times 3 + 0.6]\times 6 = 192.60\text{kN}$ (其中次梁 A 重力 0.6kN/m,详见例 5-5)

$P = [(1.2\times 1.5 + 1.3\times 9)\times 3 + 1.2\times 0.6]\times 6 = 247.32\text{kN}$

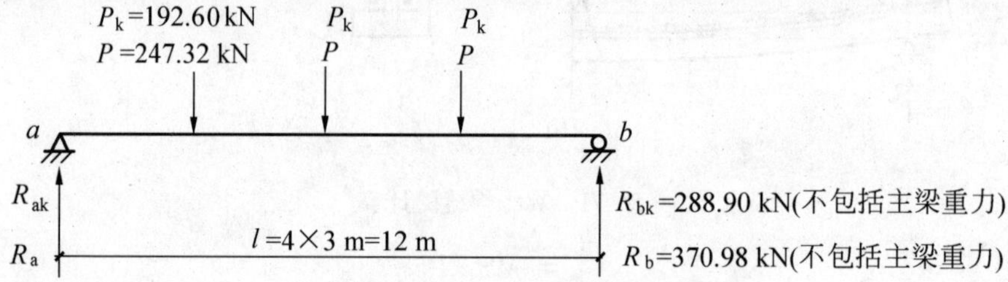

图 5-73 次梁 A 传给主梁 B 的荷载

主梁 B 的反力(未计主梁的重力):$R_{ak} = R_{bk} = 1.5\times 192.60 = 288.90\text{kN}$

$R_a = R_b = 1.5\times 247.32 = 370.98\text{kN}$

主梁跨中最大计算弯矩:$M_{x,max} = 370.98\times 6 - 247.32\times 3 = 1483.92\text{kN·m}$

由式(5-114)计算梁所需净截面模量(因估计 $t\geqslant 16\text{mm}$,故取 $f = 205\text{N/mm}^2$):

$$W_x = \frac{M_{x,max}}{\gamma_x f} = \frac{1483.92\times 10^6}{1.05\times 205} = 6893.937\times 10^3\text{mm}^3$$

1. 试选截面

(1)梁高

由式(5-109):

$$h_{min} = \frac{fl^2}{1339\times 10^3[v_{pk}]} = \frac{205\times 12\times 10^3}{1339\times 10^3\times(1/400)} = 734.9\text{mm(刚度条件)}$$

由式(5-113):

$$h_s = 2W_x^{0.4} = 2\times(6893.937\times 10^3)^{0.4} = 1087.5\text{mm(经济高度)}$$

取主梁 B 的腹板高度:$h_w = h_0 = 950\text{mm}$。

(2)决定腹板厚度 t_w 和翼缘(flange)宽度 b_f 和厚度 t_w

由式(5-115)和式(5-116):

$$t_w \geqslant 1.2 \times \frac{V_{max}}{h_w f_v} = 1.2 \times \frac{370.98 \times 10^3}{950 \times 125}$$
$$= 3.7\text{mm}(\text{抗剪条件})$$

$$t_w = \sqrt{h_w}/3.5 = \sqrt{950}/3.5 = 8.8\text{mm}(\text{经验公式})$$

考虑腹板屈曲后强度，取 $t_w = 6\text{mm}$（图 5－74）。

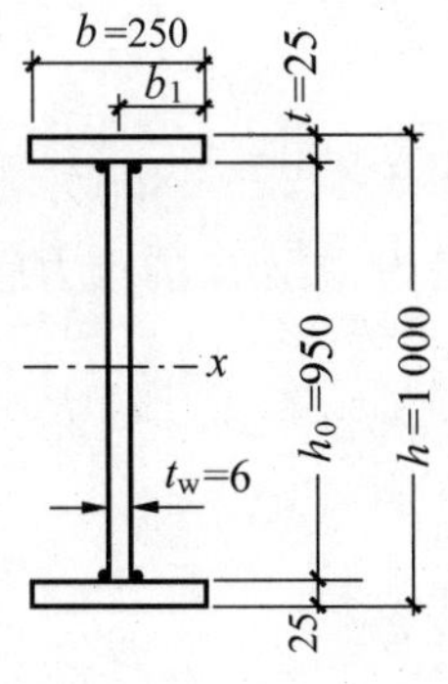

图 5－74　主梁 B 截面

翼缘面积由式(5－112)求出：

$$A_f = \frac{W_x}{h_w} - \frac{t_w h_w}{6}$$
$$= \frac{6893.937 \times 10^3}{950} - \frac{6 \times 950}{6}$$
$$= 7256.8 - 950 = 6306.8\text{mm}^2$$

从而：$b_f = b = h/5 \sim h/3 = 950/5 \sim 950/3 = 190 \sim 316.7\text{mm}$，取 $b = 250\text{mm}$

$t_f = t = A_f/b_f = 6306.8/250 = 25.2\text{mm}$，取 $t = 25\text{mm}$

翼缘板外伸宽度 b_1 与 t 之比：$b_1/t = 125/25 = 5 < 13\sqrt{\frac{235}{f_y}} = 13$，翼缘局部稳定。

此主梁 B 跨度不大，截面采用等截面。

2．强度验算

由图 5－74：$A = 2 \times (25 \times 2.5) + 95 \times 0.6 = 125 + 57 = 182\text{cm}^2$

$$I_x = \frac{25 \times 100^3 - 24.4 \times 95^3}{12} = 340004.17\text{cm}^4$$

$$W_x = \frac{2I_x}{h} = \frac{2 \times 340004.17}{100} = 6800.08\text{cm}^3$$

钢材的重力密度 $\gamma = 7850\text{kg/m}^3 = 7850 \times 9.81 = 77009\text{N/m}^3 \approx 77\text{kN/m}^3$，从而，主梁 B 的重力集度 $g_{1k} = 77 \times 182 \times 10^{-4} = 1.4\text{kN/m}$。考虑腹板加劲肋等所增加的重力后，取 $g_{1k} = 1.6\text{kN/m}$。从而 $g_1 = 1.2 \times 1.6 = 1.92\text{kN/m}$，对梁产生的弯矩 ΔM 和剪力 ΔV：$\Delta M = \frac{1}{8} g_1 l^2 = \frac{1}{8} \times 1.92 \times 12^2 = 34.56\text{kN·m}$，$\Delta V = \frac{1}{2} g_1 l = \frac{1}{2} \times 1.92 \times 12 = 11.52\text{kN}$。

由式(5－6a)：

$$\sigma = \frac{M_x}{\gamma_x W_x} = \frac{(1483.92 + 34.56) \times 10^6}{1.05 \times 6800.08 \times 10^3} = 212.7\text{N/mm}^2 > f = 205\text{N/mm}^2$$

但 $(212.7 - 205)/205 = 0.038 = 3.8\% < 5\%$，由式(5－7)：

$$\tau = \frac{VS}{I_x t_w} = \frac{(370.98 + 11.52) \times 10^3 \times 3723.75 \times 10^3}{340004.17 \times 10^4 \times 6} = 69.8\text{N/mm}^2 < f_v = 125\text{N/mm}^2$$

式中　$S = 25 \times 2.5 \times 48.75 + 47.5 \times 0.6 \times 47.5/2 = 3046.875 + 676.875 = 3723.75\text{cm}^3$

主梁的支承处以及支承次梁处均配置支承加劲肋，故不验算局部承压强度（即 $\sigma_c = 0$）。

3．梁整体稳定验算

次梁可视为主梁受压翼缘的侧向支承，主梁受压翼缘自由长度与宽度之比 $l_1/b = 3 \times 10^3/250 = 12 < 16$（表 5－4），故不需验算主梁的整体稳定性。

4．刚度验算

由附表 5－1:挠度容许值为$[v_{pk}]=l/400=\frac{12\times10^3}{400}=30\text{mm}$(全部荷载标准值作用)或 $[v_{qk}]=l/500=\frac{12\times10^3}{500}=24\text{mm}$(仅有可变荷载标准值作用)。

考虑主梁 B 的重力后,由图 5－73 可得弯矩标准值:

$$\begin{aligned}M_{xk}&=R_{ak}\frac{l}{2}-p_k\times3+\frac{1}{8}g_{1k}l^2\\&=288.9\times6-192.6\times3+\frac{1}{8}\times1.6\times12^2\\&=1733.4-577.8+28.8=1184.4\text{kN}\cdot\text{m}\end{aligned}$$

由式(5－107)挠度验算:

$$v_{pk}=\frac{1184.4\times10^6\times(12\times10^3)^2}{10\times206\times10^3\times340004.17\times10^4}=24.4\text{mm}<[v_{pk}]=30\text{mm}$$

显然,仅有活载标准值作用下的挠度一定满足。

5．翼缘和腹板的连接焊缝

由式(5－118)求角焊缝的焊脚尺寸:

$$h_f\geqslant\frac{VS_1}{1.4f_f^wI_x}=\frac{370.98\times10^3\times3046.875\times10^3}{1.4\times160\times340004.17\times10^4}=1.5\text{mm}$$

取 $h_f=7.5\text{mm}=1.5\sqrt{t_{max}}=1.5\sqrt{25}=7.5$,且 $h_f=7.5\text{mm}\approx1.2t_{min}=1.2\times6=7.2\text{mm}$。

6．主梁 B 加劲肋设计

(1)各板段的强度验算

对板段Ⅰ$_a$(图 5－75a):

因 $a_1/h_0=500/950=0.53<1$,由式(5－75a):

$$\lambda_s=\frac{h_0/t_w}{41\sqrt{4+5.34(h_0/a_1)^2}}\sqrt{\frac{f_y}{235}}=\frac{950/6}{41\sqrt{4+5.34(950/500)^2}}\sqrt{\frac{235}{235}}=0.8$$

可见板段Ⅰ$_a$(图 5－75a)不会屈曲($\tau_{cr}=f_v$),此时,支座横肋不会受到水平力 H_t 的作用。

对板段Ⅰ$_b$:

板段Ⅰ$_b$ 左侧剪力(图 5－76):$V_1=382.5-1.92\times0.5=381.54\text{kN}$

相应弯矩: $M_1=382.5\times0.5-1.92\times0.5^2/2=191.01\text{kN}\cdot\text{m}$

翼缘 $M_f=250\times25\times205\times975=1249218750\text{N}\cdot\text{mm}\gg M_1=191.01\text{kN}\cdot\text{m}$

又因 $a/h_0=2500/950=2.63>1$,由式(5－75b):

$$\begin{aligned}\lambda_s&=\frac{h_0/t_w}{41\sqrt{5.34+4(h_0/a_2)^2}}\sqrt{\frac{f_y}{235}}\\&=\frac{950/6}{41\sqrt{5.34+4(950/2500)^2}}\sqrt{\frac{235}{235}}=1.59>1.2\end{aligned}$$

由式(5－94c):

$$\begin{aligned}V_u&=h_wt_wf_v/\lambda_s^{1.2}\\&=950\times6\times125/1.59^{1.2}=408421.2\text{N}>V_1=381.54\text{kN}\end{aligned}$$

对板段Ⅱ:

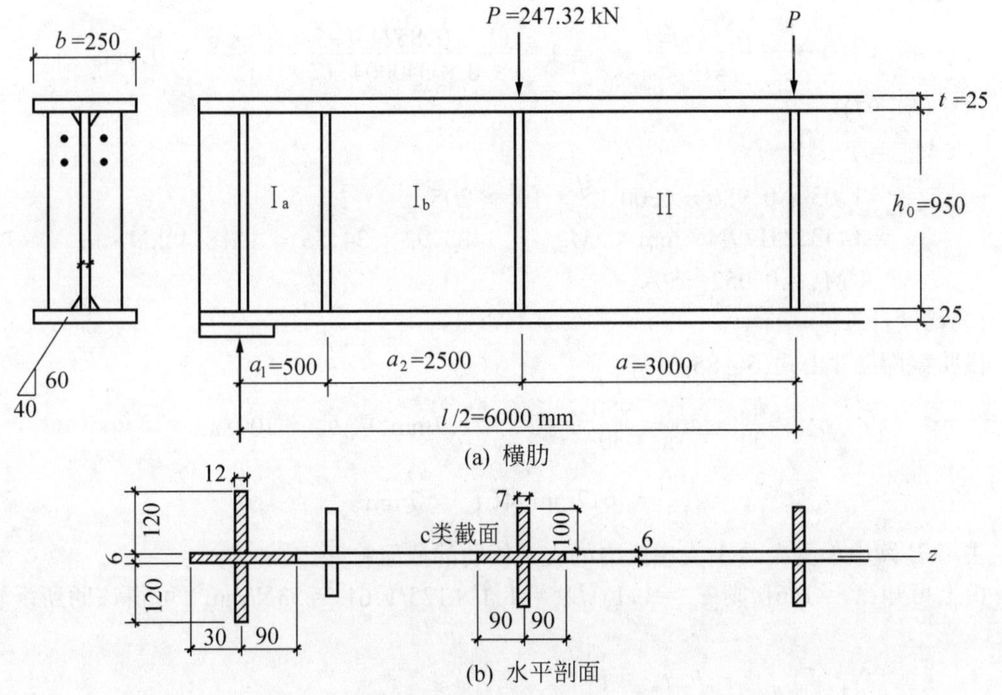

(a) 横肋

(b) 水平剖面

图 5－75　主梁加劲肋布置

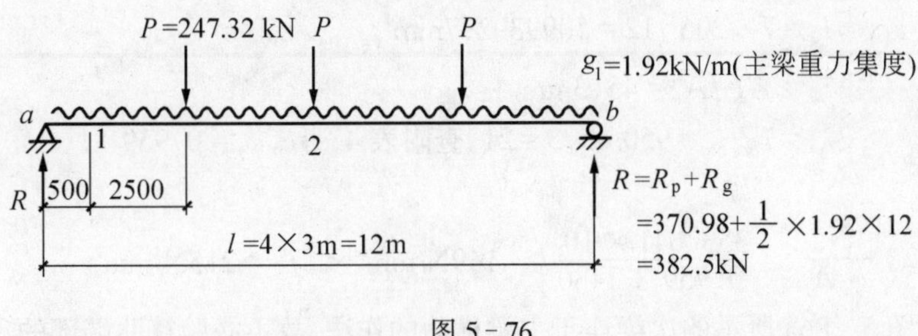

图 5－76

板段Ⅱ右侧剪力($x=6\text{m}$ 处)：

$$V_2 = 382.5 - 247.32 - 1.92 \times 6 = 123.66\text{kN}(\text{图 } 5-76)$$

因 $a/h_0=3000/950=3.16>1$，由式(5－75b)：

$$\lambda_s = \frac{950/6}{41\sqrt{5.34+4(950/3000)^2}}\sqrt{\frac{235}{235}} = 1.61 > 1.2$$

$$0.5V_u = 0.5(950 \times 6 \times 125/1.61^{1.2}) = 201170.3\text{N} > V_2 = 123.66\text{kN}$$

故用 $M_2=M_{\max}\leqslant M_{eu}$ 验算如下：

由式(5－73b)：

$$\lambda_b = \frac{h_0/t_w}{153}\sqrt{\frac{f_y}{235}} = \frac{950/6}{153}\sqrt{\frac{235}{235}} = 1.03 \begin{matrix} > 0.85 \\ < 1.25 \end{matrix}$$

从而，由式(5－98b)：

$$\rho = 1 - 0.82(1.03 - 0.85) = 0.8524$$

由式(5-96)：

$$\alpha_e = 1 - \frac{(1-\rho)(h_0/2)^3 t_w}{2I_x} = 1 - \frac{(1-0.8524)(950/2)^3 \times 6}{2 \times 340004.17 \times 10^4} = 0.986$$

由式(5-97)：

$$\begin{aligned} M_{eu} &= \gamma_x \alpha_e W_x f \\ &= 1.05 \times 0.986 \times 6800.08 \times 10^3 \times 205 \\ &= 1443225179\text{N}\cdot\text{mm} < M_{max} = 1483.92 + 34.56 = 1518.48\text{kN}\cdot\text{m} \end{aligned}$$

但$(M_{max} - M_{eu})/M_{eu} = 0.052 \approx 5\%$。

(2)横肋计算

横肋截面尺寸由式(5-85)计算：

$$b_s \geqslant \frac{h_0}{30} + 40 = \frac{950}{30} + 40 = 71.7\text{mm},\text{取 } b_s = 100\text{mm}$$

$$t_s \geqslant \frac{b_s}{15} = \frac{100}{15} = 6.7\text{mm},\text{取 } t_s = 7\text{mm}$$

主梁 B 跨中承受次梁 A 支座反力的支承横肋的截面验算：

由上可知：$\lambda_s = 1.61$，则 $\tau_{cr} = 1.1 f_v/\lambda_s^2 = 1.1 \times 125/1.61^2 = 53\text{N/mm}^2$，可得该肋所受轴力：

$$\begin{aligned} N_s &= V_u - \tau_{cr} h_w t_w + P \\ &= 408.421 - 53 \times 950 \times 6 \times 10^{-3} + 247.32 = 353.641\text{kN} \end{aligned}$$

横肋截面特性：$A_s = 180 \times 6 + 2(100 \times 7) = 2480\text{mm}^2$(图 5-75b)

$$I_z = 7 \times 206^3/12 = 5099392.7\text{mm}^4$$

$$i_z = \sqrt{I_z/A_s} = 45.3\text{mm}$$

$$\lambda_z = l_{oz}/i_z = 950/45.3 = 21,\text{查附表 4-1c}, \varphi_z = 0.959$$

验算：

$$\frac{N_s}{\varphi_z A_s} = \frac{353.641 \times 10^3}{0.959 \times 2480} = 149\text{N/mm}^2 < f = 215\text{N/mm}^2$$

由于采用图 5-86a 所示的次梁连于主梁横肋的作法，故不必验算肋端部的承压强度。

靠近支座的间隔横肋仍用 -100×7 截面。

支座横肋的验算：

横肋受图 5-76 和图 5-73 两部分的反力，即

$$R = 382.5 + 247.32/2 = 506.16\text{kN}$$

支座横肋截面特性：$A_s = 2(120 \times 12) + 120 \times 6 = 3600\text{mm}^2$(图 5-75)

$$I_z = 12 \times 246^3/12 = 14886936\text{mm}^4$$

$$i_z = \sqrt{I_z/A_s} = 64.3$$

$$\lambda_z = 950/64.3 = 14.8 \longrightarrow \varphi_z = 0.981$$

肋整体稳定：$\dfrac{R}{\varphi_z A_s} = \dfrac{506.16 \times 10^3}{0.981 \times 3600} = 143.3\text{N/mm}^2 < f = 215\text{N/mm}^2$

肋承压：$\sigma_{ce} = \dfrac{506.16 \times 10^3}{2 \times (120-40) \times 12} = 263.6\text{N/mm}^2 < f_{ce} = 325\text{N/mm}^2$

肋与腹板的连接焊缝：

$$h_f = \frac{506.16 \times 10^3}{4 \times 0.7 \times (950 - 2 \times 60 - 2 \times 5) \times 160}$$

$$= 1.38\text{mm}，采用\ h_f = 6\text{mm} \begin{matrix} > 1.5\sqrt{t_{max}} = 1.5\sqrt{12} = 5.2\text{mm} \\ < 1.2t_{min} = 1.2 \times 6 = 7.2\text{mm} \end{matrix}$$

5.12.4　焊接组合梁的截面改变

为了节约钢材，焊接梁的截面可随弯矩图的变化而改变（图 5-77）。但对跨度较小的梁，变更截面的经济效果并不显著，反而增加制造的工作量。因此，除构造上需要者外，一般

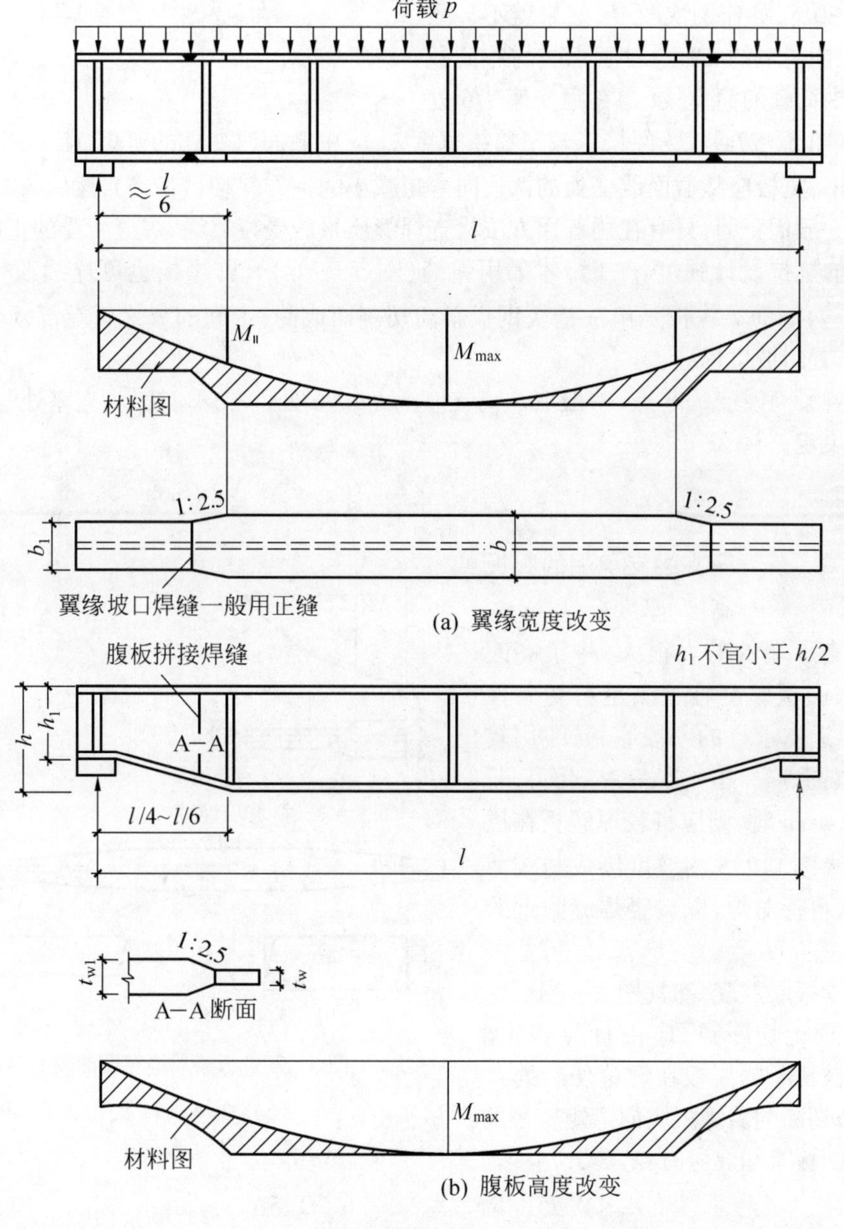

图 5-77　板梁截面的改变

仅对跨度较大的梁采用变截面。

改变梁截面的方法有：改变梁的翼缘宽度(图 5－77a)、厚度或层数(图 5－78)，以及改变梁的腹板高度和厚度(图 5－77b)。不论如何改变，都要使截面的变化比较平缓，以防止截面突变而引起较严重的应力集中。截面变更处均应按式(5－10)验算折算应力。

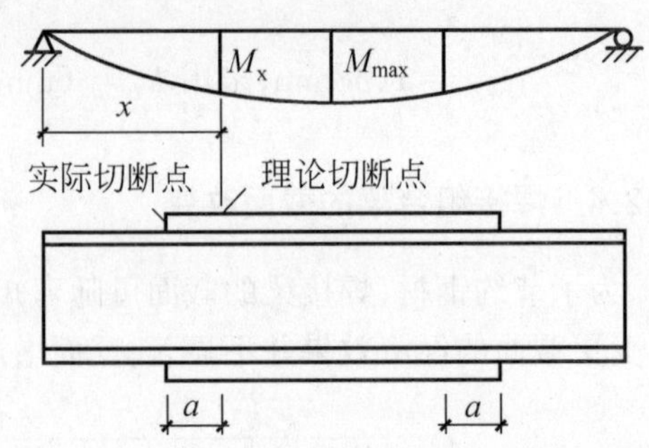

图 5－78　板梁翼缘厚度的改变

图 5－77a 所示，对称改变一次可节约钢材 10%～20%，如作两次改变，效果就不甚显著，最多只能再节约 4%。对于承受均布荷载或多个集中荷载的简支梁，约在距支座 $l/6$ 处改变截面(图 5－77a)较为经济。较窄翼缘宽度 b_1 应由截面改变处的弯矩 M_1 确定，为了减小应力集中，宽板应从截面改变处的两边向弯矩减小的一方斜切(1∶2.5)，然后与窄板对接。坡口焊缝一般用正缝，只有在用普通方法检查焊缝质量的受拉翼缘，焊缝所受的正应力超过坡口焊缝的抗拉设计强度 f_t^w 时，才采用斜缝(图 5－79a)。翼缘板也可连续改变(图 5－79b)，靠近两端的翼缘板是由一整块钢板斜向切割而成的，中间的翼缘板端部须作相应斜切，以便布置斜坡口焊缝。

简支梁梁高改变的起点，一般取在离支座 $l/4 \sim l/6$ 处(图 5－77b)。支座处的梁高，由受剪条件决定。

$$\tau \approx 1.5 \frac{V_{max}}{t_{w1} h_{01}} < f_v \tag{5-121}$$

式中　h_{01}、t_{w1}——简支梁支承端的腹板高度、厚度。

如果支承端的剪力很大，将梁高改小后，原来腹板厚度难于满足剪切条件时，可将靠近支承点的一段腹板，改用较厚的钢板(图 5－77b 的 A—A 剖面)，若 $t_{w1} - t_w > 4$mm 时，则应将较厚腹板在拼接处的边缘按 1∶2.5 的坡度刨成与较薄腹板等厚，再行对焊，以减轻焊缝附近的应力集中。

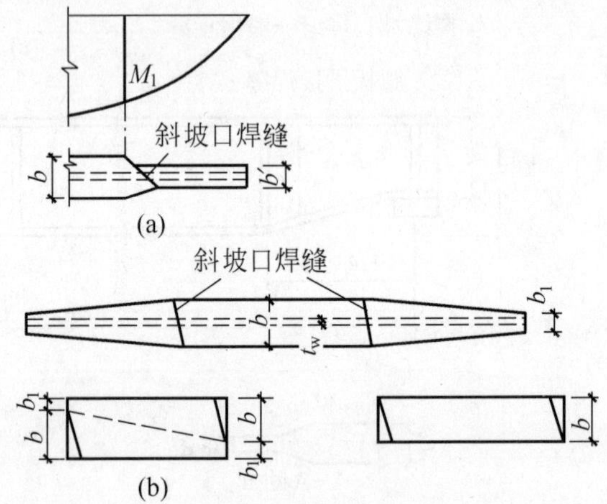

图 5－79　板梁翼缘宽度的改变

当翼缘板层数改变时(图 5－78)，外层翼板的理论切断点，应由计算确定。为了保证被切断的翼板在理论切断处参加受力，拟切断的翼缘板应向弯矩较小的一方延长 a：

当切断板有端焊缝时：$h_f \geqslant 0.75 t_1$ 时，　$a \geqslant b_1$　(5－122a)

$h_f < 0.75 t_1$ 时，　$a \geqslant 1.5 b_1$　(5－122b)

当切断板无端焊缝时：　$a \geqslant 2 b_1$　(5－122c)

式中　b_1、t_1 ——切断翼缘板的宽度、厚度；

h_f ——侧焊缝或端焊缝的焊脚尺寸。

5.13　梁的拼接

梁的拼接有工厂拼接和工地拼接两种。前者是受钢材规格的限制，需将钢材在工厂拼大或拼长；后者是受运输和安装条件的限制，将梁在工厂做成几段（运输单元或安装单元）运至工地后进行的拼接。

型钢梁的拼接可采用坡口焊缝连接（图 5-80a），但由于翼缘与腹板连接处不易焊透，故有时采用拼接板拼接（图 5-80b）。上述拼接位置均宜放在弯矩较小处。

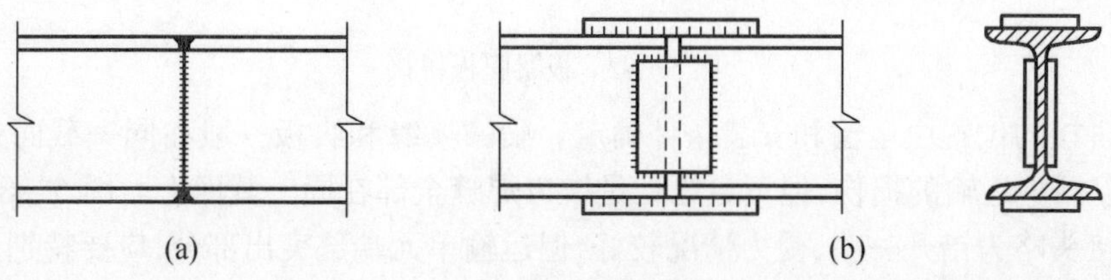

图 5-80　型钢梁的拼接

组合梁的工厂拼接中，翼缘和腹板的拼接位置最好错开，并避免与加劲肋或次梁的连接重合，以防止焊缝密集。腹板的拼接焊缝到与它平行的加劲肋的距离至少 $10t_w$（图 5-81）。

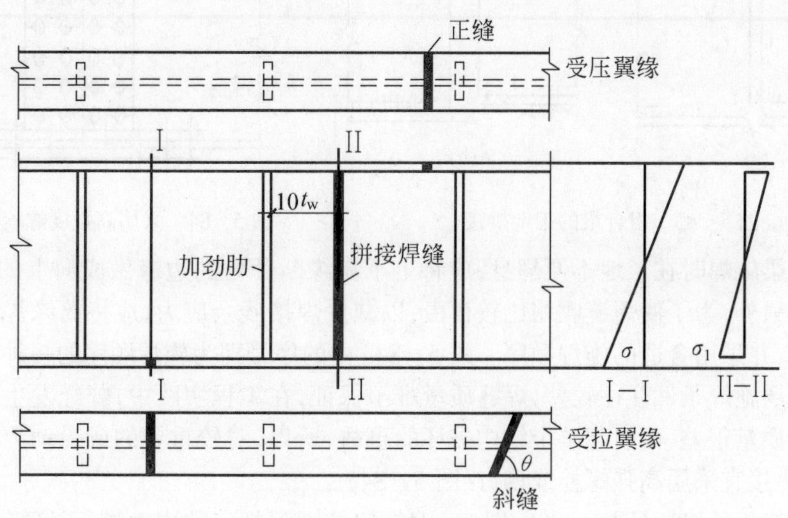

图 5-81　组合梁的拼接

翼缘或腹板的拼接焊缝一般采用坡口焊缝，且在施焊时使用引弧板。这时，只有用普通方法检查质量的手工焊接的受拉焊缝才需进行计算。计算应保证受拉翼缘拼接处的应力 σ 或腹板拼接处受拉边缘应力 σ_1（图 5-81）小于坡口焊缝抗拉设计强度 f_t^w（σ、σ_1 分别由拼接处各自的弯矩求出）。当正坡口焊缝强度不足时，可采用斜缝。如果斜缝与正应力方向的夹角 $\theta \leqslant \arctan 1.5$，则强度定能满足，不必验算。但是，斜缝费料费工，尤其在腹板中应尽量避免采用。

当腹板采用坡口焊缝不能满足强度要求时，宜将其拼接位置调整到弯曲正应力 σ_1 较低处。采用坡口焊缝并同时用拼接板加强(图 5-82)，这种构造在用料(钢板和焊缝)、加工(铲平焊缝表面)和受力(应力集中)等方面都不很合理，一般不宜采用。

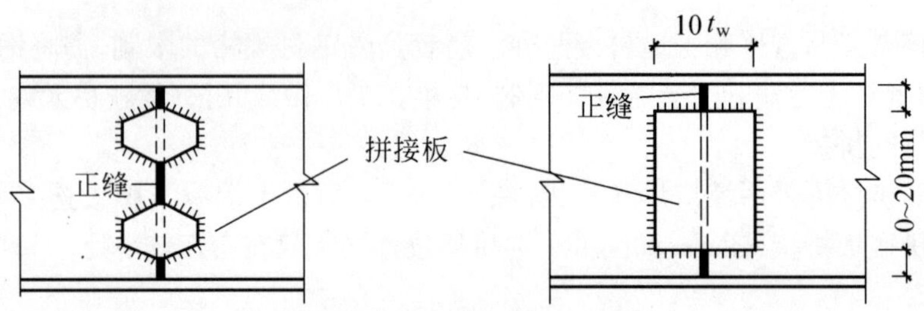

图 5-82　板梁腹板拼接

工地拼接的位置由运输和安装条件确定。梁的翼缘和腹板一般在同一截面处断开(图 5-83a)，以减少运输的损伤，但不足之处是坡口焊缝全部在同一截面上。图 5-83b 中翼缘和腹板的接头略为错开一些，受力情况较好，但运输单元端部突出部分，应要特别加以保护。以上两种工地拼接位置均应布置在弯曲正应力较低处。

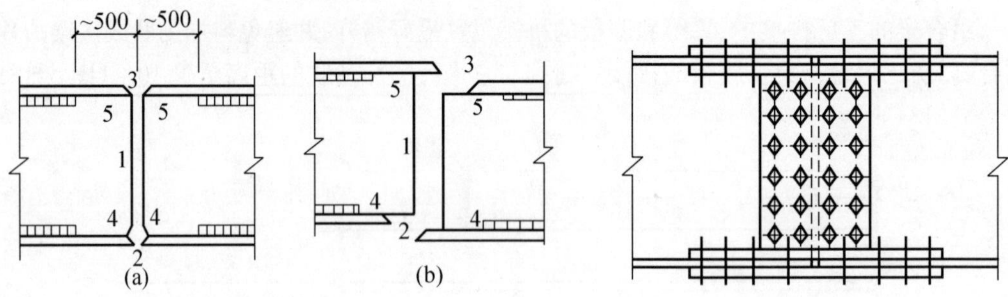

图 5-83　组合梁的工地拼接　　　　图 5-84　采用高强度螺栓的工地拼接

高大的梁施焊时在工地不便翻身，应将上下翼缘断开处的边缘做成向上的 V 形坡口，以便俯焊。另外，为了使焊缝收缩比较自由，以减少焊接残余应力，应将翼缘焊缝留一段不在工厂施焊，并采用合适的施焊顺序。图 5-83a 中的序号即为施焊顺序的一种实例。

由于现场施焊条件往往较差，焊缝质量难于保证，在工程实践中，曾经发生由于梁的工地拼接焊缝质量很差，而引起整个结构破坏的事故，所以，对较重要的或受动力荷载的大型梁，其工地拼接宜采用高强螺栓或铆钉(图 5-84)。

对用拼接板的接头(图 5-80b，图 5-84)，应按下列规定的内力进行计算：翼缘拼接板及其连接所承受的内力 N_1 为翼缘板的最大承载力：

$$N_1 = A_{fn} \cdot f$$

式中　A_{fn}——被拼接的翼缘板净截面积。

腹板拼接板及其连接，主要承受梁截面上的全部剪力 V，以及按刚度分配到腹板上的弯矩 $M_w = M \cdot I_w / I$。此式中 I_w 为腹板截面惯性矩；I 为整个梁截面的惯性矩。

5.14　主、次梁连接和梁的支座

5.14.1　主、次梁连接

次梁与主梁的连接型式有两种:叠接和平接。

叠接(图 5-85)是将次梁直接搁在主梁上,用螺栓或焊缝连接,构造简单,但需要的结构高度大,使用受到限制。图 5-85a 是次梁为简支梁时与主梁连接的构造,而图 5-85b 是次梁为连续梁时与主梁连接的构造示例。如次梁截面较大时,应另采取构造措施防止支承处截面的扭转。

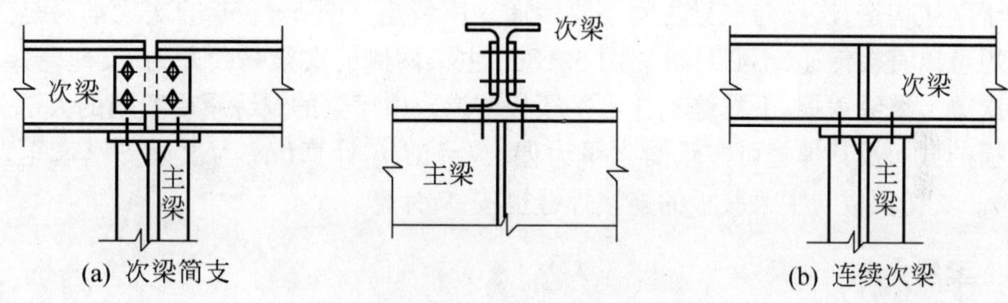

图 5-85　次梁与主梁的叠接

平接(图 5-86)是使次梁顶面与主梁相平或略高、略低于主梁顶面,从侧面与主梁的横肋或在腹板上专设的短角钢或支托相连接。图 5-86a、b、c 是次梁为简支梁时与主梁连接

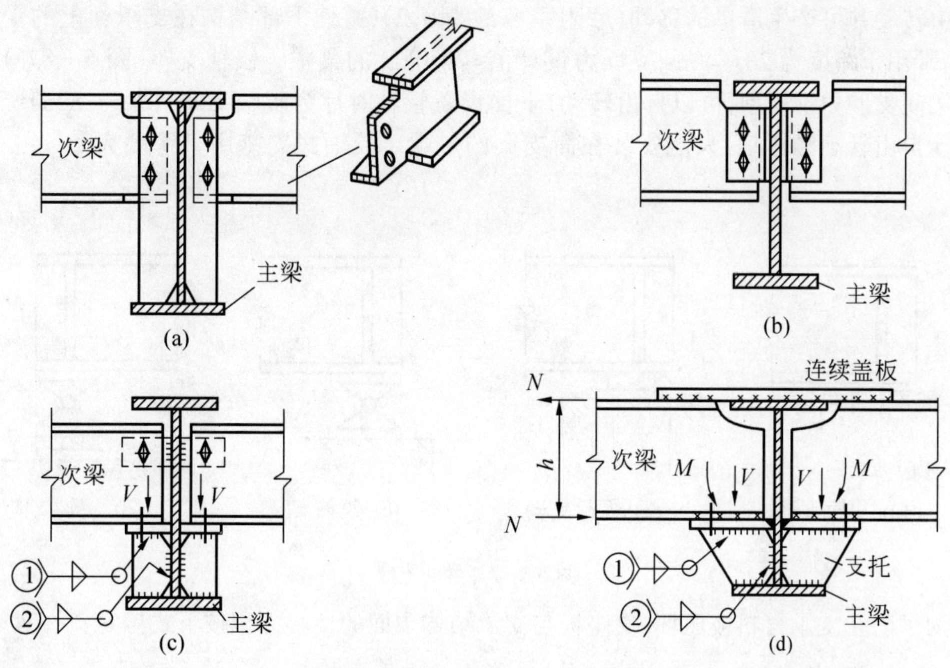

图 5-86　次梁与主梁的平接

的构造,图 5－86d 是次梁为连续梁时与主梁连接的构造。平接虽构造复杂,但可降低结构高度,故在实际工程中应用较广泛。

每一种连接构造都要将次梁支座的压力传给主梁,实质上这些支座压力就是梁的剪力。而梁腹板的主要作用是抗剪,所以应将次梁腹板连于主梁的腹板上,或连于与主梁腹板相连的铅垂方向抗剪刚度较大的加劲肋上或支托的竖直板上。在次梁支座压力作用下,按传力的大小计算连接焊缝或螺栓的强度。由于主、次梁翼缘及支托水平板的外伸部分在铅垂方向的抗剪强度较小,分析受力时不考虑它们传次梁的支座压力。在图 5－86d 中,次梁支座压力 V 先由焊缝①传给支托竖直板,然后由焊缝②传给主梁腹板。在其他的连接构造中,支座压力的传递途经与此相似。具体计算焊缝和支托板时,在形式上可不考虑偏心作用,而将次梁支座压力增大 20%～30%,以考虑实际存在的偏心的影响。

对于刚接构造,次梁与次梁之间还要传递支座弯矩。图 5－85b 的次梁本身是连续的,支座弯矩可以直接传递,不必计算。图 5－86d 主梁两侧的次梁是断开的,支座弯矩靠焊缝连接的次梁上翼缘盖板、下翼缘支托水平顶板传递。由于梁的翼缘承受弯矩的大部分,所以连接盖板的截面及其焊缝可按承受水平力偶:$N = M/h$ 计算(M 为次梁支座弯矩,h 为次梁高度)。支托顶板与主梁腹板的连接焊缝也按 N 计算。

5.14.2 梁的支座

为了能有效地把梁的反力传递给柱或墙,梁需设置支座,这里介绍梁支于砌体或钢筋砼柱上的支座。支座有三种型式:平板支座、弧形支座和铰轴支座(图 5－87)。

平板支座(图 5－87a)不能自由移动和转动,一般用于跨度小于 20m 的梁中。弧形支座(也叫切线式支座,图 5－87b),由厚为 100～200mm 顶面切削成圆弧形的钢垫板制成,使梁能自由转动并可产生适量的移动(摩阻系数约为 0.2),并使下部结构在支承面上的受力较均匀,常用于跨度为 20～40m,支反力设计值≤750kN 的梁中。铰轴支座(图 5－87c)完全符合梁简支的力学模型,可以自由转动,下面设置辊轴时称为辊轴支座(图 5－87d)。辊轴支座能自由转动和移动,只能安装在简支梁的一端。铰轴式支座用于跨度大于 40m 的梁中。

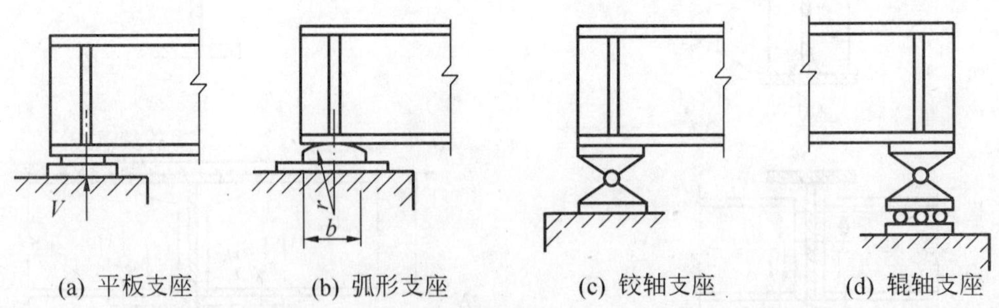

(a) 平板支座　(b) 弧形支座　(c) 铰轴支座　(d) 辊轴支座

图 5－87　梁的支座

为了防止支承材料被压坏,支座板与支承结构顶面的接触面积按下式确定:

$$A = a \times b \geqslant \frac{R}{f_c} \tag{5-123}$$

式中　R ——支座反力;

f_c ——支承材料的承压强度设计值；

a、b ——支座垫板的长和宽。

习　题

5-1　某平台梁格布置如图 5-88 所示，其 $g_{1k}=2.4\text{kN/m}^2$（不包括梁的重力），$q_{1k}=15\text{kN/m}^2$，钢材 Q235。假定平台铺板与次梁焊牢，侧向稳定能保证。要求：

(1)选择次梁 A 的型钢号(热轧轻型工字钢)；

(2)设计主梁 B(焊接组合梁腹板考虑屈曲后强度，自动焊，Q235)，包括截面设计、加劲肋配置以及翼缘和腹板的连接焊缝等；

(3)若平台铺板与次梁未焊牢，试重新选择次梁 A 的型钢号；

(4)对主梁进行变截面设计(只变一次翼缘宽度)。

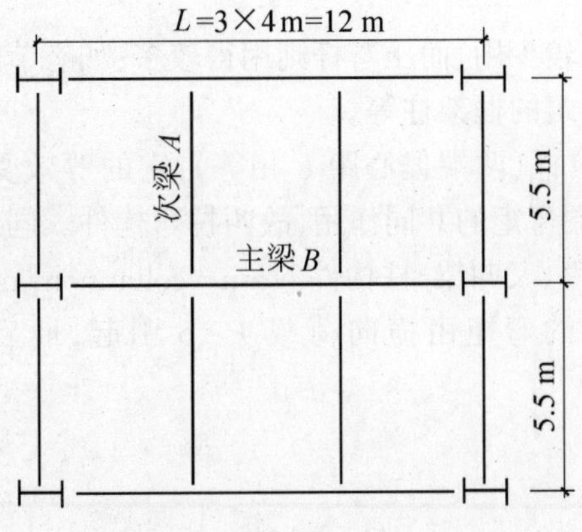

图 5-88　习题 5-1

5-2　根据习题 5-1，设计连续次梁 A 与主梁 B 的平接(图 5-86d)，并按 1:10 比例尺绘制连接构造图。

5-3　验算图 5-89 所示的梁能否保证其整体稳定性(钢材 Q235，梁中点有侧向支承)。

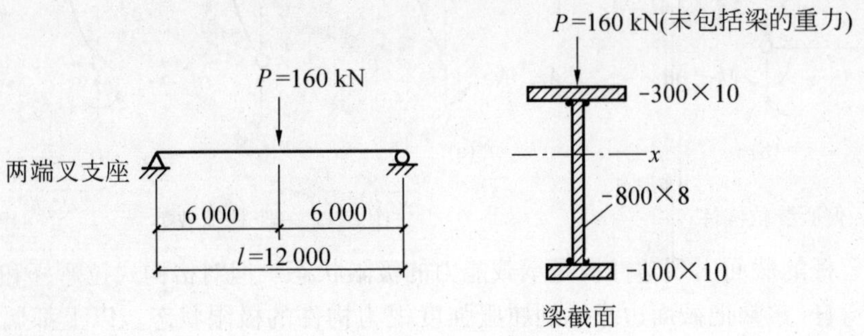

图 5-89　习题 5-3

第6章　拉弯与压弯构件(梁-柱)

6.1　实腹式拉弯和梁-柱构件

6.1.1　破坏形式

在钢结构中,拉弯杆比较少用,而压弯杆则用得较多:如有节间荷载作用的屋架上弦杆、厂房柱,以及多层和高层建筑的框架柱等。

图6-1a所示偏心受拉杆(两端偏心距 e 相等),它的等效受力形式如图6-1b所示。这种杆受到轴心拉力和杆端弯矩的共同作用,故叫拉弯构件。同理,偏心受压杆的等效受力形式应是图6-2a(压弯构件,又叫梁-柱构件 beam-column·members)。图6-2b、c所示的杆件,也是压弯构件,前者的弯矩由横向荷载 P、p 引起,而后者受到不等的杆端弯矩 $|M_x|>|M_x'|$ 的作用。

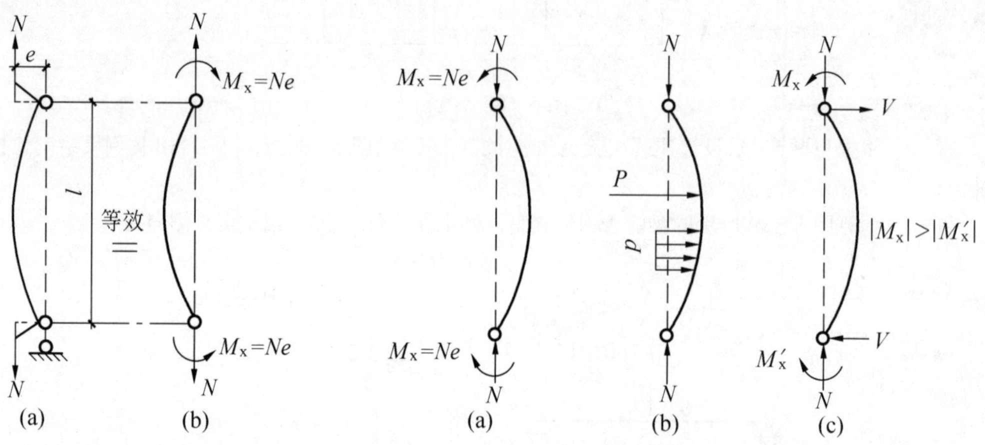

图6-1　偏心受拉构件　　　　图6-2　梁-柱荷载类型

实腹式拉弯杆的截面出现塑性铰是承载能力的极限状态。但对格构式拉弯杆和冷弯薄壁型钢截面拉弯杆,常常把截面边缘达到屈服强度视为构件的极限状态。以上都属于强度的破坏形式。对轴心拉力很小而弯矩很大的拉弯杆,也可能存在和梁类似的弯扭失稳的破坏形式。

梁-柱的破坏复杂得多。它不仅取决于杆的受力条件,而且还取决于杆的长度、支承条件、截面的型式和尺寸等。对粗短杆或截面有严重削弱的梁-柱,可能发生强度破坏。但钢结构中的大多数梁-柱总是整体失稳破坏。梁-柱的板件,也有局部稳定问题,板件屈曲将促使构件提早失稳。

6.1.2　强度计算

图 6-3 所示为梁-柱截面随 N 和 M 逐渐增加时的受力状态。图 a、b 和 c 分别是弹性状态、弹塑性状态和塑性状态,即出现塑性铰。

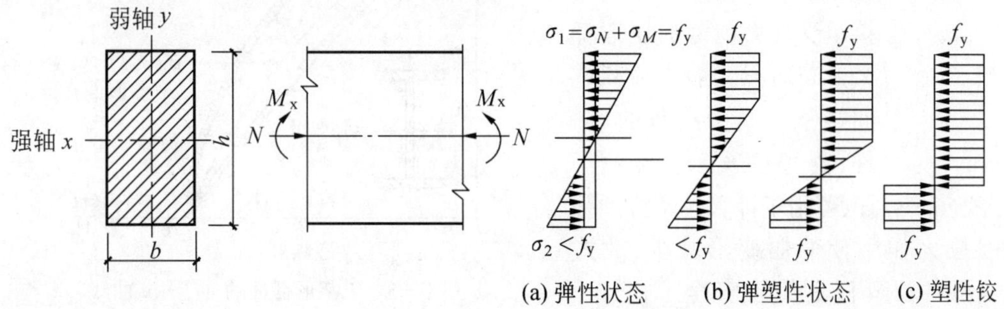

图 6-3

按照图 6-4 所示截面应力分布出现塑性铰时,轴心压力和弯矩分别是:

$$N = 2y_0 bf_y \tag{6-1}$$

$$M_x = \left(\frac{h-2y_0}{2}\right)bf_y\left(\frac{h+2y_0}{2}\right)$$

$$= \left(\frac{h^2-4y_0^2}{4}\right)bf_y = \frac{bh^2}{4}f_y\left(1-\frac{4y_0^2}{h^2}\right) = M_p\left(1-\frac{4y_0^2}{h^2}\right) \tag{6-2}$$

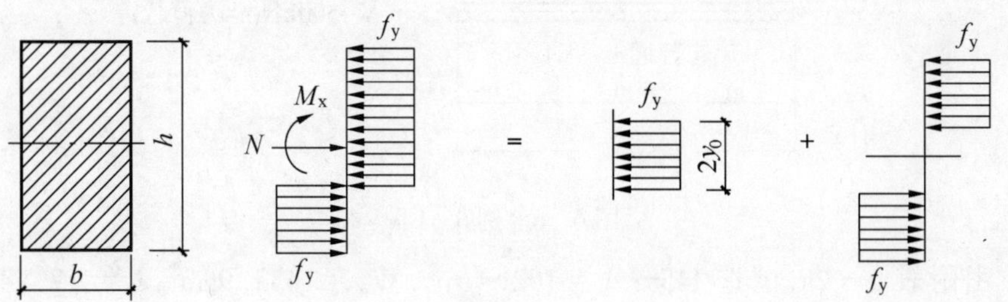

图 6-4　塑性铰(plastic hinge)

由式(6-1)解出 y_0,然后代入式(6-2),可得 N 和 M_x 的相关式:

$$M_x = M_p(1-N^2/N_p^2)$$

即

$$\left(\frac{N}{N_p}\right)^2 + \frac{M_x}{M_p} = 1(\text{矩形面积}) \tag{6-3}$$

式中　$N_p = bhf_y$,即 $M_x = 0$ 时,截面所能承受的最大压力;

$M_p = \frac{bh^2}{4}f_y = W_p f_y$,即 $N = 0$ 时,截面所能承受的最大弯矩,即塑性铰弯矩。

由式(6-3)绘出的相关曲线(无量纲)示于图 6-5。对于工字形截面梁-柱的相关公式,可用同样方法导出,由于工字形截面的不同翼缘和腹板尺寸,N 和 M_x 的相关曲线会在一定范围内变动,图 6-5 中绘出工字形截面对强轴和对弱轴的相关曲线区。规范[1]采用直线式$\frac{N}{N_p}+\frac{M_x}{M_p}=1$代替曲线式，从而实腹式梁-柱的强度设计公式：

$$\frac{N}{A_n}\pm\frac{M_x}{\gamma_x W_{nx}}\leqslant f \qquad (6-4a)$$

式中 γ_x——截面塑性发展系数。对直接承受动力荷载的压弯杆$\gamma_x=1$；对只受静力荷载或间接承受动力荷载的梁-柱，γ_x值按表5-1采用。

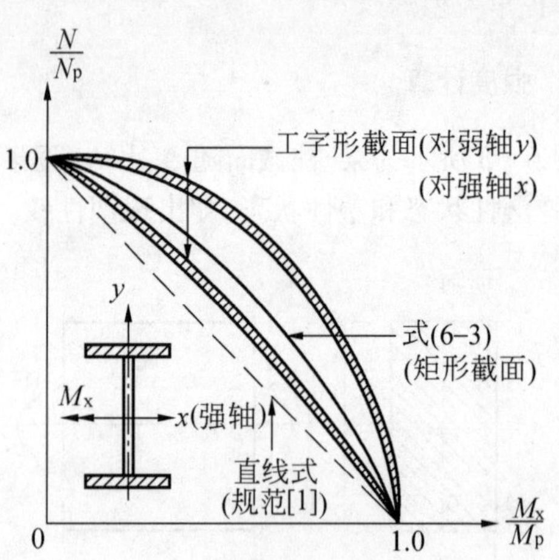

图6-5 工字形截面的M_x-N曲线

式(6-4a)也可用于计算拉弯杆的强度，因拉力作用使弯曲变形减少，故式(6-4a)对拉弯杆更偏于安全。式(6-4a)也适用于单轴对称截面，故弯曲正应力一项前带有正负号，计算时取两项应力的代数和之绝对值为最大的点进行验算。

对于双向弯曲的梁-柱，规范[1]采用了与式(6-4a)相衔接的线性表达式：

$$\frac{N}{A_n}\pm\frac{M_x}{\gamma_x W_{nx}}\pm\frac{M_y}{\gamma_y W_{ny}}\leqslant f \qquad (6-4b)$$

例6-1 设计图6-6所示的梁-柱(杆截面无削弱，钢材Q235)。

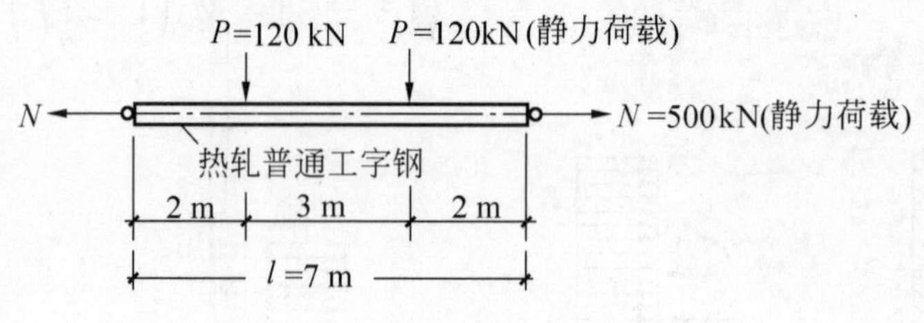

图6-6 例6-1图

解 由附表2-2a，试选I45a：$A=102.4\text{cm}^2$，$W_x=1432.9\text{cm}^3$，$i_x=17.74\text{cm}$，$i_y=2.89\text{cm}$，杆重力80.38kg/m=787.7N/m。

$$M_x=120\times 2+\frac{1}{8}\times 0.7877\times 7^2=240+4.82=244.82\text{kN}\cdot\text{m}$$

由式(6-4a)：$\sigma=\frac{500\times 10^3}{102.4\times 10^2}+\frac{244.82\times 10^6}{1.05\times 1432.9\times 10^3}$

$=48.8+162.7=211.5\text{N/mm}^2<f=215\text{N/mm}^2$

刚度：

$$\lambda_x=\frac{l_{ox}}{i_x}=\frac{7\times 10^2}{17.74}=39.5<[\lambda]=350$$

$$\lambda_y=\frac{l_{oy}}{i_y}=\frac{7\times 10^2}{2.89}=242.2<[\lambda]=350$$

对于梁-柱构件，当承受的弯矩较小而轴向力很大时，它的截面形式和一般轴心压杆相同(图4-2)。但当弯矩很大时，除采用截面高度较大的双轴对称截面外，一般采用如图6-

7 所示的单轴对称截面,使受压力较大一侧具有较大翼缘而形成较强的侧向刚度。

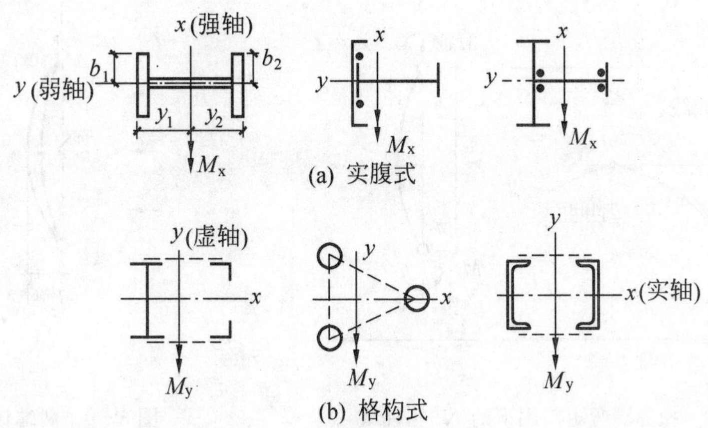

(a) 实腹式

(b) 格构式

图 6-7　单轴对称截面

6.1.3　梁-柱构件的整体稳定性

通常,梁-柱构件的弯矩作用在弱轴平面内,使构件截面绕强轴受弯(图 6-7a)。这样,构件可能在弯矩作用平面内弯曲失稳,也可能在弯矩作用平面外弯扭失稳。失稳的可能形式与构件的抗扭刚度和侧向支撑的布置情况有关。必须指出,若弯矩作用在强轴平面内,梁-柱杆就不可能产生弯矩作用平面外的弯扭屈曲,这时,只需验算弯矩作用平面内的稳定性。

6.1.3.1　弯矩作用平面内的稳定

图 6-8 所示为等端弯矩 M_x 作用下的梁-柱,当 N 与 M_x 成比例增加时,可以画出压力 N 和杆中点挠度 v 的关系曲线,图中的虚线 Oca 是梁-柱完全弹性时的 $N-v$ 曲线,它以欧拉力 N_E 水平线为渐近线。实曲线 $Ocde$ 则代表理想弹塑性杆件,曲线的上升段 Od 表示杆处于稳定平衡状态,曲线的下降段 de,则为不稳定平衡状态,曲线的 d 点表示梁-柱杆达到了承载能力的极限状态,N_u 叫压溃荷载,杆在这点开始失稳。失稳时构件截面的边缘区域可能屈服,也可能全截面屈服(即出现塑性铰),它取决于杆的截面形状和尺寸,杆的长细比和缺陷的大小等等。

1. ζ、β_m 和 η 值

图 6-9a 所示两端铰接梁-柱,横向荷载产生的跨中挠度为 v_m。当荷载对称作用时,可假定挠曲线为正弦曲线。研究证明,当 $N/N_E<0.6$ 时,此种简化假定的误差不大于 2%。由式(4-18)知,当轴心力作用后,挠度会增加到:$v_{max}=\dfrac{v_m}{1-\alpha}=\zeta v_m$。式中,$\alpha=N/N_E$,$\zeta$ 称为挠度放大系数。

设横向荷载在跨中产生的弯矩 M_x,N 产生的弯矩 $N\cdot v_{max}$,总弯矩:

$$\begin{aligned}M_{x,max}&=M_x+N\cdot v_{max}\\&=M_x+N\frac{v_m}{1-\alpha}\\&=\frac{M_x}{1-\alpha}\left(1-\alpha+\frac{N\cdot v_m}{M_x}\right)\end{aligned}$$

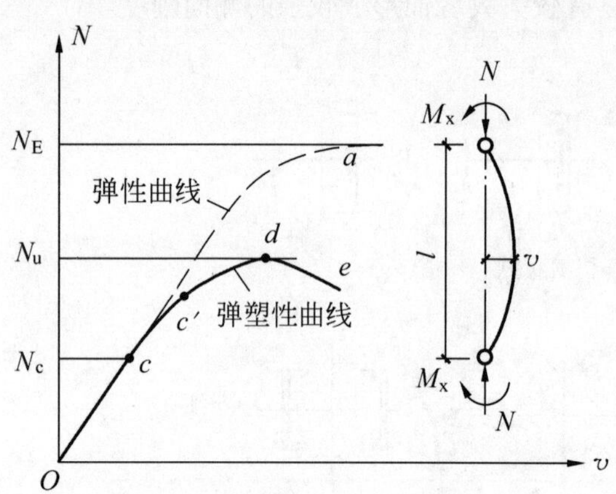

图 6－8 相等端弯矩作用下的 $N-v$ 曲线

N_c—边缘屈服荷载；N_u—压溃荷载

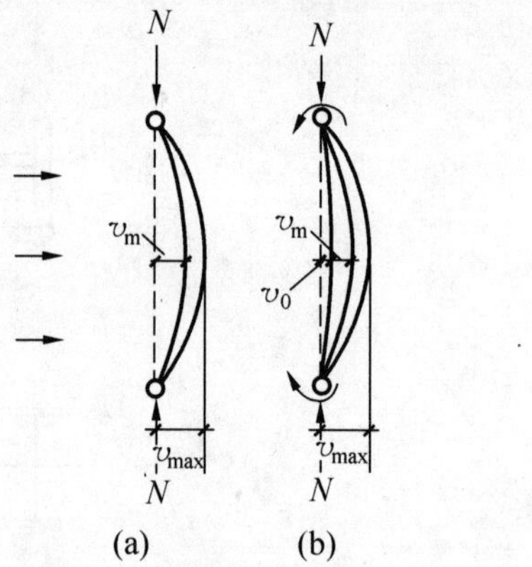

图 6－9 两端铰接梁-柱

$$=\frac{M_x}{1-\alpha}\left[1+\left(\frac{N_E\cdot v_m}{M_x}-1\right)\alpha\right]=\frac{\beta_m M_x}{1-\alpha}=\eta M_x \tag{6-5}$$

式中 β_m——等效弯矩系数，$\beta_m=1+\left(\frac{N_E v_m}{M_x}-1\right)\alpha$；

η——弯矩放大系数，$\eta=\frac{\beta_m}{1-\alpha}$。

注意：ζ、β_m 和 η 三者均有不同的含义。

根据各种荷载和支承情况产生的跨中弯矩 M 和跨中挠度 v_m，可以算出等效弯矩系数 β_m（表 6－1，其中序号 8 属不对称荷载作用）。

表 6－1 β_m 值

序号	荷载及弯矩图形	弹性分析值	规范[1]取值
1	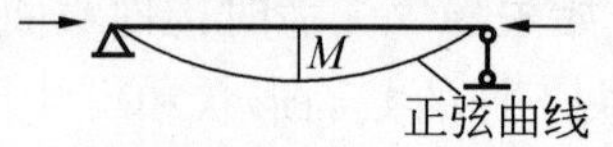 M 正弦曲线	1.0	1.0
2	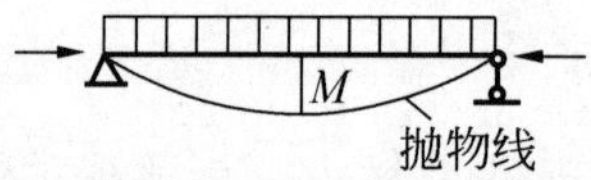 M 抛物线	$1+0.028\frac{N}{N_E}$	1.0
3	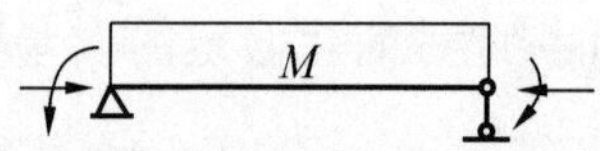 M	$1+0.234\frac{N}{N_E}$	1.0
4	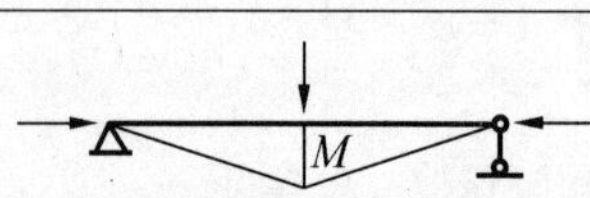 M	$1-0.178\frac{N}{N_E}$	1.0
5	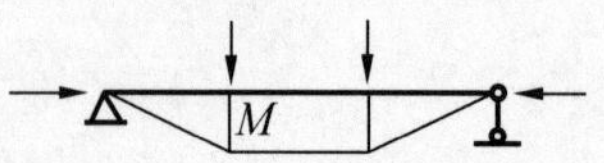 M	$1+0.051\frac{N}{N_E}$	1.0

续表

序号	荷载及弯矩图形	弹性分析值	规范[1]取值
6	M　M	$1-0.589\dfrac{N}{N_E}$	0.85
7	2M　M	$1-0.315\dfrac{N}{N_E}$	0.85
8	M　M′	$\lvert M\rvert>\lvert M'\rvert$， $\sqrt{0.3+0.4\dfrac{M'}{M}+0.3\left(\dfrac{M'}{M}\right)^2}$	$0.65+0.35\dfrac{M'}{M}$

2. 边缘纤维屈服准则

对于弹性阶段的梁-柱，可用截面边缘纤维屈服准则计算。假定各种缺陷的等效初弯曲 v_0 为正弦曲线(图6-9b)，则杆长度中点的总弯矩：

$$M_{\max}=\frac{\beta_m M+Nv_0}{1-N/N_E} \tag{6-6}$$

边缘纤维屈服时：

$$\frac{N}{A}+\frac{\beta_m M+Nv_0}{(1-N/N_E)W}=f_y \tag{6-7a}$$

令式(6-7a)中 $M=0$，即仅有轴心压力时的临界力 N_0 时，式(6-7a)变成：

$$\frac{N_0}{A}+\frac{N_0 v_0}{(1-N_0/N_E)W}=f_y \tag{6-7b}$$

用 $N_0=\varphi Af_y$(φ 为轴心压杆稳定系数)代入上式，解得：

$$v_0=\left(\frac{1}{\varphi}-1\right)\left(1-\varphi\frac{Af_y}{N_E}\right)\frac{W}{A}$$

并代入式(6-7a)中：

$$\frac{N}{\varphi A}\left(1-\varphi\frac{N}{N_E}\right)+\frac{\beta_m M}{W}=f_y\left(1-\varphi\frac{N}{N_E}\right)$$

即

$$\frac{N}{\varphi A}+\frac{\beta_m M}{W(1-\varphi N/N_E)}=f_y \tag{6-8}$$

式(6-8)是由边缘纤维屈服准则导出的相关公式，该式首先由欧洲钢结构协会提出(1978)，推导中利用了与轴心压杆相同的等效初弯曲 v_0。其稳定性已考虑弹塑性和残余应力 σ_r 等。不过，这种间接考虑的方法，必然使计算结果与梁-柱构件(尤其实腹式)理论承载力之间带来误差。

3. 最大强度准则

梁-柱的受力性质实际上与具有初偏心 e_0 或初弯曲 v_0 的轴心压杆相同。对实腹式构件来说，其面内失稳的承载能力宜用塑性深入截面(图6-8的 c' 点)的最大强度准则。一般采用与轴心压杆相同的假定条件，即取初弯曲 $v_0=l/1000$，各种截面的残余应力 σ_r 模式如

图 4-18 所示。梁-柱的极限承载力也只能用数值方法解出，如压杆挠曲线(CDC)法和逆算单元长度法等。

规范[1]采用数值分析方法对等端弯矩作用下的实腹式偏心压杆作了大量计算，画出了承载力曲线或 $N-M_x$ 相关曲线。图 6-10 所示是这些大量曲线的一种，它是焊接工字形截面梁-柱对强轴的相关曲线(实线为理论计算值)。其他截面的对应轴均有各种不同的相关曲线族。另外，为了避免产生过大的残余变形，需要限制构件截面的塑性发展深度，因此对某些塑性发展太深的相关曲线作了调整。

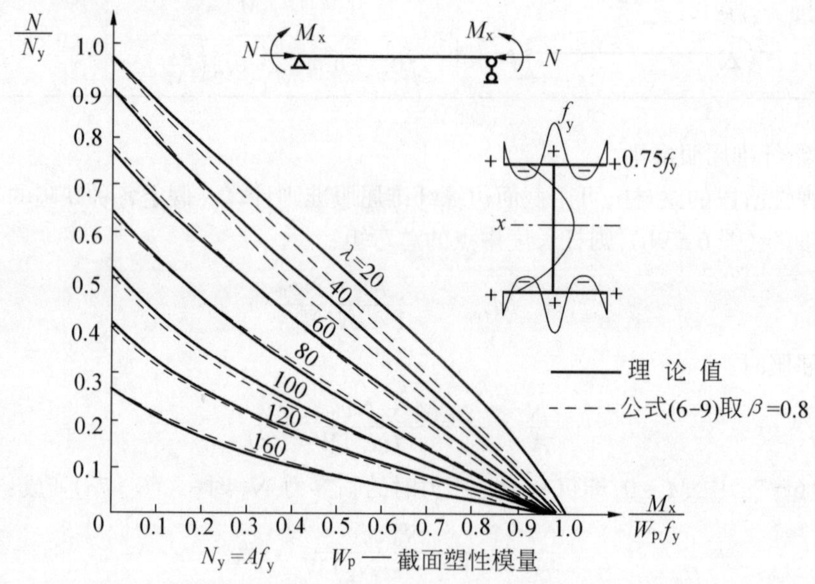

图 6-10　焊接工字钢偏心压杆的相关曲线

这些曲线如何用公式来表达，是一个难题。经过多种方案比较，发现借用边缘纤维屈服准则导出的相关公式的形式较为合适，即采用：

$$\frac{N}{\varphi A}+\frac{M}{W_{\mathrm{p}}\left(1-\beta\frac{N}{N_{\mathrm{E}}}\right)}=f_{\mathrm{y}} \tag{6-9}$$

4. 规范[1]的验算公式

将 $\beta=0.8$、$W_{\mathrm{p}}=\gamma_{\mathrm{x}}W_{1\mathrm{x}}$、$\gamma_{\mathrm{R}}$ 和 β_{mx} 代入式(6-9)，可得弯矩作用在实腹式梁-柱对称平面内绕强轴 x(图 6-7a)的弯矩作用平面内的稳定性验算公式：

$$\frac{N}{\varphi_{\mathrm{x}}A}+\frac{\beta_{\mathrm{mx}}M_{\mathrm{x}}}{\gamma_{\mathrm{x}}W_{1\mathrm{x}}(1-0.8N/N'_{\mathrm{Ex}})}\leqslant f \tag{6-10}$$

式中　N——所计算构件段范围内的轴心压力；

M_{x}——所计算构件段范围内的最大弯矩；

$N'_{\mathrm{Ex}}=\pi^2EA/(1.1\lambda_{\mathrm{x}}^2)$；

0.8——对 11 种常用截面形式的计算比较，修正系数的最优值；

φ_{x}——弯矩作用平面内的轴心受压构件稳定系数；

γ_{x}——截面塑性发展系数(表 5-1)；

W_{1x}——在弯矩作用平面内对较大受压纤维的毛截面模量，$W_{1x}=I_x/y_1$(图 6-7)；

β_{mx}——等效弯矩系数。

β_{mx}按下列规定采用：

(1)对于框架柱和两端支承的构件：

①无横向荷载作用时：$\beta_{mx}=0.65+0.35M'/M$，$|M|\geqslant|M'|$。M'和M为端弯矩，使构件产生同向曲率(无反弯点)时取同号，使构件产生反向曲率(有反弯点)时取异号；

②有端弯矩和横向荷载同时作用时：使构件产生同向曲率时，$\beta_{mx}=1.0$；使构件产生反向曲率时，$\beta_{mx}=0.85$；

③无端弯矩但有横向荷载作用时：$\beta_{mx}=1.0$。

(2)对于悬臂构件和分析内力未考虑二阶效应的无支撑纯框架和弱支撑框架柱，$\beta_{mx}=1.0$。

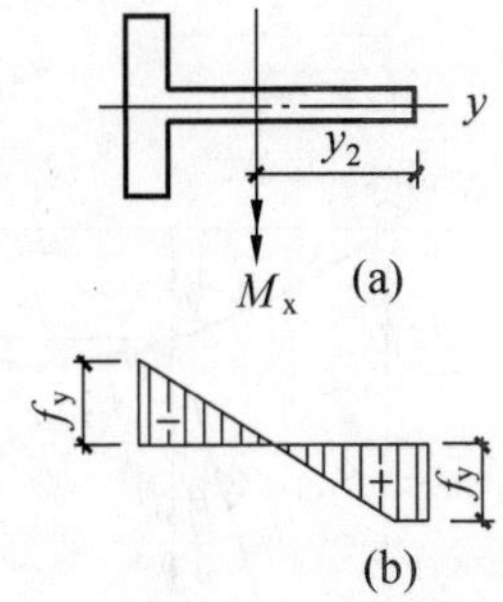

图 6-11　单轴对称截面的梁-柱

对于 T 型钢(图 6-11)、槽型钢等单轴对称截面的梁-柱，当弯矩 M_x 作用在对称平面即 y 平面内且使翼缘受压(无翼缘端受拉屈服)时(图 6-11b)，规范指出还应按式(6-11)进行补充验算：

$$\left|\frac{N}{A}-\frac{\beta_{mx}M_x}{\gamma_x W_{2x}(1-1.25N/N'_{Ex})}\right|<f \tag{6-11}$$

式中　W_{2x}——对无翼缘端的毛截面模量，即 $W_{2x}=I_x/y_2$；

γ_x——截面塑性发展系数(表 5-1)；

1.25——修正系数最优值。

6.1.3.2　弯矩作用平面外的稳定性

1.弹性弯扭屈曲临界力

图 6-12a 所示两端叉支铰接梁-柱(双轴对称工字形截面)。当弯矩 M_x(绕 x 轴)作用在弯曲刚度较大的 yz 平面内时，在距杆端为 z 的截面弯矩应为M_z(距杆端)$=M_x+Nv$，但是，由于 $I_x\gg I_y$，在分析弯扭屈曲时，变位 v 可以忽略，因此，$M_z\approx M_x$，这样，杆轴有侧移 u 时，绕 z 轴的扭矩应为$M_{T2}=M_x\sin\theta=M_x u'$(图 6-12b)。和轴心压杆弯扭屈曲相类似，杆轴扭转时，因纵向纤维空间倾斜而产生的扭矩，仍可按式(4-98)计算，即 $M_{T1}=Ni_0^2\varphi'$，这样式(4-103)扭矩平衡方程变成：

$$M_{T1}+M_{T2}=M_s+M_w$$

即
$$EI\varphi'''-(GI_t-Ni_0^2)\varphi'+M_x u'=0 \tag{6-12}$$

微分一次
$$EI\varphi''''-(GI_t-Ni_0^2)\varphi''+M_x u''=0 \tag{6-13}$$

对截面 y 轴的弯曲，考虑附加弯矩 Nu 后(图 6-12b)，方程(5-41)变为：

$$EI_y u''+Nu+M_x\varphi=0$$

微分两次，得

$$EI_y u''''+Nu''+M_x\varphi''=0 \tag{6-14}$$

对于两端铰接的梁-柱，杆中点的侧移和转角分别为 u_m 和 φ_m。设变形方程：$u=u_m\sin\frac{\pi z}{l}$和$\varphi=\varphi_m\sin\frac{\pi z}{l}$，边界条件是：$z=0$ 和 $z=l$ 处，$u=\varphi=u''=\varphi''=0$，这样，联合求解式

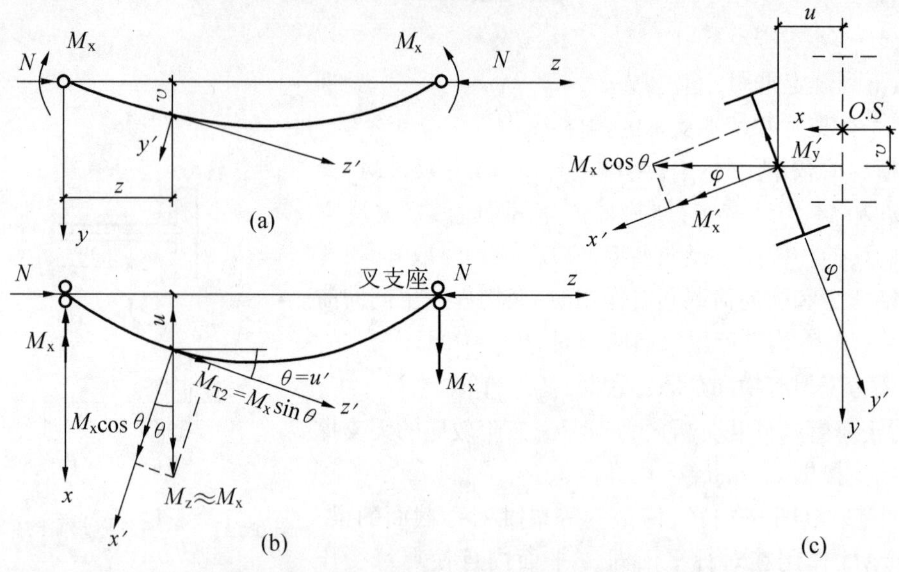

图 6-12 两端叉支铰接梁-柱的计算简图

(6-13)和式(6-14),可得弯扭屈曲临界力 N_{cr}的计算公式:

$$(N_y - N_{cr})(N_w - N_{cr}) - M_x^2/i_0^2 = 0 \tag{6-15}$$

式中 N_y——对截面弱轴 y 的弯曲屈曲临界力,即 $N_y = \pi^2 EI_y/l_y^2$;

N_w——扭转屈曲临界力,即 $N_w = (GI_t + \pi^2 EI_w/l_w^2)/i_0^2$;

l_y、l_w——分别是杆绕 y 轴弯曲的自由长度和扭转自由长度。

例 6-2 图 6-13 所示为某两端铰接的梁-柱,采用热轧普通工字钢 Ⅰ16。钢材 Q235,比例极限 $f_p = 0.7f_y$。试计算梁-柱的弯扭屈曲临界力 N_{cr} = ?

解 由附表 2-2a:Ⅰ16 截面特性 $A = 26.11\text{cm}^2$, $I_x = 1127\text{cm}^4$, $W_x = 140.9\text{cm}^3$, $I_y = 93.1\text{cm}^4$。截面对剪心的极回转半径的平方是:

$$i_0^2 = (I_x + I_y)/A = (1127 + 93.1)/26.11 = 46.73\text{cm}^2。$$

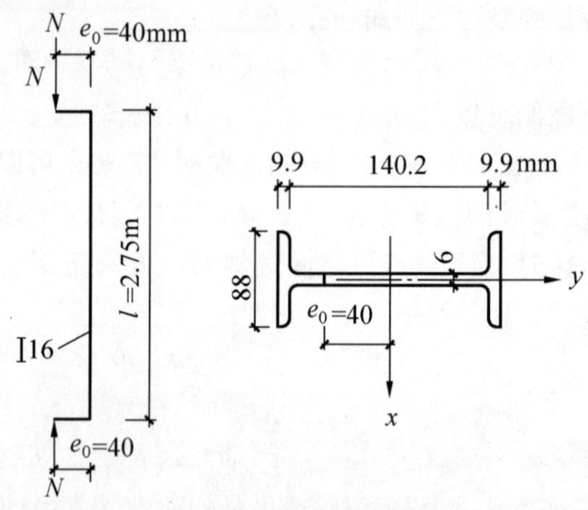

图 6-13 例 6-2 图

由式(5-17)求截面的扭转常数:

$$I_t = \frac{1.25}{3}(2 \times 8.8 \times 0.99^3 + 14.02 \times 0.6^3) = 8.38\text{cm}^4$$

由式(5-24)求截面的翘曲常数:

$$I_w = I_y h^2/4 = 93.1 \times 16.0^2/4 = 5958.4\text{cm}^6 \quad (其中\ 16.0\text{mm} = 14.02 + 0.99 \times 2)$$

$$N_y = \frac{\pi^2 EI_y}{l_y^2} = \frac{\pi^2 \times 206 \times 10^3 \times 93.1 \times 10^4}{(2.75 \times 10^3)^2} = 250295\text{N} \approx 250.3\text{kN}$$

$$N_w = (\pi^2 EI_w / l_w^2 + GI_t) / i_0^2$$

$$= [\frac{\pi^2 \times 206 \times 10^3 \times 5958.4 \times 10^6}{(2.75 \times 10^3)^2} + 79 \times 10^3 \times 8.38 \times 10^4] / (46.73 \times 10^2)$$

$$= 342796 + 1416692 = 1759488\text{N} \approx 1759\text{kN}$$

由式(6－15)：

$$(250.3 - N_{cr})(1759 - N_{cr}) - \frac{(N_{cr} e_0)^2}{46.73} = 0$$

解得

$$N_{cr} = 194.0\text{kN}$$

截面的最大纤维压应力：

$$\sigma = \frac{N_{cr}}{A} + \frac{M_x}{W_x}$$

$$= \frac{194.0 \times 10^3}{26.11 \times 10^2} + \frac{194.0 \times 10^3 \times 40}{140.9 \times 10^3}$$

$$= 74.3 + 55.1 = 129.4\text{N/mm}^2 < f_p = 0.7 \times 235 = 164.5\text{N/mm}^2$$

这说明该柱在弹性阶段屈曲。

2. 稳定计算公式

上述确定梁－柱弹性弯扭屈曲临界力的方法,没有考虑杆内残余应力的存在和非弹性变形,难于直接用于设计计算。下面介绍可供设计用的计算方法。

由式(5－50)可得纯弯曲时的临界弯矩：

$$M_{cr} = i_0 \sqrt{\frac{\pi^2 EI_y}{l_y^2} \cdot \frac{(GI_t + \pi^2 EI_w / l_w^2)}{i_0^2}} = i_0 \sqrt{N_y N_w} \tag{6-16}$$

若把式(6－15)中的 N_{cr} 改为 N,并注意到关系式(6－16),则式(6－15)变为：

$$(1 - N/N_y)(1 - N/N_w) - \frac{M_x^2}{i_0^2 N_y N_w} = 0$$

即

$$\frac{N}{N_y} + \frac{M_x^2}{M_{cr}^2 (1 - N/N_w)} = 1 \tag{6-17}$$

上式 N/N_y 和 M_x/M_{cr} 之间的相关曲线如图 6－14 所示。可见,N_w/N_y 愈大,梁-柱弯扭屈曲的承载力愈大。一般情况下,双轴对称工字形截面的 N_w/N_y 恒大于 1,偏于安全地取 $N_w/N_y = 1$,相关曲线成为直线：

$$\frac{N}{N_y} + \frac{M_x}{M_{cr}} = 1 \tag{6-18}$$

只有开口冷弯薄壁型钢构件的 N_w/N_y 才小于 1,因而在直线以下。

式(6－18)根据双轴对称截面导出的理论(弹性状态)简化公式。理论和试验研究表明,它同样适用于弹塑性梁-柱的弯扭屈曲计算。只要用该单轴对称截面轴心压杆的弯扭屈曲临界力 N_{cr} 代替式中的 N_y,相关公式仍然适用。

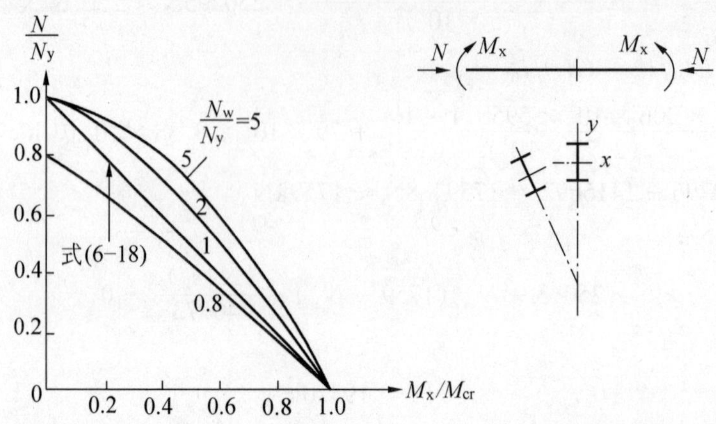

图 6-14　两端纯弯矩作用下，(N/N_y)-(M_x/M_{cr})无量纲关系

将 $N_y=\varphi_y A f_y$ 和 $M_{cr}=\varphi_b W_{1x} f_y$ 代入式(6-18)中，并引入非均匀弯矩作用时的等效弯矩系数 β_{tx}、截面影响系数 η 以及抗力分项系数 γ_R 后，可得弯矩作用平面外的稳定验算公式：

$$\frac{N}{\varphi_y A}+\eta\frac{\beta_{tx}M_x}{\varphi_b W_{1x}}\leqslant f \tag{6-19}$$

式中　φ_y——弯矩作用平面外的轴心受压构件稳定系数，按规范[1]5.1.2 条确定；

φ_b——均匀弯曲的受弯构件整体稳定系数，按附录 6 计算，其中工字形(含 H 型钢)和 T 形截面的非悬臂(悬伸)构件可按附 6-5 节计算；对闭口截面 $\varphi_b=1.0$；

M_x——所计算构件段范围内的最大弯矩；

η——截面影响系数，闭口截面 $\eta=0.7$，其他截面 $\eta=1.0$；

β_{tx}——等效弯矩系数。β_{tx}应按下列规定采用：

(1)在弯矩作用平面外有支承的构件，应根据两相邻支承点间构件段内的荷载和内力情况确定。

①所考虑构件段无横向荷载作用时：$\beta_{tx}=0.65+0.35\frac{M'}{M}$，$|M|\geqslant|M'|$，$M$ 和M'是在弯矩作用平面内的端弯矩，使构件段产生同向曲率时取同号；产生反向曲率时取异号；

②所考虑构件段内有端弯矩和横向荷载同时作用时：使构件段产生同向曲率时，$\beta_{tx}=1.0$；使构件段产生反向曲率时，$\beta_{tx}=0.85$；

③所考虑构件段内无端弯矩但有横向荷载作用时：$\beta_{tx}=1.0$。

(2)弯矩作用平面外为悬臂的构件，$\beta_{tx}=1.0$。

6.1.4　梁-柱的局部屈曲

梁-柱中板件的局部屈曲，采取与轴心受压构件的相同方法，限制板件宽(高)厚比(表 6-2)。

表 6-2　梁-柱板件宽厚比限值

项次	截　面		宽厚比限值
1		翼缘	$\frac{b_1}{t} \leqslant 13\sqrt{235/f_y}$
2		腹板	T 形截面:弯矩使腹板自由边受压 当 $\alpha_0 \leqslant 1.0$ 时,$h_0/t_w \leqslant 15\sqrt{235/f_y}$ 当 $\alpha_0 > 1.0$ 时,$h_0/t_w \leqslant 18\sqrt{235/f_y}$ 弯矩使腹板自由边受拉 热轧部分 T 形钢:$h_0/t_w \leqslant (15+0.20\lambda)\sqrt{235/f_y}$ 焊接 T 形钢:　$h_0/t_w \leqslant (13+0.17\lambda)\sqrt{235/f_y}$
3		腹板	Ⅰ字型截面: 当 $0 \leqslant \alpha_0 \leqslant 1.6$ 时,$\frac{h_0}{t_w} \leqslant (16\alpha_0 + 0.5\lambda + 25)\sqrt{235/f_y}$　(6-20a) 当 $1.6 < \alpha_0 \leqslant 2$ 时,$\frac{h_0}{t_w} \leqslant (48\alpha_0 + 0.5\lambda - 26.2)\sqrt{235/f_y}$　(6-20b) 式中　λ——梁-柱在弯矩作用平面内的长细比。
4		翼缘	$b_1/t \leqslant 13\sqrt{235/f_y}$
5		翼缘	$\frac{b_0}{t} \leqslant 40\sqrt{235/f_y}$
6		腹板	$\frac{h_0}{t_w} \leqslant$ 项次 3 右侧乘以 0.8 的值(当此值小于 $40\sqrt{235/f_y}$ 时,用 $40\sqrt{235/f_y}$)

注:①λ——构件两方向长细比的较大值。当 $\lambda < 30$ 时,取 $\lambda = 30$;当 $\lambda > 100$ 时,取 $\lambda = 100$。

②$\alpha_0 = (\sigma_{max} - \sigma_{min})/\sigma_{max}$,$\sigma_{max}$ 和 σ_{min} 分别为腹板计算高度边缘的最大压应力和另一边缘的相应应力(压应力取正值,拉应力取负值),不考虑构件的稳定系数和截面塑性发展系数。

③当强度和稳定计算中取 $\gamma_x = 1.0$ 时,$\frac{b_1}{t} = 15\sqrt{235/f_y}$。

说明:

1. 翼缘的宽厚比

梁-柱的受压翼缘板,其应力情况与梁受压翼缘基本相同,强度控制设计时更是如此,因此其自由外伸宽度与厚度之比(项次 1、4)以及箱形截面翼缘在腹板之间的宽厚比(项次 5)均与梁的宽厚比限值相同。

2. 腹板的宽厚比

(1)工字形截面的腹板

工字形截面腹板的受力状态如图 5-45a(平均剪应力 τ 和不均匀正应力 σ 的共同作用下的临界条件)。

对梁-柱,腹板中剪应力 τ 的影响不大,经分析,平均剪应力 τ 可取腹板弯曲应力 σ_b 的 0.3 倍,即 $\tau = 0.3\sigma_b$(σ_b 为弯曲正应力——bending stress),这样可得腹板弹性屈曲临界应力:

$$\sigma_{cr} = K_e \frac{\pi^2 E t_w^2}{12(1-\nu^2)h_0^2} \tag{6-21}$$

式中，K_e 为弹性屈曲系数，其值与应力梯度 α_0 有关，见表 6-3。$\alpha_0=(\sigma_1-\sigma_2)/\sigma_1$，$\sigma_1$ 和 σ_2 分别为腹板边缘的最大压应力和另一边缘的相应应力，以压应力为正，拉应力为负。

表 6-3　梁-柱中腹板的屈曲系数和高厚比 h_0/t_w

α_0	0.0	0.2	0.4	0.6	0.8	1.0	1.2	1.4	1.6	1.8	2.0
K_e	4.000	4.443	4.992	5.689	6.595	7.812	9.503	11.868	15.183	19.524	23.922
K_p	4.000	3.914	3.874	4.242	4.681	5.214	5.886	6.678	7.576	9.738	11.301
h_0/t_w	56.24	55.64	55.35	57.92	60.84	64.21	68.23	72.67	77.40	87.76	94.54

式(6-21)只适用于弹性状态屈曲的板，梁-柱失稳时，截面的塑性变形将不同程度地发展。腹板的塑性发展深度与构件的长细比、板的应力梯度 α_0 有关，腹板的弹塑性临界应力为：

$$\sigma_{cr}=K_p\frac{\pi^2Et_w^2}{12(1-\nu^2)h_0^2}\tag{6-22}$$

式中，K_p 为塑性屈曲系数，当 $\tau=0.3\sigma_b$，截面塑性深度为 $0.25h_0$ 时，其值见表 6-3。

取临界应力 $\sigma_{cr}=235\text{N/mm}^2$，泊松比 $\nu=0.3$ 和 $E=206\times10^3\text{N/mm}^2$ 和 K_p，并代入式(6-22)可以得到腹板高厚比 h_0/t_w 与 α_0 之关系(表 6-3)：

当 $0\leqslant\alpha_0\leqslant1.6$ 时，　$h_0/t_w=(16\alpha_0+50)\sqrt{235/f_y}$

当 $1.6<\alpha_0\leqslant2.0$ 时，　$h_0/t_w=(48\alpha_0-1)\sqrt{235/f_y}$

对于长细比较小的梁-柱，整体失稳时截面的塑性深度实际上已超过了 $0.25h_0$，对于长细比较大的梁-柱，截面塑性深度则不到 $0.25h_0$，甚至腹板受压最大的边缘还没有屈服。因此，h_0/t_w 之值宜随长细比的增大而适当放大。同时，当 $\alpha_0=0$ 时，应与轴心受压构件腹板高厚比的要求相一致，而当 $\alpha_0=2$ 时，应与受弯构件中考虑了弯矩和剪力联合作用的腹板高厚比的要求相一致。故规范以表 6-2 项次 3 中的公式作为工字形截面梁-柱腹板高厚比限值。

(2)T 形截面的腹板

当 $\alpha_0\leqslant1.0$(弯矩较小)时，T 形截面腹板中压应力分布不均的有利影响不大，其宽厚比限值采用与翼缘板相同；当 $\alpha_0>1.0$(弯矩较大)时，此有利影响较大，故提高 20%(表 6-2)。

(3)箱形截面的腹板

考虑两腹板受力不可能一致，而且翼缘与腹板的连接常为单侧角焊缝，因而箱形截面的宽厚比限值取为工字形截面腹板的 0.8 倍。

(4)圆管截面

一般圆管截面构件的弯矩不大，故其直径与厚度之比的限值与轴心受压构件的规定相同。

6.1.5　梁-柱的构造要求

梁-柱的翼缘宽厚比必须满足局部稳定的要求，否则翼缘屈曲必然导致构件整体失稳。

但当腹板屈曲时，由于存在屈曲后强度，构件不会立即失稳，只会使其承载力有所降低。当工字形截面和箱形截面由于高度较大，为了保证腹板的局部稳定而采用较厚的板，显然不经济。因此，设计中常采用较薄的腹板，当腹板的高厚比不满足表 6－2 中的要求时，可考虑腹板中间部分由于失稳而退出工作，计算时腹板截面面积仅考虑两侧宽度各为 $20t_w\sqrt{235/f_y}$ 的部分(计算构件的稳定系数时仍用全截面)。也可在腹板中部设置纵肋使腹板满足表 6－2 的要求。

当腹板 $h_0/t_w>80$ 时，为防止腹板在施工和运输中发生变形，应设置间距不大于 $3h_0$ 的横肋。另外，设有纵肋的同时也应设置横肋。加劲肋的截面选择与第 5 章梁中加劲肋截面的设计相同。

大型实腹式柱受到较大水平力的地方和运送单元的端部应设置横隔，横隔的设置方法详见图 4－52。

例 6－3　图 6－15 所示梁－柱，两端叉支座，中间 1/3 长度处有侧向支承，截面无削弱。请验算此梁－柱的承载力。

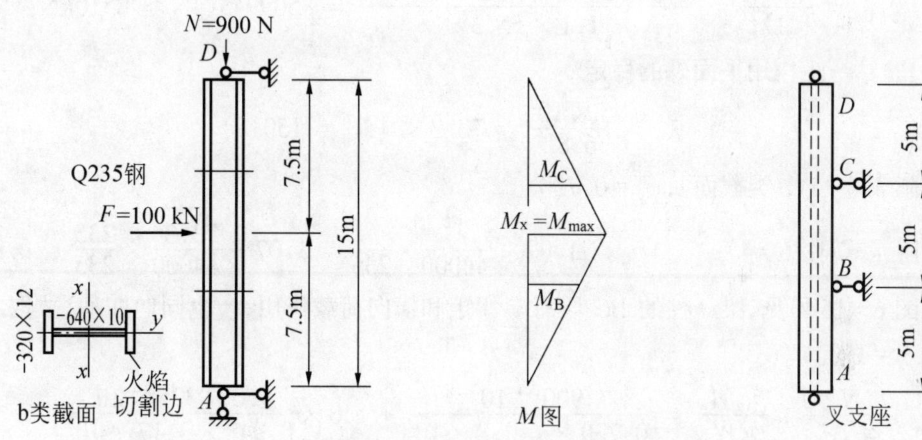

图 6－15　例 6－3 图

解　(1)截面几何特性

$$A=2(32\times1.2)+64\times1.0=140.8\text{cm}^2$$

$$I_x=\frac{1}{12}\times(32\times66.4^3-31\times64^3)=103475\text{cm}^4$$

$$I_y=2\left(\frac{1}{12}\times1.2\times32^3\right)=6554\text{cm}^4$$

$$W_{1x}=\frac{103475}{33.2}=3117\text{cm}^2$$

$$i_x=\sqrt{\frac{103475}{140.8}}=27.11\text{cm},\ i_y=\sqrt{\frac{6554}{140.8}}=6.82\text{cm}$$

(2)强度验算

$$M_x=\frac{1}{4}\times100\times15=375\text{kN}\cdot\text{m}$$

$$\frac{N}{A_n}+\frac{M_x}{\gamma_x W_{nx}}=\frac{900\times10^3}{140.8\times10^2}+\frac{375\times10^6}{1.05\times3117\times10^3}=178.5\text{N/mm}^2<f=215\text{N/mm}^2$$

(3)验算弯矩作用平面内的稳定

$$\lambda_x=\frac{l_{ox}}{i_x}=\frac{15\times10^2}{27.11}=55.3<[\lambda]=150$$

查附表 4－1(b 类截面)，$\varphi_x=0.831$

由式(6－10)：

$$\frac{N}{\varphi_x A}+\frac{\beta_{mx}M_x}{\gamma_x W_x\left(1-0.8\frac{N}{N'_{Ex}}\right)}$$

$$=\frac{900\times10^3}{0.831\times140.8\times10^2}+\frac{1.0\times375\times10^6}{1.05\times3117\times10^3\times\left(1-0.8\times\frac{900}{8510}\right)}$$

$$=202\text{N/mm}^2<f=215\text{N/mm}^2$$

其中： $N'_{Ex}=\frac{\pi^2EA}{1.1\lambda_x^2}=\frac{\pi^2\times206\times10^3\times140.8\times10^2}{1.1\times55.3^2}=8509943.4\text{N}\approx8510\text{kN}$

(4)验算弯矩作用平面外的稳定

$$\lambda_y=\frac{5\times10^2}{6.82}=73.3<[\lambda]=150$$

查附表 4－1(b 类截面)，$\varphi_y=0.730$

由附录式(附 6－4)： $\varphi_b=1.07-\frac{\lambda_y^2}{44000}\cdot\frac{f_y}{235}=1.07-\frac{73.3^2}{44000}\times\frac{235}{235}=0.948$

由图 6－15 可见，梁－柱的 BC 段有端弯矩和横向荷载作用，产生同向曲率，故取 $\beta_{tx}=1.0$，另 $\eta=1.0$。

$$\frac{N}{\varphi_y A}+\eta\frac{\beta_{tx}M_x}{\varphi_b W_{1x}}=\frac{900\times10^3}{0.730\times140.8\times10^2}+1.0\times\frac{1.0\times375\times10^6}{0.948\times3117\times10^3}$$

$$=87.6+126.9=214.5\text{N/mm}^2<f=215\text{N/mm}^2$$

以上计算可知，此梁－柱由弯矩作用平面外的稳定控制。

(5)局部稳定验算

腹板： $\sigma_{max}=\frac{N}{A}+\frac{M_x}{I_x}\cdot\frac{h_0}{2}=\frac{900\times10^3}{140.8\times10^2}+\frac{375\times10^6}{103475\times10^4}\times\frac{640}{2}$

$$=63.9+116=179.9\text{N/mm}^2$$

$$\sigma_{min}=\frac{N}{A}-\frac{M_x}{I_x}\cdot\frac{h_0}{2}=63.9-116=-52.1\text{N/mm}^2\text{(拉应力)}$$

$$\alpha_0=\frac{\sigma_{max}-\sigma_{min}}{\sigma_{max}}=\frac{179.9-(-52.1)}{179.9}=1.28<1.6$$

$$\frac{h_0}{t_w}=\frac{640}{10}=64<(16\alpha_0+0.5\lambda_x+25)\sqrt{235/f_y}=16\times1.28+0.5\times55.3+25=73.13$$

翼缘： $\frac{b_1}{t}=\frac{320/2}{12}=12.9<13\sqrt{235/f_y}=13$(构件计算时可取 $\gamma_x=1.05$)

例 6－4 已知：Q235 钢和图 6－16 所示的压弯构件，验算梁－柱的承载力。

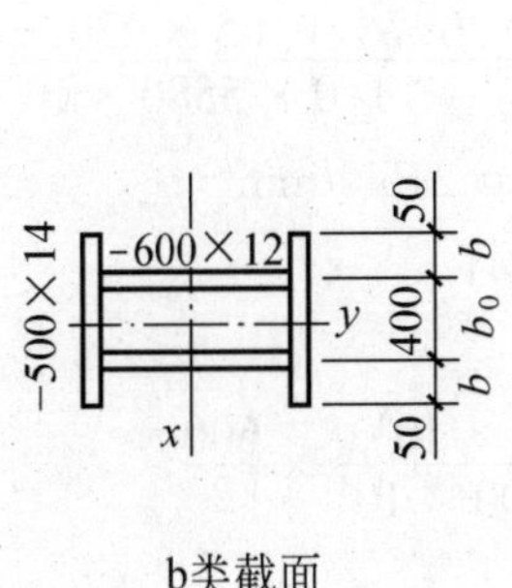

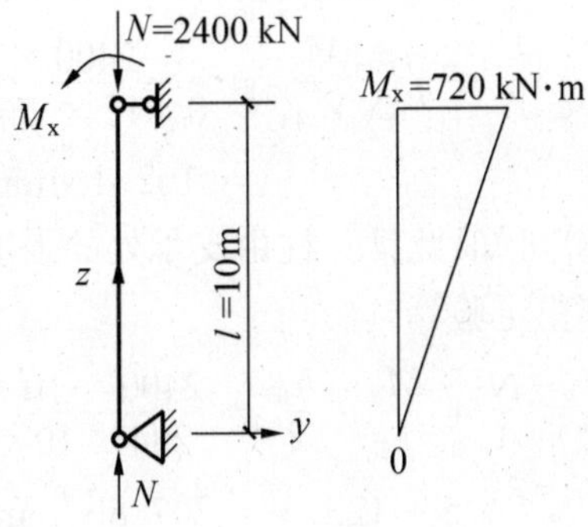

图 6-16　例 6-4 图

解　(1)截面的几何特性

$$A = 2(60 \times 1.2) + 2(50 \times 1.4) = 284\text{cm}^2$$

$$I_x = \frac{1}{12} \times (50 \times 62.8^3 - 47.6 \times 60^3) = 175200\text{cm}^4$$

$$I_y = 2\left(\frac{1}{12} \times 1.4 \times 50^3 + 60 \times 1.2 \times 19.4^2\right) = 83360\text{cm}^4$$

$$W_{1x} = \frac{175200}{31.4} = 5580\text{cm}^3$$

$$i_x = \sqrt{\frac{175200}{284}} = 24.8\text{cm},\quad i_y = \sqrt{\frac{83360}{284}} = 17.1\text{cm}$$

(2)验算强度

$$\frac{N}{A_n} + \frac{M_x}{\gamma_x W_{nx}} = \frac{2400 \times 10^3}{284 \times 10^2} + \frac{720 \times 10^6}{1.05 \times 5580 \times 10^3} = 207.4\text{N/mm}^2 < f = 215\text{N/mm}^2$$

(3)验算弯矩作用平面内的稳定

$$\lambda_x = \frac{10 \times 10^2}{24.8} = 40.3 < [\lambda] = 150$$

查附表 4-1b(b 类截面)，$\varphi_x = 0.898$

$$N'_{Ex} = \frac{\pi^2 EA}{1.1\lambda_x^2} = \frac{\pi^2 \times 206 \times 10^3 \times 284 \times 10^2}{1.1 \times 40.3^2} = 32320831.74\text{N} = 32320.8\text{kN}$$

$$\beta_{mx} = 0.65 + 0.35\frac{M'}{M} = 0.65$$

$$\frac{N}{\varphi_x A} + \frac{\beta_{mx} M_x}{\gamma_x W_{1x}\left(1 - 0.8\dfrac{N}{N'_{Ex}}\right)}$$

$$= \frac{2400 \times 10^3}{0.898 \times 284 \times 10^2} + \frac{0.65 \times 720 \times 10^6}{1.05 \times 5580 \times 10^3 \times \left(1 - 0.8 \times \dfrac{2400}{32320.8}\right)}$$

$$= 94.1 + 84.9 = 179\text{N/mm}^2 < f = 215\text{N/mm}^2$$

(4)验算弯矩作用平面外的稳定

$$\lambda_y = \frac{10 \times 10^2}{17.1} = 58.5 < [\lambda] = 150$$

查附表 4－1b(b 类截面)，$\varphi_y=0.815$，$\beta_{tx}=0.65$，$\varphi_b=1.0$，$\eta=0.7$。

$$\frac{N}{\varphi_y A}+\eta\frac{\beta_{tx}M_x}{\varphi_b W_{1x}}=\frac{2400\times10^3}{0.815\times284\times10^2}+\frac{0.7\times0.65\times720\times10^6}{1.0\times5580\times10^3}$$

$$=162.4\text{N/mm}^2<f=215\text{N/mm}^2$$

以上计算可知，此梁－柱由支承处的强度控制设计。

(5)局部稳定验算

$$\sigma_{max}=\frac{N}{A}+\frac{M_x}{I_x}\cdot\frac{h_0}{2}=\frac{2400\times10^3}{284\times10^2}+\frac{720\times10^6}{175200\times10^4}\times\frac{600}{2}$$

$$=84.5+123.3=207.8\text{N/mm}^2$$

$$\sigma_{min}=\frac{N}{A}-\frac{M_x}{I_x}\cdot\frac{h_0}{2}=84.5-123.3=-38.8\text{N/mm}^2\text{(拉应力)}$$

$$\alpha_0=\frac{\sigma_{max}-\sigma_{min}}{\sigma_{max}}=\frac{207.8-(-38.8)}{207.8}=1.19<1.6\text{，由表 6－2 项次 6：}$$

腹板：$0.8\times(16\alpha_0+0.5\lambda_x+25)\sqrt{235/f_y}=0.8\times(16\times1.19+0.5\times40.3+25)$

$$=51.4>\frac{h_0}{t_w}=\frac{600}{12}=50$$

翼缘：$\frac{b_1}{t}=\frac{50}{14}=3.6<13\sqrt{235/f_y}=13$

$$\frac{b_0}{t}=\frac{400}{14}=28.6<40\sqrt{235/f_y}=40$$

6.2 格构式梁-柱的计算

格构式梁-柱广泛地用于厂房的框架柱和高大的独立支柱。梁-柱可以设计成具有双轴对称或单独对称的截面。由于在弯矩作用平面内的截面宽度较大，故肢件的联系缀件常用缀条而较少用缀板。

6.2.1 弯矩绕实轴 x 作用

当弯矩作用在和构件的缀件面相垂直的主平面内时(图 6－17a)，其受力性能和实腹式

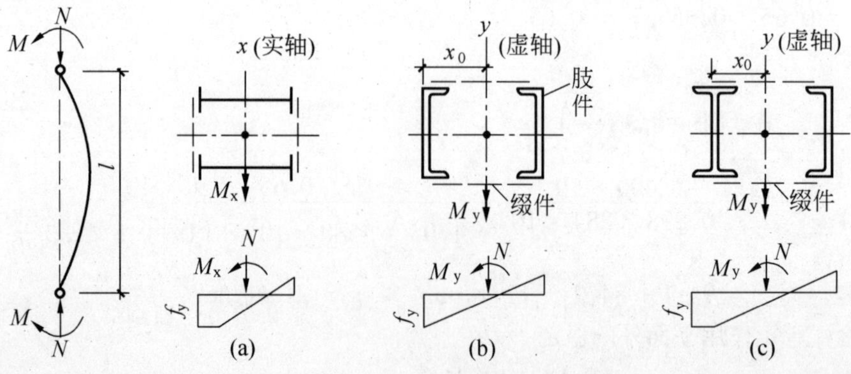

图 6－17 格构式梁-柱

梁-柱完全相同,因此应用式(6-10)验算弯矩作用平面内的稳定性。

6.2.2　弯矩绕虚轴 y 作用

①构件在弯矩作用平面内的稳定

当弯矩作用在与缀件平行的主平面内时(图6-17b、c),构件绕虚轴 y 产生弯曲失稳。对于如图6-17b所示的截面,受压最大一侧腹板屈服时构件即丧失稳定;但对如图6-17c所示的截面,受压最大的一侧开展一部分塑性后才失稳,即工字钢腹板处压应力达屈服点。

格构式梁-柱对虚轴的弯曲屈曲以截面边缘开始屈服作为设计准则,可按下式验算:

$$\frac{N}{\varphi_y A}+\frac{\beta_{my}M_y}{W_{1y}\left(1-\varphi_y\frac{N}{N'_{Ey}}\right)}\leqslant f \tag{6-23}$$

式中 $W_{1y}=I_y/x_0$,其中 I_y 为对虚轴 y 的毛截面惯性矩,x_0 为由 y 轴到压力较大分肢的腹板外边缘的距离(图6-17b),或到压力较大分肢的轴线距离(图6-17c);

φ_y 和 N'_{Ey} 分别为对虚轴(y 轴)的轴心压杆的整体稳定系数和考虑抗力分项系数 γ_R 的欧拉临界力,均由对虚轴(y 轴)的换算长细比 λ_{oy} 确定,其中,$N'_{Ey}=\pi^2EA/(1.1\lambda_{oy}^2)$。

除了用式(6-23)作构件的整体稳定计算外,还要像桁架弦杆一样对单肢验算稳定性。分肢的轴压力按图6-18所示的简图确定:

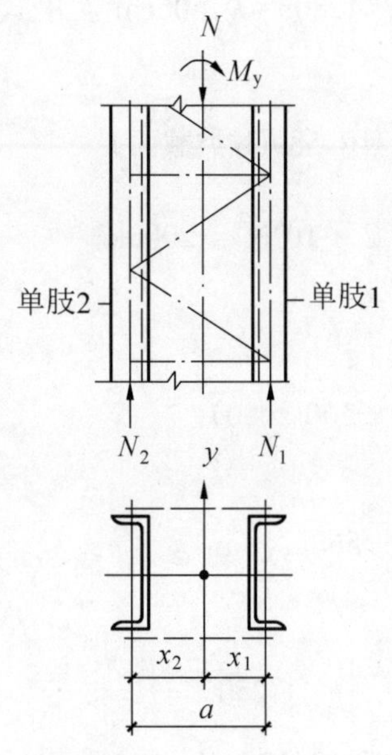

图6-18　缀条式梁-柱

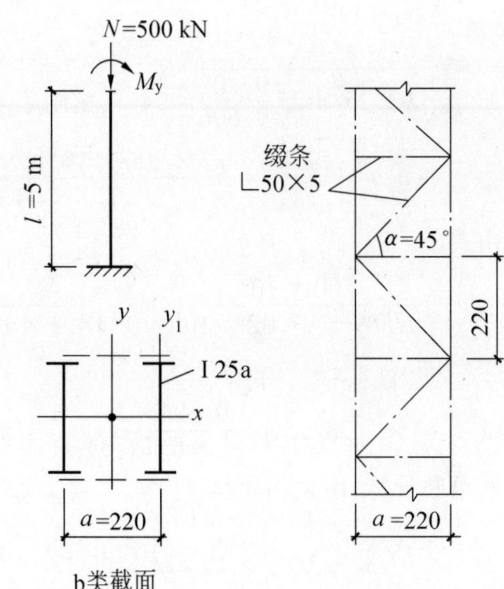

图6-19　例6-5图

单肢1:
$$N_1=(M_y+Nx_2)/a \tag{6-24a}$$

单肢2:
$$N_2=N-N_1 \tag{6-24b}$$

缀条式梁-柱的单肢按轴心压杆计算,单肢的计算长度在缀材平面内取缀条体系的节间长度,而在缀材平面外则取侧向固定点之间的距离。

缀板式梁-柱的单肢稳定性,应计入剪力引起的局部弯矩,计算时假定单肢的反弯点在缀板间距的中央，剪力 V 以取实际荷载产生的剪力比较合理，可不考虑杆的初弯曲影响。

②缀材的计算

格构式梁-柱的缀件按构件的实际剪力和按式(4-73)得到的剪力，取两者中之较大值计算，计算方法与格构式轴心压杆的缀材相同。

③构件在弯矩作用平面外的稳定性

对于弯矩绕虚轴 y 作用的梁-柱(图 6-17b、c)肢件在弯矩作用平面外的稳定性已经在计算中得到保证，因此不必再计算整个构件在平面外的稳定性。

如果弯矩绕实轴 x 作用(图 6-17a)，其弯矩作用平面外的稳定性和实腹式闭合箱形截面的梁-柱一样按式(6-19)验算，但式中的 φ_y 值应按换算长细比 λ_{oy} 确定，且取 $\varphi_b=1.0$。

例 6-5 已知图 6-19 所示某梁-柱，要求确定弯矩 M_y 的计算值。

解 热轧普通工字钢 I25a 的截面特性(附表 2-2a)：

$$A = 2 \times 48.51 = 97.02\text{cm}^2,\ i_{y1} = 2.4\text{cm},\ i_{x1} = 10.17\text{cm},$$

$$I_{y1} = 280.4\text{cm}^4,\text{从而}\ I_y = 2(280.4 + 48.51 \times 11^2) = 12300.22\text{cm}^4,$$

$$i_y = \sqrt{\frac{12300.22}{97.02}} = 11.26\text{cm},\ W_{1y} = \frac{I_y}{x_0} = \frac{12300.22}{11} = 1118.2\text{cm}^3$$

由于 $\lambda_y=\dfrac{l_{oy}}{i_y}=\dfrac{2.1\times5\times10^2}{11.26}=93.25$(根据国外资料，式中 2.1 为计算长度系数)。由附表 2-4a：缀条∟ 50×5 的横截面积为 4.803cm^2，从而 $A=2\times4.803=9.606\text{cm}^2$。由式(4-66)可得：

$$\lambda_{oy}=\sqrt{93.25^2+27\frac{97.02}{9.606}}=94.7,\text{由附表 4-1b 查得}\ \varphi_y=0.589(\text{b 类截面})$$

$$N'_{Ey} = \frac{\pi^2 EA}{1.1\lambda_{oy}^2} = \frac{\pi^2 \times 206 \times 10^3 \times 97.02 \times 10^2}{1.1 \times 94.7^2} = 2 \times 10^6\text{N} = 2000\text{kN}$$

由式(6-23)：

$$\frac{500 \times 10^3}{0.589 \times 97.02 \times 10^2} + \frac{M_y \times 10^6}{1118.2 \times 10^3(1 - 0.589 \times 500/2000)} \leqslant 215$$

即

$$87.5 + \frac{0.8943M_y}{(1 - 0.1473)} \leqslant 215,\text{得}\ M_y \leqslant 121.568\text{kN}\cdot\text{m}$$

对单肢计算，由式(6-24a)：

$$N_1 = (M_y \times 10^2 + 500 \times 11)/22 = \frac{M_y \times 10^2}{22} + 250$$

单肢件 I25a：$\lambda_{y1}=l_{y1}/i_{y1}=22/2.4=9.2$，$\lambda_{x1}=l_{x1}/i_{x1}=500/10.17\approx49$，按 a 类截面：$\varphi_{x1}=0.919$，由式(4-38)：

$$\frac{\left(\dfrac{M_y \times 10^2}{22} + 250\right)\times 10^3}{0.919 \times 48.51 \times 10^2} \leqslant 215,\text{得}\ M_y \approx 156\text{kN}\cdot\text{m}$$

经比较可见，此格构梁-柱能承受的计算弯矩为 121.568kN·m。

6.3　柱脚设计

梁-柱与基础的连接,可采用铰接和刚接柱脚两种类型。铰接柱脚的构造和计算方法与第 4 章轴心受压柱的柱脚相同(图 4－59)。刚接柱脚的构造要求是能同时传递轴力 N 和弯矩 M。柱脚构造要保证传力明确,它与基础的连接要坚固,并要便于制造和安装。

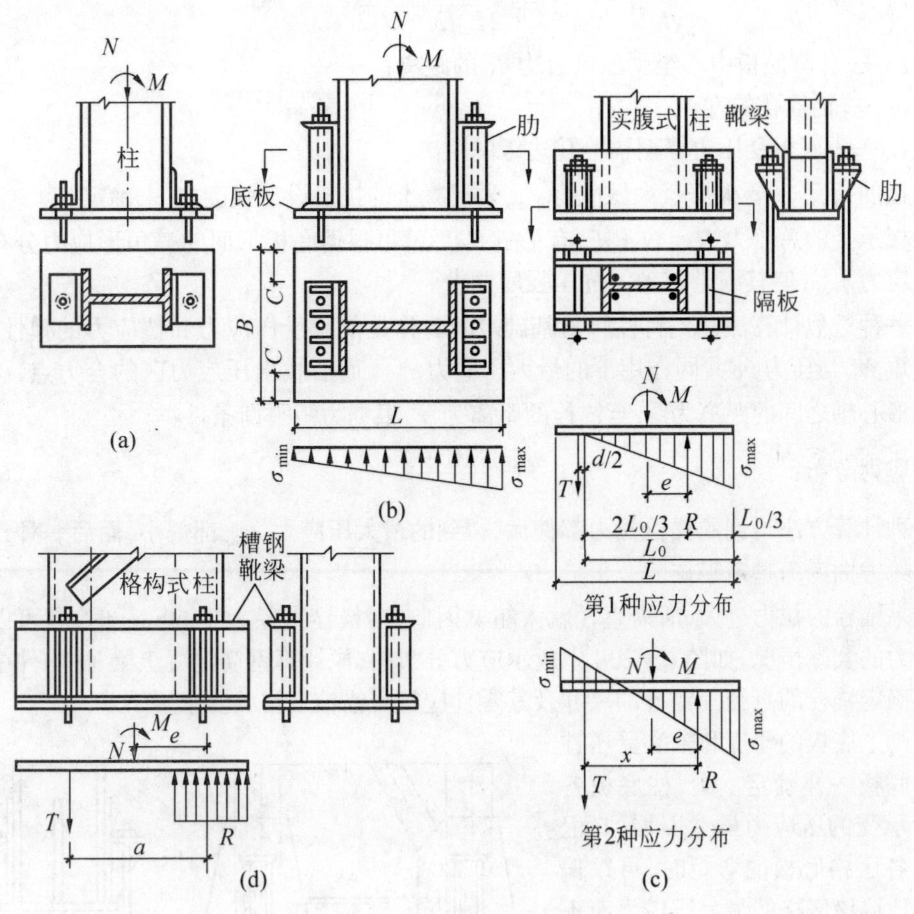

图 6－20　梁－柱的柱脚

当 N 和 M 都比较小,且底板与基础之间只承受压应力时,可采用图 6－20a 或 b 所示的构造方案。图 6－20a 和轴心受压柱的柱脚类同。图 6－20b 中底板的宽度 B 根据构造要求决定,要求板的悬伸部分 C 不宜超过 3cm。B 决定后,可根据板底应力不超过基础混凝土抗压设计强度 f_c 的要求来决定底板的长度 L。

$$\sigma_{max} = \frac{N}{BL} + \frac{6M}{BL^2} \leqslant f_c \tag{6-25}$$

式中,N 和 M 是使底板产生最大压应力的最不利的内力组合。

当 N 与 M 都比较大时,为使传到基础上的力分布开来和加强底板的抗弯能力,可以采用图 6－20c 或 d 所示带靴梁的构造方案。由于有弯矩作用,柱身与靴梁连接的两侧焊缝的受力是不相同的，但是对于像图 6－20c 那样的构造方案，左右两侧焊缝的尺寸应该一样，都按受力最大的右端焊缝确定，以利制作。

因为底板与基础之间不能承受拉应力，当最小应力 σ_{min} 出现负值时，应由固定锚栓来承担拉力。为了保证柱脚嵌固于基础，固定锚栓的零件应有足够刚度。图 6－20c 和 d 分别是实腹式和格构式柱的整体式柱脚。

当锚栓的拉力不很大时，锚栓的拉力可根据图 6－20c 中的两种应力分布图确定：

第 1 种应力分布：
$$T=\frac{M-Ne}{2L_0/3+d/2} \tag{6-26}$$

式中 e——柱脚底板中心至受压区合力 R 的距离；

d——锚栓孔的直径；

L_0——底板受压边缘至锚栓孔边缘的距离。

底板的长度 L 要根据最大压应力 σ_{max}≤混凝土的抗压设计强度 f_c 来确定。

底板承受的总压力 $R=N+T$，有了 R 以后就可根据底板下面的三角形应力分布图计算最大应力 σ_{max}，使其满足基础的抗压强度要求。

另一种近似计算法是先将柱脚与基础之间看作是能承受压应力和拉应力的弹性体，算出在弯矩 M 与压力 N 共同作用下的最大压应力 σ_{max}，而后找出压应力区的合力点，该点至柱截面形心轴之间的距离为 e，至锚栓的距离为 x，根据力矩平衡条件：

第 2 种应力分布：
$$T=\frac{M-Ne}{x} \tag{6-27}$$

两种计算方法得到的锚栓拉力都偏大，得到的最大压应力 σ_{max} 都偏小，而后一种计算方法在轴线方向的力是不平衡的。

如果锚栓的拉力过大，所需直径就太粗。因此，当锚栓直径大于 60mm 时，就可以根据底板受力的实际情况，如图 6－20d 中所示应力分布图，像计算钢筋混凝土梁-柱构件中的钢筋一样确定锚栓的直径。锚栓的尺寸及其零件应符合锚栓规格的要求。

原则上底板的厚度和轴心受压柱的柱脚底板一样确定。梁-柱底板各区格所承受的压应力虽然不均匀，但在计算各区格底板的弯矩时，可以偏于安全地取该区格的最大压应力而不是平均压应力。

对于肢件距离大于或等于 1.5m 的格构柱，可以在每个肢的端部设置如图 6－21 所示的独立柱脚，组成分离式柱脚。每个独立柱脚都根据分肢可能产生的最大压力按轴心受压柱脚设计，而锚栓的直径则根据分肢可能产生的最大拉力确定。由于采用了分离式柱脚，可以节约钢材，制造也较简便。

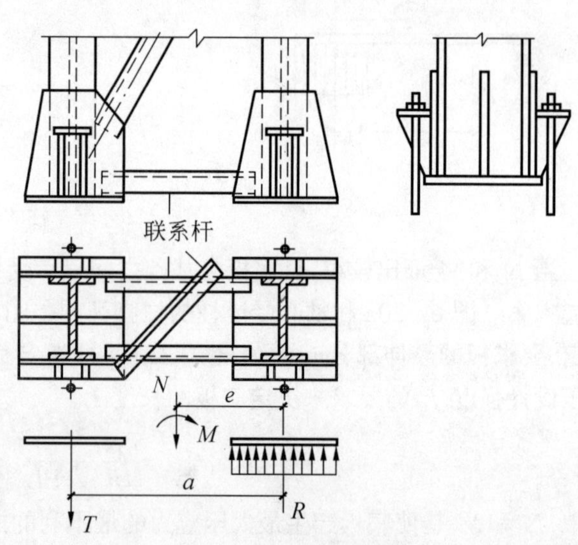

图 6－21 分离式柱脚

为了保证运输和安装时柱脚的整

体刚性,可以在分离柱脚的底板之间设置如图 6-21 所示那样的联系杆。

例 6-6　设计实腹式梁-柱与基础的连接(图 6-22),假定作用于基础顶面的计算压力 $N=500\text{kN}$,弯矩 $M=130\text{kN·m}$,混凝土强度等级为 C25,锚栓用 Q235 钢,焊条 E43 型。

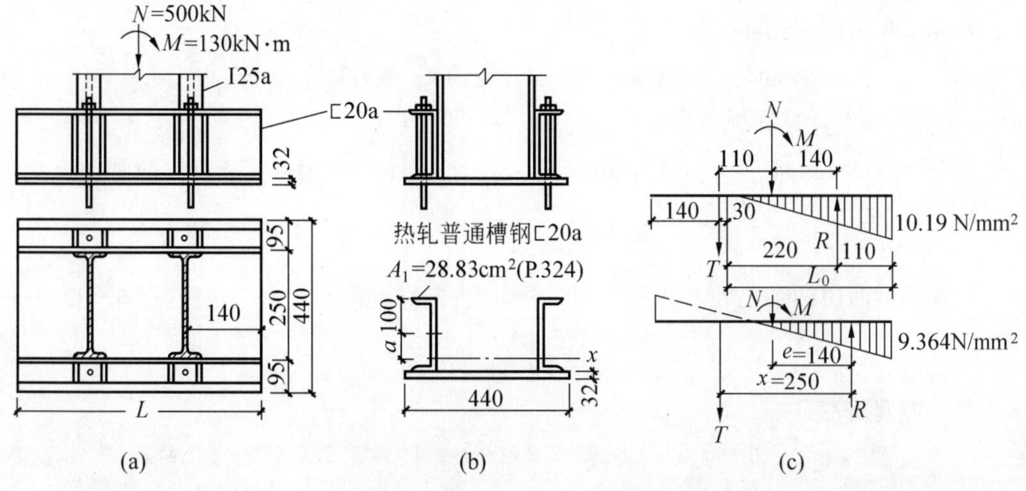

图 6-22　例 6-6 图

解　C25 砼取 $f_c=11.9\text{N/mm}^2$。为了提高杆端的连接刚度在分肢外侧用两根 20a 短槽钢与分肢和底板用焊缝连接。锚拴孔直径 $d=60\text{mm}$。

(1)底板尺寸

按构造要求确定底板宽度 $B=2\times9.5+25=44\text{cm}$

由式(6-25):

$$\frac{500\times10^3}{44L\times10^2}+\frac{6\times130\times10^6}{44L^2\times10^3}=11.9,\text{解得 } L\approx45\text{cm},\text{采用 } L=50\text{cm}$$

从而

$$\begin{aligned}\frac{\sigma_{max}}{\sigma_{min}} &= \frac{500\times10^3}{44\times50\times10^2}\pm\frac{6\times130\times10^6}{44\times50^2\times10^3} \\ &= 2.273\pm7.091=\begin{matrix}9.364\\-4.818\end{matrix}\text{N/mm}^2\end{aligned}$$

σ_{min}为负值,说明需要由锚栓承担拉力。

(2)锚栓设计

由式(6-26)计算锚栓拉力:

$$T=\frac{130\times10^2-500\times14}{2\times33/3+6/2}=240\text{kN}$$

所需锚栓净截面面积:

$A_n=T/f_t=240\times10^3/140=1714\text{mm}^2=17.14\text{cm}^2$,采用直径 $d_0=56\text{mm}$ 的锚栓,$A_n=20.3\text{cm}^2>17.14\text{cm}^2$,符合要求。

基础反力　　$R=N+T=500+240=740\text{kN}$

最大压应力　　$\sigma_{max}=\dfrac{R}{BL_0/2}=\dfrac{740\times10^3}{\frac{1}{2}\times44\times33\times10^2}=10.19\text{N/mm}^2<f_c=11.9\text{N/mm}^2$

其中,受压长度 $L_0=\dfrac{9.364}{9.364+4.818}\times50=33\text{cm}$。

(3)底板厚度

在三边支承部分,取 $q=10.19\text{N/mm}^2$,可以得到板所承受的最大弯矩。由 $b_1=14\text{cm}$, $a_1=25\text{cm}$,得 $b_1/a_1=0.56$,查表4-9得 $\beta=0.066$。由式(4-95):

$$M_3=0.066\times10.19\times250^2=42034\text{N}\cdot\text{mm}$$

由式(4-97)计算底板厚度:

$\delta=\sqrt{6\times42034/205}=35.1\text{mm}$。取 $\delta=36\text{mm}$(属于第2组钢材,故取 $f=205\text{N/mm}^2$)。

(4) 靴梁强度

靴梁的截面由两个热轧普通槽钢和底板组成,先确定截面的形心位置(图6-22b):

$$a=\frac{44\times3.2(10+1.6)}{2\times28.83+44\times3.2}=8.23\text{cm}$$

截面惯性矩:

$$\begin{aligned}I_x&=2(1780.4+28.83\times8.23^2)+44\times3.2(1.77+1.6)^2\\&=7466.3+1599=9065.3\text{cm}^4\end{aligned}$$

靴梁承受的剪力(图6-22c):

$$V\approx10.19\times140\times440=627704\text{N}$$

靴梁承受的弯矩:

$$M\approx627704\times70=43939280\text{N}\cdot\text{mm}$$

靴梁的最大弯曲应力:

$$\sigma=\frac{43939280\times182.3}{9065.3\times10^4}=88.36\text{N/mm}^2<f=215\text{N/mm}^2$$

(5)焊缝计算

柱肢承受的最大压力(在右侧):

$$N_1=\frac{N}{2}+\frac{M}{22}=\frac{500}{2}+\frac{13000}{22}=840.9\text{kN}$$

柱肢与靴梁焊接的角焊缝厚度:

$$h_f=\frac{N_1}{0.7\sum l_f f_f^w}=\frac{840.9\times10^3}{0.7\times4(200-10)\times160}=9.88\text{mm},\text{取}10\text{mm}。$$

因为剪力不大,槽钢与底板的连接角焊缝厚度采用8mm即可。

习　题

6-1　某两端铰接拉弯杆,采用热轧I45a,杆上作用力如图6-23所示。已知钢材Q235,杆截面无削弱,求最大轴心拉力 $N=?$

6-2　某两端铰接“叉支座”梁-柱,杆上作用力如图6-24所示,试验算该梁-柱的稳定性。钢材Q345。

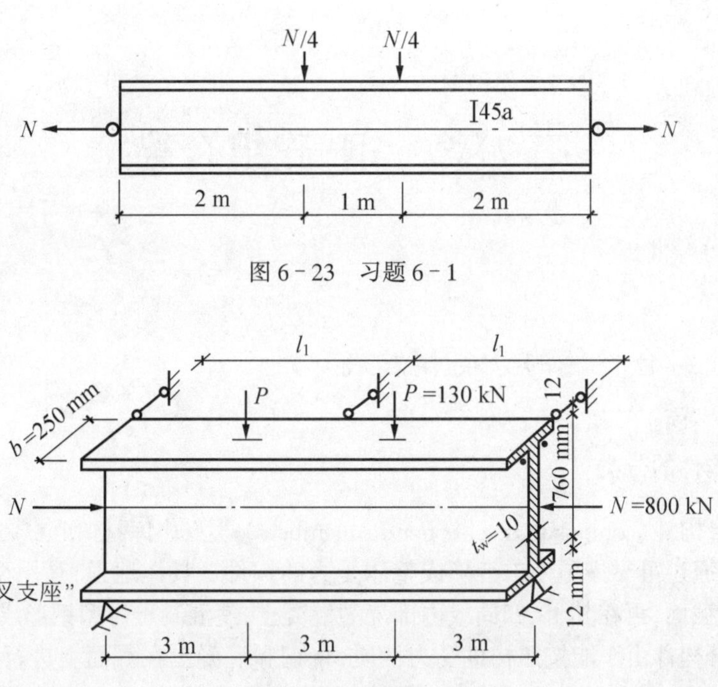

图 6-23　习题 6-1

图 6-24　习题 6-2

第7章　钢-砼组合梁

7.1　钢-砼组合构件的分类和发展

7.1.1　组合构件的分类

钢-砼组合构件(composite steel-concrete members),是采用钢材和混凝土(包括钢筋混凝土)组合,并通过可靠措施使二者形成整体受力的构件。具体地说,是用型钢或钢板焊成或冷压成的钢截面,再在其上、四周或内部浇灌混凝土,使混凝土与型钢形成整体共同受力。

钢-砼组合构件由于能按照构件受力性质,将钢和混凝土在截面上进行合理布置,以充分发挥钢和混凝土各自材料的特性,因而具有承载能力高、刚度大和延性好的结构性能,并且还具有良好的技术经济效益。近50多年来组合结构的研究与应用得到迅速发展,至今已成为一种公认的新的结构体系。它与传统的四大结构,即钢结构、木结构、砌体结构和钢筋混凝土结构并列,已扩展成为五大结构。

钢-砼组合构件依照钢材与配钢方式不同分为多种类型,目前国内外应用较多的主要有下列几种构件型式。

7.1.1.1　压型钢板与混凝土组合板

这种构件是在压型钢板(profiled steel sheeting)上浇灌混凝土而形成的组合板(composite slabs),依靠压型钢板上的凹凸不平的齿槽使钢板和混凝土粘结成整体共同受力,如图7-1所示。在与混凝土共同工作性能较差的压型钢板上可加焊附加钢筋或栓钉,以保证钢材与混凝土的完全组合作用。

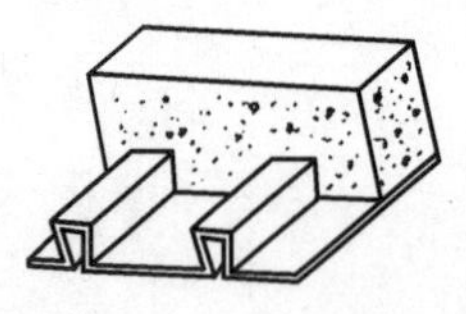

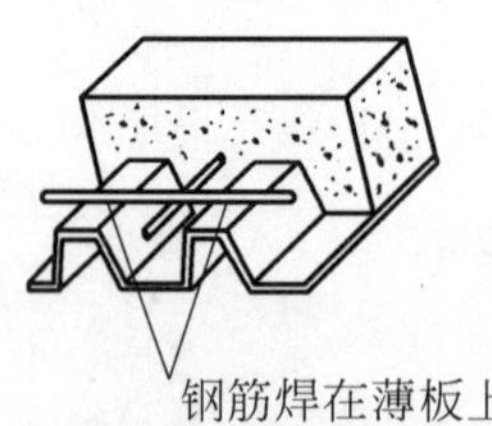

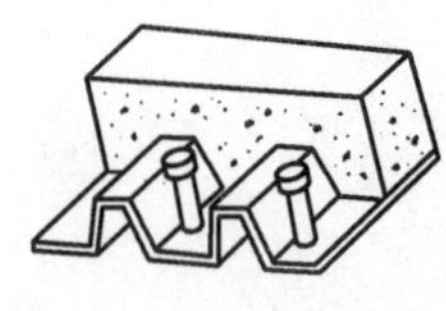

图7-1　组合板型式

在早期应用中,压型钢板仅作为楼板的永久性模板以供浇注混凝土和施工作业平台用。随后人们认识到将压型钢板与混凝土视为整体共同受力能带来显著的经济效益。这种组合板的特点就是利用混凝土造价低、抗压强度高、刚度大等特点作为板的受压区,而受拉性能好的钢材放在受拉区,代替板中受拉纵筋,使得两种材料合理受力,都能发挥各自的优点。

另一突出优点是压型钢板在施工时先行安装,可作为浇注混凝土的模板及施工平台,这样不仅节省了木模板,还大大加快了施工进度。

压型钢板与混凝土组合板应用发展很快,已在许多工程中用作楼板、屋面板以及工业厂房的操作平台等。

7.1.1.2　钢与混凝土组合梁

通常把钢梁与混凝土板,以抗剪连接件连接起来形成整体而共同工作的受弯构件称为钢-砼组合梁(composite beams)。其中抗剪连接件(shear connectors)是保证混凝土板与钢梁共同工作的基础,它通常沿混凝土板与钢梁的界面上设置,如图 7-2 所示。混凝土板可以是现浇钢筋混凝土板,也可以是预制钢筋混凝土板、压型钢板混凝土组合板或预应力混凝土板。钢梁可以是轧制型钢,也可以是几块钢板焊接成的钢梁,钢梁形式有工字钢、槽钢或箱形钢梁。通常轧制或焊接型钢用在荷载、跨度较小的组合梁中,而用钢板焊成的钢梁,适用于大跨度、大荷载的大型组合梁。混凝土板可以视为梁的翼缘与钢梁组合在一起,整个截面形成了组合 T 形梁。

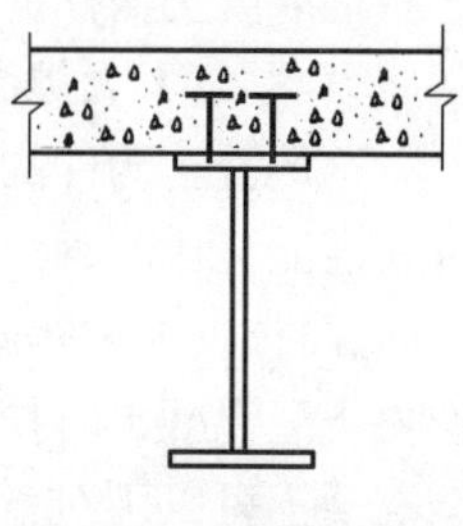

图 7-2　组合 T 形梁

组合梁的特点同样是在简支梁情况下,混凝土受压而钢梁主要受拉与受剪,因此能较大限度地充分发挥出钢与混凝土各自材料的特性,同单一材料制成的结构相比,组合梁的强度和刚度显著提高,节省了大量钢材,一般来讲,组合梁比钢梁节省钢材 20%~40%,而组合梁的挠度可减少 20%左右。同时由于组合梁的受压翼板为侧向刚度较大的混凝土板,很大程度上避免了钢结构容易发生整体失稳与局部失稳的弱点。组合梁与钢梁或钢筋混凝土梁相比,可减少梁的高度,以致减少建筑物的层高与总高,从而降低造价。此外,组合截面下部钢梁还可以作为上部现浇混凝土板的模板。

组合梁最早开始用于公路、铁路桥梁,很快发展到用于房屋建筑楼面梁及工业厂房中的工作平台梁等。

7.1.1.3　型钢混凝土构件

由混凝土包裹型钢做成的构件被称为型钢混凝土构件(steel-reinforced concrete members,SRC),其中型钢为轧制或焊接型钢,如图 7-3 所示。这种构件在各国有不同的名称,在英、美等西方国家被称为混凝土包钢构件(steel encased concrete),在日本则称为钢骨钢筋混凝土(铁骨铁筋コンクリート),在俄罗斯则称为劲性钢筋混凝土。

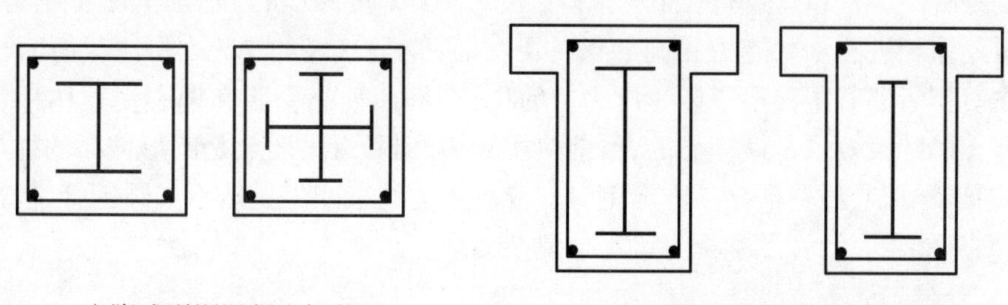

(a) 实腹式型钢混凝土柱截面　　(b) 实腹式型钢混凝土梁截面

图 7-3　型钢混凝土构件

型钢混凝土构件可以代替钢筋混凝土构件和钢构件应用于工业和民用建筑中。型钢混凝土梁和柱是最基本的构件,型钢可以分为实腹式和空腹式两大类。实腹式型钢可由型钢或钢板焊成,常用的截面型式有角钢、工字钢、宽翼缘工字钢、双工字钢、双槽钢、十字型钢、箱形方钢管等。空腹式构件的型钢一般由缀板或缀条连接角钢或槽钢而组成。空腹式型钢比较节省材料,但制作费用较高。

型钢混凝土构件的特点是在混凝土中配置了型钢,而型钢可不受含钢率的限制,使构件承载能力、刚度大大提高,因而减小了构件的断面尺寸,从而可以增加房屋的使用面积和层高。型钢混凝土构件的延性也比钢筋混凝土构件明显提高了,因此在大地震中呈现出优良的抗震性能。比起钢结构,采用型钢混凝土可以节省钢材,降低造价,还避免了钢结构防锈、防腐蚀、防火性能差等缺点。型钢混凝土构件另一优点是施工安装时梁柱型钢骨架本身可以作为浇灌混凝土时挂模、滑模的骨架,不仅节省了模板支撑,还可以承担施工荷载。目前,型钢混凝土可以用在梁、柱、节点、框架剪力墙和筒体等各种结构中。

7.1.1.4 钢管混凝土构件

钢管混凝土构件(concrete filled steel tubular members,CFST)就是在薄壁钢管内浇筑混凝土而形成的(图 7-4),截面形式有圆形和方形。钢管混凝土的基本原理,是一方面借助钢管对核心混凝土的套箍(约束)作用,使核心混凝土处于三向受压状态,从而使核心混凝土具有更高的抗压强度和变形能力。另一方面又借助于内填混凝土增强钢管壁的局部稳定性。此外,钢管混凝土构件在施工工艺方面也有其独特优点,钢管本身就是浇灌混凝土的模板,故可以省去全部模板,而不需要支模、钢筋制作与安装,简化了施工。

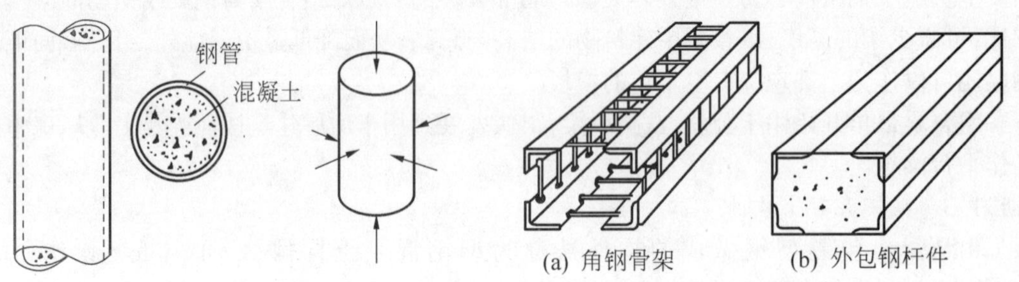

图 7-4 钢管混凝土

图 7-5 外包钢杆件

试验分析和工程实践都表明,钢管混凝土结构与钢结构相比,在保持自重相近和承载能力相同的条件下,可节省钢材约 50%,焊接工作量大幅度减少;与钢筋混凝土结构相比,在保持钢材用量相近和承载能力相同的条件下,构件自重减轻约 70%,构件截面面积可减少一半左右。钢管混凝土常用于以受压为主的构件,例如轴心受压和偏心受压构件。圆形钢管对混凝土的约束效果是最理想的,目前应用较多,但其最大弱点是圆形截面的柱与矩形截面的梁连接较复杂,耗费钢材。方形钢管对混凝土的约束能力显然不如圆钢管,但是它具有平面的外表,能克服钢管混凝土与梁连接复杂的缺点。

7.1.1.5 外包钢混凝土构件

外包钢混凝土构件(steel encased reinforced concrete members)就是在混凝土柱的四角配型钢的构件。如图 7-5 所示,构件中受力主筋由角钢代替并设置在杆件四角,横向箍筋与角钢焊接成骨架。外包钢混凝土构件的受力性能和主要特点类似于配置角钢骨架的空腹式型钢混凝土柱。此外,这种构件的优点是型钢外露,便于和各种钢附件相连接,可以省去许多预埋件,因此适用于管道、预埋件多的工业厂房,例如火电厂、化工厂等,另外还适用于旧厂房的加固。

7.1.2 组合结构的发展与应用

钢-混凝土组合结构是在钢结构和钢筋混凝土结构基础上发展起来的一种新型结构。同钢筋混凝土结构相比,可以减轻自重,减小构件截面尺寸,增加有效使用空间,降低基础造价,节省支模工序和模板,缩短施工周期,增加构件和结构的延性等。同钢结构相比,可以减少用钢量,增大刚度,增加稳定性和整体性,增强结构抗火性和耐久性等。

由于组合结构的一系列优点,在美国、日本、欧洲等发达国家从20世纪初就开始应用。早期的应用还只是针对这些结构某一被人们意识到的优点。例如,型钢混凝土结构开始采用时并没有考虑混凝土对构件承载能力的提高,仍按钢结构来计算,只是认为在型钢外包了混凝土外壳能对钢结构起到防火与防护作用。随着工程应用的实践及科学研究的深入进行,才发现了组合结构更多、更主要的优点。

组合结构在我国的应用与研究起步较晚,但发展较快。20世纪80年代中期,我国开始引进与研究压型钢板与混凝土组合楼板,随后冶金工业部颁布了《钢与混凝土组合楼层设计施工规程》(YB9238—92),为国内采用压型钢板与组合板奠定了基础。20世纪80年代以来,我国在许多高层建筑的楼板中使用了这种结构形式,如北京香格里拉饭店、长富宫中心、京城大厦、上海锦江饭店、静安饭店、深圳发展中心大厦及赛格广场大厦等,取得了显著的技术经济效益。

我国从20世纪50年代开始研究钢-混凝土组合梁结构,之后在公路、铁路桥梁方面得到应用,还编制了公路及铁路组合梁桥的标准图。从20世纪60～70年代起,组合梁又在工业厂房的平台结构中得到广泛应用,随后在高层建筑楼层中也得到应用,如深圳赛格广场、上海世界金融大厦等超高层建筑采用了轻型、优质、大跨度的钢梁-压型钢板混凝土组合楼盖形式。我国已将组合梁列入现行《钢结构设计规范》(GB50017—2003)第十一章。

在20世纪60年代中,我国在一些厂房柱和地下铁道工程中采用钢管混凝土结构。进入70年代后,钢管混凝土柱结构得到了进一步的推广应用。例如首都地铁第二期环线工程中所有站台柱,全部采用了钢管混凝土柱,加快了施工速度,增加了地下有效使用空间。自80年代后期,钢管混凝土在公路、城市拱桥和高层及超高层建筑中开拓了应用领域,其中的深圳赛格广场大厦,地下四层,地上七十二层,结构高291.6米,是迄今为止,全部采用钢管混凝土柱的世界最高建筑物。我国各部门已陆续制定与颁发了一些专项规程,如1989年国家建筑材料工业局颁发《钢管混凝土设计与施工规程》(JCJ01—89)。中国工程建设标准化协会1990年制定了《钢管混凝土结构设计与施工规程》(CECS28—90)。国家经贸委1999年发布的电力行业标准《钢-混凝土组合结构设计规程》(DL/T5085—1999),其内容不仅包括钢管混凝土结构,还包括了组合梁和外包钢混凝土结构。

型钢混凝土结构主要用于高层建筑结构,1997年冶金工业部发布了《钢骨混凝土结构设计规程》(YB9082—97)及建设部2001年发布的行业标准《型钢混凝土组合结构技术规程》(JGJ138—2001),对钢骨混凝土(型钢混凝土)结构在高层建筑中所采用的结构形式、抗震及非抗震设计等有关设计要求作了规定。

7.2 钢-砼组合梁分析

7.2.1 概述

组合梁是由钢梁、混凝土板及两者之间的抗剪连接件组成。

组合梁翼缘板采用的混凝土强度等级不宜低于 C20;组合梁中的钢梁可采用 Q235、Q345 和 Q390 钢。

考虑刚度要求,组合梁截面高度 h 与跨度 l 的高跨比(h/l)应不大于 1/16。

组合梁中,钢梁通过连接件与混凝土翼板组合后,其抗弯能力将有显著提高,而在某些情况下,钢梁的抗剪能力反而显得不足,为了避免这种不协调情况,组合梁截面总高度 h 不宜超过钢梁截面高度 h_s 的 2.50 倍,如图 7-6a 所示。

混凝土翼缘板与钢梁接触处,经常设置板托,如图 7-6b 所示。板托增加了板在梁支承处的截面高度,使板的抗剪与抗冲击能力提高,同时,由于梁的截面高度增加了,组合截面的承载能力与刚度也得到了提高。

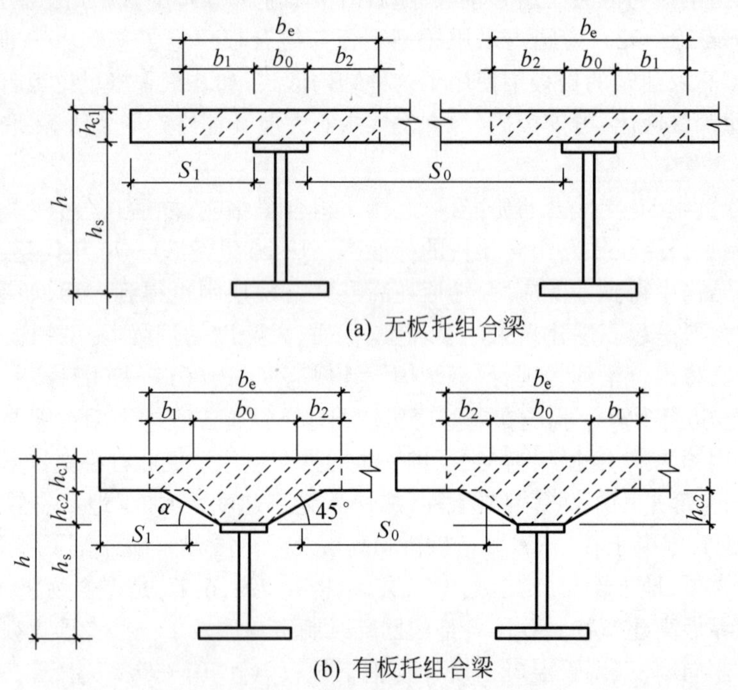

(a) 无板托组合梁

(b) 有板托组合梁

图 7-6 混凝土翼缘板的有效宽度

混凝土板托高度 h_{c2}不宜超过翼缘板厚度 h_{c1}的 1.50 倍;板托的顶面宽度不宜小于钢梁上翼缘宽度和 h_{c2}的 1.50 倍。

对于混凝土翼缘板过宽的组合梁,受弯时沿翼板宽度方向压应力分布是不均匀的,在钢梁竖轴处压应力最大,离开钢梁竖轴远处的压应力将逐步减少。为了便于计算,一般用翼板的有效宽度 b_e 代替实际宽度 b_0。在有效宽度内,认为压应力是均匀分布的。翼缘板的有

效宽度 b_e(见图 7-6)应按下式计算:

$$b_e = b_0 + b_1 + b_2 \tag{7-1}$$

式中　b_0——钢梁上翼缘或板托顶部宽度。当板托倾角 $\alpha < 45°$时,应按 $\alpha = 45°$计算板托顶部宽度;

b_1、b_2——梁外侧和内侧的翼缘板计算宽度,各取梁跨度 L 的 1/6 和翼缘板厚度 h_{c1} 的 6 倍中的较小值。此外,b_1 尚不应超出翼缘板实际外伸宽度 S_1,b_2 不应超过相邻梁板托间净距 S_0 的 1/2。

组合梁边梁混凝土翼缘板的构造应满足图 7-7 的要求。有板托时,伸出长度不应小于 h_{c2},无板托时,应同时满足伸出钢梁中心线不应小于 150mm,伸出钢梁翼缘边不应小于 50mm 的要求。

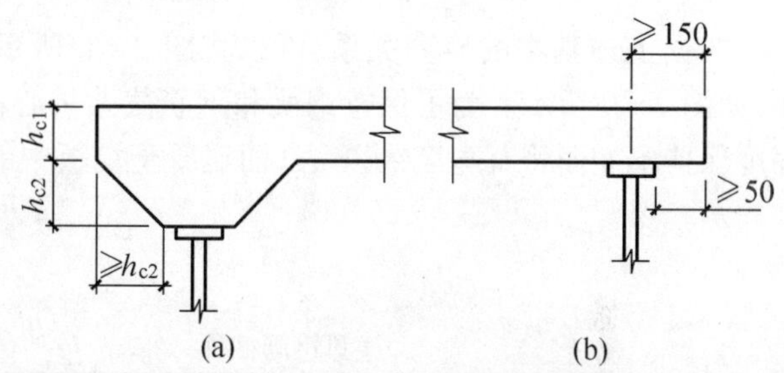

图 7-7　组合边梁翼缘板构造要求

组合梁的分析方法可分为按弹性理论分析方法及考虑截面塑性变形发展的塑性分析方法。

组合梁的受力状态还与施工条件有关,分为施工中钢梁下有临时支承和无临时支承两种情况。

组合梁的钢梁也存在局部失稳与整体失稳问题。由于刚度较大混凝土翼缘板提供的约束作用,组合梁的稳定性比钢结构方案要好得多。

7.2.2　组合梁截面的弹性分析

组合梁截面的弹性分析主要用于构件正常使用极限状态的验算——截面应力及刚度计算,对直接承受动力荷载的组合梁,其承载力的极限状态也需按弹性方法确定。

在单跨简支组合梁中,荷载作用下只存在着正弯矩区,钢梁全部受拉,或部分受拉,部分受压。另外,还有混凝土楼板作横向支承,因此组合梁不至于发生整体失稳,只需考虑钢梁的局部稳定问题。在弹性分析范围内,钢梁腹板和翼缘局部稳定的保证,应按照本书第 5 章规定进行。

7.2.2.1　基本假定

在组合梁的弹性分析中,采用了以下假定:

(1)钢材与混凝土均为理想的弹性体。

(2)混凝土翼缘板与钢梁之间为完全交互作用,形成整体,即忽略它们之间的相对滑移。平截面假定成立。

(3)当混凝土翼缘板有板托时,截面计算可不考虑板托的影响。

(4)不考虑混凝土开裂后的影响。

7.2.2.2　组合梁的换算截面

由于假定钢材与混凝土均为理想的弹性体,可以用材料力学公式计算梁的应力及刚度。但是,组合梁是由钢与混凝土两种材料组成的截面,而材料力学是针对单一连续弹性体进行研究，因此，首先应把组合截面换算成等价的同一材料的截面。

根据截面上钢筋和混凝土应变相同且总内力不变的原则，可以将混凝土单元的面积 A_c 换算成等价的钢截面面积 A_s'，即

$$A_s' = \frac{A_c}{\alpha_E} \tag{7-2}$$

式中 α_E——钢材弹性模量 E_s 与混凝土弹性模量 E_c 的比值，即 $\alpha_E = E_s/E_c$。

反之，也可将钢单元的截面面积 A_s 换算成等价的混凝土截面面积 A_c'，即

$$A_c' = \alpha_E A_s \tag{7-3}$$

根据上述基本的换算关系，可以将图 7－8 所示的组合梁截面换算成等价的混凝土截面，如图 7－9 所示。为了保持钢梁和钢筋截面重心高度换算前后不变，换算时钢梁各部分高度保持不变而将其宽度乘以 α_E，而混凝土翼板中的钢筋截面重心高度保持不变而将其截面面积乘以 α_E。

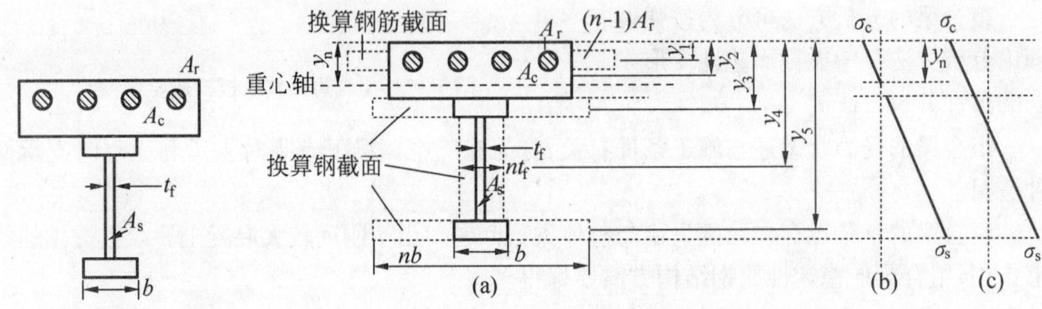

图 7－8 组合梁截面

图 7－9 换算成混凝土的组合梁截面

在长期荷载作用下，混凝土发生徐变变形，在计算 α_E 值时，应该用混凝土割线模量 E_c' 代替上式中的混凝土弹性模量 E_c，从而有：

$$E_c' = \frac{E_c}{1 + \varphi_u} \tag{7-4}$$

式中 φ_u——混凝土的极限系数，可以理解为混凝土塑性应变 ε_p 与弹性应变 ε_e 的比值，即 $\varphi_u = \frac{\varepsilon_p}{\varepsilon_e}$。

经分析表明，当混凝土龄期趋于无穷大时，混凝土的极限徐变系数 φ_u 在 1.5～4.0 的范围内变化。考虑到钢筋混凝土翼板中钢筋尚能阻碍混凝土徐变发展，不妨近似地认为 $\varphi_u = 1$，因而 $E_c' = 1/2E_c$。因此，在长期荷载作用下，两种材料模量的比值为 $2\alpha_E$，只需将式(7－2)，式(7－3)中的 α_E 用 $2\alpha_E$ 代替即可。

7.2.2.3 换算截面的几何特征

组合梁截面形状比较复杂，一般可以将换算截面划分为若干单元(如图 7－9)，用求和方法计算其截面几何特征。如果钢梁是工字型钢，则整个工字型钢可作为一个单元。

换算截面中和轴的位置可按下式计算：

$$y_n = \frac{\sum A_i y_i}{\sum A_i} \tag{7-5}$$

式中　y_n——中和轴距梁顶边的距离；

A_i——第 i 个单元的截面面积；

y_i——第 i 个单元距梁顶边的距离。

换算截面绕中和轴的惯性距 I_{nc} 可按下式计算；

$$I_{nc} = \sum (I_i + A_i y_{ni}^2) = \sum I_i + \sum A_i y_{ni}^2 \tag{7-6}$$

式中　I_i——第 i 个单元绕自身中和轴的惯性距；

y_{ni}——第 i 个单元的重心至换算截面中和轴的距离。

7.2.2.4　组合截面的正应力

组合截面的正应力可由材料力学公式求得：

对于混凝土翼板，板顶部边缘的正应力为

$$\sigma_c^b = \frac{My_n}{I_{nc}} \tag{7-7}$$

对于钢梁部分，钢梁底部边缘的正应力为

$$\sigma_s^b = \frac{M(h - y_n)}{I_{nc}} \cdot \alpha_E \tag{7-8}$$

式中　M——弯矩设计值；

h——组合截面高度；

其余符号同前面。

钢梁最常用的形式是工字钢，由于工字钢的上翼缘往往接近中和轴，不能充分发挥其应力，所以采用不对称的工字钢，即上翼缘宽度小，下翼缘宽度加大，或者在工字钢下翼缘上加焊一块钢板会更经济些(图 7-10)。

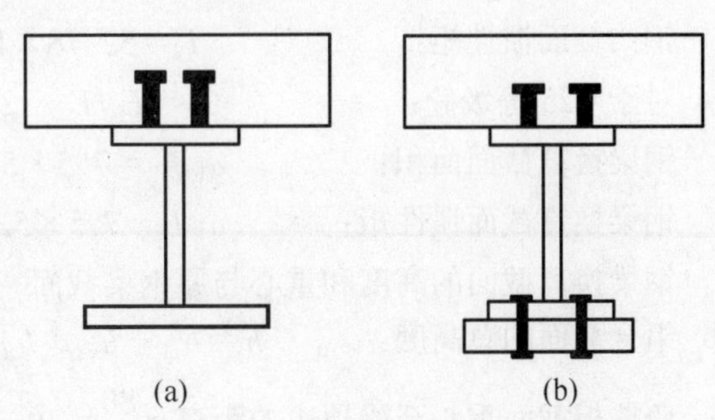

图 7-10　不对称工字钢组合梁

例 7-1　跨度为 6m 的简支组合梁，其截面如图 7-11a 所示。钢梁竖轴的间距为 2.2m，砼板厚度 $h_{c1} = 80$mm，板托高度 $h_{c2} = 120$mm，砼强度等级为 C25，钢梁采用 I25b 工字钢，钢材为 Q235 钢。假设施工时钢梁下设有临时支撑。求：(1)翼板的计算宽度；(2)换算截面惯性矩 I_{nc}；(3)在 $M = 150$kN·m 作用下，钢梁底边处的拉应力 σ_s^b 及砼翼缘板顶边处的压应力 σ_c^b；(4)确定组合梁的弹性极限抗弯承载力 M_y。

解　(1)求翼板的计算宽度 b_e

查附表 2-2a 工字钢上翼缘宽度　　$b_s = 118\text{mm} \approx 120\text{mm}$

板托顶部宽度　　$b_0 = b_s + 2h_{c2}$

$= 120 + 2 \times 120 = 360\text{mm}$

板托两侧翼板计算宽度 b_1, b_2 按下列计算中取最小值：

$$l/6 = 6000/6 = 1000\text{mm}$$

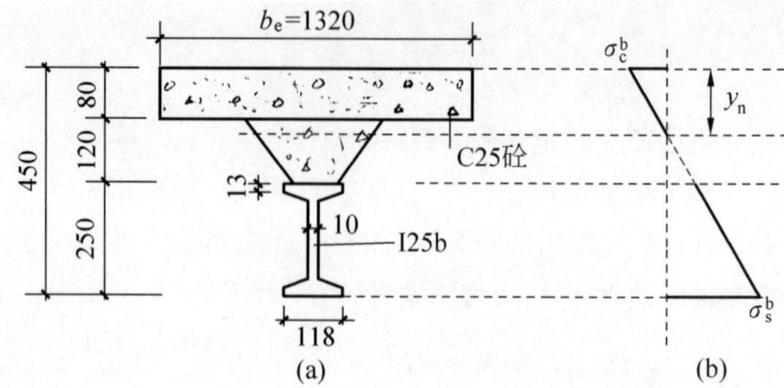

图 7-11　组合梁截面及应力图

$$6h_{c1} = 6 \times 80 = 480\text{mm}$$

$$S_0/2 = (2200 - b_0)/2 = (2200 - 360)/2 = 920\text{mm}$$

取 $b_1 = b_2 = 480\text{mm}$

由公式(7-1), $b_e = b_0 + b_1 + b_2 = 360 + 480 + 480 = 1320\text{mm}$ < 实际宽度 = 2200mm 所以,合适。

(2)求换算截面惯性矩 I_{nc}

查附表 2-2a,钢梁截面面积：　$A_s = 5.35 \times 10^3\text{mm}^2$

钢梁截面惯性矩：　$I_s = 52.78 \times 10^6\text{mm}^4$

对于 C25 等级砼：　$\alpha_E = E_s/E_c = 2.1 \times 10^5/2.8 \times 10^4 = 7.5$

钢梁换算截面面积：　$\alpha_E A_s = 7.5 \times 5.35 \times 10^3 = 40.125 \times 10^3\text{mm}^2$

钢梁换算截面惯性矩：　$\alpha_E I_s = 7.5 \times 52.78 \times 10^6 = 395.85 \times 10^6\text{mm}^4$

钢梁换算截面的高度和重心与原钢梁截面一致,即没有变化。

组合截面的总高度：　$h = h_{c1} + h_{c2} + h_s = 80 + 120 + 250 = 450\text{mm}$

砼翼板截面重心至梁顶边的距离 $= \dfrac{80}{2} = 40\text{mm}$

钢梁换算截面重心至梁顶边的距离 $= h - \dfrac{h_s}{2} = 450 - \dfrac{250}{2} = 325\text{mm}$

由公式(7-5),中和轴距梁顶边的距离：

$$y_n = \frac{1320 \times 80 \times 40 + 40.125 \times 10^3 \times 325}{1320 \times 80 + 40.125 \times 10^3} = 118.47\text{mm}$$

砼翼板截面重心距中和轴的距离为：

$$y_n - \frac{h_{c1}}{2} = 118.47 - \frac{80}{2} = 78.47\text{mm}$$

钢梁换算截面重心距中和轴的距离为：

$$h - y_n - \frac{h_s}{2} = 450 - 118.47 - \frac{250}{2} = 206.53\text{mm}$$

由公式(7-6),换算截面惯性矩：

$$I_{nc} = \frac{1}{12} \times 1320 \times 80^3 + 395.85 \times 10^6 + 1320 \times 80 \times 78.47^2 + 40.125 \times 10^3 \times 206.53^2 = 2813.93 \times 10^6\text{mm}^4$$

由于 $y_n = 118.47\text{mm} < h_{c1} + h_{c2} = 200\text{mm}$，所以中和轴位于砼翼板内，中和轴以下的砼翼板部分受拉。由于砼抗拉强度很低，开裂后将退出工作，在上述计算中，由于采用了基本假定(4)，不考虑砼开裂后的影响，故在计算中采用了整个砼翼板的毛截面，而实际的有效截面只能利用砼翼板中的受压区。如果只考虑砼翼板中的受压区面积，按照(2)求 I_{nc} 的步骤重新求出中和轴位置 y_n 及换算截面惯性矩 I_{nc}，就会发现两种情况下算出的惯性矩 I_{nc} 相差很小，仅为 0.3%，也就是说基本假定(4)不考虑砼开裂后的影响给 I_{nc} 带来的误差是微乎其微的，这主要是因为所忽略的开裂砼是位于中和轴附近的缘故。因此，基本假定(4)在一般计算中是可以接受的。

(3)求钢梁底边应力 σ_s^b 及砼翼缘板顶边应力 σ_c^b

由公式(7-7)，

$$\sigma_c^b = \frac{My_n}{I_{nc}} = \frac{150 \times 10^6 \times (-118.47)}{2813.93 \times 10^6} = -6.3\text{N/mm}^2 (\text{压应力})$$

$$< f_c = -11.9\text{N/mm}^2 (\text{砼轴心抗压强度设计值})$$

由公式(7-8)，

$$\sigma_s^b = \frac{M(h - y_n)}{I_{nc}} \cdot \alpha_E$$

$$= \frac{150 \times 10^6 \times (450 - 118.47)}{2813.93 \times 10^6} \times 7.5 = 132.5\text{N/mm}^2 (\text{拉应力})$$

$$< f = 215\text{N/mm}^2 (\text{Q235 钢抗拉强度设计值})$$

由此可见，钢梁及砼翼板尚处于弹性阶段。

(4)确定组合梁的弹性极限抗弯承载力 M_y

一般对组合 T 梁来说，在钢梁的底部边缘应力屈服前可以认为尚处于弹性阶段。

Q235 钢的抗拉强度设计值为：$f = 215\text{N/mm}^2$

C25 砼的轴心抗压强度设计值为：$f_c = 11.9\text{N/mm}^2$

当处于弹性极限状态时，$\sigma_s^b = f = 215\text{N/mm}^2$

由公式(7-8)

$$M_y = \frac{fI_{nc}}{(h - y_n)\alpha_E} = \frac{215 \times 2813.93 \times 10^6}{(450 - 118.47) \times 7.5} = 243.31\text{kN} \cdot \text{m}$$

讨论：从以上计算可以看出：

①本例题中和轴位于砼翼板内，中和轴以下的砼受拉，因为砼抗拉强度很低，开裂后将退出工作，在计算中采用基本假定(4)，不考虑砼受拉开裂，在计算中采用了整个砼翼板的毛截面面积，由此带来的误差很小，而能使计算大大简化。

②本例题组合梁的抗弯刚度：

$$E_c I_{nc} = 2.80 \times 10^4 \times 2813.93 \times 10^6 = 7879 \times 10^{10}\text{N} \cdot \text{mm}^2$$

钢梁的抗弯刚度：

$$E_s I_s = 2.1 \times 10^5 \times 52.78 \times 10^6 = 1108.4 \times 10^{10}\text{N} \cdot \text{mm}^2$$

两者抗弯刚度之比：　　$E_c I_{nc} / E_s I_s = \dfrac{7879 \times 10^{10}}{1108.4 \times 10^{10}} = 7.1$

因此，将钢梁与砼翼板组合后，其抗弯刚度大大提高，为原来钢梁的 7 倍。

③组合梁的弹性抗弯极限承载力 M_y 与钢梁的弹性抗弯承载力 M_{sy} 之比为：

$$M_y/M_{sy} = \frac{243.31\times10^6}{\dfrac{fI_s}{\dfrac{h_s}{2}}} = \frac{243.31\times10^6}{\dfrac{215\times52.78\times10^6}{\dfrac{250}{2}}} = 2.7$$

④本例题中由于整个钢梁处于拉区，所以不需要进行局部稳定验算。

从本例题可以看出，组合梁比起原钢梁来说，无论是在刚度上还是在承载力上都有了很大提高。

7.2.2.5 组合截面的剪应力

组合截面的剪应力分析，也可以采用上述假定及换算截面，按照材料力学公式进行。

对于混凝土：

$$V_c = \frac{VS}{I_{nc}t} \tag{7-9}$$

对于钢材：

$$V_s = \frac{VS}{I_{nc}t}\cdot\alpha_E \tag{7-10}$$

式中 V——竖向剪力设计值；

S——剪应力计算点以上的换算截面对总换算截面中和轴的面积距；

t——换算截面的腹板厚度，在混凝土区，等于该处混凝土翼板的有效宽度；在钢梁区，等于钢梁腹板的换算厚度。

剪应力计算点可按以下规则取用：

当换算截面中和轴位于钢梁腹板内时，钢梁的剪应力计算点取换算截面中和轴处；混凝土翼板的剪应力计算点取翼板与钢梁上翼缘交接处。

当换算截面中和轴位于混凝土翼板内时，钢梁的剪应力计算点取钢梁腹板与钢梁上翼缘相交处；混凝土翼板的剪应力计算点取换算截面中和轴处。

7.2.2.6 组合梁正常使用极限状态的验算

1. 组合截面的刚度

针对短期作用荷载与长期作用荷载，组合梁的换算截面刚度也有短期与长期之分。

对于短期换算截面刚度 B_s：

$$B_s = E_c I_{nc} \tag{7-11}$$

式中 E_c——混凝土的原点弹性模量；

I_{nc}——换算截面绕中和轴的惯性矩，按式(7-6)计算。

对于长期换算截面刚度 B_l：

$$B_l = E_c' I_{nc,l} = 0.5E_c I_{nc,l} \tag{7-12}$$

式中 E_c'——混凝土的割线模量，由 7.2.2.2 节得知，$E_c'=1/2E_c$；

$I_{nc,l}$——考虑混凝土徐变影响后换算截面绕中和轴的惯性矩，在式(7-2)、式(7-3)中将 α_E 用 $2\alpha_E$ 代替以后，仍然按式(7-6)计算。

国内外的试验研究结果表明，用现行换算截面法得到的组合梁的刚度计算值偏大，偏于不安全。其原因是组合梁的弹性分析采用了混凝土翼板与钢梁之间为完全交互作用，没有相对滑移这个假定。而大量试验结果已经表明,采用栓钉等柔性抗剪连接件的组合梁,钢梁和混凝土翼板之间的滑移效应对组合梁挠度(刚度)的影响不能忽略不计,而应考虑这种滑移效应对截面钢度的折减,即采用折减刚度。短期换算截面刚度 B_s 的折减刚度 B_s' 可按下式计算:

$$B_s' = \frac{B_s}{1+\zeta} \tag{7-13}$$

$$\zeta = \eta\left[0.4 - \frac{3}{(\alpha_B L)^2}\right] \tag{7-14}$$

$$\eta = \frac{36E_s d_c A_l}{vhL^2} \tag{7-15}$$

$$\alpha_B = 0.81\sqrt{\frac{K_0 v}{E_s I_0 A_l}} \tag{7-16}$$

$$A_l = \frac{A_0}{I_0 + A_0 d_c^2} \tag{7-17}$$

$$A_0 = \frac{A_c A_s}{\alpha_E A_s + A_c} \tag{7-18}$$

$$I_0 = I_s + I_c/\alpha_E \tag{7-19}$$

$$v = \frac{n_s N_v}{u_l} \tag{7-20}$$

式中　L——组合梁的跨度;

h——组合梁截面高度;

d_c——钢梁截面形心到混凝土翼缘板形心的距离;

A_c——混凝土翼缘板的截面面积;

A_0——组合梁截面有效折算面积;

A_l——组合梁截面有效折算面积与换算惯性矩之比;

I_s——钢梁截面的惯性矩;

I_c——混凝土翼缘板(宽取 b_e)的惯性矩;

α_E——钢材和混凝土的弹性模量比;

v——钢与混凝土交界面单位长度上由抗剪连接件提供的实际抗剪承载力,单位为N/mm;

n_s——抗剪连接件列数;

u_l——抗剪连接件间距,当抗剪连接件错列布置时,应取同一截面数量最多的连接件之间的距离;

K_0——系数,单位为1/mm;

η——与抗剪连接件抗剪承载力有关的系数;

N_v——按7.2.4.2节取值。

长期换算截面刚度 B_l 的折减刚度 B_l' 也可按式(7-13)~式(7-20)计算,但钢梁与混凝土的弹性模量比 α_E 应乘以2。

2. 简支组合梁的变形计算

刚度确定后，组合梁变形计算可按结构力学方法进行。简支梁按等刚度梁计算。例如在均布荷载 q 作用下，组合梁跨中最大挠度为

$$f_{\max} = \frac{5}{384}\frac{ql^4}{B_l'} \tag{7-21}$$

计算出的最大挠度应符合

$$f_{\max} \leqslant f_{\lim} \tag{7-22}$$

式中容许最大挠度 $f_{\lim}$ 参见附录 5。

7.2.2.7　组合梁施工阶段的计算

施工阶段是指混凝土板浇筑后尚未达到设计强度以前的阶段。如果施工时钢梁下有足够的支撑（如图 7－12a，对一般的房屋结构），可以认为通过梁传来的荷载，包括结构自重与施工荷载全部通过支撑传到地面，且地面有足够大的承压面，不致发生过大沉降，此时钢梁的强度与变形可以不需要验算。当施工阶段无支撑时（如图 7－12b，对一般的桥梁结构），结构自重与施工荷载仅由钢梁承担，而钢梁本身的强度和刚度比组合后的整体组合梁的强度和刚度小得多，因此必须验算施工阶段钢梁的强度、稳定与变形。为了使组合梁在使用以前不产生过度的塑性变形，钢梁的强度与变形应按弹性方法进行计算。

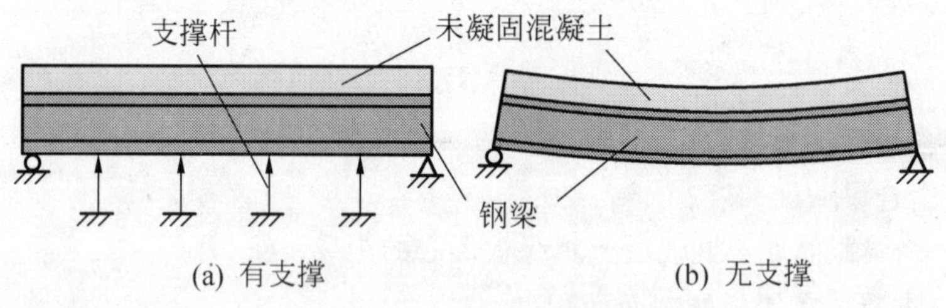

图 7－12　施工阶段的组合梁

对无支撑施工的组合梁进行施工阶段的强度、稳定与变形验算时，应考虑下列荷载：

(1)结构及模板自重：包括钢梁自重及未凝固混凝土自重，如果利用钢梁支撑混凝土板的模板，还应包括模板及其支撑的自重。

(2)施工活荷载：包括人员、机具等小型工具设备的荷载。

考虑了上述荷载后，钢梁的强度、稳定与变形验算可按本书第 5 章受弯构件的有关内容进行，余不赘述。

值得注意的是，施工完成后，续加的使用荷载由组合梁截面承受。由此产生的挠度应与施工阶段钢梁的挠度相叠加。

7.2.3　组合梁截面的塑性分析

由于混凝土是弹塑性材料，钢材是理想的弹性-塑性材料，组合梁截面的弹性分析仅在用来计算使用阶段的组合截面应力及刚度时才是可信的，在决定构件的承载力方面，由于未计入塑性变形发展带来的强度潜力，计算结果会偏于保守，且不符合实际情况。因此，除了直接承受动力荷载作用的组合梁外，在能保证塑性变形充分发展的前提下，一般均采用塑性变形法来计算组合梁的承载力。

塑性设计只涉及到截面破坏阶段的应力状态，不存在应力叠加问题，而且初应力的存在也不影响构件的最终承载力。因此，塑性设计不考虑施工条件对构件受力的影响，即无论组合梁在施工时梁下有无临时支撑，均可认为其最终承载力是相同的。一般的温差应力及混凝土收缩应力在计算承载力时也不必考虑。

组合梁必须形成塑性铰，这是塑性设计的前提条件。如果构件的板件厚度过薄，就会在塑性铰形成以前产生局部压屈等，故必须对钢板厚度加以限制。《钢-混凝土组合结构设计规程》(DL/T 5085—1999)规定了塑性设计时，组合梁中钢梁的板件宽厚比应符合表 7-1 的要求。

组合梁按塑性理论设计时，可将组合梁的截面分成两类：密实截面(compact sections)和纤细截面(slender sections)。

当组合梁的钢梁受压翼缘板与腹板具有足够的刚度，达到全部塑性并产生足够的转动，不致于发生局部屈曲而失去强度时，截面可以认为是密实的。具体来说，就是在组合梁正弯矩区段，其塑性中和轴不在钢梁腹板内或塑性中和轴虽在钢梁腹板内，但钢梁截面板件宽厚比已满足表 7-1 的要求，这两种情况均属于密实截面。除这两种情况以外的组合梁截面，则属于纤细截面。

表 7-1　密实截面板件的宽厚比

截面形式	翼　缘	腹　板
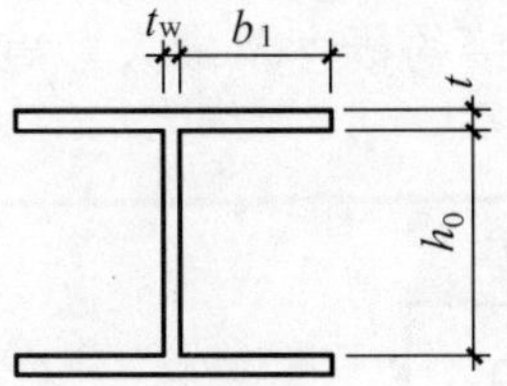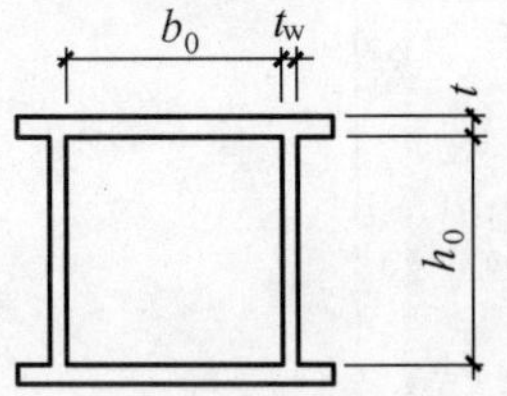	$\frac{b_1}{t_f}\leqslant 9\sqrt{\frac{235}{f_y}}$ $\frac{b_0}{t}\leqslant 30\sqrt{\frac{235}{f_y}}$	当$\frac{A_r f_r}{A_s f}<0.37$时： $\frac{h_0}{t_w}\leqslant\left(72-100\frac{A_r f_r}{A_s f}\right)\times\sqrt{\frac{235}{f_y}}$ 当$\frac{A_r f_r}{A_s f}\geqslant 0.37$时： $\frac{h_0}{t_w}\leqslant 35\sqrt{\frac{235}{f_y}}$

注：A_r—负弯矩截面有效宽度(b_e)内纵向受拉钢筋截面面积；

f_r—钢筋抗拉强度设计值

A_s—钢梁截面面积；

f—钢梁钢材抗拉、抗压强度设计值；

f_y—钢梁钢材的屈服强度。

密实截面的组合梁，可按塑性理论计算其极限承载力；纤细截面的组合梁，应按弹性理论进行计算。

7.2.3.1　基本假定

塑性分析采用的基本假定为：

(1)钢、混凝土及剪力连接件均假定为理想的塑性材料，即完全屈服，并具有无限的变形能力，如图 7-13 所示。图中 f 为钢材的抗拉、抗压强度设计值，按附表 1-3 取用；f_c 为混凝土轴心抗压强度设计值；N_v 为一个剪力连接件的最大水平抗剪强度，见 7.2.4.2 小节。

(2)忽略混凝土翼板拉区混凝土的作用，混凝土抗拉强度取为零；

(3)在混凝土的受压区为均匀受压，并达到轴心抗压设计强度 f_c；

(4)在钢梁的受压区为均匀受压，在钢梁的受拉区为均匀受拉，并分别达到钢材塑性抗压及抗拉强度 f，见附表 1-3；

(5)当有混凝土板托时，计算截面可不考虑板托的影响。

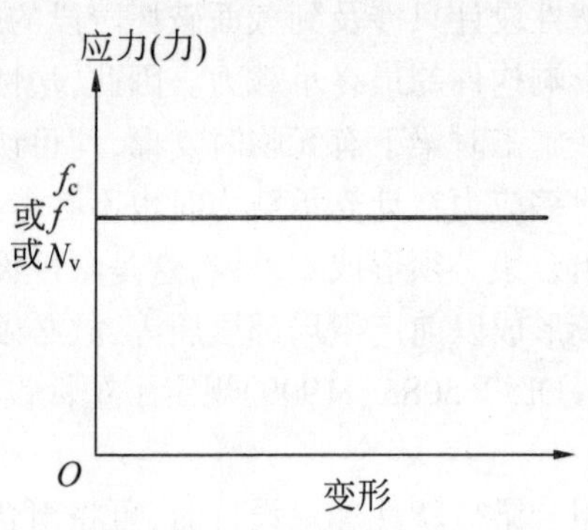

图 7-13　理想塑性材料性能

7.2.3.2　完全抗剪连接和部分抗剪连接

在强度和变形满足的条件下，组合梁交接面上抗剪连接件的纵向水平抗剪能力如能保证最大弯矩截面上抗弯承载力得以充分发挥时，该连接称为完全抗剪连接(full shear connection，FSC)；而当抗剪连接件的纵向水平抗剪能力不能保证最大弯矩截面上抗弯承载力充分发挥时，该连接称为部分抗剪连接(partial shear connection，PSC)[36]。

组合梁的塑性承载力可由截面上力的平衡原理得到，也就是说，组合截面上的合力及中和轴的位置取决于混凝土翼板、钢梁及剪力连接件这三部分的强度的相对大小。下面以图 7-14 中的简支组合梁为例，说明完全抗剪连接和部分抗剪连接的概念及最大弯矩截面 $A—A$ 的抗弯承载力。

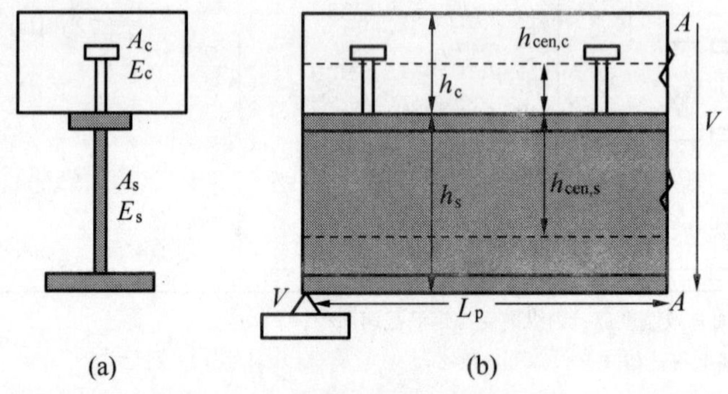

图 7-14　简支组合梁

首先定义钢梁、混凝土翼板及剪力连接件这三部分的强度：面积为 A_s 的钢梁强度为 $P_s = A_s f$；面积为 A_c 的混凝土翼板强度为 $P_c = A_c f_c$；剪力连接件的强度为 $P_{sh} = n_r N_v$，其中 n_r 为剪跨 L_p 内剪力连接件的个数。根据这三部分强度的相对大小，$A—A$ 截面存在三种可能的应力状态，如图 7-15 所示。

(1)在图 7-15a 中，$P_s < P_c$，且 $P_{sh} > P_s$，此时抗剪连接件的纵向抗剪强度大于混凝土翼板与钢梁中较弱部分的强度 P_s，因此它能保证抗弯承载力在截面上充分发挥，该截面为完全抗剪连接状态(FSC)，且中和轴位于强度大的混凝土部分。

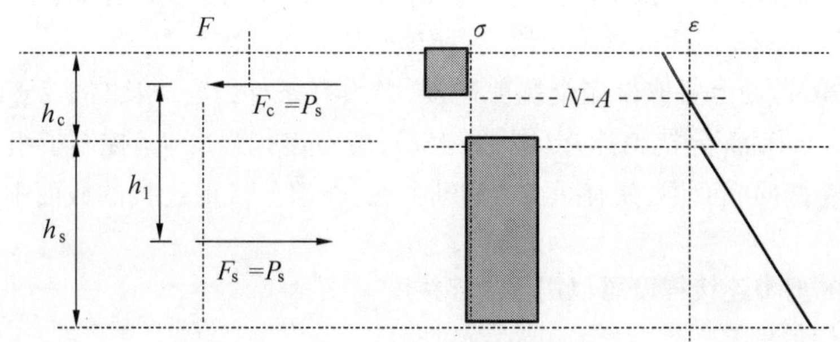

(a) $P_s<P_c$；$P_{sh}>P_s$；完全抗剪连接

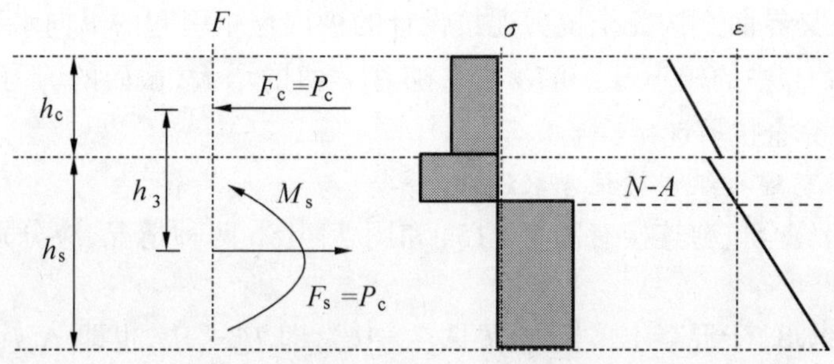

(b) $P_c<P_s$；$P_{sh}>P_c$；完全抗剪连接

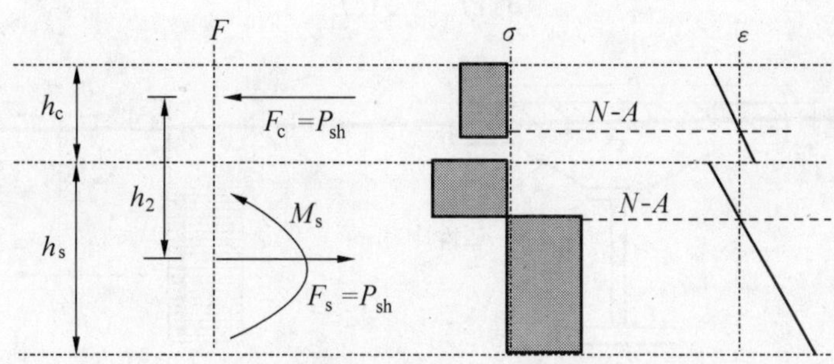

(c) $P_{sh}<P_c$；$P_{sh}<P_s$；部分抗剪连接

图7-15　A-A截面应力状态

根据力的平衡，混凝土翼板中的压力 F_c 及钢梁中的合力 F_s 为

$$F_c = F_s = P_s \tag{7-23}$$

根据力矩平衡，截面抗弯承载力　　$M_{FSC}=P_s \cdot h_1$　　(7-24)

(2)在图7-15b中，$P_c<P_s$，且 $P_{sh}>P_c$，

根据力的平衡，　　$F_c=F_s=P_c$　　(7-25)

根据力矩平衡，截面抗弯承载力　　$M_{FSC}=M_s+P_c \cdot h_3$　　(7-26)

式中 M_s 为钢梁绕自身中和轴的力矩。该截面也为完全抗剪连接状态，与(1)不同的是，此时中和轴位于强度较大的钢梁部分。

(3)在图7-15c中，$P_{sh}<P_c$，且 $P_{sh}<P_s$，因此有 $F_c=F_s=P_{sh}$。为了满足力的平衡条件，截面上必须有两个中和轴存在，一个位于混凝土板中，另一个位于钢梁中。这种情形称

为部分抗剪连接(PSC),截面的抗弯承载力由剪力连接件的强度所控制:

$$M_{PSC} = M_s + P_{sh} \cdot h_2/2 \tag{7-27}$$

综上所述,截面上要取得完全抗剪连接,必须有条件:$P_{sh} > P_s$(图 7-15a)或 $P_{sh} > P_c$(图 7-15b)。而对部分抗剪连接(图 7-15c),剪力连接强度 P_{sh}控制了组合梁的承载力。在完全抗剪连接的截面中,只有一个中和轴存在,在部分抗剪连接的截面中,却有两个中和轴存在。

组合梁的剪力连接程度可以用剪力连接度 r 表示

$$r = \frac{P_{sh}}{(P_{sh})_{FSC}} = \frac{n_r N_v}{V_l} \tag{7-28}$$

式中 V_l——在交界面上按完全抗剪连接设计的极限弯矩引起的纵向水平剪力,应取 P_c 和 P_s 中的较小值。$0 \leqslant r \leqslant 1$,随着 r 值的增大,截面的剪力连接程度提高。对完全抗剪连接,$r=1$。

7.2.3.3 完全抗剪连接组合梁抗弯承载力计算

如上节所述,完全抗剪连接有图 7-15a 和图 7-15b 两种情况,应分别按下列公式计算:

(1)塑性中和轴位于混凝土翼板内(见图 7-16),即 $P_s \leqslant P_c$,也即 $A_s f \leqslant b_e h_{c1} f_c$ 时,令混凝土受压区高度为 x,根据平衡条件 $\sum X = 0$,有

$$b_e x f_c = A_s f$$

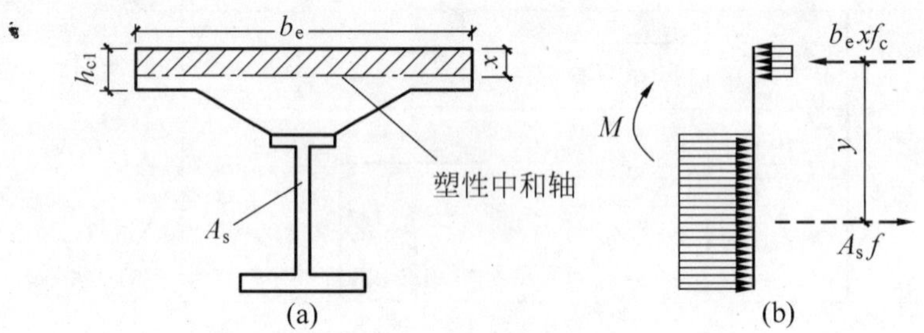

图 7-16 塑性中和轴在混凝土板内的组合梁应力分布图形

由此得:

$$x = A_s f / b_e f_c \tag{7-29}$$

再由平衡条件 $\sum M = 0$,得:

$$M \leqslant M_u = b_e x f_c y \tag{7-30}$$

式中 M——弯矩设计值;

y——钢梁截面应力合力至砼受压区截面应力合力间的距离。

(2)塑性中和轴位于钢梁截面内(见图 7-17),即 $P_s > P_c$,也即 $A_s f > b_e h_{c1} f_c$ 时:

令钢梁受压区截面面积为 A'_s,则钢梁的受拉区截面面积为 $A_s - A'_s$。根据平衡条件 $\sum x = 0$,有:

$$b_e h_{c1} f_c + A'_s f = (A_s - A'_s) f$$

可得:

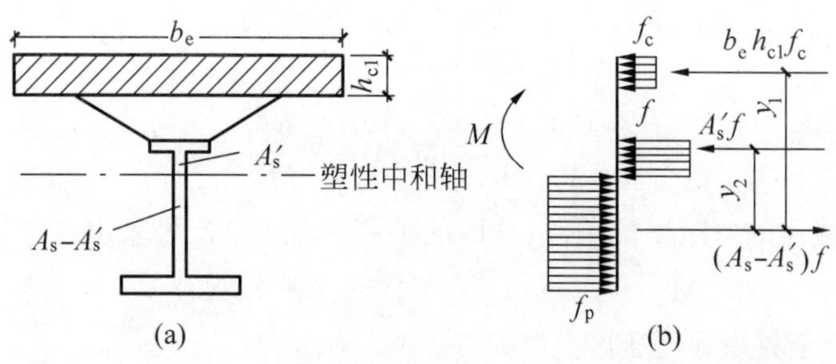

图 7-17　塑性中和轴在钢梁截面内的组合梁应力分布图形

$$A'_s = \frac{A_s f - b_e h_{c1} f_c}{2f} \tag{7-31}$$

再由平衡条件 $\sum M = 0$,可得:

$$M \leqslant M_u = b_e h_{c1} f_c y_1 + A'_s f y_2 \tag{7-32}$$

式中　y_1——钢梁受拉区截面应力合力至混凝土翼缘板受压截面应力合力间的距离;

y_2——钢梁受拉区截面应力合力至钢梁受压区截面应力合力间的距离。

7.2.3.4　*部分抗剪连接组合梁抗弯承载力计算*

如果组合梁按完全抗剪连接要求设计抗剪连接件有困难时,可以采用部分抗剪连接型式。例如,带压型钢板楼盖的组合梁,栓钉位置只限于在压型钢板的肋内,数目有限,有时就得采用部分抗剪连接。另一方面,即使组合梁最初设计成完全抗剪连接型式,开始工作后,剪力连接件由于劈裂或疲劳而随时间逐渐削弱,因此最终导致组合梁成为部分抗剪连接型式。

最新国内外研究表明,采用部分抗剪连接的组合梁比起完全抗剪连接的组合梁来说,不仅造价大大降低,而且具有较好的延性,强度却降低不多。

对部分抗剪连接的单跨简支梁,当采用柔性连接件(栓钉、槽钢、弯筋等),其抗弯承载力可按下列方法计算。如图 7-18 所示,在承载力达极限状态时,最大弯矩截面混凝土翼板中的压力 F_c 及钢梁中的合力 F_s 取决于交接面上抗剪连接件所能提供的纵向水平剪力 P_{sh}。

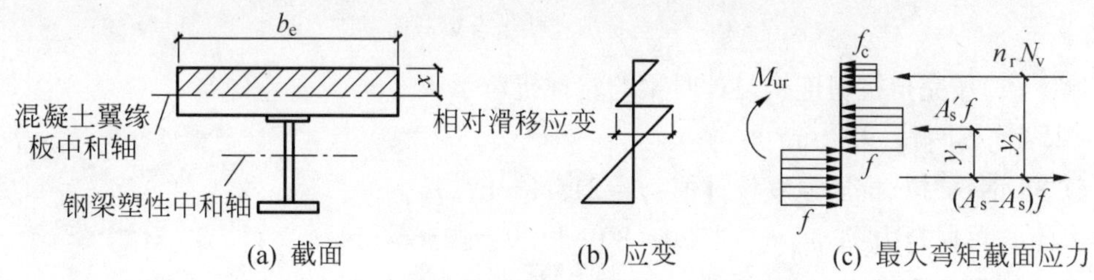

图 7-18　部分抗剪连接组合梁计算简图

根据截面力的平衡条件:

$$F_c = P_{sh},\text{即 } b_e x f_c = n_r N_v$$

可得:

$$x = \frac{n_r N_v}{b_e f_c} \tag{7-33}$$

又有：$$F_s = P_{sh}$$

即

$$(A_s - A'_s)f - A'_s f = n_r N_v$$

整理得：$$A'_s = 0.5(A_s - n_r N_v / f) \tag{7-34}$$

再根据整个截面的弯矩平衡条件，截面的抗弯承载力 M_{ur} 可求出：

$$M_{ur} = n_r N_v y_2 + 0.5(A_s f - n_r N_v) y_1 \tag{7-35}$$

式中 x——混凝土翼缘板受压区高度；

n_r——在所计算截面左、右两个剪跨区内，数量较小的连接件个数；

N_v——每个抗剪连接件的纵向抗剪承载力，应按 7.2.4.2 的有关规定计算；

M_{ur}——部分抗剪连接时截面抗弯承载力；

y_1——钢梁受压区重心至钢梁受拉区重心的距离；

y_2——混凝土翼缘板受压区重心至钢梁受拉区重心的距离。

由图 7－18b 还可以看出，部分抗剪连接的组合梁截面应变图上，在交接面处需要有一个相当大的滑移应变才能实现变形协调，这只有当连接件的变形性能是柔性时才能实现。

例 7－2 根据例 7－1 给定的组合梁截面及材料，如图 7－19 所示。

(1)求按完全抗剪连接设计时梁的塑性抗弯承载力 M_u；

(2)求按部分抗剪连接设计时梁的塑性抗弯承载力 M_{ur}。

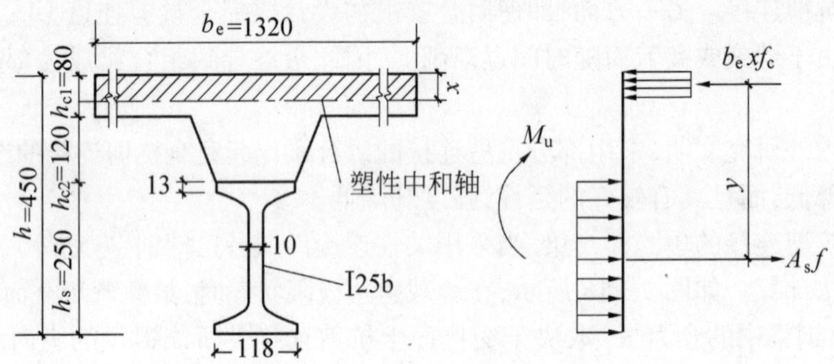

图 7－19 完全抗剪连接组合梁截面及应力图

解 (1)按完全抗剪连接设计时梁的塑性抗弯承载力

C25 砼：$f_c = 11.9\text{N/mm}^2$；

Q235 钢：抗拉、抗压强度设计值：$f = 215\text{N/mm}^2$

由于砼翼板合力：$b_e h_{c1} f_c = 1320 \times 80 \times 11.9 = 1256640\text{N}$

大于钢梁合力：$A_s f = 5.35 \times 10^3 \times 215 = 1150250\text{N}$

所以塑性中和轴位于砼翼板内，钢梁全部受拉，故组合梁截面为密实截面，属于第 1 种情况。如图 7－19，由式(7－29)，得：

$$x = A_s f / b_e f_c = \frac{1150250}{1320 \times 11.9} = 73.23\text{mm}$$

$$y = h - \frac{h_s}{2} - \frac{x}{2} = 450 - \frac{250}{2} - \frac{73.23}{2} = 288.39\text{mm}$$

再由式(7-30),得:

$$M_u = b_e x f_c y = 1320 \times 73.23 \times 11.9 \times 288.39 = 331.7\text{kN} \cdot \text{m}$$

将梁的塑性抗弯承载力与弹性抗弯承载力进行比较,由例 7-1 可知,$M_y = 237.66\text{kN}\cdot\text{m}$

$$M_u / M_y = 331.7/237.66 = 1.4$$

可见组合梁塑性阶段的工作具有较大的潜能。

(2)求按部分抗剪连接设计时梁的塑性抗弯承载力

假设剪力连接程度 $r = 0.8$,由式(7-28),得:

$$P_{sh} = n_r N_v = 0.8 V_l = 0.8 \times A_s f = 0.8 \times 1150250 = 920200\text{N}$$

这里 V_l 是按安全抗剪连接设计的交界面上引起的极限弯矩纵向水平剪力,应等于砼翼板与钢梁的合力较小值。

如图 7-20a 所示,截面上有两个中和轴,一个位于砼板内,另一个位于钢梁内。钢梁上翼缘受压,需考虑组合梁截面的类型。按照表 7-1,钢梁上翼缘挑出部分的宽厚比:

$$\frac{b_1}{t} = \frac{54}{13} = 4.15 < 9\sqrt{\frac{235}{f_y}} = 9$$

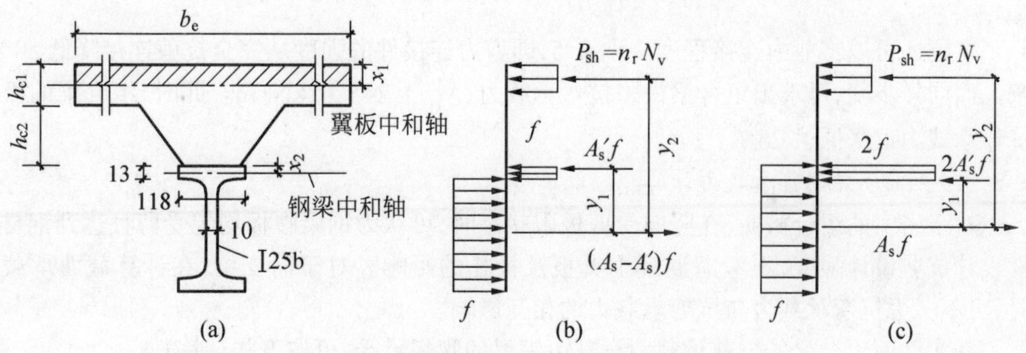

图 7-20　部分抗剪连接组合梁截面及应力图

钢梁腹板的宽厚比:

$$\frac{h_0}{t_w} = \frac{250 - 26}{10} = 22.4 < 72\sqrt{\frac{235}{f_y}} = 72$$

故该组合梁截面为密实截面,可以按塑性方法设计。

由式(7-33),得:

$$x_1 = \frac{n_r N_v}{b_e f_c} = \frac{920200}{1320 \times 11.9} = 58.58\text{mm}$$

再由式(7-34),得:

$$A_s' = 0.5(A_s - n_r N_v / f) = 0.5 \times \left(5.35 \times 10^3 - \frac{920200}{215}\right) = 535\text{mm}^2$$

I 25b 工字钢上翼缘的面积近似为:

$$A_{sf}' = 118 \times 13 = 1534\text{mm}^2 > A_s'$$

故中和轴位于上翼缘内,钢梁受压区高度为:

$$x_2 = \frac{A'_s}{118} = \frac{535}{118} = 4.53\text{mm}$$

为了避免求钢梁受拉区的合力重心，采用简化计算，如图 7－20c 所示，假定钢梁受拉区为全截面，抗拉强度为 f，拉力合力重心为钢梁截面中心，钢梁受压区高度仍为 $x_2 = 4.53\text{mm}$，但抗压强度为 $2f$，这样整个钢梁的合力及重心与图 7－20b 一样。

$$y_1 = \frac{250}{2} - \frac{4.53}{2} = 122.74\text{mm}$$

$$y_2 = 450 - \frac{58.58}{2} - \frac{250}{2} = 295.71\text{mm}$$

由式(7－35)，但注意钢梁受压区强度为 $2f$，则：

$$\begin{aligned} M_{ur} &= n_r N_v y_2 + 0.5 \times 2(A_s f - n_r N_v) y_1 \\ &= 920200 \times 295.71 + (1150250 - 920200) \times 122.74 \\ &= 300.35 \times 10^6 \text{N} \cdot \text{mm} = 300.35\text{kN} \cdot \text{m} \end{aligned}$$

对比上述(1)、(2)两种情况，当剪力连接件的强度从完全抗剪连接降低 20%，组合梁极限抗弯承载力仅降低了

$$\frac{331.7 - 300.35}{331.7} \times 100\% = 9.5\%$$

本题还可以将剪力连接程度 r 取 0.5，即剪力连接件的强度从完全抗剪连接降低 50%，按上面同样步骤，可求出组合梁极限抗弯承载力，$M_{ur} = 245.02\text{kN} \cdot \text{m}$。此时，组合梁的极限抗弯承载力仅降低了 26%。

7.2.3.5 组合梁抗剪承载力计算

对于密实的组合截面，在竖向受剪极限状态时，可认为钢梁腹板均匀受剪且达到钢材塑性设计抗剪设计强度，不考虑混凝土翼板及板托的影响。对于简支梁，在计算截面承载力时，可不考虑抗弯承载力与抗剪承载力的相互影响。

密实截面组合梁的抗剪承载力全部由钢梁的腹板承受，可按下式计算：

$$V \leqslant h_w t_w f_v \tag{7-36}$$

式中 h_w，t_w——钢梁腹板的高度及厚度；

f_v——钢材抗剪强度设计值，见附表 1－3。

7.2.4 抗剪连接件的设计

抗剪连接件是混凝土翼板与钢梁共同工作的基础，其主要作用是承受混凝土翼板与钢梁接触面之间的纵向剪力，抵抗二者之间的相对滑移，同时还必须能抵抗混凝土板与钢梁之间具有分离趋势的掀起力。

7.2.4.1 抗剪连接件的形式和构造

常用的抗剪连接件有三种：栓钉、槽钢及弯筋，其外形及设置方向如图 7－21 所示。

(1)栓钉(stud) 图 7－21a，栓钉的栓杆直径为 12mm～22mm。当焊接在钢梁翼缘上的栓钉位置不正对钢梁腹板时，如钢梁翼缘承受拉力，则栓钉栓杆直径不应大于钢梁上翼缘厚度的 1.5 倍；如钢梁上翼缘不承受拉力，则栓钉栓杆直径不应大于钢梁上翼缘厚度的 2.5 倍。栓钉高(长)与栓杆直径之比应不小于 4。为了抵抗掀起作用，栓钉上部做成大头或弯

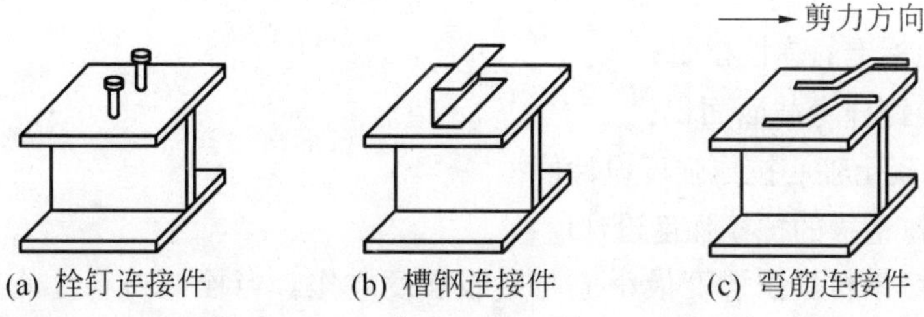

图 7－21　连接件的外形及设置方向

钩,大头直径不得小于栓杆直径的 1.5 倍。另外,栓钉沿梁轴线方向的间距不小于栓杆直径的 6 倍,垂直于梁轴线方向的间距不小于栓杆直径的 4 倍。

(2)槽钢(channel steel)　如图 7－21b 所示,槽钢连接件一般采用 Q235 钢,常用的规格用[8、[10 及[12,截面不宜大于[12.6;槽钢及块状连接件与钢梁上翼缘的连接焊缝应按本书第 3 章的规定进行。

(3)弯筋(bending bar)　如图 7－21c 所示,弯筋的直径为 12mm～20mm,但不小于 12mm。弯筋连接件通过双面角焊缝与钢梁焊接,焊接长度应大于 4 倍(Ⅰ级钢筋)或 5 倍(Ⅱ级钢筋)弯筋直径。弯筋连接件宜在钢梁上成对设置,沿梁轴线方向的间距不小于混凝土翼板厚度的0.7 倍。弯筋连接件的长度不小于其直径的 30 倍,从弯起点算起的长度不小于其直径的 25 倍,其中水平段长度不小于其直径的 10 倍。弯筋连接件弯起角宜为 45°,弯折方向应指向纵向水平剪力方向,在梁跨中纵向水平剪力方向变化区段,应设置"⌐_/¬"形弯筋。

此外,抗剪连接件的设置,无论是栓钉、槽钢或弯筋均还应符合下面的一般规定:

①连接件抗掀起端底面宜高出翼缘板底部钢筋顶面 30mm。

②连接件的最大间距不大于混凝土翼板(包括板托)厚度的 4 倍,且不大于 400mm。

③连接件的外侧边缘与钢梁翼缘边缘之间的距离不小于 20mm。

④连接件的外侧边缘至混凝土翼缘板边缘间的距离不小于 100mm。

⑤连接件顶面的混凝土保护层厚度不小于 15mm。

7.2.4.2　抗剪连接件的抗剪设计承载力

图 7－22 标出了在剪力作用下 3 种连接件的受力情况。除弯筋连接件在剪力作用下受拉外,栓钉连接件和槽钢连接件在纵向剪力作用下,由于混凝土的弹性反力作用,受力都很复杂。因此,连接件的强度承载力都根据试验结果来确定。

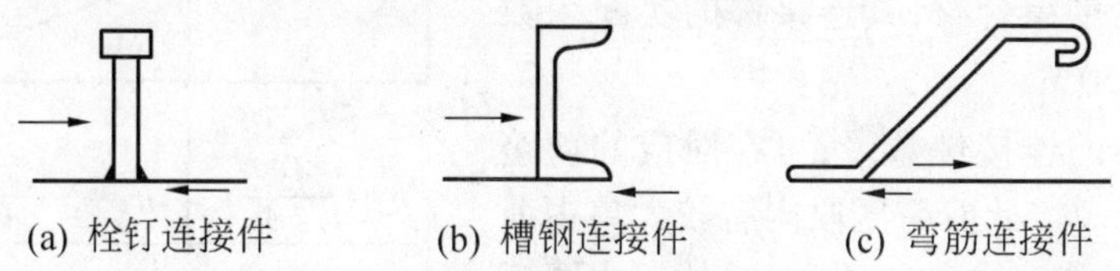

图 7－22　连接件的受力情况

规范[1]给出了栓钉、槽钢及弯筋连接件的抗剪设计承载力。

1. 栓钉连接件

$$N_v = 0.43A_s\sqrt{E_c f_c} \leqslant 0.7A_s\gamma f \tag{7-37}$$

式中 E_c——混凝土的弹性模量；

A_s——栓钉杆身截面面积；

f_c——混凝土轴心抗压强度设计值；

f——栓钉钢材的抗拉强度设计值；

γ——栓钉钢材抗拉强度最小值与屈服强度之比。当栓钉材料性能等级为 4.6 级时，$\gamma=1.67, f=215\text{N/mm}^2$。

2. 槽钢连接件

$$N_v = 0.26(t + 0.5t_w)l_c\sqrt{E_c f_c} \tag{7-38}$$

式中 t——槽钢翼缘的平均厚度；

t_w——槽钢腹板的厚度；

l_c——槽钢的长度。

槽钢连接件通过肢尖肢背两条通长角焊缝与钢梁连接，承受该连接件的抗剪承载力 N_v 应按本书第 3 章进行焊缝抗剪承载力验算。

3. 弯筋连接件

$$N_v = A_{st}f_{st} \tag{7-39}$$

式中 A_{st}——弯筋的截面面积；

f_{st}——钢筋的抗拉强度设计值。

7.2.4.3 抗剪连接件的数量及布置

抗剪连接件的计算，应以支座点、弯矩绝对值最大点及零弯矩点为界限，划分为若干个剪跨区，然后逐段计算。现以单跨简支梁为例，它的零弯矩截面是支座截面，在外荷载作用下，跨中某个截面弯矩最大，因此沿梁跨可分为两个正弯矩段，每个剪跨区内混凝土翼板与钢梁交界面上的纵向剪力 V 取钢梁的合力 $A_s f$ 和混凝土翼板合力 $b_e h_{c1} f_c$ 中的较小者。

如按照完全抗剪连接设计时，每个剪跨内需要的连接件总数 n_f 应按下式计算：

$$n_f = V/N_v \tag{7-40}$$

如按照部分抗剪连接设计，每个剪跨内需要的连接件总数 n_p 应按下式计算：

$$n_p = rn_f \tag{7-41}$$

式中 r——剪力连接度，按式(7-28)计算，$0.5 \leqslant r \leqslant 1$。

部分抗剪连接组合梁，其连接件的实配个数不得小于 n_f 的 50%。

按上式算得的连接件数量，可在对应的剪跨区段内均匀布置。当此剪跨区段内有较大集中荷载作用时，应将连接件个数 n_f(或 n_p)按剪力图面积比例分配后再均匀布置，如图 7-23 所示，图中：

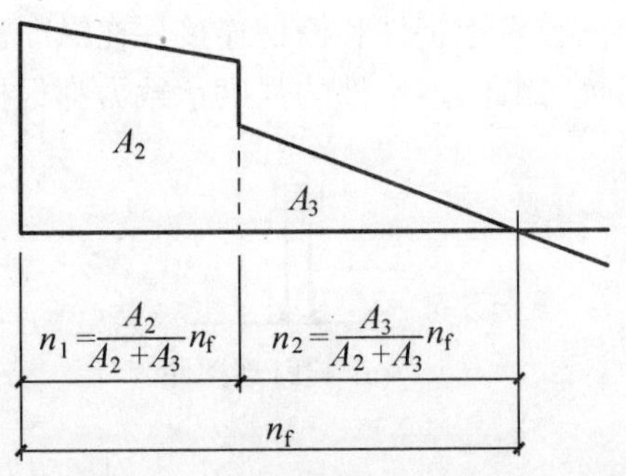

图 7-23 剪跨段内有较大集中荷载作用时抗剪连接件的分配

$$n_1 = \frac{A_2}{A_2 + A_3} n_f \tag{7-42}$$

$$n_2 = \frac{A_3}{A_2 + A_3} n_f \tag{7-43}$$

式中　A_2、A_3——剪力图面积；

n_1、n_2——相应剪力图内的连接件数量。

第8章 塑性设计

8.1 塑性设计的基本思想

钢结构塑性设计是利用钢材进入塑性状态，在外荷载作用下，结构逐步产生塑性铰，直至形成机构，以此作为结构承载能力极限状态的设计方法。塑性设计可以充分利用钢材的塑性变形能力产生内力重分布，提高结构的整体承载力。

8.1.1 截面全塑性弯矩 M_p

当工字形截面梁在弯矩作用下处于弹性范围时，截面应力应变分布均呈三角形，如图8-1a所示；当弯矩逐渐增加，工字形截面部分进入塑性状态时，截面应力应变分布如图8-

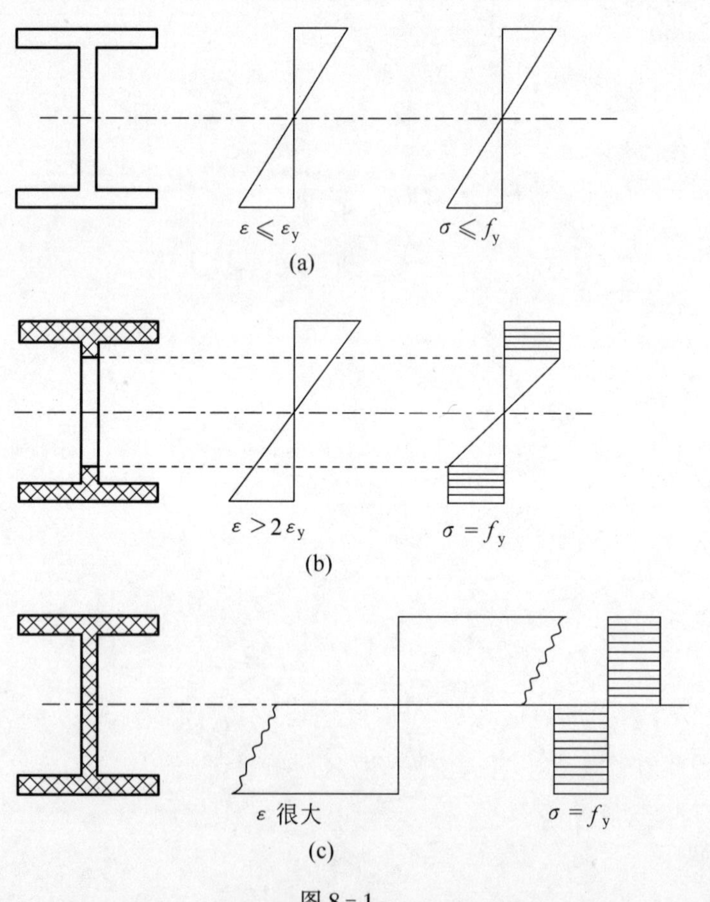

图8-1

1b 所示；当受拉、受压区截面的应力均达到屈服强度 f_y 时，截面进入全塑性状态，截面应力应变分布如图 8－1c 所示。这时截面曲率可以任意增长，但截面弯矩保持不变，塑性铰形成，此弯矩称为截面全塑性弯矩 M_p。

8.1.2　内力重分布

在均布荷载 q 作用下，两端固定的单跨梁如图 8－2a 所示，弹性阶段弯矩如图 8－2b 所示。随着荷载逐渐增大，固定端弯矩逐渐增大为截面全塑性弯矩 M_p，如图 8－2c 所示，这时外荷载仍可继续增加，两端在弯矩保持 M_p 的情况下，产生塑性铰转动，梁跨中弯矩逐渐增大，直至达到截面全塑性弯矩 M_p，结构成为可动机构，达到塑性设计的承载力极限状态，外荷载无法继续增加。

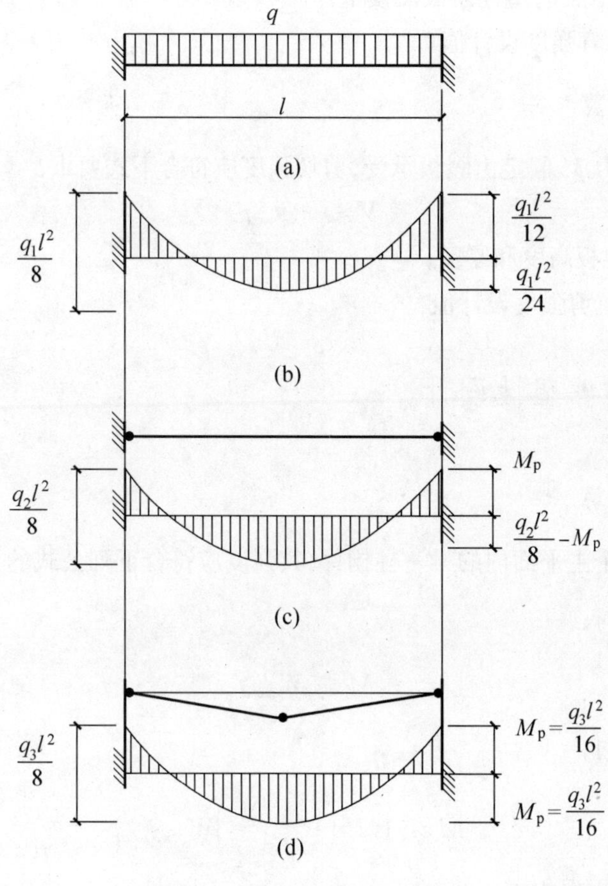

图 8－2

(a)梁及荷载；(b)弹性阶段 M 图；(c)两端形成塑性铰及其 M 图；(d)形成机构及其 M 图

以上结构塑性内力重分布，充分发挥了材料的塑性变形能力，达到节省钢材的目的。

8.2　塑性设计对钢材的要求

我国规范[1]中指出，塑性设计只适用于不直接承受动力荷载的固端梁、连续梁以及由实腹构件组成的单层和两层框架结构。同时,要求钢材力学性能应满足屈强比 $f_u/f_y \geqslant 1.2$,伸长率 $\delta_5 \geqslant 15\%$,相应于抗拉极限强度 f_u 的应变 ε_u 不小于 20 倍屈服点应变 ε_y。

8.3 受弯构件塑性设计

8.3.1 抗弯强度计算

弯矩 M_x(对 H 型和工字形截面 x 轴为强轴)作用在一个主平面内的受弯构件,其弯曲强度应符合下式要求:

$$M_x \leqslant W_{pnx} f \tag{8-1}$$

式中 W_{pnx}——对 x 轴的塑性净截面模量;

f——钢材抗弯强度设计值。

8.3.2 抗剪强度计算

受弯构件的剪力 V 假定由腹板承受,剪切强度应符合下式要求:

$$V \leqslant h_w t_w f_v \tag{8-2}$$

式中 h_w、t_w——腹板高度和厚度;

f_v——钢材抗剪强度设计值。

8.4 梁-柱构件塑性设计

8.4.1 抗弯强度计算

弯矩作用在一个主平面内的梁-柱构件,其强度应符合下列公式的要求:

当$\dfrac{N}{A_n f} \leqslant 0.13$时,

$$M \leqslant W_{pnx} f \tag{8-3a}$$

当$\dfrac{N}{A_n f} > 0.13$时,

$$M \leqslant 1.15\left(1-\frac{N}{A_n f}\right) W_{pnx} f \tag{8-3b}$$

式中 A_n——净截面面积。

8.4.2 抗剪强度计算

梁-柱构件的压力 N 不应大于 $0.6A_n f$,其剪切强度按公式(8-2)计算。

8.4.3 弯矩作用平面内稳定计算

弯矩作用在一个主平面内的梁-柱构件,其平面内稳定性应符合下式的要求:

$$\frac{N}{\varphi_x Af}+\frac{\beta_{mx}M_x}{W_{px}f\left(1-0.8\frac{N}{N'_{Ex}}\right)}\leqslant 1 \tag{8-4}$$

式中　W_{px}——对 x 轴的塑性毛截面模量。

φ_x、N'_{Ex}和 β_{mx}应按规范[1]第 5.5.2 条计算弯矩作用平面内稳定的有关规定采用。

8.4.4　弯矩作用平面外稳定计算

弯矩作用在一个主平面内的梁－柱构件，其弯矩作用平面外稳定性应符合下式的要求：

$$\frac{N}{\varphi_y Af}+\eta\frac{\beta_{tx}M_x}{\varphi_b W_{px}f}\leqslant 1 \tag{8-5}$$

φ_y、φ_b、η 和 β_{tx}应按规范[1]第 5.5.2 条计算弯矩作用平面外稳定的有关规定采用。

8.5　塑性设计的构造要求

8.5.1　板件宽厚比限值

塑性设计截面板件的宽厚比应符合表 8－1 的规定。

表 8－1　板件宽厚比

截面形式	翼缘	腹板
工字形截面（b，t，t_w，h_0）；带中间翼缘的工字形截面（b，t，h_1，t_w，h_0）	$\frac{b}{t}\leqslant 9\sqrt{\frac{235}{f_y}}$	当$\frac{N}{Af}<0.37$时：$\frac{h_0}{t_w}\left(\frac{h_1}{t_w},\frac{h_2}{t_w}\right)\leqslant\left(72-100\frac{N}{Af}\right)\sqrt{\frac{235}{f_y}}$ 当$\frac{N}{Af}\geqslant 0.37$时：$\frac{h_0}{t_w}\left(\frac{h_1}{t_w},\frac{h_2}{t_w}\right)\leqslant 35\sqrt{\frac{235}{f_y}}$
箱形截面（b，b_0，b，t，t_w，h_0）	$\frac{b_0}{t}\leqslant 30\sqrt{\frac{235}{f_y}}$	与前项工字形截面的腹板相同

8.5.2　构件设计长细比

受压构件长细比不宜大于 $130\sqrt{235/f_y}$。

在构件出现塑性铰的截面处，必须设置侧向支承。该支承点与其相邻支承点间构件的长细比 λ_y 应符合下列要求：

当 $-1\leqslant\frac{M_1}{W_{px}f}\leqslant0.5$ 时，

$$\lambda_y\leqslant\left(60-40\frac{M_1}{W_{px}f}\right)\sqrt{\frac{235}{f_y}} \tag{8-6}$$

当 $0.5<\frac{M_1}{W_{px}f}\leqslant1.0$ 时，

$$\lambda_y\leqslant\left(45-10\frac{M_1}{W_{px}f}\right)\sqrt{\frac{235}{f_y}} \tag{8-7}$$

式中　λ_y——弯矩作用平面外的长细比，$\lambda_y=l_1/i_y$；l_1 为侧向支承点间距离，i_y 为截面回转半径；

M_1——与塑性铰相距为 l_1 的侧向支承点的弯矩；当长度 l_1 内为同向曲率时，$M_1/(W_{px}f)$为正；当为反向曲率时，$M_1/(W_{px}f)$为负。

对不出现塑性铰的构件区段，其侧向支承点间距，应由弯矩作用平面外的整体稳定计算确定。

所有节点及其连接应有足够的刚度，以保证在出现塑性铰前节点处各构件的夹角保持不变。

构件拼接和构件间的连接应能传递该处最大弯矩设计值的 1.1 倍，且不得低于 $0.25W_{px}f$。

当板件采用手工气割或剪切机切割时，应将塑性铰部位的边缘刨平。

当螺栓孔位于构件塑性铰部位的受拉板件上时，应采用钻成孔或先冲后扩钻孔。

8.6　塑性内力分析方法

在结构塑性分析中，荷载与内力不成线性关系，荷载效应的叠加原理不成立，常用的结构塑性内力分析方法为静力法和机构法。

8.6.1　静力法

静力法适用于超静定次数较低的梁和刚架，主要思路是寻求一个既能满足平衡条件又符合全塑性弯矩条件($M\leqslant M_p$)的弯矩图。具体步骤如下:先将结构的超静定约束除去，使结构转变为静定的基本体系，然后根据平衡条件，分别作出外荷载和超静定约束作用在基本体系上的弯矩图，超静定约束所产生的弯矩用未知的超静定约束值的函数来表示，截面的总弯矩等于两个弯矩的代数和。设结构的超静定次数为 r，则需要形成$(r+1)$个塑性铰才能使结构转变为机构。用尝试法置$(r+1)$个截面的弯矩等于 M_p，得$(r+1)$个方程式，联立解此方程组，即可解算出 M_p 和 r 个超静定约束值。至此，结构的弯矩图即为已知。若所有截面均满足 $M\leqslant M_p$ 的条件，则所得弯矩图就是相应于真正破坏机构的弯矩图。否则，重新选定$(r+1)$个截面(一般应包括前一轮尝试中 $M>M_p$ 的截面)进行尝试，直至所有截面均满足 $M\leqslant M_p$ 时为止。

8.6.2　机构法

机构法的主要思想是从所有可能的破坏机构中，选出相应于最小塑性极限荷载的一个机构，这个最小塑性极限荷载就是真正的塑性破坏荷载。具体步骤如下：根据观察判断选取一个机构，给该机构一个虚位移，从外荷载所作外功应等于塑性铰转动所吸收的内功这一条件，计算相应于这个机构的荷载值。然后根据平衡条件，作出整个结构的弯矩图，如处处满足 $M \leqslant M_p$ 的条件，则这个尝试解即为真正的解。否则，另选机构重新进行尝试。

例 8－1　已知图 8－3 所示钢梁。试按塑性方法设计该钢梁。（钢材 Q235 钢，计算时忽略钢梁自重，跨中 1/3 点处设置侧向支承）

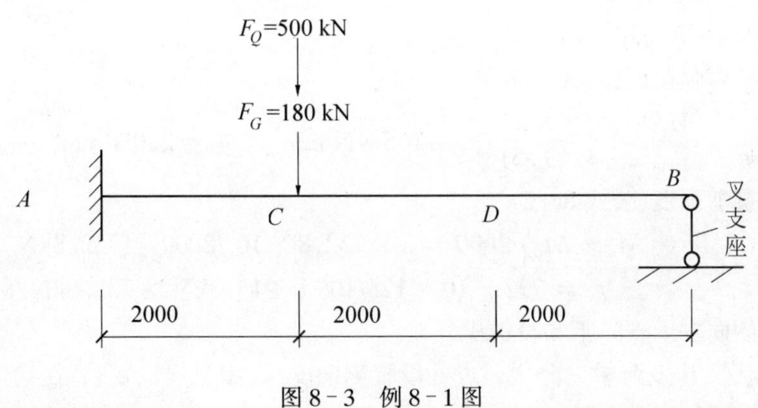

图 8－3　例 8－1 图

解　(1)荷载计算

集中荷载标准值　　$F_k = 180 + 500 = 680\text{kN}$

集中荷载设计值　　$F = 180 \times 1.2 + 500 \times 1.4 = 916\text{kN}$

(2)钢材强度

$$f = 215\text{N/mm}^2, f_v = 125\text{N/mm}^2$$

(3)钢梁塑性设计弯矩 M_p

如图 8－4 所示，此超静定梁形成两个塑性铰时，就形成破坏机构。

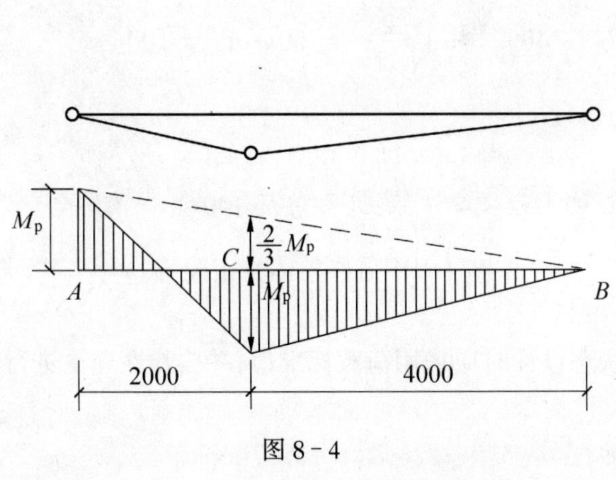

图 8－4

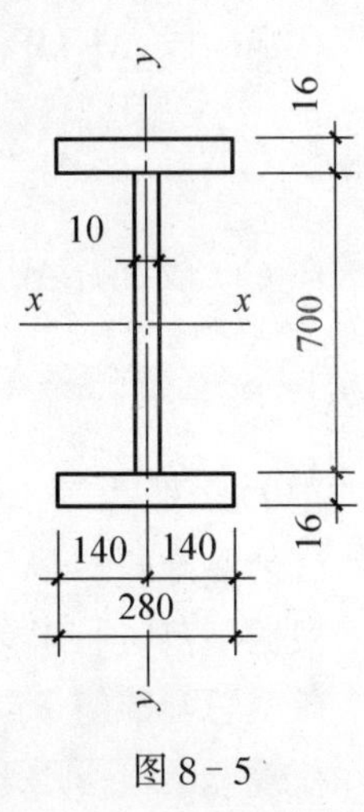

图 8－5

简支梁最大弯矩 $M=\dfrac{916\times4\times2}{6}=1221.3\text{kN}\cdot\text{m}$

$$M_p+\frac{2}{3}M_p=M, M_p=\frac{3}{5}M=732.8\text{kN}\cdot\text{m}$$

(4)所需截面抵抗矩

$$W_{npx,r}=M_p/f=732.8\times10^6/210=3.490\times10^6\text{mm}^3$$

(5)选取截面(图 8-5)

$$W_{npx}=280\times16\times716+350\times10\times350=4.43\times10^6\text{mm}^3>W_{npx,r}$$

(6)验算板件宽厚比(表 8-1)

翼缘:$b/t=135/16=8.44<9$

腹板:$h_w/t_w=700/10=70<72$

(7)验算抗弯强度(公式 8-1)

$$\frac{M_p}{W_{npx}}=\frac{732.8\times10^6}{4.43\times10^6}=165.4\text{N/mm}^2<f=210\text{N/mm}^2$$

(8)验算抗剪强度(公式 8-2)

$$V_A=(M_p+M_p)/2000=2\times732.8\times10^6/2000=732.8\text{kN}$$

$$h_w\cdot t_w\cdot f_v=732\times10\times125/10^3=915.0\text{kN}>732.8\text{kN}$$

(9)验算侧向支承点间距和长细比

①在支座 A、B 及跨中三分之一点处设置侧向支承,满足规范要求"在构件出现塑性铰截面处,必须设置侧向支承"的规定。

②验算长细比(公式 8-6)

$$I_y=\frac{1}{12}\times16\times280^3\times2+\frac{1}{12}\times700\times10^3=58.6\times10^6\text{mm}^4$$

$$A=280\times16\times2+700\times10=15960\text{mm}^2$$

$$i_y=\sqrt{I_y/A}=60.6\text{mm}$$

$$l_y=2000$$

$$\lambda_y=2000/60.1=33.0$$

在 AC 段,$M_1/W_{px}\cdot f=-1$

$$\lambda_y=33.0<\left(60-40\frac{M_1}{W_{px}f}\right)\sqrt{\frac{235}{f_y}}=60+40=100$$

在 CD 段,$M_1/W_{px}\cdot f=\dfrac{1}{2}$

$$\lambda_y=33.0<\left(60-40\frac{M_1}{W_{px}f}\right)\sqrt{\frac{235}{f_y}}=40$$

在 DB 段,由于 $l_1/b_1=2000/280=7.14<16$,不需作整体稳定验算。

(10)挠度验算

根据规范[1],正常使用极限状态设计时应采用荷载标准值,并按弹性理论进行计算。

荷载总标准值 $F_k=680\text{kN}$,

荷载标准值作用下支座反力为:$R_A=579.2\text{kN}$,$R_B=100.7\text{kN}$

从 B 点向左起为 x，$a=4000$，$b=2000$，则梁挠度 v 为：

BC 段 $$v=\frac{1}{6EI}\left[R_B(3l^2x-x^3)-3F_kb^2x\right]$$

CA 段 $$v=\frac{1}{6EI}\left[R_B(3l^2x-x^3)-3F_kb^2x+F_k(x-a)^3\right]$$

最大挠度在 $x=3\text{m}$ 处，将 $F_k=680\text{kN}$，$E=206\times10^3\text{N/mm}^2$，$I=1.434\times10^9\text{mm}^4$ 代入上式

$$v=\frac{1}{6\times206\times10^3\times1.434\times10^9}\left[100.7\times10^3\times(3\times6000^2\times3000-3000^3)-3\times680\times10^3\times2000^2\times3000\right]$$

$$=3.1\text{mm}=\frac{l}{1959}<\frac{l}{400}$$

例 8－2　试根据所给设计资料求图 8－6 所示单跨对称门式刚架所受荷载设计值及其组合。

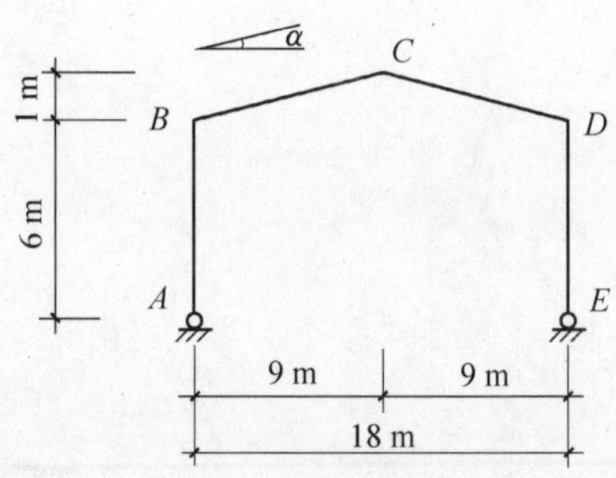

图 8－6　单跨铰接门式刚架

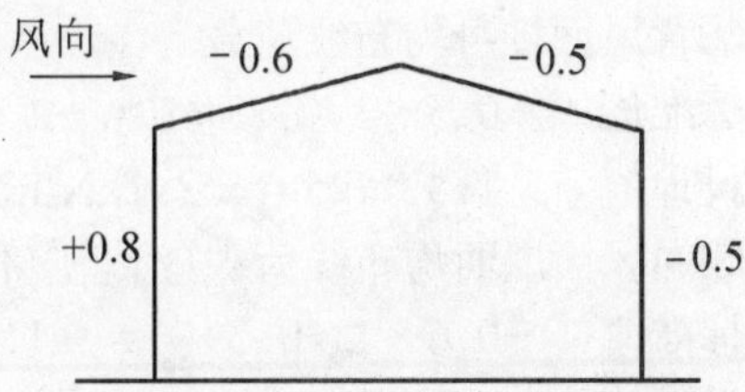

图 8－7　封闭双坡屋面体型系数

设计资料：

跨度　$L=18\text{m}$

柱高　$h=6\text{m}$（自基础顶面至柱顶）

屋面坡度　$i=1/9$　$\alpha=6.340°$　$\cos\alpha=0.9939$

刚架间距　$l=6\text{m}$

房屋总长　$\sum l=66\text{m}$

钢材牌号　Q235B 钢

手工焊焊条型号　E43 型

屋面材料及自重标准值（沿屋面坡面）　W600 型压型钢板 0.15kN/m^2

檩条及支撑　0.10kN/m^2（檩条水平间距 $a=1.2\text{m}$）

刚架斜梁自重（估计值）　0.15kN/m^2

屋面均布活荷载（水平投影面积）　0.30kN/m^2

风荷载　基本风压 $w_0=0.50\text{kN/m}^2$

地面粗糙度　B 类

离地面 10m 及 10m 以下的风压高度变化系数　$\mu_z=1.0$

风载体型系数按《建筑结构荷载规范》GB50009 采用（图 8－7）。

因房屋高度较小，不考虑风振。

风荷载标准值 $w_k = \mu_z \mu_s w_0$ kN/m^2

墙体（包括墙面、墙架）及刚架自重标准值，假设为 0.40kN/m^2（墙面）。

解 (1)屋面永久荷载（按水平方向计）

标准值(0.15+0.10+0.15)×6/0.9939=2.42kN/m

设计值 1.2×2.42=2.90kN/m

(2)墙体等重量（按集中力作用于柱身）

标准值 0.4×6×6=14.40kN/m

设计值 1.2×14.40=17.30kN/m

(3)屋面活荷载（按水平方向计）

标准值 0.30×6=1.80kN/m

设计值 1.4×1.80=2.52kN/m

(4)风荷载

①向风面柱身均布线荷载

标准值 0.8×1.0×0.5×6=2.4kN/m

设计值 1.4×2.4=3.36kN/m

②背风面柱身均布线荷载

标准值 −0.5×1×0.5×6=−1.5kN/m

设计值 −1.4×1.5=−2.1kN/m

③向风面屋面均布线荷载（沿竖向和水平方向）

标准值 −0.6×1×0.5×6=−1.8kN/m

设计值 −1.4×1.8=−2.52kN/m

④背风面屋面均布线荷载（沿竖向和水平方向）

标准值 −0.5×1×0.5×6=−1.5kN/m

设计值 −1.4×1.5=−2.1kN/m

(5)荷载第一组合："永久荷载+活荷载"

组合设计值由上述(1)、(2)和(3)中的设计值相加而成示于图 8-8a。

(6)荷载第二组合

按《建筑结构荷载规范》GB50009 中规定的适用于框架结构基本组合的简化规则进行："永久荷载+0.9(活荷载+风荷载)"，结果示于图 8-8b 中，计算如下：

①左柱风荷载 0.9×3.36=3.02kN/m

合力 3.02×6=18.14kN/m

②左屋面水平风荷载 −0.9×2.52=−2.27kN/m

合力 −2.27×1=−2.27kN/m

③左屋面永久荷载、活荷载和风荷载 2.90+0.9(2.52−2.52)=2.90kN/m

合力 2.90×9=26.10kN/m

④右屋面永久荷载、活荷载和风荷载 2.90+0.9(2.52−2.1)=3.28kN/m

合力 3.28×9=29.50kN/m

⑤右屋面水平风荷载 −0.9×2.1=−1.89kN/m

合力 −1.89×1=−1.89kN/m

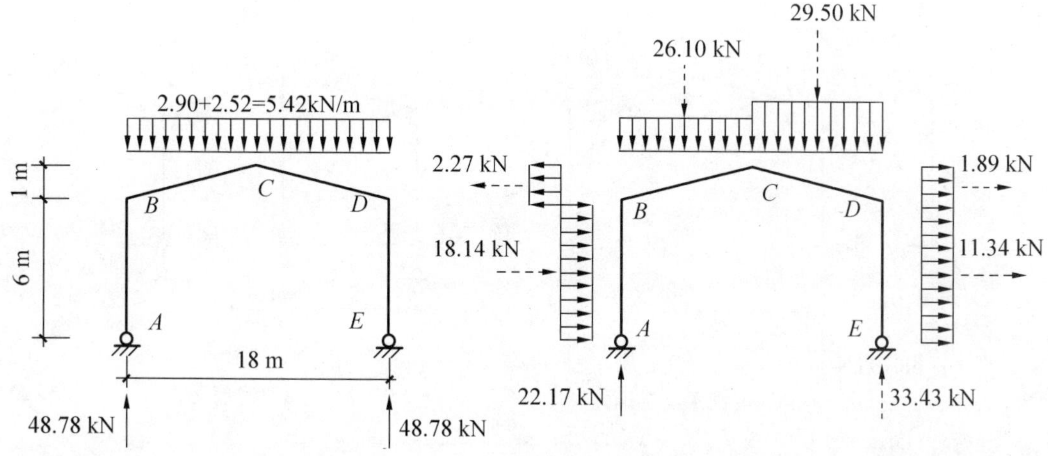

(a) 永久荷载+活荷载(墙重未示出)　　(b) 永久荷载+0.9(活荷载+风荷载)(墙重未示出)

图 8-8　荷载组合

⑥右柱风荷载　$-0.9\times2.1=-1.89$kN/m

合力　$-1.89\times6=-11.34$kN/m

⑦柱身自重及墙重　17.30kN

⑧柱底竖向反力为静力值,由 $\sum M_A=0$, $\sum M_E=0$ 得:

$N_A=22.17$kN　　$N_E=33.43$kN

(7)荷载第三组合:"永久荷载 + 风荷载"

由上述(1)和(4)之③、④,可见当永久荷载采用 $\gamma_G=1.20$ 时,第三组合结果斜梁上荷载不及第二组合大,当采用永久荷载的 $\gamma_G=1.0$ 时,斜梁荷载未变号。第三组合不控制设计,不必进行计算。

例 8-3　试对例题 8-2 的门式刚架的两个荷载组合值进行机构分析,求塑性铰的位置及最大塑性弯矩 M_p。设斜梁和柱采用同一截面。

解　(1)第一荷载组合即"永久荷载 + 活荷载"时的刚架机构分析

采用静力法。去除在柱底 E 处的水平赘余反力 H,使刚架由一次超静定变成静定。分别分析此静定刚架在荷载和赘余反力 H 作用下的弯矩。绘出各自的弯矩图并叠加,示于图 8-9。弯矩取使刚架内侧纤维受拉者为正。

①荷载作用下的静定弯矩值(图形为抛物线)

$$M_x = 48.78x - \frac{1}{2}\times5.42x^2 = 48.78x - 2.71x^2$$

最大弯矩　$$M_{max}=\frac{1}{8}\times5.42\times18^2=219.51\text{kN}\cdot\text{m}$$

②赘余反力 H 引起的弯矩图(折线形)

柱顶外 $M_B=-6H$

屋脊外 $M_C=-7H$

$$M_x=-\left(6+\frac{x}{9}\right)H$$

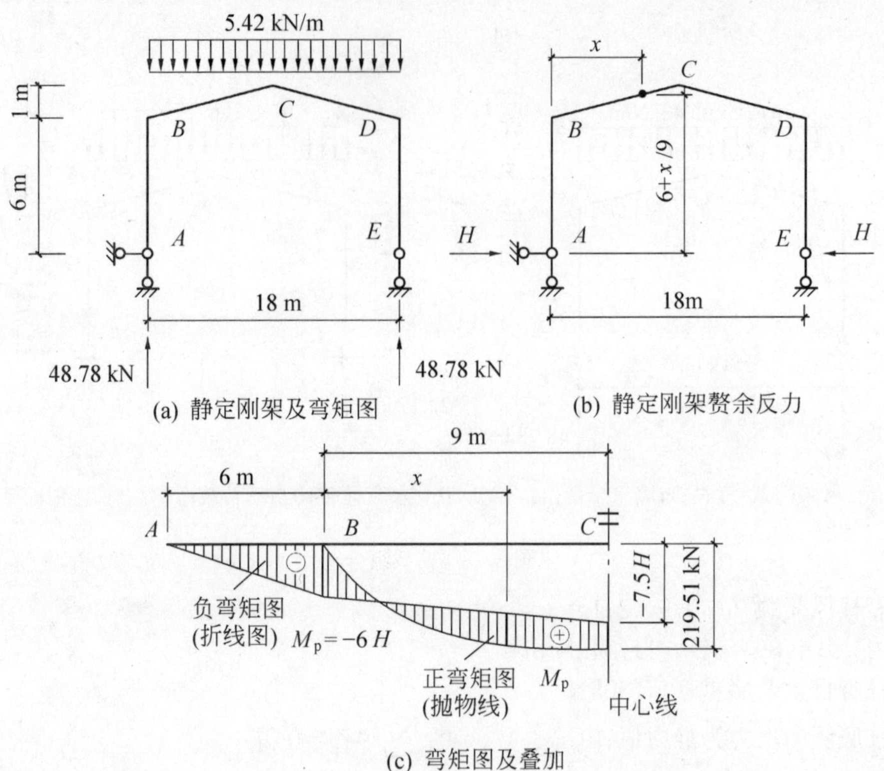

图 8-9 “永久荷载+活荷载”时的机构分析

由图 8-9c 发现负弯矩区最大负弯矩必定在 B 点,正弯矩区的最大弯矩点不明确,设离 B 点为 x 处。令该两处为塑性铰所在,其最大弯矩绝对值均为 M_p,由此得:

$$M_p = 6H = 48.78x - \frac{1}{2}\times 5.42x^2 - \left(6+\frac{x}{9}\right)H$$

即

$$H = \frac{48.78x - 2.71x^2}{12 + x/9}$$

为使求得的 M_p 为最大,应使 $\frac{\mathrm{d}H}{\mathrm{d}x}=0$,即

$$\frac{\mathrm{d}H}{\mathrm{d}x} = \frac{583.36 - 65.04x - 0.3x^2}{(12 + x/9)^2} = 0$$

解得:$x=8.65\mathrm{m}$,此即为正弯矩区或斜梁上的塑性铰位置。代入上式,得:

$$H = \frac{48.78\times 8.65 - 2.71\times 8.65^2}{12 + 8.65/9} = 16.91\mathrm{kN}$$

$$M_p = 6H = 6\times 16.91 = 101.46\mathrm{kN\cdot m}$$

屋面荷载实际上在檩条位置以集中荷载作用在刚架斜梁上,由于本题中檩条的水平间距为 1.20m,其值不大,今以均布荷载方式进行分析,所得 M_p 值误差不会太大。但实际塑性铰的位置必然应在檩条作用处。与 $x=8.65\mathrm{m}$ 最接近的檩条是从屋脊处向下数的第 2 根,即 $x=9-1.2=7.8\mathrm{m}$。凡出现塑性铰处,设计规范规定对斜梁必须设置侧向支撑,以保证该处的截面能自由转动而产生弯矩重分配。因此在 $x=7.8\mathrm{m}$ 处的檩条必须兼作刚性系

杆，设计时要验算其长细比符合刚性系杆的要求。同理，$x=0$ 处即 B 点（另一塑性铰所在）和屋脊处（$x=9\text{m}$）的檩条也必须兼作刚性系杆。屋脊处虽不是塑性铰所在，但由于是两斜梁的交点处，比较重要，因此应同样处理。

（2）第二荷载组合时的刚架机构分析

图 8－10a 示去除 E 端的赘余水平支承链杆后的静定刚架及第二荷载组合时的荷载图（参见图 8－8b）。按此图计算由荷载产生的下列数值：

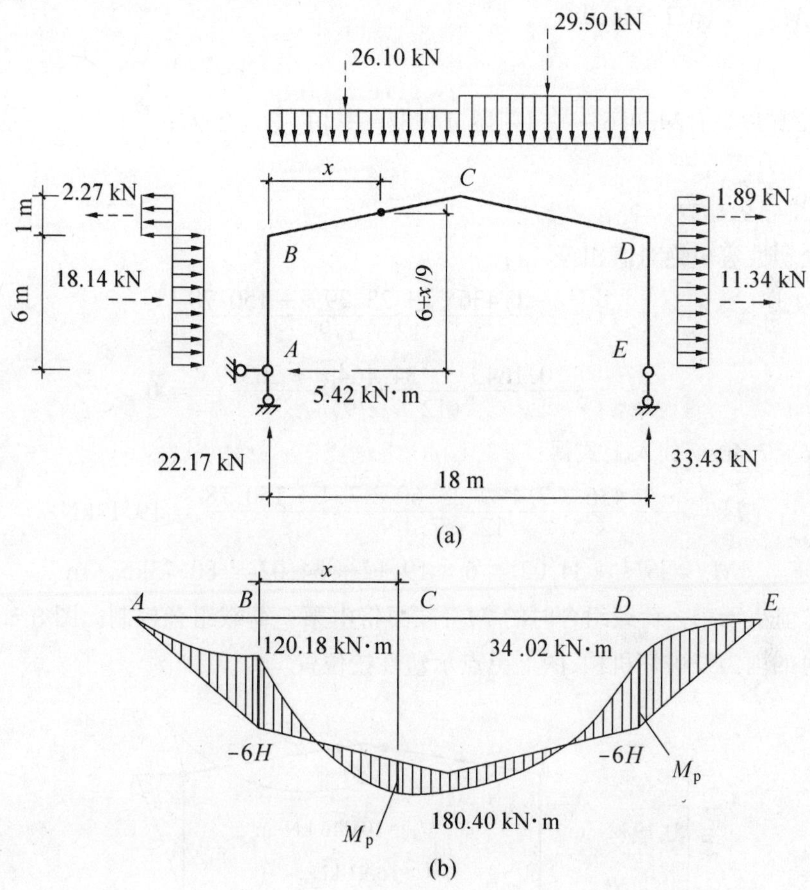

图 8－10　永久荷载＋0.9（活荷载＋风荷载）时的机构分析

A 端水平反力：

$$H_A = 18.14 + 11.34 - 2.27 + 1.89 = 29.1\text{kN}$$

静定刚架各点的弯矩为：

$$M_D = 11.34 \times 3 = 34.02\text{kN} \cdot \text{m}$$

$$M_C = 33.43 \times 9 + 11.34 \times 4 + 1.89 \times 0.5 - 29.50 \times 4.5 = 180.40\text{kN} \cdot \text{m}$$

$$M_B = 29.1 \times 6 - 18.14 \times 3 = 120.18\text{kN} \cdot \text{m}$$

支座 E 处赘余水平反力 H 对静定刚架产生的弯矩为：

$$M_D = M_B = -6H$$

$$M_C = -7H$$

两弯矩图合成的弯矩为：

$$M_B = -(6H - 120.18)$$

$$M_C = 180.4 - 7H$$

$$M_D = -(6H - 34.02)$$

由图可见负弯矩区的塑性铰必然在节点 D 处，而正弯矩区的塑性铰必然在斜梁 BC 上，今设位于离 B 点水平距离为 x 处。

D 点：$M_p = -(6H - 34.02)$

x 处：

$$M_p = \left[22.17x + 29.1\left(6 + \frac{x}{9}\right) - 18.14\left(3 + \frac{x}{9}\right) + \frac{1}{2} \times 2.27\left(\frac{x}{9}\right)^2 - \frac{1}{2} \times 2.9x^2\right] - \left(6 + \frac{x}{9}\right)$$

令两处塑性弯矩绝对值相等，得：

$$H = \frac{-1.436x^2 + 23.39x + 150.78}{12 + x/9}$$

$$\frac{dH}{dx} = \frac{-0.164x^2 - 34.464x + 263.93}{(12 + x/9)^2} = 0$$

解得 $x = 7.40$m，代入上式得：

$$H = \frac{-1.436 \times 7.4^2 + 23.69 \times 7.4 + 150.78}{12 + 7.4/9} = 19.12\text{kN}$$

$$M_p = 6H - 34.02 = 6 \times 19.12 - 34.02 = 80.73\text{kN} \cdot \text{m}$$

此 M_p 值小于第一荷载组合时的 M_p，截面将由第一荷载组合控制。图 8-11b 示第二荷载组合时的内力及破坏机构，图上黑点示塑性铰位置。

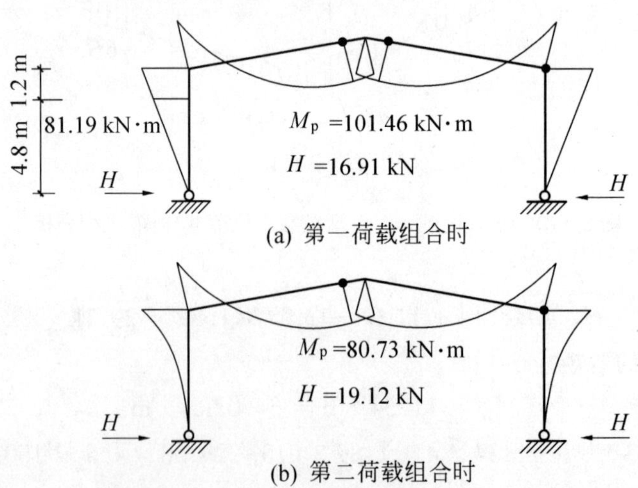

图 8-11 内力图及破坏机构塑性铰位置

例 8-4 试设计例题 8-2 中的刚架构件截面，并进行构件的各种强度和稳定验算。

解　(1)试选构件截面

从例题 8－2 知机构分析后得到需要的最大塑性弯矩：

$$M_p = 101.46\text{kN}\cdot\text{m}$$

设截面形状系数 $\eta = 1.12$。Q235 钢的抗弯强度设计值 $f = 215\text{N/mm}^2$。由公式得需要的弹性截面模量为：

$$W_x = \frac{M_p}{f\eta} = \frac{101.46}{1.12 \times 215 \times 10^3} = 429\text{cm}^3$$

由本书附录 2 的附表 2－1a 热轧 H 型钢表查得合适的截面为 HN346×174×6×9，截面示于图 8－12。斜梁与柱采用同一截面。读者可根据需要从附录 2 中自选截面型号，看有否更合适的截面。

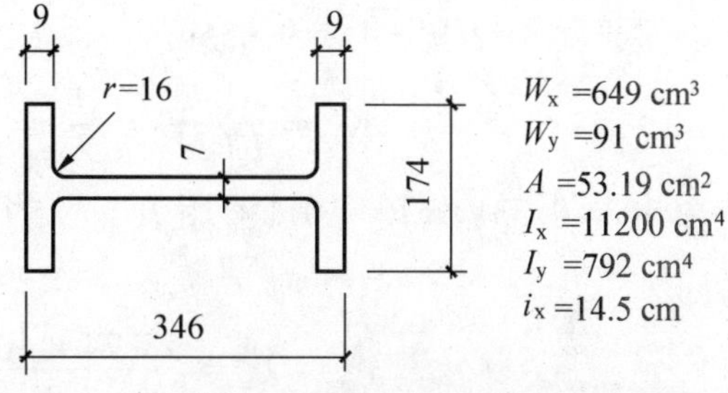

图 8－12　热轧窄翼缘 H 型钢

(2)截面板件的局部稳定验算

①翼缘板外伸宽厚比

$$\frac{b}{l} = \frac{174/2}{2 \times 9} = 7.55 < 9$$

②腹板的高厚比

由图 8－8a 知：柱顶 $N = 48.78\text{kN}$；柱底端 $N = 48.76 + 17.3 = 66.08\text{kN}$，其中 17.3kN 是墙梁等作用在柱身上的重量设计值。

令
$$\frac{N}{Af} = \frac{66.08 \times 10^3}{53.19 \times 10^2 \times 215} = 0.058 < 0.37$$

由附表 1－18 知局部稳定条件为：

$$\frac{h_0}{t_w} \leqslant \left(72 - 100\frac{N}{Af}\right)\sqrt{\frac{235}{f_y}}$$

$$\left(72 - 100\frac{N}{Af}\right)\sqrt{\frac{235}{f_y}} = (72 - 100 \times 0.058) \times 1 = 66.2$$

今 $\frac{h_0}{t_w} = \frac{346 - 2(9 + 16)}{6} = 49.3 < 66.2$，满足要求。

(3)刚架柱的强度和稳定验算

①抗弯强度验算

$\frac{N}{Af} = 0.058 < 0.13$，验算条件为 $M \leqslant W_{pnx} f$，截面上无螺栓孔，$W_{pnx} \leqslant W_{px}$，得：

$$W_{px} = S_1 + S_2 = 2 \times \left[17.4 \times 0.9 \times \left(\frac{34.6}{2} - \frac{0.9}{2}\right) + \frac{1}{2} \times \left(\frac{34.6}{2} - 0.9\right)^2 \times 0.6\right] = 689.1\text{cm}^3$$

$$W_{pnx} f = 689.1 \times 10^3 \times 215 \times 10^{-6} = 148.16\text{kN}\cdot\text{m}$$

$$M_x = M_p = 101.46 < W_{pnx} f = 148.16\text{kN}\cdot\text{m（满足要求）}$$

(2)剪切强度验算

验算条件：$V \leqslant h_w t_w f_v$

$$V = 19.12\text{kN}$$

$$h_w t_w f_v=(346-2\times9)\times6\times125\times10^{-3}=246\text{kN}$$

$V\leqslant h_w t_w f_v$(满足要求)

③弯矩作用平面内的稳定验算

验算条件为: $$\frac{N}{\varphi_x Af}+\frac{\beta_{mx}M_x}{W_{px}f\left(1-0.8\frac{N}{N'_{Ex}}\right)}\leqslant1$$

现柱顶截面上同时产生的内力设计值:$M_x=M_p=148.16\text{kN·m}$,$N=48.78\text{kN}$。

柱底为铰接,拟采用平板支座,$K_2=0.1$。

斜梁长度 $s=\sqrt{9^2+1^2}=9.055\text{m}$

$$K_1=\frac{I_b h}{I_c(2s)}=\frac{h}{2s}=\frac{6}{2\times9.055}=0.331$$

由 $K_1=0.331$ 和 $K_2=0.1$ 查附表 1-25 得 $\mu_c=2.29$

$$l_{ox}=\mu_c h=2.29\times6=13.74\text{m}$$

$$\lambda_x=\frac{13.74\times10^2}{14.5}=95<130$$

因截面翼缘宽与截面深度比$\frac{174}{346}\approx0.50<0.8$,由表 4-3 截面分类,查得本截面对 x 轴屈曲时为 a 类截面,对 y 轴屈曲时为 b 类截面。

由附表 1-19,当 $\lambda_x=95$ 时,a 类截面 $\varphi_x=0.676$。

框架柱无横向荷载作用时的等效弯矩系数为:

$$\beta_{mx}=0.65+0.35\frac{M_2}{M_1}=0.65(\text{因 }M_2=0)$$

$$N'_{Ex}=\frac{\pi^2EA}{1.1\lambda_x^2}=\frac{\pi^2\times206\times10^3\times53.19\times10^2}{1.1\times95^2\times10^3}=1089\text{kN}$$

$$\frac{N}{N'_{Ex}}=\frac{48.78}{1089}=0.0448$$

代入验算条件,得:

$$\frac{48.78\times10^3}{0.676\times53.19\times10^2\times215}+\frac{0.65\times101.46\times10^6}{689.1\times215\times10^3(1-0.8\times0.048)}=0.525<1.0$$

④侧向支承间距

在塑性铰所在处即檐口下 $a=1.2\text{m}$ 处的墙梁也是刚性支承,则 $l_1=a=1.20\text{m}$。

柱子弯矩图为三角形,参阅前面图 8-11a 求得离基础面 4.8m 处的弯矩:

$$M_1=101.46\times\frac{4.8}{6}=81.19\text{kN}\cdot\text{m}$$

$$\frac{M_1}{W_{px}f}=\frac{81.19\times10^6}{689.1\times10^3\times215}=0.548$$

验算条件为:当 $0.5\leqslant\frac{M}{W_{px}f}\leqslant1.0$ 时,应满足。

$$\lambda_y\leqslant\left(45-10\frac{M}{W_{px}f}\right)\sqrt{\frac{235}{f_y}}=(45-10\times0.548)\times1=39.52$$

今　$\lambda_y = \frac{l_1}{i_y} = \frac{1.2\times10^2}{3.86} = 31.1 < 39.52$,符合要求。

从柱底到高为4.80m处无塑性铰,其λ_y应限制在$\lambda_y \leqslant 130\sqrt{\frac{235}{f_y}}$。验算如下:

$\lambda_y = \frac{h - l_1}{i_y} = \frac{600 - 120}{3.86} = 124 < 130$,符合要求。

⑤弯矩作用平面外的稳定验算

a.从檐口到其下1.20m的区段

验算条件为:$$\frac{N}{\varphi_y A f} + \eta\frac{\beta_{tx}M_x}{\varphi_b W_{px} f} \leqslant 1$$

今　$\beta_{tx} = 0.65 + 0.35\frac{M_2}{M_1} = 0.65 + \frac{81.19}{110.46} = 0.91$,符合要求。

截面为工字形,截面影响系数$\eta = 1.0$。

$\lambda_y = 31.1$,由b类截面查得$\varphi_y = 0.932$;φ_b的近似值为:

$\varphi_b = 1.07 - \frac{\lambda_y^2}{44000}\cdot\frac{f_y}{235} = 1.07 - \frac{31.1^2}{44000}\times1 = 1.048$,取1.0。

代入验算条件,得:

$$\frac{48.78\times10^3}{0.932\times53.19\times10^2\times215} + \frac{0.91\times101.46\times10^6}{1\times689.1\times215\times10^3} = 0.669 < 1.0$$

b.从柱底到高度为4.80m区段

该区段上无塑性铰,其稳定按弹性阶段公式验算,验算条件为:

$$\frac{N}{\varphi_y A} + \eta\frac{\beta_{tx}M_x}{\varphi_b W_{1x}} \leqslant f$$

今$\lambda_y = 124$,由b类截面查得$\varphi_y = 0.416$

$$\beta_{tx} = 0.65 + 0.35\frac{M_2}{M_1} = 0.65(\text{因底端}M_2 = 0)$$

$$\varphi_b = 1.07 - \frac{\lambda_y^2}{44000} = 1.07 - \frac{124^2}{44000} = 0.720$$

$$W_{1x} = 649$$

代入验算条件,得:

$\frac{48.78\times10^3}{0.416\times53.19\times10^2} + 1.0\times\frac{0.65\times81.19\times10^6}{0.72\times649\times10^3} = 134.67\text{N/mm}^2 < f$,符合要求。

(4)斜梁的验算(截面与柱相同)

计算方法与柱相同,此处从略。

例8-5　试验算例题8-2所示门式刚架在风荷载标准值作用下的柱顶水平位移(图8-13)。

由于结构侧移计算是属于正常极限状态,采用荷载标准值,可以近似假设其按弹性状态计算。当单跨门式刚架屋面坡度不大于1:5时,柱脚为铰接的刚架在风荷载作用下柱顶的水平侧移,可由下式估算:

$$\mu = \frac{Hh^3}{12EI_c}(2 + \xi)$$

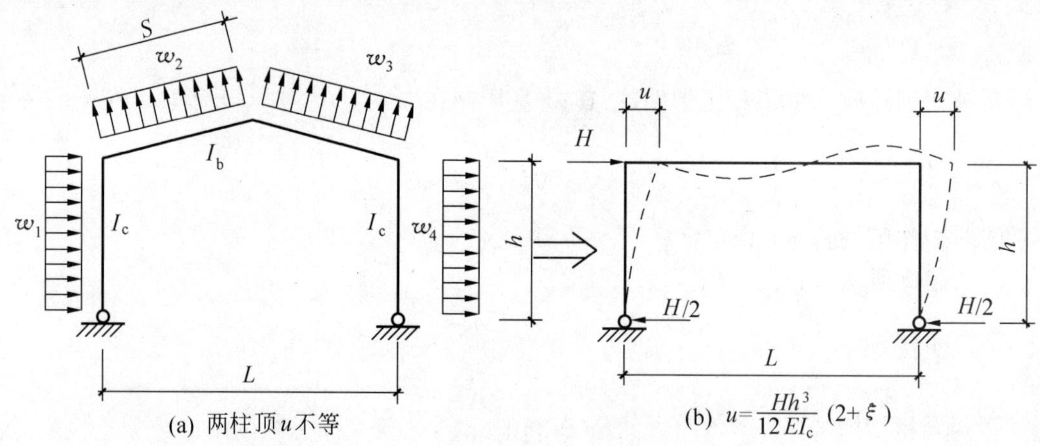

图 8-13 风荷载下柱顶位移的等效计算简图

式中 $\xi=\frac{I_c l}{I_b h}$——柱与梁线刚度之比；

$H=0.67(w_1+w_4)h$——刚架柱顶的等效水平力；

h、L——分别为刚架柱高度和刚架跨度，当屋面坡度大于 1∶10 时，L 取为 $2s$，s 为跨中每段斜梁的长度；

I_c、I_b——分别为柱与斜梁的平均惯性矩；

w_1、w_4——分别为作用在向风面和背风面柱上的风荷载标准值(线荷载)。

解 作用在向风柱和背风柱的风荷载标准值分别为：(参阅例题 8-2)

$$w_1 = 2.4\text{kN/m}, w_4 = -1.5\text{kN/m}$$

刚架柱顶的等效水平力

$$H = 0.67(w_1 + w_4)h = 0.67(2.4 + 1.5) \times 6 = 15.68\text{kN}$$

$$\xi = \frac{I_c l}{I_b h} = \frac{2s}{h} = \frac{2 \times 9.055}{6} = 3.02$$

(因 $I_c = I_b$ 和屋面坡度 $i = 1:9 < 1:5$)

$$\mu = \frac{Hh^3}{12EI_c}(2+\xi) = \frac{15.68 \times 10^3 \times 6^3 \times 10^9}{12 \times 206 \times 10^3 \times 11200 \times 10^4}(2+3.02) = 61.41\text{mm}$$

$$\frac{\mu}{h} = \frac{61.41}{6000} = \frac{1}{98} > \frac{1}{150}\text{，不满足。}$$

改用 HN396×199×7×11，$I_c = 20000$

$$\mu = \frac{Hh^3}{12EI_c}(2+\xi) = \frac{15.68 \times 10^3 \times 6^3 \times 10^9}{12 \times 206 \times 10^3 \times 20000 \times 10^4}(2+3.02) = 34.38\text{mm}$$

$$\frac{\mu}{h} = \frac{34.38}{6000} = \frac{1}{175} < \frac{1}{150}$$

满足要求。

第 9 章　构件和节点的抗震性能

9.1　抗震钢结构的材质要求及结构破坏断裂的主要原因

通过对钢结构构件和节点的试验研究和对国内外地震受损建筑物的调查分析表明，抗震建筑结构钢材应考虑下列抗震性能：高应变低周疲劳抗力，强度和塑性的配合，应变时效脆性，低温脆性，可焊性。

地震作用下钢结构断裂破坏的主要原因有：实际发生的地震作用远远超过设计预期值的超载效应、高应变速率的荷载速度效应、低温冷脆效应、厚钢板撕裂等的尺寸效应、构件和截面的变形约束和应力集中等的形状效应、冷加工和焊接缺陷等的加工效应。

超载效应　美国北岭地震中曾经记录到 $18m/s^2$ 的水平加速度和 $12m/s^2$ 的竖向加速度。日本阪神地震中记录到的最大水平加速度超过 $8.8m/s^2$，竖向加速度超过 $5.0m/s^2$，根据阪神地震中的记录换算，地面运动速度为 0.80～1.00m/s，是日本结构设计中弹塑性地震作用设计值的 2 倍以上。这样罕见的强烈地震作用，是造成结构各种破坏，包括钢结构断裂破坏的主要原因。

应变速率　强烈地震造成了结构构件中的高应变速率。它可能由几方面的原因引起：①振动中高频振型的参与可能起到很重要的作用，美国北岭地震震后调查表明，低层房屋的结构损伤沿高度的分布是随机的，而高层房屋的损伤则集中在靠近上半部的各层中，这说明了高频振型的影响，高频振型的参与还使得构件及其端部的应变频率高于结构整体水平振动的频率；②双向水平振动的影响以及竖向震动和水平震动引起的内力叠加；③构造细节上产生应力集中的部位，其应变以及应变速率远大于平均值；④由于现在采用的强震仪只能记录到 50Hz 以下的振动频率，人们只能推测更高频的振动成分存在的可能性，目前还不能排斥由此激发出高应变速率。

地震中结构内部的应变速率究竟达到多大的程度，还没有确切的数据。根据现有资料的分析，结构中的应变速率可以达到 0.3～0.5/s。通过足尺试件及其连接部位在高速加载条件下的试验，测得的峰值应变速率达到 0.3～2.5/s。

试验研究表明，一般环境温度下，高应变速率对梁柱构件的屈服弯矩和屈服剪力、构件滞回特性、构件的延性、构件断裂前的耗能能力改变不大。高应变速率不是引发钢结构断裂的主要原因。

温度效应　试验表明负温是导致钢结构断裂破坏的主要环境因素。在室温条件下，试件断裂明显呈韧性性质，只有在 −50℃ 以下，试件断口的脆性特征才较为明显。但试件仍可以达到其屈服强度，并伴有一定程度的塑性变形。塑性变形后钢材的屈服点提高与表面硬度提高、转变温度的上升有显著的相关关系。在结构的某些部位，以初始裂纹为发端，伴随强烈地震下塑性变形的过度发展，材质也在发生变化，在裂纹扩展的同时，转变温度也在提高,加快了断裂的成长。

尺寸效应 厚板材质的缺陷多于薄板,发生断裂破坏的可能性高于薄板。

形状效应 形状效应与构造细节密切相关。梁柱节点处,连接梁腹板的螺栓不能传递多大弯矩,梁端弯矩产生的应力集中在翼缘,当通过贯通式加劲板连接时,一般焊缝处发端的裂纹向梁翼缘发展,而采用柱内加劲时,裂纹则可能向梁柱两侧扩展。焊孔、衬垫板处都有应力集中和多轴应力发生,成为引发裂纹扩展的起因。

冷热加工效应 根据日本住宅钢结构常用的冷弯方管的断裂破坏试验推断,虽然构件材料的塑性和韧性有所降低,但到断裂为止的塑性变形能力,仍可以满足高层建筑的抗震要求。焊接对断裂的影响较大。由于焊接,转变温度可能提高 40℃,焊接裂纹成为激震时的起裂点,焊接热影响区也发生了材质上的变化。此外,焊接时的添加板、孔洞等也可能成为裂纹源。

9.2 构件的抗震性能

钢结构构件在地震中的断裂破坏最典型的是日本阪神地震中在大阪府芦屋町的高层钢结构住宅,主要承重柱为断面 500mm×500mm 的正方形焊接组合钢柱(板厚 50mm),在强地震的超载作用下立柱被折断(图 9-1),图中圆形图案表示裂缝处放置的硬币。

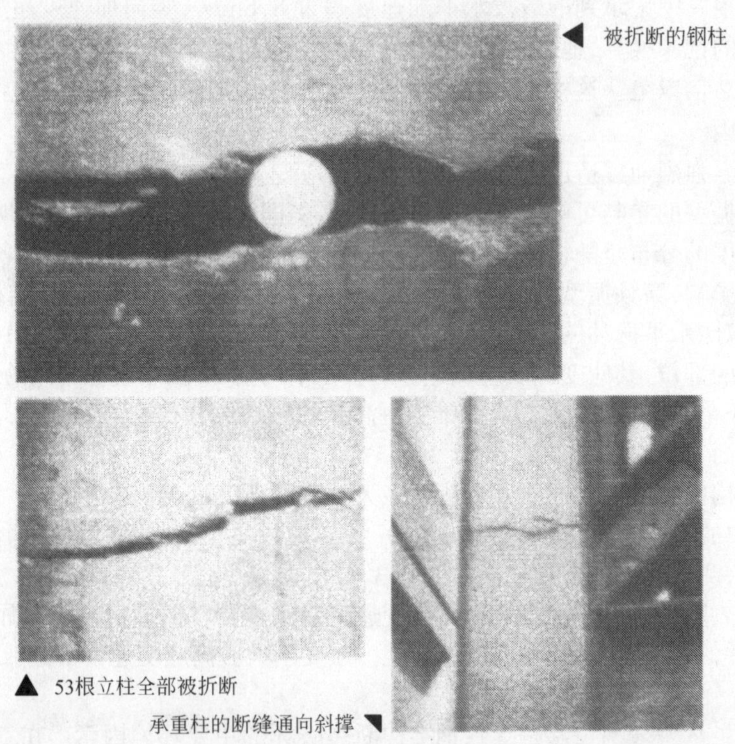

图 9-1 承重钢柱破坏

西安建筑科技大学的郝际平、陈绍蕃等人对焊接 I 形梁和 H 形压弯构件在循环荷载下的局部屈曲和低周疲劳进行了系列试验研究。典型的压弯构件和梁的 $F-\delta(\mu)$ 曲线如图

9-2、图 9-3 所示。由图可见压弯构件的滞回曲线接近平行四边形，而梁的滞回曲线接近椭圆形。

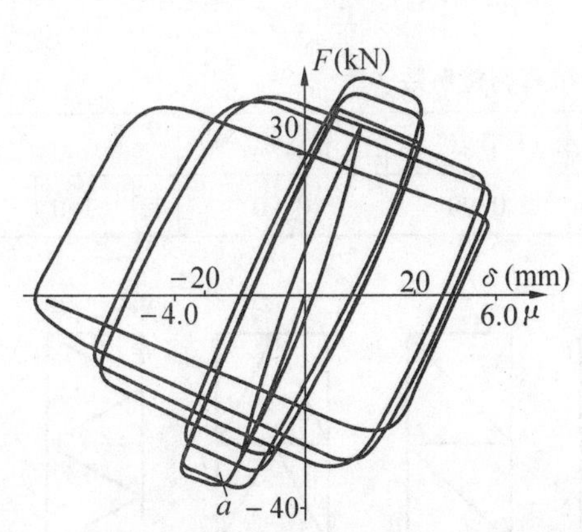

图 9-2　压弯构件 $F-\delta(\mu)$图

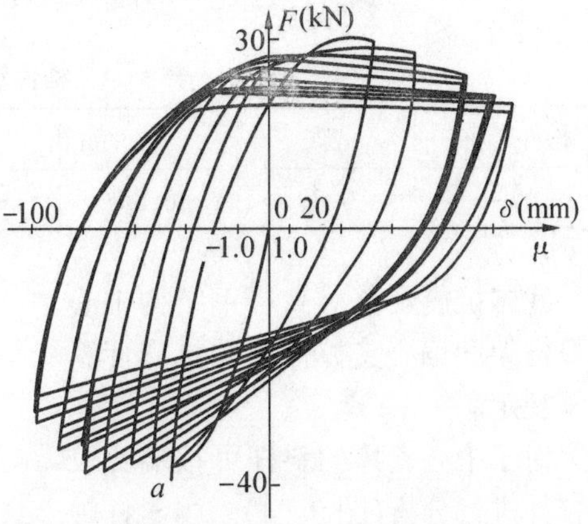

图 9-3　轴压柱 $F-\delta(\mu)$图

系列试验表明，循环荷载作用下钢结构的失效形式有塑性局部屈曲、屈曲循环塑性和屈曲疲劳断裂三种。构件承载力下降的主要原因是屈曲与塑性应变积累的相互作用及屈曲与疲劳的相互作用。

对构件承载力及延性的影响因素有轴力、翼缘宽厚比、腹板高厚比。

轴力大者试件所能经历的位移循环次数及可达到的位移都很小，且承载力退化快。由于当轴力大时，构件截面应力较大，当再施以水平荷载时，构件底部由于水平力产生的弯曲压应力和由于轴力产生的 $P-\Delta$ 效应引起的附加弯曲压应力使受压一侧翼缘的组合应力很大，很快进入塑性屈曲状态，在随后的水平荷载反向中，另一侧翼缘也很快进入塑性屈曲状态，导致构件来不及经历应变的反复和应变的积累就在构件下端几乎形成塑性铰；又因为轴力较大，屈曲变形大，塑性变形可反向的不多，往往是单方向的积累，使承载力快速退化，形成了典型的塑性局部屈曲破坏。

翼缘宽厚比越大，承载力下降越快，延性越小。其原因在于临界应力与板件宽厚比的平方成反比，宽厚比大，临界应力低，宽厚比小，临界应力高。从疲劳角度看，引起低周疲劳的主要原因是在塑性范围内应变的反复，所以，宽厚比大者，较早出现局部屈曲，此后每次循环都使局部应变增大，容易疲劳，反之则不易疲劳。

试验表明腹板高厚比大，承载力退化快，延性小。因为腹板主要受剪力作用，临界应力与受压的翼缘板类似，即与高厚比的平方成反比，所以高厚比大者，易失去稳定发生屈曲，对翼缘约束就弱，而高厚比小的，正好相反。

无论何种位移历史，在承载力下降以前达到的最大值基本上是一样的，可以认为：在承载力达最大值以前位移历史没有影响；如从延性角度看则位移增幅大，延性大，位移增幅小，延性小。位移历史是有影响的。

我国高层规程规定：

$$S \leqslant R/\gamma_{RE} \tag{9-1}$$

式中　S——地震作用效应组合设计值；

R——结构构件承载力设计值；

γ_{RE}——结构构件承载力的抗震调整系数，按表 9-1 的规定选用。当仅考虑竖向效应组合时，各类构件承载力抗震调整系数均取 1.0。

表 9-1　构件承载力的抗震调整系数

构件名称	梁	柱	支撑	节点	节点螺栓	节点焊缝
γ_{RE}	0.80	0.85	0.90	0.90	0.90	1.0

我国抗震规范对高层钢结构中心支撑框架和偏心支撑框架的抗震计算作了规定。

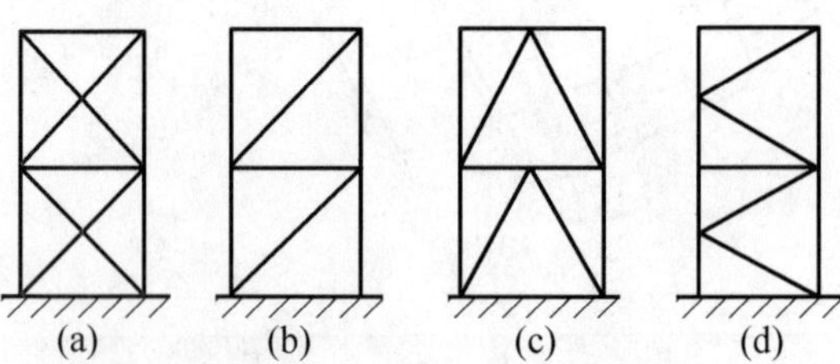

图 9-4　中心支撑类型

对于中心支撑的斜杆可按端部铰接杆件进行分析(图 9-4)。当斜杆轴线偏离梁柱轴线交点不超过支撑杆件的宽度时，仍可按支撑框架分析，但应考虑由此产生的附加弯矩。支撑斜杆的受压承载力应按下式验算：

$$N/(\varphi A_{br}) \leqslant \Psi f/\gamma_{RE} \tag{9-2a}$$

$$\Psi = 1/(1+0.35\lambda_n) \tag{9-2b}$$

$$\lambda_n = (\lambda/\pi)\sqrt{f_{ay}/E} \tag{9-2c}$$

式中　N——支撑斜杆的轴向力设计值；

A_{br}——支撑斜杆的截面面积；

φ——轴心受压构件的稳定系数；

Ψ——受循环荷载时的强度降低系数；

λ_n——支撑斜杆的正则化(归一化)长细比；

λ——支撑斜杆的长细比；

E——支撑斜杆材料的弹性模量；

γ_{RE}——支撑承载力抗震调整系数，取 0.85。

偏心支撑框架的每根支撑应至少一端与梁连接(图 9-5)，并在支撑与梁交点和柱之间或同一跨内另一支撑与梁交点之间形成消能梁段。消能梁段的受剪承载力应按下列规定验算：

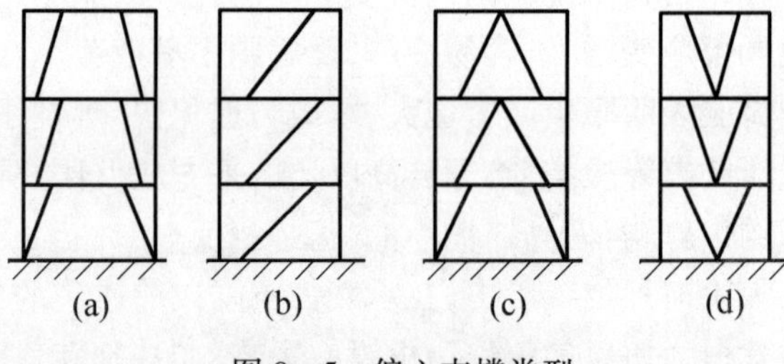

图 9-5　偏心支撑类型

当 $N \leqslant 0.15Af$ 时：

$$V \leqslant \varphi V_1/\gamma_{RE} \tag{9-3a}$$

$$V_1 = 0.58A_w f_{ay} \text{ 或 } V_1 = 2M_{1p}/a\text{(取较小值)}$$

$$A_w = (h-2t_f)t_w$$

$$M_{1p} = W_p f$$

当 $N > 0.15Af$ 时：

$$V \leqslant \varphi V_{1c} / \gamma_{RE} \tag{9-3b}$$

$V_{1c} = 0.58A_w f_{ay} \sqrt{1 - [N/(Af)]^2}$ 或 $V_{1c} = 2.36M_{1p}[1 - N/(Af)]/a$（取较小值）

式中　φ——系数，取 0.9；

V、N——分别为消能梁段的剪力设计值和轴力设计值；

V_1、V_{1c}——分别为消能梁段的受剪承载力和考虑轴力影响的受剪承载力；

M_{1p}——消能梁段的全塑性受弯承载力；

a、h、t_w、t_f——分别为消能梁段的长度、截面高度、腹板厚度和翼缘厚度；

A、A_w——分别为消能梁段的截面面积和腹板截面面积；

W_p——消能梁段的塑性截面模量；

f、f_{ay}——分别为消能梁段钢材的抗拉强度设计值和屈服强度；

γ_{RE}——消能梁段承载力抗震调整系数，取 1.0。

偏心支撑框架构件的内力设计值，应按下列要求进行调整；

偏心支撑斜杆的内力设计值，应取与支撑斜杆相连接的消能梁段达到受剪承载力时支撑斜杆内力乘以增大系数，其值在 8 度时应大于 1.8，9 度时应大于 1.9；

位于消能梁段同一跨的框架内力设计值，应取消能梁段达到受剪承载力时框架梁内力乘以增大系数，其值在 8 度时应大于 1.6，9 度时应大于 1.7；

偏心支撑框架柱的内力设计值，应取消能梁段达到受剪承载力时柱内力乘以增大系数，其值在 8 度时应大于 1.6，9 度时应大于 1.7。

对于高层、多层和单层钢结构的框架柱、框架梁、中心支撑和偏心支撑的长细比和板件宽厚比，都作了相应规定，如表 9-2 所示。

表 9-2　钢结构抗震构造一览表

项目			类别	6 度	7 度	8 度	9 度
框架柱	长细比		高层	120	80	60	60
			多层	120	120	120	120
			单层	120	120	120	120
	板件宽厚比	外伸翼缘	高层	13	11	10	9
			多层	同非抗震	13	12	11
			单层	同非抗震	13	11	10
		工形腹板	高层	39	37	35	33
			多层	同非抗震	40	36	36
			单层	同非抗震	38	36	36
		箱形腹板	高层	43	43	43	43
			多层	同非抗震	58	52	48
			单层	同非抗震	70(58*)	65(52*)	60(48*)

续表

项目			类别	6 度	7 度	8 度	9 度
框架梁	板件宽厚比	外伸翼缘	高层	11	10	9	9
			多层	同非抗震	11	10	10
			单层	同非抗震	11	11	10
		腹板间翼缘	高层	36	32	30	30
			多层	同非抗震	36	32	30
			单层	同非抗震	36	32	30
		各类腹板	高层	$85-120\rho$	$80-100\rho$	$75-100\rho$	$72-100\rho$
			多层	同非抗震	$85-120\rho$	$80-110\rho$	$72-100\rho$
			单层	同非抗震	$85-120\rho$	$80-110\rho$	$72-100\rho$
中心支撑	长细比		高层	120	120	80	40
			多层	150	150	120	120
			单层	250(200)	250(200)	200(150)	150(150)
	板件宽厚比	外伸翼缘	高层	9	8	7	7
			多层	同非抗震	13	11	9
			单层	无规定	无规定	无规定	无规定
		工形腹板	高层	25	23	21	21
			多层	同非抗震	33	30	27
			单层	无规定	无规定	无规定	无规定
		箱形腹板	高层	23	21	19	19
			多层	同非抗震	31	28	25
			单层	无规定	无规定	无规定	无规定
偏心支撑	长细比		高层		150	150	150
	支撑板件宽厚比		高层				
	消能梁段板件宽厚比						
	外伸翼缘		高层		9	9	9
	各类腹板 $\rho<0.14$		高层		$90-150\rho$	$90-150\rho$	$90-150\rho$
	$\rho>0.14$		高层		$76-33\rho$	$76-33\rho$	$76-33\rho$

注：ρ 为 N/Af，* 表示 $\rho<0.25$。

9.3 节点的抗震性能

1994 年 1 月 17 日发生在美国加州圣费南多谷地的北岭地震和正好一年后 1995 年 1 月 17 日发生在日本兵库县南部地区的阪神地震是两次陆域型强震，都造成了焊接钢框架梁－柱连接节点的广泛破坏。

美国北岭地震中焊接钢框架节点的破坏，主要发生在梁的下翼缘，而且一般是由焊缝根部萌生的脆性破坏裂纹引起的。裂纹扩展的途径是多样的，由焊根进入母材或热影响区。一旦翼缘破坏，由螺栓或焊缝连接的剪力连接板往往被拉开，沿连接线由下向上扩展。最具潜在危险的是由焊缝根部通过柱翼缘和腹板扩展的断裂裂缝。

从破坏的程度看，可见裂缝占 20%～30%，而大部分裂纹是用超声波探伤等方法才能发现的不可见裂纹。裂纹在上翼缘和下翼缘之间出现的比例为 1∶5～1∶20，在焊缝和母材上出现的比例为 1∶10～1∶100。一般认为，混凝土楼板的组合作用减小了上翼缘的破坏，因为上翼缘焊缝根部不像下翼缘那样位于梁的最外侧，焊根中引起的应力较低，减少了上翼缘破坏的概率。

美国北岭地震中主要的连接破坏形式如图 9－6 所示：由下翼缘焊缝根部开始出现的裂缝沿焊缝金属的边缘破坏为最多(图 9－6a)；如图 9－6b 所示，沿柱翼缘表面附近裂开的剥离破坏；如图 9－6c 所示，沿腹板板切角端开始的梁翼缘断裂破坏，或从柱翼缘穿透柱腹板的断裂破坏(图 9－6d)。

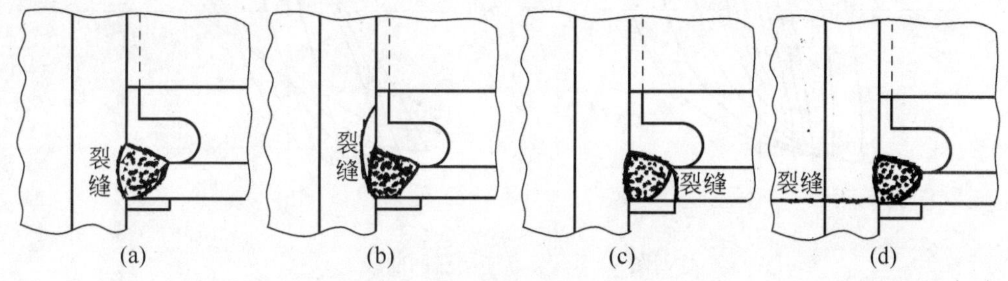

图 9－6　北岭地震中的连接破坏形式

日本阪神地震后，研究人员的震害调查表明，梁端翼缘焊缝处的破坏几乎都是在梁下翼缘从扇形切角工艺孔端开始的，没有看到像在美国试验中和地震中出现的沿焊缝金属及其边缘破坏的情况，通过试验和阪神地震观察到的梁端工艺孔处的裂缝发展情况，如图 9－7 所示，共有 5 种方式：A——从工艺孔下方的翼缘断裂，B——焊接热影响区母材断裂，C——焊缝金属断裂，D——由焊接引弧板传至热影响区隔板一侧的开裂，E——由引弧板到隔板内部的裂缝。

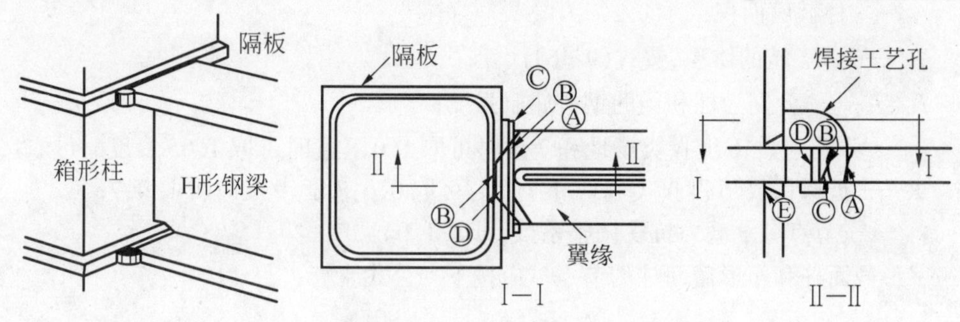

图 9－7　阪神地震中节点出现的几种破坏形式

通过现象调查、室内试验和现场检验，认为节点破坏与加劲板、补强板、腹板附加焊缝等的变动并没有直接关系，其直接原因是节点本身存在根本性缺陷：焊缝金属冲击韧性低；梁腹板妨碍了下翼缘的施焊和超声波探伤检查，使该处下翼缘焊缝中断，缺陷明显；坡口焊缝处的衬板和引弧板与柱翼缘之间形成一条未熔化的垂直界面，相当于一条人工缝；梁翼缘坡口焊缝处出现超应力。

不同设计的梁柱节点在循环荷载作用下的滞回性能与下列因素有关：节点域钢板的厚度，节点域周围梁柱构件翼缘、腹板及加劲肋的约束，节点域的连接形式(焊接、高强度螺栓的刚性连接和用角钢螺栓连接的柔性连接)。节点的滞回曲线如图 9－8 所示。

对于高层钢结构框架节点左右两侧梁和上下柱的全塑性承载力，应按下列公式验算：当

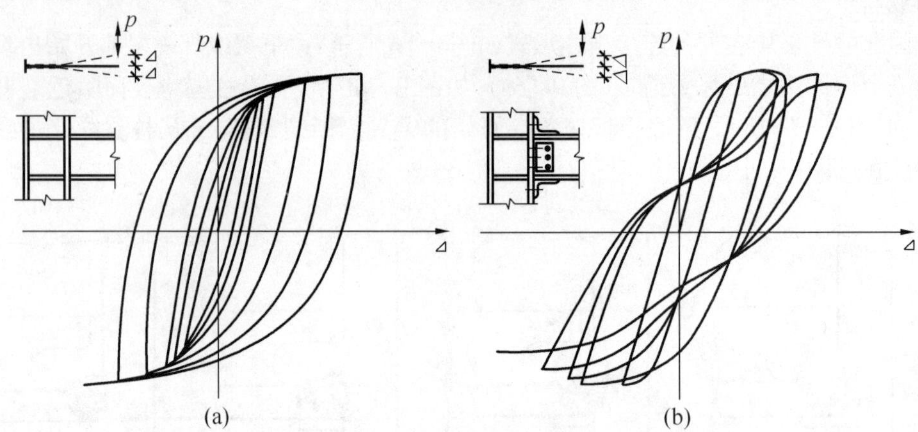

图 9-8 节点连接滞回曲线

柱所在楼层的受剪承载力比上一层的受剪承载力高出25%，或 $N \leqslant 0.4fA_c$ 或 $N_1 \leqslant \varphi fA_c$（$f$ 为钢材抗拉强度设计值；N_1 为地震作用加大一倍时的柱地震组合轴向力）时，可不验算。

$$\sum W_{pc}(f_{yc} - N/A_c) \geqslant \eta W_{pb} f_{yb} \tag{9-4a}$$

$$\Psi(M_{pb1} + M_{pb2})/V_p \leqslant (4/3) f_v/\gamma_{RE} \tag{9-4b}$$

式中 W_{pc}、W_{pb}——分别为柱和梁的塑性截面模量；

M_{pb1}、M_{pb2}——分别为节点域两侧梁的全塑性受弯承载力；

N——柱轴向压力设计值；

A_c——柱截面面积；

V_p——节点域的体积，按式(9-6)计算；

f_{yc}、f_{yb}——分别为柱和梁的钢材屈服强度；

η——强柱系数，6度Ⅳ类场地和7度时可取1.0，8度时可取1.05，9度时可取1.15；

Ψ——折减系数，6度Ⅳ类场地和7度时可取0.6，8度、9度时可取0.7；

γ_{RE}——节点域承载力抗震调整系数，可取1.0。

工字形截面柱和箱形截面柱的节点域应按下列公式验算：

$$t_w \geqslant (h_b + h_c)/90 \tag{9-5a}$$

$$(M_{b1} + M_{b2})/V_p \leqslant (4/3) f_v/\gamma_{RE} \tag{9-5b}$$

式中 h_b、h_c——分别为梁腹板高度和柱腹板高度；

t_w——柱在节点域的腹板厚度；

M_{b1}、M_{b2}——分别为节点域两侧梁的弯矩设计值。

节点域的体积，应按式(9-6)计算：

对工字形截面柱 $$V_p = h_b h_c t_w \tag{9-6a}$$

对箱形截面柱 $$V_p = 1.8 h_b h_c t_w \tag{9-6b}$$

对于高层建筑钢结构的梁柱连接构造，应符合下列要求：

(1)梁与柱的连接宜采用柱贯通型。

(2)柱在两个互相垂直的方向都与梁刚接时，宜采用箱型截面。当仅在一个方向刚接时，宜采用工字形截面，并将柱腹板置于刚接框架平面内。

(3)梁与柱的刚性连接，可将梁与柱翼缘在现场直接连接，也可通过预先焊在柱上的梁悬臂段在现场进行梁的拼接。

(4)工字形柱翼缘与梁刚接时，梁翼缘与柱翼缘间应采用全熔透坡口焊缝，并在梁翼缘对应位置设置横向加劲肋，且加劲肋厚度不应小于梁翼缘厚度。梁腹板宜采用摩擦型高强度螺栓通过连接板与柱连接。悬臂梁段与柱应采用全焊接连接。

(5)采用翼缘焊接、腹板栓接的梁与柱刚性连接，应符合下列要求(图 9-9)：

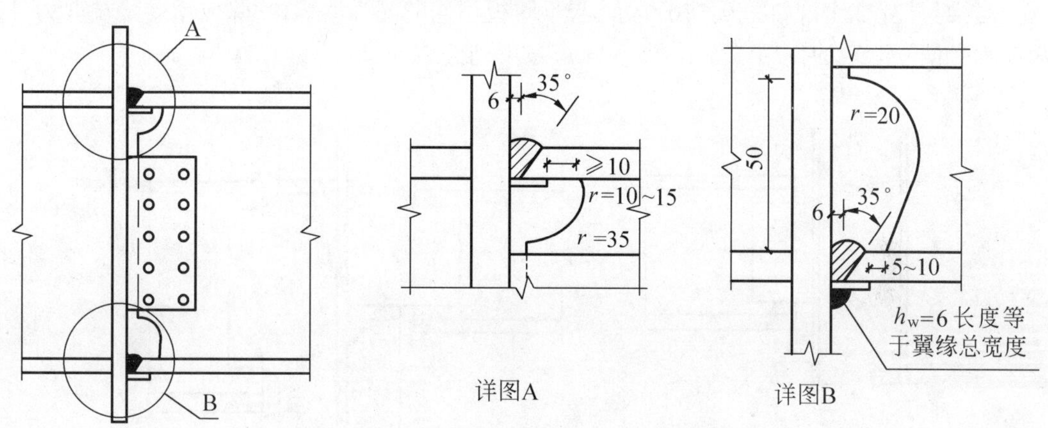

图 9-9　框架梁与柱的现场连接

腹板角部设置半径为 35mm 的扇形切角，与梁翼缘连接处做成半径为 10～15mm 的圆弧，其端部与梁翼缘的全熔透焊缝应隔开 10mm 以上；

下翼缘焊接衬板的反面与柱翼缘或壁板相连处，应采用角焊缝连接；角焊缝应沿衬板全长焊接，焊脚尺寸宜取 6mm。也可将下翼缘处的衬板割除，然后清根，再用角焊缝补强。9 度时宜采用能将塑性铰自梁端外移的骨式连接。

当梁翼缘的塑性截面模量小于梁全截面塑性截面模量的 70%时，腹板的连接螺栓不得小于二列；当计算仅需一列时，每列的螺栓数仍不得小于一列的计算值。

(6)箱形柱在与梁翼缘对应位置设置的隔板应采用全熔透对接焊缝与壁板相连，隔板不应小于梁翼缘厚度。工字形柱的横向加劲肋与柱翼缘应采用全熔透对接焊缝连接，与腹板可采用角焊缝连接；但当工字形柱在弱轴方向与梁刚接时，与腹板应采用全熔透对接焊缝连接。

(7)梁与柱的铰接可仅将腹板用高强度螺栓与柱的连接板相连，但连接板厚度不应小于梁腹板厚度，其与梁腹板的连接螺栓不应小于 3 个。

(8)当节点域的体积不满足式(9-6)的要求时，可采用下列方法加厚或补强：

对焊接组合柱，宜将柱腹板在节点域范围更换为加厚板件。加厚板件应伸出柱横向加劲肋之外各 150mm，并采用对接焊缝与柱腹板相连。

对轧制 H 形柱，可贴焊补强板加强。补强板上下边缘可不伸过横向加劲肋或伸过柱横向加劲肋之外各 150mm。当补强板不伸过横向加劲肋时，加劲肋应与柱腹板焊接，补强板与加劲肋之间的角焊缝应能传递补强板所分担的剪力，且厚度不小于 5mm；当补强板伸过加劲肋时，加劲肋仅与补强板焊接，此焊缝应能将加劲肋传来的力传递给补强板，补强板的厚度及其焊缝应按传递该力的要求设计。补强板侧边可采用焊缝与柱翼缘相连，其板面应采用塞焊与柱腹板连成整体。塞焊点的距离，不应大于相连板件中较薄板件厚度的 $21\sqrt{235/f_{ay}}$倍。

多层框架与柱的连接，除6度外均应采用刚性连接，其连接构造应符合上述规定，其中的扇形切角可改用圆弧切角。框架上下柱接头宜设在楼板上方1.3m附近。上下柱对接接头的焊接应采用全熔透焊缝。

当梁与柱铰接时，如图9-10所示，与梁腹板相连的高强度螺栓，除应承受梁端剪力外，尚应承受偏心弯矩的作用。偏心弯矩 M 应按下列公式计算：

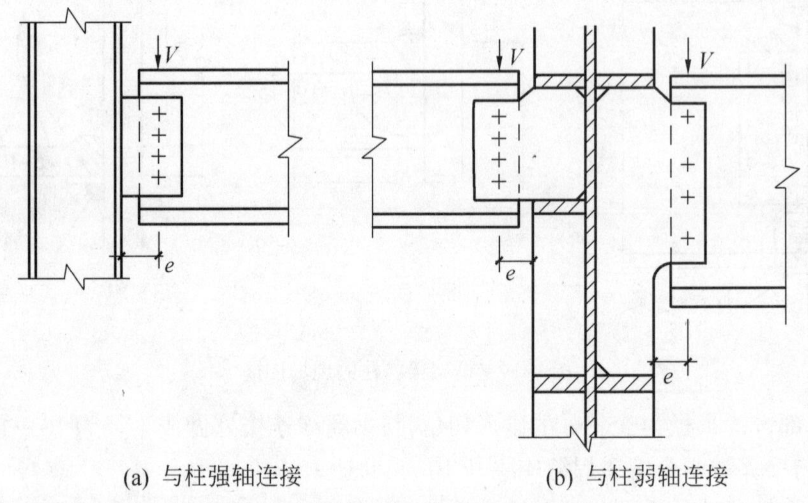

图9-10 梁与柱的铰接

$$M = V \cdot e \tag{9-7}$$

式中 e——支承点到螺栓合力作用线的距离。

9.4 节点的设计

建筑钢结构的节点连接可采用焊接、高强度螺栓连接，也可采用焊接与高强度螺栓的混合连接。

1. 焊接连接

焊接连接的传力最充分，有足够的延性，但焊接连接存在较大的残余应力，对节点的抗震设计不利。焊接连接可采用全熔透或部分熔透焊缝。但对要求与母材等强的连接和框架节点塑性区段的焊接连接，必须采用全熔透的焊接连接。

2. 高强度螺栓连接

高层钢结构承重构件的高强度螺栓连接应采用摩擦型。高强度螺栓连接施工方便，但连接尺寸过大，材料消耗较多，因而造价较高，且在大震下容易产生滑移。

对于抗震设计的结构，采用摩擦型高强度螺栓连接。在地震作用下，考虑到高强度螺栓连接间的摩擦力已被克服，此时连接的抗剪承载力取决于螺栓的抗剪能力，故高强度螺栓的最大抗剪承载力按下式计算：

$$N_v^b = 0.75 n A_n^b f_u^b \tag{9-8}$$

式中　N_v^b——一个高强度螺栓的最大抗剪承载力；

n——连接的剪切面数目；

A_n^b——螺栓螺纹处的净截面面积；

f_u^b——螺栓钢材的极限抗拉强度最小值。

3. 栓-焊混合连接

栓-焊混合连接在高层钢结构中应用最普遍，一般受力较大的翼缘部分采用焊接，腹板采用高强度螺栓连接。这种连接可以兼顾两者的优点，在施工上也具有优越性。由于施工时一般先用螺栓定位然后对翼缘施焊，翼缘焊接时会对螺栓预拉力有一定降低，因而腹板连接的高强度螺栓数目应留有富裕。

9.4.1　梁与柱的连接

建筑钢结构中梁与柱的连接一般采用刚性连接(图 9-11)，其构造形式有柱贯通式和梁贯通式两种，一般采用柱贯通式。梁与柱的刚性连接不仅要求连接节点能可靠地传递剪力而且能有效地传递弯矩。图 9-11a 的构造是通过上下两块水平板将弯矩传给柱子，梁端剪力则通过支托传递。图 9-11b 是通过翼缘连接焊缝将弯矩全部传给柱子，而剪力则全部由腹板焊缝传递。为使翼缘连接焊缝能在平焊位置施焊，要在柱侧焊上衬板，同时在梁腹板端部预先留出槽口，上槽口是为了让出衬板的位置，下槽口是为了满足施焊的要求。图 9-11c 为梁采用高强度螺栓连接先焊在柱上的牛腿形成的刚性连接，梁端的弯矩和剪力是通过牛腿的焊缝传递给柱子，而高强度螺栓传递梁与牛腿连接处的弯矩和剪力。

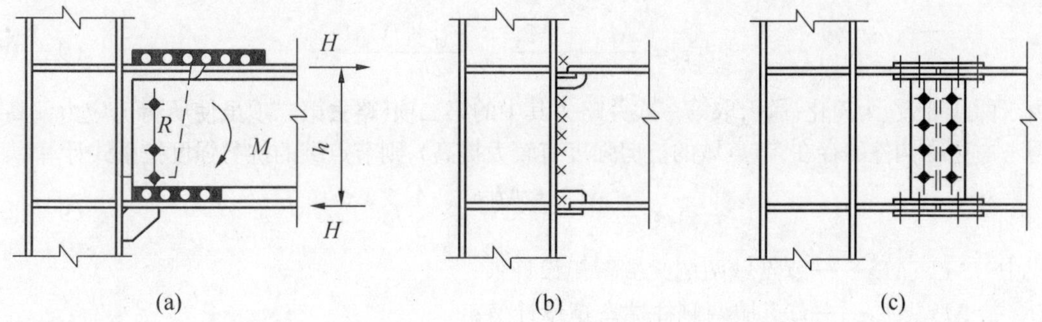

图 9-11　梁与柱的刚性连接

框架梁与柱刚性连接时，应在梁翼缘的对应位置设置柱的水平加劲肋。对抗震设防的结构，水平加劲肋应与梁翼缘等厚。对非抗震设防的结构，水平加劲肋应能传递梁翼缘的集中力，其厚度不得小于梁翼缘厚度的 1/2，并应符合板件宽厚比限值。水平加劲肋的中心线应与梁翼缘的中心线对齐。当柱两侧的梁高不等时，对应两个方向的梁翼缘处均设置柱的水平加劲肋(图 9-12)。加劲肋间距不应小于 150mm，且不应小于水平加劲肋的宽度(图 9-12a)。当不能满足此要求时，应调整梁的端部高度，将截面高度较小的梁腹板高度局部加大(图 9－12b)。当与柱相连的梁在柱的两个互相垂直的方向高度不等时,同样也应分别设置柱的水平加劲肋(图 9－12c)。

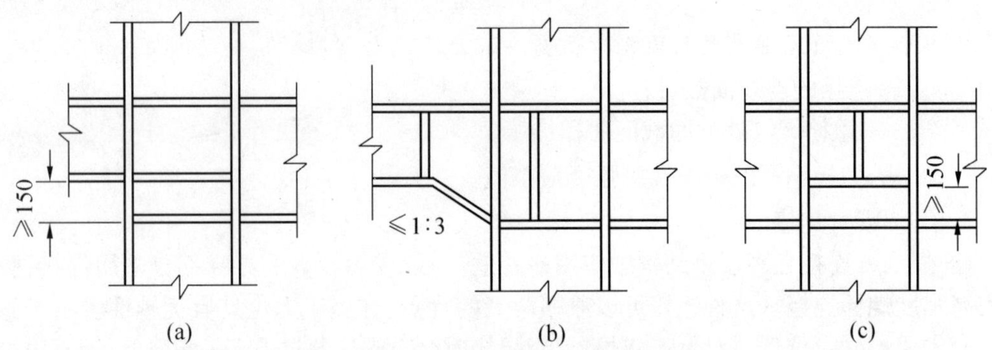

图 9－12　柱两侧梁高不等时的水平加劲肋

梁与柱的连接设计除须验算节点处在弯矩和剪力作用下的承载力外,尚需进行节点域的抗剪强度计算。

1. 节点连接的最大承载力

当梁翼缘的抗弯承载力大于梁整个截面全塑性抗弯承载力的 70%时,可以采用简化设计法计算,考虑梁翼缘的连接(焊缝或螺栓)承受全部弯矩,梁腹板的连接(焊缝或螺栓)承受梁端全部剪力。否则,梁端弯矩应按梁翼缘和腹板的刚度比进行分配。

2. 梁柱节点域的计算

由上下水平加劲肋和柱翼缘所包围的柱腹板简称为节点域。在周边弯矩和剪力的作用下,H 形截面柱节点域的剪应力为(图 9－13):

$$\tau = \frac{M_{b1} + M_{b2}}{h_b h_c t_w} - \frac{V_{c1} + V_{c2}}{2h_c t_p} \tag{9-9}$$

或

$$\tau = \frac{M_{c1} + M_{c2}}{h_c h_b t_w} - \frac{V_{b1} + V_{b2}}{2h_b t_p} \tag{9-10}$$

由于两式等效,为简化计算,取第一式并略去其中的第二项(略去第二项虽使所得剪应力偏高,但考虑边缘构件的存在,节点域的抗剪强度有较大提高),则节点域的抗剪强度按下式计算:

$$\tau = \frac{M_{b1} + M_{b2}}{V_p} \leqslant \frac{4}{3} f_v \tag{9-11}$$

式中　M_{b1}、M_{b2}——节点域两侧梁端弯矩设计值;

M_{c1}、M_{c2}——节点域两侧柱端弯矩设计值;

$V_p = h_b h_c t_w$——节点域腹板体积;

h_b——梁的截面高度;

h_c——柱的截面高度;

t_w——节点域板厚度;

f_v——钢材的抗剪强度设计值。

抗震设计的结构节点域的承载力尚应符合下列公式的要求:

$$\tau = \frac{\alpha(M_{pb1} + M_{pb2})}{V_p} \leqslant \frac{4}{3} f_v \tag{9-12}$$

式中　M_{pb1}、M_{pb2}——节点域两侧梁端截面全塑性受弯承载力；

α——系数，6 度Ⅳ类场地和 7 度设防的结构可取 0.6，按 8 度、9 度设防的结构可取 0.7。

当节点域的厚度不满足上两式的要求时，应将节点域的柱腹板局部加厚或加焊贴板(图 9－14)。

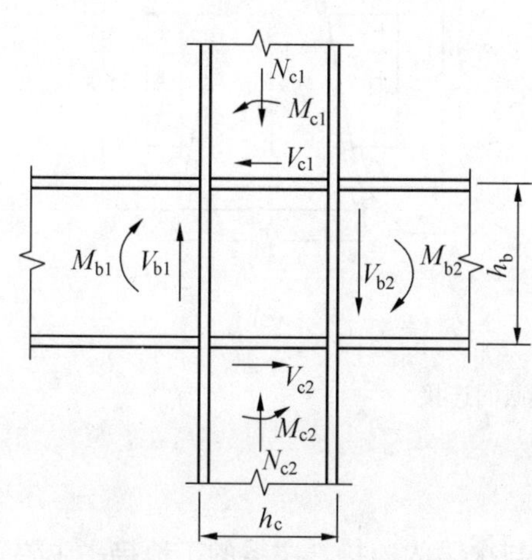

图 9－13　节点域周边的内力

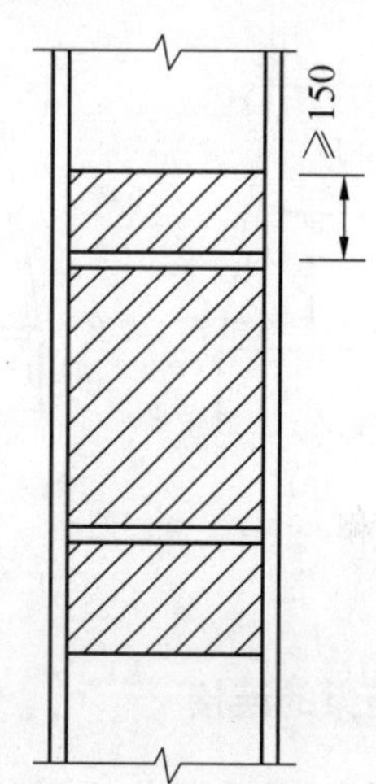

图 9－14　节点域的加厚

9.4.2　柱与柱的连接

柱的连接主要指工地拼接，常用的连接方法有对齐坡口焊接以及高强度螺栓与焊缝的混合连接。

非抗震设防的高层建筑钢结构，当柱的弯矩较小且不产生拉力时，若将柱的上下端磨平顶紧，则可通过接触面直接传递 25％的压力和 25％的弯矩，因而可采用部分熔透焊缝。但坡口焊缝的有效深度 t_e 不宜小于厚度的 1/2(图 9－15)。

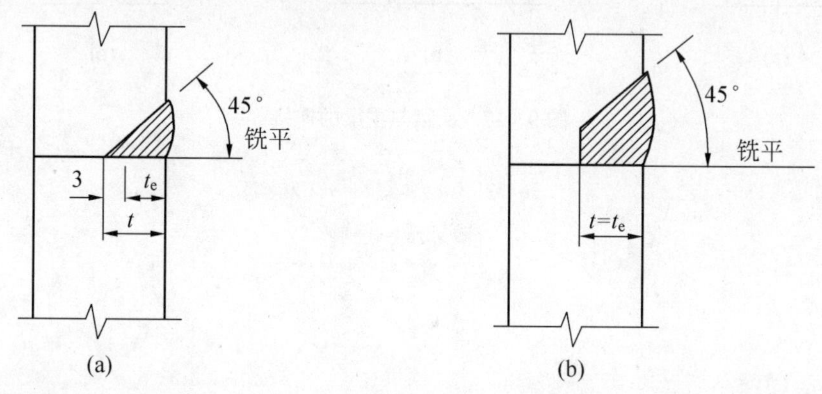

图 9－15　柱接头的部分熔透焊缝

全熔透焊缝与母材等强，用于抗震设防的结构。

柱截面改变时，应优先采用保持截面高度不变而只改变翼缘厚度的方法。若必须改变截面高度时,对边柱宜采用图 9 - 16a 的做法,不影响贴挂外墙板,但应考虑上下柱偏心产生的附加弯矩。对内柱宜采用图 9 - 16b 的做法,变截面的上下端均应设隔板。当变截面位于梁柱接头处时,可采用图 9 - 16c 的做法,变截面两端距梁翼缘不宜小于 150mm。

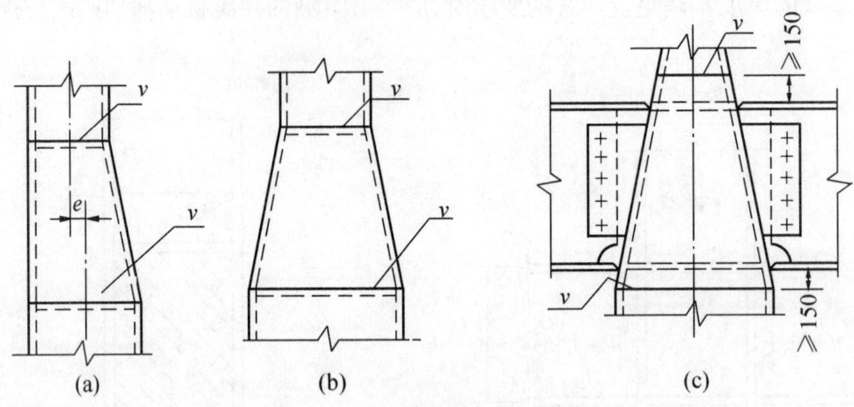

图 9 - 16　柱的变截面连接

9.4.3　梁与梁的连接

梁与梁的连接主要指主梁的工地接头和主梁与次梁的连接。主梁的工地接头主要采用柱带悬臂梁段与梁的连接形式(图 9 - 11c)。次梁与主梁的连接宜采用铰接连接,将次梁搁在主梁上面,用螺栓或焊缝连接(图 9 - 17)。

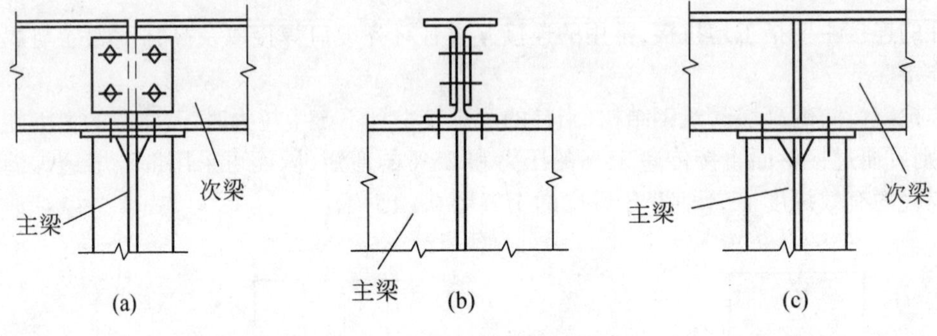

图 9 - 17　次梁与主梁的连接

附录1　钢材的化学成分、机械性能和钢材、连接的强度设计值

附表1-1　钢材的化学成分

牌号	质量等级	化学成分（%）										
		C	Mn	Si ≤	P ≤	S ≤	V	Nb	Ti	Al ≥	Cr ≤	Ni ≤
Q235	A	0.14～0.22	0.30～0.65	0.30	0.045	0.050	—	—	—	—	—	—
	B	0.12～0.20	0.30～0.70	0.30	0.045	0.045						
	C	≤0.18	0.35～0.80	0.30	0.040	0.040						
	D	≤0.17	0.35～0.80	0.30	0.035	0.035						
Q345	A	≤0.20	1.00～1.60	0.55	0.045	0.045	0.02～0.15	0.015～0.060	0.02～0.20	—	—	—
	B	≤0.20	1.00～1.60	0.55	0.040	0.040	0.02～0.15	0.015～0.060	0.02～0.20	—		
	C	≤0.20	1.00～1.60	0.55	0.035	0.035	0.02～0.15	0.015～0.060	0.02～0.20	0.015		
	D	≤0.18	1.00～1.60	0.55	0.030	0.030	0.02～0.15	0.015～0.060	0.02～0.20	0.015		
	E	≤0.18	1.00～1.60	0.55	0.025	0.025	0.02～0.15	0.015～0.060	0.02～0.20	0.015		
Q390	A	≤0.20	1.00～1.60	0.55	0.045	0.045	0.02～0.20	0.015～0.060	0.02～0.20	—	0.30	0.70
	B	≤0.20	1.00～1.60	0.55	0.040	0.040	0.02～0.20	0.015～0.060	0.02～0.20	—	0.30	0.70
	C	≤0.20	1.00～1.60	0.55	0.035	0.035	0.02～0.20	0.015～0.060	0.02～0.20	0.015	0.30	0.70
	D	≤0.20	1.00～1.60	0.55	0.030	0.030	0.02～0.20	0.015～0.060	0.02～0.20	0.015	0.30	0.70
	E	≤0.20	1.00～1.60	0.55	0.025	0.025	0.02～0.20	0.015～0.060	0.02～0.20	0.015	0.30	0.70
Q420	A	≤0.20	1.00～1.70	0.55	0.045	0.045	0.02～0.20	0.015～0.060	0.02～0.20	—	0.40	0.70
	B	≤0.20	1.00～1.70	0.55	0.040	0.040	0.02～0.20	0.015～0.060	0.02～0.20	—	0.40	0.70
	C	≤0.20	1.00～1.70	0.55	0.035	0.035	0.02～0.20	0.015～0.060	0.02～0.20	0.015	0.40	0.70
	D	≤0.20	1.00～1.70	0.55	0.030	0.030	0.02～0.20	0.015～0.060	0.02～0.20	0.015	0.40	0.70
	E	≤0.20	1.00～1.70	0.55	0.025	0.025	0.02～0.20	0.015～0.060	0.02～0.20	0.015	0.40	0.70

附表1-2　钢材机械性能

牌号	拉伸试验					冷弯试验 d＝弯心直径 a＝试样厚度	冲击试验	
	钢材厚度（mm）	抗拉强度 f_u（N/mm²）	屈服强度 f_y（N/mm²）	伸长率 δ_5（%）			钢材等级及温度（℃）	V形冲击功（纵向）（J）不小于
			不小于					
Q235	≤16	375～460	235		26	纵向试样 $d=a$	A	—
	>16～40		225		25	横向试样 $d=1.5a$	B（20℃）	27
	>40～60		215		24		C（0℃）	27
	>60～100		205		23	纵向 $d=2a$ 横向 $d=2.5a$	D（-20℃）	27
	>100～150		195		22	纵向 $d=2.5a$		
	>150		185		21	横向 $d=3a$		
Q345	≤16	470～630	345	质量等级 A	21	$d=2a$	A	—
	>16～35		325	B	21	$d=3a$	B（20℃）	34
	>35～50		295	C	22	$d=3a$	C（0℃）	34
	>50～100		275	D	22	$d=3a$	D（-20℃）	34
				E	22	$d=3a$	E（-40℃）	27

续表

牌号	拉伸试验						冷弯试验 d=弯心直径 a=试样厚度	冲击试验	
	钢材厚度(mm)	抗拉强度 f_u (N/mm²)	屈服强度 f_y (N/mm²)	伸长率 δ_5 (%)				钢材等级及温度(℃)	V形冲击功(纵向)(J)不小于
			不小于						
Q390	≤16 >16~35 >35~50 >50~100	490~650	390 370 350 330	质量等级	A	19	$d=2a$	A	—
					B	19	$d=3a$	B (20℃)	34
					C	20	$d=3a$	C (0℃)	34
					D	20	$d=3a$	D (−20℃)	34
					E	20	$d=3a$	E (−40℃)	27
Q420	≤16 >16~35 >35~50 >50~100	520~680	420 400 380 360	质量等级	A	18	$d=2a$	A	—
					B	18	$d=3a$	B (20℃)	34
					C	19	$d=3a$	C (0℃)	34
					D	19	$d=3a$	D (−20℃)	34
					E	19	$d=3a$	E (−40℃)	27

附表 1-3a　钢材的强度设计值(N/mm² = MPa)

钢材		抗拉、抗压和抗弯	抗剪	端面承压(刨平顶紧)
牌号	厚度或直径(mm)	f	f_v	f_{ce}
Q235 钢	≤16	215	125	325
	>16~40	205	120	
	>40~60	200	115	
	>60~100	190	110	
Q345 钢	≤16	310	180	400
	>16~35	295	170	
	>35~50	265	155	
	>50~100	250	145	
Q390 钢	≤16	350	205	415
	>16~35	335	190	
	>35~50	315	180	
	>50~100	295	170	
Q420 钢	≤16	380	220	440
	>16~35	360	210	
	>35~50	340	195	
	>50~100	325	185	

注:表中厚度系指计算点的钢材厚度,对轴心受力构件系指截面中较厚板件的厚度。

附表 1-3b　钢铸件的强度设计值(N/mm²)

钢号	抗拉、抗压和抗弯 f	抗剪 f_v	端面承压(刨平顶紧)f_{ce}
ZG200-400	155	90	260
ZG230-450	180	105	290
ZG270-500	210	120	325
ZG310-570	240	140	370

附表 1-4a　焊缝连接的强度设计值(N/mm²)

焊接方法和焊条型号	构件钢材		对接焊缝				角焊缝
	牌　号	厚度或直径(mm)	抗压 f_c^w	焊缝质量为下列等级时，抗拉 f_t^w		抗剪 f_v^w	抗拉、抗压和抗剪 f_f^w
				一级、二级	三级		
自动焊、半自动焊和E43型焊条的手工焊	Q235钢	≤16	215	215	185	125	160
		>16~40	205	205	175	120	
		>40~60	200	200	170	115	
		>60~100	190	190	160	110	
自动焊、半自动焊和E50型焊条的手工焊	Q345钢	≤16	310	310	265	180	200
		>16~35	295	295	250	170	
		>35~50	265	265	225	155	
		>50~100	250	250	210	145	
自动焊、半自动焊和E55型焊条的手工焊	Q390钢	≤16	350	350	300	205	220
		>16~35	335	335	285	190	
		>35~50	315	315	270	180	
		>50~100	295	295	250	170	
自动焊、半自动焊和E55型焊条的手工焊	Q420钢	≤16	380	380	320	220	220
		>16~35	360	360	305	210	
		>35~50	340	340	290	195	
		>50~100	325	325	275	185	

注：① 自动焊和半自动焊所采用的焊丝和焊剂，应保证其熔敷金属抗拉强度不低于相应手工焊焊条的数值。

② 焊缝质量等级应符合现行国家标准的规定。

③ 坡口焊缝抗弯受压区强度设计值取 f_c^w，抗弯受拉区强度设计值取 f_t^w。

附表 1-4b　螺栓连接的强度设计值(N/mm²)

螺栓的钢材牌号(或性能等级)和构件的钢材牌号		普通螺栓						锚栓	承压型连接高强度螺栓		
		C级螺栓			A级、B级螺栓						
		抗拉 f_t^b	抗剪 f_v^b	承压 f_c^b	抗拉 f_t^b	抗剪 f_v^b	承压 f_c^b	抗拉 f_t^a	抗拉 f_t^b	抗剪 f_v^b	承压 f_c^b
普通螺栓	4.6级、4.8级	170	140	—	—	—	—	—	—	—	—
	5.6级	—	—	—	210	190	—	—	—	—	—
	8.8级	—	—	—	400	320	—	—	—	—	—
锚　　栓	Q235钢	—	—	—	—	—	—	140	—		—
	Q345钢	—	—	—	—	—	—	180	—	—	—
承压型连接高强度螺栓	8.8级	—	—	—	—	—	—	—	400	250	—
	10.9级	—	—	—	—	—	—	—	500	310	—
构　　件	Q235钢	—	—	305	—	—	405	—	—	—	470
	Q345钢	—	—	385	—	—	510	—	—	—	590
	Q390钢	—	—	400	—	—	530	—	—	—	615
	Q420钢	—	—	425	—	—	560	—	—	—	655

注：① A级螺栓用于 $d \leqslant 24$mm 和 $l \leqslant 10d$ 或 $l \leqslant 150$mm(按较小值)的螺栓；B级螺栓用于 $d > 24$mm 和 $l > 10d$ 或 $l > 150$mm(按较小值)的螺栓。d 为公称直径，l 为螺杆公称长度。

② A、B级螺栓孔的精度和孔壁表面粗糙度、C级螺栓孔的允许偏差和孔壁表面粗糙度，均应符合现行国家标准[17]的要求。

附表 1-4c 铆钉连接的强度设计值(N/mm²)

铆钉钢号和构件钢材牌号		抗拉(钉头拉脱) f_t^r	抗剪 f_v^r		承压 f_c^r	
			Ⅰ类孔	Ⅱ类孔	Ⅰ类孔	Ⅱ类孔
铆钉	BL2 或 BL3	120	185	155	—	—
构件	Q235 钢	—	—	—	450	365
	Q345 钢	—	—	—	565	460
	Q390 钢	—	—	—	590	480

注:①属于下列情况者为Ⅰ类孔:

a.在装配好的构件上按设计孔径钻成的孔;

b.在单个零件和构件上按设计孔径分别用钻模钻成的孔;

c.在单个零件上先钻成或冲成较小的孔径,然后在装配好的构件上再扩钻至设计孔径的孔。

②在单个零件上一次冲成或不用钻模钻成设计孔径的孔属于Ⅱ类孔。

附表 1-5 结构构件或连接设计强度的折减系数 α

项 次	情 况	α
1	单面连接的单角钢 (1)按轴心受力计算强度和连接 (2)按轴心受压计算稳定性 等边角钢 短边相连的不等边角钢 长边相连的不等边角钢	 0.85 $0.6+0.0015\lambda$,但不大于 1.0 $0.5+0.0025\lambda$,但不大于 1.0 0.70
2	无垫板的单面施焊对接焊缝(坡口焊缝)	0.85
3	施工条件较差的高空安装焊缝和铆钉连接	0.90
4	沉头和半沉头铆钉连接	0.80

注:①λ——长细比,对中间无连系的单角钢压杆,应按最小回转半径计算;当 $\lambda<20$ 时,取 $\lambda=20$;

②当几种情况同时存在时,其 α 值应连乘;

③大跨度($l\geqslant60$m)桁架的高压弦杆或端部受压腹杆 $\alpha=0.95$。

附表 1-6 钢材和钢铸件的物理性能指标

弹性模量 E (N/mm²)	剪变模量 G (N/mm²)	线膨胀系数 α (以每℃计)	质量密度 ρ (kg/m³)
206×10^3	79×10^3	12×10^{-6}	7850

附录2 型钢表

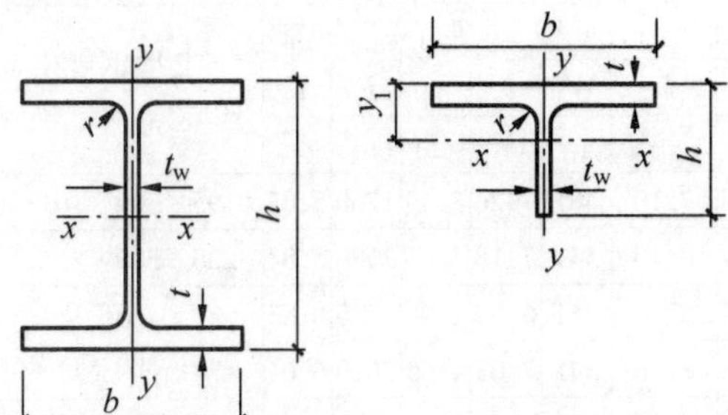

符 号 h—H型钢截面高度；b—翼缘宽度；t_w—腹板厚度；t—翼缘厚度；W—截面抵抗矩；i—截面回转半径；I—截面惯性矩。

T型钢的惯性矩 I_y 等于相应H型钢的1/2。

附表2-1a 热轧H型钢和T型钢

H 型 钢									H和T	T 型 钢				
类别	H型钢规格 ($h\times b\times t_w\times t$)	截面积 A	重量 g	$x-x$ 轴 I_x	W_x	i_x	$y-y$ 轴 I_y	W_y	i_y	形心 y_1	$x-x$ 轴 I_x	i_x	T型钢规格 ($h\times b\times t_w\times t$)	类别
		cm^2	kg/m	cm^4	cm^3	cm	cm^4	cm^3	cm	cm	cm^4	cm		
HW	100×100×6×8	21.90	17.2	383	76.5	4.18	134	26.7	2.47	1.00	16.1	1.21	50×100×6×8	TW
	125×125×6.5×9	30.31	23.8	847	136	5.29	294	47.0	3.11	1.19	35.0	1.52	62.5×125×6.5×9	
	150×150×7×10	40.55	31.9	1660	221	6.39	564	75.1	3.73	1.37	66.4	1.81	75×150×7×10	
	175×175×7.5×11	51.43	40.3	2900	331	7.50	984	112	4.37	1.55	115	2.11	87.5×175×7.5×11	
	200×200×8×12	64.28	50.5	4770	477	8.61	1600	160	4.99	1.73	185	2.40	100×200×8×12	
	#200×204×12×12	72.28	56.7	5030	503	8.35	1700	167	4.85	2.09	256	2.66	#100×204×12×12	
	250×250×9×14	92.18	72.4	10800	867	10.8	3650	292	6.29	2.08	412	2.99	125×250×9×14	
	#250×255×14×14	104.7	82.2	11500	919	10.5	3880	304	6.09	2.58	589	3.36	#125×255×14×14	
	#294×302×12×12	108.3	85.0	17000	1160	12.5	5520	365	7.14	2.83	858	3.98	#147×302×12×12	
	300×300×10×15	120.4	94.5	20500	1370	13.1	6760	450	7.49	2.47	798	3.64	150×300×10×15	
	300×305×15×15	135.4	106	21600	1440	12.6	7100	466	7.24	3.02	1110	4.05	150×305×15×15	
	#344×348×10×16	146.0	115	33300	1940	15.1	11200	646	8.78	2.67	1230	4.11	#172×348×10×16	
	350×350×12×19	173.9	137	40300	2300	15.2	13600	776	8.84	2.86	1520	4.18	175×350×12×19	
	#388×402×15×15	179.2	141	49200	2540	16.6	16300	809	9.52	3.69	2480	5.26	#194×402×15×15	
	#394×398×11×18	187.6	147	56400	2860	17.3	18900	951	10.0	3.01	2050	4.67	#197×398×11×18	
	400×400×13×21	219.5	172	66900	3340	17.5	22400	1120	10.1	3.21	2480	4.75	200×400×13×21	
	#400×408×21×21	251.5	197	71100	3560	16.8	23800	1170	9.73	4.07	3650	5.39	#200×408×21×21	
	#414×405×18×28	296.2	233	93000	4490	17.7	31000	1530	10.2	3.68	3620	4.95	#207×405×18×28	
	#428×407×20×35	361.4	284	119000	5580	18.2	39400	1930	10.4	3.90	4380	4.92	#214×407×20×35	
HM	148×100×6×9	27.25	21.4	1040	140	6.17	151	30.2	2.35	1.55	51.7	1.95	74×100×6×9	TM
	194×150×6×9	39.76	31.2	2740	283	8.30	508	67.7	3.57	1.78	125	2.50	97×150×6×9	
	244×175×7×11	56.24	44.1	6120	502	10.4	985	113	4.18	2.27	289	3.20	122×175×7×11	
	294×200×8×12	73.03	57.3	11400	779	12.5	1600	160	4.69	2.82	572	3.96	147×200×8×12	
	340×250×9×14	101.5	79.7	21700	1280	14.6	3650	292	6.00	3.09	1020	4.48	170×250×9×14	

续表

类别	H型钢规格	H 型 钢								H和T	T 型 钢			类别
	H型钢规格 $(h \times b \times t_w \times t)$	截面积 A	重量 g	$x-x$ 轴			$y-y$ 轴			形心 y_1	$x-x$ 轴		T型钢规格 $(h \times b \times t_w \times t)$	
				I_x	W_x	i_x	I_y	W_y	i_y		I_x	i_x		
		cm^2	kg/m	cm^4	cm^3	cm	cm^4	cm^3	cm	cm	cm^4	cm		
HM	390×300×10×16	136.7	107	38900	2000	16.9	7210	481	7.26	3.40	1730	5.03	195×300×10×16	TM
HM	440×300×11×18	157.4	124	56100	2550	18.9	8110	541	7.18	4.05	2680	5.84	220×300×11×18	TM
HM	482×300×11×15	146.4	115	60800	2520	20.4	6770	451	6.80	4.90	3420	6.83	241×300×11×15	TM
HM	488×300×11×18	164.4	129	71400	2930	20.8	8120	541	7.03	4.65	3620	6.64	244×300×11×18	TM
HM	582×300×12×17	174.5	137	103000	3530	24.3	7670	511	6.63	6.39	6360	8.54	291×300×12×17	TM
HM	588×300×12×20	192.5	151	118000	4020	24.8	9020	601	6.85	6.08	6710	8.35	294×300×12×20	TM
HM	#594×302×14×23	222.4	175	137000	4620	24.9	10600	701	6.90	6.33	7920	8.44	#297×302×14×23	TM
HN	100×50×5×7	12.16	9.54	192	38.5	3.98	14.9	5.96	1.11	1.27	11.9	1.40	50×50×5×7	TN
HN	125×60×6×8	17.01	13.3	417	66.8	4.95	29.3	9.75	1.31	1.63	27.5	1.80	62.5×60×6×8	TN
HN	150×75×5×7	18.16	14.3	679	90.6	6.12	49.6	13.2	1.65	1.78	42.7	2.17	75×75×5×7	TN
HN	175×90×5×8	23.21	18.2	1220	140	7.26	97.6	21.7	2.05	1.92	70.7	2.47	87.5×90×5×8	TN
HN	198×99×4.5×7	23.59	18.5	1610	163	8.27	114	23.0	2.20	2.13	94.0	2.82	99×99×4.5×7	TN
HN	200×100×5.5×8	27.57	21.7	1880	188	8.25	134	26.8	2.21	2.27	115	2.88	100×100×5.5×8	TN
HN	248×124×5×8	32.89	25.8	3560	287	10.4	255	41.1	2.78	2.62	208	3.56	124×124×5×8	TN
HN	250×125×6×9	37.87	29.7	4080	326	10.4	294	47.0	2.79	2.78	249	3.62	125×125×6×9	TN
HN	298×149×5.5×8	41.55	32.6	6460	433	12.4	443	59.4	3.26	3.22	395	4.36	149×149×5.5×8	TN
HN	300×150×6.5×9	47.53	37.3	7350	490	12.4	508	67.7	3.27	3.38	465	4.42	150×150×6.5×9	TN
HN	346×174×6×9	53.19	41.8	11200	649	14.5	792	91.0	3.86	3.68	681	5.06	173×174×6×9	TN
HN	350×175×7×11	63.66	50.0	13700	782	14.7	985	113	3.93	3.74	816	5.06	175×175×7×11	TN
HN	#400×150×8×13	71.12	55.8	18800	942	16.3	734	97.9	3.21	—	—	—	—	TN
HN	396×199×7×11	72.16	56.7	20000	1010	16.7	1450	145	4.48	4.17	1190	5.76	198×199×7×11	TN
HN	400×200×8×13	84.12	66.0	23700	1190	16.8	1740	174	4.54	4.23	1400	5.76	200×200×8×13	TN
HN	#450×150×9×14	83.41	65.5	27100	1200	18.0	793	106	3.08	—	—	—	—	TN
HN	446×199×8×12	84.95	66.7	29000	1300	18.5	1580	159	4.31	5.07	1880	6.65	223×199×8×12	TN
HN	450×200×9×14	97.41	76.5	33700	1500	18.6	1870	187	4.38	5.13	2160	6.66	225×200×9×14	TN
HN	#500×150×10×16	98.23	77.1	38500	1540	19.8	907	121	3.04	—	—	—	—	TN
HN	496×199×9×14	101.3	79.5	41900	1690	20.3	1840	185	4.27	5.90	2840	7.49	248×199×9×14	TN
HN	500×200×10×16	114.2	89.6	47800	1910	20.5	2140	214	4.33	5.96	3210	7.50	250×200×10×16	TN
HN	#506×201×11×19	131.3	103	56500	2230	20.8	2580	257	4.43	5.95	3670	7.48	#253×201×11×19	TN
HN	596×199×10×15	121.2	95.1	69300	2330	23.9	1980	199	4.04	7.76	5200	9.27	298×199×10×15	TN
HN	600×200×11×17	135.2	106	78200	2610	24.1	2280	228	4.11	7.81	5820	9.28	300×200×11×17	TN
HN	#606×201×12×20	153.3	120	91000	3000	24.4	2720	271	4.21	7.76	6580	9.26	#303×201×12×20	TN
HN	#692×300×13×20	211.5	166	172000	4980	28.6	9020	602	6.53	—	—	—	—	TN
HN	700×300×13×24	235.5	185	201000	5760	29.3	10800	722	6.78	—	—	—	—	TN

注:"#"表示的规格为非常用规格。

附表 2-1b　普通高频焊接薄壁 H 型钢的型号及截面特性(JG/T137—2001)

序号	截面尺寸(mm)				A	理论重量	$x-x$ 轴			$y-y$ 轴		
	H	B	T_w	T_f	(cm^2)	(kg/m)	I_x (cm^4)	W_x (cm^3)	i_x (cm)	I_y (cm^4)	W_y (cm^3)	i_y (cm)
1	100	50	2.3	3.2	5.35	4.20	90.71	18.14	4.12	6.68	2.67	1.12
2			3.2	4.5	7.41	5.82	122.77	24.55	4.07	9.40	3.76	1.13
3		100	4.5	6.0	15.96	12.53	291.00	58.20	4.27	100.07	20.01	2.50
4			6.0	8.0	21.04	16.52	369.05	73.81	4.19	133.48	26.70	2.52
** 5	120	120	3.2	4.5	14.35	11.27	396.84	66.14	5.26	129.63	21.61	3.01
6			4.5	6.0	19.26	15.12	515.53	85.92	5.17	172.88	28.81	3.00
7	150	75	3.2	4.5	11.26	8.84	432.11	57.62	6.19	31.68	8.45	1.68
8			4.5	6.0	15.21	11.94	565.38	75.38	6.10	42.29	11.28	1.67
9		100	3.2	4.5	13.51	10.61	551.24	73.50	6.39	75.04	15.01	2.36
10			4.5	6.0	18.21	14.29	720.99	96.13	6.29	100.10	20.02	2.34
11		150	4.5	6.0	24.21	19.00	1 032.21	137.63	6.53	337.60	45.01	3.73
12			6.0	8.0	32.04	25.15	1 331.43	177.52	6.45	450.24	60.03	3.75
* 13	200	100	3.0	3.0	11.82	9.28	764.71	76.47	8.04	50.04	10.01	2.06
14			3.2	4.5	15.11	11.86	1 045.92	104.59	8.32	75.05	15.01	2.23
15			4.5	6.0	20.46	16.06	1 378.62	137.86	8.21	100.14	20.03	2.21
16			6.0	8.0	27.04	21.23	1 786.89	178.69	8.13	133.66	26.73	2.22
* 17		150	3.2	4.5	19.61	15.40	1 475.97	147.60	8.68	253.18	33.76	3.59
18			4.5	6.0	26.46	20.77	1 943.34	194.33	8.57	337.64	45.02	3.57
19			6.0	8.0	35.04	27.51	2 524.60	252.46	8.49	450.33	60.04	3.58
20		200	6.0	8.0	43.04	33.79	3 262.30	326.23	8.71	1 067.00	106.70	4.98
* 21	250	125	3.0	3.0	14.82	11.63	1 507.14	120.57	10.08	97.71	15.63	2.57
** 22			3.2	4.5	18.96	14.89	2 068.56	165.48	10.44	146.55	23.45	2.78
23			4.5	6.0	25.71	20.18	2 738.60	219.09	10.32	195.49	31.28	2.76
24			4.5	8.0	30.53	23.97	3 409.75	272.78	10.57	260.59	41.70	2.92
25			6.0	8.0	34.04	26.72	3 569.91	285.59	10.24	260.84	41.73	2.77
* 26		150	3.2	4.5	21.21	16.65	2 407.62	192.61	10.65	253.19	33.76	3.45
27			4.5	6.0	28.71	22.54	3 185.21	254.82	10.53	337.68	45.02	3.43
28			4.5	8.0	34.53	27.11	3 995.60	319.65	10.76	450.18	60.02	3.61
29			6.0	8.0	38.04	29.86	4 155.77	332.46	10.45	450.42	60.06	3.44
30		200	6.0	8.0	46.04	36.14	5 327.47	426.20	10.76	1 067.09	106.71	4.81
* 31	300	150	3.2	4.5	22.81	17.91	3 604.41	240.29	12.57	253.20	33.76	3.33
32			4.5	6.0	30.96	24.30	4 785.96	319.06	12.43	337.72	45.03	3.30
33			4.5	8.0	36.78	28.87	5 976.11	398.41	12.75	450.22	60.03	3.50
34			6.0	8.0	41.04	32.22	6 262.44	417.50	12.35	450.51	60.07	3.31
35		200	6.0	8.0	49.04	38.50	7 968.14	531.21	12.75	1 067.18	106.72	4.66

续表

序号	截面尺寸(mm)				A (cm^2)	理论重量 (kg/m)	x-x 轴			y-y 轴		
	H	B	T_w	T_f			I_x (cm^4)	W_x (cm^3)	i_x (cm)	I_y (cm^4)	W_y (cm^3)	i_y (cm)
*36	350	150	3.2	4.5	24.41	19.16	5 086.36	290.65	14.43	253.22	33.76	3.22
37			4.5	6.0	33.21	26.07	6 773.70	387.07	14.28	337.76	45.03	3.19
38			6.0	8.0	44.04	34.57	8 882.11	507.55	14.20	450.60	60.08	3.20
39		175	4.5	6.0	36.21	28.42	7 661.31	437.79	14.55	536.19	61.28	3.85
40			4.5	8.0	43.03	33.78	9 586.21	547.78	14.93	714.84	81.70	4.08
41			6.0	8.0	48.04	37.71	10 051.96	574.40	14.47	715.18	81.74	3.86
42		200	6.0	8.0	52.04	40.85	11 221.81	641.25	14.68	1 067.27	106.73	4.53
43	400	150	4.5	8.0	41.28	32.40	11 344.49	567.22	16.58	450.29	60.04	3.30
44		200	6.0	8.0	55.04	43.21	15 125.98	756.30	16.58	1 067.36	106.74	4.40
45			4.5	9.0	53.19	41.75	15 852.08	792.60	17.26	1 200.29	120.03	4.75

注:①带“*”的规格翼缘宽度不符合 GBJ 17 或 CECS 102 的要求,应根据 GBJ 17 或 CESE 102,按翼缘有效宽度计算。

②当钢材采用 Q345 或更高级别的钢种时,带“**”的规格翼缘宽度不符合 GBJ 17 或 CESE 102 的要求,应根据 GBJ 17 或 CECS 102,按翼缘有效宽度计算。

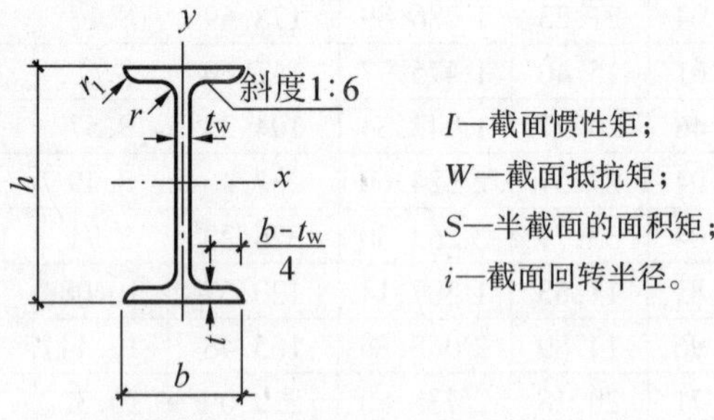

附表 2-2a 热轧普通工字钢截面特性表(按 GB706—88 计算)

型号	尺寸 (mm)						截面面积 (cm^2)	重量 g (kg/m)	x-x 轴				y-y 轴		
	h	b	t_w	t	r	r_1			I_x (cm^4)	W_x (cm^3)	S_x (cm^3)	i_x (cm)	I_y (cm^4)	W_y (cm^3)	i_y (cm)
I10	100	68	4.5	7.6	6.5	3.3	14.33	11.25	245	49.0	28.2	4.14	32.8	9.6	1.51
I12.6	126	74	5.0	8.4	7.0	3.5	18.10	14.21	488	77.4	44.4	5.19	46.9	12.7	1.61
I14	140	80	5.5	9.1	7.5	3.8	21.50	16.88	712	101.7	58.4	5.75	64.3	16.1	1.73
I16	160	88	6.0	9.9	8.0	4.0	26.11	20.50	1127	140.9	80.8	6.57	93.1	21.1	1.89
I18	180	94	6.5	10.7	8.5	4.3	30.74	24.13	1669	185.4	106.5	7.37	122.9	26.2	2.00
I20a	200	100	7.0	11.4	9.0	4.5	35.55	27.91	2369	236.9	136.1	8.16	157.9	31.6	2.11
I20b	200	102	9.0	11.4	9.0	4.5	39.55	31.05	2502	250.2	146.1	7.95	169.0	33.1	2.07
I22a	220	110	7.5	12.3	9.5	4.8	42.10	33.05	3406	309.6	177.7	8.99	225.9	41.1	2.32
I22b	220	112	9.5	12.3	9.5	4.8	46.50	36.50	3583	325.8	189.8	8.78	240.2	42.9	2.27

续表

型号	尺寸 (mm)						截面面积	重量 g	$x-x$ 轴				$y-y$ 轴		
	h	b	t_w	t	r	r_1	(cm^2)	(kg/m)	I_x (cm^4)	W_x (cm^3)	S_x (cm^3)	i_x (cm)	I_y (cm^4)	W_y (cm^3)	i_y (cm)
I25a	250	116	8.0	13.0	10.0	5.0	48.51	38.08	5017	401.4	230.7	10.17	280.4	48.4	2.40
I25b	250	118	10.0	13.0	10.0	5.0	53.51	42.01	5278	422.2	246.3	9.93	297.3	50.4	2.36
I28a	280	122	8.5	13.7	10.5	5.3	55.37	43.47	7115	508.2	292.7	11.34	344.1	56.4	2.49
I28b	280	124	10.5	13.7	10.5	5.3	60.97	47.86	7481	534.4	312.3	11.08	363.8	58.7	2.44
I32a	320	130	9.5	15.0	11.5	5.8	67.12	52.69	11080	692.5	400.5	12.85	459.0	70.6	2.62
I32b	320	132	11.5	15.0	11.5	5.8	73.52	57.71	11626	726.7	426.1	12.58	483.8	73.3	2.57
I32c	320	134	13.5	15.0	11.5	5.8	79.92	62.74	12173	760.8	451.7	12.34	510.1	76.1	2.53
I36a	360	136	10.0	15.8	12.0	6.0	76.44	60.00	15796	877.6	508.8	14.38	554.9	81.6	2.69
I36b	360	138	12.0	15.8	12.0	6.0	83.64	65.66	16574	920.8	541.2	14.08	583.6	84.6	2.64
I36c	360	140	14.0	15.8	12.0	6.0	90.84	71.31	17351	964.0	573.6	13.82	614.0	87.7	2.60
I40a	400	142	10.5	16.5	12.5	6.3	86.07	67.56	21714	1085.7	631.2	15.88	659.9	92.9	2.77
I40b	400	144	12.5	16.5	12.5	6.3	94.07	73.84	22781	1139.0	671.2	15.56	692.8	96.2	2.71
I40c	400	146	14.5	16.5	12.5	6.3	102.07	80.12	23847	1192.4	711.2	15.29	727.5	99.7	2.67
I45a	450	150	11.5	18.0	13.5	6.8	102.40	80.38	32241	1432.9	836.4	17.74	855.0	114.0	2.89
I45b	450	152	13.5	18.0	13.5	6.8	111.40	87.45	33759	1500.4	887.1	17.41	895.4	117.8	2.84
I45c	450	154	15.5	18.0	13.5	6.8	120.40	94.51	35278	1567.9	937.7	17.12	938.0	121.8	2.79
I50a	500	158	12.0	20.0	14.0	7.0	119.25	93.61	46472	1858.9	1084.1	19.74	1121.5	142.0	3.07
I50b	500	160	14.0	20.0	14.0	7.0	129.25	101.46	48556	1942.2	1146.6	19.38	1171.4	146.4	3.01
I50c	500	162	16.0	20.0	14.0	7.0	139.25	109.31	50639	2025.6	1209.1	19.07	1223.9	151.1	2.96
I56a	560	166	12.5	21.0	14.5	7.3	135.38	106.27	65576	2342.0	1368.8	22.01	1365.8	164.6	3.18
I56b	560	168	14.5	21.0	14.5	7.3	146.58	115.06	68503	2446.5	1447.2	21.62	1423.8	169.5	3.12
I56c	560	170	16.5	21.0	14.5	7.3	157.78	123.85	71430	2551.1	1525.6	21.28	1484.8	174.7	3.07
I63a	630	176	13.0	22.0	15.0	7.5	154.59	121.36	94004	2984.3	1747.4	24.66	1702.4	193.5	3.32
I63b	630	178	15.0	22.0	15.0	7.5	167.19	131.25	98171	3116.6	1846.5	24.23	1770.7	199.0	3.25
I63c	630	180	17.0	22.0	15.0	7.5	179.79	141.14	102339	3248.9	1945.9	23.86	1842.4	204.7	3.20

注：普通工字钢的通常长度：I10～I18 为 5～19m；I20～I63 为 6～19m。

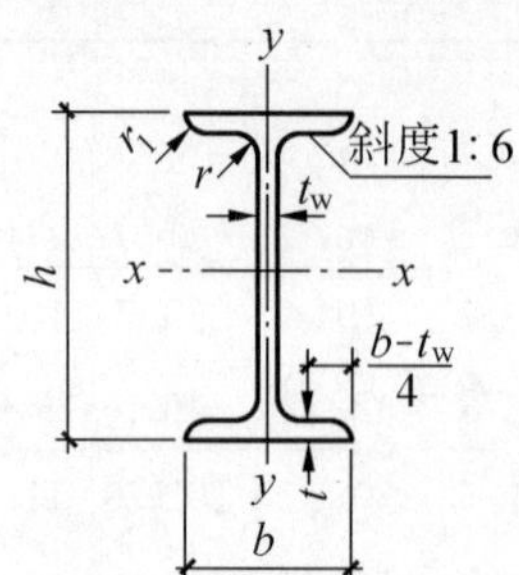

I—截面惯性矩；

W—截面抵抗矩；

S—半截面的面积矩；

i—截面回转半径。

附表 2-2b 热轧轻型工字钢截面特性表(按 YB 163—63 计算)

型号	尺寸 (mm)						截面面积 A	重量 g	x-x 轴				y-y 轴		
	h	b	t_w	t	r	r_1	(cm^2)	(kg/m)	I_x (cm^4)	W_x (cm^3)	S_x (cm^3)	i_x (cm)	I_y (cm^4)	W_y (cm^3)	i_y (cm)
I10	100	55	4.5	7.2	7.0	2.5	12.05	9.46	198	39.7	23.0	4.06	17.9	6.5	1.22
I12	120	64	4.8	7.3	7.5	3.0	14.71	11.55	351	58.4	33.7	4.88	27.9	8.7	1.38
I14	140	73	4.9	7.5	8.0	3.0	17.43	13.68	572	81.7	46.8	5.73	41.9	11.5	1.55
I16	160	81	5.0	7.8	8.5	3.5	20.24	15.89	873	109.2	62.3	6.57	58.6	14.5	1.70
I18	180	90	5.1	8.1	9.0	3.5	23.38	18.35	1288	143.1	81.4	7.42	82.6	18.4	1.88
I18a	180	100	5.1	8.3	9.0	3.5	25.38	19.92	1431	159.0	89.8	7.51	114.2	22.8	2.12
I20	200	100	5.2	8.4	9.5	4.0	26.81	21.04	1840	184.0	104.2	8.28	115.4	23.1	2.08
I20a	200	110	5.2	8.6	9.5	4.0	28.91	22.69	2027	202.7	114.1	8.37	154.9	28.2	2.32
I22	220	110	5.4	8.7	10.0	4.0	30.62	24.04	2554	232.1	131.2	9.13	157.4	28.6	2.27
I22a	220	120	5.4	8.9	10.0	4.0	32.82	25.76	2792	253.8	142.7	9.22	205.9	34.3	2.50
I24	240	115	5.6	9.5	10.5	4.0	34.83	27.35	3465	288.7	163.1	9.97	198.5	34.5	2.39
I24a	240	125	5.6	9.8	10.5	4.0	37.45	29.40	3801	316.7	177.9	10.07	260.0	41.6	2.63
I27	270	125	6.0	9.8	11.0	4.5	40.17	31.54	5011	371.2	210.0	11.17	259.6	41.5	2.54
I27a	270	135	6.0	10.2	11.0	4.5	43.17	33.89	5500	407.4	229.1	11.29	337.5	50.0	2.80
I30	300	135	6.5	10.2	12.0	5.0	46.68	36.49	7084	472.3	267.8	12.35	337.0	49.9	2.69
I30a	300	145	6.5	10.7	12.0	5.0	49.91	39.18	7776	518.4	292.1	12.48	435.8	60.1	2.95
I33	330	140	7.0	11.2	13.0	5.0	53.82	42.25	9845	596.6	339.2	13.52	419.4	59.9	2.79
I36	360	145	7.5	12.3	14.0	6.0	61.86	48.56	13 377	743.2	423.3	14.71	515.8	71.2	2.89
I40	400	155	8.0	13.0	15.0	6.0	71.44	56.08	18 932	946.6	540.1	16.28	666.3	86.0	3.05
I45	450	160	8.6	14.2	16.0	7.0	83.03	65.18	27 446	1219.8	699.0	18.18	806.9	100.9	3.12
I50	500	170	9.5	15.2	17.0	7.0	97.84	76.81	39 295	1571.8	905.0	20.04	1041.8	122.6	3.26
I55	550	180	10.3	16.5	18.0	7.0	114.43	89.83	55 155	2005.6	1157.7	21.95	1353.0	150.3	3.44
I60	600	190	11.1	17.8	20.0	8.0	132.46	103.98	75 456	2515.2	1455.0	23.07	1720.1	181.1	3.60
I65	650	200	12.0	19.2	22.0	9.0	152.80	119.94	101 412	3120.4	1809.4	25.76	2170.1	217.0	3.77
I70	700	210	13.0	20.8	24.0	10.0	176.03	138.18	134 609	3846.0	2235.1	27.65	2733.3	260.3	3.94
I70a	700	210	15.0	24.0	24.0	10.0	201.67	158.31	152 706	4363.0	2547.5	27.52	3243.5	308.9	4.01
I70b	700	210	17.5	28.2	24.0	10.0	234.14	183.80	175 374	5010.7	2941.6	27.37	3914.7	372.8	4.09

注：轻型工字钢的通常长度：I10～I18 为 5～19m；I20～I70 为 6～19m。

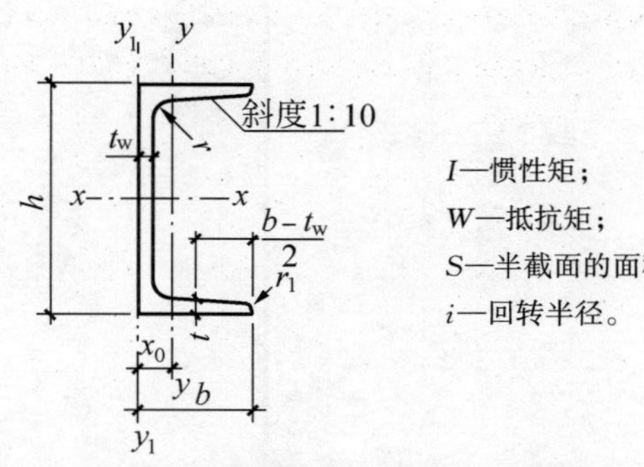

I—惯性矩；
W—抵抗矩；
S—半截面的面积矩；
i—回转半径。

附表 2-3a 热轧普通槽钢截面特性表(按 GB707—88 计算)

型号	尺寸 (mm)						截面面积	重量	x_0	$x-x$ 轴				$y-y$ 轴				y_1-y_1 轴
	h	b	t_w	t	r	r_1	(cm²)	g (kg/m)	(cm)	I_x (cm⁴)	W_x (cm³)	S_x (cm³)	i_x (cm)	I_y (cm⁴)	W_{ymax} (cm³)	W_{ymin} (cm³)	i_y (cm)	I_{y1} (cm⁴)
5	50	37	4.5	7.0	7.0	3.50	6.92	5.44	1.35	26.0	10.4	6.4	1.94	8.3	6.2	3.5	1.10	20.9
6.3	63	40	4.8	7.5	7.5	3.75	8.45	6.63	1.39	51.2	16.3	9.8	2.46	11.9	8.5	4.6	1.19	28.3
8	80	43	5.0	8.0	8.0	4.00	10.24	8.04	1.42	101.3	25.3	15.1	3.14	16.6	11.7	5.8	1.27	37.4
10	100	48	5.3	8.5	8.5	4.25	12.74	10.00	1.52	198.3	39.7	23.5	3.94	25.6	16.9	7.8	1.42	54.9
12.6	126	53	5.5	9.0	9.0	4.50	15.69	12.31	1.59	388.5	61.7	36.4	4.98	38.0	23.9	10.3	1.56	77.8
14a	140	58	6.0	9.5	9.5	4.75	18.51	14.53	1.71	563.7	80.5	47.5	5.52	53.2	31.2	13.0	1.70	107.1
14b	140	60	8.0	9.5	9.5	4.75	21.31	16.73	1.67	609.4	87.1	52.4	5.35	61.2	36.6	14.1	1.69	120.6
16a	160	63	6.5	10.0	10.0	5.00	21.95	17.23	1.79	866.2	108.3	63.9	6.28	73.4	40.9	16.3	1.83	144.1
16	160	65	8.5	10.0	10.0	5.00	25.15	19.75	1.75	934.5	116.8	70.3	6.10	83.4	47.6	17.6	1.82	160.8
18a	180	68	7.0	10.5	10.5	5.25	25.69	20.17	1.88	1272.7	141.4	83.5	7.04	98.5	52.3	20.0	1.96	189.7
18	180	70	9.0	10.5	10.5	5.25	29.29	22.99	1.84	1369.9	152.2	91.6	6.84	111.0	60.4	21.5	1.95	210.1
20a	200	73	7.0	11.0	11.0	5.50	28.83	22.63	2.01	1780.4	178.0	104.7	7.86	128.0	63.8	24.2	2.11	244.0
20	200	75	9.0	11.0	11.0	5.50	32.83	25.77	1.95	1913.7	191.4	114.7	7.64	143.6	73.7	25.9	2.09	268.3
22a	220	77	7.0	11.5	11.5	5.75	31.84	24.99	2.10	2393.9	217.6	127.6	8.67	157.8	75.1	28.2	2.23	298.2
22	220	79	9.0	11.5	11.5	5.75	36.24	28.45	2.03	2571.3	233.8	139.7	8.42	176.5	86.8	30.1	2.21	326.2

续表

型号	尺寸 (mm)						截面面积	重量	x_0	x－x 轴				y－y 轴				y_1-y_1 轴
	h	b	t_w	t	r	r_1	(cm^2)	g (kg/m)	(cm)	I_x (cm^4)	W_x (cm^3)	S_x (cm^3)	i_x (cm)	I_y (cm^4)	W_{ymax} (cm^3)	W_{ymin} (cm^3)	i_y (cm)	I_{y1} (cm^4)
25a	250	78	7.0	12.0	12.0	6.00	34.91	27.40	2.07	3359.1	268.7	157.8	9.81	175.9	85.1	30.7	2.24	324.7
25b	250	80	9.0	12.0	12.0	6.00	39.91	31.33	1.99	3619.5	289.6	173.5	9.52	196.4	98.5	32.7	2.22	355.0
25c	250	82	11.0	12.0	12.0	6.00	44.91	35.25	1.96	3880.0	310.4	189.1	9.30	215.9	110.1	34.6	2.19	388.5
28a	280	82	7.5	12.5	12.5	6.25	40.02	31.42	2.09	4752.5	339.5	200.2	10.90	217.9	104.1	35.7	2.33	393.2
28b	280	84	9.5	12.5	12.5	6.25	45.62	35.81	2.02	5118.4	365.6	219.8	10.59	241.5	119.3	37.9	2.30	428.4
28c	280	86	11.5	12.5	12.5	6.25	51.22	40.21	1.99	5484.3	391.7	239.4	10.35	364.1	132.6	40.0	2.27	467.3
32a	320	88	8.0	14.0	14.0	7.00	48.50	38.07	2.24	7510.6	469.4	276.9	12.44	304.7	136.2	46.4	2.51	547.4
32b	320	90	10.0	14.0	14.0	7.00	54.90	43.10	2.16	8056.8	503.5	302.5	12.11	335.6	155.0	49.1	2.47	592.8
32c	320	92	12.0	14.0	14.0	7.00	61.30	48.12	2.13	8602.9	537.7	328.1	11.85	365.0	171.5	51.6	2.44	642.6
36a	360	96	9.0	16.0	16.0	8.00	60.89	47.80	2.44	11874.1	659.7	389.9	13.96	455.0	186.2	63.6	2.73	818.4
36b	360	98	11.0	16.0	16.0	8.00	68.09	53.45	2.37	12651.7	702.9	422.3	13.63	496.7	209.2	66.9	2.70	880.4
36c	360	100	13.0	16.0	16.0	8.00	75.29	59.10	2.34	13429.3	746.1	454.7	13.36	536.6	229.5	70.0	2.67	947.9
40a	400	100	10.5	18.0	18.0	9.00	75.04	58.91	2.49	17577.7	878.9	524.4	15.30	592.0	237.6	78.8	2.81	1057.7
40b	400	102	12.5	18.0	18.0	9.00	83.04	65.19	2.44	18644.4	932.2	564.4	14.98	640.6	267.4	82.6	2.78	1135.6
40c	400	104	14.5	18.0	18.0	9.00	91.04	71.47	2.42	19711.0	985.6	604.4	14.71	687.8	284.4	86.2	2.75	1220.1

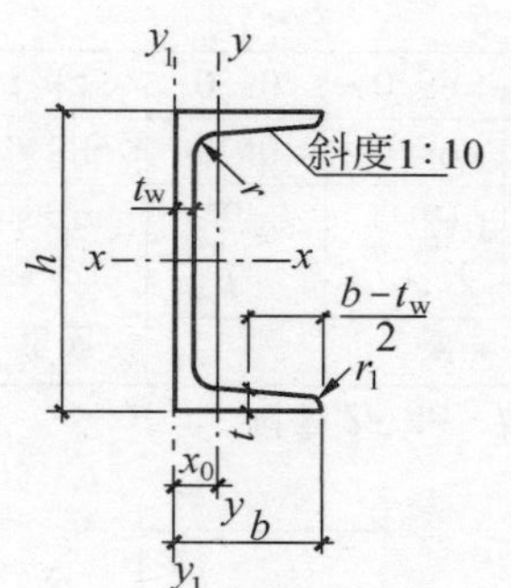

I—截面惯性矩；
W—截面抵抗矩；
S—半截面面积矩；
i—截面回转半径。

附表 2－3b 热轧轻型槽钢截面特性表（按 YB164—63 计算）

型号	尺寸 (mm)						截面面积	重量	x_0	$x-x$ 轴				$y-y$ 轴				y_1-y_1 轴
	h	b	t_w	t	r	r_1	A (cm^2)	g (kg/m)	(cm)	I_x (cm^4)	W_x (cm^3)	S_x (cm^3)	i_x (cm)	I_y (cm^4)	W_{ymax} (cm^3)	W_{ymin} (cm^3)	i_y (cm)	I_{y1} (cm^4)
[5	50	32	4.4	7.0	6.0	2.5	6.16	4.84	1.16	22.8	9.1	5.6	1.92	5.6	4.8	2.8	0.95	13.9
[6.5	65	36	4.4	7.2	6.0	2.5	7.51	5.70	1.24	48.6	15.0	9.0	2.54	8.7	7.0	3.7	1.08	20.2
[8	80	40	4.5	7.4	6.5	2.5	8.98	7.05	1.31	89.4	22.4	13.3	3.16	12.8	9.8	4.8	1.19	28.2
[10	100	46	4.5	7.6	7.0	3.0	10.94	8.59	1.44	173.9	34.8	20.4	3.99	20.4	14.2	6.5	1.37	43.0
[12	120	52	4.8	7.8	7.5	3.0	13.28	10.43	1.54	303.9	50.6	29.6	4.78	31.2	20.2	8.5	1.53	62.8
[14	140	58	4.9	8.1	8.0	3.0	15.65	12.28	1.67	491.1	70.2	40.8	5.60	45.4	27.1	11.0	1.70	89.2
[14a	140	62	4.9	8.7	8.0	3.0	16.98	13.33	1.87	544.8	77.8	45.1	5.66	57.5	30.7	13.3	1.84	116.9
[16	160	64	5.0	8.4	8.5	3.5	18.12	14.22	1.80	747.0	93.4	54.1	6.42	63.3	35.1	13.8	1.87	122.2
[16a	160	68	5.0	9.0	8.5	3.5	19.54	15.34	2.00	823.3	102.9	59.4	6.49	78.8	39.4	16.4	2.01	157.1
[18	180	70	5.1	8.7	9.0	3.5	20.71	16.25	1.94	1086.3	120.7	69.8	7.24	86.0	44.4	17.0	2.04	163.6
[18a	180	74	5.1	9.3	9.0	3.5	22.23	17.45	2.14	1190.7	132.3	76.1	7.32	105.4	49.4	20.0	2.18	206.7
[20	200	76	5.2	9.0	9.5	4.0	23.40	18.37	2.07	1522.0	152.2	87.8	8.07	113.4	54.9	20.5	2.20	213.3
[20a	200	80	5.2	9.7	9.5	4.0	25.16	19.75	2.28	1672.4	167.2	95.9	8.15	138.6	60.8	24.2	2.35	269.3
[22	220	82	5.4	9.5	10.0	4.0	26.72	20.97	2.21	2109.5	191.8	110.4	8.89	150.6	68.0	25.1	2.37	281.4

续表

型号	尺寸 (mm)						截面面积 A (cm^2)	重量 g (kg/m)	x_0 (cm)	$x-x$ 轴				$y-y$ 轴				y_1-y_1 轴
	h	b	t_w	t	r	r_1				I_x (cm^4)	W_x (cm^3)	S_x (cm^3)	i_x (cm)	I_y (cm^4)	W_{ymax} (cm^3)	W_{ymin} (cm^3)	i_y (cm)	I_{y1} (cm^4)
[22a	220	87	5.4	10.2	10.0	4.0	28.81	22.62	2.46	2327.3	211.6	121.1	8.99	187.1	76.1	30.0	2.55	361.3
[24	240	90	5.6	10.0	10.5	4.0	30.64	24.05	2.42	2901.1	241.8	138.8	9.73	207.6	85.7	31.6	2.60	387.4
[24a	240	95	5.6	10.7	10.5	4.0	32.89	25.82	2.67	3181.2	265.1	151.3	9.83	253.6	95.0	37.2	2.78	488.5
[27	270	95	6.0	10.5	11.0	4.5	35.23	27.66	2.47	4163.3	308.4	177.6	10.87	261.8	105.8	37.3	2.73	477.5
[30	300	100	6.5	11.0	12.0	5.0	40.47	31.77	2.52	5808.3	387.2	224.0	11.98	326.6	129.8	43.6	2.84	582.9
[33	330	105	7.0	11.7	13.0	5.0	46.52	36.52	2.59	7984.1	483.9	280.9	13.10	410.1	158.3	51.8	2.97	722.2
[36	360	110	7.5	12.6	14.0	6.0	53.37	41.90	2.68	10815.5	600.9	349.6	14.24	513.5	191.3	61.8	3.10	898.2
[40	400	115	8.0	13.5	15.0	6.0	61.53	48.30	2.75	15219.6	761.0	444.3	15.73	642.3	233.1	73.4	3.23	1109.2

注:轻型槽钢的通常长度:[5~[8 为 5~12m;[10~[18 为 5~19m;[20~[40 为 6~19m。

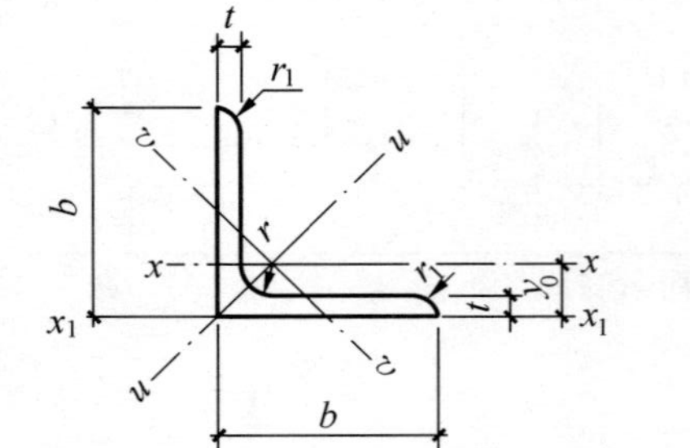

I—惯性矩;

W—截面抵抗矩;

r_1—边端内圆弧半径$\left(\frac{t}{3}\right)$;

i—回转半径。

附表 2-4a 热轧等边角钢截面特性表(按 GB9787—88 计算)

尺寸 (mm)			截面面积 A (cm^2)	重量 g (kg/m)	$x-x$ 轴				$u-u$ 轴			$v-v$ 轴			x_1-x_1 轴	y_0 (cm)
b	t	r			I_x (cm^4)	i_x (cm)	W_{xmin} (cm^3)	W_{xmax} (cm^3)	I_u (cm^4)	i_u (cm)	W_u (cm^3)	I_v (cm^4)	i_v (cm)	W_v (cm^3)	I_{x1} (cm^4)	
20	3	3.5	1.132	0.889	0.40	0.59	0.29	0.67	0.63	0.75	0.45	0.17	0.39	0.20	0.81	0.60
	4		1.459	1.145	0.50	0.58	0.36	0.78	0.78	0.73	0.55	0.22	0.38	0.24	1.09	0.64

续表

尺寸 (mm)			截面面积	重量	x − x 轴				u − u 轴			v − v 轴			x_1-x_1 轴	y_0
b	t	r	A(cm^2)	g(kg/m)	I_x (cm^4)	i_x (cm)	W_{xmin} (cm^3)	W_{xmax} (cm^3)	I_u (cm^4)	i_u (cm)	W_u (cm^3)	I_v (cm^4)	i_v (cm)	W_v (cm^3)	I_{x1} (cm^4)	(cm)
25	3	3.5	1.432	1.124	0.82	0.76	0.46	1.12	1.29	0.95	0.73	0.34	0.49	0.33	1.57	0.73
	4		1.859	1.459	1.03	0.74	0.59	1.36	1.62	0.93	0.92	0.43	0.48	0.40	2.11	0.76
30	3	4.5	1.749	1.373	1.46	0.91	0.68	1.72	2.31	1.15	1.09	0.61	0.59	0.51	2.71	0.85
	4		2.276	1.787	1.84	0.90	0.87	2.07	2.92	1.13	1.37	0.77	0.58	0.62	3.63	0.89
36	3	4.5	2.109	1.656	2.58	1.11	0.99	2.58	4.09	1.39	1.61	1.07	0.71	0.76	4.58	1.00
	4		2.756	2.163	3.29	1.09	1.28	3.16	5.22	1.38	2.05	1.37	0.70	0.93	6.25	1.04
	5		3.382	2.655	3.95	1.08	1.56	3.69	6.24	1.36	2.45	1.65	0.70	1.09	7.84	1.07
40	3	5	2.359	1.852	3.59	1.23	1.23	3.29	5.69	1.55	2.01	1.49	0.79	0.96	6.41	1.09
	4		3.086	2.423	4.60	1.22	1.60	4.07	7.29	1.54	2.58	1.91	0.79	1.19	8.56	1.13
	5		3.792	2.977	5.53	1.21	1.96	4.73	8.76	1.52	3.10	2.30	0.78	1.39	10.74	1.17
45	3	5	2.659	2.083	5.17	1.39	1.58	4.24	8.20	1.76	2.58	2.14	0.90	1.24	9.12	1.22
	4		3.486	2.737	6.65	1.38	2.05	5.28	10.56	1.74	3.32	2.75	0.89	1.54	12.18	1.26
	5		4.292	3.369	8.04	1.37	2.51	6.18	12.74	1.72	4.00	3.33	0.88	1.81	15.25	1.30
	6		5.076	3.985	9.33	1.36	2.95	7.02	14.76	1.71	4.64	3.89	0.88	2.06	18.26	1.33
50	3	5.5	2.971	2.332	7.18	1.55	1.96	5.36	11.37	1.96	3.22	2.98	1.00	1.57	12.50	1.34
	4		3.897	3.059	9.26	1.54	2.56	6.71	14.69	1.94	4.16	3.82	0.99	1.96	16.69	1.38
	5		4.803	3.770	11.21	1.53	3.13	7.89	17.79	1.92	5.03	4.63	0.98	2.31	20.90	1.42
	6		5.688	4.465	13.05	1.51	3.68	8.94	20.68	1.91	5.85	5.42	0.98	2.63	25.14	1.46
56	3	6	3.343	2.624	10.19	1.75	2.48	6.89	16.14	2.20	4.08	4.24	1.13	2.02	17.56	1.48
	4		4.390	3.446	13.18	1.73	3.24	8.61	20.92	2.18	5.28	5.45	1.11	2.52	23.43	1.53
	5		5.415	4.251	16.02	1.72	3.97	10.20	25.42	2.17	6.42	6.61	1.10	2.98	29.33	1.57
	8		8.367	6.568	23.63	1.68	6.03	14.07	37.37	2.11	9.44	9.89	1.09	4.16	47.24	1.68
63	4	7	4.978	3.907	19.03	1.96	4.13	11.19	30.17	2.46	6.77	7.89	1.26	3.29	33.35	1.70
	5		6.143	4.822	23.17	1.94	5.08	13.32	36.77	2.45	8.25	9.57	1.25	3.90	41.73	1.74
	6		7.288	5.721	27.12	1.93	6.00	15.24	43.03	2.43	9.66	11.20	1.24	4.46	50.14	1.78

续表

尺寸(mm)			截面面积	重量	x－x 轴				u－u 轴			v－v 轴			x_1-x_1 轴	y_0
b	t	r	A(cm²)	g(kg/m)	I_x (cm⁴)	i_x (cm)	W_{xmin} (cm³)	W_{xmax} (cm³)	I_u (cm⁴)	i_u (cm)	W_u (cm³)	I_v (cm⁴)	i_v (cm)	W_v (cm³)	I_{x1} (cm⁴)	(cm)
63	8	7	9.515	7.469	34.45	1.90	7.75	18.63	54.56	2.39	12.25	14.33	1.23	5.47	67.11	1.85
	10		11.657	9.151	41.09	1.88	9.39	21.29	64.85	2.36	14.56	17.33	1.22	6.37	84.31	1.93
70	4	8	5.570	4.372	26.39	2.18	5.14	14.19	41.80	2.74	8.44	10.96	1.40	4.17	45.74	1.86
	5		6.875	5.397	32.21	2.16	6.32	16.86	51.08	2.73	10.32	13.34	1.39	4.95	57.21	1.91
	6		8.160	6.406	37.77	2.15	7.48	19.37	59.93	2.71	12.11	15.61	1.38	5.67	68.73	1.95
	7		9.424	7.398	43.09	2.14	8.59	21.65	68.35	2.69	13.81	17.82	1.38	6.34	80.29	1.99
	8		10.667	8.373	48.17	2.12	9.68	23.73	76.37	2.68	15.43	19.98	1.37	6.98	91.92	2.03
75	5	9	7.412	5.818	39.96	2.32	7.30	19.68	63.30	2.92	11.94	16.61	1.50	5.80	70.36	2.03
	6		8.797	6.905	46.91	2.31	8.63	22.66	74.38	2.91	14.02	19.43	1.49	6.65	84.55	2.07
	7		10.160	7.976	53.57	2.30	9.93	25.39	84.96	2.89	16.02	22.18	1.48	7.44	98.71	2.11
	8		11.503	9.030	59.96	2.28	11.20	27.90	95.07	2.87	17.93	24.86	1.47	8.19	112.97	2.15
	10		14.126	11.089	71.98	2.26	13.64	32.42	113.92	2.48	21.48	30.05	1.46	9.56	141.71	2.22
80	5	9	7.912	6.211	48.79	2.48	8.34	22.69	77.33	3.13	13.67	20.25	1.60	6.66	85.36	2.15
	6		9.397	7.376	57.35	2.47	9.87	26.19	90.98	3.11	16.08	23.72	1.59	7.65	102.50	2.19
	7		10.860	8.525	65.58	2.46	11.37	29.41	104.07	3.10	18.40	27.10	1.58	8.58	119.70	2.23
	8		12.303	9.658	73.50	2.44	12.83	32.37	116.60	3.08	20.61	30.39	1.57	9.46	136.97	2.27
	10		15.126	11.874	88.43	2.42	15.64	37.63	140.09	3.04	24.76	36.77	1.56	11.08	171.74	2.35
90	6	10	10.637	8.350	82.77	2.79	12.61	33.92	131.26	3.51	20.63	34.28	1.80	9.95	145.87	2.44
	7		12.301	9.656	94.83	2.78	14.54	38.24	150.47	3.50	23.64	39.18	1.78	11.19	170.30	2.48
	8		13.944	10.946	106.47	2.76	16.42	42.25	168.97	3.48	26.55	43.97	1.78	12.35	194.80	2.52
	10		17.167	13.476	128.58	2.74	20.07	49.64	203.90	3.45	32.04	53.26	1.76	14.52	244.07	2.59
	12		20.306	15.940	149.22	2.71	23.57	55.89	236.21	3.41	37.12	62.22	1.75	16.49	293.76	2.67
100	6	12	11.932	9.367	114.95	3.10	15.68	43.05	181.98	3.91	25.74	47.92	2.00	12.69	200.07	2.67
	7		13.796	10.830	131.86	3.09	18.10	48.66	208.98	3.89	29.55	54.74	1.99	14.26	233.54	2.71

续表

尺寸 (mm)			截面面积	重量	x－x 轴				u－u 轴			v－v 轴			x_1-x_1 轴	y_0 (cm)
b	t	r	A(cm^2)	g(kg/m)	I_x (cm^4)	i_x (cm)	W_{xmin} (cm^3)	W_{xmax} (cm^3)	I_u (cm^4)	i_u (cm)	W_u (cm^3)	I_v (cm^4)	i_v (cm)	W_v (cm^3)	I_{x1} (cm^4)	
100	8	12	15.639	12.276	148.24	3.08	20.47	53.71	235.07	3.88	33.24	61.41	1.98	15.75	267.09	2.76
	10		19.261	15.120	179.51	3.05	25.06	63.21	284.68	3.84	40.26	74.35	1.96	18.54	334.48	2.84
	12		22.800	17.898	208.90	3.03	29.47	71.79	330.95	3.81	46.80	86.84	1.95	21.08	402.34	2.91
	14		26.256	20.611	236.53	3.00	33.73	79.11	374.06	3.77	52.90	98.99	1.94	23.44	470.75	2.99
	16		29.627	23.257	262.53	2.98	37.82	85.79	414.16	3.74	58.57	110.89	1.93	25.63	539.80	3.06
110	7	12	15.196	11.929	177.16	3.41	22.05	59.85	280.94	4.30	36.12	73.38	2.20	17.51	310.64	2.96
	8		17.239	13.532	199.46	3.40	24.95	66.27	316.49	4.28	40.69	82.42	2.19	19.39	355.21	3.01
	10		21.261	16.690	242.19	3.38	30.60	78.38	384.39	4.25	49.42	99.98	2.17	22.91	444.65	3.09
	12		25.200	19.782	282.55	3.35	36.05	89.41	448.17	4.22	57.62	116.93	2.15	26.15	534.60	3.16
	14		29.056	22.809	320.71	3.32	41.31	98.98	508.01	4.18	65.31	133.40	2.14	29.14	625.16	3.24
125	8	14	19.750	15.504	297.03	3.88	32.52	88.14	470.89	4.88	53.28	123.16	2.50	25.86	521.01	3.37
	10		24.373	19.133	361.67	3.85	39.97	104.83	573.89	4.85	64.93	149.46	2.48	30.62	651.93	3.45
	12		28.912	22.696	423.16	3.83	47.17	119.88	671.44	4.82	75.96	174.88	2.46	35.03	783.42	3.53
	14		33.367	26.193	481.65	3.80	54.16	133.42	763.73	4.78	86.41	199.57	2.45	39.13	915.61	3.61
140	10	14	27.373	21.488	514.65	4.34	50.58	134.73	817.27	5.46	82.56	212.04	2.78	39.20	915.11	3.82
	12		32.512	25.522	603.68	4.31	59.80	154.79	958.79	5.43	96.85	248.57	2.77	45.02	1099.28	3.90
	14		37.567	29.490	688.81	4.28	68.75	173.07	1093.56	5.40	110.47	284.06	2.75	50.45	1284.22	3.98
	16		42.539	33.393	770.24	4.26	77.46	189.71	1221.81	5.36	123.42	318.67	2.74	55.55	1470.07	4.06
160	10	16	31.502	24.729	779.53	4.98	66.70	180.87	1237.30	6.27	109.36	321.76	3.20	52.76	1365.33	4.31
	12		37.441	29.391	916.58	4.95	78.98	208.79	1455.68	6.24	128.67	377.49	3.18	60.74	1639.57	4.39
	14		43.296	33.987	1048.36	4.92	90.95	234.53	1665.02	6.20	147.17	431.70	3.16	68.24	1914.68	4.47
	16		49.067	38.518	1175.08	4.89	102.63	258.26	1865.57	6.17	164.89	484.59	3.14	75.31	2190.82	4.55
180	12	16	42.241	33.159	1321.35	5.59	100.82	270.21	2100.10	7.05	165.00	542.61	3.58	78.41	2332.80	4.89
	14		48.896	38.383	1514.48	5.57	116.25	304.72	2407.42	7.02	189.15	621.53	3.57	88.38	2723.48	4.97

续表

尺寸 (mm)			截面面积	重量	x－x 轴				u－u 轴			v－v 轴			x_1-x_1 轴	y_0 (cm)
b	t	r	A(cm²)	g(kg/m)	I_x (cm⁴)	i_x (cm)	W_{xmin} (cm³)	W_{xmax} (cm³)	I_u (cm⁴)	i_u (cm)	W_u (cm³)	I_v (cm⁴)	i_v (cm)	W_v (cm³)	I_{x1} (cm⁴)	
180	16	16	55.467	43.542	1700.99	5.54	131.35	336.83	2703.37	6.98	212.40	698.60	3.55	97.83	3115.29	5.05
	18		61.955	48.635	1881.12	5.51	146.11	366.69	2988.24	6.94	234.78	774.01	3.53	106.79	3508.42	5.13
200	14	18	54.642	42.894	2103.55	6.20	144.70	385.27	3343.26	7.82	236.40	863.83	3.98	111.82	3734.10	5.46
	16		62.013	48.680	2366.15	6.18	163.65	427.10	3760.88	7.79	265.93	971.41	3.96	123.96	4270.39	5.54
	18		69.301	54.401	2620.64	6.15	182.22	466.31	4164.54	7.75	294.48	1076.74	3.94	135.52	4808.13	5.62
	20		76.505	60.056	2867.30	6.12	200.42	503.92	4554.55	7.72	322.06	1180.04	3.93	146.55	5347.51	5.69
	24		90.661	71.168	3338.20	6.07	235.78	568.69	5294.97	7.64	374.41	1381.43	3.90	167.22	6431.99	5.84

注：等边角钢的通常长度：∟20～∟90，为4～12m；∟100～∟140为4～19m；∟160～∟200为6～19m。

附表 2－4b 热轧等边角钢组合截面特性表（按 GB9787—88 计算）

角钢型号	两个角钢的截面面积(cm²)	两个角钢的重量(kg/m)	回转半径(cm)									
						当两肢背间距离为(mm)						
						0	4	6	8	10	12	14
∟20×3	2.264	1.778	0.39	0.75	0.59	0.84	1.00	1.08	1.16	1.25	1.34	1.43
4	2.918	2.290	0.38	0.73	0.58	0.87	1.02	1.11	1.19	1.28	1.37	1.46
∟25×3	2.864	2.248	0.49	0.95	0.76	1.05	1.20	1.28	1.36	1.44	1.53	1.62
4	3.718	2.918	0.48	0.93	0.74	1.06	1.21	1.30	1.38	1.46	1.56	1.64
∟30×3	3.498	2.746	0.59	1.15	0.91	1.25	1.39	1.47	1.55	1.63	1.71	1.80
4	4.552	3.574	0.58	1.13	0.90	1.27	1.41	1.49	1.57	1.66	1.74	1.83
∟36×3	4.218	3.312	0.71	1.39	1.11	1.49	1.63	1.71	1.78	1.86	1.95	2.03
4	5.512	4.326	0.70	1.38	1.09	1.51	1.65	1.73	1.81	1.89	1.97	2.05
5	6.764	5.310	0.70	1.36	1.08	1.52	1.67	1.74	1.82	1.91	1.99	2.07

续表

角钢型号	两个角钢的截面面积(cm^2)	两个角钢的重量(kg/m)	回转半径(cm)									
						当两肢背间距离为(mm)						
						0	4	6	8	10	12	14
∟40×3	4.718	3.704	0.79	1.55	1.23	1.65	1.78	1.86	1.93	2.01	2.09	2.17
4	6.172	4.846	0.79	1.54	1.22	1.66	1.81	1.88	1.96	2.04	2.12	2.20
5	7.583	5.954	0.78	1.52	1.21	1.68	1.83	1.90	1.98	2.06	2.14	2.23
∟45×3	5.318	4.176	0.90	1.76	1.39	1.85	1.99	2.06	2.14	2.21	2.29	2.37
4	6.972	5.474	0.89	1.74	1.38	1.87	2.01	2.08	2.16	2.24	2.32	2.40
5	8.584	6.738	0.88	1.72	1.37	1.89	2.03	2.11	2.18	2.26	2.34	2.42
6	10.152	7.970	0.88	1.70	1.36	1.90	2.04	2.12	2.20	2.28	2.36	2.44
∟50×3	5.942	4.664	1.00	1.96	1.55	2.05	2.19	2.26	2.33	2.41	2.49	2.56
4	7.794	6.118	0.99	1.94	1.54	2.07	2.21	2.28	2.35	2.43	2.51	2.59
5	9.606	7.540	0.98	1.92	1.53	2.09	2.23	2.30	2.38	2.45	2.53	2.61
6	11.376	8.930	0.98	1.91	1.51	2.10	2.25	2.32	2.40	2.48	2.56	2.64
∟56×3	6.686	5.248	1.13	2.20	1.75	2.29	2.42	2.49	2.57	2.64	2.72	2.79
4	8.780	6.892	1.11	2.18	1.73	2.31	2.45	2.52	2.59	2.67	2.75	2.82
5	10.830	8.502	1.10	2.17	1.72	2.33	2.47	2.54	2.62	2.69	2.77	2.85
8	16.734	13.136	1.09	2.11	1.68	2.38	2.52	2.60	2.67	2.75	2.83	2.91
∟63×4	9.956	7.814	1.26	2.46	1.96	2.59	2.73	2.80	2.87	2.94	3.02	3.10
5	12.286	9.644	1.25	2.45	1.94	2.61	2.75	2.82	2.89	2.96	3.04	3.12
6	14.576	11.442	1.24	2.43	1.93	2.62	2.76	2.84	2.91	2.99	3.06	3.14
8	19.030	14.938	1.23	2.39	1.90	2.65	2.80	2.87	2.95	3.02	3.10	3.18
10	23.314	18.302	1.22	2.36	1.88	2.69	2.84	2.92	2.99	3.07	3.15	3.23
∟70×4	11.140	8.744	1.40	2.74	2.18	2.86	3.00	3.07	3.14	3.21	3.28	3.36
5	13.750	10.794	1.39	2.73	2.16	2.89	3.02	3.09	3.17	3.24	3.31	3.39
6	16.320	12.812	1.38	2.71	2.15	2.90	3.04	3.11	3.19	3.26	3.34	3.41
7	18.848	14.796	1.38	2.69	2.14	2.92	3.06	3.13	3.21	3.28	3.36	3.44

续表

角钢型号	两个角钢的截面面积(cm^2)	两个角钢的重量(kg/m)	回转半径(cm)									
						 当两肢背间距离为(mm)						
						0	4	6	8	10	12	14
8	21.334	16.746	1.37	2.68	2.12	2.94	3.08	3.15	3.23	3.30	3.38	3.46
∟75×5	14.824	11.636	1.50	2.92	2.33	3.08	3.22	3.29	3.36	3.43	3.51	3.58
6	17.594	13.810	1.49	2.91	2.31	3.10	3.24	3.31	3.38	3.46	3.53	3.61
7	20.320	15.952	1.48	2.89	2.30	3.12	3.26	3.33	3.40	3.48	3.55	3.63
8	23.006	18.060	1.47	2.87	2.28	3.14	3.28	3.35	3.42	3.50	3.57	3.65
10	28.252	22.178	1.46	2.84	2.26	3.17	3.31	3.38	3.46	3.53	3.61	3.69
∟80×5	15.824	12.422	1.60	3.13	2.48	3.28	3.42	3.49	3.56	3.63	3.71	3.78
6	18.794	14.752	1.59	3.11	2.47	3.30	3.44	3.51	3.58	3.65	3.73	3.80
7	21.720	17.050	1.58	3.10	2.46	3.32	3.46	3.53	3.60	3.67	3.75	3.82
8	24.606	19.316	1.57	3.08	2.44	3.34	3.47	3.55	3.62	3.69	3.77	3.85
10	30.252	23.748	1.56	3.04	2.42	3.37	3.51	3.59	3.66	3.74	3.81	3.89
∟90×6	21.274	16.700	1.80	3.51	2.79	3.71	3.84	3.91	3.98	4.05	4.13	4.20
7	24.602	19.312	1.78	3.50	2.78	3.72	3.86	3.93	4.00	4.07	4.15	4.22
8	27.888	21.892	1.78	3.48	2.76	3.74	3.88	3.95	4.02	4.09	4.17	4.24
10	34.334	26.952	1.76	3.45	2.74	3.77	3.91	3.98	4.05	4.13	4.20	4.28
12	40.612	31.380	1.75	3.41	2.71	3.80	3.95	4.02	4.10	4.17	4.25	4.32
∟100×6	23.864	18.734	2.00	3.91	3.10	4.09	4.23	4.30	4.37	4.44	4.51	4.58
7	27.592	21.660	1.99	3.89	3.09	4.11	4.25	4.31	4.39	4.46	4.53	4.60
8	31.278	24.552	1.98	3.88	3.08	4.13	4.27	4.34	4.41	4.48	4.56	4.63
10	38.522	30.240	1.96	3.84	3.05	4.17	4.31	4.38	4.45	4.52	4.60	4.67
12	45.600	35.796	1.95	3.81	3.03	4.20	4.34	4.41	4.49	4.56	4.63	4.71
14	52.512	41.222	1.94	3.77	3.00	4.24	4.38	4.45	4.53	4.60	4.68	4.76
16	59.254	46.514	1.93	3.74	2.98	4.27	4.41	4.49	4.56	4.64	4.72	4.80
∟110×7	30.392	23.858	2.20	4.30	3.41	4.52	4.65	4.72	4.79	4.86	4.93	5.01

续表

角钢型号	两个角钢的截面面积(cm^2)	两个角钢的重量(kg/m)	回转半径(cm)									
						当两肢背间距离为(mm)						
						0	4	6	8	10	12	14
8	34.478	27.064	2.19	4.28	3.40	4.54	4.68	4.75	4.82	4.89	4.96	5.03
10	42.522	33.380	2.17	4.25	3.38	4.58	4.71	4.78	4.86	4.93	5.00	5.07
12	50.400	39.564	2.15	4.22	3.35	4.60	4.74	4.81	4.89	4.96	5.03	5.11
14	58.112	45.618	2.14	4.18	3.32	4.64	4.78	4.85	4.93	5.00	5.08	5.15
∟125×8	39.500	31.008	2.50	4.88	3.88	5.14	5.27	5.34	5.41	5.48	5.55	5.62
10	48.746	38.266	2.48	4.85	3.85	5.17	5.31	5.38	5.45	5.52	5.59	5.66
12	57.824	45.392	2.46	4.82	3.83	5.21	5.34	5.41	5.48	5.56	5.63	5.70
14	66.734	52.386	2.45	4.78	3.80	5.24	5.38	5.45	5.52	5.60	5.67	5.75
∟140×10	54.746	42.976	2.78	5.46	4.34	5.78	5.91	5.98	6.05	6.12	6.19	6.26
12	65.024	51.044	2.77	5.43	4.31	5.81	5.95	6.02	6.09	6.16	6.23	6.30
14	75.134	58.980	2.75	5.40	4.28	5.85	5.98	6.05	6.13	6.20	6.27	6.34
16	85.078	66.786	2.74	5.36	4.26	5.88	6.02	6.09	6.16	6.24	6.31	6.38
∟160×10	63.004	49.458	3.20	6.27	4.98	6.58	6.71	6.78	6.85	6.92	6.99	7.06
12	74.882	58.782	3.18	6.24	4.95	6.61	6.75	6.82	6.89	6.96	7.03	7.10
14	86.592	67.974	3.16	6.20	4.92	6.65	6.78	6.85	6.92	6.99	7.07	7.14
16	98.134	77.036	3.14	6.17	4.89	6.68	6.82	6.89	6.96	7.03	7.10	7.18
∟180×12	84.482	66.318	3.58	7.05	5.59	7.43	7.56	7.63	7.70	7.77	7.84	7.91
14	97.792	76.766	3.56	7.02	5.57	7.46	7.60	7.66	7.73	7.80	7.87	7.94
16	110.934	87.084	3.55	6.98	5.54	7.49	7.63	7.70	7.77	7.84	7.91	7.98
18	123.910	97.270	3.51	6.94	5.50	7.52	7.66	7.73	7.80	7.87	7.94	8.02
∟200×14	109.284	85.788	3.98	7.82	6.20	8.26	8.40	8.47	8.53	8.60	8.67	8.74
16	124.026	97.360	3.96	7.79	6.18	8.30	8.43	8.50	8.57	8.64	8.71	8.78
18	138.602	108.802	3.94	7.75	6.15	8.33	8.47	8.54	8.61	8.68	8.75	8.82
20	153.010	120.112	3.93	7.72	6.12	8.36	8.50	8.56	8.64	8.71	8.78	8.85
24	181.322	142.336	3.90	7.64	6.07	8.44	8.58	8.65	8.73	8.80	8.87	8.94

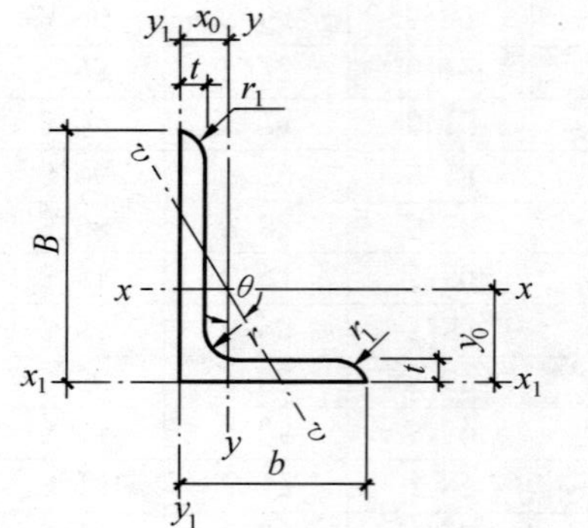

I—惯性矩；

i—回转半径；

W—截面抵抗矩；

r_1—边端内圆弧半径$\left(\frac{t}{3}\right)$。

附表 2-5a　热轧不等边角钢截面特性表(按 GB9788—88 计算)

尺寸(mm)				截面面积 A	重量 g	$x-x$ 轴				$y-y$ 轴				x_1-x_1 轴		y_1-y_1 轴		$v-v$ 轴			
B	b	t	r	(cm^2)	(kg/m)	I_x (cm^4)	i_x (cm)	W_{xmin} (cm^3)	W_{xmax} (cm^3)	I_y (cm^4)	i_y (cm)	W_{ymin} (cm^3)	W_{ymax} (cm^3)	I_{x1} (cm^4)	y_0 (cm)	I_{y1} (cm^4)	x_0 (cm)	I_v (cm^4)	i_v (cm)	W_v (cm^3)	$\tan\theta$
25	16	3	3.5	1.162	0.912	0.70	0.78	0.43	0.81	0.22	0.44	0.19	0.52	1.56	0.86	0.43	0.42	0.14	0.34	0.16	0.392
		4		1.499	1.176	0.88	0.77	0.55	0.98	0.27	0.43	0.24	0.59	2.09	0.90	0.59	0.46	0.17	0.34	0.20	0.381
32	20	3	3.5	1.492	1.171	1.53	1.01	0.72	1.42	0.46	0.55	0.30	0.94	3.27	1.08	0.82	0.49	0.28	0.43	0.25	0.382
		4		1.939	1.522	1.93	1.00	0.93	1.72	0.57	0.54	0.39	1.08	4.37	1.12	1.12	0.53	0.35	0.42	0.32	0.374
40	25	3	4	1.890	1.484	3.08	1.28	1.15	2.33	0.93	0.70	0.49	1.58	6.39	1.32	1.59	0.59	0.56	0.54	0.40	0.386
		4		2.467	1.936	3.93	1.26	1.49	2.87	1.18	0.69	0.63	1.87	8.53	1.37	2.14	0.63	0.71	0.54	0.52	0.381
45	28	3	5	2.149	1.687	4.45	1.44	1.47	3.03	1.34	0.79	0.62	2.09	9.10	1.47	2.23	0.64	0.80	0.61	0.51	0.383
		4		2.806	2.203	5.69	1.42	1.91	3.77	1.70	0.78	0.80	2.50	12.13	1.51	3.00	0.68	1.02	0.60	0.66	0.380
50	32	3	5.5	2.431	1.908	6.24	1.60	1.84	3.90	2.02	0.91	0.82	2.77	12.49	1.60	3.31	0.73	1.20	0.70	0.68	0.404
		4		3.177	2.494	8.02	1.59	2.39	4.86	2.58	0.90	1.06	3.35	16.65	1.65	4.45	0.77	1.53	0.69	0.87	0.402
56	36	3	6	2.743	2.153	8.88	1.80	2.32	4.99	2.92	1.03	1.05	3.65	17.54	1.78	4.70	0.80	1.73	0.79	0.87	0.408
		4		3.590	2.818	11.45	1.79	3.03	6.29	3.76	1.02	1.37	4.42	23.39	1.82	6.33	0.85	2.23	0.79	1.13	0.408
		5		4.415	3.466	13.86	1.77	3.71	7.41	4.49	1.01	1.65	5.10	29.25	1.87	7.94	0.88	2.67	0.78	1.36	0.404

续表

尺寸(mm)				截面面积 A (cm^2)	重量 g (kg/m)	x − x 轴				y − y 轴				x_1-x_1 轴		y_1-y_1 轴		v − v 轴			
B	b	t	r			I_x (cm^4)	i_x (cm)	W_{xmin} (cm^3)	W_{xmax} (cm^3)	I_y (cm^4)	i_y (cm)	W_{ymin} (cm^3)	W_{ymax} (cm^3)	I_{x1} (cm^4)	y_0 (cm)	I_{y1} (cm^4)	x_0 (cm)	I_v (cm^4)	i_v (cm)	W_v (cm^3)	$\tan\theta$
63	40	4	7	4.058	3.185	16.49	2.02	3.87	8.08	5.23	1.14	1.70	5.68	33.30	2.04	8.63	0.92	3.12	0.88	1.40	0.398
		5		4.993	3.920	20.02	2.00	4.74	9.63	6.31	1.12	2.71	6.64	41.63	2.08	10.86	0.95	3.76	0.87	1.71	0.396
		6		5.908	4.638	23.56	1.96	5.59	11.02	7.29	1.11	2.43	7.36	49.98	2.12	13.12	0.99	4.34	0.86	1.99	0.393
		7		6.802	5.339	26.53	1.98	6.40	12.34	8.24	1.10	2.78	8.00	58.07	2.15	15.47	1.03	4.97	0.86	2.29	0.389
70	45	4	7.5	4.547	3.570	22.51	2.25	4.82	10.09	7.55	1.29	2.17	7.40	45.68	2.23	12.26	1.02	4.47	0.99	1.79	0.408
		5		5.609	4.403	27.95	2.23	5.92	12.26	9.13	1.28	2.65	8.61	57.10	2.28	15.39	1.06	5.40	0.98	2.19	0.407
		6		6.644	5.218	32.70	2.22	6.99	14.09	10.62	1.26	3.12	9.65	68.54	2.32	18.59	1.10	6.29	0.97	2.57	0.405
		7		7.657	6.011	37.22	2.20	8.03	15.77	12.01	1.25	3.57	10.63	79.99	2.36	21.84	1.13	7.16	0.97	2.94	0.402
75	50	5	8	6.125	4.808	35.09	2.39	6.87	14.62	12.61	1.43	3.30	10.78	70.23	2.40	21.04	1.17	7.32	1.10	2.72	0.436
		6		7.260	5.699	41.12	2.38	8.12	16.85	14.70	1.42	3.88	12.15	84.30	2.44	25.37	1.21	8.54	1.08	3.19	0.435
		8		9.467	7.431	52.39	2.35	10.52	20.79	18.53	1.40	4.99	14.36	112.50	2.52	34.23	1.29	10.87	1.07	4.10	0.429
		10		11.590	9.098	62.71	2.33	12.79	24.12	21.96	1.38	6.04	16.15	140.80	2.60	43.43	1.36	13.10	1.06	4.99	0.423
80	50	5	8	6.375	5.005	41.96	2.56	7.78	16.14	12.82	1.42	3.32	11.25	85.21	2.60	21.06	1.14	7.66	1.10	2.74	0.388
		6		7.560	5.935	49.21	2.55	9.20	18.57	14.95	1.41	3.91	12.67	102.26	2.65	25.41	1.18	8.94	1.09	3.23	0.386
		7		8.724	6.848	56.16	2.54	10.58	20.88	16.96	1.39	4.48	14.02	119.33	2.69	29.82	1.21	10.18	1.08	3.70	0.384
		8		9.867	7.745	62.83	2.52	11.92	23.01	18.85	1.38	5.03	15.08	136.41	2.73	34.32	1.25	11.38	1.07	4.16	0.381
90	56	5	9	7.212	5.661	60.45	2.90	9.92	20.77	18.32	1.59	4.21	14.66	121.32	2.91	29.53	1.25	10.98	1.23	3.49	0.385
		6		8.557	6.717	71.03	2.88	11.74	24.08	21.42	1.58	4.96	16.60	145.59	2.95	35.58	1.29	12.82	1.22	4.10	0.384
		7		9.880	7.756	81.22	2.87	13.53	27.07	24.36	1.57	5.70	18.32	169.87	3.00	41.71	1.33	14.60	1.22	4.70	0.383
		8		11.183	8.779	91.03	2.85	15.27	29.94	27.15	1.56	6.41	19.96	194.17	3.04	47.93	1.36	16.34	1.21	5.29	0.380
100	63	6	10	9.617	7.550	99.06	3.21	14.64	30.57	30.94	1.79	6.35	21.64	199.71	3.24	50.50	1.43	18.42	1.38	5.25	0.394
		7		11.111	8.722	113.45	3.20	16.88	34.59	35.26	1.78	7.29	23.99	233.00	3.28	59.14	1.47	21.00	1.38	6.02	0.393
		8		12.584	9.878	127.37	3.18	19.08	38.36	39.39	1.77	8.21	26.26	266.32	3.32	67.88	1.50	23.50	1.37	6.78	0.391
		10		15.467	12.142	153.81	3.15	23.32	45.24	47.12	1.75	9.98	29.82	333.06	3.40	85.73	1.58	28.33	1.35	8.24	0.387

续表

尺寸(mm)				截面面积 A (cm²)	重量 g (kg/m)	x - x 轴				y - y 轴				$x_1 - x_1$ 轴		$y_1 - y_1$ 轴		v - v 轴			
B	b	t	r			I_x (cm⁴)	i_x (cm)	W_{xmin} (cm³)	W_{xmax} (cm³)	I_y (cm⁴)	i_y (cm)	W_{ymin} (cm³)	W_{ymax} (cm³)	I_{x1} (cm⁴)	y_0 (cm)	I_{y1} (cm⁴)	x_0 (cm)	I_v (cm⁴)	i_v (cm)	W_v (cm³)	tanθ
100	80	6	10	10.637	8.350	107.04	3.17	15.19	36.28	61.24	2.40	10.16	31.09	199.83	2.95	102.68	1.97	31.65	1.72	8.37	0.627
		7		12.301	9.656	122.73	3.16	17.52	40.91	70.08	2.39	11.71	34.87	233.20	3.00	119.98	2.01	36.17	1.72	9.60	0.626
		8		13.944	10.946	137.92	3.15	19.81	45.37	78.58	2.37	13.21	38.33	266.61	3.04	137.37	2.05	40.58	1.71	10.80	0.625
		10		17.167	13.476	166.87	3.12	24.24	53.48	94.65	2.35	16.12	44.44	333.63	3.12	172.48	2.13	49.10	1.69	13.12	0.622
110	70	6	10	10.637	8.350	133.37	3.54	17.85	37.78	42.92	2.01	7.90	27.34	265.78	3.53	69.08	1.57	25.36	1.54	6.53	0.403
		7		12.301	9.656	153.00	3.53	20.60	42.86	49.01	2.00	9.09	30.44	310.07	5.57	80.83	1.61	28.96	0.53	7.50	0.402
		8		13.944	10.946	172.04	3.51	23.30	47.52	57.87	1.98	10.25	33.25	354.39	3.62	92.70	1.65	32.45	1.53	8.45	0.401
		10		17.167	13.476	208.39	3.48	28.54	56.32	65.88	1.96	12.48	38.30	443.13	3.70	116.83	1.72	39.20	1.51	10.29	0.397
125	80	7	11	14.096	11.066	227.98	4.02	26.86	56.85	74.42	2.30	12.01	41.34	454.99	4.01	120.32	1.80	43.81	1.76	9.92	0.408
		8		15.989	12.551	256.77	4.01	30.41	63.24	83.49	2.28	13.56	45.38	519.99	4.06	137.85	1.84	49.15	1.75	11.18	0.407
		10		19.712	15.474	312.04	3.98	37.33	75.37	100.67	2.26	16.56	52.43	650.09	4.14	173.40	1.92	59.45	1.74	13.64	0.404
		12		23.351	18.330	364.41	3.95	44.01	86.35	116.67	2.24	19.43	58.34	780.39	4.22	209.67	2.00	69.35	1.72	16.01	0.400
140	90	8	12	18.039	14.160	365.64	4.50	38.48	81.25	120.69	2.59	17.34	59.16	730.53	4.50	195.79	2.04	70.83	1.98	14.31	0.411
		10		22.261	17.475	445.50	4.47	47.31	97.27	146.03	2.56	21.22	68.88	913.20	4.58	245.92	2.12	85.82	1.96	17.48	0.409
		12		26.400	20.724	521.59	4.44	55.87	111.93	169.79	2.54	24.95	77.53	1096.09	4.66	296.89	2.19	100.21	1.95	20.54	0.406
		14		30.456	23.908	594.10	4.42	64.18	125.34	192.10	2.51	28.54	84.63	1279.26	4.74	348.82	2.27	114.13	1.94	23.52	0.403
160	100	10	13	25.315	19.872	668.69	5.14	62.13	127.61	205.03	2.85	26.56	89.93	1362.89	5.24	336.59	2.28	121.74	2.19	21.92	0.390
		12		30.054	23.592	784.91	5.11	73.49	147.54	239.06	2.82	31.28	101.30	1635.56	5.32	405.94	2.36	142.33	2.17	25.79	0.388
		14		34.709	27.247	896.30	5.08	84.56	165.98	271.20	2.80	35.83	111.60	1908.50	5.40	476.42	2.43	162.23	2.16	29.56	0.385
		16		39.281	30.835	1003.04	5.05	95.33	183.04	301.60	2.77	40.24	120.16	2181.79	5.48	548.22	2.51	182.57	2.16	33.44	0.382
180	110	10	14	28.373	22.273	956.25	5.81	78.96	162.35	278.11	3.13	32.49	113.98	1940.40	5.89	447.22	2.44	166.50	2.42	26.88	0.376
		12		33.712	26.464	1124.72	5.78	93.53	188.08	325.03	3.10	38.32	128.98	2328.38	5.98	538.94	2.52	194.87	2.40	31.66	0.374
		14		38.967	30.589	1286.91	5.75	107.76	212.36	369.55	3.08	43.97	142.68	2716.60	6.06	631.95	2.59	222.30	2.39	36.32	0.372
		16		44.139	34.649	1443.05	5.72	121.64	235.02	411.85	3.05	49.44	154.25	3105.15	6.14	726.446	2.67	248.94	2.37	40.87	0.369

续表

尺寸(mm)				截面面积 A	重量 g	x－x 轴				y－y 轴				x_1-x_1 轴		y_1-y_1 轴		v－v 轴			
B	b	t	r	(cm^2)	(kg/m)	I_x (cm^4)	i_x (cm)	W_{xmin} (cm^3)	W_{xmax} (cm^3)	I_y (cm^4)	i_y (cm)	W_{ymin} (cm^3)	W_{ymax} (cm^3)	I_{x1} (cm^4)	y_0 (cm)	I_{y1} (cm^4)	x_0 (cm)	I_v (cm^4)	i_v (cm)	W_v (cm^3)	$\tan\theta$
200	125	12	14	37.912	29.761	1570.90	6.44	116.73	24.20	483.16	3.57	49.99	170.73	3193.84	6.54	787.74	2.83	285.79	2.75	41.23	0.392
		14		43.867	34.436	1800.97	6.41	134.65	272.05	550.83	3.54	57.44	189.29	3726.17	6.62	922.47	2.91	326.58	2.73	47.34	0.390
		16		49.739	39.045	2023.35	6.38	152.18	302.00	615.44	3.52	64.69	205.83	4258.86	6.70	1058.86	2.99	366.21	2.71	53.32	0.388
		18		55.526	43.588	2238.30	6.35	169.33	330.13	677.19	3.49	71.74	221.30	4792.00	6.78	1197.13	3.06	404.83	2.70	59.18	0.385

注：不等边角钢的通常长度：∟25×16～∟90×56 为 4～12m；∟100×63～∟140×90 为 4～19m；∟160×100～∟200×125 为 6～19m。

附表 2-5b　热轧不等边角钢组合截面特性表（按 GB9788—88 计算）

角钢型号	两个角钢的截面面积 (cm^2)	两个角钢的重量 (kg/m)	回转半径 (cm)															
			╥╥	当两肢背间距离为(mm)							╥╥	当两肢背间距离为(mm)						
				0	4	6	8	10	12	14		0	4	6	8	10	12	14
∟25×16×3	2.324	1.824	0.78	0.60	0.76	0.84	0.93	1.02	1.11	1.20	0.44	1.16	1.31	1.40	1.48	1.57	1.65	1.74
4	2.998	2.352	0.77	0.63	0.78	0.87	0.96	1.05	1.14	1.24	0.43	1.18	1.34	1.42	1.51	1.60	1.68	1.77
∟32×20×3	2.984	2.342	1.01	0.74	0.89	0.97	1.05	1.14	1.22	1.31	0.55	1.48	1.63	1.71	1.79	1.88	1.96	2.05
4	3.878	3.044	1.00	0.76	0.91	0.99	1.08	1.16	1.25	1.34	0.54	1.50	1.65	1.74	1.82	1.90	1.99	2.08
∟40×25×3	3.780	2.968	1.28	0.92	1.06	1.13	1.21	1.30	1.38	1.47	0.70	1.84	1.98	2.06	2.14	2.22	2.31	2.39
4	4.934	3.872	1.26	0.94	1.08	1.16	1.24	1.32	1.41	1.50	0.69	1.86	2.01	2.09	2.17	2.26	2.34	2.42
∟45×28×3	4.298	3.374	1.44	1.02	1.15	1.23	1.31	1.39	1.47	1.56	0.79	2.06	2.20	2.28	2.36	2.44	2.52	2.60
4	5.612	4.406	1.42	1.03	1.17	1.25	1.33	1.41	1.50	1.58	0.78	2.08	2.23	2.30	2.38	2.46	2.55	2.63
∟50×32×3	3.862	4.816	1.60	1.17	1.30	1.38	1.45	1.53	1.61	1.70	0.91	2.26	2.41	2.49	2.56	2.64	2.72	2.80
4	6.354	4.988	1.59	1.19	1.32	1.40	1.48	1.56	1.64	1.72	0.90	2.29	2.44	2.52	2.59	2.67	2.75	2.84
∟56×36×3	5.486	4.306	1.80	1.31	1.44	1.51	1.58	1.66	1.74	1.82	1.03	2.53	2.68	2.75	2.83	2.90	2.98	3.06
4	7.180	5.636	1.79	1.33	1.47	1.54	1.62	1.69	1.77	1.86	1.02	2.55	2.70	2.77	2.85	2.93	3.01	3.09
5	8.830	6.932	1.77	1.34	1.48	1.55	1.63	1.71	1.79	1.87	1.01	2.58	2.72	2.80	2.88	2.96	3.04	3.12

续表

角钢型号	两个角钢的截面面积 (cm^2)	两个角钢的重量 (kg/m)	回转半径 (cm)															
				当两肢背间距离为(mm)								当两肢背间距离为(mm)						
				0	4	6	8	10	12	14		0	4	6	8	10	12	14
∟63×40×4	8.116	6.370	2.02	1.46	1.59	1.67	1.74	1.82	1.90	1.98	1.14	2.87	3.01	3.09	3.16	3.24	2.32	3.40
5	9.986	7.840	2.00	1.47	1.61	1.68	1.76	1.83	1.91	2.00	1.12	2.89	3.03	3.11	3.19	3.27	3.35	3.43
6	11.816	9.276	1.96	1.49	1.63	1.70	1.78	1.86	1.94	2.02	1.11	2.91	3.06	3.13	3.21	3.29	3.37	3.45
7	13.604	10.678	1.98	1.51	1.65	1.73	1.80	1.88	1.97	2.05	1.10	2.92	3.07	3.15	3.23	3.30	3.39	3.47
∟70×45×4	9.094	7.140	2.26	1.64	1.77	1.84	1.92	1.99	2.07	2.15	1.29	3.18	3.32	3.40	3.47	3.55	3.63	3.71
5	11.218	8.806	2.23	1.66	1.79	1.86	1.94	2.02	2.09	2.17	1.28	3.19	3.34	3.41	3.49	3.57	3.64	3.72
6	13.287	10.436	2.21	1.67	1.81	1.88	1.95	2.03	2.11	2.19	1.26	3.21	3.35	3.43	3.51	3.58	3.66	3.74
7	15.314	12.022	2.20	1.69	1.83	1.90	1.98	2.06	2.14	2.22	1.25	3.23	3.38	3.45	3.53	3.61	3.69	3.77
∟75×50×5	12.250	9.616	2.39	1.85	1.98	2.05	2.13	2.20	2.28	2.36	1.44	3.38	3.53	3.60	3.68	3.76	3.83	3.91
6	14.520	11.398	2.38	1.87	2.00	2.07	2.15	2.22	2.30	2.38	1.42	3.41	3.55	3.63	3.71	3.78	3.86	3.94
8	18.934	14.862	2.35	1.90	2.04	2.12	2.19	2.27	2.35	2.43	1.40	3.45	3.60	3.67	3.75	3.83	3.91	3.99
10	23.180	18.196	2.33	1.94	2.08	2.16	2.23	2.31	2.40	2.48	1.38	3.49	3.64	3.72	3.80	3.88	3.96	4.04
∟80×50×5	12.750	10.010	2.56	1.82	1.95	2.02	2.09	2.17	2.24	2.32	1.42	3.65	3.80	3.87	3.95	4.02	4.10	4.18
6	15.120	11.870	2.56	1.84	1.97	2.04	2.12	2.19	2.27	2.35	1.41	3.68	3.83	3.90	3.98	4.06	4.14	4.22
7	17.448	13.696	2.54	1.85	1.98	2.06	2.13	2.21	2.28	2.36	1.39	3.70	3.85	3.92	4.00	4.08	4.15	4.23
8	19.734	15.490	2.52	1.86	2.00	2.08	2.15	2.23	2.31	2.39	1.38	3.72	3.87	3.94	4.02	4.10	4.18	4.26
∟90×56×5	14.424	11.322	2.90	2.03	2.15	2.22	2.29	2.37	2.44	2.52	1.59	4.10	4.25	4.32	4.40	4.47	4.55	4.63
6	17.114	13.434	2.88	2.04	2.17	2.24	2.32	2.39	2.46	2.54	1.58	4.12	4.27	4.34	4.42	4.49	4.57	4.65
7	19.760	15.512	2.86	2.06	2.19	2.26	2.34	2.41	2.49	2.57	1.57	4.15	4.29	4.37	4.45	4.52	4.60	4.68
8	22.366	17.558	2.85	2.07	2.20	2.28	2.35	2.43	2.50	2.58	1.56	4.17	4.32	4.39	4.47	4.55	4.62	4.70
∟100×63×6	19.234	15.100	3.21	2.29	2.42	2.49	2.56	2.63	2.71	2.78	1.79	4.56	4.70	4.78	4.85	4.93	5.00	5.08
7	22.222	17.444	3.20	2.31	2.44	2.51	2.58	2.66	2.73	2.81	1.78	4.58	4.72	4.80	4.87	4.95	5.03	5.10
8	25.168	19.756	3.18	2.32	2.45	2.52	2.60	2.67	2.75	2.82	1.77	4.60	4.74	4.82	4.89	4.97	5.05	5.13
10	30.934	24.284	3.15	2.35	2.49	2.57	2.64	2.72	2.79	2.87	1.74	4.64	4.79	4.86	4.94	5.02	5.09	5.17
∟100×80×6	21.274	16.700	3.17	3.10	3.24	3.30	3.37	3.44	3.52	3.59	2.40	4.33	4.47	4.54	4.61	4.69	4.76	4.84
7	24.602	19.312	3.16	3.12	3.25	3.32	3.39	3.46	3.54	3.61	2.39	4.36	4.50	4.57	4.64	4.71	4.79	4.86

角钢型号	两个角钢的截面面积 (cm^2)	两个角钢的重量 (kg/m)	回转半径 (cm)															
				当两肢背间距离为(mm)								当两肢背间距离为(mm)						
				0	4	6	8	10	12	14		0	4	6	8	10	12	14
8	27.888	21.892	3.14	3.14	3.27	3.34	3.41	3.48	3.56	3.63	2.37	4.37	4.52	4.59	4.66	4.74	4.81	4.89
10	34.334	26.952	3.12	3.17	3.31	3.38	3.45	3.53	3.60	3.68	2.35	4.41	4.55	4.63	4.70	4.78	4.85	4.93
∟110×70×6	21.274	16.700	3.54	2.55	2.68	2.74	2.81	2.88	2.96	3.03	2.01	5.00	5.14	5.22	5.29	5.36	5.44	5.52
7	24.602	19.312	3.53	2.56	2.69	2.76	2.83	2.90	2.98	3.05	2.00	5.02	5.16	5.24	5.31	5.39	5.46	5.54
8	27.888	21.892	3.51	2.58	2.71	2.78	2.85	2.93	3.00	3.08	1.98	5.04	5.19	5.26	5.34	5.41	5.49	5.57
10	34.334	26.952	3.48	2.61	2.74	2.81	2.89	2.96	3.04	3.11	1.96	5.08	5.23	5.30	5.38	5.46	5.53	5.61
∟125×80×7	28.192	22.132	4.02	2.92	3.05	3.11	3.18	3.25	3.32	3.40	2.30	5.68	5.82	5.89	5.97	6.04	6.12	6.19
8	31.978	25.102	4.01	2.93	3.06	3.13	3.20	3.27	3.34	3.42	2.28	5.70	5.85	5.92	6.00	6.07	6.15	6.22
10	39.424	30.948	3.98	2.97	3.10	3.17	3.24	3.31	3.38	3.46	2.26	5.74	5.89	5.96	6.04	6.11	6.19	6.27
12	46.702	36.660	3.95	3.00	3.14	3.21	3.28	3.35	3.43	3.51	2.24	5.78	5.93	6.00	6.08	6.16	6.23	6.31
∟140×90×8	36.077	28.320	4.50	3.29	3.42	3.49	3.56	3.63	3.70	3.77	2.59	6.37	6.51	6.58	6.65	6.73	6.80	6.88
10	44.522	34.950	4.47	3.32	3.46	3.52	3.59	3.66	3.74	3.81	2.56	6.40	6.55	6.62	6.69	6.77	6.84	6.92
12	52.800	41.448	4.44	3.35	3.48	3.55	3.62	3.70	3.77	3.84	2.54	6.44	6.59	6.66	6.74	6.81	6.89	6.96
14	60.912	47.816	4.42	3.39	3.52	3.59	3.67	3.74	3.81	3.89	2.51	6.48	6.63	6.70	6.78	6.85	6.93	7.01
∟160×100×10	50.630	39.744	5.14	3.65	3.77	3.84	3.91	3.98	4.05	4.12	2.85	7.34	7.48	7.56	7.63	7.70	7.78	7.85
12	60.108	47.184	5.11	3.68	3.81	3.88	3.95	4.02	4.09	4.16	2.82	7.38	7.52	7.60	7.67	7.75	7.82	7.90
14	69.418	54.494	5.08	3.70	3.84	3.91	3.98	4.05	4.12	4.20	2.80	7.42	7.56	7.64	7.71	7.79	7.86	7.94
16	78.562	61.670	5.05	3.74	3.88	3.95	4.02	4.09	4.17	4.24	2.77	7.45	7.60	7.68	7.75	7.83	7.91	7.98
∟180×110×10	56.746	44.546	5.80	3.97	4.10	4.16	4.23	4.29	4.36	4.43	3.13	8.27	8.41	8.49	8.56	8.63	8.71	8.78
12	67.424	52.928	5.78	4.00	4.13	4.19	4.26	4.33	4.40	4.47	3.10	8.31	8.46	8.53	8.61	8.68	8.76	8.83
14	77.934	61.178	5.75	4.02	4.16	4.22	4.29	4.36	4.43	4.51	3.08	8.35	8.50	8.57	8.65	8.72	8.80	8.87
16	88.278	69.298	5.72	4.06	4.19	4.26	4.33	4.40	4.47	4.55	3.06	8.39	8.54	8.61	8.69	8.76	8.84	8.92
∟200×125×12	75.824	59.522	6.44	4.56	4.68	4.75	4.81	4.88	4.95	5.02	3.57	9.18	9.32	9.39	9.47	9.54	9.61	9.69
14	87.734	68.872	6.41	4.59	4.71	4.78	4.85	4.92	4.99	5.06	3.54	9.21	9.36	9.43	9.50	9.58	9.65	9.73
16	99.478	78.090	6.38	4.62	4.75	4.82	4.89	4.96	5.03	5.10	3.52	9.25	9.40	9.47	9.54	9.62	2.69	9.77
18	111.052	87.176	6.35	4.64	4.78	4.85	4.92	4.99	5.06	5.13	3.49	9.29	9.44	9.51	9.58	9.66	9.74	9.81

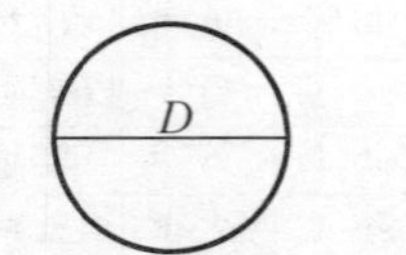

附表 2-6 热轧圆钢截面特性表(按 GB702—86 计算)

直径 D(mm)	截面面积 A(cm^2)	惯性矩 I(cm^4)	回转半径 i(cm)	抵抗矩 W(cm^3)	重量 g(kg/m)	直径 D(mm)	截面面积 A(cm^2)	惯性矩 I(cm^4)	回转半径 i(cm)	抵抗矩 W(cm^3)	重量 g(kg/m)
6	0.283	0.006	0.150	0.020	0.222	30	7.069	3.970	0.750	2.650	5.549
7	0.385	0.012	0.175	0.034	0.302	31	7.548	4.530	0.775	2.930	5.925
8	0.503	0.020	0.200	0.050	0.396	32	8.043	5.130	0.800	3.210	6.310
9	0.636	0.032	0.225	0.071	0.499	33	8.553	5.820	0.825	3.520	6.714
10	0.785	0.049	0.250	0.098	0.617	34	9.079	6.550	0.850	3.850	7.127
11	0.950	0.072	0.275	0.131	0.746	35	9.621	7.360	0.875	4.200	7.553
12	1.131	0.102	0.300	0.171	0.888	36	10.179	8.330	0.900	4.580	7.990
13	1.327	0.140	0.325	0.215	1.131	38	11.341	10.220	0.950	5.390	8.903
14	1.539	0.189	0.350	0.270	1.208	40	12.566	12.550	1.000	6.280	9.865
15	1.767	0.248	0.375	0.331	1.387	42	13.854	15.250	1.050	7.260	10.876
16	2.011	0.322	0.400	0.403	1.580	45	15.904	20.150	1.125	8.950	12.485
17	2.270	0.410	0.425	0.482	1.782	48	18.096	26.140	1.200	10.900	14.205
18	2.545	0.514	0.450	0.570	1.998	50	19.635	30.650	1.250	12.270	15.413
19	2.835	0.640	0.475	0.674	2.230	52	21.237	35.800	1.300	13.760	16.671
20	3.142	0.785	0.500	0.785	2.466	55	23.758	44.900	1.375	16.330	18.650
21	3.464	0.954	0.525	0.908	2.719	56	24.630	48.200	1.400	17.200	19.335
22	3.801	1.175	0.550	1.045	2.980	58	26.421	55.500	1.450	19.130	20.740
23	4.155	1.370	0.575	1.190	3.261	60	28.274	63.500	1.500	21.200	22.195
24	4.524	1.624	0.600	1.350	3.551	63	31.173	77.350	1.575	24.560	24.471
25	4.909	1.915	0.625	1.530	3.850	65	33.183	87.500	1.625	26.900	26.049
26	5.309	2.240	0.650	1.725	4.108	68	36.317	104.980	1.700	30.880	28.509

续表

直径 D(mm)	截面面积 A(cm^2)	惯性矩 I(cm^4)	回转半径 i(cm)	抵抗矩 W(cm^3)	重量 g(kg/m)	直径 D(mm)	截面面积 A(cm^2)	惯性矩 I(cm^4)	回转半径 i(cm)	抵抗矩 W(cm^3)	重量 g(kg/m)
27	5.726	2.605	0.675	1.930	4.498	70	38.485	118.000	1.750	33.700	30.210
28	6.158	3.010	0.700	2.150	4.834	75	44.179	155.000	1.875	41.4	34.680
29	6.605	3.473	0.725	2.395	5.185	80	50.266	201.000	2.000	50.300	39.458

注:圆钢的通常长度为3～10m。

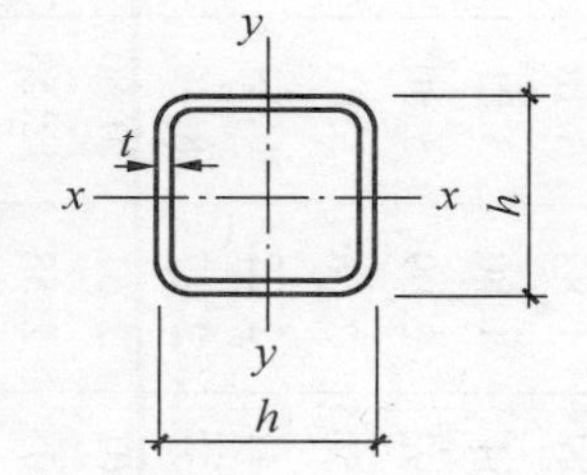

附表2-7a　冷弯薄壁方钢管截面特性表(摘自GBJ18—87)

尺寸(mm)		截面面积	惯性矩	回转半径	抵抗矩	重量	尺寸(mm)		截面面积	惯性矩	回转半径	抵抗矩	重量
h	t	A(cm^2)	I_x(cm^4)	i(cm)	W_x(cm^3)	g(kg/m)	h	t	A(cm^2)	I_x(cm^4)	i(cm)	W_x(cm^3)	g(kg/m)
25	1.5	1.31	1.16	0.94	0.92	1.03	100	3.0	11.25	173.12	3.92	34.62	8.83
30	1.5	1.61	2.11	1.14	1.40	1.27	120	2.5	11.48	260.88	4.77	43.48	9.01
40	1.5	2.21	5.33	1.55	2.67	1.74		3.0	13.65	306.71	4.74	51.12	10.72
	2.0	2.87	6.66	1.52	3.33	2.25	140	3.0	16.05	495.68	5.56	70.81	12.60
50	1.5	2.81	10.82	1.96	4.33	2.21		3.5	18.58	568.22	5.53	81.17	14.59
	2.0	3.67	13.71	1.93	5.48	2.88		4.0	21.07	637.97	5.50	91.14	16.44
60	2.0	4.47	24.51	2.34	8.17	3.51	160	3.0	18.45	749.64	6.37	93.71	14.49
	2.5	5.48	29.36	2.31	9.79	4.30		3.5	21.38	861.34	6.35	107.67	16.77
80	2.0	6.07	60.58	3.16	15.15	4.76		4.0	24.27	969.35	6.32	121.17	19.05
	2.5	7.48	73.40	3.13	18.35	5.87		4.5	27.12	1073.66	6.29	134.21	21.15
100	2.5	9.48	147.91	3.95	29.58	7.44		5.0	29.93	1174.44	6.26	146.81	23.35

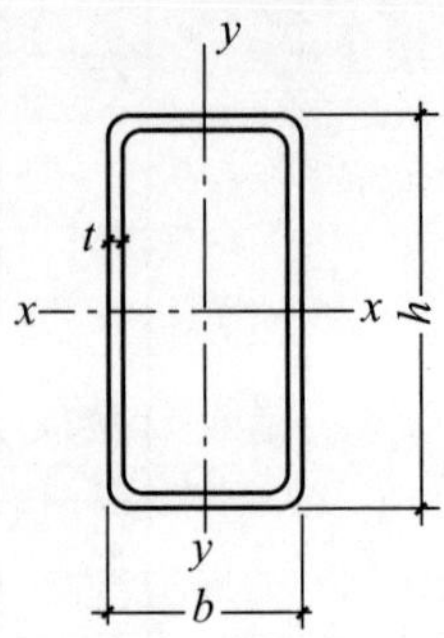

附表 2-7b　冷弯薄壁矩形钢管截面特性表

尺寸(mm)			截面面积 (cm^2)	每米长质量 (kg/m)	$x-x$ 轴			$y-y$ 轴		
h	b	t			I_x (cm^4)	i_x (cm)	W_x (cm^3)	I_y (cm^4)	i_y (cm)	W_y (cm^3)
30	15	1.5	1.20	0.95	1.28	1.02	0.85	0.42	0.59	0.57
40	20	1.6	1.75	1.37	3.43	1.40	1.72	1.15	0.81	1.15
40	20	2.0	2.14	1.68	4.05	1.38	2.02	1.34	0.79	1.34
50	30	1.6	2.39	1.88	7.96	1.82	3.18	3.60	1.23	2.40
50	30	2.0	2.94	2.31	9.54	1.80	3.81	4.29	1.21	2.86
60	30	2.5	4.09	3.21	17.93	2.09	5.80	6.00	1.21	4.00
60	30	3.0	4.81	3.77	20.50	2.06	6.83	6.79	1.19	4.53
60	40	2.0	3.74	2.94	18.41	2.22	6.14	9.33	1.62	4.92
60	40	3.0	5.41	4.25	25.37	2.17	8.46	13.44	1.58	6.72
70	50	2.5	5.59	4.20	38.01	2.61	10.86	22.59	2.01	9.04
70	50	3.0	6.61	5.19	44.05	2.58	12.58	26.10	1.99	10.44
80	40	2.0	4.54	3.56	37.36	2.87	9.34	12.72	1.67	6.36
80	40	3.0	6.61	5.19	52.25	2.81	13.06	17.55	1.63	8.78
90	40	2.5	6.09	4.79	60.69	3.16	13.49	17.02	1.67	8.51
90	50	2.0	5.34	4.19	57.88	3.29	12.86	23.37	2.09	9.35
90	50	3.0	7.81	6.13	81.85	2.24	18.19	32.74	2.05	13.09
100	50	3.0	8.41	6.60	106.45	3.56	21.29	36.05	2.07	14.42
100	60	2.6	7.88	6.19	106.66	3.68	21.33	48.47	2.48	16.16
120	60	2.0	6.94	5.45	131.92	4.36	21.99	45.33	2.56	15.11
120	60	3.2	10.85	8.52	199.88	4.29	33.31	67.94	2.50	22.65
120	60	4.0	13.35	10.48	240.72	4.25	40.12	81.24	2.47	27.08
120	80	3.2	12.13	9.53	243.54	4.48	40.59	130.48	3.28	32.62
120	80	4.0	14.95	11.73	294.57	4.44	49.09	157.28	3.24	39.32
120	80	5.0	18.36	14.41	353.11	4.39	58.85	187.75	3.20	46.94
120	80	6.0	21.63	16.98	406.00	4.33	67.67	214.98	3.15	53.74
140	90	3.2	14.05	11.04	384.01	5.23	54.86	194.80	3.72	43.29
140	90	4.0	17.35	13.63	466.59	5.19	66.66	235.92	3.69	52.43
140	90	5.0	21.36	16.78	562.61	5.13	80.37	283.32	3.64	62.96
150	100	3.2	15.33	12.04	488.18	5.64	65.09	262.26	4.14	52.45

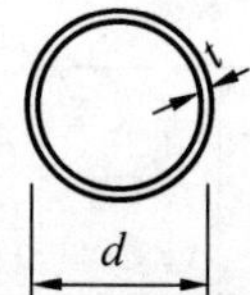

I—截面惯性矩；
W—截面抵抗矩；
i—截面回转半径。

附表 2-7c 热轧无缝钢管的规格及截面特性(按 YB231—70 计算)

尺寸(mm)		截面面积 A	每米重量 g	截面特性			尺寸(mm)		截面面积 A	每米重量 g	截面特性		
d	t	(cm^2)	(kg/m)	I (cm^4)	W (cm^3)	i (cm)	d	t	(cm^2)	(kg/m)	I (cm^4)	W (cm^3)	i (cm)
32	2.5	2.32	1.82	2.54	1.59	1.05	57	4.5	7.42	5.83	25.76	9.04	1.86
	3.0	2.73	2.15	2.90	1.82	1.03		5.0	8.17	6.41	27.86	9.78	1.85
	3.5	3.13	2.46	3.23	2.02	1.02		5.5	8.90	6.99	29.84	10.47	1.83
	4.0	3.52	2.76	3.52	2.20	1.00		6.0	9.61	7.55	31.69	11.12	1.82
38	2.5	2.79	2.19	4.41	2.32	1.26	60	3.0	5.37	4.22	21.88	7.29	2.02
	3.0	3.30	2.59	5.09	2.68	1.24		3.5	6.21	4.88	24.88	8.29	2.00
	3.5	3.79	2.98	5.70	3.00	1.23		4.0	7.04	5.52	27.73	9.24	1.98
	4.0	4.27	3.35	6.26	3.29	1.21		4.5	7.85	6.16	30.41	10.14	1.97
42	2.5	3.10	2.44	6.07	2.89	1.40		5.0	8.64	6.78	32.94	10.98	1.95
	3.0	3.68	2.89	7.03	3.35	1.38		5.5	9.42	7.39	35.32	11.77	1.94
	3.5	4.23	3.32	7.91	3.77	1.37		6.0	10.18	7.99	37.56	12.52	1.92
	4.0	4.78	3.75	8.71	4.15	1.35	63.5	3.0	5.70	4.48	26.15	8.24	2.14
45	2.5	3.34	2.62	7.56	3.36	1.51		3.5	6.60	5.18	29.79	9.38	2.12
	3.0	3.96	3.11	8.77	3.90	1.49		4.0	7.48	5.87	33.24	10.47	2.11
	3.5	4.56	3.58	9.89	4.40	1.47		4.5	8.34	6.55	36.50	11.50	2.09
	4.0	5.15	4.04	10.93	4.86	1.46		5.0	9.19	7.21	39.60	12.47	2.08
50	2.5	3.73	2.93	10.55	4.22	1.68		5.5	10.02	7.87	42.52	13.39	2.06
	3.0	4.43	3.48	12.28	4.91	1.67		6.0	10.84	8.51	45.28	14.26	2.04
	3.5	5.11	4.01	13.90	5.56	1.65	68	3.0	6.13	4.81	32.42	9.54	2.30
	4.0	5.78	4.54	15.41	6.16	1.63		3.5	7.09	5.57	36.99	10.88	2.28
	4.5	6.43	5.05	16.81	6.72	1.62		4.0	8.04	6.31	41.34	12.16	2.27
	5.0	7.07	5.55	18.11	7.25	1.60		4.5	8.98	7.05	45.47	13.37	2.25
54	3.0	4.81	3.77	15.68	5.81	1.81		5.0	9.90	7.77	49.41	14.53	2.23
	3.5	5.55	4.36	17.79	6.59	1.79		5.5	10.80	8.48	53.14	15.63	2.22
	4.0	6.28	4.93	19.76	7.32	1.77		6.0	11.69	9.17	56.68	16.67	2.20
	4.5	7.00	5.49	21.61	8.00	1.76	70	3.0	6.31	4.96	35.50	10.14	2.37
	5.0	7.70	6.04	23.34	8.64	1.74		3.5	7.31	5.74	40.53	11.58	2.35
	5.5	8.38	6.58	24.96	9.24	1.73		4.0	8.29	6.51	45.33	12.95	2.34
	6.0	9.05	7.10	26.46	9.80	1.71		4.5	9.26	7.27	49.89	14.26	2.32
57	3.0	5.09	4.00	18.61	6.53	1.91		5.0	10.21	8.01	54.24	15.50	2.30
	3.5	5.88	4.62	21.14	7.42	1.90		5.5	11.14	8.75	58.38	16.68	2.29
	4.0	6.66	5.23	23.52	8.25	1.88		6.0	12.06	9.47	62.31	17.80	2.27

续表

尺寸(mm)		截面面积 A	每米重量 g	截面特性		
d	t	(cm^2)	(kg/m)	I (cm^4)	W (cm^3)	i (cm)
73	3.0	6.60	5.18	40.48	11.09	2.48
	3.5	7.64	6.00	46.26	12.67	2.46
	4.0	8.67	6.81	51.78	14.19	2.44
	4.5	9.68	7.60	57.04	15.63	2.43
	5.0	10.68	8.38	62.07	17.01	2.41
	5.5	11.66	9.16	66.87	18.32	2.39
	6.0	12.63	9.91	71.43	19.57	2.38
76	3.0	6.88	5.40	45.91	12.08	2.58
	3.5	7.97	6.26	52.50	13.82	2.57
	4.0	9.05	7.10	58.81	15.48	2.55
	4.5	10.11	7.93	64.85	17.07	2.53
	5.0	11.15	8.75	70.62	18.59	2.52
	5.5	12.18	9.56	76.14	20.04	2.50
	6.0	13.19	10.36	81.41	21.42	2.48
83	3.5	8.74	6.86	69.19	16.67	2.81
	4.0	9.93	7.79	77.64	18.71	2.80
	4.5	11.10	8.71	85.76	20.67	2.78
	5.0	12.25	9.62	93.56	22.54	2.76
	5.5	13.39	10.51	101.04	24.35	2.75
	6.0	14.51	11.39	108.22	26.08	2.73
	6.5	15.62	12.26	115.10	27.74	2.71
	7.0	16.71	13.12	121.69	29.32	2.70
89	3.5	9.40	7.38	86.05	19.34	3.03
	4.0	10.68	8.38	96.68	21.73	3.01
	4.5	11.95	9.38	106.92	24.03	2.99
	5.0	13.19	10.36	116.79	26.24	2.98
	5.5	14.43	11.33	126.29	28.38	2.96
	6.0	15.65	12.28	135.43	30.43	2.94
	6.5	16.85	13.22	144.22	32.41	2.93
	7.0	18.03	14.16	152.67	34.31	2.91
95	3.5	10.06	7.90	105.45	22.20	3.24
	4.0	11.44	8.98	118.60	24.97	3.22
	4.5	12.79	10.04	131.31	27.64	3.20
	5.0	14.14	11.10	143.58	30.23	3.19
	5.5	15.46	12.14	155.43	32.72	3.17
	6.0	16.78	13.17	166.86	35.13	3.15
	6.5	18.07	14.19	177.89	37.45	3.14
	7.0	19.35	15.19	188.51	39.69	3.12

尺寸(mm)		截面面积 A	每米重量 g	截面特性		
d	t	(cm^2)	(kg/m)	I (cm^4)	W (cm^3)	i (cm)
102	3.5	10.83	8.50	131.52	25.79	3.48
	4.0	12.32	9.67	148.09	29.04	3.47
	4.5	13.78	10.82	164.14	32.18	3.45
	5.0	15.24	11.96	179.68	35.23	3.43
	5.5	16.67	13.09	194.72	38.18	3.42
	6.0	18.10	14.21	209.28	41.03	3.40
	6.5	19.50	15.31	223.35	43.79	3.38
	7.0	20.89	16.40	236.96	46.46	3.37
114	4.0	13.82	10.85	209.35	36.73	3.89
	4.5	15.48	12.15	232.41	40.77	3.87
	5.0	17.12	13.44	254.81	44.70	3.86
	5.5	18.75	14.72	276.58	48.52	3.84
	6.0	20.36	15.98	297.73	52.23	3.82
	6.5	21.95	17.23	318.26	55.84	3.81
	7.0	23.53	18.47	338.19	59.33	3.79
	7.5	25.09	19.70	357.53	62.73	3.77
	8.0	26.64	20.91	376.30	66.02	3.76
121	4.0	14.70	11.54	251.87	41.63	4.14
	4.5	16.47	12.93	279.83	46.25	4.12
	5.0	18.22	14.30	307.05	50.75	4.11
	5.5	19.96	15.67	333.54	55.13	4.09
	6.0	21.68	17.02	359.32	59.39	4.07
	6.5	23.38	18.35	384.40	63.54	4.05
	7.0	25.07	19.68	408.80	67.57	4.04
	7.5	26.74	20.99	432.51	71.49	4.02
	8.0	28.40	22.29	455.57	75.30	4.01
127	4.0	15.46	12.13	292.61	46.08	4.35
	4.5	17.32	13.59	325.29	51.23	4.33
	5.0	19.16	15.04	357.14	56.24	4.32
	5.5	20.99	16.48	388.19	61.13	4.30
	6.0	22.81	17.90	418.44	65.90	4.28
	6.5	24.61	19.32	447.92	70.54	4.27
	7.0	26.39	20.72	476.63	75.06	4.25
	7.5	28.16	22.10	504.58	79.46	4.23
	8.0	29.91	23.48	531.80	83.75	4.22
133	4.0	16.21	12.73	337.53	50.76	4.56
	4.5	18.17	14.26	375.42	56.45	4.55
	5.0	20.11	15.78	412.40	62.02	4.53

续表

尺寸(mm)		截面面积 A	每米重量 g	截面特性		
d	t	(cm^2)	(kg/m)	I (cm^4)	W (cm^3)	i (cm)
133	5.5	22.03	17.29	448.50	67.44	4.51
	6.0	23.94	18.79	483.72	72.74	4.50
	6.5	25.83	20.28	518.07	77.91	4.48
	7.0	27.71	21.75	551.58	82.94	4.46
	7.5	29.57	23.21	584.25	87.86	4.45
	8.0	31.42	24.66	616.11	92.65	4.43
140	4.5	19.16	15.04	440.12	62.87	4.79
	5.0	21.21	16.65	483.76	69.11	4.78
	5.5	23.24	18.24	526.40	75.20	4.76
	6.0	25.26	19.83	568.06	81.15	4.74
	6.5	27.26	21.40	608.76	86.97	4.73
	7.0	29.25	22.96	648.51	92.64	4.71
	7.5	31.22	24.51	687.32	98.19	4.69
	8.0	33.18	26.04	725.21	103.60	4.68
	9.0	37.04	29.08	798.29	114.04	4.64
	10	40.84	32.06	867.86	123.98	4.61
146	4.5	20.00	15.70	501.16	68.65	5.01
	5.0	22.15	17.39	551.10	75.49	4.99
	5.5	24.28	19.06	599.95	82.19	4.97
	6.0	26.39	20.72	647.73	88.73	4.95
	6.5	28.49	22.36	694.44	95.13	4.94
	7.0	30.57	24.00	740.12	101.39	4.92
	7.5	32.63	25.62	784.77	107.50	4.90
	8.0	34.68	27.23	828.41	113.48	4.89
	9.0	38.74	30.41	912.71	125.03	4.85
	10	42.73	33.54	993.16	136.05	4.82
152	4.5	20.85	16.37	567.61	74.69	5.22
	5.0	23.09	18.13	624.43	82.16	5.20
	5.5	25.31	19.87	680.06	89.48	5.18
	6.0	27.52	21.60	734.52	96.65	5.17
	6.5	29.71	23.32	787.82	103.66	5.15
	7.0	31.89	25.03	839.99	110.52	5.13
	7.5	34.05	26.73	891.03	117.24	5.12
	8.0	36.19	28.41	940.97	123.81	5.10
	9.0	40.43	31.74	1 037.59	136.53	5.07
	10	44.61	35.02	1 129.99	148.68	5.03
159	4.5	21.84	17.15	652.27	82.05	5.46
	5.0	24.19	18.99	717.88	90.30	5.45

尺寸(mm)		截面面积 A	每米重量 g	截面特性		
d	t	(cm^2)	(kg/m)	I (cm^4)	W (cm^3)	i (cm)
159	5.5	26.52	20.82	782.18	98.39	5.43
	6.0	28.84	22.64	845.19	106.31	5.41
	6.5	31.14	24.45	906.92	114.08	5.40
	7.0	33.43	26.24	967.41	121.69	5.38
	7.5	35.70	28.02	1 026.65	129.14	5.36
	8.0	37.95	29.79	1 084.67	136.44	5.35
	9.0	42.41	33.29	1 197.12	150.58	5.31
	10	46.81	36.75	1 304.88	164.14	5.28
168	4.5	23.11	18.14	772.96	92.02	5.78
	5.0	25.60	20.10	851.14	101.33	5.77
	5.5	28.08	22.04	927.85	110.46	5.75
	6.0	30.54	23.97	1 003.12	119.42	5.73
	6.5	32.98	25.89	1 076.95	128.21	5.71
	7.0	35.41	27.79	1 149.36	136.83	5.70
	7.5	37.82	29.69	1 220.38	145.28	5.68
	8.0	40.21	31.57	1 290.01	153.57	5.66
	9.0	44.96	35.29	1 425.22	169.67	5.63
	10	49.64	38.97	1 555.13	185.13	5.60
180	5.0	27.49	21.58	1 053.17	117.02	6.19
	5.5	30.15	23.67	1 148.79	127.64	6.17
	6.0	32.80	25.75	1 242.72	138.08	6.16
	6.5	35.43	27.81	1 335.00	148.33	6.14
	7.0	38.04	29.87	1 425.63	158.40	6.12
	7.5	40.64	31.91	1 514.64	168.29	6.10
	8.0	43.23	33.93	1 602.04	178.00	6.09
	9.0	48.35	37.95	1 772.12	196.90	6.05
	10	53.41	41.92	1 936.01	215.11	6.02
	12	63.33	49.72	2 245.84	249.54	5.95
194	5.0	29.69	23.31	1 326.54	136.76	6.68
	5.5	32.57	25.57	1 447.86	149.26	6.67
	6.0	35.44	27.82	1 567.21	161.57	6.65
	6.5	38.29	30.06	1 684.61	173.67	6.63
	7.0	41.12	32.28	1 800.08	185.57	6.62
	7.5	43.94	34.50	1 913.64	197.28	6.60
	8.0	46.75	36.70	2 025.31	208.79	6.58
	9.0	52.31	41.06	2 243.08	231.25	6.55
	10	57.81	45.38	2 453.55	252.94	6.51
	12	68.61	53.86	2 853.25	294.15	6.45

续表

尺寸(mm)		截面面积 A (cm^2)	每米重量 g (kg/m)	截面特性			尺寸(mm)		截面面积 A (cm^2)	每米重量 g (kg/m)	截面特性		
d	t			I (cm^4)	W (cm^3)	i (cm)	d	t			I (cm^4)	W (cm^3)	i (cm)
203	6.0	37.13	29.15	1 803.07	177.64	6.97	273	6.5	54.42	42.72	4 834.18	354.15	9.42
	6.5	40.13	31.50	1 938.81	191.02	6.95		7.0	58.50	45.92	5 177.30	379.29	9.41
	7.0	43.10	33.84	2 072.43	204.18	6.93		7.5	62.56	49.11	5 516.47	404.14	9.39
	7.5	46.06	36.16	2 203.94	217.14	6.92		8.0	66.60	52.28	5 851.71	428.70	9.37
	8.0	49.01	38.47	2 333.37	229.89	6.90		9.0	74.64	58.60	6 510.56	476.96	9.34
	9.0	54.85	43.06	2 586.08	254.79	6.87		10	82.62	64.86	7 154.09	524.11	9.31
	10	60.63	47.60	2 830.72	278.89	6.83		12	98.39	77.24	8 396.14	615.10	9.24
	12	72.01	56.52	3 296.49	324.78	6.77		14	113.91	89.42	9 579.75	701.81	9.17
	14	83.13	65.25	3 732.07	367.69	6.70		16	129.18	101.41	10 706.79	784.38	9.10
	16	94.00	73.79	4 138.78	407.76	6.64	299	7.5	68.68	53.92	7 300.02	488.30	10.31
219	6.0	40.15	31.52	2 278.74	208.10	7.53		8.0	73.14	57.41	7 747.42	518.22	10.29
	6.5	43.39	34.06	2 451.64	223.89	7.52		9.0	82.00	64.37	8 628.09	577.13	10.26
	7.0	46.62	36.60	2 622.04	239.46	7.50		10	90.79	71.27	9 490.15	634.79	10.22
	7.5	49.83	39.12	2 789.96	254.79	7.48		12	108.20	84.93	11 159.52	746.46	10.16
	8.0	53.03	41.63	2 955.43	269.90	7.47		14	125.35	98.40	12 757.61	853.35	10.09
	9.0	59.38	46.61	3 279.12	299.46	7.43		16	142.25	111.67	14 286.48	955.62	10.02
	10	65.66	51.54	3 593.29	328.15	7.40	325	7.5	74.81	58.73	9 431.80	580.42	11.23
	12	78.04	61.26	4 193.81	383.00	7.33		8.0	79.67	62.54	10 013.92	616.24	11.21
	14	90.16	70.78	4 758.50	434.57	7.26		9.0	89.35	70.14	11 161.33	686.85	11.18
	16	102.04	80.10	5 288.81	483.00	7.20		10	98.96	77.68	12 286.52	756.09	11.14
245	6.5	48.70	38.23	3 465.46	282.89	8.44		12	118.00	92.63	14 471.45	890.55	11.07
	7.0	52.34	41.08	3 709.06	302.78	8.42		14	136.78	107.38	16 570.98	1 019.75	11.01
	7.5	55.96	43.93	3 949.52	322.41	8.40		16	155.32	121.93	18 587.38	1 143.84	10.94
	8.0	59.56	46.76	4 186.87	341.79	8.38	351	8.0	86.21	67.67	12 684.36	722.76	12.13
	9.0	66.73	52.38	4 652.32	379.78	8.35		9.0	96.70	75.91	14 147.55	806.13	12.10
	10	73.83	57.95	5 105.63	416.79	8.32		10	107.13	84.10	15 584.62	888.01	12.06
	12	87.84	68.95	5 976.67	487.89	8.25		12	127.80	100.32	18 381.63	1 047.39	11.99
	14	101.60	79.76	6 801.68	555.24	8.18		14	148.22	116.35	21 077.86	1 201.02	11.93
	16	115.11	90.36	7 582.30	618.96	8.12		16	168.39	132.19	23 675.75	1 349.05	11.86

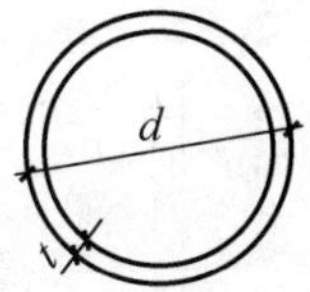

附表 2-7d 焊接薄壁钢管截面特性表(摘自 GBJ18—87)

尺寸(mm)		截面面积 (cm^2)	每米重量 (kg/m)	I (cm^4)	i (cm)	W (cm^3)
d	t					
25	1.5	1.11	0.87	0.77	0.83	0.61
30	1.5	1.34	1.05	1.37	1.01	0.91
	2.0	1.76	1.38	1.73	0.99	1.16
40	1.5	1.81	1.42	3.37	1.36	1.68
	2.0	2.39	1.88	4.32	1.35	2.16
51	2.0	3.08	2.42	9.26	1.73	3.63
57	2.0	3.46	2.71	13.08	1.95	4.59
60	2.0	3.64	2.86	15.34	2.05	5.10
70	2.0	4.27	3.35	24.72	2.41	7.06
76	2.0	4.65	3.65	31.85	2.62	8.38
83	2.0	5.09	4.00	41.76	2.87	10.06
	2.5	6.23	4.96	51.26	2.85	12.35
89	2.0	5.47	4.29	51.74	3.08	11.63
	2.5	6.79	5.33	63.59	3.06	14.29
95	2.0	5.84	4.59	63.20	3.29	13.31
	2.5	7.26	5.70	77.76	3.27	16.37
102	2.0	6.28	4.93	78.55	3.54	15.40
	2.5	7.81	6.14	96.76	3.52	18.97
	3.0	9.33	7.33	114.40	3.50	22.43
108	2.0	6.66	5.23	93.6	3.75	17.33
	2.5	8.29	6.51	115.4	3.73	21.37
	3.0	9.90	7.77	136.5	3.72	25.28
114	2.0	7.04	5.52	110.4	3.96	19.37
	2.5	8.76	6.87	136.2	3.94	23.89
	3.0	10.46	8.21	161.3	3.93	28.30
121	2.0	7.48	5.87	132.4	4.21	21.88
	2.5	9.31	7.31	163.5	4.19	27.02
	3.0	11.12	8.73	193.7	4.17	32.02
127	2.0	7.85	6.17	153.4	4.42	24.16
	2.5	9.78	7.68	189.5	4.40	29.84
	3.0	11.69	9.18	224.7	4.39	35.39

尺寸(mm)		截面面积 (cm^2)	每米重量 (kg/m)	I (cm^4)	i (cm)	W (cm^3)
d	t					
133	2.5	10.25	8.05	218.2	4.62	32.81
	3.0	12.25	9.62	259.0	4.60	38.95
	3.5	14.24	11.18	298.7	4.58	44.92
140	2.5	10.80	8.48	255.3	4.86	36.47
	3.0	12.91	10.13	303.1	4.85	43.29
	3.5	15.01	11.78	349.8	4.83	49.97
152	3.0	14.04	11.02	389.9	5.27	51.30
	3.5	16.33	12.82	450.3	5.25	59.25
	4.0	18.60	14.60	509.6	5.24	67.05
159	3.0	14.70	11.54	447.4	5.52	56.27
	3.5	17.10	13.42	517.0	5.50	65.02
	4.0	19.48	15.29	585.3	5.48	73.62
168	3.0	15.55	12.21	529.4	5.84	63.02
	3.5	18.09	14.20	612.1	5.82	72.87
	4.0	20.61	16.18	693.3	5.80	82.53
180	3.0	16.68	13.09	653.5	6.26	72.61
	3.5	19.41	15.24	756.0	6.24	84.00
	4.0	22.12	17.36	856.8	6.22	95.20
194	3.0	18.00	14.13	821.1	6.75	84.64
	3.5	20.95	16.45	950.5	6.74	97.99
	4.0	23.88	18.75	1078.0	6.72	111.1
203	3.0	18.85	15.00	943.0	7.07	92.87
	3.5	21.94	17.22	1092	7.06	107.55
	4.0	25.01	19.63	1238	7.04	122.01
219	3.0	20.36	15.98	1187	7.64	108.44
	3.5	23.70	18.61	1376	7.62	125.65
	4.0	27.02	21.81	1562	7.60	142.62
245	3.0	22.81	17.91	1670	8.56	136.3
	3.5	26.55	20.84	1936	8.54	158.1
	4.0	30.28	23.77	2199	8.52	179.5

注:管长:$d=30\sim70$mm 时为 3～10m;$d=76\sim245$mm 时为 4～10m。

附表 2-8a 冷弯薄壁槽钢的规格及截面特性(摘自 GBJ18—87)

I—惯性矩 r—回转半径 W—抵抗矩 I_t—抗扭惯性矩 I_w—扇性惯性矩 k—弯扭特征系数$\left(k=\sqrt{\frac{GI_k}{EI_w}}\right)$ W_w—扇性抵抗矩

截面图形	尺寸(mm) h	b	t	截面面积 (cm²)	重量 (kg/m)	x_0 (cm)	$x-x$ 轴 I_x (cm⁴)	i_x (cm)	W_x (cm³)	$y-y$ 轴 I_y (cm⁴)	i_y (cm)	W_{ymax} (cm³)	W_{ymin} (cm³)	y_1-y_1 轴 I_{y1} (cm⁴)	e_0 (cm)	I_t (cm⁴)	I_w (cm⁶)	k (cm⁻¹)	W_{w1} (cm⁴)	W_{w2} (cm⁴)
	60	30	2.5	2.74	2.15	0.883	14.68	2.31	4.89	2.40	0.94	2.71	1.13	4.53	1.88	0.0571	12.21	0.0425	4.72	2.51
	80	40	2.5	3.74	2.94	1.132	36.70	3.13	9.18	5.92	1.26	5.23	2.06	10.71	2.51	0.0779	57.36	0.0229	11.61	6.37
			3.0	4.43	3.48	1.159	42.66	3.10	10.67	6.93	1.25	5.98	2.44	12.87	2.51	0.1328	64.58	0.0282	13.64	7.34
	100	40	2.5	4.24	3.33	1.013	62.07	3.83	12.41	6.37	1.23	6.29	2.13	10.72	2.30	0.0884	99.70	0.0185	17.07	8.44
			3.0	5.03	3.95	1.039	72.44	3.80	14.49	7.47	1.22	7.19	2.52	12.89	2.30	0.1508	113.23	0.0227	20.20	9.79
	120	40	2.5	4.74	3.72	0.919	95.92	4.50	15.99	6.72	1.19	7.32	2.18	10.73	2.13	0.0988	156.19	0.0156	23.62	10.59
			3.0	5.63	4.42	0.944	112.28	4.47	18.71	7.90	1.19	8.37	2.58	12.91	2.12	0.1688	178.49	0.0191	28.13	12.33
	140	50	3.0	6.83	5.36	1.187	191.53	5.30	27.36	15.52	1.51	13.08	4.07	25.13	2.75	0.2048	487.60	0.0128	48.99	22.93
			3.5	7.89	6.20	1.211	218.88	5.27	31.27	17.79	1.50	14.69	4.70	29.37	2.74	0.3223	546.44	0.0151	56.72	26.09
	160	60	3.0	8.03	6.30	1.432	300.87	6.12	37.61	26.90	1.83	18.79	5.89	43.35	3.37	0.2408	1119.78	0.0091	78.25	38.21
			3.5	9.29	7.29	1.456	344.94	6.09	43.12	30.92	1.82	21.23	6.81	50.63	3.37	0.3794	1264.16	0.0108	90.71	43.68

附表 2-8b 冷弯薄壁卷边槽钢的规格及截面特性(摘自 GBJ18—87)

I—惯性矩 i—回转半径 W—抵抗矩 I_t—抗扭惯性矩 I_w—扇性惯性矩 k—弯扭特征系数$\left(k=\sqrt{\frac{GI_k}{EI_w}}\right)$ W_w—扇性抵抗矩

截面图形	尺寸(mm) h	b	a	t	截面面积 (cm²)	重量 (kg/m)	x_0 (cm)	$x-x$ 轴 I_x (cm⁴)	i_x (cm)	W_x (cm³)	$y-y$ 轴 I_y (cm⁴)	i_y (cm)	W_{ymax} (cm³)	W_{ymin} (cm³)	y_1-y_1 轴 I_{y1} (cm⁴)	e_0 (cm)	I_t (cm⁴)	I_w (cm⁶)	k (cm⁻¹)	W_{w1} (cm⁴)	W_{w2} (cm⁴)
	80	40	15	2.0	3.47	2.72	1.452	34.16	3.14	8.54	7.79	1.50	5.36	3.06	15.10	3.36	0.0462	112.9	0.0126	16.03	15.74
	100	50	15	2.5	5.23	4.11	1.706	81.34	3.94	16.27	17.19	1.81	10.08	5.22	32.41	3.94	1.1090	352.8	0.0109	34.47	29.44
	120	50	20	2.5	5.98	4.70	1.706	129.40	4.65	21.57	20.96	1.87	12.28	6.36	38.36	4.03	0.1246	660.9	0.0085	51.04	48.36
		60	20	3.0	7.65	6.01	2.106	170.68	4.72	28.45	37.36	2.21	17.74	9.59	71.31	4.87	0.2296	1153.2	0.0087	75.68	68.84
	140	60	20	3.0	8.25	6.48	1.964	245.42	5.45	35.05	39.49	2.19	20.11	9.79	71.33	4.61	0.2476	1589.8	0.0078	92.69	79.00
	160	70	20	3.0	9.45	7.42	2.224	373.64	6.29	46.71	60.42	2.53	27.17	12.65	107.20	5.25	0.2836	3070.5	0.0060	135.49	109.92

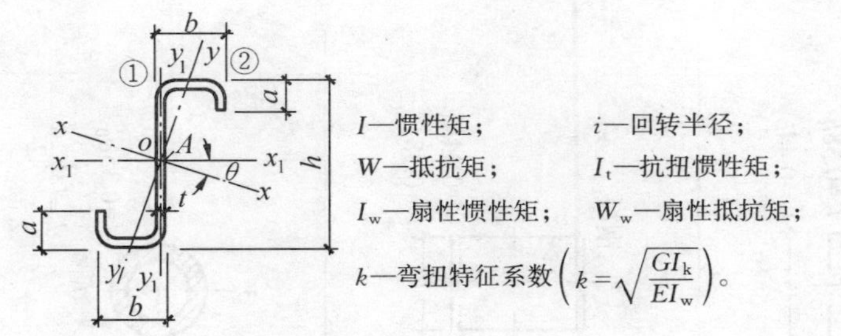

I—惯性矩；　　i—回转半径；

W—抵抗矩；　　I_t—抗扭惯性矩；

I_w—扇性惯性矩；　　W_w—扇性抵抗矩；

k—弯扭特征系数$\left(k=\sqrt{\frac{GI_k}{EI_w}}\right)$。

附表 2-8c　冷弯薄壁卷边 Z 形钢的规格及截面特性(摘自 GBJ18—87)

尺寸(mm)				截面面积	重量	θ	x_1-x_1 轴			y_1-y_1 轴			$x-x$ 轴				$y-y$ 轴				I_{x1y1}	I_t	I_w	k	W_{w1}	W_{w2}
h	b	a	t	(cm²)	(kg/m)		I_{x1} (cm⁴)	i_{x1} (cm)	W_{x1} (cm³)	I_{y1} (cm⁴)	i_{y1} (cm)	W_{y1} (cm³)	I_x (cm⁴)	i_x (cm)	W_{x1} (cm³)	W_{x2} (cm³)	I_y (cm⁴)	i_y (cm)	W_{y1} (cm³)	W_{y2} (cm³)	(cm⁴)	(cm⁴)	(cm⁶)	(cm⁻¹)	(cm⁴)	(cm⁴)
100	40	20	2.0	4.07	3.19	24°1′	60.04	3.84	12.01	17.02	2.05	4.36	70.70	4.17	15.93	11.94	6.36	1.25	3.36	4.42	23.93	0.0542	325.0	0.0081	49.97	29.16
			2.5	4.98	3.91	23°46′	72.10	3.80	14.42	20.02	2.00	5.17	84.63	4.12	19.18	14.47	7.49	1.23	4.07	5.28	28.45	0.1038	381.9	0.0102	62.25	35.03
120	50	20	2.0	4.87	3.82	24°3′	106.97	4.69	17.83	30.23	2.49	6.17	126.06	5.09	23.55	17.40	11.14	1.51	4.83	5.74	42.77	0.0649	785.2	0.0057	84.05	43.96
			2.5	5.98	4.70	23°50′	129.39	4.65	21.57	35.91	2.45	7.37	152.05	5.04	28.55	21.21	13.25	1.49	5.89	6.89	51.30	0.1246	930.9	0.0072	104.68	52.94
			3.0	7.05	5.54	23°36′	150.14	4.61	25.02	40.88	2.41	8.43	175.92	4.99	33.18	24.80	15.11	1.46	6.89	7.92	58.99	0.2116	1058.9	0.0087	125.37	61.22
140	50	20	2.5	6.48	5.09	19°25′	186.77	5.37	26.68	35.91	2.35	7.37	209.19	5.67	32.55	26.34	14.48	1.49	6.69	6.78	60.75	0.1350	1289.0	0.0064	137.04	60.03
			3.0	7.65	6.01	19°12′	217.26	5.33	31.04	40.83	2.31	8.43	241.62	5.62	37.76	30.70	16.52	1.47	7.84	7.81	69.93	0.2296	1468.2	0.0077	164.94	69.51
160	60	20	2.5	7.48	5.87	19°59′	288.12	6.21	36.01	58.15	2.79	9.90	323.13	6.57	44.00	34.95	23.14	1.76	9.00	8.71	96.32	0.1559	2634.3	0.0048	205.98	86.28
			3.0	8.85	6.95	19°47′	336.66	6.17	42.08	66.66	2.74	11.39	376.76	6.52	51.48	41.08	26.56	1.73	10.58	10.07	111.51	0.2656	3019.4	0.0058	247.41	100.15
	70	20	2.5	7.98	6.27	23°46′	319.13	6.32	39.89	87.74	3.32	12.76	374.76	6.85	52.35	38.23	32.11	2.01	10.53	10.86	126.37	0.1663	3793.3	0.0041	238.87	106.91
			3.0	9.45	7.42	23°34′	373.64	6.29	46.71	101.10	3.27	14.76	437.72	6.80	61.33	45.01	37.03	1.98	12.39	12.58	146.86	0.2836	4365.0	0.0050	285.78	124.26
180	70	20	2.5	8.48	6.66	20°22′	420.18	7.04	46.69	87.74	3.22	12.76	473.34	7.47	57.27	44.88	34.58	2.02	11.66	10.86	143.18	0.1767	4907.9	0.0037	294.53	119.41
			3.0	10.05	7.89	20°11′	492.61	7.00	54.73	101.11	3.17	14.76	553.83	7.42	67.22	52.89	39.89	1.99	13.72	12.59	166.47	0.3016	5652.2	0.0045	353.32	138.92

附录3 几种截面回转半径 i 的近似值

附表 3－1 几种截面回转半径的近似值

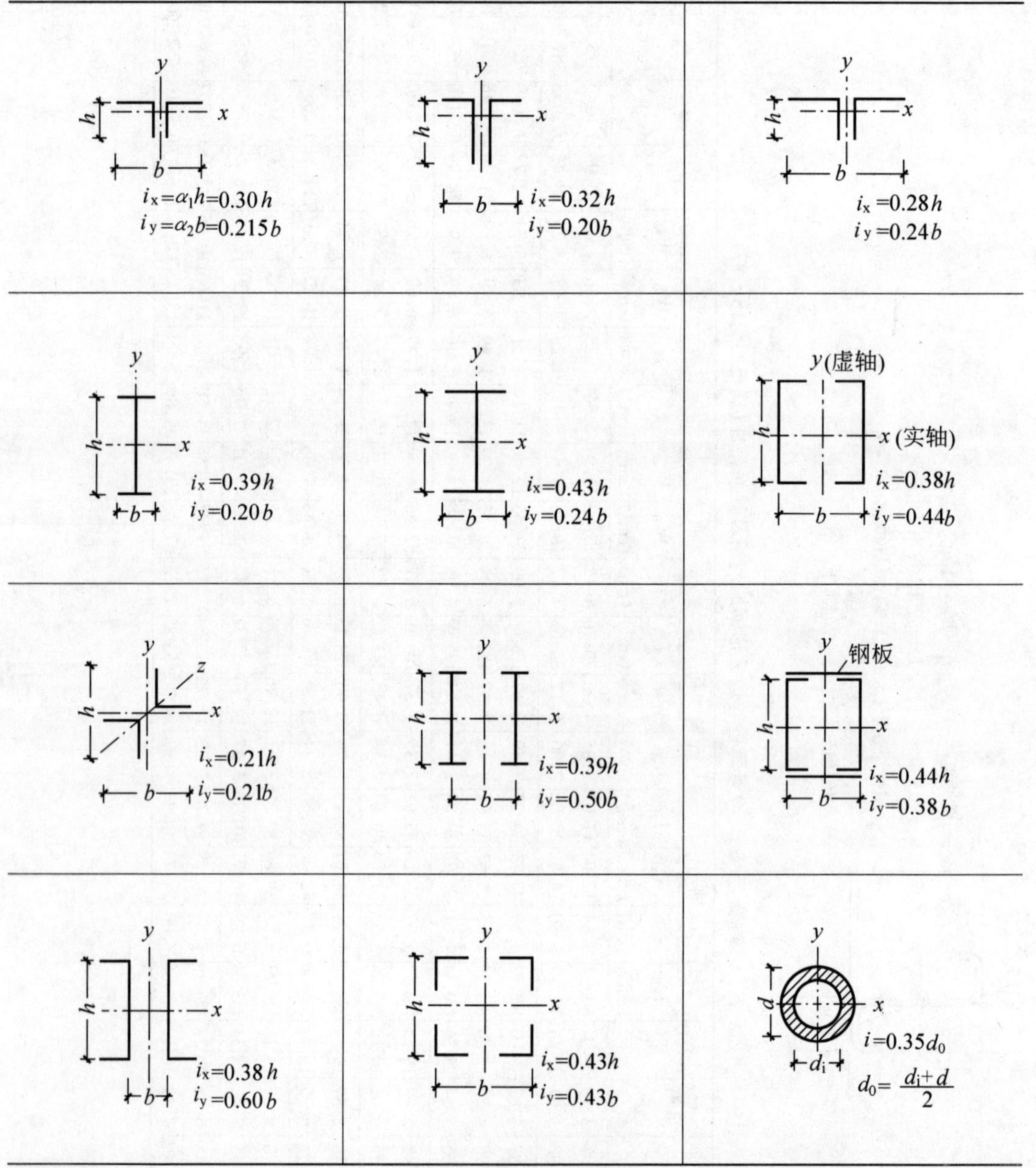

附录4　轴心受压构件的稳定系数 φ

附表 4－1a　a类截面的 φ 值

$\lambda\sqrt{\frac{f_y}{235}}$	0	1	2	3	4	5	6	7	8	9
0	1.000	1.000	1.000	1.000	0.999	0.999	0.998	0.998	0.997	0.996
10	0.995	0.994	0.993	0.992	0.991	0.989	0.988	0.986	0.985	0.983
20	0.981	0.979	0.977	0.976	0.974	0.972	0.970	0.968	0.966	0.964
30	0.963	0.961	0.959	0.957	0.955	0.952	0.950	0.948	0.946	0.944
40	0.941	0.939	0.937	0.934	0.932	0.929	0.927	0.924	0.921	0.919
50	0.916	0.913	0.910	0.907	0.904	0.900	0.897	0.894	0.890	0.886
60	0.883	0.879	0.875	0.871	0.867	0.863	0.858	0.854	0.849	0.844
70	0.839	0.834	0.829	0.824	0.818	0.813	0.807	0.801	0.795	0.789
80	0.783	0.776	0.770	0.763	0.757	0.750	0.743	0.736	0.728	0.721
90	0.714	0.706	0.699	0.691	0.684	0.676	0.668	0.661	0.653	0.645
100	0.638	0.630	0.622	0.615	0.607	0.600	0.592	0.585	0.577	0.570
110	0.563	0.555	0.548	0.541	0.534	0.527	0.520	0.514	0.507	0.500
120	0.494	0.488	0.481	0.475	0.469	0.463	0.457	0.451	0.445	0.440
130	0.434	0.429	0.423	0.418	0.412	0.407	0.402	0.397	0.392	0.387
140	0.383	0.378	0.373	0.369	0.364	0.360	0.356	0.351	0.347	0.343
150	0.339	0.335	0.331	0.327	0.323	0.320	0.316	0.312	0.309	0.305
160	0.302	0.298	0.295	0.292	0.289	0.285	0.282	0.279	0.276	0.273
170	0.270	0.267	0.264	0.262	0.259	0.256	0.253	0.251	0.248	0.246
180	0.243	0.241	0.238	0.236	0.233	0.231	0.229	0.226	0.224	0.222
190	0.220	0.218	0.215	0.213	0.211	0.209	0.207	0.205	0.203	0.201
200	0.199	0.198	0.196	0.194	0.192	0.190	0.189	0.187	0.185	0.183
210	0.182	0.180	0.179	0.177	0.175	0.174	0.172	0.171	0.169	0.168
220	0.166	0.165	0.164	0.162	0.161	0.159	0.158	0.157	0.155	0.154
230	0.153	0.152	0.150	0.149	0.148	0.147	0.146	0.144	0.143	0.142
240	0.141	0.140	0.139	0.138	0.136	0.135	0.134	0.133	0.132	0.131
250	0.130	—	—	—	—	—	—	—	—	—

注:见附表 4－1d 的注。

附表 4 - 1b　b类截面的 φ 值

$\lambda\sqrt{\frac{f_y}{235}}$	0	1	2	3	4	5	6	7	8	9
0	1.000	1.000	1.000	0.999	0.999	0.998	0.997	0.996	0.995	0.994
10	0.992	0.991	0.989	0.987	0.985	0.983	0.981	0.978	0.976	0.973
20	0.970	0.967	0.963	0.960	0.957	0.953	0.950	0.946	0.943	0.939
30	0.936	0.932	0.929	0.925	0.922	0.918	0.914	0.910	0.906	0.903
40	0.899	0.895	0.891	0.887	0.882	0.878	0.874	0.870	0.865	0.861
50	0.856	0.852	0.847	0.842	0.838	0.833	0.828	0.823	0.818	0.813
60	0.807	0.802	0.797	0.791	0.786	0.780	0.774	0.769	0.763	0.757
70	0.751	0.745	0.739	0.732	0.726	0.720	0.714	0.707	0.701	0.694
80	0.688	0.681	0.675	0.668	0.661	0.655	0.648	0.641	0.635	0.628
90	0.621	0.614	0.608	0.601	0.594	0.588	0.581	0.575	0.568	0.561
100	0.555	0.549	0.542	0.536	0.529	0.523	0.517	0.511	0.505	0.499
110	0.493	0.487	0.481	0.475	0.470	0.464	0.458	0.453	0.447	0.442
120	0.437	0.432	0.426	0.421	0.416	0.411	0.406	0.402	0.397	0.392
130	0.387	0.383	0.378	0.374	0.370	0.365	0.361	0.357	0.353	0.349
140	0.345	0.341	0.337	0.333	0.329	0.326	0.322	0.318	0.315	0.311
150	0.308	0.304	0.301	0.298	0.295	0.291	0.288	0.285	0.282	0.279
160	0.276	0.273	0.270	0.267	0.265	0.262	0.259	0.256	0.254	0.251
170	0.249	0.246	0.244	0.241	0.239	0.236	0.234	0.232	0.229	0.227
180	0.225	0.223	0.220	0.218	0.216	0.214	0.212	0.210	0.208	0.206
190	0.204	0.202	0.200	0.198	0.197	0.195	0.193	0.191	0.190	0.188
200	0.186	0.184	0.183	0.181	0.180	0.178	0.176	0.175	0.173	0.172
210	0.170	0.169	0.167	0.166	0.165	0.163	0.162	0.160	0.159	0.158
220	0.156	0.155	0.154	0.153	0.151	0.150	0.149	0.148	0.146	0.145
230	0.144	0.143	0.142	0.141	0.140	0.138	0.137	0.136	0.135	0.134
240	0.133	0.132	0.131	0.130	0.129	0.128	0.127	0.126	0.125	0.124
250	0.123	—	—	—	—	—	—	—	—	—

注:见附表 4 - 1d 的注。

附表 4-1c　c类截面的 φ 值

$\lambda\sqrt{\frac{f_y}{235}}$	0	1	2	3	4	5	6	7	8	9
0	1.000	1.000	1.000	0.999	0.999	0.998	0.997	0.996	0.995	0.993
10	0.992	0.990	0.988	0.986	0.983	0.981	0.978	0.976	0.973	0.970
20	0.966	0.959	0.953	0.947	0.940	0.934	0.928	0.921	0.915	0.909
30	0.902	0.896	0.890	0.884	0.877	0.871	0.865	0.858	0.852	0.846
40	0.839	0.833	0.826	0.820	0.814	0.807	0.801	0.794	0.788	0.781
50	0.775	0.768	0.762	0.755	0.748	0.742	0.735	0.729	0.722	0.715
60	0.709	0.702	0.695	0.689	0.682	0.676	0.669	0.662	0.656	0.649
70	0.643	0.636	0.629	0.623	0.616	0.610	0.604	0.597	0.591	0.584
80	0.578	0.572	0.566	0.559	0.553	0.547	0.541	0.535	0.529	0.523
90	0.517	0.511	0.505	0.500	0.494	0.488	0.483	0.477	0.472	0.467
100	0.463	0.458	0.454	0.449	0.445	0.441	0.436	0.432	0.428	0.423
110	0.419	0.415	0.411	0.407	0.403	0.399	0.395	0.391	0.387	0.383
120	0.379	0.375	0.371	0.367	0.364	0.360	0.356	0.353	0.349	0.346
130	0.342	0.339	0.335	0.332	0.328	0.325	0.322	0.319	0.315	0.312
140	0.309	0.306	0.303	0.300	0.297	0.294	0.291	0.288	0.285	0.282
150	0.280	0.277	0.274	0.271	0.269	0.266	0.264	0.261	0.258	0.256
160	0.254	0.251	0.249	0.246	0.244	0.242	0.239	0.237	0.235	0.233
170	0.230	0.228	0.226	0.224	0.222	0.220	0.218	0.216	0.214	0.212
180	0.210	0.208	0.206	0.205	0.203	0.201	0.199	0.197	0.196	0.194
190	0.192	0.190	0.189	0.187	0.186	0.184	0.182	0.181	0.179	0.178
200	0.176	0.175	0.173	0.172	0.170	0.169	0.168	0.166	0.165	0.163
210	0.162	0.161	0.159	0.158	0.157	0.156	0.154	0.153	0.152	0.151
220	0.150	0.148	0.147	0.146	0.145	0.144	0.143	0.142	0.140	0.139
230	0.138	0.137	0.136	0.135	0.134	0.133	0.132	0.131	0.130	0.129
240	0.128	0.127	0.126	0.125	0.124	0.124	0.123	0.122	0.121	0.120
250	0.119	—	—	—	—	—	—	—	—	—

注:见附表 4-1d 的注。

附表 4-1d　d类截面的 φ 值

$\lambda\sqrt{\frac{f_y}{235}}$	0	1	2	3	4	5	6	7	8	9
0	1.000	1.000	0.999	0.999	0.998	0.996	0.994	0.992	0.990	0.987
10	0.984	0.981	0.978	0.974	0.969	0.965	0.960	0.955	0.949	0.944
20	0.937	0.927	0.918	0.909	0.900	0.891	0.883	0.874	0.865	0.857
30	0.848	0.840	0.831	0.823	0.815	0.807	0.799	0.790	0.782	0.774
40	0.766	0.759	0.751	0.743	0.735	0.728	0.720	0.712	0.705	0.697
50	0.690	0.683	0.675	0.668	0.661	0.654	0.646	0.639	0.632	0.625
60	0.618	0.612	0.605	0.598	0.591	0.585	0.578	0.572	0.565	0.559
70	0.552	0.546	0.540	0.534	0.528	0.522	0.516	0.510	0.504	0.498
80	0.493	0.487	0.481	0.476	0.470	0.465	0.460	0.454	0.449	0.444
90	0.439	0.434	0.429	0.424	0.419	0.414	0.410	0.405	0.401	0.397
100	0.394	0.390	0.387	0.383	0.380	0.376	0.373	0.370	0.366	0.363
110	0.359	0.356	0.353	0.350	0.346	0.343	0.340	0.337	0.334	0.331
120	0.328	0.325	0.322	0.319	0.316	0.313	0.310	0.307	0.304	0.301
130	0.299	0.296	0.293	0.290	0.288	0.285	0.282	0.280	0.277	0.275
140	0.272	0.270	0.267	0.265	0.262	0.260	0.258	0.255	0.253	0.251
150	0.248	0.246	0.244	0.242	0.240	0.237	0.235	0.233	0.231	0.229
160	0.227	0.225	0.223	0.221	0.219	0.217	0.215	0.213	0.212	0.210
170	0.208	0.206	0.204	0.203	0.201	0.199	0.197	0.196	0.194	0.192
180	0.191	0.189	0.188	0.186	0.184	0.183	0.181	0.180	0.178	0.177
190	0.176	0.174	0.173	0.171	0.170	0.168	0.167	0.166	0.164	0.163
200	0.162	—	—	—	—	—	—	—	—	—

注:①附表 4-1a、b、c、d 中的 φ 值系按式(4-36)和式(4-37)算得;

②当构件的 $\lambda\sqrt{f_y/235}$值超出附表 4-1a、b、c、d 的范围时,则 φ 值按注①所列的公式计算。

附录5　受弯构件的容许挠度

附表5-1　受弯构件的容许挠度

项 次	构 件 类 别	挠度容许值	
		$[v_{pk}]$	$[v_{qk}]$
1	吊车梁和吊车桁架(按自重和起重量最大的一台吊车计算挠度) (1)手动吊车和单梁吊车(含悬挂吊车) (2)轻级工作制(A1～A3)桥式吊车 (3)中级工作制(A4,A5)桥式吊车 (4)重级工作制(A6,A7)桥式吊车	 $l/500$ $l/800$ $l/1000$ $l/1200$	
2	手动或电动葫芦的轨道梁	$l/400$	
3	有重轨(重量≥38kg/m)轨道的工作平台梁 有轻轨(重量≤24kg/m)轨道的工作平台梁	$l/600$ $l/400$	
4	楼(屋)盖梁或桁架、工作平台梁(第3项除外)和平台板 (1)主梁或桁架(包括设有悬挂起重设备的梁和桁架) (2)抹灰顶棚的次梁 (3)除(1)、(2)外的其他梁(包括楼梯架) (4)屋盖檩条 支承无积灰的瓦楞铁和石棉瓦屋面者 支承压型金属板、有积灰的瓦楞铁和石棉瓦等屋面者 支承其他屋面材料者 (5)平台板	 $l/400$ $l/250$ $l/250$ $l/150$ $l/200$ $l/200$ $l/150$	 $l/500$ $l/350$ $l/300$
5	墙梁构件(不考虑阵风系数) (1)支柱 (2)抗风桁架(作为连续支柱的支承时) (3)砌体墙的横梁(水平方向) (4)支承压型金属板、瓦楞铁和石棉瓦墙面的横梁(水平方向) (5)带有玻璃窗的横梁(竖直和水平方向)	 — — — — $l/200$	 $l/400$ $l/1000$ $l/300$ $l/200$ $l/200$

注:①l 为受弯构件的跨度(对悬臂梁和伸臂梁为悬伸长度的2倍)。

②$[v_{pk}]$为永久荷载和可变荷载标准值($p_k=g_k+q_k$)产生的挠度(如有起拱应减去拱度)的容许值。

③$[v_{qk}]$为可变荷载标准值产生的挠度的容许值。

附录6　实腹式梁的整体稳定系数 φ_b

附6-1　等截面焊接工字形和轧制H型钢简支梁

等截面焊接工字形和轧制H型钢（附图6-1）简支梁的整体稳定系数 φ_b 应按下式计算：

$$\varphi_b = \beta_b \frac{4320}{\lambda_y^2} \cdot \frac{Ah}{W_x}\left[\sqrt{1+\left(\frac{\lambda_y t_1}{4.4h}\right)^2}+\eta_b\right]\frac{235}{f_y} \qquad (附6-1)$$

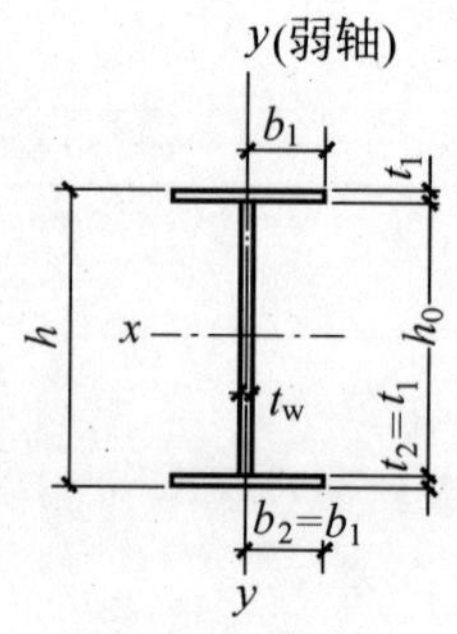

(a) 双轴对称焊接工字形截面

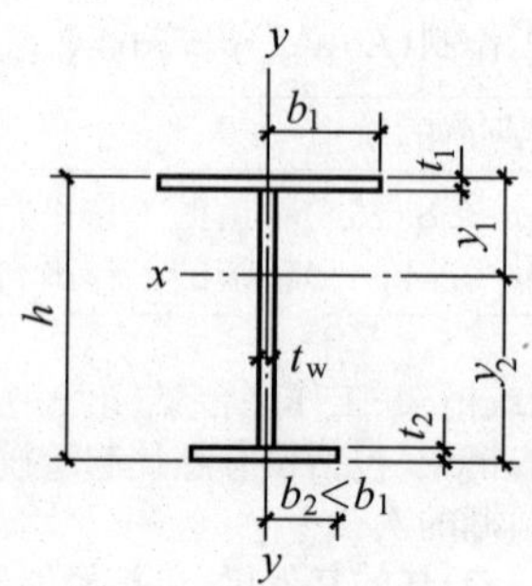

(b) 加强受压翼缘的单轴对称焊接工字形截面

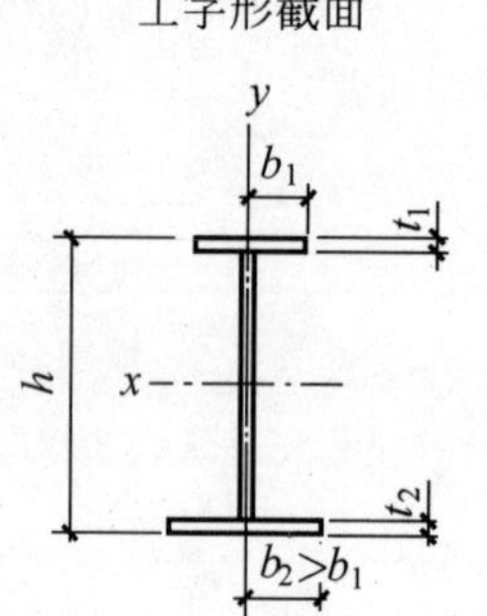

(c) 加强受拉翼缘的单轴对称焊接工字形截面

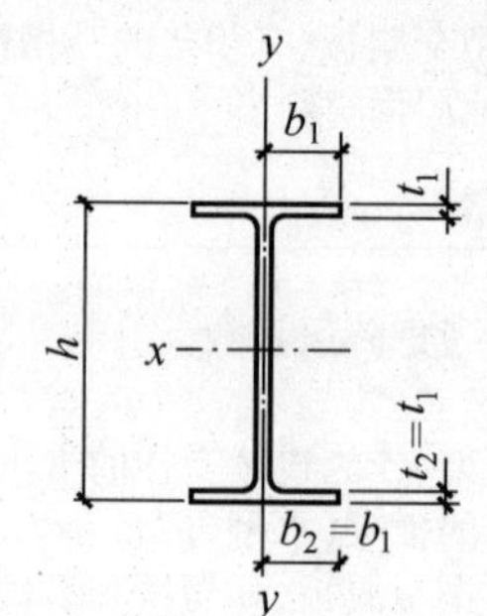

(d) 轧制H型钢截面

附图6-1　焊接工字形和轧制H型钢截面

式中　β_b——梁整体稳定的等效临界弯矩系数，按附表6-1采用；

η_b——截面不对称影响系数；对双轴对称截面（附图6-1a、d），$\eta_b=0$；对单轴对称工字形截面（附图6-1b、c）：加强受压翼缘，$\eta_b=0.8(2\alpha_b-1)$；加强受拉翼缘，$\eta_b=2\alpha_b-1$，$\alpha_b=\frac{I_1}{I_1+I_2}$，其中 I_1 和 I_2 分别为受压翼缘和受拉翼缘对 y 轴的惯性矩；

λ_y——梁侧向支承点间对截面弱轴 $y-y$ 的长细比，$\lambda_y=l_1/i_y$，l_1 见规范[1]第4.2.1条，i_y 为梁的毛截面对 y 轴的截面回转半径；

A——梁的毛截面面积；

h、t_1——梁截面的全高和受压翼缘厚度。

当式(附6-1)算得的 $\varphi_b>0.6$ 时,应用下式计算的 φ_b' 代替 φ_b 值:

$$\varphi_b' = 1.07 - \frac{0.282}{\varphi_b} \leqslant 1.0 \qquad (附6-2)$$

注:式(附6-1)也适用于等截面铆接(或高强度螺栓连接)简支梁,其受压翼缘厚度 t_1 应包括翼缘角钢厚度在内。

附表6-1　H型钢和等截面工字形简支梁的系数 β_b

项次	侧向支承	荷载		$\xi\leqslant2.0$	$\xi>2.0$	适用范围
1	跨中无侧向支承点	均布荷载作用在	上翼缘	$0.69+0.13\xi$	0.95	附图6-1a、b和d的截面
2			下翼缘	$1.73-0.20\xi$	1.33	
3		集中荷载作用在	上翼缘	$0.73+0.18\xi$	1.09	
4			下翼缘	$2.23-0.28\xi$	1.67	
5	跨度中点有一个侧向支承点	均布荷载作用在	上翼缘	1.15		附图6-1中的所有截面
6			下翼缘	1.40		
7		集中荷载作用在截面高度上任意位置		1.75		
8	跨中有不少于两个等距离侧向支承点	任意荷载作用在	上翼缘	1.20		
9			下翼缘	1.40		
10	梁端有弯矩,但跨中无荷载作用			$1.75-1.05\left(\frac{M_{min}}{M}\right)+0.3\left(\frac{M_{min}}{M}\right)^2$,但$\leqslant2.3$		

注:①ξ 为参数,$\xi=\frac{l_1t_1}{2b_1h}$;

②$|M|\geqslant|M_{min}|$,M、M_{min}为梁的端弯矩,使梁产生同向曲率时 M 和 M_{min} 取同号,产生反向曲率时取异号;

③表中项次3、4和7的集中荷载是指一个或少数几个集中荷载位于跨中央附近的情况,对其他情况的集中荷载,应按表中项次1、2、5、6内的数值采用;

④表中项次8、9的 β_b,当集中荷载作用在侧向支承点处时,取 $\beta_b=1.20$;

⑤荷载作用在上翼缘系指荷载作用点在翼缘表面,方向指向截面形心;荷载作用在下翼缘系指荷载作用点在翼缘表面,方向背向截面形心;

⑥对 $\alpha_b>0.8$ 的加强受压翼缘工字形截面(附图6-1b),下列情况的 β_b 值应乘以相应的系数:

项次1:当 $\xi\leqslant1.0$ 时,乘以0.95;

项次3:当 $\xi\leqslant0.5$ 时,乘以0.90;当 $0.5<\xi\leqslant1.0$ 时,乘以0.95。

附6-2　轧制普通工字钢简支梁

轧制普通工字钢简支梁的整体稳定系统 φ_b 应按附表6-2采用,当所得的 φ_b 值大于0.6时,应按式(附6-2)算得相应的 φ_b' 代替 φ_b 值。

附表 6-2 轧制普通工字钢简支梁的 φ_b

项 次	荷载情况			工字钢型号	自由长度 l_1(m)								
					2	3	4	5	6	7	8	9	10
1	跨中无侧向支承点的梁	集中荷载作用于	上翼缘	10～20	2.00	1.30	0.99	0.80	0.68	0.58	0.53	0.48	0.43
				22～32	2.40	1.48	1.09	0.86	0.72	0.62	0.54	0.49	0.45
				36～63	2.80	1.60	1.07	0.83	0.68	0.56	0.50	0.45	0.40
2			下翼缘	10～20	3.10	1.95	1.34	1.01	0.82	0.69	0.63	0.57	0.52
				22～40	5.50	2.80	1.84	1.37	1.07	0.86	0.73	0.64	0.56
				45～63	7.30	3.60	2.30	1.62	1.20	0.96	0.80	0.69	0.60
3		均布荷载作用于	上翼缘	10～20	1.70	1.12	0.84	0.68	0.57	0.50	0.45	0.41	0.37
				22～40	2.10	1.30	0.93	0.73	0.60	0.51	0.45	0.40	0.36
				45～63	2.60	1.45	0.97	0.73	0.59	0.50	0.44	0.38	0.35
4			下翼缘	10～20	2.50	1.55	1.08	0.83	0.68	0.56	0.52	0.47	0.42
				22～40	4.00	2.20	1.45	1.10	0.85	0.70	0.60	0.52	0.46
				45～63	5.60	2.80	1.80	1.25	0.95	0.78	0.65	0.55	0.49
5	跨中有侧向支承点的梁(不论荷载作用点在截面高度上的任一位置)			10～20	2.20	1.39	1.01	0.79	0.66	0.57	0.52	0.47	0.42
				22～40	3.00	1.80	1.24	0.96	0.76	0.65	0.56	0.49	0.43
				45～63	4.00	2.20	1.38	1.01	0.80	0.66	0.56	0.49	0.43

注:①同附表 6-1 的注③、⑤。

②表中的 φ_b 适用于 Q235 钢。对其他钢号,表中数值应乘以 $235/f_y$。

附 6-3 轧制槽钢简支梁

轧制槽钢简支梁的整体稳定系数,不论荷载的形式和荷载作用点在截面高度上的任一位置,均可按下式计算:

$$\varphi_b = \frac{570bt}{l_1 h} \cdot \frac{235}{f_y} \qquad (附 6-3)$$

式中 h、b、t——分别为槽钢截面的高度、翼缘宽度和翼缘的平均厚度。

按式(附 6-3)算得的 φ_b 大于 0.6 时,应按式(附 6-2)算得相应的 φ_b' 代替 φ_b 值。

附 6-4 双轴对称工字形等截面(含 H 型钢)悬臂梁

双轴对称工字形等截面(含 H 型钢)悬臂梁的整体稳定系数,可按式(附 6-1)计算,但式中系数 β_b 应按附表 6-3 查得,$\lambda_y = l_1/i_y$(l_1 为悬臂梁的悬伸长度)。当求得的 φ_b 大于 0.6 时,应按式(附 6-2)算得相应的 φ_b' 值代替 φ_b 值。

附表6-3　双轴对称工字形等截面(含H型钢)悬臂梁的系数 β_b

项次	荷载形式		$0.60 \leqslant \xi \leqslant 1.24$	$1.24 < \xi \leqslant 1.96$	$1.96 < \xi \leqslant 3.10$
1	自由端一个集中荷载作用在	上翼缘	$0.21+0.67\xi$	$0.72+0.26\xi$	$1.17+0.03\xi$
2		下翼缘	$2.94-0.65\xi$	$2.64-0.40\xi$	$2.15-0.15\xi$
3	均布荷载作用在上翼缘		$0.62+0.82\xi$	$1.25+0.31\xi$	$1.66+0.10\xi$

注:①表中 $\xi=\frac{l_1 t_1}{2b_1 h}$;

②附表6-3按支承端为固定的情况确定的,当用于邻跨延伸出来的伸臂梁时,应在构造上采取措施加强支承处的抗扭能力。

附6-5　受弯构件整体稳定系数的近似计算

均匀弯曲的受弯构件,当 $\lambda_y \leqslant 120\sqrt{235/f_y}$ 时,其整体稳定系数 φ_b 可按下列近似公式计算:

1.工字形截面(含H型钢):

双轴对称时:

$$\varphi_b = 1.07 - \frac{\lambda_y^2}{44000} \cdot \frac{f_y}{235} \tag{附6-4}$$

单轴对称时:

$$\varphi_b = 1.07 - \frac{W_x}{(2\alpha_b + 0.1)Ah} \cdot \frac{\lambda_y^2}{14000} \cdot \frac{f_y}{235} \tag{附6-5}$$

2.T形截面(弯矩作用在对称轴平面,绕 x 轴):

(1)弯矩使翼缘受压时:

双角钢T形截面:

$$\varphi_b = 1 - 0.0017\lambda_y \sqrt{f_y/235} \tag{附6-6}$$

部分T型钢和两板组合T形截面:

$$\varphi_b = 1 - 0.0022\lambda_y \sqrt{f_y/235} \tag{附6-7}$$

(2)弯矩使翼缘受拉且腹板宽厚比 $\leqslant 18\sqrt{235/f_y}$ 时:

$$\varphi_b = 1 - 0.0005\lambda_y \sqrt{f_y/235} \tag{附6-8}$$

按公式(附6-4)至公式(附6-8)算得的 φ_b 值大于0.6时,不需按公式(附6-2)换算成 φ_b' 值;当按公式(附6-4)和公式(附6-5)算得的 φ_b 值大于1.0时,取 $\varphi_b=1.0$。

附录7　柱的计算长度系数 μ

附表 7-1　无侧移框架柱的计算长度系数 μ

K_2 \ K_1	0	0.05	0.1	0.2	0.3	0.4	0.5	1	2	3	4	5	≥10
0	1.000	0.990	0.981	0.964	0.949	0.935	0.922	0.875	0.820	0.791	0.773	0.760	0.732
0.05	0.990	0.981	0.971	0.955	0.940	0.926	0.914	0.867	0.814	0.784	0.766	0.754	0.726
0.1	0.981	0.971	0.962	0.946	0.931	0.918	0.906	0.860	0.807	0.778	0.760	0.748	0.721
0.2	0.964	0.955	0.946	0.930	0.916	0.903	0.891	0.846	0.795	0.767	0.749	0.737	0.711
0.3	0.949	0.940	0.931	0.916	0.902	0.889	0.878	0.834	0.784	0.756	0.739	0.728	0.701
0.4	0.935	0.926	0.918	0.903	0.889	0.877	0.866	0.823	0.774	0.747	0.730	0.719	0.693
0.5	0.922	0.914	0.906	0.891	0.878	0.866	0.855	0.813	0.765	0.738	0.721	0.710	0.685
1	0.875	0.867	0.860	0.846	0.834	0.823	0.813	0.774	0.729	0.704	0.688	0.677	0.654
2	0.820	0.814	0.807	0.795	0.784	0.774	0.765	0.729	0.686	0.663	0.648	0.638	0.615
3	0.791	0.784	0.778	0.767	0.756	0.747	0.738	0.704	0.663	0.640	0.625	0.616	0.593
4	0.773	0.766	0.760	0.749	0.739	0.730	0.721	0.688	0.648	0.625	0.611	0.601	0.580
5	0.760	0.754	0.748	0.737	0.728	0.719	0.710	0.677	0.638	0.616	0.601	0.592	0.570
≥10	0.732	0.726	0.721	0.711	0.701	0.693	0.685	0.654	0.615	0.593	0.580	0.570	0.549

注:①表中的计算长度系数 μ 值系按下式算得:

$$\left[\left(\frac{\pi}{\mu}\right)^2+2(K_1+K_2)-4K_1K_2\right]\frac{\pi}{\mu}\cdot\sin\frac{\pi}{\mu}-2\left[(K_1+K_2)\left(\frac{\pi}{\mu}\right)^2+4K_1K_2\right]\cos\frac{\pi}{\mu}+8K_1K_2=0$$

式中,K_1、K_2 分别为相交于柱上端、柱下端的横梁线刚度之和与柱线刚度之和的比值。当横梁远端为铰接时,应将横梁线刚度乘以 1.5;当横梁远端为嵌固时,则将横梁线刚度乘以 2。

②当横梁与柱铰接时,取横梁线刚度为零。

③对底层框架柱:当柱与基础铰接时,取 $K_2=0$(对平板支座可取 $K_2=0.1$);当柱与基础刚接时,取 $K_2=10$。

④当与柱刚性连接的横梁所受轴心压力 N_b 较大时,横梁线刚度应乘以折减系数 α_N;

横梁远端与柱刚接和横梁远端铰支时:$\alpha_N=1-N_b/N_{Eb}$

横梁远端嵌固时:$\alpha_N=1-N_b/(2N_{Eb})$

式中,$N_{Eb}=\pi^2EI_b/l^2$,I_b 为横梁截面惯性矩,l 为横梁长度。

附表 7-2　有侧移框架柱的计算长度系数 μ

K_2 \ K_1	0	0.05	0.1	0.2	0.3	0.4	0.5	1	2	3	4	5	≥10
0	∞	6.02	4.46	3.42	3.01	2.78	2.64	2.33	2.17	2.11	2.08	2.07	2.03
0.05	6.02	4.16	3.47	2.86	2.58	2.42	2.31	2.07	1.94	1.90	1.87	1.86	1.83
0.1	4.46	3.47	3.01	2.56	2.33	2.20	2.11	1.90	1.79	1.75	1.73	1.72	1.70
0.2	3.42	2.86	2.56	2.23	2.05	1.94	1.87	1.70	1.60	1.57	1.55	1.54	1.52
0.3	3.01	2.58	2.33	2.05	1.90	1.80	1.74	1.58	1.49	1.46	1.45	1.44	1.42
0.4	2.78	2.42	2.20	1.94	1.80	1.71	1.65	1.50	1.42	1.39	1.37	1.37	1.35

续表

K_2 \ K_1	0	0.05	0.1	0.2	0.3	0.4	0.5	1	2	3	4	5	≥10
0.5	2.64	2.31	2.11	1.87	1.74	1.65	1.59	1.45	1.37	1.34	1.32	1.32	1.30
1	2.33	2.07	1.90	1.70	1.58	1.50	1.45	1.32	1.24	1.21	1.20	1.19	1.17
2	2.17	1.94	1.79	1.60	1.49	1.42	1.37	1.24	1.16	1.14	1.12	1.12	1.10
3	2.11	1.90	1.75	1.57	1.46	1.39	1.34	1.21	1.14	1.11	1.10	1.09	1.07
4	2.08	1.87	1.73	1.55	1.45	1.37	1.32	1.20	1.12	1.10	1.08	1.08	1.06
5	2.07	1.86	1.72	1.54	1.44	1.37	1.32	1.19	1.12	1.09	1.08	1.07	1.05
≥10	2.03	1.83	1.70	1.52	1.42	1.35	1.30	1.17	1.10	1.07	1.06	1.05	1.03

注：1. 表中的计算长度系数 μ 值系按下式算得：

$$\left[36K_1K_2-\left(\frac{\pi}{\mu}\right)^2\right]\sin\frac{\pi}{\mu}+6(K_1+K_2)\frac{\pi}{\mu}\cdot\cos\frac{\pi}{\mu}=0$$

式中，K_1、K_2 分别为相交于柱上端、柱下端的横梁线刚度之和与柱线刚度之和的比值。当横梁远端为铰接时，应将横梁线刚度乘以 0.5；当横梁远端为嵌固时，则应乘以 2/3。

2. 当横梁与柱铰接时，取横梁线刚度为零。
3. 对底层框架柱：当柱与基础铰接时，取 $K_2=0$（对平板支座可取 $K_2=0.1$）；当柱与基础刚接时，取 $K_2=10$。
4. 当与柱刚性连接的横梁所受轴心压力 N_b 较大时，横梁线刚度应乘以折减系数 α_N。

横梁远端与柱刚接时：　　$\alpha_N=1-N_b/(4N_{Eb})$

横梁远端铰支时：　　$\alpha_N=1-N_b/N_{Eb}$

横梁远端嵌固时：　　$\alpha_N=1-N_b/(2N_{Eb})$

N_{Eb}的计算式见附表 7-1 注④。

附表 7-3 柱上端为自由的单阶柱下段的计算长度系数 μ_2

简图	K_1 / η_1	0.06	0.08	0.10	0.12	0.14	0.16	0.18	0.20	0.22	0.24	0.26	0.28	0.3	0.4	0.5	0.6	0.7	0.8
	0.2	2.00	2.01	2.01	2.01	2.01	2.01	2.01	2.02	2.02	2.02	2.02	2.02	2.02	2.03	2.04	2.05	2.06	2.07
	0.3	2.01	2.02	2.02	2.02	2.03	2.03	2.03	2.04	2.04	2.05	2.05	2.05	2.06	2.08	2.10	2.12	2.13	2.15
	0.4	2.02	2.03	2.04	2.04	2.05	2.06	2.07	2.07	2.08	2.09	2.09	2.10	2.11	2.14	2.18	2.21	2.25	2.28
	0.5	2.04	2.05	2.06	2.07	2.09	2.10	2.11	2.12	2.13	2.15	2.16	2.17	2.18	2.24	2.29	2.35	2.40	2.45
上端自由	0.6	2.06	2.08	2.10	2.12	2.14	2.16	2.18	2.19	2.21	2.23	2.25	2.26	2.28	2.36	2.44	2.52	2.59	2.66
I_1 H_1	0.7	2.10	2.13	2.16	2.18	2.21	2.24	2.26	2.29	2.31	2.34	2.36	2.38	2.41	2.52	2.62	2.72	2.81	2.90
	0.8	2.15	2.20	2.24	2.27	2.31	2.34	2.38	2.41	2.44	2.47	2.50	2.53	2.56	2.70	2.82	2.94	3.06	3.16
I_2 H_2	0.9	2.24	2.29	2.35	2.39	2.44	2.48	2.52	2.56	2.60	2.63	2.67	2.71	2.74	2.90	3.05	3.19	3.32	3.44
	1.0	2.36	2.43	2.48	2.54	2.59	2.64	2.69	2.73	2.77	2.82	2.86	2.90	2.94	3.12	3.29	3.45	3.59	3.74
$K_1=\frac{I_1}{I_2}\cdot\frac{H_2}{H_1}$	1.2	2.69	2.76	2.83	2.89	2.95	3.01	3.07	3.12	3.17	3.22	3.27	3.32	3.37	3.59	3.80	3.99	4.17	4.34
	1.4	3.07	3.14	3.22	3.29	3.36	3.42	3.48	3.55	3.61	3.66	3.72	3.78	3.83	4.09	4.33	4.56	4.77	4.97
$\eta_1=\frac{H_1}{H_2}\sqrt{\frac{N_1}{N_2}\cdot\frac{I_2}{I_1}}$	1.6	3.47	3.55	3.63	3.71	3.78	3.85	3.92	3.99	4.07	4.12	4.18	4.25	4.31	4.61	4.88	5.14	5.38	5.62
N_1——上段柱的	1.8	3.88	3.97	4.05	4.13	4.21	4.29	4.37	4.44	4.52	4.59	4.66	4.73	4.80	5.13	5.44	5.73	6.00	6.26
轴心力；	2.0	4.29	4.39	4.48	4.57	4.65	4.74	4.82	4.90	4.99	5.07	5.14	5.22	5.30	5.66	6.00	6.32	6.63	6.92
N_2——下段柱的	2.2	4.71	4.81	4.91	5.00	5.10	5.19	5.28	5.37	5.46	5.54	5.63	5.71	5.80	6.19	6.57	6.92	7.26	7.58
轴心力。	2.4	5.13	5.24	5.34	5.44	5.54	5.64	5.74	5.84	5.93	6.03	6.12	6.21	6.30	6.73	7.14	7.52	7.89	8.24
	2.6	5.55	5.66	5.77	5.88	5.99	6.10	6.20	6.31	6.41	6.51	6.61	6.71	6.80	7.27	7.71	8.13	8.52	8.90
	2.8	5.97	6.09	6.21	6.33	6.44	6.55	6.67	6.78	6.89	6.99	7.10	7.21	7.31	7.81	8.28	8.73	9.16	9.57
	3.0	6.39	6.52	6.64	6.77	6.89	7.01	7.13	7.25	7.37	7.48	7.59	7.71	7.82	8.35	8.86	9.34	9.80	10.24

注：表中的计算长度系数 μ_2 值系按下式计算得出：$\eta_1 K_1\cdot \mathrm{tg}\frac{\pi}{\mu_2}\cdot \mathrm{tg}\frac{\pi\eta_1}{\mu_2}-1=0$

附表 7-4　柱上端可移动但不转动的单阶柱下段的计算长度系数 μ_2

简图	K_1 / η_1	0.06	0.08	0.10	0.12	0.14	0.16	0.18	0.20	0.22	0.24	0.26	0.28	0.3	0.4	0.5	0.6	0.7	0.8
	0.2	1.96	1.94	1.93	1.91	1.90	1.89	1.88	1.86	1.85	1.84	1.83	1.82	1.81	1.76	1.72	1.68	1.65	1.62
	0.3	1.96	1.94	1.93	1.92	1.91	1.89	1.88	1.87	1.86	1.85	1.84	1.83	1.82	1.77	1.73	1.70	1.66	1.63
	0.4	1.96	1.95	1.94	1.92	1.91	1.90	1.89	1.88	1.87	1.86	1.85	1.84	1.83	1.79	1.75	1.72	1.68	1.66
	0.5	1.96	1.95	1.94	1.93	1.92	1.91	1.90	1.89	1.88	1.87	1.86	1.85	1.85	1.81	1.77	1.74	1.71	1.69
上端可移动	0.6	1.97	1.96	1.95	1.94	1.93	1.92	1.91	1.90	1.90	1.89	1.88	1.87	1.87	1.83	1.80	1.78	1.75	1.73
	0.7	1.97	1.97	1.96	1.95	1.94	1.94	1.93	1.92	1.92	1.91	1.90	1.90	1.89	1.86	1.84	1.82	1.80	1.78
I_1 H_1	0.8	1.98	1.98	1.97	1.96	1.96	1.95	1.95	1.94	1.94	1.93	1.93	1.93	1.92	1.90	1.88	1.87	1.86	1.84
	0.9	1.99	1.99	1.98	1.98	1.98	1.97	1.97	1.97	1.97	1.96	1.96	1.96	1.96	1.95	1.94	1.93	1.92	1.92
I_2 H_2	1.0	2.00	2.00	2.00	2.00	2.00	2.00	2.00	2.00	2.00	2.00	2.00	2.00	2.00	2.00	2.00	2.00	2.00	2.00
	1.2	2.03	2.04	2.04	2.05	2.06	2.07	2.07	2.08	2.08	2.09	2.10	2.10	2.11	2.13	2.15	2.17	2.18	2.20
$K_1=\frac{I_1}{I_2}\cdot\frac{H_2}{H_1}$	1.4	2.07	2.09	2.11	2.12	2.14	2.16	2.17	2.18	2.20	2.21	2.22	2.23	2.24	2.29	2.33	2.37	2.40	2.42
$\eta_1=\frac{H_1}{H_2}\sqrt{\frac{N_1}{N_2}\cdot\frac{I_2}{I_1}}$	1.6	2.13	2.16	2.19	2.22	2.25	2.27	2.30	2.32	2.34	2.36	2.37	2.39	2.41	2.48	2.54	2.59	2.63	2.67
	1.8	2.22	2.27	2.31	2.35	2.39	2.42	2.45	2.48	2.50	2.53	2.55	2.57	2.59	2.69	2.76	2.83	2.88	2.93
N_1——上段柱的轴心力；	2.0	2.35	2.41	2.46	2.50	2.55	2.59	2.62	2.66	2.69	2.72	2.75	2.77	2.80	2.91	3.00	3.08	3.14	3.20
N_2——下段柱的轴心力。	2.2	2.51	2.57	2.63	2.68	2.73	2.77	2.81	2.85	2.89	2.92	2.95	2.98	3.01	3.14	3.25	3.33	3.41	3.47
	2.4	2.68	2.75	2.81	2.87	2.92	2.97	3.01	3.05	3.09	3.13	3.17	3.20	3.24	3.38	3.50	3.59	3.68	3.75
	2.6	2.87	2.94	3.00	3.06	3.12	3.17	3.22	3.27	3.31	3.35	3.39	3.43	3.46	3.62	3.75	3.86	3.95	4.03
	2.8	3.06	3.14	3.20	3.27	3.33	3.38	3.43	3.48	3.53	3.58	3.62	3.66	3.70	3.87	4.01	4.13	4.23	4.32
	3.0	3.26	3.34	3.41	3.47	3.54	3.60	3.65	3.70	3.75	3.80	3.85	3.89	3.93	4.12	4.27	4.40	4.51	4.61

注：表中的计算长度系数 μ_2 值系按下式计算得出：$\tan\frac{\pi\eta_1}{\mu_2}+\eta_1 K_1\cdot\tan\frac{\pi}{\mu_2}=0$

附表 7－5　柱上端为自由的双阶柱下段的计算长度系数 μ_3

简图	η_1	K_1 / K_2 / η_2	0.05											0.10										
			0.2	0.3	0.4	0.5	0.6	0.7	0.8	0.9	1.0	1.1	1.2	0.2	0.3	0.4	0.5	0.6	0.7	0.8	0.9	1.0	1.1	1.2
上端自由	0.2	0.2	2.02	2.03	2.04	2.05	2.05	2.06	2.07	2.08	2.09	2.10	2.10	2.03	2.03	2.04	2.05	2.06	2.07	2.08	2.08	2.09	2.10	2.11
I_1, I_2, I_3; H_1, H_2, H_3		0.4	2.08	2.11	2.15	2.19	2.22	2.25	2.29	2.32	2.35	2.39	2.42	2.09	2.12	2.16	2.19	2.23	2.26	2.29	2.33	2.36	2.39	2.42
		0.6	2.20	2.29	2.37	2.45	2.52	2.60	2.67	2.73	2.80	2.87	2.93	2.21	2.30	2.38	2.46	2.53	2.60	2.67	2.74	2.81	2.87	2.93
		0.8	2.42	2.57	2.71	2.83	2.95	3.06	3.17	3.27	3.37	3.47	3.56	2.44	2.58	2.71	2.84	2.96	3.07	3.17	3.28	3.37	3.47	3.56
		1.0	2.75	2.95	3.13	3.30	3.45	3.60	3.74	3.87	4.00	4.13	4.25	2.76	2.96	3.14	3.30	3.46	3.60	3.74	3.88	4.01	4.13	4.25
		1.2	3.13	3.38	3.60	3.80	4.00	4.18	4.35	4.51	4.67	4.82	4.97	3.15	3.39	3.61	3.81	4.00	4.18	4.35	4.52	4.68	4.83	4.98
	0.4	0.2	2.04	2.05	2.05	2.06	2.07	2.08	2.09	2.09	2.10	2.11	2.12	2.07	2.07	2.08	2.08	2.09	2.10	2.11	2.12	2.12	2.13	2.14
		0.4	2.10	2.14	2.17	2.20	2.24	2.27	2.31	2.34	2.37	2.40	2.43	2.14	2.17	2.20	2.23	2.26	2.30	2.33	2.36	2.39	2.42	2.46
		0.6	2.24	2.32	2.40	2.47	2.54	2.62	2.68	2.75	2.82	2.88	2.94	2.28	2.36	2.43	2.50	2.57	2.64	2.71	2.77	2.84	2.90	2.96
$K_1=\frac{I_1}{I_3}\cdot\frac{H_3}{H_1}$		0.8	2.47	2.60	2.73	2.85	2.97	3.08	3.19	3.29	3.38	3.48	3.57	2.53	2.65	2.77	2.88	3.00	3.10	3.21	3.31	3.40	3.50	3.59
		1.0	2.79	2.98	3.15	3.32	3.47	3.62	3.75	3.89	4.02	4.14	4.26	2.85	3.02	3.19	3.34	3.49	3.64	3.77	3.91	4.03	4.16	4.28
$K_2=\frac{I_2}{I_3}\cdot\frac{H_3}{H_2}$		1.2	3.18	3.41	3.62	3.82	4.01	4.19	4.36	4.52	4.68	4.83	4.98	3.24	3.45	3.65	3.85	4.03	4.21	4.38	4.54	4.70	4.85	4.99
$\eta_1=\frac{H_1}{H_3}\sqrt{\frac{N_1}{N_3}\cdot\frac{I_3}{I_1}}$	0.6	0.2	2.09	2.09	2.10	2.10	2.11	2.12	2.12	2.13	2.14	2.15	2.15	2.22	2.19	2.18	2.17	2.18	2.18	2.19	2.19	2.20	2.20	2.21
		0.4	2.17	2.19	2.22	2.25	2.28	2.31	2.34	2.38	2.41	2.44	2.47	2.31	2.30	2.31	2.33	2.35	2.38	2.41	2.44	2.47	2.49	2.52
$\eta_2=\frac{H_2}{H_3}\sqrt{\frac{N_2}{N_3}\cdot\frac{I_3}{I_2}}$		0.6	2.32	2.38	2.45	2.52	2.59	2.66	2.72	2.79	2.85	2.91	2.97	2.48	2.49	2.54	2.60	2.66	2.72	2.78	2.84	2.90	2.96	3.02
N_1——上段柱的轴心力；		0.8	2.56	2.67	2.79	2.90	3.01	3.11	3.22	3.32	3.41	3.50	3.60	2.72	2.78	2.87	2.97	3.07	3.17	3.27	3.36	3.46	3.55	3.64
N_2——中段柱的轴心力；		1.0	2.88	3.04	3.20	3.36	3.50	3.65	3.78	3.91	4.04	4.16	4.26	3.04	3.15	3.28	3.42	3.56	3.70	3.83	3.95	4.08	4.20	4.31
N_3——下段柱的轴心力。		1.2	3.26	3.46	3.66	3.86	4.04	4.22	4.38	4.55	4.70	4.85	5.00	3.40	3.56	3.74	3.91	4.09	4.26	4.42	4.58	4.73	4.88	5.03
	0.8	0.2	2.29	2.24	2.22	2.21	2.21	2.22	2.22	2.22	2.23	2.23	2.24	2.63	2.49	2.43	2.40	2.38	2.37	2.37	2.36	2.36	2.37	2.37
		0.4	2.37	2.34	2.34	2.36	2.38	2.40	2.43	2.45	2.48	2.51	2.54	2.71	2.59	2.55	2.54	2.54	2.55	2.57	2.59	2.61	2.63	2.65
		0.6	2.52	2.52	2.56	2.61	2.67	2.73	2.79	2.85	2.91	2.96	3.02	2.86	2.76	2.76	2.78	2.82	2.86	2.91	2.96	3.01	3.07	3.12
		0.8	2.74	2.79	2.88	2.98	3.08	3.17	3.27	3.36	3.46	3.55	3.63	3.06	3.02	3.06	3.13	3.20	3.29	3.37	3.46	3.54	3.63	3.71
		1.0	3.04	3.15	3.28	3.42	3.56	3.69	3.82	3.95	4.07	4.19	4.31	3.33	3.35	3.44	3.55	3.67	3.79	3.90	4.03	4.15	4.26	4.37
		1.2	3.39	3.55	3.73	3.91	4.08	4.25	4.42	4.58	4.73	4.88	5.02	3.65	3.73	3.86	4.02	4.18	4.34	4.49	4.64	4.79	4.94	5.08

续表

简图	η_1	K_1 / K_2 / η_2	0.05											0.10										
			0.2	0.3	0.4	0.5	0.6	0.7	0.8	0.9	1.0	1.1	1.2	0.2	0.3	0.4	0.5	0.6	0.7	0.8	0.9	1.0	1.1	1.2
	1.0	0.2	2.69	2.57	2.51	2.48	2.46	2.45	2.45	2.44	2.44	2.44	2.44	3.18	2.95	2.84	2.77	2.73	2.70	2.68	2.67	2.66	2.65	2.65
		0.4	2.75	2.64	2.60	2.59	2.59	2.59	2.60	2.62	2.63	2.65	2.67	3.24	3.03	2.93	2.88	2.85	2.84	2.84	2.84	2.85	2.86	2.87
		0.6	2.86	2.78	2.77	2.79	2.83	2.87	2.91	2.96	3.01	3.06	3.10	3.36	3.16	3.09	3.07	3.08	3.09	3.12	3.15	3.19	3.23	3.27
		0.8	3.04	3.01	3.05	3.11	3.19	3.27	3.35	3.44	3.52	3.61	3.69	3.52	3.37	3.34	3.36	3.41	3.46	3.53	3.60	3.67	3.75	3.82
		1.0	3.29	3.32	3.41	3.52	3.64	3.76	3.89	4.01	4.13	4.24	4.35	3.74	3.64	3.67	3.74	3.83	3.93	4.03	4.14	4.25	4.35	4.46
		1.2	3.60	3.69	3.83	3.99	4.15	4.31	4.47	4.62	4.77	4.92	5.06	4.00	3.97	4.05	4.17	4.31	4.45	4.59	4.73	4.87	5.01	5.14
	1.2	0.2	3.16	3.00	2.92	2.87	2.84	2.81	2.80	2.79	2.78	2.77	2.77	3.77	3.47	3.32	3.23	3.17	3.12	3.09	3.07	3.05	3.04	3.03
		0.4	3.21	3.05	2.98	2.94	2.92	2.90	2.90	2.90	2.90	2.91	2.92	3.82	3.53	3.39	3.31	3.26	3.22	3.20	3.19	3.19	3.19	3.19
		0.6	3.30	3.15	3.10	3.08	3.08	3.10	3.12	3.15	3.18	3.22	3.26	3.91	3.64	3.51	3.45	3.42	3.42	3.42	3.43	3.45	3.48	3.50
		0.8	3.43	3.32	3.30	3.33	3.37	3.43	3.49	3.56	3.63	3.71	3.78	4.04	3.80	3.71	3.68	3.69	3.72	3.76	3.81	3.86	3.92	3.98
		1.0	3.62	3.57	3.60	3.68	3.77	3.87	3.98	4.09	4.20	4.31	4.42	4.21	4.02	3.97	3.99	4.05	4.12	4.20	4.29	4.39	4.48	4.58
		1.2	3.88	3.88	3.98	4.11	4.25	4.39	4.54	4.68	4.83	4.97	5.10	4.43	4.30	4.31	4.38	4.48	4.60	4.72	4.85	4.98	5.11	5.24
	1.4	0.2	3.66	3.46	3.36	3.29	3.25	3.23	3.20	3.19	3.18	3.17	3.16	4.37	4.01	3.82	3.71	3.63	3.58	3.54	3.51	3.49	3.47	3.45
		0.4	3.70	3.50	3.40	3.35	3.31	3.29	3.27	3.26	3.26	3.26	3.26	4.41	4.06	3.88	3.77	3.70	3.66	3.63	3.60	3.59	3.58	3.57
		0.6	3.77	3.58	3.49	3.45	3.43	3.42	3.42	3.43	3.45	3.47	3.49	4.48	4.15	3.98	3.89	3.83	3.80	3.79	3.78	3.79	3.80	3.81
		0.8	3.87	3.70	3.64	3.63	3.64	3.67	3.70	3.75	3.81	3.86	3.92	4.59	4.28	4.13	4.07	4.04	4.04	4.06	4.08	4.12	4.16	4.21
		1.0	4.02	3.89	3.87	3.90	3.96	4.04	4.12	4.22	4.31	4.41	4.51	4.74	4.45	4.35	4.32	4.34	4.38	4.43	4.50	4.58	4.66	4.74
		1.2	4.23	4.15	4.19	4.27	4.39	4.51	4.64	4.77	4.91	5.04	5.17	4.92	4.69	4.63	4.65	4.72	4.80	4.90	5.10	5.13	5.24	5.36

简图	η_1	K_1 / K_2 / η_2	0.20											0.30										
			0.2	0.3	0.4	0.5	0.6	0.7	0.8	0.9	1.0	1.1	1.2	0.2	0.3	0.4	0.5	0.6	0.7	0.8	0.9	1.0	1.1	1.2
	0.2	0.2	2.04	2.04	2.05	2.06	2.07	2.08	2.08	2.09	2.10	2.11	2.12	2.05	2.05	2.06	2.07	2.08	2.09	2.09	2.10	2.11	2.12	2.13
		0.4	2.10	2.13	2.17	2.20	2.24	2.27	2.30	2.34	2.37	2.40	2.43	2.12	2.15	2.18	2.21	2.25	2.28	2.31	2.35	2.38	2.41	2.44
		0.6	2.23	2.31	2.39	2.47	2.54	2.61	2.68	2.75	2.82	2.88	2.94	2.25	2.33	2.41	2.48	2.56	2.63	2.69	2.76	2.83	2.89	2.95
		0.8	2.46	2.60	2.73	2.85	2.97	3.08	3.18	3.29	3.38	3.48	3.57	2.49	2.62	2.75	2.87	2.98	3.09	3.20	3.30	3.39	3.49	3.58
		1.0	2.79	2.98	3.15	3.32	3.47	3.61	3.75	3.89	4.02	4.14	4.26	3.82	3.00	3.17	3.33	3.48	3.63	3.76	3.90	4.02	4.15	4.27
		1.2	3.18	3.41	3.62	3.82	4.01	4.19	4.36	4.52	4.68	4.83	4.98	3.20	3.43	3.64	3.83	4.02	4.20	4.37	4.53	4.69	4.84	4.99

续表

简图	η_1	K_1 / K_2 / η_2	0.20											0.30										
			0.2	0.3	0.4	0.5	0.6	0.7	0.8	0.9	1.0	1.1	1.2	0.2	0.3	0.4	0.5	0.6	0.7	0.8	0.9	1.0	1.1	1.2
I_1, I_2, I_3; H_1, H_2, H_3	0.4	0.2	2.15	2.13	2.13	2.14	2.14	2.15	2.15	2.16	2.17	2.17	2.18	2.26	2.21	2.20	2.19	2.19	2.20	2.20	2.21	2.21	2.22	2.23
		0.4	2.24	2.24	2.26	2.29	2.32	2.35	2.38	2.41	2.44	2.47	2.50	2.36	2.33	2.33	2.35	2.38	2.40	2.43	2.46	2.49	2.51	2.54
		0.6	2.40	2.44	2.50	2.56	2.63	2.69	2.76	2.82	2.88	2.94	3.00	2.54	2.54	2.58	2.63	2.69	2.75	2.81	2.87	2.93	2.99	3.04
		0.8	2.66	2.74	2.84	2.95	3.05	3.15	3.25	3.35	3.44	3.53	3.62	2.79	2.83	2.91	3.01	3.10	3.20	3.30	3.39	3.48	3.57	3.66
		1.0	2.98	3.12	3.25	3.40	3.54	3.68	3.81	3.94	4.07	4.19	4.30	3.11	3.20	3.32	3.46	3.59	3.72	3.85	3.98	4.10	4.22	4.33
		1.2	3.35	3.53	3.71	3.90	4.08	4.25	4.41	4.57	4.73	4.87	5.02	3.47	3.60	3.77	3.95	4.12	4.28	4.45	4.60	4.75	4.90	5.04
	0.6	0.2	2.57	2.42	2.37	2.34	2.33	2.32	2.32	2.32	2.32	2.32	2.33	2.93	2.68	2.57	2.52	2.49	2.47	2.46	2.45	2.45	2.45	2.45
		0.4	2.67	2.54	2.50	2.50	2.51	2.52	2.54	2.56	2.58	2.61	2.63	3.02	2.79	2.71	2.67	2.66	2.66	2.67	2.69	2.70	2.72	2.74
		0.6	2.83	2.74	2.73	2.76	2.80	2.85	2.90	2.96	3.01	3.06	3.12	3.17	2.98	2.93	2.93	2.95	2.98	3.02	3.07	3.11	3.16	3.21
$K_1=\frac{I_1}{I_3}\cdot\frac{H_3}{H_1}$		0.8	3.06	3.01	3.05	3.12	3.20	3.29	3.38	3.46	3.55	3.63	3.72	4.37	3.24	3.23	3.27	3.33	3.41	3.48	3.56	3.64	3.72	3.80
		1.0	3.34	3.35	3.44	3.56	3.68	3.80	3.92	4.04	4.15	4.27	4.38	3.63	3.56	3.60	3.69	3.79	3.90	4.01	4.12	4.23	4.34	4.45
$K_2=\frac{I_2}{I_3}\cdot\frac{H_3}{H_2}$		1.2	3.67	3.74	3.88	4.03	4.19	4.35	4.50	4.65	4.80	4.94	5.08	3.94	3.92	4.02	4.15	4.29	4.43	4.58	4.72	4.87	5.01	5.14
$\eta_1=\frac{H_1}{H_3}\sqrt{\frac{N_1}{N_3}\cdot\frac{I_3}{I_1}}$	0.8	0.2	3.25	2.96	2.82	2.74	2.69	2.66	2.64	2.62	2.61	2.61	2.60	3.78	3.38	3.18	3.06	2.98	2.93	2.89	2.86	2.84	2.83	2.82
		0.4	3.33	3.05	2.93	2.87	2.84	2.83	2.83	2.83	2.84	2.85	2.87	3.85	3.47	3.28	3.18	3.12	3.09	3.07	3.06	3.06	3.06	3.06
$\eta_2=\frac{H_2}{H_3}\sqrt{\frac{N_2}{N_3}\cdot\frac{I_3}{I_2}}$		0.6	3.45	3.21	3.12	3.10	3.10	3.12	3.14	3.18	3.22	3.26	3.30	3.96	3.61	3.46	3.39	3.36	3.35	3.36	3.38	3.41	3.44	3.47
		0.8	3.63	3.44	3.39	3.41	3.45	3.51	3.57	3.64	3.71	3.79	3.86	4.12	3.82	3.70	3.67	3.68	3.72	3.76	3.82	3.88	3.94	4.01
N_1——上段柱的轴心力；		1.0	3.86	3.73	3.73	3.80	3.88	3.98	4.08	4.18	4.29	4.39	4.50	4.32	4.07	4.01	4.03	4.08	4.16	4.24	4.33	4.43	4.52	4.62
N_2——中段柱的轴心力；		1.2	4.13	4.07	4.13	4.24	4.36	4.50	4.64	4.78	4.91	5.05	5.18	4.57	4.38	4.38	4.44	4.54	4.66	4.78	4.90	5.03	5.16	5.29
N_3——下段柱的轴心力。	1.0	0.2	4.00	3.60	3.39	3.26	3.18	3.13	3.08	3.05	3.03	3.01	3.00	4.68	4.15	3.86	3.69	3.57	3.49	3.43	3.38	3.35	3.32	3.30
		0.4	4.06	3.67	3.48	3.37	3.30	3.26	3.23	3.21	3.21	3.20	3.20	4.73	4.21	3.94	3.78	3.68	3.61	3.57	3.54	3.51	3.50	3.49
		0.6	4.15	3.79	3.63	3.54	3.50	3.48	3.49	3.50	3.51	3.54	3.57	4.82	4.33	4.08	3.95	3.87	3.83	3.80	3.80	3.80	3.81	3.83
		0.8	4.29	3.97	3.84	3.80	3.79	3.81	3.85	3.90	3.95	4.01	4.07	4.94	4.49	4.28	4.18	4.14	4.13	4.14	4.17	4.20	4.25	4.29
		1.0	4.48	4.21	4.13	4.13	4.17	4.23	4.31	4.39	4.48	4.57	4.66	5.10	4.70	4.53	4.48	4.48	4.51	4.56	4.62	4.70	4.77	4.85
		1.2	4.70	4.49	4.47	4.52	4.60	4.71	4.82	4.94	5.07	5.19	5.31	5.30	4.95	4.84	4.83	4.88	4.96	5.05	5.15	5.26	5.37	5.48

续表

简图	η_1	K_1 / K_2 / η_2	0.20											0.30										
			0.2	0.3	0.4	0.5	0.6	0.7	0.8	0.9	1.0	1.1	1.2	0.2	0.3	0.4	0.5	0.6	0.7	0.8	0.9	1.0	1.1	1.2
	1.2	0.2	4.76	4.26	4.00	3.83	3.72	3.65	3.59	3.54	3.51	3.48	3.46	5.58	4.93	4.57	4.35	4.20	4.10	4.01	3.95	3.90	3.86	3.83
		0.4	4.81	4.32	4.07	3.91	3.82	3.75	3.70	3.67	3.65	3.63	3.62	5.62	4.98	4.64	4.43	4.29	4.19	4.12	4.07	4.03	4.01	3.98
		0.6	4.89	4.43	4.19	4.05	3.98	3.93	3.91	3.89	3.89	3.90	3.91	5.70	5.08	4.75	4.56	4.44	4.37	4.32	4.29	4.27	4.26	4.26
		0.8	5.00	4.57	4.36	4.26	4.21	4.20	4.21	4.23	4.26	4.30	4.34	5.80	5.21	4.91	4.75	4.66	4.61	4.59	4.59	4.60	4.62	4.65
		1.0	5.15	4.76	4.59	4.53	4.53	4.55	4.60	4.66	4.73	4.80	4.88	5.93	5.38	5.12	5.00	4.95	4.94	4.95	4.99	5.03	5.09	5.15
		1.2	5.34	5.00	4.88	4.87	4.91	4.98	5.07	5.17	5.27	5.38	5.49	6.10	5.59	5.38	5.31	5.30	5.33	5.39	5.46	5.54	5.63	5.73
	1.4	0.2	5.53	4.94	4.62	4.42	4.29	4.19	4.12	4.06	4.02	3.98	3.95	6.49	5.72	5.30	5.03	4.85	4.72	4.62	4.54	4.48	4.43	4.38
		0.4	5.57	4.99	4.68	4.49	4.36	4.27	4.21	4.16	4.13	4.10	4.08	6.53	5.77	5.35	5.10	4.93	4.80	4.71	4.64	4.59	4.55	4.51
		0.6	5.64	5.07	4.78	4.60	4.49	4.42	4.38	4.35	4.33	4.32	4.32	6.59	5.85	5.45	5.21	5.05	4.95	4.87	4.82	4.78	4.76	4.74
		0.8	5.74	5.19	4.92	4.77	4.69	4.64	4.62	4.62	4.63	4.65	4.67	6.68	5.96	5.59	5.37	5.24	5.15	5.10	5.08	5.06	5.06	5.07
		1.0	5.86	5.35	5.12	5.00	4.95	4.94	4.96	4.99	5.03	5.09	5.15	6.79	6.10	5.76	5.58	5.48	5.43	5.41	5.41	5.44	5.47	5.51
		1.2	6.02	5.55	5.36	5.29	5.28	5.31	5.37	5.44	5.52	5.61	5.71	6.93	6.28	5.98	5.84	5.78	5.76	5.79	5.83	5.89	5.95	6.03

注:表中的计算长度系数 μ_3 值系按下式算得:

$$\frac{\eta_1 K_1}{\eta_2 K_2} \cdot \tan\frac{\pi\eta_1}{\mu_3} \cdot \tan\frac{\pi\eta_2}{\mu_3} + \eta_1 K_1 \cdot \tan\frac{\pi\eta_1}{\mu_3} \cdot \tan\frac{\pi}{\mu_3} + \eta_2 K_2 \cdot \tan\frac{\pi\eta_2}{\mu_3} \cdot \tan\frac{\pi}{\mu_3} - 1 = 0$$

附表 7-6　柱顶可移动但不转动的双阶柱下段的计算长度系数 μ_3

η_1	η_2 \ K_1	0.05											0.10										
	K_2	0.2	0.3	0.4	0.5	0.6	0.7	0.8	0.9	1.0	1.1	1.2	0.2	0.3	0.4	0.5	0.6	0.7	0.8	0.9	1.0	1.1	1.2
0.2	0.2	1.99	1.99	2.00	2.00	2.01	2.02	2.02	2.03	2.04	2.05	2.06	1.96	1.96	1.97	1.97	1.98	1.98	1.99	2.00	2.00	2.01	2.02
	0.4	2.03	2.06	2.09	2.12	2.16	2.19	2.22	2.25	2.29	2.32	2.35	2.00	2.02	2.05	2.08	2.11	2.14	2.17	2.20	2.23	2.26	2.29
	0.6	2.12	2.20	2.28	2.36	2.43	2.50	2.57	2.64	2.71	2.77	2.83	2.07	2.14	2.22	2.29	2.36	2.43	2.50	2.56	2.63	2.69	2.75
	0.8	2.28	2.43	2.57	2.70	2.82	2.94	3.04	3.15	3.25	3.34	3.43	2.20	2.35	2.48	2.61	2.73	2.84	2.94	3.05	3.14	3.24	3.33
	1.0	2.53	2.76	2.96	3.13	3.29	3.44	3.59	3.72	3.85	3.98	4.10	2.41	2.64	2.83	3.01	3.17	3.32	3.46	3.59	3.72	3.85	3.97
	1.2	2.86	3.15	3.39	3.61	3.80	3.99	4.16	4.33	4.49	4.64	4.79	2.70	2.99	3.23	3.45	3.65	3.84	4.01	4.18	4.34	4.49	4.64
0.4	0.2	1.99	1.99	2.00	2.01	2.01	2.02	2.03	2.04	2.04	2.05	2.06	1.96	1.97	1.97	1.98	1.98	1.99	2.00	2.00	2.01	2.02	2.03
	0.4	2.03	2.06	2.09	2.13	2.16	2.19	2.23	2.26	2.29	2.32	2.35	2.00	2.03	2.06	2.09	2.12	2.15	2.18	2.21	2.24	2.27	2.30
	0.6	2.12	2.20	2.28	2.36	2.44	2.51	2.58	2.64	2.71	2.77	2.84	2.08	2.15	2.23	2.30	2.37	2.44	2.51	2.57	2.64	2.70	2.76
	0.8	2.29	2.44	2.58	2.71	2.83	2.94	3.05	3.15	3.25	3.35	3.44	2.21	2.36	2.49	2.62	2.73	2.85	2.95	3.05	3.15	3.24	3.34
	1.0	2.54	2.77	2.96	3.14	3.30	3.45	3.59	3.73	3.85	3.98	4.10	2.43	2.65	2.84	3.02	3.18	3.33	3.47	3.60	3.73	3.85	3.97
	1.2	2.87	3.15	3.40	2.61	3.81	3.99	4.17	4.33	4.49	4.65	4.79	2.71	3.00	3.24	3.46	3.66	3.85	4.02	4.19	4.34	4.49	4.64
0.6	0.2	1.99	1.98	2.00	2.01	2.02	2.03	2.04	2.04	2.05	2.06	2.07	1.97	1.98	1.98	1.99	2.00	2.00	2.01	2.02	2.02	2.03	2.04
	0.4	2.04	2.07	2.10	2.14	2.17	2.20	2.23	2.27	2.30	2.33	2.36	2.01	2.04	2.07	2.10	2.13	2.16	2.19	2.22	2.26	2.29	2.32
	0.6	2.13	2.21	2.29	2.37	2.45	2.52	2.59	2.65	2.72	2.78	2.84	2.09	2.17	2.24	2.32	2.39	2.46	2.52	2.59	2.65	2.71	2.77
	0.8	2.30	2.45	2.59	2.72	2.84	2.95	3.06	3.16	3.26	3.35	3.44	2.23	2.38	2.51	2.64	2.75	2.86	2.97	3.07	3.16	3.26	3.35
	1.0	2.56	2.78	2.97	3.15	3.31	3.46	3.60	3.73	3.86	3.99	4.11	2.45	2.68	2.86	3.03	3.19	3.34	3.48	3.61	3.74	3.86	3.98
	1.2	2.89	3.17	3.41	3.62	3.82	4.00	4.17	4.34	4.50	4.65	4.80	2.74	3.02	3.26	3.48	3.67	3.86	4.03	4.20	4.35	4.50	4.65
0.8	0.2	2.00	2.01	2.02	2.02	2.03	2.04	2.05	2.05	2.06	2.07	2.08	1.99	1.99	2.00	2.01	2.01	2.02	2.03	2.04	2.04	2.05	2.06
	0.4	2.05	2.08	2.12	2.15	2.18	2.21	2.25	2.28	2.31	2.34	2.37	2.03	2.06	2.09	2.12	2.15	2.19	2.22	2.25	2.28	2.31	2.34
	0.6	2.15	2.23	2.31	2.39	2.46	2.53	2.60	2.67	2.73	2.79	2.85	2.12	2.19	2.27	2.34	2.41	2.48	2.55	2.61	2.67	2.73	2.79
	0.8	2.32	2.47	2.61	2.73	2.85	2.96	3.07	3.17	3.27	3.36	3.45	2.27	2.41	2.54	2.66	2.78	2.89	2.99	3.09	3.18	3.28	3.37
	1.0	2.59	2.80	2.99	3.16	3.32	3.47	3.61	3.74	3.87	3.99	4.11	2.49	2.70	2.89	3.06	3.21	3.36	3.50	3.63	3.76	3.88	4.00
	1.2	2.92	3.19	3.42	3.63	3.83	4.01	4.18	4.35	4.51	4.66	4.81	2.78	3.05	3.29	3.50	3.69	3.88	4.05	4.21	4.37	4.52	4.66

简图

I_1　I_2　I_3　H_1　H_2　H_3

$$K_1=\frac{I_1}{I_3}\cdot\frac{H_3}{H_1}$$

$$K_2=\frac{I_2}{I_3}\cdot\frac{H_3}{H_2}$$

$$\eta_1=\frac{H_1}{H_3}\sqrt{\frac{N_1}{N_3}\cdot\frac{I_3}{I_1}}$$

$$\eta_2=\frac{H_2}{H_3}\sqrt{\frac{N_2}{N_3}\cdot\frac{I_3}{I_2}}$$

N_1——上段柱的轴心力；

N_2——中段柱的轴心力；

N_3——下段柱的轴心力。

续表

简图	η_1	K_1 / K_2 / η_2	0.05											0.10										
			0.2	0.3	0.4	0.5	0.6	0.7	0.8	0.9	1.0	1.1	1.2	0.2	0.3	0.4	0.5	0.6	0.7	0.8	0.9	1.0	1.1	1.2
	1.0	0.2	2.02	2.02	2.03	2.04	2.05	2.05	2.06	2.07	2.08	2.09	2.09	2.01	2.02	2.03	2.04	2.04	2.05	2.06	2.07	2.07	2.08	2.09
		0.4	2.07	2.10	2.14	2.17	2.20	2.23	2.26	2.30	2.33	2.36	2.39	2.06	2.10	2.13	2.16	2.19	2.22	2.25	2.28	2.31	2.34	2.37
		0.6	2.17	2.26	2.33	2.41	2.48	2.55	2.62	2.68	2.75	2.81	2.87	2.16	2.24	2.31	2.38	2.45	2.51	2.58	2.64	2.70	2.76	2.82
		0.8	2.36	2.50	2.63	2.76	2.87	2.98	3.08	3.19	3.28	3.38	3.47	2.32	2.46	2.58	2.70	2.81	2.92	3.02	3.12	3.21	3.30	3.39
		1.0	2.62	2.83	3.01	3.18	3.34	3.48	3.62	3.75	3.88	4.01	4.12	2.55	2.75	2.93	3.09	3.25	3.39	3.53	3.66	3.78	3.90	4.02
		1.2	2.95	3.21	3.44	3.65	3.82	4.02	4.20	4.36	4.52	4.67	4.81	2.84	3.10	3.32	3.53	3.72	3.90	4.07	4.23	4.39	4.54	4.68
	1.2	0.2	2.04	2.05	2.06	2.06	2.07	2.08	2.09	2.09	2.10	2.11	2.12	2.07	2.08	2.08	2.09	2.09	2.10	2.11	2.11	2.12	2.13	2.13
		0.4	2.10	2.13	2.17	2.20	2.23	2.26	2.29	2.32	2.35	2.38	2.41	2.13	2.16	2.18	2.21	2.24	2.27	2.30	2.33	2.35	2.38	2.41
		0.6	2.22	2.29	2.37	2.44	2.51	2.58	2.64	2.71	2.77	2.83	2.89	2.24	2.30	2.37	2.43	2.50	2.56	2.63	2.68	2.74	2.80	2.86
		0.8	2.41	2.54	2.67	2.78	2.90	3.00	3.11	3.20	3.30	3.39	3.48	2.41	2.53	2.64	2.75	2.86	2.96	3.06	3.15	3.24	3.33	3.42
		1.0	2.68	2.87	3.04	3.21	3.36	3.50	3.64	3.77	3.90	4.02	4.14	2.64	2.82	2.98	3.14	3.29	3.43	3.56	3.69	3.81	3.93	4.04
		1.2	3.00	3.25	3.47	3.67	3.86	4.04	4.21	4.37	4.53	4.68	4.83	2.92	3.16	3.37	3.57	3.76	3.93	4.10	4.26	4.41	4.56	4.70
	1.4	0.2	2.10	2.10	2.10	2.11	2.11	2.12	2.13	2.13	2.14	2.15	2.15	2.20	2.18	2.17	2.17	2.17	2.18	2.18	2.19	2.19	2.20	2.20
		0.4	2.17	2.19	2.21	2.24	2.27	2.30	2.33	2.36	2.39	2.41	2.44	2.26	2.26	2.27	2.29	2.32	2.34	2.37	2.39	2.42	2.44	2.47
		0.6	2.29	2.35	2.41	2.48	2.55	2.61	2.67	2.74	2.80	2.86	2.91	2.37	2.41	2.46	2.51	2.57	2.63	2.68	2.74	2.80	2.85	2.91
		0.8	2.48	2.60	2.71	2.82	2.93	3.03	3.13	3.23	3.32	3.41	3.50	2.53	2.62	2.72	2.82	2.92	3.01	3.11	3.20	3.29	3.37	3.46
		1.0	2.74	2.92	3.08	3.24	3.39	3.53	3.66	3.79	3.92	4.04	4.15	2.75	2.90	3.05	3.20	3.34	3.47	3.60	3.72	3.84	3.96	4.07
		1.2	3.06	3.29	3.50	3.70	3.89	4.06	4.23	4.39	4.55	4.70	4.84	3.02	3.23	3.43	3.62	3.80	3.97	4.13	4.29	4.44	4.59	4.73

续表

简图	K_1		0.20											0.30										
	η_1	η_2 \ K_2	0.2	0.3	0.4	0.5	0.6	0.7	0.8	0.9	1.0	1.1	1.2	0.2	0.3	0.4	0.5	0.6	0.7	0.8	0.9	1.0	1.1	1.2
	0.2	0.2	1.94	1.93	1.93	1.93	1.93	1.93	1.94	1.94	1.95	1.95	1.96	1.92	1.91	1.90	1.89	1.89	1.89	1.90	1.90	1.90	1.90	1.91
		0.4	1.96	1.98	1.99	2.02	2.04	2.07	2.09	2.12	2.15	2.17	2.20	1.95	1.95	1.96	1.97	1.99	2.01	2.04	2.06	2.08	2.11	2.13
		0.6	2.02	2.07	2.13	2.19	2.26	2.32	2.38	2.44	2.50	2.56	2.62	1.99	2.03	2.08	2.13	2.18	2.24	2.29	2.35	2.41	2.46	2.52
		0.8	2.12	2.23	2.35	2.47	2.58	2.68	2.78	2.88	2.98	3.07	3.15	2.07	2.16	2.27	2.37	2.47	2.57	2.66	2.75	2.84	2.93	3.01
		1.0	2.28	2.47	2.65	2.82	2.97	3.12	3.26	3.39	3.51	3.63	3.75	2.20	2.37	2.53	2.69	2.83	2.97	3.10	3.23	3.35	3.46	3.57
		1.2	2.50	2.77	3.01	3.22	3.42	3.60	3.77	3.93	4.09	4.23	4.38	2.39	2.63	2.85	3.05	3.24	3.42	3.58	3.74	3.89	4.03	4.17
	0.4	0.2	1.93	1.93	1.93	1.93	1.94	1.94	1.95	1.95	1.96	1.96	1.97	1.92	1.91	1.91	1.90	1.90	1.91	1.91	1.91	1.92	1.92	1.92
		0.4	1.97	1.98	2.00	2.03	2.05	2.08	2.11	2.13	2.16	2.19	2.22	1.95	1.96	1.97	1.99	2.01	2.03	2.05	2.08	2.10	2.12	2.15
		0.6	2.03	2.08	2.14	2.21	2.27	2.33	2.40	2.46	2.52	2.58	2.63	2.00	2.04	2.09	2.14	2.20	2.26	2.31	2.37	2.42	2.48	2.53
		0.8	2.13	2.25	2.37	2.48	2.59	2.70	2.80	2.90	2.99	3.08	3.17	2.08	2.18	2.28	2.39	2.49	2.59	2.68	2.77	2.86	2.95	3.03
		1.0	2.29	2.49	2.67	2.83	2.99	3.13	3.27	3.40	3.53	3.64	3.76	2.22	2.39	2.55	2.71	2.85	2.99	3.12	3.24	3.36	3.48	3.59
		1.2	2.52	2.79	3.02	3.23	3.43	3.61	3.78	3.94	4.10	4.24	4.39	2.41	2.65	2.87	3.07	3.26	3.43	3.60	3.75	3.90	4.04	4.18
	0.6	0.2	1.95	1.95	1.95	1.95	1.96	1.96	1.97	1.97	1.98	1.98	1.99	1.93	1.93	1.92	1.92	1.93	1.93	1.93	1.94	1.94	1.95	1.95
		0.4	1.98	2.00	2.02	2.05	2.08	2.10	2.13	2.16	2.19	2.21	2.24	1.96	1.97	1.99	2.01	2.03	2.06	2.08	2.11	2.13	2.16	2.18
		0.6	2.04	2.10	2.17	2.23	2.30	2.36	2.42	2.48	2.54	2.60	2.66	2.02	2.06	2.12	2.17	2.23	2.29	2.35	2.40	2.46	2.51	2.57
		0.8	2.15	2.27	2.39	2.51	2.62	2.72	2.82	2.92	3.01	3.10	3.19	2.11	2.21	2.32	2.42	2.52	2.62	2.71	2.80	2.89	2.98	3.06
		1.0	2.32	2.52	2.70	2.86	3.01	3.16	3.29	3.42	3.55	3.66	3.78	2.25	2.42	2.59	2.74	2.88	3.02	3.15	3.27	3.39	3.50	3.61
		1.2	2.55	2.82	3.05	3.26	3.45	3.63	3.80	3.96	4.11	4.26	4.40	2.44	2.69	2.91	3.11	3.29	3.46	3.62	3.78	3.93	4.07	4.20
	0.8	0.2	1.97	1.97	1.98	1.98	1.99	1.99	2.00	2.01	2.01	2.02	2.03	1.96	1.95	1.96	1.96	1.97	1.97	1.98	1.98	1.99	1.99	2.00
		0.4	2.00	2.03	2.06	2.08	2.11	2.14	2.17	2.20	2.22	2.25	2.28	1.99	2.01	2.03	2.05	2.08	2.10	2.13	2.15	2.18	2.21	2.23
		0.6	2.08	2.14	2.21	2.27	2.34	2.40	2.46	2.52	2.58	2.64	2.69	2.05	2.10	2.16	2.22	2.28	2.34	2.40	2.45	2.51	2.56	2.81
		0.8	2.19	2.32	2.44	2.55	2.66	2.76	2.86	2.96	3.05	3.13	3.22	2.15	2.26	2.37	2.47	2.57	2.67	2.76	2.85	2.94	3.02	3.10
		1.0	2.37	2.57	2.74	2.90	3.05	3.19	3.33	3.45	3.58	3.69	3.81	2.30	2.48	2.64	2.79	2.93	3.07	3.19	3.31	3.43	3.54	3.65
		1.2	2.61	2.87	3.09	3.30	3.49	3.66	3.83	3.99	4.14	4.29	4.42	2.50	2.74	2.96	3.15	3.33	3.50	3.66	3.81	3.96	4.10	4.23

续表

简图	η_1	η_2 \ K_1 / K_2	0.20											0.30										
			0.2	0.3	0.4	0.5	0.6	0.7	0.8	0.9	1.0	1.1	1.2	0.2	0.3	0.4	0.5	0.6	0.7	0.8	0.9	1.0	1.1	1.2
	1.0	0.2	2.01	2.02	2.03	2.03	2.04	2.05	2.05	2.06	2.07	2.07	2.08	2.01	2.02	2.02	2.03	2.04	2.04	2.05	2.06	2.06	2.07	2.07
		0.4	2.06	2.09	2.11	2.14	2.17	2.20	2.23	2.25	2.28	2.31	2.33	2.05	2.08	2.10	2.13	2.16	2.18	2.21	2.23	2.26	2.28	2.31
		0.6	2.14	2.21	2.27	2.34	2.40	2.46	2.52	2.58	2.63	2.69	2.74	2.13	2.19	2.25	2.30	2.36	2.42	2.47	2.53	2.58	2.63	2.68
		0.8	2.27	2.39	2.51	2.62	2.72	2.82	2.91	3.00	3.09	3.18	3.26	2.24	2.35	2.45	2.55	2.65	2.74	2.83	2.92	3.00	3.08	3.16
		1.0	2.46	2.64	2.81	2.96	3.10	3.24	3.37	3.50	3.61	3.73	3.84	2.40	2.57	2.72	2.86	3.00	3.13	3.25	3.37	3.48	3.59	3.70
		1.2	2.69	2.94	3.15	3.35	3.53	3.71	3.87	4.02	4.17	4.32	4.46	2.60	2.83	3.03	3.22	3.39	3.56	3.71	3.86	4.01	4.14	4.28
	1.2	0.2	2.13	2.12	2.12	2.13	2.13	2.14	2.14	2.15	2.15	2.16	2.16	2.17	2.16	2.16	2.16	2.16	2.16	2.17	2.17	2.18	2.18	2.19
		0.4	2.18	2.19	2.21	2.24	2.26	2.29	2.31	2.34	2.36	2.38	2.41	2.22	2.22	2.24	2.26	2.28	2.30	2.32	2.34	2.36	2.39	2.41
		0.6	2.27	2.32	2.37	2.43	2.49	2.54	2.60	2.65	2.70	2.76	2.81	2.29	2.33	2.38	2.43	2.48	2.53	2.58	2.62	2.67	2.72	2.77
		0.8	2.41	2.50	2.60	2.70	2.80	2.89	2.98	3.07	3.15	3.23	3.32	2.41	2.49	2.58	2.67	2.75	2.84	2.92	3.00	3.08	3.16	3.23
		1.0	2.59	2.74	2.89	3.04	3.17	3.30	3.43	3.55	3.66	3.78	3.89	2.56	2.69	2.83	2.96	3.09	3.21	3.33	3.44	3.55	3.66	3.76
		1.2	2.81	3.03	3.23	3.42	3.59	3.76	3.92	4.07	4.22	4.36	4.49	2.74	2.94	3.13	3.30	3.47	3.63	3.78	3.92	4.06	4.20	4.33
	1.4	0.2	2.35	2.31	2.29	2.28	2.27	2.27	2.27	2.27	2.27	2.28	2.28	2.45	2.40	2.37	2.35	2.35	2.34	2.34	2.34	2.34	2.34	2.34
		0.4	2.40	2.37	2.37	2.38	2.39	2.41	2.43	2.45	2.47	2.49	2.51	2.48	2.45	2.44	2.44	2.45	2.46	2.48	2.49	2.51	2.53	2.55
		0.6	2.48	2.49	2.52	2.56	2.61	2.65	2.70	2.75	2.80	2.85	2.89	2.55	2.54	2.56	2.60	2.63	2.67	2.71	2.75	2.80	2.84	2.88
		0.8	2.60	2.66	2.73	2.82	2.90	2.98	3.07	3.15	3.23	3.31	3.38	2.64	2.68	2.74	2.81	2.89	2.96	3.04	3.11	3.18	3.25	3.33
		1.0	2.77	2.88	3.01	3.14	3.26	3.38	3.50	3.62	3.73	3.84	3.94	2.77	2.87	2.98	3.09	3.20	3.32	3.43	3.53	3.64	3.74	3.84
		1.2	2.97	3.15	3.33	3.50	3.67	3.83	3.98	4.13	4.27	4.41	4.54	2.94	3.09	3.26	3.41	3.57	3.72	3.86	4.00	4.13	4.26	4.39

注:表中的计算长度系数 μ_3 值系按下式算得:

$$\frac{\eta_1 K_1}{\eta_2 K_2}\cdot\cot\frac{\pi\eta_1}{\mu_3}\cdot\cot\frac{\pi\eta_2}{\mu_3}+\frac{\eta_1 K_1}{(\eta_2 K_2)^2}\cdot\cot\frac{\pi\eta_1}{\mu_3}\cdot\cot\frac{\pi}{\mu_3}+\frac{1}{\eta_2 K_2}\cdot\cot\frac{\pi\eta_2}{\mu_3}\cdot\cot\frac{\pi}{\mu_3}-1=0$$

附录8　疲劳计算时的构件和连接分类

附表8-1　构件和连接的分类

项次	简　图	说　明	类别
1	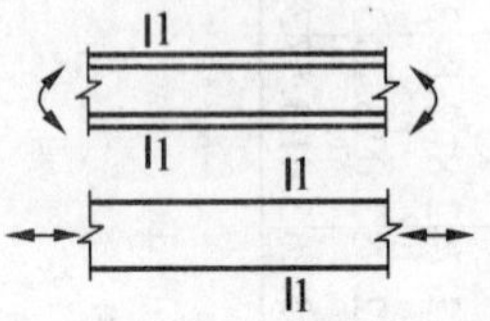	无连接处的主体金属 (1)轧制型钢 (2)钢板 a.两边为轧制边或刨边 b.两侧为自动、半自动切割边(切割质量标准应符合现行国家标准《钢结构工程施工质量验收规范》GB 50205)	 1 1 2
2	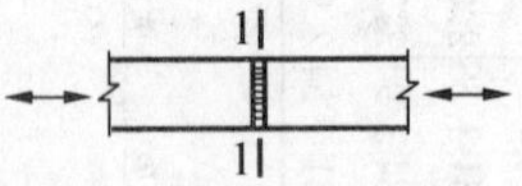	横向坡口焊缝附近的主体金属 (1)符合现行国家标准《钢结构工程施工质量验收规范》GB 50205的一级焊缝 (2)经加工、磨平的一级焊缝	 3 2
3	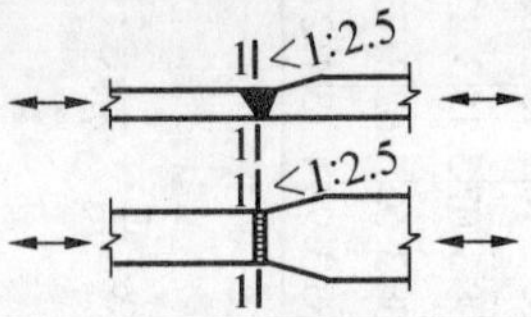	不同厚度(或宽度)横向坡口焊缝附近的主体金属，焊缝加工成平滑过渡并符合一级焊缝标准	2
4	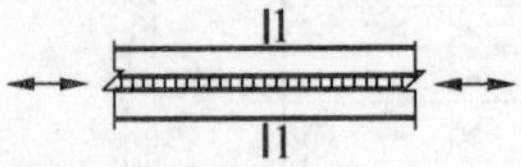	纵向坡口焊缝附近的主体金属，焊缝符合二级焊缝标准	2
5	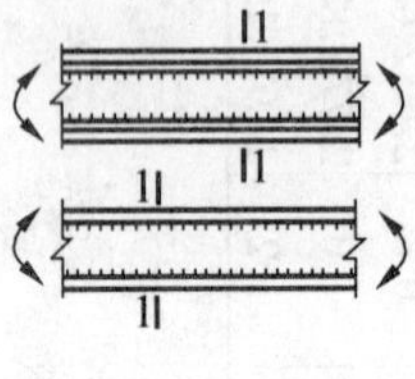	翼缘连接焊缝附近的主体金属 (1)翼缘板与腹板的连接焊缝 a.自动焊，二级T形对接和角接组合焊缝 b.自动焊、角焊缝，外观质量标准符合二级 c.手工焊、角焊缝，外观质量标准符合二级 (2)双层翼缘板之间的连接焊缝 a.自动焊、角焊缝，外观质量标准符合二级 b.手工焊、角焊缝，外观质量标准符合二级	 2 3 4 3 4
6	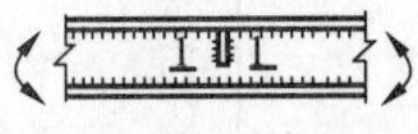	横向加劲肋端部附近的主体金属 (1)肋端不断弧(采用回焊) (2)肋端断弧	 4 5
7	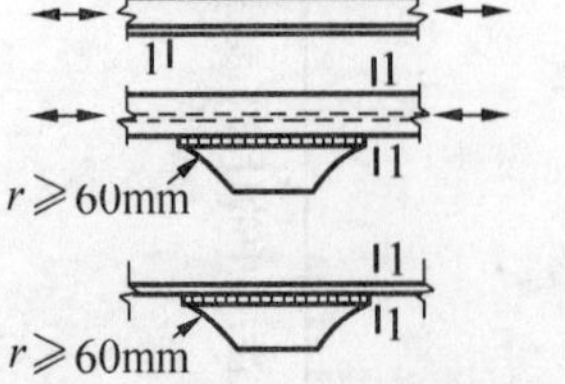	梯形节点板用坡口焊缝焊于梁翼缘、腹板以及桁架构件处的主体金属，过渡处在焊后铲平、磨光、圆滑过渡，不得有焊接起弧、灭弧缺陷	5

续表

项次	简　　图	说　　明	类别
8	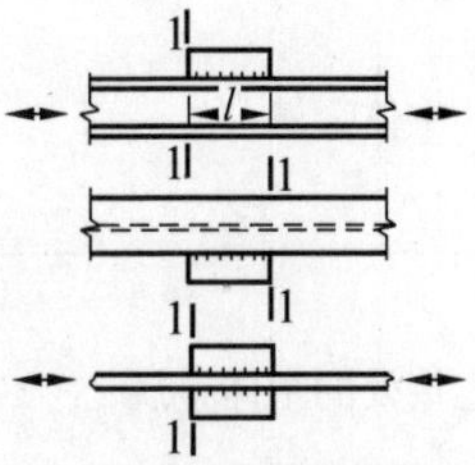	矩形节点板焊接于构件翼缘或腹板处的主体金属，$l>150$ mm	7
9	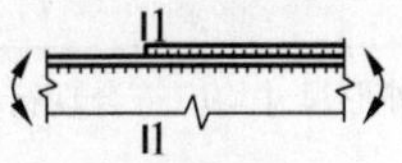	翼缘板中断处的主体金属(板端有正面焊缝)	7
10	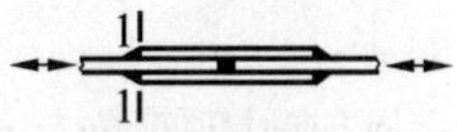	向正面角焊缝过渡处的主体金属	6
11	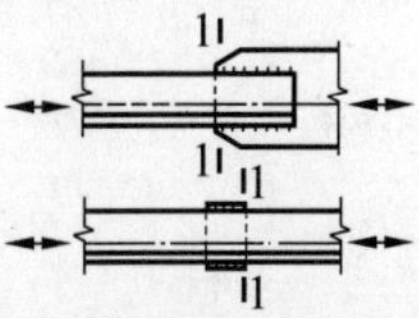	两侧面角焊缝连接端部的主体金属	8
12	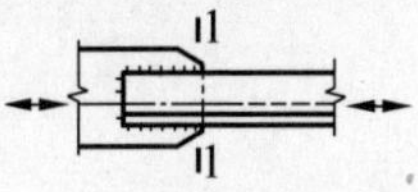	三面围焊的角焊缝端部主体金属	7
13	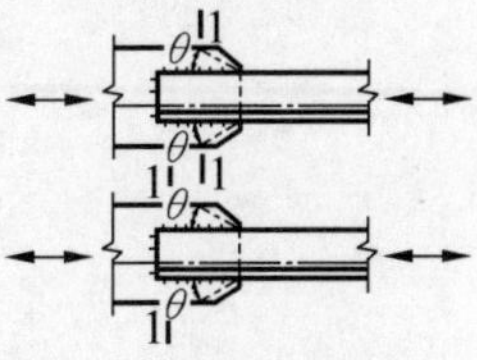	三面围焊或两侧面角焊缝连接的节点板主体金属(节点板计算宽度按应力扩散角 θ 等于30°考虑)	7
14	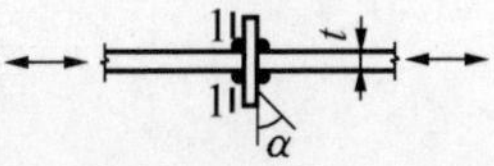	K形坡口T形对接与角接组合焊缝处的主体金属，两板轴线偏离小于 $0.15t$，焊缝为二级，焊趾角 $\alpha\leqslant 45°$	5
15	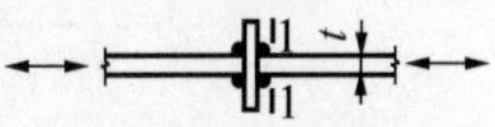	十字接头角焊缝处的主体金属，两板轴线偏离小于 $0.15t$	7
16	角焊缝	按有效截面确定的剪应力幅计算	8
17	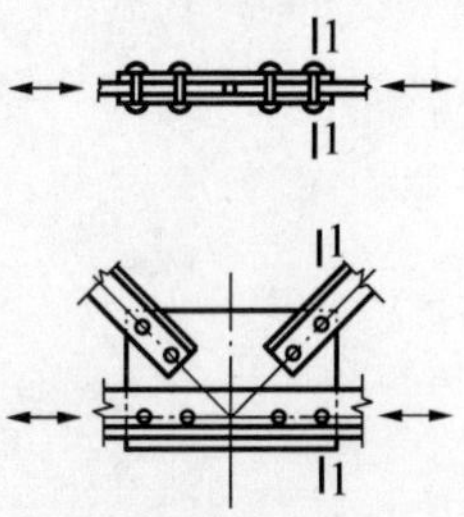	铆钉连接处的主体金属	3

续表

项次	简　图	说　明	类别
18	1 1	连系螺栓和虚孔处的主体金属	3
19	1 1	高强度螺栓摩擦型连接处的主体金属	2

注：①所有对接焊缝及T形对接和角接组合焊缝均需焊透。所有焊缝的外形尺寸均应符合现行标准《钢结构焊缝外形尺寸》JB 7949的规定。

②角焊缝应符合规范[1]第8.2.7条和8.2.8条的要求。

③项次16中的剪应力幅 $\Delta\tau = \tau_{max} - \tau_{min}$，其中 τ_{min} 的正负值为：与 τ_{max} 同方向时，取正值；与 τ_{max} 反方向时，取负值。

④第17、18项中的应力应以净截面面积计算，第19项应以毛截面面积计算。

附录9　螺栓和锚栓规格

附表 9-1　螺栓螺纹处的有效截面面积

公称直径	12	14	16	18	20	22	24	27	30
螺栓有效截面积 A_e(cm^2)	0.84	1.15	1.57	1.92	2.45	3.03	3.53	4.59	5.61
公称直径	33	36	39	42	45	48	52	56	60
螺栓有效截面积 A_e(cm^2)	6.94	8.17	9.76	11.2	13.1	14.7	17.6	20.3	23.6
公称直径	64	68	72	76	80	85	90	95	100
螺栓有效截面积 A_e(cm^2)	26.8	30.6	34.6	38.9	43.4	49.5	55.9	62.7	70.0

附表 9-2　锚栓规格

		Ⅰ				Ⅱ				Ⅲ		
型式		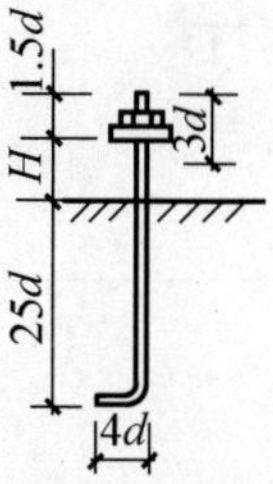				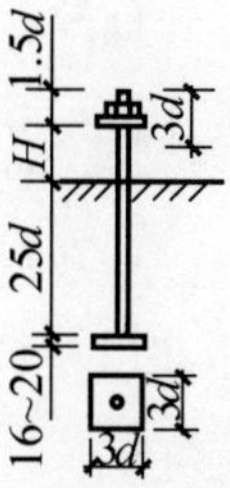				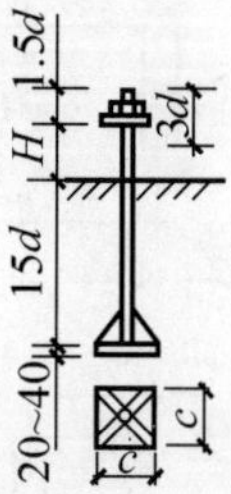		
锚栓直径 d(mm)		20	24	30	36	42	48	56	64	72	80	90
锚栓有效截面积(cm^2)		2.45	3.53	5.61	8.17	11.2	14.7	20.3	26.8	34.6	43.4	55.9
锚栓设计拉力(kN)(Q235 钢)		34.3	49.4	78.5	114.1	156.9	206.2	284.2	375.2	484.4	608.2	782.7
Ⅲ 型锚栓	锚板宽度 c(mm)					140	200	200	240	280	350	400
	锚板厚度 t(mm)					20	20	20	25	30	40	40

附录 10　扇性惯性矩 I_w 及剪心 S 的位置

附表 10－1　I_w 值及 S 的位置

截面形式	剪心位置	扇性惯性矩 I_w
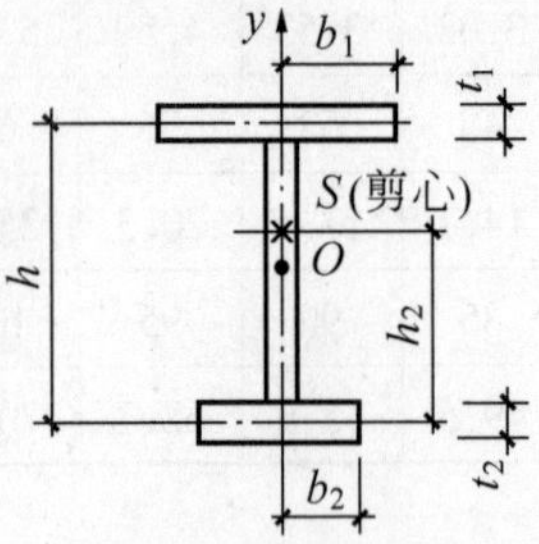 工字形截面（y 轴；b_1、t_1；b_2、t_2；h、h_2；S(剪心)，O）	$h_2 = \frac{I_1}{I_y} h$ $I_1 = \frac{2}{3} t_1 b_1^3$ $I_2 = \frac{2}{3} t_2 b_2^3$ $I_y = I_1 + I_2$	$I_w = \frac{I_1 I_2}{I_y} h^2$
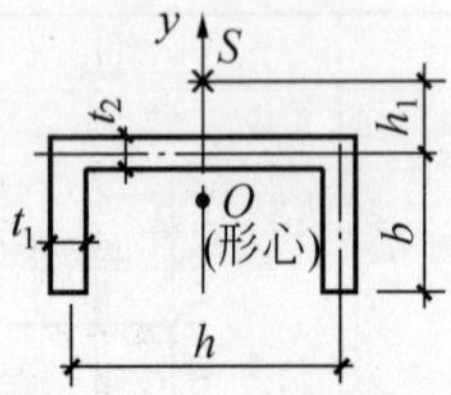 槽形截面（y 轴；S；h_1；t_1、t_2；b、h；O(形心)）	$h_1 = \frac{I_3}{I_y}$ $I_1 = \frac{t_1 b h^2}{4}, I_2 = \frac{t_2 h^3}{12}$ $I_3 = \frac{t_1 b^2 h}{4}$ $I_y = 2I_1 + I_2$	$I_w = \frac{I_1 + 2I_2}{I_y} \cdot \frac{I_1 b^2}{3}$
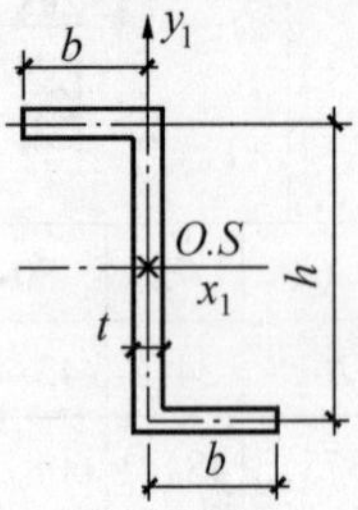 Z 形截面（y_1、x_1 轴；b、h、t；O.S）		$I_w = \frac{h^2}{4} I_{y1} - \frac{I_{x1y1}^2}{A}$ I_{y_1}——关于 y_1 轴的截面惯性矩； $I_{x_1y_1}$——关于 x_1，y_1 轴的截面惯性矩； A——截面面积
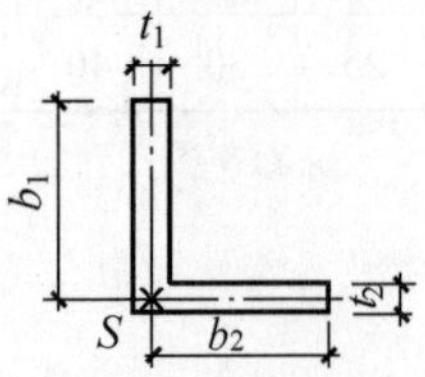 L 形截面（t_1、b_1；t_2、b_2；S）		$I_w = \frac{1}{36}(t_1^3 b_1^3 + t_2^3 b_2^3)$ （薄壁时：$I_w = 0$）
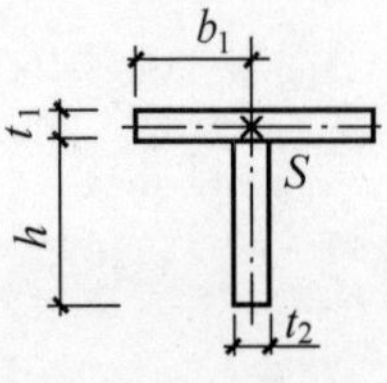 T 形截面（b_1、t_1；h、t_2；S）		$I_w = \frac{1}{36}(2t_1^3 b_1^3 + t_2^3 h^3)$ （薄壁时：$I_w = 0$）

参 考 文 献

[01] 中华人民共和国建设部主编.GB 500 17—2003 钢结构设计规范.北京:中国计划出版社,2003.

[02] 湖北省发展计划委员会.GB 50018—2002 冷弯薄壁型钢结构技术规范.北京:中国计划出版社,2002.

[03] 中华人民共和国建设部.GB 50205—2001 钢结构工程施工质量验收规范.北京:中国计划出版社,2001.

[04] 中华人民共和国建设部.GB 50009—2001 建筑结构荷载规范.北京:中国建筑工业出版社,2002.

[05] 中华人民共和国国家标准.GB50011—2001 建筑抗震设计规范.北京:中国建筑工业出版社,2001.

[06] 陈绍蕃.钢结构稳定设计指南(第二版).北京:科学出版社,1998.

[07] 陈骥.钢结构稳定理论与设计.第2版.北京:科学出版社,2003.

[08] 唐家祥,王仕统,裴若娟.结构稳定理论.北京:中国铁道出版社,1998.

[09] 王仕统.结构稳定.广州:华南理工大学出版社,1998.

[10] 钟善桐.钢结构.北京:中国建筑工业出版社,2001.

[11] 夏志斌,姚谏.钢结构—原理与设计.北京:中国建筑工业出版社,2004.

[12] 魏明钟.钢结构(第2版).武汉:武汉理工大学出版社,2002.

[13] 陈富生,邱国桦,范重.高层建筑钢结构设计.第2版.北京:中国建筑工业出版社,2004.

[14] 刘大海,杨翠如.高楼钢结构设计(钢结构、钢—砼混合结构).北京:中国建筑工业出版社,2003.

[15] 王仕统.浅谈钢结构的精心设计.第三届全国现代结构工程学术研讨会.工业建筑增刊,2003.

[16] 刘锡民.现代空间结构.天津:天津大学出版社,2003.6.

[17] 王仕统.大跨度空间结构的进展.华南理工大学学报,1996(10).

[18] 王仕统.衡量大跨度空间结构优劣的五个指标.空间结构,2003(1).

[19] 王仕统,姜正荣.深圳宝安体育馆钢屋盖(140m×140m)结构设计.钢结构,2003(5).

[20] 王仕统,肖展朋,杨叔庸,李焜鸿,等.湛江电厂干煤棚四柱支承网架结构(113.4m×113.4m)空间结构,1996(2).

[21] 沈世钊,徐崇宝,赵臣,武岳.悬索结构设计(第二版).北京:中国建筑工业出版社,2006.1.

[22] 王仕统.双曲抛物面索网结构的近似分析.建筑结构学报,1992(3).

[23] 王仕统,金峰,姜正荣,王琦.索—桁结构的静力分析及动力特性研究.建筑结构学报,1999(3).

[24] 王仕统,姜正荣,谢京.索-桁结构的设计参数探讨.建筑结构学报,2001(5).

[25] 刘锡民,王仕统,积极进行技术储备,为2008年奥运会场馆而贡献力量,钢结构与建筑业,2002.3.

[26] 王仕统.我国钢结构和空间结构的现状与发展.钢结构与建筑业,2001(1).

[27] 李国强.多高层建筑钢结构的发展与应用.钢结构与建筑业,2004(3).

[28] 北京市建筑设计院.北京工人体育馆的设计.建筑学报,1961(4).

[29] 浙江省工业设计院.采用鞍形悬索屋盖结构的浙江省人民体育馆.建筑学报,1974(3).

[30] 蔡益燕,张锡云.北岭地震和阪神地震后美日钢框架节点设计的改进.结构工程师,2000(增刊):200~211.

[31] 沈祖炎,陈扬骥,陈以一.钢结构基本原理.北京:中国建筑工业出版社,2000.

[32] 陈以一,蒋兆栋,沈祖炎.建筑钢结构的断裂研究评述与损伤控制设计.同济大学学报,1999(5):587~591.

[33] 王仕统,王伯宁,姜正荣.四柱支承斜拉网架屋盖的静力分析和动力特性研究.空间结构,1999(2).

[34] 郝际平,陈绍蕃.钢结构在循环荷载作用下的局部屈曲和低周疲劳的试验研究.土木工程学报,1996

(6):40～52.

[35] 中华人民共和国行业标准.JGJ99—98 高层民用建筑钢结构技术规程.北京:中国建筑工业出版社,1998.

[36] 中华人民共和国电力行业标准.DL/T5085—1999 钢-砼组合结构设计规程..

[37] 朱聘儒.钢-砼组合梁设计原理.北京:中国建筑工业出版社,1990.

[38] Deric J. Oehlers, Mark A. Bradford: Elementary Behaviour of Composite Steel & Concrete Structural Members. Butterworth-Heinemann,1999.

[39] Loomis R.S., Torsional Buckling study of Hartford coliseum, J. of the struct. Div. ASCE,106,1980,PP. 211～232.

[40] 中华人民共和国建设部.GB 50010—2002 混凝土结构设计规范.北京:中国建筑工业出版社,2002.

[41] 中国赴日地震考察团.日本阪神大地震考察.北京:地震出版社,1995.

[42] 范重,刘先明,范学伟,胡纯炀,胡天兵,王喆,国家体育场钢结构设计中的优化技术,第五届全国现代结构工程学术研讨会论文集(工业建筑 2005 年增刊).

[43] 王仕统.《空间结构》继续教育培训资料.广东省建设执业资格注册中心,2005 年 4 月 1 日.

[44] 董石麟,陈兴刚.鸟巢形网架的构形、受力特性和简化计算方法.建筑结构,2003 年第 10 期.

[45] 中华人民共和国建设部主编.GB 50068—2001 建筑结构可靠度设计统一标准.北京:中国建筑工业出版社,2001.